Adolf von Strümpell

Krankheiten des Nervensystems

Adolf von Strümpell

Krankheiten des Nervensystems

ISBN/EAN: 9783743452329

Hergestellt in Europa, USA, Kanada, Australien, Japan

Cover: Foto ©berggeist007 / pixelio.de

Manufactured and distributed by brebook publishing software (www.brebook.com)

Adolf von Strümpell

Krankheiten des Nervensystems

Lehrbuch

der

Speciellen Pathologie und Therapie

der

inneren Krankheiten.

Für Studirende und Aerzte

VON

Dr. ADOLF STRÜMPELL,

PROFESSOR UND DIREKTOR DER MEDICINISCHEN POLIKLINIK A. D. UNIVERSITÄT LEIPZIG.

ZWEITER BAND.

ERSTER THEIL.

Krankheiten des Nervensystems.

MIT 48 ABBILDUNGEN.

LEIPZIG,

VERLAG VON F. C. W. VOGEL.

1884.

Inhaltsverzeichniss.

Krankheiten des Nervensystems.

I. Die Krankheiten der peripheren Nerven.

ERSTER ABSCHNITT.

Krankheiten der sensiblen Nerven.

ZWEITER ABSCHNITT.

Krankheiten der motorischen Nerven.

IV Inhaltsverzeichniss.

IV. Die Krankheiten des verlängerten Marks.

V. Die Krankheiten des Gehirns.

ERSTER ABSCHNITT.
Krankheiten der Gehirnhäute.

ZWEITER ABSCHNITT.
Krankheiten der Gehirnsubstanz.

VI. Neurosen ohne bekannte anatomische Grundlage.

KRANKHEITEN

DES

NERVENSYSTEMS.

.

I. Die Krankheiten der peripheren Nerven.

ERSTER ABSCHNITT.

Krankheiten der sensiblen Nerven.

ERSTES CAPITEL.

Allgemeine Vorbemerkungen über die Störungen der Sensibilität.

Die Störungen der Sensibilität machen sich, wie die aller anderen Nervenfunctionen, nach zwei Richtungen hin geltend. Entweder beobachtet man unter pathologischen Verhältnissen eine abnorme *Herabsetzung* resp. *vollständige Aufhebung* der Sensibilität (*Anästhesie*), oder eine krankhafte *Steigerung* derselben (*Hyperästhesie*). Während bei der Anästhesie die gewöhnlichen oder sogar die stärksten Reize, welche die sensiblen Nerven treffen, nur eine schwache, undeutliche, oder selbst gar keine entsprechende Empfindung hervorrufen, werden bei der Hyperästhesie schon durch schwache Reize auffallend starke, schmerzhafte Empfindungen erweckt. Von der Hyperästhesie zu unterscheiden, aber häufig mit ihr gleichzeitig vorhanden, sind die *„sensiblen Reizerscheinungen"*. Man versteht hierunter Sensationen, welche nicht durch äussere, sondern durch abnorme, in den Nerven selbst durch gewisse krankhafte Zustände bedingte *innere Reize* zu Stande kommen. Im Gebiete der Hautsensibilität, welche uns im Folgenden zunächst beschäftigen wird, zeigen sich die sensiblen Reizerscheinungen theils als wirkliche *Schmerzen*, theils als sogenannte *Parästhesien*, d. h. abnorme Empfindungen in der Haut, welche als „Ameisenlaufen (Formication)", „Kriebeln", „taubes Gefühl", „Pelzigsein" u. dgl. bezeichnet werden.

Die einzelnen Qualitäten der Hautsensibilität und die Methoden ihrer Prüfung. Wie aus der Physiologie bekannt ist, ruft die Reizung der sensiblen Hautnerven je nach der Art des auf sie einwirkenden Reizes eine Anzahl qualitativ verschiedener Empfindungen in uns hervor.

1*

Wollen wir daher bei Kranken ein genaues Urtheil über den Zustand ihrer Hautsensibilität gewinnen, so ist es nothwendig, alle einzelnen Qualitäten der Empfindung besonders zu prüfen. Denn wir sehen häufig, dass die Störungen der Sensibilität sich nicht gleichmässig über alle erwähnten Qualitäten erstrecken, sondern dass die eine Art von Reizen noch vollkommen lebhafte Empfindungen zur Folge hat, während für eine andere Art von Reizen eine mehr oder minder vollständige Anästhesie besteht. Man bezeichnet derartige theilweise Anästhesien der Haut, welche sich nur auf eine bestimmte Art von Reizen beziehen, als *„partielle Empfindungslähmungen"*. Die einzelnen Empfindungsqualitäten der Haut und die Methoden ihrer Prüfung sind nun folgende.

1. **Tastsinn.** Die Untersuchung des Tastsinns, d. h. der Empfindlichkeit der Haut für *einfache Berührungen* geschieht in der Weise, dass man bei *geschlossenen Augen des Patienten* die zu prüfende Hautstelle wiederholt mit dem Finger oder irgend einem sonstigen stumpfen Gegenstande (nicht aus Metall, um die Kälteempfindung auszuschliessen) berührt und den Kranken angeben lässt, ob er die Berührung empfunden hat, oder nicht. Am besten ist es, die nothwendige Aufmerksamkeit des Kranken durch ein fragendes „jetzt" stets von Neuem auf die Untersuchung zu lenken, wobei man aber abwechselnd entweder eine wirkliche Berührung der Haut ausführt, oder den Kranken nur zum Scheine fragt. Auf diese Weise ist man am sichersten vor Irrthümern geschützt, welche Mangel an Aufmerksamkeit und Uebung von Seiten der Patienten sonst leicht hervorrufen. Alle genaueren Sensibilitätsprüfungen müssen wiederholt angestellt und controlirt werden, um zu sicheren objectiven Resultaten zu gelangen.

Ausser den einfachen Berührungen der Haut prüft man ferner, in wie weit die Kranken noch im Stande sind, die Form und gewisse äussere Eigenschaften der Körper mit Hülfe ihres Tastsinns zu unterscheiden. Man berührt die Haut mit glatten und mit rauhen (wolligen), mit runden und mit eckigen Gegenständen und sieht zu, ob die Kranken bei geschlossenen Augen die betreffenden Unterscheidungen machen können; ferner ob ihnen die Unterscheidung zwischen dem Kopf und der Spitze einer Stecknadel gelingt u. dgl. Handelt es sich um die Prüfung der Sensibilität in den Fingern, so giebt man den Patienten verschiedene bekannte Gegenstände (Münzen, Ringe, Schlüssel u. s. w.) in die Hand und lässt die Namen derselben bei geschlossenen Augen angeben.

2. **Ortsinn (Raumsinn).** Unter normalen Verhältnissen empfinden wir bekanntlich nicht nur die Berührung eines Gegenstandes,

sondern wir können auch mit ziemlicher Genauigkeit den *Ort* unserer Haut angeben, an welchem die Berührung stattgefunden hat. Dieses Vermögen bezeichnet man als die Fähigkeit der *Localisation der Empfindung*. Bei Nervenkranken sehen wir nicht selten, dass die Hautempfindungen (es bezieht sich dies nicht nur auf die Tastempfindungen, sondern ebenso auch auf die übrigen Empfindungsqualitäten) zwar noch vorhanden sind, aber schlechter und ungenauer localisirt werden, als dies unter normalen Verhältnissen der Fall ist.

Schon bei der einfachen Prüfung des Tastsinns kann man, wenigstens im Groben, auch das Localisationsvermögen untersuchen, indem man die Kranken gleichzeitig angeben lässt, *wo* sie die Berührung verspürt hätten, oder indem man sie auffordert, mit der Hand die berührte Hautstelle selbst möglichst genau zu bezeichnen. Eine genauere Methode, welche in der Nervenpathologie vielfach angewandt wird, rührt von E. H. WEBER her. Sie besteht darin, die kleinste Distanz zu bestimmen, welche zwei gleichzeitig angebrachte Hautreize von einander entfernt sein müssen, um als zwei räumlich unterschiedene Empfindungen aufgefasst zu werden. WEBER hat gefunden, dass diese Distanz an den verschiedenen Körpertheilen ziemlich grosse Differenzen darbietet, und hat danach die ganze Hautoberfläche in sogenannte *Tastkreise* eingetheilt. Als Anhaltepunkt für die Untersuchungen bei Kranken seien hier einige der von WEBER bei gesunden Individuen gefundenen Zahlen mitgetheilt. Die kleinste Distanz, bei welcher die beiden gleichzeitig auf die Haut aufgesetzten Spitzen eines Zirkels (es giebt besondere „*Tasterzirkel*" mit abgestumpften Elfenbein-Spitzen und graduirtem Quadranten) deutlich von einander getrennt wahrgenommen werden, beträgt an der *Wange* 11 bis 15 Millimeter, an der *Nasenspitze* 6 Mm., an der *Stirn* 22 Mm., an der *Zungenspitze* 1,2 Mm., an dem *Zungenrücken* und den *Lippen* 4—5 Mm., am *Hals* 34 Mm., am *Oberarm* 77 Mm., am *Vorderarm* 40 Mm., am *Handrücken* 31 Mm., an den *Fingerrücken* 11—16 Mm., an den *Fingerspitzen* 2—3 Mm., am *Rücken* 55—77 Mm., auf der *Brust* 45 Mm., am *Oberschenkel* 77 Mm., am *Unterschenkel* 40 Mm., am *Fussrücken* 40 Mm. Indessen zeigen diese Zahlen bei verschiedenen Individuen gewisse Schwankungen, so dass sie nur als Mittelwerthe anzusehen sind.

Die Ortsinnprüfungen nach der WEBER'schen Methode sind sehr zeitraubend und erfordern viel Geduld und guten Willen von Seiten des Patienten. In sehr bemerkenswerther Weise macht sich der Einfluss der *Uebung* geltend, indem die wahrnehmbaren Distanzen bei oft wiederholten Untersuchungen beträchtlich kleiner werden. Prüft man den Ortsinn in der Weise, dass man die beiden Reize nicht gleichzeitig, sondern gleich *nach einander* anbringt und hierbei abwechselnd zweimal denselben Ort oder jedesmal einen verschiedenen Ort der Haut berührt, so erhält man, wie wir wiederholt festgestellt haben, von vornherein kleinere Zahlen, als bei gleichzeitiger Prüfung. Ebenso ergeben sich etwas andere Werthe für die Feinheit des Ortsinns, wenn man die sogenannten *Bewegungsempfindungen* (LEUBE) prüft, d. h. die Unterscheidung zwischen der einfachen Berührung der Haut und des kürzesten auf der Haut mit einem Stäbchen gezogenen Strichs. Hierbei kann man zugleich auch untersuchen, ob die Patienten die Richtung von Quer- und Längsstrichen genau anzugeben im Stande sind.

Anhangsweise sei hier noch die eigenthümliche von FISCHER als *Polyästhesie* bezeichnete Erscheinung erwähnt, welche darin besteht, dass gewisse Kranke (namentlich Tabeskranke) bei der Berührung der Haut mit nur *einer* Zirkelspitze die Empfindung haben, als ob sie *zwei* oder *noch mehr* Zirkelspitzen fühlten. Die Ursache dieser merkwürdigen Empfindungsanomalie ist noch nicht hinreichend aufgeklärt.

3. Drucksinn. Seit den Untersuchungen É. H. WEBER's wissen wir, dass wir die Unterschiede in der Intensität der Druckempfindungen nicht nach dem absoluten, sondern nach dem *relativen* Zuwachs des Reizes abschätzen. Wenn wir z. B. bei der Belastung einer Hautstelle mit einem Gewicht von 19 Grm. eine Mehrbelastung mit 1 Grm. als erste deutliche Zunahme der Druckempfindung wahrnehmen, so wird bei einer Belastung der Haut mit 190 Grm. nicht bei einem Gramm, sondern erst bei 10 Grm. Mehrbelastung die erste Wahrnehmung der Drucksteigerung eintreten. Wenn dieses Gesetz bei genauer Nachprüfung sich auch nicht als so einfach herausgestellt hat, wie es nach den Resultaten der ersten WEBER'schen Untersuchungen schien, so gilt im Allgemeinen doch der Satz als richtig, dass unter normalen Verhältnissen an den verschiedenen Körperstellen ein Druckzuwachs von circa $1/20 - 1/30$ des ursprünglichen Druckes deutlich wahrgenommen werden kann.

Zur genauen Prüfung des *Drucksinns bei Kranken* sind verschiedene Methoden und Instrumente (z. B. das „*Barästhesiometer*" von EULENBURG) erfunden worden, welche aber ihrer Umständlichkeit wegen in die Praxis wenig Eingang gefunden haben. Meist begnügt man sich, den Drucksinn durch Auflegen von verschieden schweren Gewichten, Geldstücken u. dgl. zu prüfen. Hierbei ist zu beachten, dass der untersuchte Körpertheil vollkommen unterstützt sein muss, dass ferner gleichzeitige Temperaturempfindungen durch irgend eine Unterlage auszuschliessen sind und dass man die einzelnen Gewichte in gleichen, nicht

zu langen Zwischenräumen nacheinander auf dieselbe Hautstelle auflegt.
Es giebt Fälle, in welchen die Kranken nicht einmal die Verdoppelung,
Verdreifachung u. s. w. des Gewichts empfinden. Beträchtlichere Abnahme des Drucksinns bei Kranken kann man schon vermittelst des
Druckes mit der Hand oder mit irgend einem Gegenstande leicht constatiren. *Partielle Drucksinnlähmungen* sind keineswegs sehr selten. Namentlich bei Rückenmarkskranken (Tabes) findet man relativ häufig,
dass die Patienten zwar schon eine leichte Berührung ihrer Haut empfinden, diese aber selbst von einem starken Druck nur undeutlich oder
gar nicht unterscheiden können.

4. Temperatursinn. Für den Temperatursinn gilt im Allgemeinen dasselbe Gesetz, wie für den Drucksinn, dass wir nicht die absoluten, sondern nur die *relativen* Temperaturunterschiede zur Abschätzung
der Intensität der Empfindung benutzen. Innerhalb der mittleren Tem-
peraturgrade (25—35º C.) werden Differenzen von $\frac{1}{2}$º C. unter normalen
Verhältnissen noch deutlich unterschieden, im Gesicht und an den Fingern sogar von 0,2º C., am Rücken dagegen erst von circa 1º C.

Die Prüfung des Temperatursinns geschieht am einfachsten in der
Weise, dass Probirgläschen oder noch besser kleine Metallcylinder, mit
verschieden temperirtem Wasser gefüllt, mit der Haut in Berührung
gebracht werden, wobei ihre Temperaturunterschiede angegeben werden
müssen. Ein einfaches, in der Praxis brauchbares Verfahren besteht
auch darin, zu untersuchen, ob die Kranken das kühle *Anblasen* einer
Hautstelle aus einiger Entfernung von dem warmen *Anhauchen* derselben aus unmittelbarer Nähe unterscheiden können. Auf diese Weise
lassen sich gröbere Anomalien des Temperatursinns leicht feststellen.
Zuweilen (relativ am häufigsten bei Tabeskranken) findet man fast vollständige *partielle Temperatursinnslähmungen* bei noch relativ gut erhaltener Empfindlichkeit für die sonstigen Reizqualitäten. Andererseits
kommt es aber auch vor, dass Kranke, welche sonst vollständig anästhetisch sind, noch für stärkere Temperaturreize (namentlich für Kältereize) empfindlich sind.

Eine eigenthümliche, seltene Erscheinung ist das von uns als *per-
verse Temperaturempfindung* bezeichnete Symptom, welches darin besteht, dass die Kranken Kältereize (kaltes Wasser, Eis) als ausgesprochen
warm empfinden.

5. Schmerzempfindung. Von grossem theoretischen Interesse
ist die Thatsache, dass die Empfindlichkeit der Haut für Tast- und
Schmerzeindrücke unter pathologischen Verhältnissen durchaus nicht

immer parallel geht. Wir sehen zuweilen, dass ein Kranker eine einfache Berührung der Haut nicht empfindet, während ein Nadelstich
sofort schmerzhaft ist. Umgekehrt finden wir aber auch häufig, dass
ein Kranker zwar schon ganz leichte Berührungen der Haut empfindet,
dass aber auch die stärksten Reize der Haut (Kneipen, Stechen derselben) nicht den geringsten Schmerz hervorrufen, sondern ebenfalls
nur wie einfache Berührungen der Haut, höchstens wie ein leichter
Druck auf dieselbe empfunden werden. Diesen letzteren Zustand der
Sensibilität, den Verlust der Schmerzempfindlichkeit der Haut bei erhaltenem Tastsinne bezeichnet man als *Analgesie.* Sowohl bei peripheren, als auch namentlich bei centralen Nervenleiden ist die Analgesie
ein ziemlich häufig zu beobachtendes Symptom.

Die Prüfung der Schmerzempfindlichkeit geschieht am einfachsten
mit einer spitzen Nadel, ferner durch Kneifen und starkes Drücken der
Haut, durch schmerzhafte Temperaturreize, starke elektrische Ströme
u. dgl.

6. **Elektrocutane Sensibilität.** Die Prüfung der Hautsensibilität vermittelst elektrischer Ströme ist von verschiedenen Seiten her
vorgeschlagen worden. Der Vortheil besteht darin, dass hierbei die
Intensität der Reizstärken sehr leicht und genau abgestuft in Zahlen
ausgedrückt werden kann. Gewöhnlich benutzt man den *faradischen*
Strom zur Sensibilitätsprüfung und bestimmt, bei welchem Rollenabstand die erste Empfindung überhaupt und bei welchem Rollenabstand
die erste Schmerzempfindung auftritt. Im Allgemeinen sind die Unterschiede der faradocutanen Empfindlichkeit an den verschiedenen Hautstellen nicht sehr beträchtlich. Pathologische Abweichungen ergeben
sich durch Vergleiche mit normalen (womöglich symmetrischen) Hautstellen oder mit anderen gesunden Personen. Für praktische Zwecke
ist die elektrocutane Sensibilitätsprüfung entbehrlich, da ihre Resultate
dieselben sind, wie bei der Prüfung der Tast- und namentlich der
Schmerzempfindungen.

7. **Verlangsamte Empfindungsleitung und Nachempfindungen.** Bei Krankheiten des Rückenmarks (vorzugsweise bei der
Tabes) ziemlich häufig, selten auch bei peripheren Nervenläsionen beobachtet man eine auffallende Verspätung des Eintritts der Empfindung
nach der Einwirkung des Reizes. Diese Verlangsamung der Leitung
bezieht sich vorzugsweise auf die *Schmerzempfindung.* Sticht man in
einem derartigen Falle den Kranken in die Fusssohle, so dauert es
mehrere Secunden (angeblich zuweilen sogar 10—20), bis der Schmerz
eintritt. Wie zuerst von NAUNYN und E. REMAK bei Tabeskranken be-

obachtet und seitdem oft bestätigt worden ist, tritt zuweilen nach einem Nadelstich zuerst sofort eine Tastempfindung und erst einige Secunden später die eigentliche Schmerzempfindung ein, so dass die Kranken auf den Stich sofort mit „jetzt" und etwas später erst mit einem „au" als Ausdruck des Schmerzes reagiren.

Dieses letztere Phänomen hat eine gewisse Verwandschaft mit den *abnormen Nachempfindungen,* wie wir sie zuweilen unter pathologischen Verhältnissen beobachten. Nach einem einfachen Nadelstich dauert aussergewöhnlich lange Zeit ein Gefühl von Brennen fort, oder der erste Schmerz lässt zwar rasch nach, dann treten aber an derselben Stelle der Haut noch mehrere Mal neue plötzliche Schmerzempfindungen auf, gerade als wenn die Patienten von Neuem gestochen wären. Eine verlangsamte Leitung der Tast- und Temperaturempfindungen kommt auch vor, ist aber seltener und nur mit Hilfe genauerer zeitmessender Methoden nachweisbar.

Die Sensibilität der Muskeln und Gelenke. Unter dem Namen „*Muskelsinn*", „*Muskelsensibilität*" wird eine Anzahl von Empfindungen zusammengefasst, welche nicht alle vollkommen gleichwerthig sind und unter pathologischen Verhältnissen einzeln geprüft werden müssen.

Zunächst bezeichnet man gewöhnlich als „Muskelsinn" unsere Fähigkeit, auch *ohne Beihilfe der Augen über die jeweilige Stellung aller unserer Glieder, sowie über den Umfang der von ihnen ausgeführten Bewegungen unterrichtet zu sein.* Bei Nervenkranken geht diese Fähigkeit oft in hohem Maasse verloren. Schliessen solche Kranke die Augen, so verlieren sie sogleich ihr Urtheil über die Lage der befallenen Extremitäten. Passive Bewegungen, welche man mit den letzteren ausführt, werden in Bezug auf Ausdehnung und Richtung durchaus unsicher und unrichtig angegeben. Indessen beruht diese Erscheinung nicht ausschliesslich auf einer Herabsetzung der Muskelsensibilität, sondern wahrscheinlich spielt hierbei die Sensibilität der Gelenke, der Bänder, ja zum Theil auch der über die Gelenke hinziehenden und in verschiedener Weise angespannten Haut eine wichtige Rolle.

Ferner rechnet man zu dem „Muskelsinn" die Fähigkeit, das Maass der bei der Muskelcontraction geleisteten Arbeit abzuschätzen. Dies ist der sogenannte „*Kraftsinn*". Wir vermögen beim *Heben von Gewichten,* wobei der Druck des Gewichts auf die Haut möglichst auszuschliessen ist, das leichtere von dem schwereren Gewicht relativ sehr genau zu unterscheiden. Auch hierbei kommt es nicht auf die absoluten, sondern auf die relativen Unterschiede der Gewichte an; $1/40$ des ursprünglichen Gewichts hinzugefügt oder entfernt kann gewöhnlich noch deutlich wahrgenommen werden. Der Kraftsinn ist also noch etwas feiner, als der Drucksinn. Um den letzteren bei der Prüfung auszuschliessen, lässt man die in ein Tuch eingeschlagenen Gewichte mit der Hand aufheben. An den unteren Extremitäten ist es dagegen kaum möglich, die gleichzeitigen Druckempfindungen ganz auszuschliessen.

Endlich ist zu erwähnen, dass die Contraction des Muskels an sich von einer Empfindung begleitet ist, wie wir dies z. B. bei der faradischen Reizung der Muskeln constatiren können (*elektromuskuläre Sensibilität*). Eine wesentliche praktische Verwerthung hat indessen die Prüfung des Contractionsgefühls im Muskel noch nicht gefunden. Dagegen ist zu bemerken, dass bei gewissen Krampfformen die Contraction der Muskeln so stark wird, dass sie einen lebhaften Schmerz verursacht, welcher wahrscheinlich von der Reizung der von C. Sachs nachgewiesenen *sensiblen Muskelnerven* abhängt.

Anomalien der Muskelempfindung kommen namentlich bei der Tabes dorsalis, ferner bei gewissen cerebralen (corticalen) Lähmungen und relativ häufig bei schweren hysterischen Affectionen vor.

ZWEITES CAPITEL.
Die Anästhesie der Haut.

Aetiologie und Pathogenese. Auf jeder Strecke der Leitungsbahn, welche von den Endapparaten der sensiblen Hautnerven bis zu den Centren der Gefühlswahrnehmung in der Grosshirnrinde verläuft, kann unter pathologischen Verhältnissen eine Unterbrechung der Leitung und in Folge davon eine vollständige oder theilweise Anästhesie der hinzugehörigen Hautstelle eintreten. Je nach dem Orte, wo diese Unterbrechung der Leitung stattfindet, sprechen wir von einer *peripheren,* einer *spinalen* oder einer *cerebralen* Anästhesie. Der genauere anatomische Verlauf der sensiblen Fasern ist uns aber erst sehr ungenau bekannt, so dass wir nur annäherungsweise den Ort der sensiblen Bahn in den verschiedenen Abschnitten des Nervensystems angeben können.

Bekanntlich sondern sich die gemischten peripheren Nerven vor ihrem Eintritt in das Rückenmark in der Weise, dass die Gesammtheit der sensiblen Fasern durch die *hinteren Wurzeln* ins Rückenmark eintritt. Ein Theil der hinteren Wurzelfasern geht sofort in die Substanz der *grauen Hinterhörner*, während ein anderer Theil medialwärts in den äusseren (im Lendenmark richtiger mittleren) Abschnitt der Hinterstränge, d. i. in die Region der „*Wurzelzonen*" oder der sogenannten „*Grundbündel der Hinterstränge*" (im oberen Brustmark und im Halsmark als „*Keilstränge*" abgegrenzt) eintritt. Die grauen Hinterhörner und die Grundbündel der Hinterstränge sind als der hauptsächlichste Ort für die sensible Leitung im Rückenmark anzusehen, während es noch zweifelhaft ist, ob auch in den Goll'schen Strängen und in den Seitensträngen beim Menschen eine Leitung für die zum Bewusstsein gelangenden sensiblen Eindrücke stattfindet. Sicher festgestellt und von Wichtigkeit ist die Thatsache, dass die sensiblen Fasern alle oder wenigstens zum grössten Theil nach ihrem Eintritt ins Rückenmark eine *Kreuzung* erleiden, so dass also die von der rechten Körperhälfte herstammenden Fasern in der linken Rückenmarkshälfte weiter nach aufwärts verlaufen und umgekehrt. Ueber den weiteren Verlauf der sensiblen Fasern durch die Medulla oblongata und die Brücke, über ihre etwaigen Beziehungen zu den grauen Massen daselbst (Kern des Keilstrangs, Olive, vielleicht Kleinhirn) wissen wir nichts Bestimmtes. Sicher scheint aber zu sein, dass die sensible Bahn weiterhin zum Grosshirn nicht durch den Hirnschenkelfuss, sondern durch die *Hirnschenkelhaube* führt. Von hier aus treten die sensiblen Fasern in die innere Kapsel ein, und zwar sprechen eine Anzahl Erfahrungen dafür, dass sie namentlich im *hinteren Drittheil des hinteren Schenkels der inneren Kapsel* (s. Fig. 8 S. 44) liegen, ein Ort, wo wahrscheinlich die sensiblen Fasern von der Haut und den Muskeln her nahe bei einander mit den sensiblen Fasern für die übrigen Sinneseindrücke (Auge, Ohr u. s. w.) sich befinden. Was endlich die centrale Endigung der sensiblen Fasern anbetrifft, so scheint sie grösstentheils in denselben, um die Roland'sche Furche herum gelegenen Rindenabschnitten („*Fühlsphäre*" nach MUNK) stattzufinden, wo wir später auch die motorischen Rindencentren kennen lernen werden. — Ob für die verschiedenen Empfindungsqualitäten der Haut auch von einander getrennte Leitungsbahnen zum Gehirn führen, wissen wir nicht.

Was nun die einzelnen Ursachen der Anästhesie betrifft, so beobachten wir die *peripheren Anästhesien* zunächst unter Umständen, wobei die *Endorgane der sensiblen Hautnerven* direct ihre Erregbarkeit eingebüsst haben. Beim Erfrieren der Haut, nach der localen Einwirkung von Aether und ähnlichen Stoffen, von ätzend wirkenden Säuren und Alkalien (Carbolsäure u. a.), sowie von gewissen narcotischen Mitteln (Morphium, Atropin u. a.) sehen wir eine Anästhesie der Haut eintreten, welche von der Schädigung der sensiblen Endorgane abhängt. Hierher gehört auch die nicht seltene *Anästhesie der Wäscherinnen*, deren Hände und Vorderarme tagtäglich der Einwirkung der Kälte, Lauge u. dgl. ausgesetzt sind. Denselben peripheren Ursprung haben auch die Anästhesien, welche bei *Circulationsstörungen* in der Haut auftreten, so namentlich bei der in den Händen zuweilen vorkommenden, auf einem Krampf der kleinen Arterien beruhenden „*Anaemia spastica*".

Von den peripheren Anästhesien im strengen Sinne des Worts unterschieden sind die *peripheren Leitungsanästhesien,* welche durch die verschiedenartigsten Läsionen der Nervenstämme hervorgebracht werden können. *Traumatische Schädlichkeiten, Compressionen der Nerven* durch Neubildungen u. dgl., endlich Entzündungen der Nerven (*Neuritis*) sind die häufigsten Ursachen dieser Form der Anästhesien, welche sich meist auf den Verbreitungsbezirk eines oder einzelner bestimmter Nerven beschränken.

Spinale Anästhesien beobachten wir sehr häufig bei den verschiedensten Krankheiten des Rückenmarks, am häufigsten bei der *Tabes dorsalis,* weil diese, wie wir später sehen werden, vorzugsweise die Hinterstränge und Hinterhörner des Rückenmarks ergreift. Doch auch bei *diffusen acuten und chronischen Entzündungen des Rückenmarks,* bei *Compression* desselben und bei *Neubildungen* kommen spinale Anästhesien nicht selten vor. Dieselben sind in der Regel doppelseitig (*Paraanästhesie*). Ziemlich allgemein verbreitet, aber nicht sicher bewiesen ist die von SCHIFF herrührende Annahme, dass die graue Substanz des Rückenmarks vorzugsweize die Schmerzeindrücke, die weisse Substanz der Hinterstränge die Tasteindrücke leitet. Bei einer spinalen Analgesie denkt man daher vorzugsweise an eine Beeinträchtigung der grauen Substanz.

Cerebrale Anästhesien kommen namentlich bei *Blutungen, Erweichungsherden* und *Tumoren,* welche die hinteren Partien der inneren Kapsel betreffen, vor. Doch kann selbstverständlich auch an jeder anderen Stelle der sensiblen Leitungsbahn im Gehirn die Unterbrechung stattfinden. Da die cerebrale Anästhesie im Allgemeinen stets die eine, der Läsion im Gehirn gegenüberliegende Körperhälfte betrifft, so bezeichnet man sie gewöhnlich als *Hemianästhesie.* Sehr ausgedehnte und hochgradige cerebrale Anästhesien finden sich nicht sehr selten in schwereren Fällen von *Hysterie.* Ferner wissen wir, dass die anästhesirende Wirkung der als *Anästhetica* und *Narcotica* bezeichneten Mittel (Chloroform, Morphium, Aether, Alkohol, Bromkalium u. a.) durch ihren Einfluss auf das Centralnervensystem erklärt werden muss.

Von sonstigen ätiologischen Momenten haben wir noch zu erwähnen, dass man zuweilen *im Anschluss an acute Krankheiten* (Typhus, Diphtherie und andere acute Infectionskrankheiten) mehr oder weniger ausgebreitete Anästhesien beobachtet, deren Ursprung (ob peripher oder spinal) noch nicht ganz sicher ist. Eigenthümliche, namentlich an den Handrücken und den Brüsten vorkommende, inselförmige, seltener diffuse Anästhesien hat FOURNIER im secundären Stadium der Syphilis beobachtet.

Symptome. In vielen Fällen werden die Kranken selbst auf eine bestehende Anästhesie aufmerksam. Sie bemerken, dass sie an gewissen Körperstellen den Druck der Kleider, der Bettdecke u. dgl. nicht mehr in der gehörigen Weise empfinden. Am ehesten machen sich Anästhesien an den Händen bemerkbar, da sie in mannigfacher Weise die Beschäftigungen der Kranken erheblich beeinträchtigen können. So z. B. verlieren die Kranken feinere Gegenstände, Nähnadeln u. dgl. leicht aus den Händen. In andern Fällen wird freilich die Anästhesie erst durch die objective Untersuchung gefunden, welche auch allein im Stande ist, genauere Aufschlüsse über die Ausbreitung und die Intensität der Affection zu geben. Die Haut muss zu diesem Zwecke nach den im vorigen Capitel angegebenen Untersuchungsmethoden genau untersucht werden. Bemerkenswerth ist, dass namentlich hysterische Anästhesien, selbst wenn sie sehr intensiv und ausgedehnt sind, von den Kranken selbst oft ganz übersehen werden.

Sehr häufig combiniren sich die Anästhesien mit *subjectiven abnormen Sensationen (Parästhesien)* an den betroffenen Hautstellen. Die Kranken empfinden daselbst ein Gefühl von „Taubsein", „Pelzigsein", klagen über Kriebeln, Ameisenkriechen u. dgl. Ja, die anästhetischen Hautstellen können sogar der Sitz sehr lebhafter *Schmerzen* werden (*Anästhesia dolorosa*), wenn centralwärts von der Leitungsunterbrechung abnorme Reizungen der sensiblen Nerven stattfinden. Ausserdem können neben der Anästhesie selbstverständlich Anomalien der Motilität, der Reflexe und vasomotorische Störungen in mannigfachster Weise vorhanden sein. Besonders hervorheben müssen wir die *trophischen Störungen,* welche nicht selten in anästhetischen Theilen beobachtet werden. Wir werden auf die hierher gehörigen Einzelheiten in den späteren Abschnitten noch wiederholt zurückkommen. Hier sei daher nur erwähnt, dass die trophischen Störungen mit der Anästhesie als solcher nichts zu thun haben. Sie beruhen entweder auf einer gleichzeitigen Läsion besonderer trophischer resp. vasomotorischer Nerven, oder hängen davon ab, dass *alle äusseren Schädlichkeiten, welche auf eine anästhetische Hautstelle einwirken, von den Kranken nicht genügend empfunden und daher auch oft nicht vermieden werden.* Wir finden in anästhetischen Theilen nicht selten grobe äussere Verletzungen, Verbrennungen, Decubitusentwicklung u. s. w., welche von den Kranken nicht rechtzeitig bemerkt werden und daher oft eine ungewöhnliche Ausbreitung erreichen.

Die *willkürliche Bewegung* wird durch eine auch noch so hochgradige Anästhesie an sich nicht gestört, so lange die Bewegungen durch das Auge controlirt werden können. Bei geschlossenen Augen dagegen werden die Bewegungen anästhetischer Theile, wenn sich die Anästhesie sowohl auf die Haut, als auch auf die tieferen Theile (Muskeln, Gelenke) bezieht, sehr unsicher, da die Kranken dann das Urtheil über den Umfang und die genauere Richtung ihrer Bewegungen grösstentheils verlieren. Sehr ausgedehnte Anästhesien der Haut, welche gleichzeitig mit Anästhesien der Sinnesorgane verbunden sind, bleiben zuweilen nicht ohne Einfluss auf das *Bewusstsein*. Wir haben vor mehreren Jahren einen sehr merkwürdigen Fall von totaler Anästhesie des ganzen Körpers, verbunden mit einseitiger Blindheit und Taubheit, beobachtet. Wenn man diesen Kranken durch Verschluss seines noch functionirenden Auges und Ohrs von allen äusseren Sinneseindrücken ganz abschloss, so konnte man ihn hierdurch jederzeit in tiefen Schlaf versetzen!

Auf die verschiedenen Formen und Ausbreitungsbezirke der Anästhesien gehen wir hier nicht näher ein, da sie bei den einzelnen, der Anästhesie zu Grunde liegenden Krankheiten zur Sprache kommen werden. Nach der Art des Grundleidens richtet sich natürlich auch in erster Linie der *Verlauf*, die *Dauer* und die *Prognose* des Leidens. Nur über die Anästhesie *eines* Nerven wollen wir hier noch einige Bemerkungen hinzufügen, nämlich über die Anästhesie im Gebiete des Trigeminus.

Die **Anästhesie des Trigeminus** wird beobachtet bei Geschwülsten, luetischen Neubildungen, chronischen Entzündungen und analogen Processen an der Schädelbasis, welche den Stamm, das Ganglion Gasseri oder einen der drei Aeste des Trigeminus comprimiren resp. sich auf den Nerven direct fortsetzen. Auch traumatische Läsionen des Trigeminus kommen relativ nicht selten vor. Die Ausbreitung der Anästhesie, je nachdem die Affection den ganzen Trigeminus oder nur einen Ast desselben betrifft, ist aus Fig. 1 S. 15 ersichtlich. Bei totaler Anästhesie des Trigeminus ist auch die Conjunctiva und Cornea, die Schleimhaut der Nase, der Mundhöhle und der Zunge auf der befallenen Seite anästhetisch. Man findet daher nicht selten Geschwüre an der Zunge und Mundschleimhaut, welche von Bissverletzungen herrühren. Von besonderem Interesse und von Aerzten, sowie von Physiologen vielfach studirt ist die bei Trigeminusanästhesie nicht selten beobachtete „*Ophthalmia neuroparalytica*", eine ulceröse, fast immer im unteren

Segment der Cornea beginnende Keratitis, welche zuweilen in eitrige Entzündung des ganzen Augapfels übergeht. Dieses Leiden wird von manchen Seiten für eine unmittelbare Folge der Störung besonderer „*trophischer*" Functionen angesehen. Nach sorgfältigen experimentellen Untersuchungen (SENFTLEBEN) ist es aber am wahrscheinlichsten, dass traumatische Einflüsse stets den ersten Anlass und die Möglichkeit zum Eindringen von infectiösen Entzündungserregern geben. Ob wir ausserdem noch eine besondere verminderte Widerstandsfähigkeit des Gewebes annehmen müssen, ist noch ungewiss.

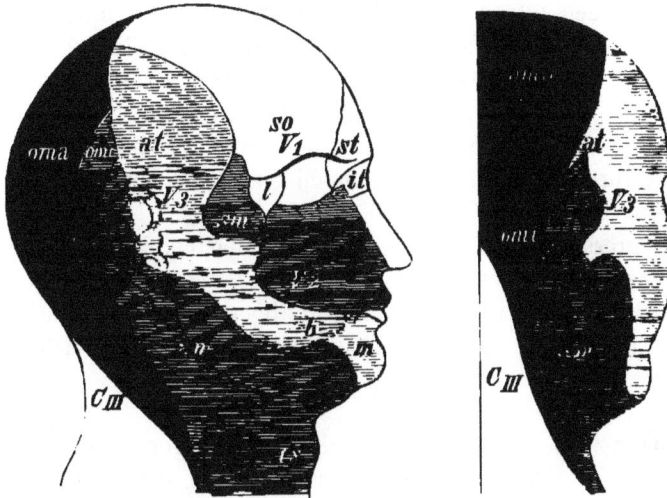

Fig. 1, 2. Vertheilung der sensiblen Hautnerven am Kopf.

oma und *omi* N. occipitalis major und minor,
am N. auricularis magnus,
cs N. cervicalis superficialis,
V_1, V_2, V_3, erster, zweiter und dritter Ast des Quintus (*V*),
so N. supraorbitalis,
st N. supratrochlearis,
it N. infratrochlearis,
l N. lacrimalis,
sm N. subcutaneus malae s. zygomaticus,
at N. auriculo-temporalis,
b N. buccinatorius,
m N. mentalis,
C III Gebiet des dritten Halsnerven.

Die Haut des Gesichts bei Trigeminusanästhesie ist oft etwas gedunsen, cyanotisch und fühlt sich kühl an. Die Reflexe sind (bei peripherer Anästhesie) erloschen, die Thränensecretion versiecht. Der *Geschmack* auf den zwei vorderen Dritteln der betroffenen Zungenhälfte, welcher vom N. lingualis vermittelt wird, ist fast immer erheblich herabgesetzt.

Therapie. Da die Anästhesie in den meisten Fällen nur ein Symptom ist, so hat sich die Therapie selbstverständlich zunächst stets gegen die Grundkrankheit zu richten. Hier haben wir daher nur die-

jenigen Maassnahmen anzuführen, welche in symptomatischer Beziehung
gegen die Anästhesie zur Anwendung kommen und auch dann versucht
werden müssen, wenn die eigentliche Ursache derselben nicht aufgefunden werden kann, oder die Therapie unzugänglich ist.

Das Hauptmittel ist zweifellos der *elektrische Strom*. Man behandelt
die anästhetischen Hautstellen mit dem *faradischen Strom* (gewöhnliche
Electrode, noch besser *faradischer Pinsel*), oder mit der *Kathode des
galvanischen Stroms*, indem auf der Haut etwa 2—4 Minuten lang mit
der Electrode langsam hin- und hergestrichen wird. Zuweilen ist schon
unmittelbar nach der Sitzung ein Erfolg zu bemerken. Hysterische Anästhesien können oft auf diese Weise in kürzester Zeit beseitigt werden.

Ausser der Elektricität verordnet man gewöhnlich *Einreibungen*,
welche die Haut reizen sollen (Campherspiritus, Sp. sinapeos, Sp. for-
micarum, Sp. Serpylli u. s. w.), ferner *Bäder* und *locale* (kalte und heisse)
Douchen, verbunden mit Frottiren der Haut. Die Wirkung *innerer
Mittel* ist durchaus zweifelhaft. Empfohlen worden sind die *Nux vomica*
(Strychnin), die Tinct. Valerianae u. a.

Von grosser Wichtigkeit ist es, die anästhetischen Theile gegen
äussere Insulte zu schützen. Speciell bei der *Anästhesie des Trigeminus*
muss man das Auge durch einen sorgfältig angelegten Occlusivverband
vor der Entwicklung einer neuroparalytischen Keratitis nach Möglichkeit bewahren.

Anhangsweise fügen wir hier einige Abbildungen (s. S. 17 u. 18) ein,
welche die Verbreitung der sensiblen Nerven in der Haut in schematischer Weise übersichtlich darstellen sollen. Sowohl bei der Beurtheilung der Anästhesien, als auch bei der Diagnose der in den folgenden
Capiteln zu besprechenden Neuralgien werden diese Abbildungen von
Nutzen sein.

DRITTES CAPITEL.
Die Neuralgien im Allgemeinen.

Obgleich jeder Schmerz selbstverständlich durch abnorme Nervenerregungen hervorgerufen wird, so ist es doch gerechtfertigt, eine besondere Art von Schmerzen mit dem Namen *Neuralgien* auszuzeichnen.
Das Charakteristische dieser eigentlichen „Nervenschmerzen" liegt darin,
dass sie 1. genau im Verlaufe und im Verbreitungsbezirk eines oder
einiger bestimmter Nervenstämme oder Nervenzweige empfunden werden, dass sie 2. meist von sehr beträchtlicher Intensität sind und 3. dass

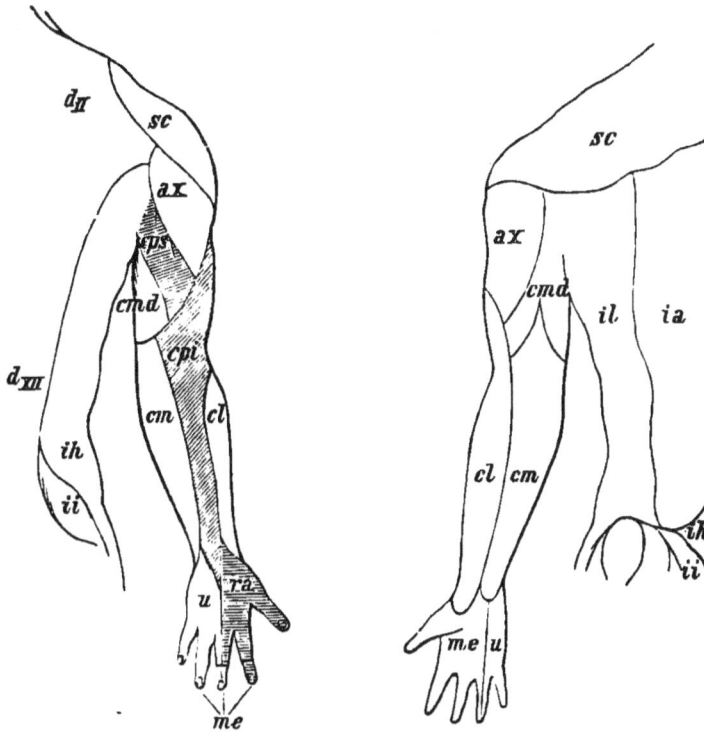

Fig. 3 u. 4 (nach HENLE). — Vertheilung der sensiblen Hautnerven am Rumpf und der oberen Extremität: Fig 3 hint. Ansicht, Fig. 4 vord. Ansicht. Der schraffirte Theil in Fig. 3 stellt das Gebiet dar, welches der N. radialis versorgt.

sc Nn. supraclaviculares (aus dem Plexus cervicalis), *ax* Hautzweig des N. axillaris, *cps, cpi* Nn. cutanei postt. sup. und inf. vom N. radialis *ra*, *cmd, cm, cl* Nn. cutanei medialis, medius und lateralis, *me* N. medianus, *u* N. ulnaris,

dII zweiter Dorsalnerv, *dXII* zwölfter Dorsalnerv, *ih* N. ileo-hypogastricus, *ii* N. ileo-inguinalis, *il* Rami perforantes laterales, *ia* Rami perforantes anteriores der Intercostalnerven.

sie in der Regel nicht continuirlich vorhanden sind, sondern deutliche Remissionen und Intermissionen zeigen. Häufig treten sie in einzelnen ausgesprochenen Schmerzanfällen auf, welche sich nicht auf irgend eine nachweisbare äussere Schädlichkeit zurückführen lassen.

Pathogenese und Aetiologie. In vielen Fällen ist uns die Ursache der Neuralgien vollkommen unbekannt ("*idiopathische*" *Neuralgien*). In ande-

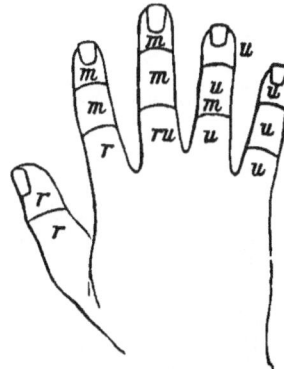

Fig. 5. Detaillirte Vertheilung der Nerven auf der Dorsalseite der Finger nach KRAUSE: *r* N. radialis, *m* N. medianus, *u* N. ulnaris.

ren Fällen lassen sich wenigstens Momente nachweisen, welche theils als *prädisponirende* Ursachen, theils als *Veranlassungsursachen* für das Zustandekommen der Neuralgien angesehen werden können. Doch auch in allen diesen Fällen ist uns die nähere Art der Wirkung und die eigentliche Natur der in den Nerven hervorgerufenen Störung noch fast ganz unbekannt. Höchstens vermuthen können wir, dass es sich vielleicht zuweilen um geringe entzündliche Veränderungen in den Nervenstämmen handelt, um Hyperämie, Exsudation, Oedem u. dgl.

Als *prädisponirende Momente,* welche die klinische Beobachtung der Neuralgien uns kennen gelehrt hat, können wir folgende anführen: 1. Das *Lebensalter.* Am häufigsten treten die Neuralgien im mittleren Lebensalter auf, doch kommen auch bei älteren Individuen, seltener bei Kindern Neuralgien vor. 2. Das *Geschlecht* übt insofern einen Einfluss aus, als gewisse Formen der Neuralgien (z. B. Trigeminusneuralgien) häufiger bei Frauen, andere (z. B. Ischias, Armneuralgien) häufiger bei Männern beobachtet werden. Auch gewisse Phasen des Geschlechtslebens (Pubertätsentwicklung, Schwangerschaft, Wochen-

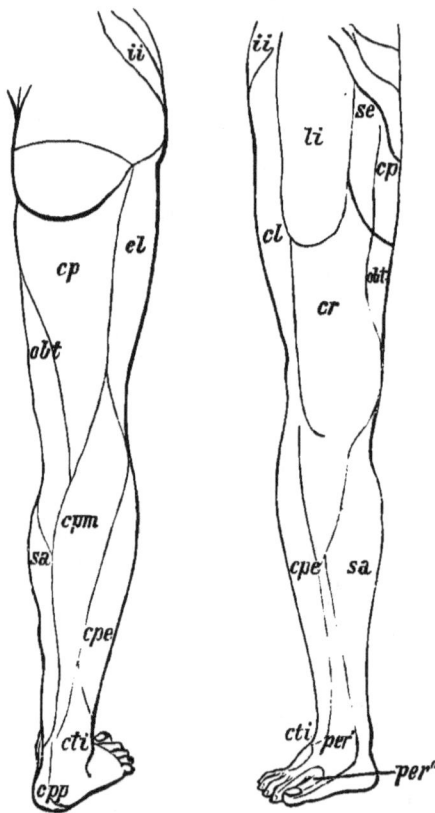

Fig. 6 u. 7 nach Henle. — Vertheilung der sensiblen Hautnerven an der unteren Extremität: Fig. 6 hintere, Fig. 7 vordere Ansicht.

ii N. ileo-inguinalis,	*cpe* N. communicans peron.,
li N. lumbo-inguinalis,	*cti* N. communicans tib.,
se N. spermaticus ext.,	*per'* N. peronei ram. superfic.
cp N. cutaneus post.,	und
cl N. cutaneus lat.,	*per''* N. peronei prof.,
cr N. cruralis,	*cpm* N. cutaneus post. med.,
obt N. obturatorius,	*cpp* N. cut. plantaris propr.
sa N. saphenus,	

bett, Climacterium) begünstigen die Disposition zu Neuralgien. 3. Von grosser Bedeutung ist die allgemeine *neuropathische,* in der Mehrzahl der Fälle *ererbte Disposition.* Neuralgien treten oft bei Personen auf, welche an sonstigen Neurosen leiden, oder in deren Familie nervöse Erkrankungen (Psychosen, Epilepsie, Hysterie, Chorea) schon wiederholt vorgekommen sind. Hierher gehören u. A. auch die meisten *hysterischen Neuralgien*. 4. Auch die *Körperconstitution* scheint von Einfluss zu sein. Häufig sehen wir Neuralgien bei *Anämischen*, ferner bei solchen Individuen, deren Constitution durch körperliche und geistige Ueberanstrengung, durch unzweckmässige Lebensweise, durch psychische Erregungen u. dgl. geschädigt ist.

Als *Veranlassungsursachen* der Neuralgien sind zu nennen: 1. *Erkältungen*, Einwirkung von Zugluft, Wind, Nässe u. dgl. (sogenannte „*rheumatische Neuralgien*"). 2. *Mechanische und traumatische Einwirkungen*. Hierher gehören zunächst Verwundungen, Quetschungen, welche den Nerven direct treffen. Ferner *Erkrankungen in der Umgebung von Nerven*, welche als mechanische Schädlichkeiten einwirken. Namentlich führen *Erkrankungen der Knochen und des Periosts* häufig zu Neuralgien in denjenigen Nerven, welche durch Knochenkanäle, in Knochenfurchen u. dgl. ihren Verlauf nehmen. Endlich können Geschwülste, Aneurysmen, Hernien, der gravide Uterus durch Druck auf benachbarte Nerven zu Neuralgien führen („*symptomatische Neuralgien*"). Doch ist hervorzuheben, dass nicht jeder Druck auf einen Nerven in gleicher Weise zu Neuralgie führt, so dass wir also in solchen Fällen noch eine weitere Folgeveränderung im Nerven annehmen müssen. Bekannt sind die heftigen Neuralgien, welche sich im Anschluss an *Amputationsneurome* entwickeln können.

Sehr wichtig ist die Beziehung, welche gewisse *Infectionen* und *Intoxicationen* zur Entstehung von Neuralgien haben. Zu erwähnen sind namentlich die *Malaria-Neuralgien*, welche unmittelbar von der Malaria-Infection abhängen, oft in regelmässigen Intervallen auftreten und durch eine specifische Behandlung (Chinin) geheilt werden. Ausserdem sind im Verlauf und im Anschluss an *Typhus, Pocken*, ferner im Secundärstadium der *Syphilis* wiederholt Neuralgien beobachtet worden. Von toxisch wirkenden Stoffen sind vorzugsweise *Blei, Kupfer, Quecksilber*, ferner *Alkohol* und *Nicotin* als diejenigen zu nennen, welchen eine Beziehung zum Zustandekommen von Neuralgien zugeschrieben wird.

Auch bei manchen Constitutionskrankheiten, bei der *Gicht* und relativ häufig beim *Diabetes mellitus* kommen Neuralgien vor. Endlich treten zuweilen bei Erkrankungen nicht nervöser Organe, z. B. der Geschlechtsorgane, in entfernt gelegenen Nerven Neuralgien auf, welche man mit dem Namen „*Reflexneuralgien*" bezeichnet.

Allgemeine Symptomatologie der Neuralgien. Der *neuralgische Schmerzanfall* beginnt entweder ganz plötzlich oder, häufiger, nachdem

2*

eine Zeit lang gewisse Vorboten (Kältegefühl, Kriebeln, leichte schmerzhafte Sensationen u. dgl.) vorangegangen sind. Die *Schmerzen* während
des Anfalls sind meist von äusserster Heftigkeit, sie werden theils als
brennend und bohrend, theils als blitzartig zuckend und reissend beschrieben. Oft treten kurze, vorübergehende Remissionen des Schmerzes
ein. Die Localisation der Schmerzen entspricht genau dem befallenen
Nervengebiet, so dass die Kranken den anatomischen Verlauf des Nerven oft ganz bestimmt angeben können. Auf der Höhe der Anfälle
tritt jedoch nicht selten eine „*Irradiation*" (Ausstrahlung) des Schmerzes
in benachbarte Nervengebiete ein. Aeussere Reize (kalte Luft) und
namentlich Bewegungen des erkrankten Körpertheils rufen meist eine
Steigerung der Schmerzen hervor.

Bei der *objectiven Untersuchung* fallen zunächst gewisse *Störungen
der Sensibilität* auf. Manchmal zeigt die Haut im Gebiete der Neuralgie
eine geringe oder stärkere *Anästhesie*, welche besonders in der Zwischenzeit zwischen den einzelnen Anfällen und unmittelbar nach denselben nachweisbar ist. Viel häufiger dagegen besteht sowohl während
des Anfalls, als auch während der schmerzfreien Zeit eine *Hyperästhesie* der Haut. Namentlich sind es gewisse bestimmte Punkte,
welche schon gegen leichten Druck in hohem Grade empfindlich und
schmerzhaft sind. Man bezeichnet dieselben als *Schmerzpunkte (points
douloureux)*. Sie sind zuerst von VALLEIX. 1841 bei den einzelnen
Formen der Neuralgien ausführlich beschrieben worden und haben eine
ziemlich grosse diagnostische Wichtigkeit, da sie häufig nicht nur während der Anfälle selbst, sondern, obgleich in geringerem Grade, auch
in den schmerzfreien Intervallen aufzufinden sind. Die Schmerzpunkte
entsprechen stets gewissen Stellen im Verlaufe des Stammes oder der
gröberen Verzweigungen des befallenen Nerven und finden sich besonders da, wo man bei einem stärkeren, in die Tiefe wirkenden Druck
den Nerv gegen irgend eine feste Unterlage andrücken kann. In manchen Fällen von Neuralgie können sie freilich auch ganz fehlen.

Ausser den sensiblen kommen auch *motorische Symptome* bei den
Neuralgien nicht selten vor. Gleichzeitige *Lähmungserscheinungen* müssen
stets als Complication angesehen werden, bedingt durch irgend eine
gröbere Läsion motorischer Nerven. Dagegen hängen die gleichzeitigen
motorischen Reizerscheinungen meist direct von der Neuralgie ab und
sind als *Reflexzuckungen* aufzufassen, welche durch die starke Reizung
sensibler Nerven in den Muskeln hervorgerufen werden.

Auch *vasomotorische Symptome* werden bei Neuralgien häufig beobachtet. Namentlich im Gesicht (bei Trigeminusneuralgien) sieht man

oft eine auffallende Blässe oder eine lebhafte Röthung der Haut und der Conjunctiva. Ferner können abnorme *Secretionen* (Thränen, Schweiss) im Anfall oder am Ende desselben auftreten. Von allen diesen Erscheinungen wissen wir nicht, ob sie durch directe oder reflectorische Nervenreizung zu Stande kommen. *Trophische Störungen* machen sich in verschiedenster Weise bemerkbar. Während des Anfalls treten Eruptionen von *Urticaria* oder noch häufiger von *Herpesbläschen* im Verlaufe des befallenen Nerven auf (*Herpes zoster*). Auch *andauernde Gewebsveränderungen* (Ergrauen und Ausfallen der Haare, seltener abnorm starker Haarwuchs, Verdickungen oder Atrophie der Haut, Verfärbungen und Pigmentirungen derselben u. dgl.) sind bei schweren Neuralgien wiederholt beobachtet worden. Hier sei auch erwähnt, dass man im Anfall zuweilen eine *Herabsetzung der Pulsfrequenz* beobachtet.

Die *allgemeine Ernährung* des Körpers leidet bei den Neuralgien häufig gar nicht. In manchen Fällen aber, namentlich dann, wenn durch die Schmerzanfälle der Schlaf und die Nahrungsaufnahme beständig gestört werden, tritt allmählich eine bemerkbare Einwirkung des Leidens auf die Gesammtconstitution ein. Die Kranken werden blass, magern ab und nicht selten bleiben die andauernden qualvollen Schmerzen auch nicht ohne Einfluss auf den *psychischen Zustand* der Patienten. Dieselben werden reizbar und zu melancholischen Aeusserungen geneigt. Wiederholt sind Selbstmordfälle aus Anlass schwerer, unheilbarer Neuralgien vorgekommen.

Was den *gesammten Krankheitsverlauf* bei den Neuralgien anbetrifft, so kommen hierin die grössten Verschiedenheiten vor. Wie schon wiederholt erwähnt, ist das Auftreten der Krankheit in einzelnen *Anfällen*, deren nähere Pathogenese uns freilich noch gänzlich unbekannt ist, vor allem charakteristisch. Diese Anfälle treten zuweilen täglich oder mehrmals täglich auf, zuweilen in grösseren, regelmässigen oder unregelmässigen Zwischenräumen. Ihre Dauer beträgt nur wenige Minuten oder mehrere Stunden. In der Zeit zwischen den Anfällen befinden sich manche Patienten ganz wohl, bei anderen besteht auch dann noch eine gewisse Empfindlichkeit der Haut fort. Die Gesammtdauer der Krankheit beträgt zuweilen nur wenige Tage und Wochen. Zuweilen besteht das Leiden dagegen mit mannigfachen Schwankungen Jahre und Jahrzehnte lang, ist mit einem Wort keiner Besserung fähig, obgleich andererseits auch noch nach jahrelanger Krankheitsdauer Heilungen vorkommen. Natürlich hängt in vielen Fällen der Gesammtverlauf von der etwa vorhandenen gröberen anatomischen Ursache des Leidens (Geschwülste, Knochenkrankheiten, Aneurysmen u. s. w.) ab.

Manche Einzelheiten der *Prognose*, sowie auch die *Diagnose* der Neuralgien werden im folgenden Capitel zur Sprache kommen.

Allgemeine Therapie der Neuralgien. Eine *Prophylaxe* der Neuralgien ist insofern möglich, als gewisse Constitutionsanomalien (Anämie, allgemeine nervöse Disposition), wie wir gesehen haben, das Auftreten von Neuralgien begünstigen. In der Bekämpfung jener Zustände dürfen wir also auch ein Moment erblicken, welches die spätere etwaige Entwicklung von Neuralgien bis zu einem gewissen Grade zu verhindern im Stande ist. Noch wichtiger ist es bei Personen, welche bereits an einer Neuralgie gelitten haben, die Wiederkehr des Leidens nach Möglichkeit zu verhindern. Auch hier kommt eine Kräftigung des Gesammtkörpers, wodurch derselbe gegen die Einwirkung etwaiger Krankheitsursachen resistenter gemacht werden soll, in erster Linie in Betracht. Zweckmässige Ernährung, Luftkuren, Bäder (Seebad), kalte Waschungen, Gymnastik u. dgl. sind die hierbei vor allem anzuwendenden Mittel. Ausserdem ist natürlich der bereits einmal befallene Körpertheil ganz besonders vor Schädlichkeiten (Erkältung, mechanische Schädlichkeiten, Ueberanstrengung) zu bewahren.

Bei der *Behandlung der Neuralgien* selbst hat man zunächst immer mit aller Sorgfalt nach irgend einem ursächlichen Moment zu forschen, welches vielleicht der Therapie zugänglich ist. Diese Erfüllung der *Indicatio causalis* ist häufig bei Neuralgien möglich, welche durch *mechanische Ursachen* bedingt sind. Die Exstirpation von Geschwülsten, die Excision von Narben, die Entfernung von Fremdkörpern, die Behandlung von entzündlichen Neubildungen, von luetischen Affectionen, von Aneurysmen u. dgl. ist in manchen Fällen von glänzendem Erfolge begleitet, während freilich in vielen anderen Fällen die Grundkrankheit leider keiner erfolgreichen Therapie zugänglich ist. Eine causale Behandlung ist ferner bei den Neuralgien einzuleiten, welche auf *allgemeine Anämie*, auf eine *allgemeine neuropathische Constitution*, auf *Hysterie* u. dgl. zurückzuführen sind. In solchen Fällen ist stets neben der speciell gegen die Neuralgie gerichteten Therapie auf die Allgemeinbehandlung (Diät, Lebensweise, Bäder, Eisen, Nervina u. s. w.) grosser Werth zu legen, ebenso natürlich auch bei den Neuralgien im Verlaufe des *Diabetes*, der *Gicht*, der *Syphilis* u. s. w. Endlich vermögen wir bei den *Malaria-Neuralgien* der Causal-Indication zu genügen. Tritt die Neuralgie in annähernd regelmässigen Intervallen auf bei Individuen, welche aus einer Intermittens-Gegend stammen und vielleicht schon an anderen Malaria-Affectionen gelitten haben, so ist die Darreichung des *Chinins* in grösseren Dosen (1,5 — 3,0 auf einmal) meist im Stande, die Anfälle sofort zu coupiren. In hartnäckigen Fällen, in denen Chinin nichts hilft, muss man das *Arsen* (Solutio Fowleri) versuchen. Auch bei manchen *toxischen Neuralgien* (Blei, Quecksilber) hat die Therapie der Krankheitsursache Rechnung zu tragen.

In allen Fällen, wo die causale Behandlung nicht ausführbar oder allein nicht genügend ist, kommen diejenigen zahlreichen Mittel und Behandlungsweisen in Betracht, welche der *Indicatio morbi* und *Indicatio symptomatica* entsprechen. Von der Voraussetzung einer (entzündlichen?) Affection des Nerven ausgehend, hat man vielfach versucht, durch *örtliche Ableitungsmittel*, Senfteige, reizende Einreibungen (Senfspiritus, Veratrinsalbe 0,5 : 20,0, Jodtinctur), *Blasenpflaster* und sogar durch das *Ferrum candens* einen günstigen Einfluss auf die Krankheit auszuüben. Die erstgenannten Mittel kommen nur in leichten Fällen zur Anwendung. Vesicatore, welche längs des Verlaufs des befallenen Nerven oder bei Gesichtsschmerz hinters Ohr gelegt werden, sind in frischen (namentlich „rheumatischen" Fällen) zuweilen von sehr guter Wirksamkeit. Zum Ferrum candens greift man höchstens in veralteten, sehr schweren Fällen, bei welchen (namentlich bei Ischias) in der That hierdurch einige sehr günstige Heilerfolge erzielt worden sind.

Wichtiger und wirksamer als die bisher erwähnten Mittel ist die locale *elektrische Behandlung der Neuralgien*. Obwohl wir nicht genau wissen, wie die Elektricität wirkt, so ist sie doch unstreitig bei der Behandlung der Neuralgien oft von dem grössten Erfolge begleitet. Symptomatische, freilich vorübergehende Besserungen erzielt man manchmal selbst in solchen Fällen, wo die eigentliche Ursache des Leidens von der Elektricität nicht beeinflusst wird, während bei den idiopathischen Neuralgien in frischen und selbst in veralteten Fällen oft vollständige Heilungen erreicht werden können. In Bezug auf die anzuwendende Methode existiren keine ganz allgemein gültigen Regeln, indem die meisten Specialisten ihre eigenen Lieblingsmethoden haben. Am meisten üblich und empfehlenswerth sind die folgenden Applicationsweisen: 1. *Stabile Einwirkung der Anode eines constanten Stroms* auf den ergriffenen Nervenstamm in möglichst grosser Ausdehnung, namentlich auch auf die etwa vorhandenen Schmerzpunkte. Stärkere Stromschwankungen und Stromunterbrechungen sind ganz zu vermeiden. Man steigert allmählich die Stromintensität bis zu mittlerer Stärke. Die Dauer der Sitzungen, welche täglich wiederholt werden müssen, beträgt 3—6 Minuten, zuweilen noch länger. 2. Bei Neuralgien längerer Nerven sind *stabile absteigende (zuweilen auch aufsteigende) constante Ströme* anzuwenden, wobei die Anode auf den möglichst central gelegenen Punkt des Nervenstamms oder auf die Wirbelsäule, die Kathode auf einzelne peripher gelegene Stellen aufgesetzt wird. 3. Der *faradische Strom* ist ebenfalls oft von sehr guter Wirkung. Entweder faradisirt man den Nerven mit mässig starken Strömen, oder man behandelt die Haut über dem befallenen Nerven mit dem *faradischen Pinsel*. Letztere Methode ist zwar sehr schmerzhaft, aber oft von vorzüglichem Erfolg begleitet. 4. Von einigen Elektrotherapeuten (MOR. MEYER) wird Gewicht darauf gelegt, dass etwa vorhandene *Schmerzpunkte an der Wirbelsäule*, wie solche schon von TROUSSEAU bei manchen Neuralgien erwähnt werden, mit der Anode eines constanten Stroms stabil behandelt werden.

Als allgemeine Regel gilt, stets mit milder, sehr vorsichtiger Anwendung der Elektricität anzufangen und erst später zu stärkeren Strömen überzugehen. Manchmal tritt eine eclatante Wirkung sofort (während des Schmerzanfalls) ein, manchmal zeigt sich erst nach mehreren Sitzungen die erste Besserung. Hat man nach 2—3 Wochen und nach Anwendung der verschiedenen elektrischen Methoden gar Nichts erzielt, so ist es gerathen, die elektrische Behandlung als für den Fall nicht geeignet ganz aufzugeben.

Bei allen schweren Neuralgien unentbehrlich ist der Gebrauch der *Narcotica*, vor allem des *Morphiums*. Dasselbe wird ausschliesslich während des Anfalls selbst angewandt und zwar am besten in Form einer *subcutanen Injection* (von 0,005 — 0,01 an), welche man in der Nähe der schmerzhaften Stelle macht. Die schmerzstillende Wirkung erfolgt fast ausnahmslos. Nur in sehr hartnäckigen, langdauernden Fällen tritt allmählich eine Gewöhnung an das Mittel ein. Man muss zu immer höheren Dosen greifen und auch diese lassen schliesslich in ihrer Wirkung nach. Unter den chronischen Morphinisten findet man zahlreiche Kranke, die an schweren Neuralgien gelitten haben oder noch leiden, so dass also eine vorsichtige Zurückhaltung beim längeren Gebrauch des Morphiums stets nothwendig ist. Namentlich soll man sich nicht zu leicht dazu entschliessen, den Kranken die Morphium-Spritze selbst in die Hand zu geben. Von manchen Aerzten wird den Morphiuminjectionen bei den Neuralgien nicht nur ein palliativer, sondern auch ein dauernder Nutzen zugeschrieben. Man sieht in der That zuweilen, dass leichtere Neuralgien unter dem ausschliesslichen Gebrauch von Morphiuminjectionen zur Heilung gelangen. Die *innere Anwendung* von Morphium und Opiumpräparaten steht der subcutanen Application an Sicherheit und Raschheit der Wirkung entschieden nach. Die *äusserliche Anwendung* von narcotischen Salben, Einreibungen u. dgl.

wird in der Praxis vielfach geübt, ist aber nur in leichteren Fällen von sichtlichem Nutzen. Man verschreibt Salben mit Extr. Opii (1 : 10), Extr. Belladonnae (2 : 10), Extr. Opii und Veratrin ana 1,0 auf 20,0 Ungt. simpl. u. dgl. Hieran schliesst sich die äussere Anwendung von Chloroform (Chloroform und Ol. Hyoscyami zu gleichen Theilen) und Aether an. *Chloralhydrat* (namentlich Crotonchloralhydrat ist bei Neuralgien empfohlen worden) wird seiner schlaferzeugenden Wirkung wegen oft bei chronischen Neuralgien verordnet. Endlich ist noch zu erwähnen, dass von einigen Aerzten *subcutane Injectionen von Atropin* (0,005— 0,001—0,003! pro dosi) als schmerzstillend gerühmt werden, zuweilen selbst in Fällen, in welchen Morphium unwirksam ist.

Um die Wiederkehr der Anfälle zu verhüten, die Neuralgie dauernd zu heilen, sind eine Menge von Mitteln empfohlen worden, deren Wirkungsweise wir zwar nicht näher kennen, welche sich aber den Ruf von *Specifica* gegen Neuralgien erworben haben. Unter diesen hat das *Chinin* entschieden die grösste Bedeutung. Keineswegs nur bei Malaria-Neuralgien, obgleich bei diesen am sichersten, sondern auch bei den „idiopathischen" Neuralgien kann das Chinin selbst in schweren Fällen noch vortreffliche Dienste leisten. Wesentlich ist hierbei, dass das Mittel in *grossen Dosen* gegeben wird. Man fängt mit 1,0—2,0 pro die an (am besten auf einmal gegeben) und kann in schweren Fällen bis zu 5—6 Grm., ja noch höher steigen. Auch vom *Natron salicylicum* werden einzelne Heilerfolge berichtet. Nächstdem kommen vorzugsweise *Arsenik* und *Bromkalium* in Betracht. Ersteres wird gewöhnlich als *Solutio Fowleri* verordnet (3 mal täglich 5 Tropfen, allmählich steigernd). Bromkali ist nur in grossen Dosen (3,0—5,0—10,0 pro die) wirksam. Von den zahlreichen Mitteln, welche sonst noch empfohlen worden sind, nennen wir hier noch *Ergotin* (innerlich und subcutan), *Terpentinöl, Zincum oxydatum, Zincum valerianicum, Tinct. Gelsemii, Aconitin, Phosphor, Jodkalium* u. a.

Schliesslich müssen wir noch die *chirurgische Behandlung* der Neuralgien erwähnen, die Durchschneidung des Nerven (*Neurotomie*) oder die Excision eines Stücks aus dem Nerven (*Neurektomie*), um dadurch das Zusammenwachsen des durchschnittenen Nerven zu verhindern. Diese Operation ist zweifellos in vielen Fällen von glänzendem Erfolg begleitet, in sehr vielen anderen Fällen freilich zeigt sich gar kein Einfluss auf das Leiden oder tritt nach einer vorübergehenden Besserung die Neuralgie von Neuem in alter Heftigkeit auf. Verständlich ist der günstige Erfolg der Neurotomie in den Fällen, wo man die Ursache der abnormen sensiblen Erregung peripherwärts von der Durchschneidungsstelle annehmen kann. Doch sind in der Literatur Beobachtungen mitgetheilt, bei welchen die Operation auch bei centralen Neuralgien von günstigem Einfluss gewesen sein soll. Immerhin wird man die Operation nur in den schwersten Fällen vorschlagen, bei denen alle übrigen Mittel bereits vergeblich versucht worden sind.

So sehen wir also, dass uns bei der Behandlung der Neuralgien eine grosse Anzahl von Mitteln zu Gebote steht, unter denen die Auswahl zu treffen nicht immer ganz leicht ist. Zunächst wird man in jedem einzelnen Fall nach einer Causalindication forschen und diese, wenn möglich, zu erfüllen suchen. In den zahlreichen Fällen, wo dies aber nicht gelingt, muss man vor allem den Schmerz zu lindern suchen, zu welchem Zweck wir in dem Morphium das wirksamste Mittel haben. Dann muss der eigentliche Kurplan gemacht werden. Man versucht eine elektrische Behandlung, oder, wenn diese nicht ausführbar ist, eins der anderen oben genannten Mittel. Am meisten Vertrauen verdient Chinin, im Uebrigen bei anämischen Individuen Arsen, bei kräftigeren Patienten Bromkalium. In schweren, hartnäckigen Fällen muss man mit Ausdauer und Consequenz ein Mittel nach dem andern prüfen. Zuweilen findet man noch spät das richtige. In langwierigen Fällen kann man die Kranken manchmal mit Erfolg in ein Thermalbad schicken, nach *Teplitz*, *Wildbad*, *Wiesbaden* u. s. w., oder in ein *Seebad*, in eine *Kaltwasserheilanstalt* u. s. w. Schliesslich bleibt noch die Neurotomie als letztes zu versuchendes Mittel übrig.

VIERTES CAPITEL.

Die einzelnen Formen der Neuralgien.

1. Neuralgie des Trigeminus.
(*Prosopalgie. Tic douloureux. Fothergill'scher Gesichtsschmerz.*)

Aetiologie. Die Trigeminusneuralgie ist eine der häufigsten und wichtigsten Neuralgien, bei deren Entstehung die mannigfachsten Ursachen und prädisponirenden Momente, welche wir im vorigen Capitel kennen gelernt haben, eine Rolle spielen. Namentlich sind es *Erkrankungen der Schädelknochen und des Periosts*, sehr häufig *Erkrankungen der Zähne* (Caries, Zahnexostosen, Anomalien der Zahnentwicklung und Zahnstellung), ferner *Krankheiten der Nasen- und Stirnhöhlen*, sowie des *Mittelohres*, welche zu Trigeminus-Neuralgien den Anlass geben können. ROMBERG fand zuerst als Ursache eines schweren, unheilbaren Falls ein *Aneurysma' der Carotis interna*, welches auf das Ganglion Gasseri drückte. Einen genau analogen Fall haben auch wir gesehen. Endlich soll eine *Ueberanstrengung der Augen* in nicht seltenen Fällen zur Entwicklung von Trigeminus-Neuralgien in Beziehung stehen.

Symptome und Verlauf. Die Schmerzanfälle bei der Quintus-Neuralgie können in schweren Fällen die qualvollste und schrecklichste Heftigkeit erreichen. Sie treten theils ganz ohne Veranlassung, theils bei geringen äusseren Einwirkungen (Waschen, Sprechen, körperliche Bewegungen, psychische Erregungen u. dgl.) auf. Die Schmerzen erstrecken sich auf das Gebiet der einzelnen Trigeminus-Aeste, strahlen aber zuweilen auch in den Hinterkopf, in den Nacken, in die Schultern u. s. w. aus. Häufig sind *reflectorische Zuckungen* im Gesicht wahrnehmbar, namentlich Blepharospasmus und Zucken der Mundwinkel. Die *vasomotorischen Störungen* machen sich Anfangs als abnorme Blässe, später gewöhnlich als deutliche abnorme Röthe des Gesichts und der Conjunctiva bemerkbar. Bei Neuralgien in den zwei oberen Aesten sieht man während der Anfälle oft eine abnorm *starke Thränensecretion*. Seltener sind eine abnorme *Speichelsecretion* und eine verstärkte *Absonderung der Nasenschleimhaut*. Zuweilen treten *Herpes-Eruptionen* im Verlauf des befallenen Nerven auf, *Zoster frontalis*, *Herpes conjunctivae* u. a. Auch schwerere, in die Kategorie der neuroparalytischen Ophthalmie gehörige Erkrankungen des Auges sind in einigen Fällen beobachtet worden. Bei längere Zeit bestehenden Neuralgien kommen zuweilen noch weitere *trophische Störungen* vor: eine chronische Verdickung der Haut und des Unterhautzellgewebes, Ergrauen, Ausgehen der Haare im Gebiete des Frontalis u. a.

Die meisten Trigeminus-Neuralgien haben ihren Sitz nicht im Gebiete des ganzen Nerven, sondern nur in einem oder in einzelnen Aesten desselben (vgl. Fig. 1 S. 15). Man unterscheidet danach 1. *die Neuralgie des ersten Astes (Neuralgia ophthalmica)*, besonders häufig als *Neuralgia supraorbitalis s. frontalis* auftretend. Schmerzpunkte sind am Foramen supraorbitale häufig, seltener an der Nase, am inneren Augenwinkel, am Tuber parietale u. a. zu finden. 2. Die *Neuralgie des zweiten Astes (Neuralgia supramaxillaris)*, am häufigsten im Gebiete des Nervus infraorbitalis (*Neuralgia infraorbitalis*), mit dem Hauptschmerzpunkt am Foramen infraorbitale, ferner am Jochbein, an der Oberlippe u. a. 3. Die *Neuralgie des dritten Astes (Neuralgia inframaxillaris)*, welche am häufigsten ihren Sitz im Bereich des *Nerv. alveolaris inferior* hat. Doch kommen auch Neuralgien in der Schläfen-

gegend und in der Zunge vor. Von den Schmerzpunkten liegt der hauptsächlichste am Foramen mentale.

Der Gesammtverlauf der Quintus-Neuralgien ist in den einzelnen
Fällen sehr verschieden. Man beobachtet alle Formen, von den leichtesten, rasch vorübergehenden an bis zu den schwersten, unheilbaren,
welche die Kranken zur Verzweiflung, ja sogar zum Selbstmord treiben
können. Diejenige Form, bei welcher sich keine Ursache auffinden
lässt, die Anfälle in grösster Intensität bald in kurzen Pausen, bald
nach Wochen und Monate langen Zwischenräumen auftreten und allen
Heilversuchen mit grösster Hartnäckigkeit trotzen, hat TROUSSEAU mit
dem Namen der *„epileptiformen Neuralgie“* bezeichnet, obwohl irgend
eine sichere Beziehung dieser Krankheit zur echten Epilepsie keineswegs nachweisbar ist. Bemerkenswerth ist, dass gerade diese Form bei
neuropathisch belasteten Individuen auftritt.

Die *Diagnose* der Trigeminusneuralgien ist in allen ausgesprochenen
Fällen leicht, wenn man auf die Verbreitung des Schmerzes, das anfallsweise Auftreten desselben und die Druckpunkte Rücksicht nimmt.
Bei oberflächlicher Untersuchung können freilich Verwechselungen mit
entzündlichen Knochen- und Periostaffectionen, mit echten Zahnschmer-
zen, mit Migraine u. dgl. vorkommen.

Die *Prognose* ist nie mit voller Sicherheit zu stellen. Am günstigsten ist sie in frischen Fällen und in Fällen, welchen eine nachweisbare, zu beseitigende Ursache zu Grunde liegt. Beruht das Leiden
dagegen auf einer gröberen anatomischen, nicht zu entfernenden Ursache, oder handelt es sich um alte, „habituell gewordene“ Fälle, so
ist die Prognose oft leider durchaus ungünstig.

Therapie. Beim Aufsuchen der causalen Indicationen hat man bei
Neuralgien des zweiten und dritten Astes vor allem nach *Erkrankungen
der Zähne*, ferner stets nach *Affectionen der Nase, der Stirnhöhlen* und
des Mittelohrs zu suchen. Cariöse Zähne, welche schmerzhaft sind und
irgend eine Beziehung zur Neuralgie zu haben scheinen, sind stets zu
entfernen, die etwa vorhandenen genannten Affectionen mit specialisti-
scher Gründlichkeit zu behandeln.

Von den übrigen Mitteln kommen alle die im vorigen Capitel erwähnten und näher besprochenen zur Anwendung, vor allem die *Elektricität* (Anode auf die Schmerzpunkte, Kathode im Nacken, faradischer
Pinsel u. s. w.), die *Narcotica*, *Chinin* und *Solutio Fowleri*. Von einzelnen, speciell bei Quintus-Neuralgien gerühmten Mitteln führen wir
noch an: das *Butylchloralhydrat* (Crotonchloral) in Kapseln zu 0,1—0,3
oder nach der LIEBREICH'schen Vorschrift: Butyl. Chloral. hydrat. 5,0

bis 10,0, Glycerini 20,0, Aq. destill. 120,0, einen bis mehrere Esslöffel alle 5—10 Minuten. Ferner die *Tinctura Gelsemii sempervirentis*, 5—20 Tropfen mehrmals täglich, *Aconitin* in Pillen zu 0,003—0,005 Milligrm., 3—5 täglich, *Amylnitrit, Cuprum sulphur. ammoniatum* (in Pulvern oder Pillen zu 0,02—0,04) u. a. Specielle Indicationen für alle diese Mittel lassen sich nicht angeben, so dass man auf ein reines Probiren angewiesen ist. In verzweifelten Fällen hat Trousseau einen Versuch mit sehr hohen Opiumdosen gemacht, wobei er allmählich bis zu Gaben von 8—12 Grm. (!) am Tage gestiegen ist. Zuweilen kann durch *Compression der Carotis* der Anfall vermindert oder abgekürzt werden.

Die *operative Behandlung* (Nervendurchschneidung, Excision, Nervendehnung, Unterbindung einer Carotis) darf man den Patienten nur dann vorschlagen, wenn alle anderen Mittel sich als nutzlos erwiesen haben. Sie hat neben vielen Misserfolgen auch einige glänzende Resultate aufzuweisen.

2. Occipital-Neuralgie.

Von den im sensiblen Gebiete der vier oberen Cervicalnerven auftretenden Neuralgien ist die Neuralgie des *Nervus occipitalis major* die häufigste und praktisch wichtigste. Von den in ätiologischer Beziehung wichtigen Momenten hat man ausser den bei allen Neuralgien in Betracht kommenden namentlich auf *Erkrankungen der oberen Halswirbel* (Caries, Neubildungen) zu achten. — Die Schmerzanfälle können die grösste Heftigkeit erreichen. Gewöhnlich sind sie gleichzeitig im Gebiete *beider* Occipitalnerven localisirt, also doppelseitig, wenn auch meist auf der einen Seite stärker, als auf der anderen. *Schmerzpunkte* sind am häufigsten in der Mitte zwischen dem Proc. mastoideus und den oberen Halswirbeln zu finden. Vasomotorische Störungen, Ausgehen der Haare u. dgl. sind öfters beobachtet worden.

Die *Prognose* ist in den Fällen, welchen keine schwere anatomische Erkrankung (Spondylitis) zu Grunde liegt, relativ günstig. Starke *Hautreize* im Nacken (Vesicatore in frischen Fällen), *Morphiuminjectionen* und der *constante Strom* sind die wirksamsten Mittel.

Alle übrigen Neuralgien im Gebiete des Plexus cervicalis sind selten. Sie kommen vor im Ausbreitungsbezirk des *N. occipitalis minor*, des *N. auricularis magnus* und der *Nn. supraclaviculares*. Sogar eine *Neuralgia phrenica*, bei welcher sich der Schmerz längs des Phrenicus-Verlaufs bis zu den Ansatzstellen des Zwerchfells erstrecken soll, ist beschrieben worden, aber jedenfalls sehr selten.

3. Neuralgien im Gebiete des Plexus brachialis.

(*Cervico-Brachialneuralgie.*)

Brachialneuralgien sind im Ganzen selten und fast niemals ganz streng an das Gebiet eines einzelnen Nerven gebunden. Im Allgemeinen werden der Radialis und Ulnaris etwas häufiger befallen, als der Medianus. Auch Neuralgien des N. cutaneus brachii internus kommen zuweilen vor. — In *ätiologischer Hinsicht* sind vor allem die relativ häufigen Verletzungen und Quetschungen der Nerven, ferner Narben und Fremdkörper zu nennen. Hierher gehören auch die *Amputationsneuralgien*. Bemerkenswerth ist, dass zuweilen nach Verletzungen der Finger heftige Armneuralgien auftreten, welche vielleicht von einer aufsteigenden Neuritis abhängen. *Doppelseitige Armneuralgien* müssen stets den Verdacht auf eine spinale Affection, besonders auf Spondylitis der unteren Halswirbel lenken.

Ueber die specielle *Symptomatologie* der Armneuralgien ist wenig hinzuzufügen. Der Schmerz wird meist im ganzen Verlauf der Nerven angegeben, ohne indessen, wie bereits erwähnt, sehr streng localisirt zu sein. *Schmerzpunkte* finden sich zuweilen am Plexus brachialis, am Radialis (Aussenfläche des Oberarms), am Ulnaris (Sulcus am Condylus internus), am Medianus (innerer Rand des Biceps) und an den Hautnerven dort, wo sie aus der Fascia heraustreten. Vasomotorische und trophische Störungen („*Glossy fingers*", d. i. eine eigenthümliche glänzende, atrophische Beschaffenheit der Haut an den Fingern) sind zuweilen beobachtet worden, bei schweren Neuralgien auch eine ausgesprochene Atrophie des ganzen Arms.

In *therapeutischer Beziehung* kommt ausser der etwaigen Erfüllung der Causalindication und den gewöhnlichen Mitteln (Narcotica, Derivantien, bei rheumatischen Neuralgien Natron salicylicum) vorzugsweise die *Elektricität* in Betracht. In einigen schweren Fällen hat man durch die *Nervendehnung* gute Resultate erzielt.

4. Intercostalneuralgie.

(*Dorso-Intercostalneuralgie.*)

Da die hinteren (dorsalen) Aeste der Brustnerven nur ausnahmsweise erkranken, so treten die hierher gehörigen Neuralgien fast immer als reine *Intercostalneuralgien* auf. Dieselben betreffen meist die mittleren (circa den fünften bis neunten) Intercostalnerven, von denen einer oder häufig mehrere gleichzeitig befallen sind. Die Affection ist viel häufiger auf der *linken* Seite, als auf der rechten.

In *ätiologischer* Hinsicht ist es wichtig daran zu erinnern, dass hartnäckige Intercostalneuralgien häufig ein Symptom (oft lange Zeit das einzige) schwerer anatomischer Erkrankungen sind, so namentlich bei *Rippenaffectionen,* bei *Wirbelleiden* (Caries, Carcinom), bei *Rückenmarkskrankheiten* (Tabes, Meningitis spinalis, Tumoren) und bei *Aneurysmen der Aorta.* Ausser diesen symptomatischen Neuralgien kommen aber auch echte idiopathische Intercostalneuralgien nicht selten vor, besonders bei anämischen und nervösen Frauen und Mädchen in den jüngeren und mittleren Jahren. Auch traumatische Läsionen der Intercostalnerven und Erkältungen spielen eine Rolle und endlich sollen „reflectorische" Intercostalneuralgien bei Krankheiten der weiblichen Genitalien nicht selten auftreten.

Die *Schmerzen* bei der Intercostalneuralgie können eine ungemeine Heftigkeit erreichen und werden durch ausgiebigere Bewegungen des Thorax meist gesteigert. Die Kranken vermeiden daher nach Möglichkeit tiefe Inspirationen, Husten, lautes Sprechen u. dgl. Gewöhnlich findet man *drei Schmerzpunkte*, einen neben der Wirbelsäule, einen etwa in der Mitte des Nerven und einen dritten neben dem Sternum resp. am Musc. rectus abdominis. Von *trophischen Störungen* ist das relativ häufige Auftreten eines *Herpes zoster* (s. d.) zu erwähnen. Der *Verlauf* hängt vorzugsweise von der Aetiologie des Leidens ab. Die primären Intercostalneuralgien sind zwar oft recht hartnäckig, geben aber doch im Ganzen meist eine günstige Prognose. Nicht immer leicht ist die *Differentialdiagnose* zwischen echten Intercostalneuralgien und rheumatischen Muskelaffectionen, beginnender Pleuritis u. dgl. Hier muss eine genaue objective Untersuchung, die Beachtung der Localisation des Schmerzes und der vorhandenen Druckpunkte und endlich der weitere Krankheitsverlauf vor Irrthümern schützen.

Die *Therapie* richtet sich nach den im vorigen Capitel angegebenen allgemeinen Regeln. Vesicatore sind in frischen Fällen oft von sehr guter Wirkung. Die elektrische Behandlung geschieht mit dem faradischen Pinsel oder dem constanten Strom (Kathode auf die Wirbelsäule, Anode auf den seitlichen und vorderen Schmerzpunkt, ziemlich starker stabiler Strom). In schweren Fällen sind Morphiuminjectionen unentbehrlich. — Der Herpes zoster heilt unter einer einfachen Behandlung mit Salben und Streupulver ab.

Mastodynie (Neuralgie der Brustdrüse). Als eine besondere Neuralgieform im Gebiete der Intercostalnerven ist die *Mastodynie (irritable breast* von ASTLEY COOPER genannt) zu betrachten. Sie tritt fast nur bei *Frauen* nach der Pubertätszeit auf und ist ein sehr schmerzhaftes und quälendes, hartnäckiges Leiden. Die Schmerzen sind theils continuirlich, theils treten sie in einzelnen, zuweilen von Erbrechen begleiteten Anfällen auf. Die ganze Mamma ist gegen Berührung äusserst empfindlich. *Aetiologisch* ist wenig Sicheres bekannt. Anämie, Hysterie, traumatische Einwirkungen scheinen von Einfluss zu sein. Zuweilen fühlt man in der Brust kleine, sehr schmerzhafte Knötchen (Tubercula dolorosa, Neurome?), welche schon zu dem Verdacht eines sich entwickelnden Carcinoms Anlass gegeben haben.

Das Leiden kann jahrelang andauern. Die *Therapie* ist schwierig. Warme Einpackungen der Brust, Aufbinden der Mammae und vor allem Narcotica bringen Erleichterung. Die Elektricität kann von entschiedenem Nutzen sein. Auch operative Eingriffe (Amputatio mammae, Exstirpation der schmerzhaften Knötchen) sind in verzweifelten Fällen gemacht worden. Ihr Erfolg ist unsicher.

5. Neuralgien im Bereich des Plexus lumbalis.

Da die hierher gehörigen Neuralgien selten sind und wenig Eigenthümlichkeiten zeigen, so begnügen wir uns mit der kurzen Aufzählung der wichtigsten Formen.

Die *Neuralgia lumbo-abdominalis* macht Schmerzen in der Lendengegend, welche nach dem Gesäss, dem Hypogastrium und den Genitalien zu ausstrahlen. Die *Neuralgia cruralis* sitzt theils im Gebiete des Nervus cutaneus femoris ant. externus, theils im Gebiete der Hautäste des N. cruralis (cutaneus femoris medius und internus). Besonders charakteristisch ist ihre Ausbreitung auf den Hautbezirk des N. saphenus major (innere Wadengegend und innerer Fussrand). Bei der *Neuralgia obturatoria* erstreckt sich der Schmerz an der Innenseite des Oberschenkels bis zur Gegend des Kniegelenks hinab (vgl. Fig. 6 u. 7).

In ihren Einzelheiten schliessen sich alle diese Neuralgien an das im vorigen Capitel Gesagte vollständig an. Die *Diagnose* ist nicht immer leicht und man muss sich namentlich vor Verwechselungen mit Knochen- und Gelenkaffectionen, mit Lumbago, Nierensteinkoliken u. a. in Acht nehmen.

6. Ischias.
(*Neuralgia ischiadica. Malum Cotunnii.*)

Aetiologie. Die Neuralgie des Ischiadicus ist nebst der Trigeminus-Neuralgie die bei weitem häufigste und praktisch wichtigste Neuralgie. Sie kommt, im Gegensatz zu den meisten übrigen Neuralgien, häufiger bei *Männern*, als bei Frauen vor. *Erkältungen* und *Durchnässungen*, *traumatische Einflüsse* (Zangengeburten bei Frauen), *Ueberanstrengung* der Beine sind in vielen Fällen als ätiologische Momente nachweisbar. Auch *renöse Stauungen in den Beckenvenen* (Hämorrhoiden) und *habituelle Obstipation* können den Anlass zur Entwicklung einer Ischias geben. *Symptomatische Neuralgien* im Gebiete des Ischiadicus sieht man nicht selten bei Beckentumoren, Caries des Kreuzbeins und analogen Affectionen. Auch durch Druck des graviden Uterus auf den Plexus ischiadicus können Neuralgien hervorgerufen werden.

Symptome und Verlauf. Die *Schmerzen*, meistens mit leichten Vorboten anfangend und erst allmählich zu den starken Anfällen sich steigernd, beginnen gewöhnlich an der hinteren Schenkelfläche in der Gegend des Foramen ischiadicum. Von hier zucken sie blitzähnlich nach abwärts, gewöhnlich ins Peronealgebiet (äussere Partie des Unterschenkels und Fussrücken), seltener ins Tibialisgebiet (Fusssohle) hinein. Bald treten sie in charakteristischen neuralgischen Anfällen auf, bald sind sie mehr continuirlich. Nachts sind sie meist am stärksten. Die Bewegungen des Beines sind in schweren Fällen fast ganz durch die Schmerzen gehemmt, so dass das Gehen den Kranken fast unmöglich ist und sie ihr krankes Bein in leicht gebeugter Stellung still halten. *Schmerzpunkte* findet man häufig auf dem Glutaeus maximus oder an dessen unterem Rande, in der Kniekehle (N. tibialis), am Capitulum fibulae (N. peroneus), an den Fussknöcheln, auf dem Fussrücken u. a.

Ausser den Schmerzen sind sonstige *Sensibilitätsstörungen* (Parästhesien, Hyperästhesie, leichte Anästhesie) in dem ergriffenen Bein nicht selten. Reflectorische *Muskelspannungen*, *Zittern*, ja sogar vollständige *klonische Krämpfe* sind wiederholt beobachtet worden. Eine leichte Steifigkeit und Schwäche des Beines findet man fast in jedem Fall. Eine geringe Atrophie der Muskeln bildet sich oft aus, während die höheren Grade der Atrophie auf ernstere anatomische Erkrankungen des Nerven schliessen lassen. *Zoster*-Eruption ist wiederholt beobachtet worden.

Die *Dauer* des Leidens beträgt mehrere Wochen, zuweilen aber auch Monate, ja sogar Jahre. Doch ist der Verlauf, abgesehen von den Fällen, welchen ein unheilbares anatomisches Leiden zu Grunde liegt, schliesslich meist günstig. *Recidive* kommen freilich nicht selten vor.

Die *Diagnose* der Ischias ist zwar in der Mehrzahl der typisch auftretenden Fälle leicht, kann aber zuweilen auch ziemlich grosse Schwierigkeiten machen. Verwechselungen können namentlich vorkommen mit Lumbago, mit frischer Coxitis, nervöser Coxalgie (s. u.) und

Psoasabscess. Die möglichst genaue und allseitige objective Untersuchung und die Berücksichtigung der Localisation des Schmerzes und
der Schmerzpunkte müssen in zweifelhaften Fällen den Ausschlag geben.
Therapie. Nicht selten können wir durch Erfüllung der *Causalindication* günstige Erfolge erzielen. Ausser der etwa möglichen operativen Entfernung von Geschwülsten, Fremdkörpern u. dgl. ist hier namentlich die Besserung mancher Fälle von hartnäckiger Ischias, welche
mit habitueller Obstipation verbunden sind, durch methodische Abführ-
kuren, vor allem durch Brunnenkuren in Marienbad, Kissingen u. s. w.
zu erwähnen.

In frischen Fällen von schwerer Ischias sorgt man zunächst für
eine gute, vollständig ruhige Lagerung des Beins. Gewöhnlich ist die
locale Application von *Wärme* (warme Umschläge, Einwicklungen u. dgl.)
den Kranken angenehm. Zuweilen schafft ein Dampfbad wesentliche
Besserung. Stärkere örtliche Ableitungen (Vesicatore, eventuell sogar
eine locale Blutentziehung) werden namentlich in Fällen „rheumatischen
Ursprungs" angewandt. Sind die Schmerzen sehr heftig, so ist eine
subcutane Morphiuminjection das einzig sichere, oft unentbehrliche
Mittel. Auch narcotische Einreibungen werden in der Praxis häufig
verordnet.

Von den weiter in Betracht kommenden Heilmitteln ist vor allem
der *constante Strom* zu nennen. Man benutzt ziemlich starke, *absteigende Ströme* mit grossen Electroden, welche man täglich 5—10 Minuten
lang auf den Nerv einwirken lässt, indem man nach einander die einzelnen Abschnite des Nervenlaufs in den Strom einschaltet. Bei stärkerer
Steifigkeit im Bein macht man auch einige Oeffnungen und Schliessungen, um Muskelzuckungen hervorzurufen. Für solche Fälle eignet
sich auch die Anwendung des *faradischen Stromes.* — Die Zahl der
gegen Ischias empfohlenen *inneren* Medicamente ist ungemein gross.
Besonderen Ruf hat das *Terpentinöl* (in Kapseln oder mit Milch zusammen). *Chinin* ist bei Ischias weit weniger wirksam, als bei anderen
Neuralgien. Besteht irgend ein Verdacht auf Syphilis, so muss mit
Jodkalium ein Versuch gemacht werden.

In langwierigen Fällen verordnet man, ausser der elektrischen
Behandlung, *Badekuren.* Gute Resultate werden häufig in den indifferenten Thermen (*Teplitz, Wildbad, Wiesbaden*) erzielt. Ferner
empfehlen wir warme locale Douchen und heisse Sandbäder (*Köstritz*).
Ueber die Wirkung operativer Eingriffe (*Nervendehnung*) sind die Erfahrungen noch ziemlich spärlich. In einzelnen veralteten Fällen hat
man vom *Glüheisen* Erfolg gesehen. Als Curiosum sei hier auch an-

geführt, dass verschiedene Beobachter durch eine Cauterisation des Ohrläppchens Heilung von Ischias erzielt zu haben vorgeben!

7. Neuralgien der Genitalien und der Mastdarmgegend.

Neuralgische Affectionen der genannten Theile sind zwar nicht häufig, aber doch von zahlreichen Beobachtern in einzelnen Fällen beschrieben worden. Die Schmerzen haben ihren Sitz theils in den äusseren Genitalien, theils in der Harnröhre, theils in der After- und Perinealgegend. Die relativ häufigste Form ist die *Neuralgia spermatica* (*„irritable testis"* nach A. COOPER), bei welcher die heftigsten Schmerzen im Samenstrang und Hoden auftreten, fast immer verbunden mit einer äusserst hochgradigen Hyperästhesie der betroffenen Theile. Die Behandlung (Narcotica, Elektricität) dieser Neuralgie ist oft ohne Erfolg, so dass in schweren Fällen sogar schon einige Mal die Castration vorgenommen worden ist. Bei Frauen scheinen echte *Uterin-* und *Ovarialneuralgien* vorzukommen, namentlich als Theilerscheinung der Hysterie.

Als *Coccygodynie* bezeichnet man eine fast nur bei Frauen beobachtete Form lebhafter Schmerzen in der Steissbeingegend, welche sich beim Gehen, bei der Defäcation u. dgl. sehr steigern. Das Leiden ist so qualvoll, dass man wiederholt deswegen die operative Entfernung oder Umschneidung des Steissbeines ausgeführt hat.

FÜNFTES CAPITEL.

Gelenkneuralgien.

(Gelenkneurosen.)

Zuerst von dem englischen Arzt BRODIE beschrieben, wurden die Gelenkneuralgien in Deutschland erst allgemeiner bekannt, als ESMARCH durch die Mittheilung zahlreicher Beobachtungen den Nachweis führte, dass nicht selten anscheinend schwere und sehr schmerzhafte Gelenkleiden vorkommen, denen keine anatomisch nachweisbare Erkrankung des Gelenks zu Grunde liegt und die man daher als nervöse Affectionen aufzufassen berechtigt ist. Da in den meisten hierher gehörigen Fällen der im Gelenke localisirte *Schmerz* das Hauptsymptom darstellt, so ist die Bezeichnung Gelenkneuralgie ganz passend gewählt, obwohl ein derartig typisches, anfallsweises Auftreten der Schmerzen, wie bei den echten Neuralgien, hierbei nicht vorkommt.

Die Gelenkneuralgien beobachtet man vorzugsweise bei nervösen, hysterischen Personen, daher bei Frauen und Mädchen häufiger, als bei Männern. Sehr häufig kann man eine psychische Veranlassung zur

Entstehung des Leidens nachweisen. Namentlich *Traumen*, welche das
Gelenk treffen und an sich ohne Bedeutung wären, aber mit einem lebhaften Schreck verbunden sind und die Gedanken des Patienten auf
das betreffende Glied hinlenken, spielen die wichtigste Rolle in der
Aetiologie der Gelenkneurosen.

Entweder unmittelbar nach einer derartigen Veranlassung, oft aber
auch erst einige Wochen später, fangen die Kranken an über Schmerzen
zu klagen. Fast immer ist ein Knie- oder ein Hüftgelenk befallen,
nur selten die Gelenke der oberen Extremitäten. Die Schmerzen sind
continuirlich, werden anfallsweise stärker, besonders bei Bewegungen,
bei psychischen Erregungen u. dgl. Zeitweise, namentlich wenn die Aufmerksamkeit der Kranken von ihrem Leiden abgelenkt wird, scheinen
sie bedeutend nachzulassen. Sie werden zwar der Hauptsache nach in
ein Gelenk localisirt, doch ist nicht selten das ganze Bein schmerzhaft.
Gegen Druck, Erschütterungen u. dgl. sind die Kranken meist sehr
empfindlich. Einzelne besondere *Druckschmerzpunkte* an den Gelenken
sind nicht selten nachweisbar. Das Gehen ist den Kranken ganz unmöglich, oder wenigstens sehr schmerzhaft und stark hinkend. In
schweren Fällen, namentlich wenn die übertriebene Sorge der Umgebung
die Widerstandsfähigkeit der Patienten gegen ihr Leiden noch herab-
setzt, sind die Kranken Wochen und Monate lang ganz bettlägerig.
Gewöhnlich besteht im befallenen Bein eine deutliche Schwäche, fast
immer mit einer starken Muskelrigidität und Spannung verbunden. Das
Bein ist gestreckt oder ganz in derselben Weise gebeugt und nach
innen rotirt, wie bei echter Coxitis.

Die *Diagnose* der Gelenkneurosen ist manchmal recht schwierig,
aber bei längerer Beobachtung des Falls doch fast immer möglich. Zunächst freilich erscheint das Leiden wegen der grossen Schmerzhaftigkeit, wegen der steifen Haltung und völligen Gebrauchsunfähigkeit des
Beines meist als ein schweres Gelenkleiden. Indessen fällt dem erfahrenen Arzt doch meist bald der Mangel aller sicheren objectiven
Gelenkveränderungen, vor allem der Schwellung auf, ferner der Wechsel
in der Intensität der Klagen, die Beeinflussung des Leidens durch psychische Erregungen, endlich der Allgemeineindruck der Kranken, die
Art ihres Benehmens, der Contrast zwischen ihren grossen Klagen und
ihrem oft (freilich nicht immer) guten Aussehen, ihrem Appetit, ihrem
ungestörten Schlaf. In schweren Fällen ist die *Untersuchung in der
Chloroformnarkose* sehr anzurathen. Dabei verschwinden dann die
scheinbar stärksten Contracturen, die normale Beschaffenheit und Beweglichkeit des Gelenks tritt deutlich hervor.

Sobald die Diagnose einer Gelenkneurose gestellt ist, hat auch die *Therapie* ganz bestimmte Indicationen. Alle Einreibungen, Umschläge, Verbände u. s. w. sind zu beseitigen. Den Kranken ist die Ueberzeugung beizubringen, dass sie gehen *können*, wenn sie nur erst gelernt haben, wieder gehen zu *wollen*. Man macht methodische Gehübungen, die anfangs sehr schlecht und für die Kranken scheinbar quälerisch ausfallen, aber oft auffallend rasch zu besseren Resultaten führen. Sehr wesentlich unterstützt werden diese Uebungen durch eine *elektrische Behandlung* des Gelenks (Durchleitung eines starken Stromes, faradischer Pinsel), ferner durch *locale kalte Douchen* und durch *Massage*. Auch der Gebrauch von inneren Mitteln (Eisen bei anämischen Patienten, die verschiedenen Nervina) kann unter Umständen, wenn auch manchmal nur in psychischer Beziehung, angezeigt sein (vgl. das Capitel über Hysterie).

SECHSTES CAPITEL.
Habitueller Kopfschmerz.
(Cephalaea. Cephalalgie.)

Im Anschluss an die Neuralgien müssen wir hier den *habituellen Kopfschmerz* (*„nervösen Kopfschmerz"*) besprechen, eine Affection, welche in der Praxis ungemein häufig vorkommt, über deren nähere Ursachen und deren eigentliches Wesen unsere Kenntnisse aber noch in mancher Beziehung sehr ungenügend sind.

Man bezeichnet als *„nervösen Kopfschmerz"* nicht die so häufig beobachteten *symptomatischen* Kopfschmerzen, welche bei acuten fieberhaften Infectionskrankheiten, bei ausgesprochener allgemeiner Anämie, bei den verschiedensten anatomischen Krankheiten des Gehirns und seiner Häute, der Schädelknochen, der Stirnhöhlen u. s. w. auftreten. Ebensowenig dürfen wir den habituellen Kopfschmerz mit anderen schmerzhaften, wohl charakterisirten Affectionen, wie namentlich mit typischen *Neuralgien* im Stirnast des Trigeminus oder in den Occipitalnerven und mit der echten *Migraine* oder *Hemicranie* (s. d.) verwechseln. Vielmehr gehören hierher diejenigen Fälle, bei welchen der Kopfschmerz gewissermaassen eine Krankheit für sich darstellt und das einzige oder wenigstens hauptsächlichste Symptom ist, über welches die Kranken klagen und gegen welches sie Hülfe suchen. Eine sichere anatomische Grundlage für diese Fälle kennen wir nicht. Gewöhnlich nimmt man *Circulations-* und *feinere Ernährungsstörungen* an. Ob in der Gehirnsubstanz selbst Schmerzerregungen zu Stande kommen

können, wissen wir nicht. Die *Gehirnhäute* dagegen, namentlich die
Dura mater, sind bestimmt sensibel und werden daher gewöhnlich als
der eigentliche Sitz des Kopfschmerzes angesehen.

Dass die *Ursache des Kopfschmerzes* in den einzelnen Fällen eine
sehr verschiedene ist, macht schon die Mannigfaltigkeit der Umstände,
unter denen der Kopfschmerz auftritt, wahrscheinlich. Bald handelt
es sich um Personen, die sonst vollkommen gesund erscheinen, bald
um anämische, schwächliche Individuen, bald wiederum um „vollblütige"
kräftige Naturen von sehr guter Ernährung und mit rothem Gesichte.
Sehr häufig findet man den Kopfschmerz als das Hauptsymptom bei
nervösen, neurasthenischen Patienten (*Cephalaea neurasthenica*). Hierher gehören namentlich die Fälle bei Leuten, die sich körperlich und
geistig überarbeitet haben, bei Gelehrten, bei Beamten, bei Studenten
und Gymnasiasten vor dem Examen u. dgl. Je nach der allgemeinen
Constitution des Patienten sucht man die Ursache des Schmerzes entweder in einer abnormen Hyperämie, oder in einer abnormen Anämie
des Gehirns und seiner Häute (*Cephalaea hyperaemica* resp. *anaemica*).
Glaubt man bestimmte „rheumatische" (Erkältungs-) oder toxische Einflüsse (Alkohol, Nicotin, chronische Bleivergiftung u. a.) nachweisen zu
können, so spricht man von einer *Cephalaea rheumatica* und *C. toxica*.
Nicht selten leiden Kranke mit habituellem Kopfschmerz gleichzeitig
an chronischen *Magenbeschwerden* oder an *habitueller Obstipation*, welche
vielleicht in ursächlicher Beziehung zu den Kopfschmerzen stehen. Doch
wird man in sehr vielen Fällen *gar keine bestimmte Ursache* des Leidens auffinden können. Zuweilen scheint eine *hereditäre Disposition*
zu bestehen.

Der habituelle Kopfschmerz ist ein *chronisches* Leiden. Er kann
Monate und Jahre lang, ja das ganze Leben hindurch dauern, entweder
fast continuirlich vorhanden sein, oder, was häufiger ist, in einzelnen
Anfällen für mehrere Stunden oder Tage auftreten. Diese Anfälle kommen zuweilen ohne jede nachweisbare Veranlassung; häufig lassen sie
sich aber auf bestimmte Einwirkungen zurückführen, auf psychische Erregungen, auf körperliche Anstrengungen, auf Diätfehler u. dgl. Der
Schmerz wird von den Kranken bald mehr in den Stirntheilen, bald
mehr im Hinterhaupt, zuweilen im ganzen Kopf empfunden. Nicht selten
ist er auch auf bestimmte, ziemlich scharf umgrenzte Partien des Kopfes
beschränkt. Die nähere Art des Schmerzes wird in der verschiedensten
Weise beschrieben, bald als bohrend, bald als reissend, bald als würde
der Kopf von aussen zusammengepresst, bald als wollte er zerspringen.
In manchen Fällen ist die Intensität des Schmerzes nicht bedeutend,

es besteht blos ein Eingenommensein des Kopfes, ein Gefühl von „*Kopfdruck*", in anderen Fällen ist der Schmerz sehr heftig. Dann besteht
zuweilen auch eine ausgesprochene Hyperästhesie der Kopfhaut, so dass
sogar die Berührung der Haare schmerzhaft sein kann.

Das Allgemeinbefinden ist beim Kopfschmerz fast stets gestört.
Die Kranken sind arbeitsunfähig, oft verstimmt und reizbar, appetitlos.
Zuweilen beobachtet man stärkere gastrische Erscheinungen, namentlich
Uebelkeit und Erbrechen, zuweilen starken Schweissausbruch. Schwerere
Fälle des Leidens sind von grosser Bedeutung, da die Kranken dadurch
fast ganz zu ihrem Berufe unfähig gemacht werden.

Die *Therapie* des Kopfschmerzes ist stets eine schwierige Aufgabe.
Sie wird zunächst natürlich in jedem Falle an eine etwa nachweisbare
Aetiologie des Leidens anzuknüpfen suchen. Die bestehenden Grundleiden sind besonders zu behandeln. Liegt irgend ein Verdacht auf
Syphilis vor, so versucht man *Jodkalium*. Anämischen Patienten verordnet man *Eisen, Landaufenthalt, kräftige Diät* u. dgl. Vollblütige
Individuen, besonders wenn sie gleichzeitig an Verdauungsbeschwerden
leiden, lässt man *Bitterwasser* trinken, oder schickt sie zur Kur nach
Marienbad, Carlsbad u. s. w. Die nervösen Kopfschmerzen bei Hysterischen und Neurasthenikern verlangen eine rationelle Allgemeinbehandlung: *Elektricität* (allgemeine Faradisation, Galvanisation am Kopf, am
Sympathicus), *Kaltwasserkuren* u. s. w. Personen, die sich überarbeitet
haben, ist vollständige körperliche und geistige *Ruhe* dringend anzurathen. Man schickt sie aufs Land oder am besten in ein *Seebad*.

Die Zahl der empfohlenen *symptomatischen Mittel*, welche den
Kopfschmerz lindern sollen, ist sehr bedeutend. In den meisten langwierigen Fällen haben die Kranken selbst ihr Leiden vollständig kennen
gelernt. Viele wissen, dass es gegen „ihre alten Kopfschmerzen" doch
kein Mittel giebt, verlangen blos Ruhe und warten ab, bis der Schmerz
von selbst wieder aufhört. Andere haben sich an gewisse Hausmittel
gewöhnt, machen sich Umschläge auf den Kopf, nehmen ein kaltes
oder heisses Fussbad, legen sich einen Senfteig in den Nacken, waschen
sich die Stirn mit Eeau de Cologne, binden sich ein Tuch fest um
den Kopf, trinken starken Thee, riechen Ammoniak („Riechsalz") u. s. w.
Von *inneren Mitteln*, welche theils während des Anfalls, theils auch
sonst längere Zeit hindurch gebraucht werden sollen, um das Wieder-
kehren der Schmerzen zu verhindern, sieht man zuweilen Erfolge,
häufig aber auch nicht. Specielle Indicationen für die einzelnen Mittel
existiren nicht, so dass man erst allmählich ausprobiren muss, welches Mittel den meisten Nutzen hat. Zum Versuch eignen sich *Chinin*

(täglich etwa 0,2—0,5), *Bromkalium* (täglich 1,0—2,0), *Arsenik* (Solutio
Fowleri oder Pillen zu 0,003, 3—4 täglich), *Ergotin* (beim hyperämischem
Kopfschmerz zu versuchen, Pillen zu 0,05, 3—6 täglich), *Paullinia sor-
bilis* (s. Pasta guarana, enthält *Coffeïn*) in Pulvern zu 0,5—2,0 u. a.
Sind die Schmerzen sehr heftig, so können *Narcotica* (Morphium, Opium,
Chloral) nothwendig sein.

Die *elektrische Behandlung* (s. o.) hat in vielen Fällen entschiedene
Erfolge aufzuweisen. doch muss man stets mit grosser Vorsicht beginnen
und erst erproben, welche Methode am besten vertragen wird. Nützlich
sind ferner zuweilen *Kaltwasserkuren,* der Aufenthalt auf dem Lande,
an der See, im Gebirge.

Mit allen genannten Mitteln kann man zuweilen den Kranken gute
Dienste leisten, während in anderen Fällen das Uebel allen Heilversuchen hartnäckig trotzt. Doch bleibt dann den Patienten wenigstens
der Trost übrig. dass das Leiden nicht selten nach Jahren und Jahrzehnten im höheren Alter schliesslich von selbst aufhört.

SIEBENTES CAPITEL.
Anomalien der Geruchsempfindung.

Anomalien des Geruchs, welche auf eine Erkrankung des Nervus
olfactorius resp. seiner Endapparate oder seiner centralen Ausbreitung
hinweisen, werden zwar nicht selten beobachtet, haben aber kein grosses
praktisches Interesse. Bekanntlich werden nur die zwei oberen Nasen-
muscheln und der obere Theil des Septum narium (Regio olfactoria)
von Fasern des Geruchsnerven versehen. Durch die Oeffnungen der
Lamina cribrosa treten die Zweige des Olfactorius in die Schädelhöhle
hinein und bilden. den Stamm des Olfactorius. Ueber den weiteren
centralen Verlauf desselben ist nichts Sicheres bekannt. Bemerkenswerth ist die halbseitige Anosmie bei Affectionen des hinteren Abschnitts
der inneren Kapsel und die einige Mal beobachtete Anosmie der linken
Nasenhöhle bei gleichzeitiger rechtsseitiger Hemiplegie und Aphasie.

Zur *Prüfung des Geruchsinns* bedient man sich solcher Substanzen,
welche nicht zugleich reizend auf die sensiblen Fasern des Trigeminus
in der Nasenhöhle einwirken. Am zweckmässigsten sind Eeau de Cologne, ätherische Oele (Nelkenöl, Bergamotteöl), Terpentinöl, Campher,
Moschus, Baldrian, Asa foetida u. a.

Die *Hyperästhesie des Geruchsinns* macht sich theils durch eine
auffallend feine Perception von Gerüchen, theils durch eine abnorme
Empfindlichkeit gegen dieselben bemerkbar. Namentlich die letztere

Erscheinung wird häufig beobachtet, zumal bei Hysterischen. Die Kranken bekommen schon durch geringe, von Gesunden wenig beachtete Gerüche Kopfschmerzen, Ohnmachtsanwandlungen u. dgl. *Subjective Geruchsempfindungen* (Geruchshallucinationen) kommen bei Geisteskranken ziemlich häufig vor.

Eine *Herabsetzung des Geruchvermögens (Anaesthesia olfactoria, Anosmie)* kommt ebenfalls nicht selten vor. Man beobachtet sie bei den verschiedensten *Erkrankungen der Nase* (Schnupfen u. s. w.), ferner bei Affectionen an der *Schädelbasis* (Geschwülste, acute und chronische Meningitis), welche den Stamm des Olfactorius in Mitleidenschaft ziehen, endlich bei *Gehirnleiden* (Tumoren u. s. w.) und am häufigsten bei schwerer *Hysterie*. Auch bei weit vorgeschrittener *Tabes dorsalis* haben wir einige Mal ausgesprochene Anosmie gefunden, welche vielleicht von einer Atrophie des Olfactorius abhängt. Wichtig ist zu bemerken, dass bei jeder stärkeren Geruchsabschwächung auch der „*Geschmack*" vieler Speisen leidet, da bekanntlich das „Aroma" derselben, z. B. der Braten, der Weine, der verschiedenen Käsesorten u. s. w. vorzugsweise auf den gleichzeitigen Geruchsempfindungen beruht.

Die *Therapie* der Geruchsanomalien fällt fast stets mit der Behandlung des Grundleidens zusammen. Falls die Geruchstörung ein besonderes Eingreifen wünschenswerth macht, so kann man Elektrisation der Nasenschleimhaut oder Einpinseln derselben mit einer 1 % Lösung von Strychnium nitricum in Ol. Olivarum versuchen.

ACHTES CAPITEL.
Anomalien der Geschmacksempfindung.

Die Geschmacksempfindungen werden durch zwei Nerven vermittelt, durch den Nervus glossopharyngeus und den N. lingualis vom dritten Ast des Trigeminus. Der *Glossopharyngeus* ist der Geschmacksnerv für das hintere Drittel der Zunge und den Gaumen, der *Lingualis* für die vorderen zwei Drittel der Zunge. Die Geschmacksfasern des Lingualis treten alle oder wenigstens zum grössten Theil in die *Chorda tympani* über und gelangen mit dieser zum Stamm des N. facialis. Indessen bleiben sie, wie zahlreiche pathologische Erfahrungen aufs deutlichste erweisen, nicht im Facialis, sondern gelangen schliesslich doch wieder zum Trigeminus und zwar wahrscheinlich vorzugsweise durch Vermittlung des *N. petrosus superficialis major* und des *N. vidianus zum Ganglion sphenopalatinum* und somit zum zweiten Ast des Trigeminus. Indessen mögen auch noch einige andere Wege vorhanden sein, auf denen

die Geschmacksfasern sich schliesslich wieder mit dem Trigeminus vereinigen und mit dem Stamme desselben ins Gehirn eintreten. Ueber
ihren weiteren Verlauf und ihre centrale Endigung wissen wir nichts
Bestimmtes.

Hyperästhesien des Geschmacks kommen selten vor und sind bisher fast nur bei Hysterischen beobachtet worden. *Parästhesien* des
Geschmacks findet man zuweilen bei Kranken mit Facialislähmung,
welche über einen abnormen Geschmack im Munde klagen. Ziemlich
häufig dagegen sind *Anästhesien der Geschmacksnerven (A. gustatoria,
Ageusie)*. Dieselben können, wie sich aus dem Bisherigen ergiebt, vorkommen: 1. bei Affectionen der peripheren Endorgane der Geschmacksnerven (Erkrankungen der Zungenschleimhaut); 2. bei Affectionen (Compression) des N. glossopharyngeus; 3. bei Affectionen des Nervus lingualis und des Trigeminus innerhalb der Schädelhöhle; 4. bei Affectionen
der Chorda tympani (Erkrankungen des Mittelohrs); 5. bei Affectionen
des N. facialis vom Eintritt der Chorda tympani an bis zum Ganglion
geniculi, während Leitungshemmungen desselben Nerven oberhalb und
unterhalb der genannten Stellen erfahrungsgemäss keine Störung des
Geschmackssinns verursachen. *Centrale Geschmackstörungen* sind bei
Affectionen des hinteren Abschnitts der inneren Kapsel beobachtet worden.

Die *Prüfung des Geschmackssinns* muss für alle einzelnen Qualitäten der Geschmacksempfindung besonders vorgenommen werden, da
nicht selten *partielle Geschmackslähmungen* vorkommen. Die Prüfung
geschieht in der Weise, dass kleine Mengen der schmeckenden Substanzen in Lösung vermittelst eines Glasstäbchens oder eines Pinsels
auf die Zunge gebracht werden. Die vorderen und hinteren Partien
derselben sind gesondert zu untersuchen. Zur Prüfung des bitteren *Geschmacks* dient eine Chininlösung oder Tinctura nucis vomicae, des *süssen*
Geschmacks eine Zuckerlösung, des *sauren* Geschmacks Essig oder ver-
dünnte Salzsäure, des *salzigen* Geschmacks eine Kochsalzlösung. Auch
der bekannte *galvanische Geschmack*, welcher am stärksten an der
Anode, doch auch an der Kathode schon bei sehr schwachen Strömen
(daher so häufig durch Stromschleifen beim Galvanisiren am Kopf, Hals,
Nacken u. s. w.) auftritt, kann zur Geschmacksprüfung verwendet werden.

Die nähere *Diagnose* über den Sitz und die Ursache der Geschmack-
störung kann nur durch die Berücksichtigung der übrigen gleichzeitig
vorhandenen Symptome gestellt werden. Eine directe *Therapie* könnte
höchstens mit Hülfe der Electricität versucht werden.

ZWEITER ABSCHNITT
Krankheiten der motorischen Nerven.

ERSTES CAPITEL.
Allgemeine Vorbemerkungen über die Störungen der Motilität.

1. Lähmungen.

Allgemeine Eintheilung der Lähmungen. Unter „*Lähmung*" versteht man die Aufhebung der willkürlichen Beweglichkeit in den dem Willen unterworfenen Körpermuskeln. Gewöhnlich unterscheidet man den vollständigen Verlust der activen Bewegungsfähigkeit (*Lähmung, Paralysis*) von der blossen Abschwächung derselben (*Schwäche, Paresis*). Bei der vollständigen Lähmung eines Körpertheils oder eines einzelnen Muskels kann nicht die geringste willkürliche Bewegung in demselben ausgeführt werden, während bei der Parese in dem erkrankten Gebiete zwar noch gewisse Bewegungen möglich sind, welche aber an Kraft, Ausgiebigkeit und Ausdauer mehr oder weniger weit hinter der Norm zurückstehen.

Auf jeder Strecke des Weges, welcher von den motorischen Partien der grauen Gehirnrinde bis zu den Muskeln führt, d. i. also an jeder Stelle der grossen sogenannten „*corticomusculären Leitungsbahn*" oder „*Pyramidenbahn*" kann eine Erkrankung zur Lähmung führen, wenn sie die Leitungsfähigkeit für die willkürlichen motorischen Erregungen an der betreffenden Stelle aufhebt. Aber auch jede Zerstörung oder Functionshemmung der in der Gehirnrinde gelegenen *motorischen Centren* selbst, an deren Integrität der Beginn der willkürlichen Innervation gebunden ist, muss zu einer Lähmung in den entsprechenden Muskelgebieten führen. Und endlich ist es wenigstens a priori denkbar, dass auch Erkrankungen der *Muskeln* zu einer Lähmung führen können, indem die Muskeln theils ihre contractile Substanz einbüssen, theils ihre Fähigkeit verlieren, auf den anlangenden nervösen Reiz mit einer Contraction zu antworten. Indessen ist die sichere Feststellung derartiger „*myopathischer Lähmungen*" mit grossen Schwierigkeiten verbunden, weil sich die Erkrankungen der eigentlichen Muskelsubstanz von den Erkrankungen der Endverzweigungen und Endapparate der motorischen Nerven nur schwer trennen lassen.

Vergegenwärtigen wir uns in einer kurzen Uebersicht den näheren Verlauf der *Hauptbahn für die Erregung willkürlicher Bewegungen*, soweit uns derselbe bis jetzt bekannt ist, so müssen wir den Beginn dieser Bahn nach allen neueren Erfahrungen in die Gegend der *Centralwindungen des Grosshirns* und des *Lobulus paracentralis* verlegen. Hier befinden sich die sogenannten *psychomotorischen Centren* (s. Näheres in dem Capitel über die Gehirnlocalisation), von denen aus die *motorischen Stabkranzfasern* convergirend nach unten verlaufen. Letztere treten, nachdem sie sich zu einem ziemlich geschlossenen Bündel vereinigt haben, in die *innere Kapsel* ein, welche sie schräg durchsetzen. Wie man auf Horizontalschnitten durch die Grosshirnhemisphäre (s. Fig. 8) sieht, besteht die innere Kapsel aus zwei Schenkeln, einem vorderen, zwischen Linsenkern und Nucleus caudatus gelegenen, und einem hinteren, zwischen Linsenkern und Thalamus opticus gelegenen. Beide Schenkel bilden einen stumpfen, nach aussen offenen Winkel, dessen Scheitel, d. h. also die Vereinigung des vorderen und hinteren Schenkels der Capsula interna, als „*Kapselknie*“ bezeichnet wird. Die motorische Bahn (Py) liegt in dem *hinteren Schenkel der Capsula interna* und zwar ungefähr am hinteren Ende seines mittleren Drittels. Dabei verläuft sie aber etwas schräg nach abwärts, so dass sie in den oberen Theilen der inneren Kapsel etwas weiter nach vorn liegt, als in den tieferen. Aus der inneren Kapsel tritt die Pyramidenbahn in den *Hirnschenkelfuss* ein. Sie liegt zuerst im dritten Viertel (von innen an gerechnet), dann weiter nach abwärts im mittleren Drittel des Hirnschenkelfusses (s. Fig. 9 S. 45) und geht von hier in die *vordere Brückenhälfte* über. In der Brücke liegen die Fasern der Pyramidenbahn etwas auseinander, sammeln sich aber unterhalb derselben wieder zu dem geschlossenen Bündel der *Pyramide* an der Vorderfläche der Medulla oblongata. An dem unteren Ende der Pyramiden findet die *motorische* (untere) *Pyramidenkreuzung*

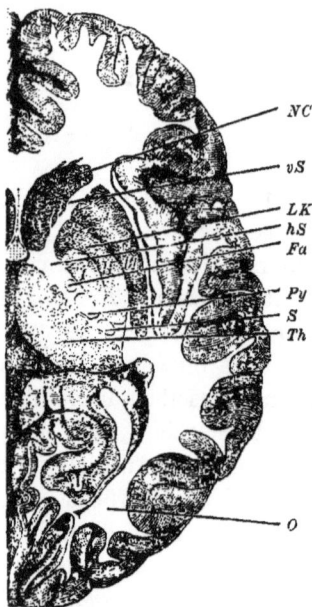

Fig. 8. Horizontalschnitt durch die rechte Grosshirnhemisphäre.
NC Nucleus caudatus,
Th Thalamus opticus,
LK Linsenkern (erstes, zweites, drittes Glied),
vS vord. Schenkel der inneren Kapsel,
hS hint. Schenkel der inneren Kapsel,
Fa Fasern, zum Facialis gehörig,
Py Pyramidenbahn (motorisch),
S Sensible Bahn (wahrscheinl. Haut- und Sinnesnerven),
O Occipitallappen.

statt, d. h. die motorischen Fasern jeder Pyramide gehen *zum grössten Theil* in den *Seitenstrang der entgegengesetzten Rückenmarkshälfte* über und bilden hier das geschlossene Bündel der *Pyramiden-Seitenstrangbahn* (*PyS*, s. Fig. 10 u. 11). Nur ein keiner Theil der Pyramidenfasern (welcher zuweilen auch ganz zu fehlen scheint) bleibt *ungekreuzt* und zieht in dem *Vorderstrang des Rückenmarks auf derselben Seite* nach abwärts, als sogenannte *Pyramiden-Vorderstrangbahn* (*PyV* Fig. 10). Aus dem Seitenstrange (resp. Vorderstrange) des Rückenmarks treten die motorischen Fasern in die *graue Vordersäule* des Rückenmarks hinein und stehen hier mit den grossen „*motorischen Ganglienzellen*" der Vorderhörner in directer Verbindung. Aus diesen Ganglienzellen

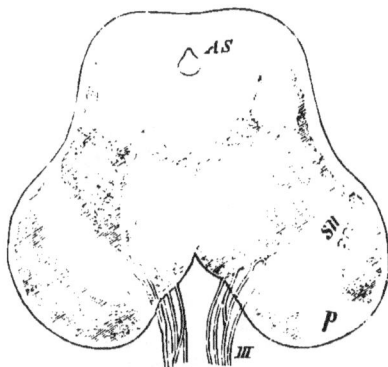

Fig. 9. Querschnitt durch den Hirnschenkel bei secundärer Degeneration der rechten Pyramidenbahn, nach CHARCOT.
sn Substantia nigra, *p* die degenerirte und deshalb durchscheinende Pyramidenbahn, *III* N. oculomotorius, *AS* Aquaeductus Sylvii.

treten, wie bekannt, die *vorderen Wurzelfasern* aus, welche als *vordere Spinalwurzeln* in die *peripheren Nerven* übergehen. Durch letztere gelangen die motorischen, vom Grosshirn ausgehenden Impulse schliesslich zu den eigentlichen Bewegungsapparaten, den willkürlichen *Muskeln*.

Die soeben geschilderte lange motorische Bahn (*cortico-muskuläre Bahn, Pyramidenbahn*) ist durch die Ergebnisse pathologisch-anatomischer (TÜRCK, CHARCOT) und entwicklungsgeschichtlicher (FLECHSIG) Unter-

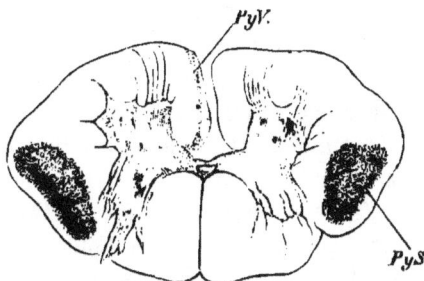

Fig. 10. Querschnitt durch die Halsanschwellung des Rückenmarks.
PyS Pyramiden-Seitenstrangbahn,
PyV Pyramiden-Vorderstrangbahn
(in diesem Fall nur auf der einen Seite vorhanden).

suchung in ihren Einzelnheiten ziemlich genau festgestellt. Sie bildet jedenfalls den hauptsächlichsten Weg für die Leitung der willkürlichen Innervation. Es ist möglich, ja aus gewissen Gründen sogar wahrscheinlich, dass es ausser dieser Bahn noch andere motorische Leitungswege giebt. Ueber dieselben wissen wir aber nichts Bestimmtes.

Berücksichtigt man den geschilderten Verlauf der motorischen Bahnen, so wird man leicht gewisse Eigenthümlichkeiten in der *Ausbreitung motorischer Lähmungen* verstehen, welche von principieller diagnostischer Bedeutung sind. Da, wie wir später noch ausführlicher sehen werden, die Centren für die Bewegung der einzelnen Körpertheile (Gesicht, Arm, Bein u. s. w.) in der Grosshirnrinde von einander getrennt und auf einer verhältnissmässig grossen Fläche vertheilt sind, so erklärt es sich leicht, dass Affectionen der Gehirnrinde, wenn sie nicht sehr ausgedehnt sind, zu Lähmungen nur eines einzigen Körpertheils führen können. Man nennt derartige isolirte Lähmungen eines Körpertheils *Monoplegien* und spricht daher von einer corticalen Monoplegia facialis, brachialis u. s. w. Weiter abwärts im Gehirn, in der inneren Kapsel und in dem Hirnschenkel sind dagegen, wie wir gesehen haben, sämmtliche motorische Fasern zu einem Bündel vereinigt, dessen Querschnitt einen verhältnissmässig nur geringen Raum einnimmt. Man begreift daher, dass irgend eine Erkrankung des Gehirns, welche gerade an dieser Stelle der motorischen Bahn sitzt, dieselbe leicht in ganzer Ausdehnung oder wenigstens zum grössten Theil leitungsunfähig machen kann. Die Folge muss dann eine mehr oder weniger vollständige gleichzeitige Lähmung der Gesichtsmuskeln, des Armes und des Beines, also der ganzen einen Körperhälfte sein, eine Form der Lähmung, welche man als *Hemiplegie (halbseitige Lähmung)* bezeichnet. Wir können schon hier bemerken, dass in Folge des Uebertritts der motorischen Fasern in der Pyramidenkreuzung auf die andere Hälfte des Rückenmarks auch die Lähmung sich *auf der dem Erkrankungsherde im Gehirn entgegengesetzten Körperseite* entwickeln muss. Weiter unten im verlängerten Mark und Rückenmark liegen die von beiden Gehirnhemisphären kommenden und zu je einer Körperseite gehörigen Fasern relativ nahe bei einander. Da nun zahlreiche Rückenmarkserkrankungen die Neigung haben, beide Hälften des Rückenmarks gleichzeitig zu befallen, resp. sich allmählich über den ganzen Querschnitt des Rückenmarks auszudehnen, so wird in Folge davon leicht eine gleichzeitige

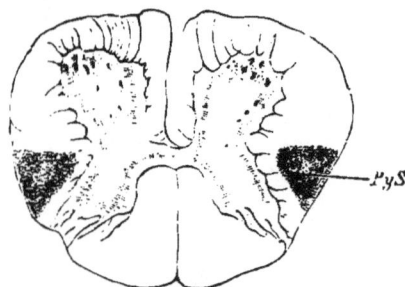

Fig. 11. Querschnitt durch die Lendenanschwellung.
PyS Pyramiden-Seitenstrangbahn.
(Die *PyV* ist im Lendenmark nicht mehr vorhanden.)

Lähmung der entsprechenden Abschnitte auf *beiden* Seiten des Körpers eintreten. Diese Lähmungsform nennt man *Paraplegie*. Erkrankungen im Halsmark können eine Lähmung aller vier Extremitäten oder eine Lähmung beider Arme (*Paraplegia cervicalis s. brachialis s. superior*), Erkrankungen im Brust- und Lendenmark eine *Paraplegie beider Beine* (Paraplegia inferior, häufig einfach „Paraplegie" ohne weitere Nebenbezeichnung genannt) zur Folge haben. Bei den Affectionen der peripheren Nerven haben wir selbstverständlich wieder eine Beschränkung der Lähmung auf das zu dem betroffenen Nerven gehörige Gebiet. Die Lähmung kann ziemlich ausgebreitet sein bei Erkrankungen eines Nervenplexus (*periphere Plexuslähmung*) oder sich ganz auf das Gebiet eines einzelnen Nerven oder sogar eines einzelnen Nervenastes beschränken (*periphere Nervenlähmung*).

Wir werden im Folgenden zu dem eben Gesagten noch mannigfache Erweiterungen hinzufügen müssen. Als Fundamentalsatz aber können wir uns schon jetzt merken, dass die *Hemiplegie* die Hauptform der *cerebralen Lähmungen*, die *Paraplegie* dagegen die Hauptform der *spinalen Lähmungen* ist. *Monoplegien* sind meist entweder *corticale* Gehirnlähmungen oder *periphere Lähmungen*.

Allgemeine Aetiologie der Lähmungen. Die *Art* der Läsion, welche zur Lähmung führt, kann in den einzelnen Fällen sehr mannigfacher Natur sein. Sie kann aus leicht begreiflichen Gründen fast nie aus der Intensität und Ausbreitung der Lähmung erschlossen werden, sondern nur aus nachweisbaren ätiologischen Momenten, aus der Entwicklung und dem Verlaufe der Lähmung, aus anderen gleichzeitig vorhandenen Krankheitssymptomen u. dgl. Im Allgemeinen können wir die Lähmungen nach der Natur ihrer Ursache in zwei Gruppen eintheilen, in die *Lähmungen aus anatomisch nachweisbaren Ursachen* und die sogenannten *functionellen Lähmungen,* bei welchen keine anatomische Ursache der Lähmung aufgefunden werden kann. Seitdem aber unsere anatomischen, namentlich histologischen Untersuchungsmethoden ausgebildeter sind und mehr angewandt werden, wird das Gebiet der functionellen Lähmungen allmählich immer mehr und mehr eingeschränkt, indem für viele Lähmungen, welche früher als functionell galten, jetzt eine sichere anatomische Ursache nachgewiesen ist.

Anatomische Ursachen der Lähmungen können alle Erkrankungen des Nervensystems sein, wenn sie an einer Stelle gelegen sind, wo sie motorische Leitungsbahnen schädigen oder zerstören. *Entzündungen, Degenerationen, Neubildungen, Blutungen* und schwerere *Circulationsstörungen* mit ihren Folgeerscheinungen (namentlich die *embolischen* und *thrombotischen Erweichungen*) kommen theils im Gehirn, theils im Rückenmark und in den peripheren Nerven vor und geben unter Umständen Anlass zum Auftreten von Lähmungen. Ferner spielen *mechanische Läsionen* des Nervensystems eine grosse Rolle in der Pathogenese der Lähmungen, namentlich *traumatische Verletzungen* und *Compressionen* des Gehirns, des Rückenmarks und der peripheren Nerven durch Geschwülste, Neubildungen und sonstige Erkrankungen in der Umgebung.

Weiterhin kennen wir gewisse *toxische Substanzen*, welche bei andauernder Einwirkung auf den Organismus Lähmungen hervorrufen. Von diesen *toxischen Lähmungen* ist in klinischer Beziehung die *Bleilähmung* die wichtigste; doch können auch andere giftige Substanzen (Kupfer, Arsenik, ferner gewisse pflanzliche Alkaloide) die Ursache von Lähmungen werden. Von der Bleilähmung (s. d.), welche früher für eine rein functionelle Lähmung gehalten wurde, wissen wir jetzt, dass ihr deutlich nachweisbare anatomische Veränderungen im Rückenmark und in den peripheren Nerven zu Grunde liegen.

Eine grosse Anzahl von Lähmungen kann man unter der Bezeichnung „*Lähmungen nach acuten Krankheiten*" zusammenfassen. Da es sich hierbei stets um acute Infectionskrankheiten handelt, so können wir als die wahrscheinlichste Ursache dieser Lähmungen gewisse Veränderungen im Nervensystem (zuweilen im Gehirn, häufiger im Rückenmark und in den peripheren Nerven) annehmen, welche zu dem specifischen Infectionsstoff in directer Beziehung stehen. Am häufigsten beobachtet man das Auftreten von Lähmungen nach der *Diphtherie* (*diphtherische Lähmungen*, s. u.), ferner nach *Typhus, Pocken, Dysenterie, acuten Exanthemen* u. dgl. Schon lange bekannt ist es, dass auch die Producte gewisser *chronischer Infectionskrankheiten* (vor allem *Syphilis* und *Tuberkulose*) sich nicht selten im Nervensystem localisiren und zu dem Auftreten von Lähmungen Anlass geben.

Als *Erkältungs-Lähmungen* („*refrigeratorische*" oder auch oft „*rheumatische*" Lähmungen genannt) bezeichnet man diejenigen Lähmungen, welche nach eclatanten Erkältungsursachen auftreten. Obgleich vielleicht auch manche spinale Erkrankungen (Myelitis) sich auf Erkältungen und Durchnässungen des Körpers zurückführen lassen, so rechnet man doch gewöhnlich zu den rheumatischen Lähmungen nur gewisse *periphere* Lähmungen (z. B. im Gebiete des N. facialis u. a.). Die Functionsstörung der Nerven in diesen Fällen beruht wahrscheinlich auf leichten, durch die Erkältung hervorgerufenen entzündlichen Veränderungen im Nerven, ist also wohl auch anatomischer, nicht nur functioneller Natur.

Dagegen giebt es noch eine ziemlich umfangreiche Gruppe von Lähmungen, welche wir auch heutzutage noch als *functionelle Lähmungen* bezeichnen müssen. Hierher gehören die *hysterischen Lähmungen*, die *Lähmungen aus psychischen Ursachen (Schrecklähmung)*, die „Lähmungen durch Einbildung" u. a. Wir werden dieselben im Capitel über Hysterie näher kennen lernen.

Zum Schluss müssen wir der in ihrer Aetiologie noch nicht ganz aufgeklärten „*Reflexlähmungen*" gedenken, d. h. Lähmungen, welche im Verlaufe von Erkrankungen gewisser innerer Organe (besonders des Darms, der Harn- und Geschlechtsorgane) auftreten (s. das Capitel über Neuritis).

Allgemeine Symptomatologie der Lähmungen. Das Erkennen einer bestehenden Lähmung ist, abgesehen von den subjectiven Angaben der Kranken über das Unvermögen, gewisse Bewegungen und Verrichtungen auszuführen, nur möglich durch eine genaue und allseitige objective *Untersuchung der willkürlichen Bewegungsfähigkeit.* Diese Untersuchung muss sich bei Nervenkranken auf alle Theile des Körpers erstrecken und erfordert eine genaue Kenntniss sämmtlicher in den einzelnen Gelenken normaler Weise ausführbarer Bewegungen und der hierzu erforderlichen Muskeln resp. Nerven. Wir werden bei der Besprechung der einzelnen speciellen Lähmungsformen auf die zu beobachtenden Bewegungsanomalien näher eingehen.

Ausser der Unbeweglichkeit müssen aber in jedem einzelnen Falle von Lähmung noch einige andere Erscheinungen berücksichtigt werden, einmal das *Verhalten der gelähmten Muskeln* und dann gewisse, nicht selten gleichzeitig mit den Lähmungen vorkommende *Begleiterscheinungen.*

In Bezug auf den ersteren Punkt ist namentlich das *trophische Verhalten der gelähmten Muskeln* von der grössten diagnostischen und praktischen Wichtigkeit. Bei dem Vergleich einer grösseren Anzahl von Lähmungen fällt uns in dieser Beziehung sofort ein sehr in die Augen springender Unterschied auf. Wir sehen einerseits Lähmungen, bei welchen die gelähmten Muskeln Jahre lang ihr normales Volumen und ihren normalen Ernährungszustand ganz oder wenigstens fast ganz behalten, und sehen andererseits Lähmungen, bei welchen sich schon nach wenigen Wochen und Monaten eine *beträchtliche Atrophie* in den gelähmten Muskeln einstellt. Dieser Unterschied ist so durchgreifend, dass man danach die Gesammtheit der letzterwähnten Lähmungen unter der Bezeichnung „*atrophische Lähmungen*" zusammengefasst hat. Da die Muskelatrophie durchaus nicht in jedem Fall von Lähmung eintritt,

so kann sie nicht einfach die Folge der Ruhe und Unthätigkeit der
gelähmten Muskeln sein, sondern muss ihre besonderen Ursachen
haben.

Vergegenwärtigen wir uns noch einmal den Gesammtverlauf der
motorischen Bahnen von der Hirnrinde an bis zu den willkürlichen
Muskeln, so erinnern wir uns, dass die Nervenfasern auf diesem langen
Wege eine einzige Unterbrechung erfahren: nämlich durch die einge-
schalteten grossen Ganglienzellen in den *grauen Vorderhörnern des
Rückenmarks*. Nun lehrt uns die klinische und anatomische Erfahrung,
dass bei allen denjenigen Lähmungen, wo die Lähmungsursache, d. i.
die Leitungsunterbrechung der motorischen Fasern in dem *ersten Abschnitte* derselben, von der Hirnrinde an bis zu den Zellen der grauen
Vorderhörner, gelegen ist, in der Regel *keine oder nur eine geringe
Atrophie* der gelähmten Muskeln eintritt, während bei denjenigen Lähmungen, wo die lähmende Ursache ihren Sitz in den erwähnten Ganglienzellen selbst oder in dem peripher davon gelegenen Abschnitte der
motorischen Bahn hat, sich rasch eine ausgesprochene Muskelatrophie
einstellt. Diese Thatsache kann nur so gedeutet werden, dass den
grossen motorischen Ganglienzellen in den Vorderhörnern, wie man sich
ausdrückt, ein *trophischer Einfluss* auf die Muskeln zukommt. Sind
diese Zellen intact und ist die Leitung von ihnen bis zum Muskel nicht
unterbrochen, so behalten die Muskeln, auch wenn sie gelähmt sind,
annähernd ihren normalen Ernährungszustand, während die Affection
der Ganglienzellen selbst oder eine Leitungsunterbrechung im peripheren Nerven, welche die Uebertragung des trophischen Einflusses von
den Ganglienzellen aus auf den Muskel unmöglich macht, nothwendiger Weise eine Atrophie der Muskeln zur Folge hat. Diese Atrophie
beschränkt sich, wie schon hier bemerkt werden muss, nicht nur auf
die von ihrem „*trophischen Centrum*", d. h. von den Ganglienzellen in
den Vorderhörnern des Rückenmarks getrennten *Muskeln*, sondern auch
die von der Läsionsstelle abwärts verlaufenden *Nerven* nehmen an der
Atrophie Theil. Da diese Atrophie, sowohl im Nerv, wie im Muskel,
mit einem später genauer zu beschreibenden Zerfall, einer echten „Degeneration" der Fasern verbunden ist, so spricht man von einer „*degenerativen Atrophie*" der Nerven und Muskeln im Gegensatz zu der einfachen Atrophie der Muskeln, wie wir sie bei fast allen schweren Kranken, bei Hungernden u. s. w. finden. Die Degeneration des Nerven ist
natürlich im Leben für unser Auge und unser Tastgefühl nicht nachweisbar. Wohl aber documentirt sie sich, wie wir bald sehen werden,
durch gewisse *Veränderungen der elektrischen Erregbarkeit*.

Aus dem Obigen ergeben sich unmittelbar die für die anatomische Diagnose der Lähmungen äusserst wichtigen Sätze, dass bei *cerebralen Lähmungen* in den gelähmten Muskeln *niemals degenerative Atrophie eintritt*, dass letztere bei *spinalen Lähmungen* nur dann eintritt, wenn durch die lähmende Ursache auch die zu den Muskeln hinzugehörigen grossen. Ganglienzellen zerstört oder in ihrer Function beeinträchtigt sind, dass dagegen bei allen längere Zeit anhaltenden *peripheren Lähmungen sich ausnahmslos eine degenerative Atrophie der gelähmten Nerven und Muskeln* ausbilden muss. Diese Fundamentalsätze mögen für jetzt genügen; ihre weitere Ausführung muss auf die speciellen Capitel verschoben werden.

Einen weiteren Unterschied im Verhalten der gelähmten Muskeln beobachten wir bei der *Ausführung passiver Bewegungen* in den gelähmten Körpertheilen. Es gibt einerseits Lähmungen, bei welchen man die gelähmten Theile passiv vollständig frei und leicht, ohne den geringsten Widerstand wahrzunehmen, in allen Gelenken bewegen kann. Man nennt solche Lähmungen „*schlaffe Lähmungen*". Andererseits kommen Lähmungen vor, bei welchen die passiven Bewegungen auf einen ziemlich grossen Muskelwiderstand stossen, so dass sie nur mit einer gewissen geringeren oder stärkeren Anstrengung oder auch gar nicht, resp. nur innerhalb bestimmter Grenzen ausgeführt werden können. Diese Erschwerung der passiven Bewegungen kann verschiedene Ursachen haben. Am häufigsten ist sie dadurch bedingt, dass sich in den gelähmten Muskeln selbst oder in deren Antagonisten *dauernde Verkürzungszustände*, sogenannte *Contracturen* einstellen, welche die freie Ausführung passiver Bewegungen verhindern. In anderen Fällen bestehen keine eigentlichen Contracturen, aber die gelähmten Muskeln zeigen eine eigenthümliche *Rigidität*. Es treten allerlei *Muskelspannungen* auf, welche theils als directe motorische Reizerscheinungen (s. u.) aufzufassen sind, theils einen reflectorischen Ursprung haben. Lähmungen, bei welchen die Ausführung passiver Bewegungen durch derartige eintretende Muskelspannungen erschwert ist, bezeichnet man als „*spastische Lähmungen*". Näheres über alle diese Erscheinungen wird in den speciellen Capiteln zur Sprache kommen.

Endlich haben wir in jedem Falle von Lähmung auf die sonstigen *nervösen Begleiterscheinungen* zu achten, da auch diese für die Beurtheilung der Lähmungsursache von grosser Wichtigkeit sein können. Vor allem müssen wir das *Verhalten der Reflexe* (s. u.) in den gelähmten Theilen untersuchen, woraus manche Schlüsse auf den Sitz der Lähmungsursache gezogen werden können. Ferner müssen wir den Zustand der

Sensibilität sowohl in der Haut, wie auch in den Muskeln selbst prüfen. Auch auf gewisse *trophische* und *vasomotorische Begleiterscheinungen* ist zu achten. Die Haut über gelähmten Körpertheilen erscheint zuweilen cyanotisch, oder wie marmorirt, fühlt sich kühl an, ist ödematös, zuweilen eigenthümlich trocken, spröde, abschilfernd.

2. Motorische Reizerscheinungen.

Während man die motorischen Ausfallserscheinungen als „Lähmung" bezeichnet, fasst man die motorischen Reizerscheinungen im Allgemeinen unter dem Namen *„Krämpfe"* zusammen. Man versteht hierunter alle krankhaften, *ohne* und sogar *gegen* den Willen in den Muskeln eintretenden Bewegungen. Obgleich auch in glatten, dem Willen überhaupt nicht unterworfenen Muskeln Krämpfe vorkommen können (z. B. Krampf in den Bronchialmuskeln, Krampf der Gefässmuskeln u. a.), so beschäftigen wir uns hier doch zunächst nur mit den in den willkürlichen Muskeln vorkommenden krampfhaften Bewegungen. Die Ursache der letzteren müssen wir in abnormen Reizen suchen, welche in irgend einer Weise auf motorische Bahnen ausgeübt werden. Ueber die nähere Natur und Beschaffenheit dieser Reize ist uns aber in den meisten Fällen erst sehr wenig bekannt. Manchmal wirken die abnormen Reize auf die motorischen Nervengebiete direct ein (so z. B. bei den nicht seltenen Krämpfen, welche bei Affectionen in der Gegend der motorischen Rindencentren vorkommen), manchmal scheinen die motorischen Erregungen erst secundär auf dem Wege des Reflexes hervorgerufen zu werden (*Reflexkrämpfe*).

Seit langer Zeit unterscheidet man in symptomatischer Hinsicht zwei Arten von Krämpfen. Als *klonische Krämpfe* bezeichnet man diejenigen, bei welchen die abnormen Muskelcontractionen nur kurze Zeit andauern, dann wieder durch kurze Pausen der Erschlaffung unterbrochen werden, um sofort von neuem aufzutreten. Die befallenen Körpertheile werden hierdurch in beständige zuckende Bewegungen versetzt. Im Gegensatz hierzu nennt man *tonische Krämpfe* diejenigen abnormen Muskelcontractionen, bei welchen der krampfhaft contrahirte Muskel eine längere Zeit (Minuten, Stunden, Tage lang) in seiner Contraction beharrt. Der befallene Körpertheil wird hierdurch in irgend einer abnormen Stellung bewegungslos festgehalten. Beide Krampfformen zeigen übrigens mannigfache Uebergänge und Combinationen, so dass man oft von *„tonisch-klonischen"* Krämpfen sprechen muss.

Eine genauere Betrachtung der motorischen Reizungserscheinungen ergiebt aber eine noch grössere Anzahl verschiedener Formen. Wir

wollen die wichtigsten Erscheinungsweisen der krankhaften unwillkür-
lichen Bewegungen hier kurz zusammenstellen, ohne dass damit eine
vollkommen erschöpfende Uebersicht über die mannigfaltigen Krampfformen gegeben ist.

1. *Epileptiforme Convulsionen* sind allgemein über den ganzen
Körper verbreitete oder nur auf eine Körperhälfte resp. einen Körperabschnitt beschränkte heftige, vorherrschend klonische, zum Theil aber
auch tonisch-klonische Krämpfe, durch welche der ganze Körper oder
der befallene Theil desselben in starke, meist stossende und schüttelnde
Bewegungen versetzt wird. Den Typus für diese Art Krämpfe bilden
die echten *epileptischen Krämpfe* (bei der Epilepsie). Doch kommen
auch in symptomatischer Hinsicht ganz analoge Krämpfe (*„epileptiforme" Krämpfe*) bei organischen Gehirnleiden, bei der Hysterie u. a. vor.

2. *Rhythmische Zuckungen* in einzelnen Muskelgebieten sieht man
zuweilen bei gewissen Gehirnkrankheiten (Apoplexie, Sclerose). Dabei
wird der betroffene Körpertheil von beständigen einzelnen, in regelmässigem Tempo sich folgenden, schwächeren oder stärkeren Stössen
in Bewegung gesetzt. Rhythmische Zuckungen kommen auch als Vorläufer oder am Ende von epileptiformen Krämpfen vor.

3. *Zitterbewegungen* (*Tremor*) sind, wie es auch schon der gewöhnliche Sprachgebrauch bezeichnet, rasch sich folgende gleichmässige Bewegungen von meist nicht sehr bedeutender Excursion. Werden die
Zitterbewegungen ausgiebiger, so nennt man sie *„Schüttelkrämpfe"*.
Das Zittern ist ein wichtiges, ja für manche Nervenkrankheiten (z. B.
für die Paralysis agitans) beinahe pathognomonisches Symptom, über
dessen nähere Entstehungsweise wir aber noch fast gar nichts wissen.
Bekannt ist das häufige Vorkommen des Zitterns bei alten Leuten (*Tremor senilis*) und bei Alkoholisten (*Tremor alcoholicus*). Zuweilen tritt
das Zittern in den ruhenden, d. h. willkürlich nicht innervirten Muskeln,
zuweilen erst in den bewegten Muskeln als sogenanntes *„Intentionszittern"* auf.

4. *Einzelne Zuckungen*, bald plötzlich und stossweise, bald in Form
von mehr langsamen Zusammenziehungen der Muskeln sieht man namentlich oft bei Rückenmarkskrankheiten. Die Zuckungen treten vereinzelt
oder häufig und andauernd auf. Ihre Entstehungsweise ist nicht immer
klar ersichtlich. Sie können auf directer motorischer Reizung beruhen
oder auch einen reflectorischen Ursprung haben.

5. *Fibrilläre Muskelzuckungen* sind kleine Zuckungen in einzelnen
Muskelbündeln, welche bei genauerer Betrachtung des Muskels sichtbar
sind, aber keinen eigentlichen Bewegungseffect zur Folge haben. Sind

die fibrillären Contractionen in einem Muskel sehr lebhaft, so kann ein
förmliches „Wogen" der Muskelsubstanz entstehen. Man beobachtet
diese Erscheinung namentlich in atrophirenden Muskeln.

6. *Choreatische Bewegungen* sind theils kleinere Zuckungen, theils
ziemlich complicirte und ausgiebige Bewegungen, welche im Gesicht,
in einer Extremität, ja zuweilen im ganzen Körper in regelloser Weise
auftreten. In schweren Fällen erfolgen sie fast continuirlich, in leichteren sind sie von kürzeren oder längeren Pausen unterbrochen. Sie
bilden das Hauptsymptom der eigentlichen *Chorea*, treten aber nicht
selten auch bei sonstigen Cerebralaffectionen auf (Chorea posthemiplegica u. a.).

7. *Athetose-Bewegungen* nennt man eigenthümliche, unfreiwillig
erfolgende, meist relativ langsame Bewegungen, welche namentlich an
den Armen und Händen, doch auch am Kopf, Rumpf u. s. w. beobachtet
werden. Die Finger machen langsame, dabei aber oft sehr ausgiebige
Bewegungen, werden gestreckt, gespreizt, gebeugt und in der wunder-
lichsten Weise über- und durcheinander bewegt. Diese Form der motorischen Reizerscheinungen kommt als besondere Krankheit („*Athetosis*")
vor, oder als Symptom bei gewissen centralen Nervenleiden, z. B. bei
infantilen Hemiplegien.

8. *Statische* oder *coordinirte Krämpfe* sind motorische Reizerscheinungen, bei denen complicirte Bewegungen zwangsweise von den Kranken ausgeführt werden (*Zwangsbewegungen*). Hierher gehören das zwangsweise Vorwärts- oder im Kreise-Gehen, das Rollen um die eigene Körper-
achse (*Zwangslage*), gewisse eigenthümliche complicirte Krampfformen,
wie Springkrämpfe, Lachkrämpfe, Schreikrämpfe u. a.

9. *Tonische Krämpfe* heissen, wie schon erwähnt, alle krankhaften,
eine Zeit lang continuirlich andauernden Muskelcontractionen. Den tonischen Krampf in der Kaumusculatur (Masseter) bezeichnet man als
Trismus. Den tonischen Krampf in den Rücken- und Nackenmuskeln,
durch welchen der ganze Körper nach hinten gestreckt und die Wirbelsäule zu einem nach vorn convexen Bogen gekrümmt wird, nennt man
Opisthotonus. Die tonische Starre des ganzen Körpers wird als *Tetanus*
bezeichnet.

10. *Kataleptische Starre* ist der Name für denjenigen tonischen
Zustand in den Muskeln, bei welchem die Glieder dem Willenseinfluss
entzogen sind, aber in jeder ihnen passiv gegebenen Stellung durch die
Muskeln festgehalten werden.

11. *Mitbewegungen* sind abnorme Bewegungen, welche bei willkürlichen Bewegungen in anderen, zu der gewollten Bewegung nicht in

Beziehung stehenden Muskeln auftreten. So z. B. erfolgen zuweilen Mitbewegungen in dem Arm, wenn der Kranke nur sein Bein bewegen will. Sie kommen relativ am häufigsten bei Gehirnleiden (Hemiplegien) vor; doch haben wir gesehen, dass auch bei Rückenmarkskranken zuweilen bei der Bewegung eines Beines stets das andere unabsichtlich mitbewegt wird.

Neben den motorischen Reizzuständen kommen sonstige nervöse *Begleiterscheinungen* nicht selten gleichzeitig vor. Sehr häufig combiniren sich motorische Lähmungs- und Reizerscheinungen mit einander, da die verschiedenen Krampfformen nicht nur in sonst normal beweglichen, sondern auch in paretischen oder gelähmten Muskelgebieten auftreten können. Bei den allgemeinen Convulsionen verdient das *Verhalten des Bewusstseins* eine besondere Aufmerksamkeit. Die echten epileptischen Anfälle sind meist mit völliger Bewusstlosigkeit verbunden, während bei den meisten anderen Krampfformen das Bewusstsein unbeeinflusst bleibt. Endlich ist noch bemerkenswerth, dass namentlich die tonischen Krämpfe zuweilen von einer lebhaften *Schmerzempfindung* begleitet sind, welche wahrscheinlich auf einer Reizung der intramusculären sensiblen Nerven beruht. Derartige schmerzhafte tonische Muskelcontractionen bezeichnet man als *Crampi*. Hierher gehören z. B. die bekannten schmerzhaften Wadenkrämpfe nach körperlichen Anstrengungen u. a.

3. Ataxie.

Zu der Ausführung aller normalen complicirteren Bewegungen bedürfen wir der gleichzeitigen Action mehrerer Muskeln. Man denke an die zahlreichen Muskeln, welche beim Gehen, beim Greifen, bei all den mannigfachen Beschäftigungen mit unseren Händen u. s. w. zu gleicher Zeit thätig sein müssen. Zum richtigen Zustandekommen derartiger Bewegungen ist es daher nicht nur nothwendig, dass alle die in Betracht kommenden Muskeln willkürlich innervirt werden können, d. h. also nicht gelähmt sind, sondern dass wir auch im Stande sind, die Innervation jedes einzelnen Muskels so abzustufen, dass seine Contraction genau seinem ihm speciell zukommenden Arbeitsantheil entspricht. Eine geordnete willkürliche Bewegung kann nur dann zu Stande kommen, wenn 1. alle hierzu erforderlichen Muskeln, nicht weniger, aber auch nicht mehr in Action treten, 2. jeder einzelne Muskel sich nur so weit und so stark contrahirt, als seiner speciellen Aufgabe entspricht und wenn 3. auch die zeitlichen Verhältnisse der Innervation ihren normalen Ablauf nehmen, d. h. wenn alle betheiligten Muskeln sich theils gleichzeitig, theils nach einander zur rechten Zeit contrahiren.

Man nennt eine Bewegung, welche in einer derartig geordneten Weise
ausgeführt wird, eine *coordinirte Bewegung* und den Vorgang der richtigen Abstufung in der Innervation der einzelnen zu einer complicirteren Bewegung nöthigen Muskeln die *Coordination der Bewegung*. Vor
allem kommt in Betracht, dass auch zu den scheinbar einfachsten Bewegungen schon insofern die gleichzeitige Action mehrerer Muskeln
nothwendig ist, als immer auch die zu den bewegten Muskeln hinzugehörigen *Antagonisten* mit in Wirksamkeit treten müssen. Nur mit
Hülfe der stets bereiten Antagonisten vermögen wir unsere Bewegungen
so fein abzustufen, sie so rasch zu hemmen oder zu beschleunigen,
als es zur Ausführung fast aller complicirteren Bewegungen erforderlich ist.

Die Nervenpathologie ist reich an Thatsachen, welche uns den Begriff und die Nothwendigkeit der Coordination der Bewegungen klar zu
machen im Stande sind. Denn wir beobachten häufig Störungen der
Motilität, welche die Kranken zu allen feineren motorischen Leistungen
unfähig machen und doch keineswegs auf irgend einer motorischen
Schwäche oder Lähmung, sondern nur auf einer *Störung in der Coordination der Bewegung* beruhen. Man bezeichnet eine derartige Störung
als *Ataxie* und spricht von einer Ataxie der Arme, der Beine u. s. w.,
wenn in den genannten Theilen zwar noch alle Bewegungen und die
volle Kraft erhalten sind, diese Bewegungen aber eine meist sofort auffallende ungeordnete, unsichere, „atactische" Ausführung zeigen.

Ueber die nähere Ursache der Ataxie sind vielfache Theorien aufgestellt worden, auf welche wir aber erst in den speciellen Capiteln
eingehen werden. Hier sei nur bemerkt, dass die Ataxie sowohl bei
Gehirnkrankheiten, namentlich bei Affectionen des Kleinhirns (*cerebellare Ataxie*), als auch bei Rückenmarkskrankheiten (*spinale Ataxie*)
vorkommt. Unter den letzteren ist es vor allem die Degeneration der
Hinterstränge, die *Tabes dorsalis,* zu deren Hauptsymptomen die Ataxie
gehört. Bei der Besprechung dieser Krankheit werden wir daher auch
die Erscheinungsweise und die Ursachen der Ataxie näher erörtern.

4. Allgemeines über die Prüfung und das Verhalten der Reflexe.

Bei der Prüfung der Reflexe, welche ihrer oft grossen diagnostischen
Wichtigkeit wegen in keinem Falle eines Nervenleidens unterlassen werden darf, hat man die beiden Hauptgruppen der Reflexe, die *Hautreflexe*
und die „*Sehnenreflexe*" von einander zu unterscheiden.

Hautreflexe. Als *Hautreflexe* bezeichnet man die durch Reizung der sensiblen (centripetalen) Hautnerven auf reflectorischem Wege hervorgerufenen Muskelzuckungen. An den *oberen Extremitäten* sind dieselben meist überhaupt nur in relativ geringem Grade vorhanden; doch kann man immerhin auch hier durch Stechen oder Kneifen der Haut zuweilen Reflexe hervorrufen. Allgemein bekannt sind die bei manchen Personen sehr starken Reflexe beim Kitzeln der Achselhöhlen. Viel wichtiger ist die Prüfung der Hautreflexe in den *unteren Extremitäten*. Die zur Auslösung der Reflexe empfindlichste Partie derselben sind die Fusssohlen. Als Reflexreiz benutzt man einfaches Kitzeln der Sohlen mit dem Finger (*Kitzelreflex*) oder Stechen mit einer Nadel (*Stichreflex*) oder starkes Streichen der Haut mit einem stumpfen Gegenstande, gewöhnlich mit dem Stiel des Percussionshammers (*Streichreflex*). Sehr geeignet zur Reflexreizung sind auch Temperaturreize, namentlich an die Haut gehaltene Eisstückchen (*Kältereflex*). Es empfiehlt sich oft, alle diese Methoden zu versuchen, da bei herabgesetzter Reflexerregbarkeit nicht selten nur auf die eine oder die andere Weise eine Reflexzuckung im Bein hervorzurufen ist. Ausser an der Fusssohle ist auch die Reflexerregbarkeit von der übrigen Haut aus zu untersuchen (Nadelstiche, Kneifen einer Hautfalte u. dgl.). Besonders zu beachten ist, dass bei Nervenkranken oft eine *Verlangsamung der Reflexe* vorkommt, in der Weise, dass die Reflexzuckung erst eintritt, wenn der Reflexreiz eine gewisse Zeit hindurch angehalten hat. So erfolgt bei manchen Rückenmarkskranken z. B. der Reflex erst, wenn man eine Hautfalte mehrere (10 bis 15) Secunden lang continuirlich gedrückt hat, eine Erscheinung, welche jedenfalls mit der aus der Physiologie bekannten Thatsache der „*Summation der Reflexreize*" zusammenhängt. Auch die Erscheinung verdient Erwähnung, dass bei manchen Kranken von gewissen Hautstellen aus die Reflexe relativ leicht, von anderen schwer resp. gar nicht auszulösen sind („*Ort der leichtesten Reflexerregbarkeit*").

Im Allgemeinen bleiben die Reflexzuckungen auf das gereizte Glied beschränkt. Beim Stechen in die Fusssohle erfolgt eine Dorsalflexion der Zehen, des Fusses oder eine geringere oder stärkere Beugung des ganzen Beines. Ein Uebergreifen der Reflexe auf den übrigen Körper ist selten. Doch kommt unter pathologischen Verhältnissen eine derartig gesteigerte Reflexerregbarkeit vor, dass durch die Reizung einer Fusssohle beide Beine oder sogar der ganze Körper in Zuckung gerathen. Ein solches Verhalten sieht man z. B. zuweilen bei der Hysterie, beim Tetanus, bei der Lyssa, bei Strychninvergiftung u. a.

Zwei besondere Formen der Hautreflexe, welche häufig untersucht

werden, müssen wir noch erwähnen: den *Bauchdeckenreflex*, bestehend
in einer Contraction der gleichseitigen Bauchmuskeln, wenn man mit
dem Finger oder dem Stiel des Percussionshammers die Bauchhaut
streift, und den *Cremasterreflex*, d. i. das reflectorische Hinaufsteigen
des Testikels, wenn man die Innenseite des Oberschenkels streift oder
handbreit oberhalb des Condylus internus einen stärkeren Druck ausübt. Der Cremasterreflex tritt zunächst auf der gereizten Seite, doch
nicht sehr selten beiderseitig zugleich auf. Andere Hautreflexe, wie
z. B. der *Glutäalreflex*, der *Brustwarzenreflex* u. a. haben weniger Bedeutung und fehlen häufig.

Die Beurtheilung des etwaigen *pathologischen Verhaltens der Hautreflexe* wird dadurch erschwert, dass die Intensität derselben schon unter
normalen Verhältnissen ziemlich grosse Schwankungen zeigt. Manche
gesunde Personen haben viel lebhaftere Reflexe als andere. Am sichersten gewinnt man daher bei Kranken ein Urtheil, wenn man bei einseitigen Affectionen die Reflexerscheinungen beider Körperhälften mit
einander vergleichen kann. Das genauere Verhalten der Reflexe bei
den einzelnen Krankheitsformen wird in den speciellen Capiteln zur
Sprache kommen. Hier sei nur erwähnt, dass eine *Abschwächung* oder
ein *vollständiges Fehlen der Hautreflexe* selbstverständlich dann beobachtet werden muss, wenn die Reflexleitung (centripetaler Nerv —
graue Substanz, speciell Vorderhorn des Rückenmarks — motorischer
Nerv) an irgend einer Stelle unterbrochen ist, wie dies sowohl bei Erkrankungen der peripheren Nerven, als auch des Rückenmarks der Fall
sein kann. Eine abnorme *Erhöhung der Hautreflexe* beobachten wir
dann, wenn entweder die Erregbarkeit der reflexvermittelnden Theile
gesteigert ist (z. B. in manchen Fällen von Hauthyperästhesie, bei
Strychninvergiftung, bei manchen allgemeinen Neurosen u. a.), oder
wenn die normaler Weise auf die Reflexcentra einwirkenden *Hemmungs-
vorgänge* in Wegfall kommen (bei gewissen Rückenmarks- und Gehirnkrankheiten). Die Steigerung der Hautreflexe zeigt sich theils darin,
dass die Reflexbewegungen besonders lebhaft sind und schon bei relativ
geringer Reizung der Haut auftreten, theils darin, dass dieselben sich
auf weitere Muskelgebiete erstrecken, als gewöhnlich.

Sehnenreflexe. Von fast noch grösserer praktischer Wichtigkeit, als
die Untersuchung der Hautreflexe, ist die Prüfung der unter dem Namen
der „*Sehnenreflexe*“ zusammengefassten, zuerst von ERB und WESTPHAL
im Jahre 1875 näher untersuchten und beschriebenen Erscheinungen.
Man versteht hierunter diejenigen Muskelcontractionen, welche bei der
mechanischen Reizung der Sehnen und analoger Theile (Periost, Fascien)

entstehen. Hierdurch werden die sensiblen Nerven der Sehne gereizt und rufen reflectorisch (durch Vermittelung des Rückenmarks) eine Muskelzuckung hervor. Uebt man bei schlaff herabhängendem Unterschenkel oder, wenn der Untersuchte sich im Bett befindet, bei einer leichten passiven Beugestellung des Beines mit der Ulnarseite der Hand oder am besten mit einem Percussionshammer einen kurzen Schlag auf das Ligamentum patellae (die Sehne des Musc. extensor cruris quadriceps) aus, so tritt bei gesunden Personen fast ausnahmslos eine mehr oder minder lebhafte Contraction des Quadriceps ein, durch welche der Unterschenkel gestreckt wird. Diese Erscheinung bezeichnet man als „*Patellarreflex*" oder als *Kniephänomen* (WESTPHAL). Um sie hervorzurufen, ist es vor allem nothwendig, dass der Untersuchte alle activen Muskelspannungen in dem Bein vermeidet.

Der zweite wichtige, an den unteren Extremitäten hervorzurufende Sehnenreflex ist der *Achillessehnenreflex*. Giebt man dem Fusse des Untersuchten passiv eine leichte Dorsalflexionsstellung, so dass die Achillessehne ein wenig angespannt wird und führt dann einen kurzen Percussionsschlag auf dieselbe, so tritt eine deutliche Contraction des Gastrocnemius ein. Unter normalen Verhältnissen fehlt dieser Reflex viel häufiger, als der Patellarreflex. Bei abnorm gesteigerten Sehnenreflexen dagegen ist er sehr lebhaft und dann kann man ihn sehr häufig in folgender, besonders charakteristischen Weise auslösen. Macht man mit dem Fusse eine kurze kräftige passive Dorsalflexion, so wird die Achillessehne plötzlich angespannt und hierdurch mechanisch gereizt. In Folge davon tritt eine (reflectorische) Plantarflexion des Fusses ein. Wenn nun durch andauerndes passives Dorsalflectiren des Fusses die Achillessehne immer wieder von Neuem angespannt wird, so erfolgen abwechselnd stets neue Plantar- und Dorsalflexionen des Fusses, so dass der Fuss hierdurch in ein lebhaftes Zittern versetzt wird. Diese Erscheinung, welche bei gesunden Personen nur ausnahmsweise hervorgerufen werden kann, bezeichnet man als *Fussclonus* oder als „*Fussphänomen*" (WESTPHAL). Bei sehr beträchtlicher Steigerung der Sehnenreflexe bleibt zuweilen das Zittern nicht auf den Fuss beschränkt, sondern das ganze Bein geräth in einen lebhaften Clonus, eine Erscheinung, welche früher mit dem wenig passenden Namen der *Spinalepilepsie* bezeichnet wurde. Nicht selten kann man auch den Patellarreflex in Form eines andauernden Clonus erhalten, wenn man die fest zwischen die Finger gefasste Patella mit einem plötzlichen Ruck nach abwärts schiebt.

Die beiden besprochenen Erscheinungen, der Patellarreflex und der Achillessehnenreflex resp. das Fussphänomen, sind zwar die praktisch wichtigsten und am häufigsten geprüften, aber keineswegs die einzigen Sehnenreflexe an den unteren Extremitäten. Ausser von den eigentlichen Sehnen aus erhält man auch nicht selten durch Beklopfen des Periosts und der Fascien Muskelzuckungen, die wir als *Periostreflexe* und *Fascienreflexe* bezeichnen. So z. B. erfolgt die Zuckung im Quadriceps oft auch nach Beklopfen der vorderen Tibiafläche. Ferner sieht man häufig Zuckungen in den Adductoren des Oberschenkels beim Beklopfen des inneren Condylus der Tibia, Zuckungen in den Muskeln an der Hinterfläche des Oberschenkels beim Klopfen auf die Wade u. s. w.

An den *oberen Extremitäten* sind die Sehnenreflexe unter normalen Verhältnissen häufig undeutlich oder ganz fehlend. Bei abnorm gesteigerter Erregbarkeit kommen dagegen auch hier die mannigfachsten und lebhaftesten Sehnenreflexe vor. Am wichtigsten und constantesten sind die *Periostreflexe* beim Beklopfen der unteren Enden des Radius und der Ulna im Musc. supinator longus, im Biceps, Deltoideus u. a., ferner der Sehnenreflex im Biceps beim Beklopfen der Bicepssehne in der Ellenbeuge, im Triceps beim Beklopfen der Tricepssehne oberhalb des Olekranon. Ein anhaltender Clonus in der Hand bei passiver Volarflexion derselben kommt zwar auch vor, ist aber selten.

Auf die näheren Verhältnisse und die diagnostische Bedeutung der Sehnenreflexe werden wir an manchen Stellen des speciellen Theiles näher eingehen. Wir werden sehen, dass das *Fehlen der Sehnenreflexe* namentlich für gewisse Spinalerkrankungen (Poliomyelitis und Tabes dorsalis), ferner für alle peripheren Lähmungen (traumatische Lähmungen, Neuritis) charakteristisch ist. Eine abnorme *Steigerung der Sehnenreflexe* beobachten wir dagegen bei zahlreichen Rückenmarkskrankheiten, vor allem bei derjenigen Form der spinalen Lähmung, welche man als *spastische Spinallähmung* bezeichnet, ferner sehr häufig bei *cerebralen Lähmungen*. Wahrscheinlich beruht die Erhöhung der Reflexe in diesen Fällen stets auf dem Wegfall gewisser, unter normalen Verhältnissen reflexhemmender Einflüsse.

Wenn wir bis jetzt die reflectorische Natur der als „Sehnenreflexe" bezeichneten Erscheinungen stillschweigend als sicher vorausgesetzt haben — eine Ansicht, die zuerst von ERB begründet und gegenwärtig auf Grund zahlreicher klinischer und experimenteller Thatsachen von den meisten Nervenpathologen getheilt wird —, so dürfen wir aber auch nicht verschweigen, dass von anderer Seite her, namentlich von WESTPHAL, die reflectorische Natur der in Rede stehenden Phänomene nicht anerkannt wird. WESTPHAL hält die „Sehnenphänomene" für die Folge einer *directen*, durch die Erschütterung, resp. Dehnung des Muskels hervorgerufenen mechanischen Muskelreizung.

Mechanische Muskelerregbarkeit und paradoxe Contraction. Im Anschluss an die Besprechung der Sehnenreflexe erwähnen wir hier noch kurz zwei bei der Untersuchung Nervenkranker ebenfalls zu berücksichtigende Erscheinungen. Die *„directe mechanische Erregbarkeit der Muskeln"* zeigt sich durch das Auftreten von Contractionen beim directen Beklopfen des Muskelbauchs, wobei wir freilich die directe Muskelreizung nicht sicher von der etwaigen mechanischen Reizung der Muskelnerven trennen können. Zuweilen ist vielleicht die eintretende Muskelzuckung auch ein Reflex, entstanden durch die mechanische Reizung der den Muskel überziehenden Fascie. Indessen verdient hervorgehoben zu werden, dass auch in Fällen, wo die Sehnenreflexe ganz aufgehoben sind (z. B. bei der Tabes), die directe mechanische Muskelerregbarkeit meist erhalten ist. Besonders zu unterscheiden sind noch die sogenannten *idiomuskulären Contractionen.* Man sieht dieselben am deutlichsten, wenn man mit der Ulnarseite der Hand einen kräftigen Schlag auf einen Muskelbauch, z. B. auf den M. biceps ausübt. An der getroffenen Stelle bildet sich dann ein *umschriebener Muskelwulst*, welcher sich erst allmählich wieder ausgleicht. Eine besondere praktische Wichtigkeit hat die Prüfung der mechanischen Muskelerregbarkeit noch nicht erlangt.

Mit dem Namen *„paradoxe Contraction"* hat WESTPHAL eine besonders am M. tibialis anticus (selten auch an den Beugern des Unterschenkels und des Vorderarms) zu beobachtende Erscheinung bezeichnet, welche darin besteht, dass der Fuss, wenn er passiv dorsalflectirt wird, in dieser Stellung auch nach dem Loslassen längere Zeit (bis mehrere Minuten) verharrt, wobei gewöhnlich ein starkes Vorspringen der Sehne des M. tibialis ant. sichtbar wird. Eine Erklärung dieses Phänomens, welches bis jetzt bei verschiedenartigen spinalen und cerebralen Erkrankungen (multiple Sclerose, Paralysis agitans u. a.) beobachtet worden ist, lässt sich zur Zeit noch nicht geben.

5. Allgemeines über die Veränderungen der elektrischen Erregbarkeit in den motorischen Nerven und Muskeln.[1]

Die Elektricität ist seit den Forschungen von DUCHENNE, REMAK, BENEDIKT, MORITZ MEYER, VON ZIEMSSEN, BRENNER, ERB u. A. nicht

---

1) In Betreff aller weiteren Einzelnheiten der Elektrodiagnostik und Elektrotherapie verweisen wir auf ERB's Handb. der Elektrotherapie. Leipzig, Vogel, 1882.

nur eines der hervorragendsten therapeutischen Hülfsmittel bei der *Behandlung* der Nervenkrankheiten geworden, sondern spielt auch bei der *Untersuchung* Nervenkranker eine äusserst wichtige Rolle, indem die Prüfung der elektrischen Erregbarkeit von erkrankten Nerven und Muskeln uns eine grosse Anzahl werthvoller diagnostischer und prognostischer Aufschlüsse zu geben im Stande ist.

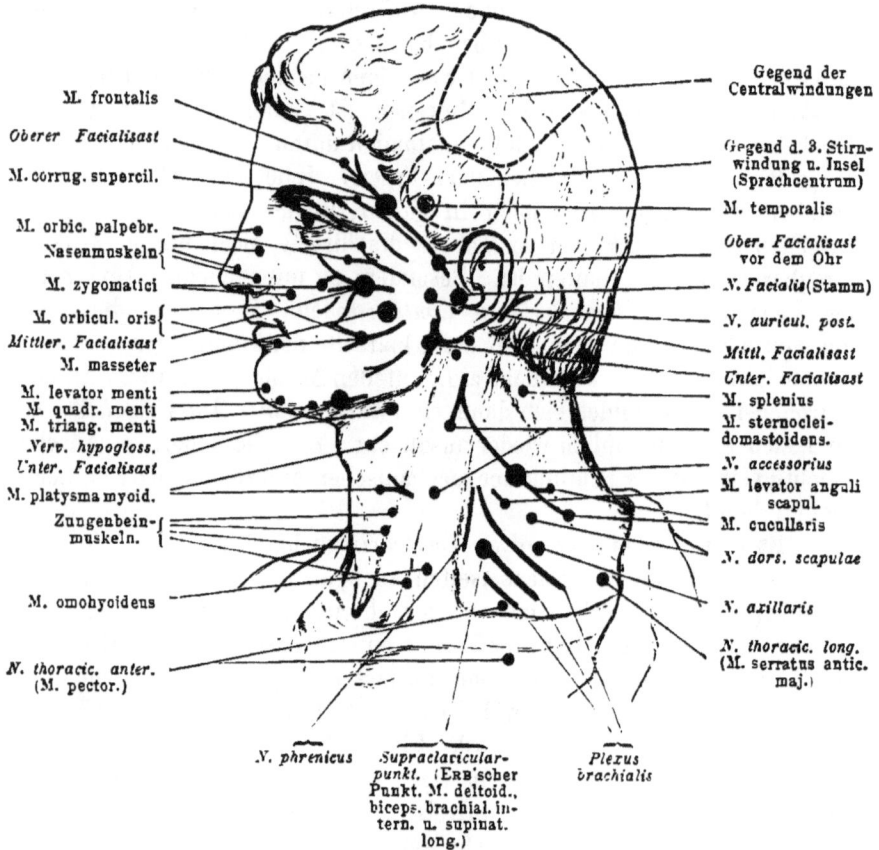

Links:
M. frontalis
Oberer Facialisast
M. corrug. supercil.
M. orbic. palpebr.
Nasenmuskeln {
M. zygomatici
M. orbicul. oris {
Mittler. Facialisast
M. masseter
M. levator menti
M. quadr. menti
M. triang. menti
Nerv. hypogloss.
Unter. Facialisast
M. platysma myoid.
Zungenbein- {
muskeln. {
M. omohyoideus
N. thoracic. anter.
(M. pector.)

Rechts:
Gegend der
Centralwindungen
Gegend d. 3. Stirn-
windung u. Insel
(Sprachcentrum)
M. temporalis
Ober. Facialisast
vor dem Ohr
N. Facialis(Stamm)
N. auricul. post.
Mittl. Facialisast
Unter. Facialisast
M. splenius
M. sternoclei-
domastoideus.
N. accessorius
M. levator anguli
scapul.
M. cucullaris
N. dors. scapulae
N. axillaris
N. thoracic. long.
(M. serratus antic.
maj.)

Unten:
N. phrenicus   *Supraclavicular-*
punkt. (Erb'scher
Punkt. M. deltoid.,
biceps. brachial. in-
tern. u. supinat.
long.)
Plexus
brachialis

Fig. 12.

Jede vollständige *elektrische Untersuchung* muss mit beiden Stromarten, mit dem (gewöhnlich *secundären*) *faradischen* oder *Inductionsstrome* und mit dem *galvanischen* (*constanten*) Strome geschehen. Dabei wird der eine (*indifferente*) *Pol* aufs Sternum oder den Nacken, der andere (*differente*) *Pol* auf den zu prüfenden Nerven oder Muskel aufgesetzt. Die Reizung des Muskels vom Nerven aus nennt man *indirecte*, die Reizung desselben beim Aufsetzen der Elektrode auf den Muskel selbst (wobei natürlich die Reizung der intramuskulären Nerven nicht

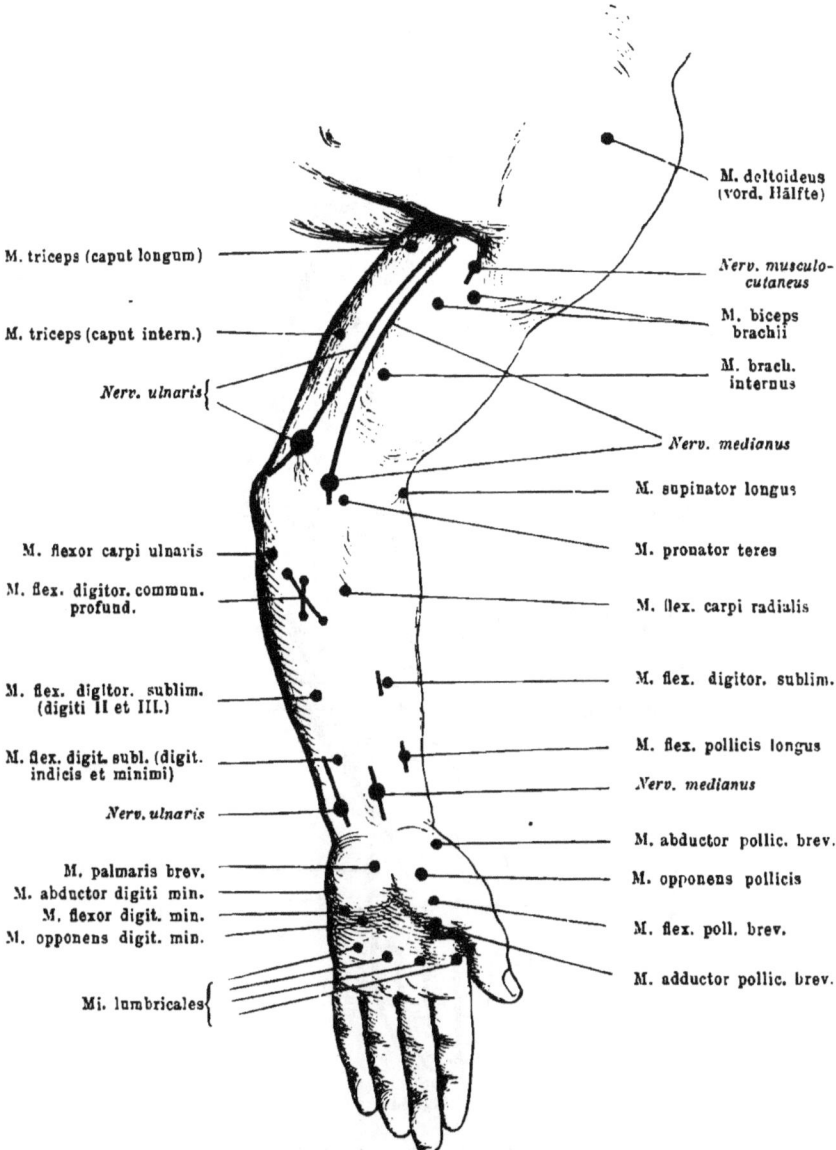

M. triceps (caput longum)

M. triceps (caput intern.)

Nerv. ulnaris

M. flexor carpi ulnaris

M. flex. digitor. commun. profund.

M. flex. digitor. sublim. (digiti II et III.)

M. flex. digit. subl. (digit. indicis et minimi)

Nerv. ulnaris

M. palmaris brev.
M. abductor digiti min.
M. flexor digit. min.
M. opponens digit. min.

Mi. lumbricales

M. deltoideus (vord. Hälfte)

Nerv. musculo-cutaneus

M. biceps brachii

M. brach. internus

Nerv. medianus

M. supinator longus

M. pronator teres

M. flex. carpi radialis

M. flex. digitor. sublim.

M. flex. pollicis longus

Nerv. medianus

M. abductor pollic. brev.

M. opponens pollicis

M. flex. poll. brev.

M. adductor pollic. brev.

Fig. 13.

ausgeschlossen werden kann) *directe* Reizung. Diejenigen Punkte am menschlichen Körper, an welchen die einzelnen Nerven und Muskeln

der elektrischen Reizung am leichtesten zugänglich sind, findet man in
den dem ERB'schen Handbuche entlehnten Figg. 12—17 angegeben.

Bei der *faradischen Untersuchung* ergiebt sich, dass man sowohl

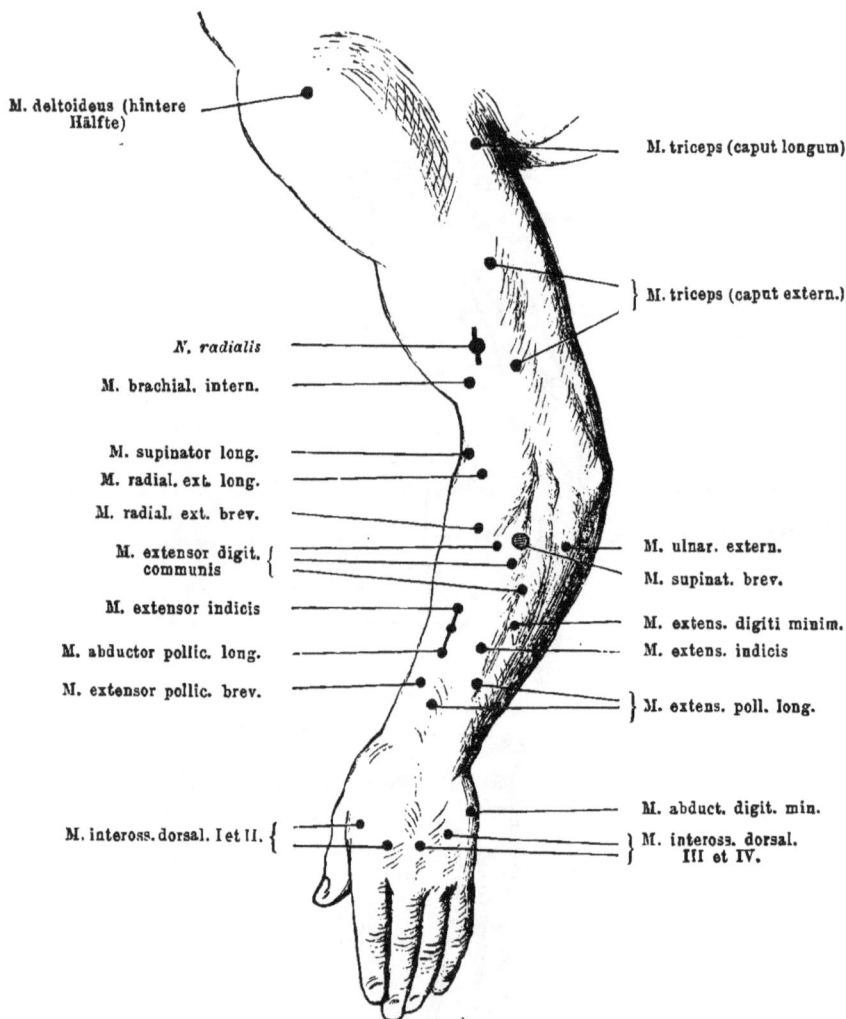

M. deltoideus (hintere Hälfte)

M. triceps (caput longum)

M. triceps (caput extern.)

N. radialis

M. brachial. intern.

M. supinator long.
M. radial. ext. long.
M. radial. ext. brev.

M. extensor digit. communis

M. extensor indicis

M. abductor pollic. long.

M. extensor pollic. brev.

M. ulnar. extern.
M. supinat. brev.

M. extens. digiti minim.
M. extens. indicis

M. extens. poll. long.

M. abduct. digit. min.
M. inteross. dorsal. III et IV.

M. inteross. dorsal. I et II.

Fig. 14.

vom Nerven aus, als auch bei directer Muskelreizung an allen den der
Reizung überhaupt zugänglichen Stellen deutliche Muskelcontractionen
hervorrufen kann. Man bestimmt den Rollenabstand (zwischen den beiden Rollen des Inductionsapparats), bei welchem die erste minimale Con-

traction des Muskels eintritt. Bei Verstärkung des Stromes geht die Minimalcontraction in eine lebhafte tetanische Muskelcontraction über. Die *galvanische Untersuchung* ist in der Weise vorzunehmen, dass mit Hülfe eines „*Stromwenders*" der differente Pol bald zum *negativen Pol* (*Kathode*, Zinkpol), bald zum *positiven Pol* (*Anode*, Kupferpol, Kohlenpol) des galvanischen Stromes gemacht werden kann. Bei dieser

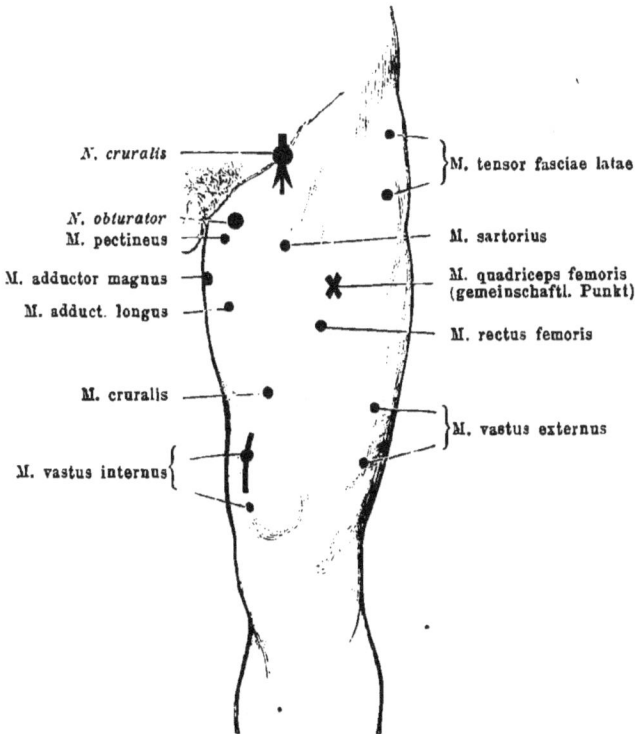

N. cruralis

N. obturator
M. pectineus

M. adductor magnus

M. adduct. longus

M. cruralis

M. vastus internus

M. tensor fasciae latae

M. sartorius

M. quadriceps femoris (gemeinschaftl. Punkt)

M. rectus femoris

M. vastus externus

Fig. 15.

„*polaren Untersuchungsmethode*" (BRENNER) ergiebt sich das folgende, in gleicher Weise für die motorischen Nerven und die Muskeln gültige *Zuckungsgesetz*.

Bei ganz schwachen Strömen findet zunächst gar keine bemerkbare Erregung statt. Steigert man allmählich die Stromstärke, so tritt die erste schwache Zuckung im Muskel bei der *Kathodenschliessung* ein, d. h. wenn der Strom so geschlossen wird, dass der differente Pol die Kathode darstellt. Bei der Kathodenöffnung, bei der Anodenschliessung und Anodenöffnung erfolgt nichts. Steigert man die Stromstärke weiter, so werden die Kathodenschliessungszuckungen immer stärker und nun treten allmählich auch *Anodenschliessungs-* und *Anodenöffnungszuckungen* ein, bald die einen früher und stärker, bald die anderen. Die Katho-

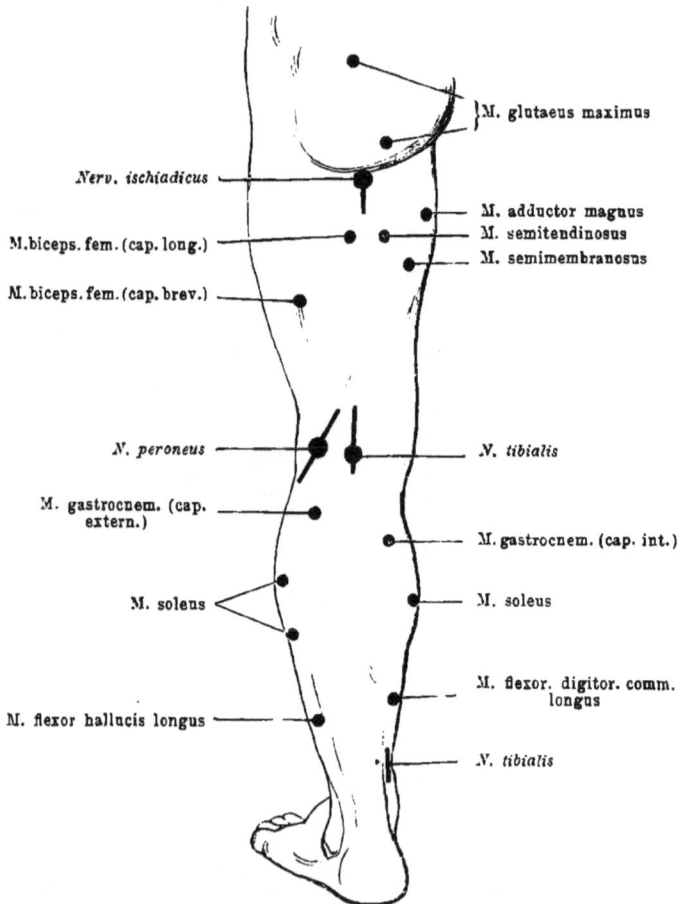

Fig. 16.

M. glutaeus maximus

Nerv. ischiadicus

M. adductor magnus
M. semitendinosus
M. semimembranosus

M.biceps. fem. (cap. long.)

M. biceps. fem. (cap. brev.)

N. peroneus

N. tibialis

M. gastrocnem. (cap. extern.)

M. gastrocnem. (cap. int.)

M. soleus

M. soleus

M. flexor. digitor. comm. longus

M. flexor hallucis longus

N. tibialis

denöffnung hat noch immer gar keinen Effect. Erst durch sehr starke Ströme, bei welchen die Kathodenschliessungszuckungen schon tetanisch werden, d. h. auch nach dem Schluss der Kette noch andauern, kann man schwache *Kathodenöffnungszuckungen* hervorrufen. Mit den in der Elektrodiagnostik jetzt allgemein üblichen Abkürzungen ausgedrückt, verhält sich das Zuckungsgesetz also folgendermaassen:[1])

1. niederste Stufe bei schwachen Strömen:

KaSz, KaO—, AnS—, AnO—,

2. mittlere Stufe bei stärkeren Strömen:

KaSZ, KaO—, AnSz, AnOz,

3. höchste Stufe bei sehr starken Strömen:

KaSTe, KaOz, AnSZ, AnOZ.

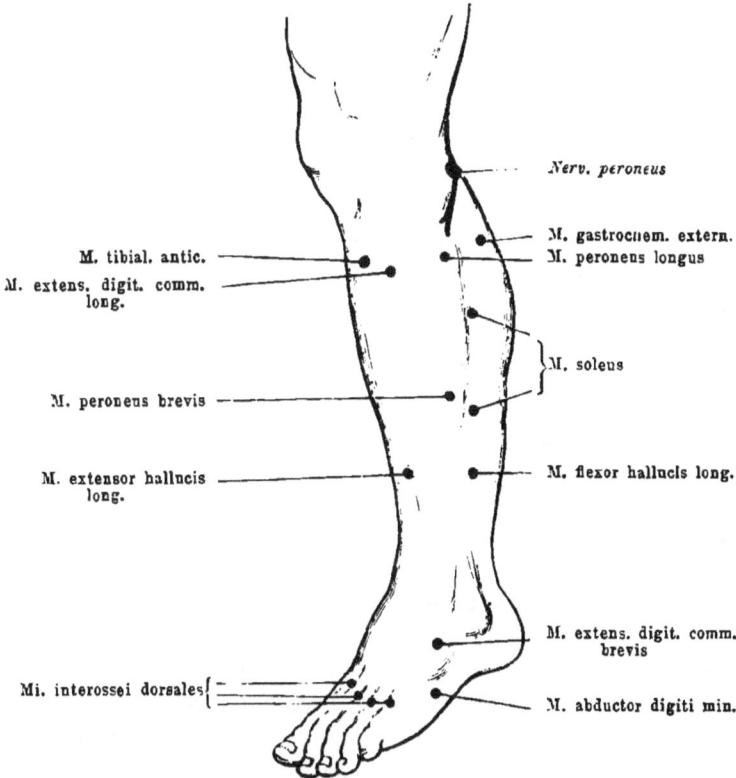

Fig. 17.

Die unter pathologischen Verhältnissen auftretenden Abweichungen von dem normalen Verhalten bestehen theils in *quantitativen*, theils aber auch in *qualitativen* Aenderungen des Zuckungsgesetzes. Als quantitative Aenderungen bezeichnet man die einfache *Erhöhung* oder die

---

1) Ka bedeutet Kathode, An = Anode, S = Schliessung, O = Oeffnung, z = schwache Zuckung, Z = stärkere Zuckung, Te = Tetanus. Zuweilen wird die zunehmende Stärke der Zuckungen abgekürzt auch mit Z, Z' und Z'' bezeichnet.

5 *

einfache *Herabsetzung* der elektrischen Erregbarkeit im Nerv oder in den Muskeln ohne gleichzeitige Aenderungen in der Qualität und in der Reihenfolge der auftretenden Muskelzuckungen. Der Nachweis der erhöhten resp. verminderten Erregbarkeit von Nerv und Muskeln ist am leichtesten bei einseitigen Erkrankungen zu führen, bei welchen man die zur Erzielung der Minimalzuckung erforderlichen Stromstärken auf der kranken und gesunden Seite mit einander vergleichen kann. Handelt es sich um doppelseitige oder um allgemeine Erkrankungen, so ist der Nachweis viel schwieriger. Man muss dann die Erregbarkeitsverhältnisse normaler Menschen zum Vergleich heranziehen, wobei die verschiedenen *Leitungswiderstände* mit Hülfe eines *Galvanometers* genau zu berücksichtigen sind, oder die Erregbarkeit der Nervenstämme an verschiedenen Abschnitten des Körpers (gewöhnlich benutzt man nach ERB's Vorgang hierzu die oberflächlich gelegenen und daher leicht reizbaren Nn. frontalis, accessorius, ulnaris und peroneus) mit einander vergleichen. Eine *Erhöhung der elektrischen Erregbarkeit* findet sich bei manchen frischen peripheren Lähmungen, ferner bei der Tetanie u. a. Eine *Verminderung der elektrischen Erregbarkeit* findet man ziemlich häufig bei bulbären und spinalen Lähmungen, bei der progressiven Muskelatrophie u. a.

Viel wichtiger, als die einfachen quantitativen Veränderungen der elektrischen Erregbarkeit, sind aber diejenigen nicht nur quantitativen, sondern zugleich auch *qualitativen* Abweichungen vom normalen Zuckungsgesetz, welche bei gewissen Lähmungsformen zuerst von BAIERLACHER im Jahre 1859 gefunden und bald allgemein bestätigt wurden. ERB hat dieselben mit dem Namen der „*Entartungsreaction*“ bezeichnet, weil sie sich eng an den Ablauf gewisser *anatomischer* Veränderungen in den gelähmten Nerven und Muskeln anschliessen.

Um uns die Verhältnisse der Entartungsreaction klar zu machen, wählen wir als Beispiel irgend eine frische periphere Lähmung und verfolgen nun die Erregbarkeitsveränderungen in dem Nerv und Muskel für beide Stromesarten. Kurze Zeit (2—3 Tage) nach dem Eintritt der Lähmung beginnt ein allmählich immer mehr zunehmendes *Sinken der faradischen und galvanischen Erregbarkeit im Nerven.* Nach 1 bis 2 Wochen ist die Erregbarkeit völlig erloschen, so dass man *vom Nerven aus* selbst mit den stärksten faradischen und constanten Strömen keine Spur einer Muskelzuckung mehr hervorrufen kann. Während dieser Zeit ist die *Erregbarkeit der gelähmten Muskeln für den faradischen Strom ebenfalls rasch gesunken und schliesslich ganz erloschen.* Ganz anders verhält sich indessen die Sache bei der *directen galvanischen*

Reizung der Muskeln. Hierbei findet man zwar anfangs auch ein leichtes Sinken der Erregbarkeit, welches aber bereits in der zweiten Woche in eine entschiedene *Steigerung der galvanischen Muskelerregbarkeit* übergeht. Man erhält jetzt schon bei relativ sehr schwachen Strömen deutliche Muskelcontractionen. Hierbei sind noch zwei weitere, sehr wichtige Eigenthümlichkeiten bemerkbar: 1. die *Muskelcontractionen* sind nicht kurz, blitzartig, wie unter normalen Verhältnissen, sondern erscheinen deutlich *träge, langgezogen,* „wurmförmig", und halten oft während der ganzen Dauer des Stromschlusses an. 2. Die Muskelzuckungen erfolgen nicht nur hauptsächlich bei KaS, wie unter normalen Verhältnissen, sondern die *Anodenschliessungszuckungen* werden bald ebenso stark, wie die KaSZ, oder überwiegen dieselben sogar deutlich. Nicht selten werden auch die KaOZ stärker. 3. kann hier noch erwähnt werden, dass auch die *mechanische Erregbarkeit* der Muskeln in solchen Fällen meist *erhöht* ist.

Diese zweite Stufe der Entartungsreaction hält etwa 4—8 Wochen an. Ist die Lähmung eine *schwere*, längere Zeit anhaltende (resp. unheilbare), so tritt nach Ablauf dieser Zeit ein *Sinken der galvanischen Muskelerregbarkeit* ein. Die Zuckungen werden immer schwächer, die zu ihrer Hervorrufung nöthigen Stromstärken immer grösser und schliesslich kann man in den unheilbaren Fällen selbst mit den stärksten Strömen nur noch eine kleine träge Anodenschliessungszuckung oder gar nichts mehr erzielen. Anders dagegen in den leichteren, heilbaren Fällen. Hier schliesst sich entweder an die Erhöhung der galvanischen Muskelerregbarkeit oder, in länger dauernden Fällen, an das secundäre Sinken derselben allmählich der Uebergang in die normalen Verhältnisse an. Die Zuckungen werden wieder lebhafter, kürzer, die KaSZ fangen wieder an zu überwiegen, endlich kehrt auch die faradische Muskelerregbarkeit und die faradische, sowie galvanische Erregbarkeit im Nerv zurück und damit sind dann die alten normalen Verhältnisse wieder hergestellt. Von grossem Interesse ist die hierbei zu beobachtende Thatsache, dass die *willkürliche Beweglichkeit in solchen Fällen oft bedeutend früher zurückkehrt, als die elektrische Erregbarkeit des peripheren Nerven.* Man sieht also, dass ein erkrankter Nerv zur *Leitung* der vom Gehirn herkommenden Erregungen fähig sein kann, während die Aufnahme von Reizen, also seine directe Erregbarkeit, noch vollständig aufgehoben ist. In solchen Fällen kann man auch durch elektrische Reizung des Nerven *oberhalb* der Läsionsstelle eine Muskelzuckung erzielen.

Ausser der soeben geschilderten *completen Entartungsreaction* kommt

nicht selten in leichteren Fällen auch eine sogenannte *partielle Ent-*
artungsreaction vor. Dieselbe besteht darin, dass das Sinken der faradischen und galvanischen Erregbarkeit im Nerv, und das Sinken der faradischen Erregbarkeit im Muskel nur in geringem Maasse stattfindet,
während dagegen die charakteristischen Veränderungen bei der directen
galvanischen Muskelreizung sich voll ausbilden (erhöhte Erregbarkeit, ·
träge Zuckungen, Ueberwiegen der Anodenschliessungszuckungen). In
einigen Fällen hat man neuerdings auch bei der faradischen Reizung
vom Nerv und Muskel aus das Auftreten träger Zuckungen beobachtet
(*„faradische Entartungsreaction"*).

    Anatomische Veränderungen der Nerven und Muskeln bei der Ent-
artungsreaction. Diagnostische und prognostische Bedeutung der letzteren.
Wie wir auf Seite 49 gesehen haben, lassen sich alle Lähmungen in
zwei grosse Gruppen trennen, in die atrophischen Lähmungen und die
Lähmungen ohne erhebliche Atrophie der befallenen Muskeln. Als die
Grundlage dieser Unterscheidung haben wir den nothwendiger Weise
vorauszusetzenden *„trophischen"* Einfluss der Ganglienzellen in den Vorderhörnern des Rückenmarks kennen gelernt. In allen Fällen, wo die
Erkrankung diese Ganglienzellen selbst betrifft oder im peripheren Nerven gelegen ist, so dass der trophische Einfluss der Ganglienzellen auf
die Muskeln nicht mehr zur Geltung kommen kann, tritt eine degenerative Atrophie des nach der Peripherie zu gelegenen Nervenabschnittes
und der hinzugehörigen Muskeln ein. Diese *degenerative Atrophie ist*
die anatomische Ursache für die Erscheinungen der elektrischen Ent-
artungsreaction.

    Handelt es sich um eine *periphere Lähmung,* z. B. um eine trau-
matische Läsion eines Nervenstammes, so ist der von der Läsionsstelle
peripher gelegene Abschnitt des Nerven von seinem „trophischen Centrum" im Rückenmark getrennt und beginnt secundär zu degeneriren.
Die Degeneration zeigt sich anatomisch zunächst in einem *Zerfall*
der Markscheide zu grösseren und kleineren Schollen und Klümp-
chen. Bald zerfällt auch der *Achsencylinder,* so dass die Schwann'sche
Scheide schliesslich · nur noch einen homogenen, flüssigen Inhalt um-
schliesst, welcher zum grössten Theil rasch resorbirt wird. Gleichzeitig
tritt eine *Vermehrung der Kerne in der Schwann'schen Scheide* auf,
welche bei längerer Dauer des Processes zu einer beträchtlichen *Ver-*
mehrung des interstitiellen Bindegewebes im Nerven führt. Mit diesen
anatomischen Veränderungen geht die Herabsetzung und der schliessliche Verlust der elektrischen Erregbarkeit des Nerven leicht verständ-
licher Weise vollkommen parallel.

Die Degeneration des Nerven setzt sich bis in die feinsten Endverzweigungen desselben im Muskel fort. Doch auch der *Muskel* selbst bleibt nicht unverändert. Die Muskelfasern erleiden eine erhebliche *Atrophie*. Sie werden viel schmäler, ihre Querstreifung wird undeutlicher, zum Theil zeigen sie eine fettige oder „körnige" Degeneration ihres Inhalts. Einzelne Fasern zeigen jene eigenthümliche gelbe homogene Beschaffenheit, welche man als „wachsartige Degeneration" bezeichnet. Dazu kommt eine beträchtliche *Vermehrung der Muskelkerne* und in späteren Stadien eine reichliche interstitielle Bindegewebsneubildung, häufig mit starker *Fettablagerung* verbunden. Diese so veränderten Muskeln reagiren jetzt nur noch auf den galvanischen Strom in der oben geschilderten Weise. Die eigentliche Ursache hiervon ist uns freilich noch vollständig unbekannt.

In den unheilbaren Fällen schreiten die soeben beschriebenen Degenerationsvorgänge allmählich immer weiter fort. In den zur Heilung gelangenden Fällen dagegen beginnt, früher oder später, eine Anzahl von *Regenerationsvorgängen*. Auf die näheren Details, welche noch in mancher Hinsicht Gegenstand der Controverse sind, können wir hier nicht eingehen. Sicher aber ist, dass neue Nerven- und Muskelfasern gebildet werden und dass Hand in Hand mit den anatomischen Regenerationsvorgängen zuerst die willkürliche Beweglichkeit und später auch die elektrische Erregbarkeit der gelähmten Theile allmählich wieder zurückkehrt.

Dieselben anatomischen Veränderungen, welche wir soeben als secundäre Degeneration bei Läsionen der peripheren motorischen Nerven beschrieben haben, entwickeln sich auch, wenn die primäre Erkrankung ihren Sitz in den *grauen Vorderhörnern des Rückenmarks* hat, also in dem trophischen Centrum selbst. Auf die *Art* der Erkrankung kommt es hierbei natürlich nicht an. Sowohl bei den verschiedenen Formen der Entzündung und der primären Atrophie, als auch bei Neubildungen, welche die vordere graue Substanz des Rückenmarks betreffen, entwickelt sich von den zugehörigen vorderen Wurzeln an bis aus Ende der peripheren Nerven und ebenso auch in den entsprechenden Muskeln eine secundäre Degeneration mit ausgesprochener Entartungsreaction. Ferner werden wir eine Anzahl von *primären Degenerationen der peripheren Nerven* kennen lernen (primäre Neuritis, diphtherische, toxische Lähmungen u. s. w.), welche ebenfalls fast die gleichen anatomischen Veränderungen darbieten und in Folge davon ebenfalls elektrische Entartungsreaction zeigen. Bei *allen* cerebralen Lähmungen dagegen und bei denjenigen spinalen Lähmungen, bei welchen die Lähmungsursache ober-

halb des betreffenden Abschnitts der grauen Vorderhörner sitzt, fehlt die
degenerative Atrophie und somit auch die Entartungsreaction vollständig.
Wir sehen somit, dass die Entartungsreaction in *diagnostischer
Hinsicht* uns sofort auf den Sitz der Erkrankung in der grauen Substanz des Rückenmarks oder in den peripheren Nerven schliessen lässt.
Eine weitere Unterscheidung lässt sie nicht zu. In *prognostischer Hinsicht* lehrt sie uns, dass im Nerv und Muskel anatomische Veränderungen eingetreten sind, bei welchen zwar eine Wiederherstellung noch sehr
wohl möglich ist, aber jedenfalls erst nach Ablauf einer längeren Zeit
(mindestens 2—3 Monate) erfolgen kann. Wir werden bald eine Anzahl
leichterer peripherer Lähmungen kennen lernen, bei welchen überhaupt
keine Entartungsreaction eintritt. Hieraus dürfen wir dann auch mit
Bestimmtheit den Schluss ziehen, dass *gröbere* anatomische Veränderungen im Nerven nicht vorhanden sind und dass wir demnach eine viel
raschere Heilung, vielleicht schon in 3—4 Wochen, erwarten dürfen.
Auch die oben erwähnte *partielle Entartungsreaction* ist eine in prognostischer Hinsicht wichtige Erscheinung. Sie zeigt, dass zwar in den
Muskeln, nicht aber in den Nerven schwerere anatomische Veränderungen eingetreten sind und erlaubt daher immer noch eine quoad tempus
günstigere Prognose, als bei den Fällen mit completer Entartungsreaction.

ZWEITES CAPITEL.
Die einzelnen Formen der peripheren Lähmung.

1. Augenmuskellähmungen.

Aetiologie. Die wichtigsten und am häufigsten vorkommenden Ur-
sachen von Augenmuskellähmungen sind folgende: 1. *Traumatische
Schädlichkeiten*, welche die Nerven direct treffen, Stösse aufs Auge,
Messerstiche, Schädelfracturen u. dgl. 2. *Compression der Nerven* durch
Erkrankungen ihrer Nachbarschaft. Vor allem sind es *Tumoren an der
Schädelbasis*, welche sehr häufig zu Augenmuskellähmungen führen,
ferner die in gleicher Weise wirkende *Periostitis* an der Schädelbasis
oder in der Augenhöhle, *syphilitische Affectionen, Aneurysmen, basale
Meningitis* u. dgl. 3. *Erkältungen*, welche wahrscheinlich eine Neuritis
hervorrufen. 4. Gewisse *acute Krankheiten*, in deren Gefolge Augen-
muskellähmungen auftreten, vor allem die *Diphtherie*, viel seltener
Typhus, Rheumatismus acutus u. a. Von chronischen Krankheiten soll
der *Diabetes mellitus* zuweilen zu Augenmuskellähmungen (besonders zu
Accomodationslähmungen) Anlass geben. 5. Die *Tabes dorsalis,* in deren

früheren Stadien vorübergehende oder bleibende Augenmuskellähmungen nicht selten auftreten. 6. Chronische Affectionen in der Gegend der *motorischen Nervenkerne für die Augenmuskelnerven* (s. *Bulbärparalyse*).

Symptome. Indem wir in Betreff der genaueren Symptomatologie und der specielleren ophthalmologischen Untersuchungsmethoden auf die Lehrbücher der Augenheilkunde verweisen, geben wir hier nur eine Uebersicht der hauptsächlichsten, für die Nervenpathologie wichtigen Symptome.

Die Störung in der Beweglichkeit eines Bulbus fällt den Patienten selbst durch das *Auftreten von Doppelbildern* (*Doppelsehen, Diplopie*) auf. Letztere entstehen dadurch, dass bei seitwärts gerichteter Blickrichtung der Bulbus auf der gelähmten Seite nicht in die entsprechende Stellung gebracht werden kann und in Folge davon die Netzhautbilder nicht mehr auf identische Stellen fallen. Bei pathologischer *Convergenz* der Sehachsen entstehen *gleichnamige,* bei pathologischer *Divergenz gekreuzte* Doppelbilder d. h. im ersteren Falle verschwindet beim Schliessen eines Auges das Bild derselben Seite, im zweiten Fall das Bild der entgegengesetzten Seite. Durch abwechselndes Fixiren des einen oder des anderen der beiden vor einander gehaltenen Finger und durch Beachtung des beim Schliessen eines Auges fortfallenden Doppelbildes vom nicht fixirten Finger kann man sich leicht an sich selbst hiervon eine Anschauung verschaffen. Durch die Doppelbilder und durch die abnormen Innervationsstärken, welche die Kranken anwenden, veranlasst, treten falsche *Projectionen des Gesichtsfeldes* auf, so dass die Kranken in der Beurtheilung der Lage der Aussendinge unsicher werden. Dies führt bei ausgedehnteren Augenmuskellähmungen häufig zu einem ausgesprochenen *Schwindelgefühl.* Um diese Unannehmlichkeiten zu vermeiden, beschränken sich viele Patienten auf das monoculäre Sehen, schliessen das kranke Auge oder nehmen solche Kopfhaltungen an, bei welchen sie die Doppelbilder vermeiden können.

Die *objective Untersuchung* ergiebt je nach der Ausbreitung der Lähmung folgende Resultate:

Bei vollständiger Lähmung eines *Nervus oculomotorius* (Musc. levator palpebrae superioris, Rectus superior, inferior und internus, Obliquus inferior, Sphincter iridis, Musc. ciliaris) fällt zunächst ausser der Störung der Augenbeweglichkeit das *Herabhängen des oberen Augenlids* (*Ptosis*) auf. Fordert man den Kranken auf, bei feststehendem Kopfe mit seinen Augen den Bewegungen eines vorgehaltenen Gegenstands (Finger) zu folgen, so bemerkt man sofort, dass die Beweglichkeit des erkrankten Auges nach oben, unten und innen aufgehoben ist.

Die *Pupille* ist erweitert (*Mydriasis*) und verengert sich nicht mehr bei
einfallender Beleuchtung. Die *Accomodation* ist aufgehoben, das scharfe
Sehen in der Nähe unmöglich. In der Ruhe erscheint das ganze Auge
etwas vorgetrieben (*Exophthalmus paralyticus*), weil der nach rückwärts
gerichtete Zug der Recti grösstentheils fehlt. Bei alten Oculomotorius-
lähmungen stellt sich häufig eine secundäre *Contractur im nicht gelähmten Rectus externus* (und Obliquus superior) ein, wodurch das Auge
dauernd nach aussen gezogen wird. *Partielle Oculomotoriuslähmungen*
(namentlich isolirte Ptosis, isolirte Lähmung des Rectus internus, inferior
und superior, isolirte Accomodationslähmungen) kommen nicht selten
vor und sind nach dem Gesagten meist leicht erkennbar.

Die Lähmung des *Nervus abducens* ist durch die eintretende Be-
wegungsunfähigkeit des *Rectus externus* charakterisirt. Das Auge kann
gar nicht mehr oder nur unvollständig über die Mittellinie nach aussen
hin bewegt werden. Bei älteren Lähmungen wird das Auge durch die
secundäre Contractur des Rectus internus nach innen gezogen und es
entsteht *Strabismus convergens*. Abducenslähmungen kommen isolirt,
doppelseitig und mit anderen Augenmuskellähmungen combinirt vor.
Die „rheumatische" Augenmuskellähmung betrifft relativ am häufigsten
einen Abducens.

Die Lähmung des *Nervus trochlearis* (*Musc. obliquus superior*) ist
nicht leicht zu erkennen, ist aber auch selten von besonderer praktischer
Wichtigkeit. Die Wirkung des Obliquus superior fällt mit derjenigen
des Rectus inferior zusammen. Die Lähmung des ersteren erkennt man
am ehesten aus dem Zurückbleiben des Bulbus bei Bewegungen nach
unten und zugleich nach *innen*. Ausserdem ist es in diagnostischer Beziehung charakteristisch, dass die Doppelbilder bei Trochlearislähmung
nur in der unteren Hälfte des Gesichtsfeldes, also besonders bei nach
unten gerichtetem Blick auftreten. Daher kommt es, dass sich die Sehstörung namentlich beim Treppensteigen geltend macht.

Schliesslich müssen wir noch ein bei fast allen Augenmuskellähmungen zu beobachtendes Symptom erwähnen, die sogenannte *Secundärab-
lenkung des gesunden Auges*. Man versteht hierunter die abnorm starken
entsprechenden Bewegungen im gesunden Auge, wenn das gelähmte
Auge einen Punkt fixiren soll, den es nicht oder nur mit grösster Anstrengung erreichen kann. Die abnormen Innervationsanstrengungen
übertragen sich dann auf den associirten Muskel der gesunden Seite
und verursachen in diesem eine zu starke Contraction.

Ueber *Verlauf und Prognose der Augenmuskellähmungen* lassen
sich keine allgemeine Aussagen machen, da alles von der Art des Grund-

leidens und der die Lähmung bewirkenden Ursache abhängt. Die rheumatischen, diphtherischen und manche traumatischen Augenmuskellähmungen geben eine günstige Prognose.

Therapie. In Betreff der etwa möglichen Erfüllung einer *Causalindication* ist namentlich noch einmal an das relativ nicht sehr seltene Vorkommen von Augenmuskellähmungen syphilitischen Ursprungs zu erinnern. Jodkalium und eine energische Schmierkur vermögen in solchen Fällen zuweilen sehr gute Resultate zu erzielen. Diese Mittel müssen daher auch in zweifelhaften Fällen versucht werden.

Im Uebrigen ist die *galvanische Behandlung* noch am ehesten von gutem Erfolg. Man leitet schwache Ströme quer durch die Schläfen oder, was meist zweckmässiger ist, setzt die Anode in den Nacken, während man die Kathode labil auf das geschlossene Auge, namentlich in die den gelähmten Muskeln entsprechende Gegend einwirken lässt. Grosse Vorsicht, schwache Ströme, Vermeidung aller stärkeren Stromschwankungen sind selbstverständlich nothwendig. — Ausserdem kann man einen Versuch mit *Strychninpräparaten* (innerlich oder besser subcutan in der Augengegend) machen. In Betreff der Correctur der Doppelbilder durch prismatische Brillen und in Betreff der zuweilen vorgenommenen operativen Eingriffe muss auf die Specialschriften verwiesen werden.

2. Motorische Trigeminuslähmung.
(*Kaumuskellähmung.*)

Die Lähmung der vom III. Ast des Trigeminus versorgten Kaumuskeln (M. masseter und temporalis) ist eine seltene Erkrankung. Relativ am häufigsten wird sie beobachtet bei Erkrankungen an der Schädelbasis, welche den motorischen Ast des Quintus comprimiren. Ausserdem werden wir später die Kaumuskellähmung als eine seltene Theilerscheinung chronischer Bulbäraffectionen kennen lernen.

Das Hauptsymptom der motorischen Trigeminuslähmung ist die Erschwerung resp. die Unmöglichkeit des Kauens. Bei einseitiger Lähmung können die Patienten nur noch auf der gesunden, bei doppelseitiger Lähmung gar nicht mehr kauen. Der Unterkiefer hängt schlaff herab und kann in Folge der gleichzeitigen Lähmung der Pterygoidei auch nicht mehr seitwärts bewegt werden. Häufig bestehen gleichzeitig sensible Störungen im Bereich des Trigeminus.

Prognose und *Therapie* hängen von dem Grundleiden ab. Zu versuchen ist die locale Faradisation oder Galvanisation der gelähmten Muskeln.

3. Facialislähmung.
(*Mimische Gesichtslähmung.*)

Aetiologie. Die Facialislähmung gehört zu den häufigsten peripheren Lähmungen, was aus der exponirten Lage des Nerven und aus dem Verlaufe desselben durch den engen Canalis Fallopiae verständlich ist. Ihre wichtigsten Ursachen sind: 1. *Erkältungen* (Zugluft, Schlafen bei offenem Fenster, Eisenbahnfahrt bei offenem Fenster u. dgl.). 2. *Erkrankungen des Mittelohres* und *Caries des Felsenbeins.* Der Verlauf des Facialis durch die Paukenhöhle macht es leicht erklärlich, dass sich so häufig bei eitrigen Mittelohraffectionen die Entzündung auf den Stamm des Facialis fortsetzt, oder dass dieser durch entzündliches Exsudat u. dgl. comprimirt wird. 3. *Erkrankungen an der Schädel- oder Gehirnbasis* (Tumoren, syphilitische Neubildungen, acute und chronische Entzündungen) geben oft durch Fortsetzung auf den Facialisstamm oder durch Compression desselben den Anlass zur Entstehung einer Facialislähmung. 4. Facialislähmungen sind eine häufige *Theilerscheinung bei Gehirn- und Ponserkrankungen,* auf welche wir in den folgenden Abschnitten wiederholt näher eingehen werden.

Symptome und Verlauf. Die Mannigfaltigkeit der functionell verschiedenen Nerven, welche der Facialisstamm vereinigt, ist die Ursache der ziemlich reichen Symptomatologie der Facialislähmungen. Am auffallendsten und am meisten charakteristisch ist stets die *Lähmung der mimischen Gesichtsmuskeln* (s. Fig. 18). Die gelähmte Gesichtshälfte ist schlaff und ausdruckslos, die Stirnrunzeln sind auf der gelähmten Seite verstrichen, das Auge ist abnorm weit geöffnet und thränt (Epiphora), die Nasolabialfalte ist verstrichen, der Mundwinkel hängt herab und nicht selten fliesst der

Fig. 18. Rechtsseitige Facialislähmung (nach SEELIGMÜLLER). Auf der gelähmten Gesichtshälfte sind die Falten verstrichen, z. Th. sogar ganz verschwunden, während dieselben sich linkerseits stark markiren. Mund und Nase sind nach links hinübergezogen.

Speichel aus demselben heraus. Noch deutlicher tritt die Lähmung bei allen Bewegungen des Gesichts hervor, beim Stirnrunzeln, beim Naserümpfen, beim Lachen, Sprechen, Pfeifen, Aufblasen der Wangen u. s. w. Der Augenverschluss ist unvollständig. Beim Versuch dazu sinkt das obere Lid der Schwere nach herab (Erschlaffung des M. levator palpebrae superioris), der Bulbus wird nach oben gedreht, damit die Pupille verdeckt wird, aber ein ziemlich breiter Spalt bleibt zwischen den Augenlidern doch übrig (Lagophthalmus). Der mangelnde Lidschluss erleichtert das Eindringen von Staub u. dgl. ins Auge und giebt zuweilen zu Conjunctivitis oder selbst zu schwereren Augenentzündungen Anlass. Die Sprache ist erschwert und undeutlich wegen der fehlenden Lippenbewegungen, das Kauen ist erschwert wegen der mangelhaften Wangenbewegung. In manchen Fällen findet man auch eine *Parese des Gaumensegels* (Facialisfasern gehen durch den N. petrosus superf. zum Gangl. sphenopalatinum und von hier zum Gaumensegel) auf der erkrankten Seite. Dasselbe hängt tiefer herab und beim Intoniren wird der weiche Gaumen schief nach der gesunden Seite hin gehoben. Ueber die Stellung der Uvula, welche schon unter normalen Verhältnissen sehr wechselnd ist, lässt sich keine allgemeine Regel geben.

Störungen des Geschmacks auf den vorderen zwei Dritteln der Zunge sind auf der gelähmten Seite nicht selten. Sie erklären sich durch eine Affection der Chordafasern, welche, wie wir auf S. 41 besprochen haben, eine Strecke weit im Facialis verlaufen. Im Beginn der Lähmung klagen manche Patienten über subjective Geschmacksempfindungen. Später ist die Abstumpfung des Geschmacks bei genauerer Prüfung häufig nachweisbar. Die *Tastempfindung auf der Zunge* ist nur ausnahmsweise (sensible Chordafasern?) herabgesetzt. Zuweilen besteht eine *Verminderung der Speichelsecretion* (Chordafasern), welche den Kranken ein abnormes Gefühl von Trockenheit im Munde auf der gelähmten Seite verursacht. *Gehörstörungen* sind häufig, meist aber durch das complicirende Ohrleiden (s. o.) oder eine gleichzeitige Affection des N. acusticus bedingt. Doch scheint die *Lähmung des M. stapedius* auch zuweilen Symptome zu machen und zwar eine auffallende Empfindlichkeit gegen alle stärkeren Schallempfindungen und sogar eine abnorme Feinhörigkeit, besonders für tiefere Töne (Hyperacusis, Oxyokoia). Die Ursache dieser Erscheinungen liegt darin, dass bei der Lähmung des Stapedius sein Antagonist, der M. tensor tympani, eine stärkere Anspannung des Trommelfells bewirkt. Die *Reflexbewegungen* (Blinzeln u. s. w.) sind bei vollständiger peripherer Facialislähmung selbstverständlich erloschen. Ueber die eigenthümlichen Reflexe, welche in *späteren Stadien* der Facialislähmung oft beobachtet werden, s. u.

Eine Prüfung aller bisher besprochenen Symptome ermöglicht in den meisten Fällen auch eine genauere Angabe des Ortes, an welchem die Leitungsunterbrechung im Facialis statthaben muss. Berücksichtigt man das beistehende, von ERB entworfene Schema des Facialis (s. Fig. 19),

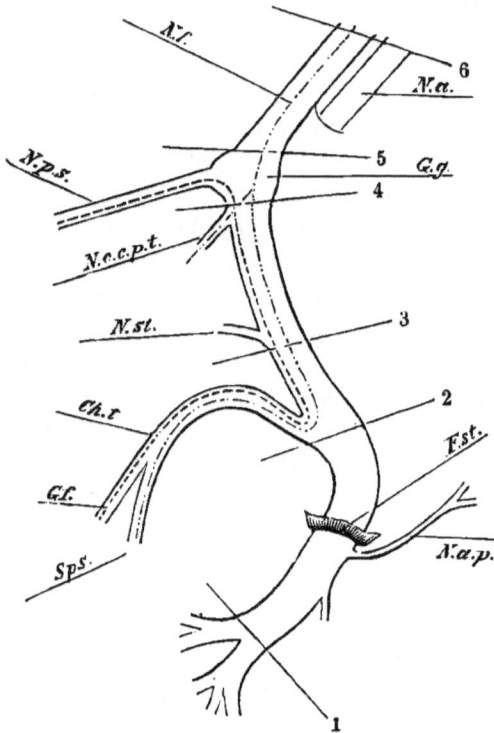

so versteht man leicht die folgenden Hauptformen der Facialislähmung:

1. Lähmung der Gesichtsmuskeln; dagegen Geschmack, Speichelsecretion, Gehör und Gaumensegel normal. Sitz der Affection auf der Strecke zwischen 1 und 2 (meist Facialisstamm unterhalb des Canalis Fallopiae).

2. Lähmung der Gesichtsmuskeln, Geschmacksstörung und ev. nachweisbare Verminderung der Speichelsecretion; dagegen Gehör und Gaumensegel normal. Sitz der Affection in der Paukenhöhle zwischen 2 und 3.

3. Lähmung der Gesichtsmuskeln, Geschmacksstörung, verminderte Speichelsecretion, abnorme Feinhörigkeit; dagegen Gaumensegel normal. Sitz zwischen 3 und 4.

Fig. 19. Schematische Darstellung des Facialisstammes von der Schädelbasis bis zum Pes anserinus. Verschiedene Localisationen der lähmenden Läsion. — Nerv. facialis = $N.f.$, N. petros. superf. maj. = $N. p. s.$, N. communic. c. plex. tymp. = $N. c. c. p. t.$, N. stapedius = $N. st.$, Chorda tymp. = $Ch. t.$, Geschmacksfasern = $Gf.$, Speichelsecret-Nerv = $Sps.$, N. acusticus = $N. a.$, Gangl. gen. = $G. g.$, Foram. stylomast. = $F. st.$, N. auricul. post. = $N. a. p.$

4. Lähmung der Gesichtsmuskeln, Geschmacksstörung, verminderte Speichelsecretion, Feinhörigkeit und Gaumensegelparese: Sitz am Ganglion geniculi zwischen 4 u. 5.

5. Lähmung der Gesichtsmuskeln, verminderte Speichelsecretion, Feinhörigkeit, Parese des Gaumensegels, aber *keine Geschmacksstörung:* Sitz *oberhalb* des Ganglion geniculi, zwischen 5 und 6.

Die *Veränderungen der elektrischen Erregbarkeit*, sowie noch einige andere Erscheinungen besprechen wir am zweckmässigsten im Verein mit dem *Verlauf der Facialislähmungen*. Der *Beginn* der Lähmung ist meist ziemlich plötzlich, seltener mehr allmählich. Zuweilen bestehen kurze Zeit subjective Vorboten, wie namentlich abnorme Geschmacksempfindungen, geringes Ohrensausen, leichte schmerzhafte Sensationen im Ohr und im Gesicht u. a. In Bezug auf den weiteren Verlauf unterscheidet man die folgenden drei Formen:

1. Die *leichte Form der Facialislähmung*, zu welcher namentlich viele rheumatische Lähmungen gehören. Die Affection bezieht sich meist nur auf die Gesichtsmuskeln, während Störungen des Geschmacks u. s. w. ganz fehlen. Die *elektrische Erregbarkeit* im Facialis und in den gelähmten Muskeln bleibt ganz *normal*. Die Heilung erfolgt rasch, meist nach 2—3 Wochen.

2. Die *Mittelform der Facialislähmung* (ERB). Hierbei tritt keine vollständige, sondern nur eine *partielle Entartungsreaction* ein. Die Erregbarkeit des Nerven sinkt zwar etwas, erlischt aber nicht. In den Muskeln bildet sich dagegen in etwa 2—3 Wochen eine deutliche Steigerung der galvanischen Erregbarkeit bei directer Reizung aus. Dabei werden die AnSZ grösser, als die KaSZ und die Zuckungen träge. In prognostischer Hinsicht lässt sich hieraus der Schluss ziehen, dass die Heilung immerhin noch relativ rasch eintreten wird. Meist erfolgt sie in 4—6 Wochen.

3. Die *schwere Form der Facialislähmung* ist diejenige, bei welcher es zu einer *completen Entartungsreaction* im Nerv und in den Muskeln kommt, deren Einzelnheiten (erloschene faradische und galvanische Erregbarkeit des Nerven, erloschene faradische Erregbarkeit der Muskeln, quantitativ und qualitativ veränderte galvanische Erregbarkeit der Muskeln) wir im vorigen Capitel kennen gelernt haben. Hierbei bestehen stets gröbere degenerative Vorgänge im Nerv und in den Muskeln, so dass eine Heilung, wenn überhaupt, erst in 2—6 Monaten oder noch später erfolgen kann. — In diesen Fällen sieht man im späteren Verlauf oft *eigenthümliche motorische Reizerscheinungen* auftreten (HITZIG). Dieselben bestehen 1. in einer zuweilen sehr auffallenden geringeren oder stärkeren *tonischen Contractur der gelähmten Muskeln*. 2. In einzelnen krampfhaften *Zuckungen* der Muskeln. 3. In eigenthümlichen *Mitbewegungen*. Schliessen die Kranken die Augen, blinzeln sie u. dgl., so erfolgt jedesmal eine deutliche Verziehung des Mundwinkels, welche nicht unterdrückt werden kann. 4. In einer *erhöhten Reflexerregbarkeit*. Beim Stechen in die Haut, beim Anblasen u. dgl. erfolgen lebhafte

Muskelzuckungen. Wir selbst beobachteten mehrmals beim Klopfen auf den Nasenrücken, auf das Nasenbein und die Stirn der *gesunden* Seite Zuckungen in den befallenen Facialismuskeln. Diese Reflexe gehen von der Haut, vielleicht zum Theil aber auch von den Fascien und dem Periost aus. Alle diese Erscheinungen können sehr lange Zeit, in unheilbaren oder unvollständig heilenden Fällen Jahre lang andauern.

Prognose. Die Prognose der Facialislähmungen hängt natürlich in erster Linie von dem etwa bestehenden Grundleiden ab. Die Lähmungen bei Tumoren an der Gehirnbasis, bei Felsenbeincaries u. dgl. sind fast immer unheilbar. Der Verlauf der Lähmungen bei Mittelohraffectionen hängt von der Heilbarkeit dieser letzteren ab. Für die Prognose der rheumatischen Lähmungen ergeben sich, wie soeben näher erörtert ist, sehr wichtige Anhaltspunkte aus der elektrischen Untersuchung. Freilich kann man hierbei niemals im Beginne der Lähmung, sondern erst nach Ablauf der ersten Wochen ein bestimmtes Urtheil fällen.

Diagnose. Die Symptome der Facialislähmung sind so prägnant, dass die Lähmung an sich stets leicht erkannt werden kann. Was die nähere Art der Lähmung und ihrer Ursache betrifft, so ist zunächst oft schon die Berücksichtigung der ätiologischen Momente (Traumen, Erkältung, Ohraffectionen) entscheidend. Für die Unterscheidung der peripheren von der centralen (bulbären oder cerebralen) Facialislähmung kommen vor allem die *sonstigen gleichzeitigen* (bulbären oder cerebralen) *Symptome* in Betracht. Die einzelnen Formen, in welchen sich die Facialislähmung hierbei mit der Lähmung anderer Gehirn- oder Extremitätennerven combinirt, werden wir später genauer kennen lernen. Ferner ist die *elektrische Untersuchung* von diagnostischer Wichtigkeit. Entartungsreaction kann nur vorkommen bei peripheren Lähmungen und bei solchen bulbären Lähmungen, bei welchen die Affection die Facialisfasern unterhalb des Facialiskerns oder diesen selbst betrifft. Bei allen eigentlichen cerebralen Lähmungen bleibt die elektrische Erregbarkeit vollständig erhalten. Ferner sei hier noch kurz erwähnt, dass bei cerebralen Facialislähmungen der *Stirntheil* der Facialis meist beweglich bleibt, während er bei peripheren Lähmungen mit gelähmt ist. Auch der Augenverschluss leidet meist nicht bei den cerebralen Facialislähmungen.

Therapie. Die *Behandlung des Grundleidens* ist von der grössten Wichtigkeit in allen Fällen, denen ein Ohrleiden, eine etwa entfernbare comprimirende Geschwulst (z. B. an der Parotis) oder Syphilis zu Grunde liegt. — Im Uebrigen ist die *Elektricität* das einzige Mittel, welches sichere Erfolge aufzuweisen hat, obgleich man auch ihre Wirksamkeit nicht überschätzen darf. Bei frischen Facialislähmungen empfiehlt sich die stabile Durchleitung eines schwachen constanten Stromes durch die Fossae auriculo-mastoideae (4—6 mal wöchentlich, 2—3 Minuten lang, anfangs die Anode, dann die Kathode auf der kranken Seite). Später ist die periphere Galvanisation (eventuell auch Faradisation) der Muskeln die Hauptsache. Man setzt die Anode in die Fossa auricularis und streicht langsam mit der Kathode längs den einzelnen Nervenzweigen und den Muskeln. Das bessere Schliessen des Auges durch Galvanisation des Orbicularis kann man oft unmittelbar nach jeder Sitzung constatiren. Die Faradisation ruft vielleicht durch die Hautreizung eine reflectorische Erregung der Nerven hervor und ist deshalb von Nutzen.

Von sonstigen Mitteln verdienen die *subcutanen Strychnininjectionen* (Lösung von Strychninum sulphuricum 0,1 : 10,0, 3—4 mal wöchentlich ¼—½ Pravaz'sche Spritze) Erwähnung. Bei den secundären Contracturen kann man durch methodisches Dehnen (Holzkugel unter die Wange) und Massiren der Muskeln günstige Erfolge erzielen.

4. Lähmungen im Gebiete der Schultermuskeln.

Isolirte periphere Lähmungen dieser Muskeln kommen, mit Ausnahme der praktisch wichtigen Serratuslähmung, nur selten vor. Häufiger sind Functionsstörungen in denselben als Theilerscheinung bei complicirten Lähmungszuständen, vor allem bei der progressiven Muskelatrophie. Doch hat die Diagnose dieser Lähmungen im Einzelnen oft ziemlich grosse Schwierigkeiten.

Lähmung des Sternocleidomastoideus (N. accessorius). Das Kinn ist in Folge der antagonistischen Contractur des anderen Sternocleidomastoideus etwas gehoben und nach der kranken Seite gedreht. Die Bewegung in der entgegengesetzten Richtung ist erschwert. Bei doppelseitiger Lähmung dieses Muskels ist die Drehung des Kopfes bei erhobenem Kinn nur sehr schwierig und unvollständig.

Lähmung des Cucullaris (N. accessorius). Die Schulter sinkt nach abwärts und vorwärts, so dass die Supraclaviculargrube vertieft wird. Der mediale Rand der Scapula verläuft der Wirbelsäule nicht parallel, wie unter normalen Verhältnissen, sondern schief von unten und innen nach oben und aussen. Das willkürliche Heben der Schulter („Zucken der Achsel") ist beschränkt und nur noch mit dem Levator scapulae möglich. Ebenso ist das Zurückziehen der Schulter (Nähern an die Wirbelsäule) erschwert und nur noch durch die Rhomboidei ausführbar. Auch das Heben des Armes über die Horizontale ist wegen der schlechten Fixirung des Schulterblattes beeinträchtigt.

Lähmung des Pectoralis major et minor (Nn. thoracici anteriores). Die Adduction des Oberarms ist erschwert oder aufgehoben. Die Hand kann nicht mehr auf die Schulter der gesunden Seite gelegt werden.

Lähmung der Rhomboidei und des Levator anguli scapulae (N. dorsalis scapulae) kann sicher nur bei gleichzeitiger Cucullarislähmung erkannt werden. Dann ist die Annäherung des Schulterblatts an die Wirbelsäule (Rhomboidei) und das Heben desselben (Levator sc.) vollständig aufgehoben.

Lähmung des Latissimus dorsi (Nn. subscapulares). In der Ruhe keine Deformität. Der Arm kann aber nicht kräftig adducirt, die Hand kann nicht aufs Kreuz gelegt werden.

Lähmung der Ein- und Auswärtsroller des Humerus. Bei der Lähmung der *Einwärtsroller* (*Teres major, Subscapularis*, innervirt von den Nn. subscapulares) kann der nach aussen rotirte Arm nicht wieder in seine normale Stellung zurückgebracht werden. Ferner sind alle Manipulationen, welche der gelähmte Arm auf der entgegengesetzten Körperhälfte ausführen will, beträchtlich erschwert. Bei Lähmung der *Auswärtsroller* (*Infraspinatus*, innervirt vom N. suprascapularis, und *Teres minor*, innervirt vom Axillaris) ist die Rotation des Armes nach aussen aufgehoben. Beim Schreiben, beim Nähen (Ausfahren mit der Nadel) macht die Lähmung sehr bemerkbare Störungen.

Lähmung des Serratus anticus major, Lähmung des Nervus thoracicus longus. Diese Lähmung ist relativ häufig und daher von praktischer Wichtigkeit. Ihre häufigste Ursache sind *traumatische Einwirkungen* auf den Nerven. Sie kommt daher vorzugsweise bei Lastträgern, bei Soldaten u. dgl. vor. Nächstdem entstehen Serratus-Lähmungen zuweilen nach Erkältungen ("rheumatische Serratus-Lähmung"), ferner im Anschluss an Infectionskrankheiten (Abdominaltyphus) und als Theilerscheinung der progressiven Muskelatrophie.

Bei ruhigem Herabhängen des Armes ist das Schulterblatt der gelähmten Seite in Folge der Antagonistenwirkung (Rhomboidei, Levator scapulae, Cucullaris) etwas von der Brustwand abstehend, der untere Winkel desselben der Wirbelsäule ein wenig genähert und der mediale Rand daher schief nach oben und aussen verlaufend. Soll der Kranke den Arm erheben, so ist dies *nur bis zur Horizontalen* möglich und man vermisst dabei das Hervortreten der angespannten Serratuszacken an der seitlichen Brustwand. Sobald man aber das Schulterblatt fest anfasst und passiv nach vorne schiebt d. h. die fehlende Serratuswirkung ersetzt, so ist die Erhebung des Arms sofort möglich.

Wird der Arm nach aussen bis zur Horizontalen gehoben, so nähert sich die Scapula der Wirbelsäule, wird er nach vorn erhoben, so tritt ein sehr charakteristisches *flügelförmiges Abstehen des inneren Scapularrandes* ein, so dass man mit der Hand die innere Scapulafläche betasten kann (s. Fig. 20). Ausserdem ist die Adduction des Arms, das

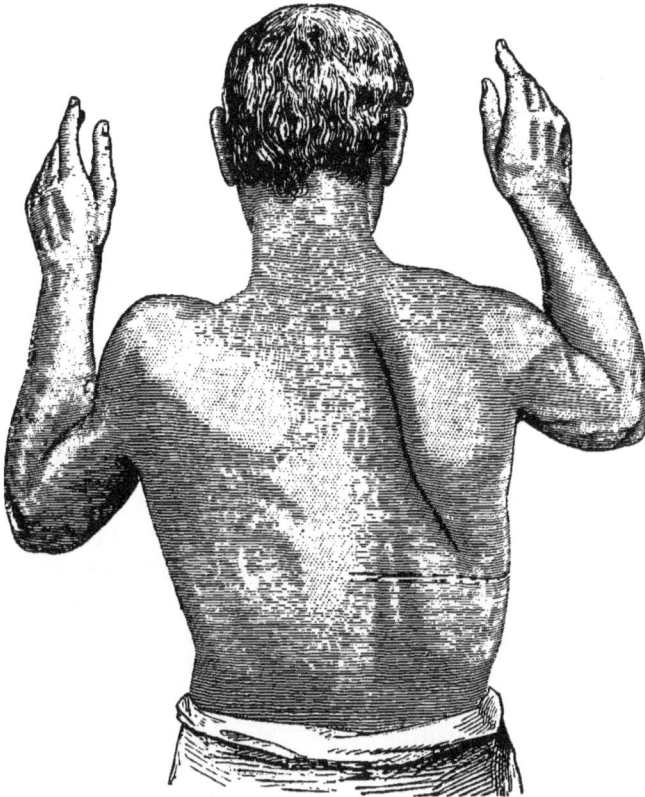

Fig. 20. Lähmung des rechten Serratus (nach einer Photographie von DUCHENNE).

Legen der Hand auf die andere Schulter, gestört. Die *Sensibilität* der Brusthaut ist in der Regel normal.

Der *Verlauf* der Serratuslähmung ist gewöhnlich langwierig. Meist tritt erst nach mehreren Monaten Heilung ein. Manche Fälle sind unheilbar. Die *Therapie* besteht vorzugsweise in der elektrischen Behandlung des gelähmten Nerven und Muskels.

5. Lähmungen der Rückenmuskeln.

Von den Lähmungen der Rückenmuskeln, welche fast nur als Theilerscheinung ausgebreiteter Lähmungen beobachtet werden, hat nur die Lähmung der *Rückenstrecker in der Lendengegend* (M. erector trunci mit seinen Theilen Sacrolumbalis und Longissimus dorsi) ein praktisches Interesse. Sie kommt verhältnissmässig häufig bei der *Muskelatrophie resp. Pseudohypertrophie der Kinder* (s. d.) vor und veranlasst ein ungemein charakteristisches und leicht erkennbares Krankheitsbild. Lässt man die kleinen Patienten sich gerade hinstellen, so fällt sofort die eigenthümliche Haltung des Körpers auf. Die Lendenwirbelsäule ist lordotisch nach vorn gekrümmt, der Bauch steht stark nach vorn vor, der Oberkörper ist nach hinten gebeugt. Der Rumpf balancirt auf den Hüften und der Gang wird wackelnd. Am deutlichsten tritt die Lähmung der Rückenstrecker hervor, wenn die Kinder sich nach irgend einem Gegenstande gebückt haben und sich nun wieder aufrichten wollen. Sie können dann ihren Oberkörper nur auf die Weise in die Höhe bringen, dass sie sich mit den Händen auf die Kniee stützen und so langsam an den Oberschenkeln in die Höhe klettern.

6. Lähmungen im Gebiete der oberen Extremität.

Lähmung des M. deltoideus (Nerv. axillaris). Die Deltoideuslähmung kommt entweder als Theilerscheinung complicirterer peripherer, vom Plexus brachialis ausgehender Lähmungen, oder als isolirte *traumatische* und *rheumatische* Lähmung vor. Sie giebt sich zu erkennen durch die Unmöglichkeit jeder Erhebung des Oberarms. Durch passive Bewegungen ist die Unterscheidung von einer Ankylose im Schultergelenk leicht möglich. Dauert die Lähmung längere Zeit an, so tritt eine sehr auffallende Atrophie des Muskels und elektrische Entartungsreaction in demselben ein. — Die Lähmung des ebenfalls vom Axillaris innervirten *M. teres minor* ist nicht mit Sicherheit zu diagnosticiren.

Lähmung des Biceps und Brachialis internus (N. musculo-cutaneus) kommt nur ausnahmsweise isolirt, ziemlich häufig aber combinirt mit anderen Lähmungen zur Beobachtung. Die Beugung des Vorderarms in Supinationsstellung ist unmöglich, während bei der Pronationsstellung des Vorderarms der Supinator longus noch seine Beugewirkung entfalten kann. Ferner fehlt die *Supinationswirkung des Biceps*, welche derselbe bekanntlich bei gebeugtem Vorderarm ausübt.

Zuweilen beobachtet man gleichzeitig eine Sensibilitätsstörung an der Radialseite des Vorderarms (Hautast des N. musculo-cutaneus).

Radialislähmung. Der anatomische Verlauf des Nervus radialis bringt es mit sich, dass *Drucklähmungen* desselben zu den häufigsten peripheren Lähmungen gehören. Sie kommen namentlich vor, wenn *im Schlaf* der Nerv durch den auf dem Arme liegenden Rumpf oder Kopf gegen den Humerus angedrückt wird (Trunkenheit, Schlafen mit überhängendem Arm auf einer Stuhllehne u. s. w.). Die Lähmung wird meist sofort nach dem Erwachen bemerkt. Auch sonstige traumatische Einwirkungen, directe Verletzungen des Nerven, Compression desselben bei Schulterluxationen, bei Fracturen des Humerus, durch Krückendruck, durch Umschnüren des Arms u. s. w. sind ebenfalls häufige Ursachen von Radialislähmungen. *Erkältungen* (rheumatische Radialislähmung) spielen eine viel untergeordnetere Rolle. Ueber die *Bleilähmung,* welche sich vorzugsweise im Gebiete des Radialis localisirt, s. u.

Der Radialis innervirt den M. triceps und die Muskeln an der Streckseite des Vorderarms. Die *Lähmung des Triceps* ist nur in den Fällen vorhanden, wo die Läsionsstelle ziemlich weit oben ihren Sitz hat (bei Krückenlähmungen, Luxationslähmungen, Plexuslähmungen u. dgl.), fehlt dagegen bei den meisten gewöhnlichen Drucklähmungen, bei welchen die Umschlagstelle des Radialis um den Humerus der Compressionsort ist. Zu erkennen ist die Tricepslähmung leicht durch die Un-

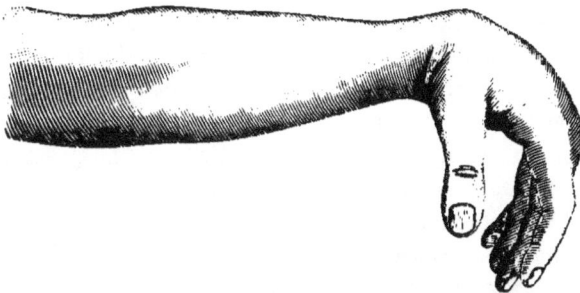

Fig. 21. Stellung der linken Hand bei Radialislähmung. (Nach SEELIGMÜLLER.)

möglichkeit der Streckung des Vorderarms. Doch muss man den Versuch dazu stets bei gehobenem Oberarm ausführen lassen, damit die Wirkung der Schwere auf den Vorderarm ausgeschlossen ist.

Die Lähmung der Muskeln auf der Streckseite des Vorderarms giebt sich sofort durch das *schlaffe Herabhängen der Hand in Beugestellung* zu erkennen (s. Fig. 21). Jede Dorsalflexion derselben (M. extensor carpi ulnaris und radialis longus et brevis) ist unmöglich und ebenso sind auch die Seitwärtsbewegungen (Abduction und Adduction) der Hand erschwert. Die *Finger* sind gebeugt, ihre *erste* Phalanx kann nicht gestreckt werden (M. extensor digitorum communis, Indicator und Extensor digiti minimi). Werden die ersten Phalangen aber passiv gestreckt und unterstützt, so geschieht die Streckung der Endphalangen (Wirkung der vom N. ulnaris versorgten Interossei) vollkommen normal. Der *Daumen* ist gebeugt und adducirt und kann activ weder abducirt (Abductor pollicis longus) noch gestreckt (Extensor pollicis longus et brevis) werden. Wird der *Vorderarm* gerade ausgestreckt und pronirt, so kann er nicht supinirt werden (M. supinator brevis), während die Supination des gebeugten Vorderarms durch den M. biceps geschieht. Die Beugung des Vorderarms in supinirter Stellung, welche vom Biceps und Brachialis internus besorgt wird, ist erhalten, dagegen die Beugung desselben in halber Pronationsstellung („Mittellastellung") abgeschwächt in Folge der Lähmung des Supinator longus. Lässt man den Kranken in dieser Stellung kurze rasche Beugebewegungen mit dem Vorderarm ausführen, so fühlt man nichts von dem charakteristischen normalen Vorspringen des angespannten Supinator longus.

Die Functionsstörung der Hand bei der Radialislähmung ist sehr beträchtlich. Auch die Wirkung der Beuger ist geschwächt, da ihre Insertionspunkte wegen des beständigen Herabhängens der Hand einander genähert sind. Neben der motorischen beobachtet man auch eine *sensible Störung* im Radialisgebiet, welche aber meist nur gering ist. Ihr Hauptsitz ist die radiale Hälfte des Handrückens und die Dorsalfläche der ersten Phalanx vom Daumen, Zeigefinger und Mittelfinger (vgl. Fig. 5). Die *elektrische Erregbarkeit* der gelähmten Theile entspricht den allgemein gültigen Gesetzen. Im Anfange und in leichten Fällen bleibt sie normal, in späterer Zeit tritt ausgesprochene Atrophie und Entartungsreaction auf. Bemerkenswerth ist, dass man bei allen Arten von Radialislähmung (namentlich auch bei der Bleilähmung) sehr häufig eine eigenthümliche *chronische Verdickung und Anschwellung der Sehnen auf dem Handrücken* findet, welche der Hauptsache nach wahrscheinlich eine Folge der mechanischen Zerrung der Sehnen ist.

Ulnarislähmung. Abgesehen von der häufigen Betheiligung der vom Ulnaris versorgten Muskeln bei ausgebreiteteren Lähmungen und Atrophien (namentlich bei der progressiven Muskelatrophie), kommt die Ulnarislähmung vorzugsweise durch *traumatische Einflüsse* (Druck, Verwundungen, Humerusfracturen, Schultergelenkluxationen u. dgl.) zu Stande.

Die Beugung der *Hand* und namentlich die ulnare Seitwärtsbewegung derselben ist gestört (M. flexor carpi ulnaris). Die Beugung der drei letzten *Finger* ist unvollständig (theilweise Parese des M. flexor digit. profundus), die Beweglichkeit des *kleinen Fingers* (Muskulatur des Hypothenar) ganz aufgehoben. Am meisten auffallend ist die *Lähmung der Interossei*, wodurch die *Beugung der Grundphalangen* und die *Streckung der Endphalangen* an den vier letzten Fingern unmöglich wird. Auch das Spreizen der Finger und noch mehr das Wiederzusammenbringen derselben (Interossei, Lumbricales) ist stark beeinträchtigt. Der *Daumen* kann nicht fest gegen den Metacarpus des Zeigefingers adducirt werden (M. adductor pollicis).

In fast allen älteren Fällen von Ulnarislähmung bildet sich neben der Muskelatrophie, welche namentlich an den Interosseal-Furchen des Handrückens hervortritt, eine sehr charakteristische Handstellung aus. Durch die Contractur der den gelähmten Interosseis antagonistisch wirkenden Muskeln (Extensor digitorum communis und Flexor digitorum) werden die ersten Phalangen stark dorsalflectirt, die Endphalangen dagegen vollständig gebeugt, so dass die Hand eine förmliche Krallenstellung (*„Klauenhand"*, *main de la griffe*) erhält (s. Fig. 22).

Die Störung der *Sensibilität* erstreckt sich,

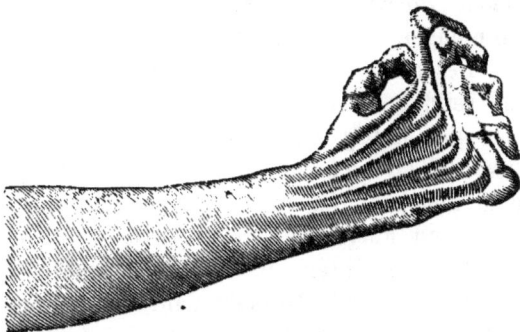

Fig. 22. Klauenhand (nach Duchenne).

wenn überhaupt vorhanden, auf die Volarfläche der zwei letzten, die Dorsalfläche der drei letzten Finger und einen Theil des Handrückens (s. Fig. 3 u. 4).

Medianuslähmung. Die Medianuslähmung kommt vorzugsweise als *traumatische Lähmung* zur Beobachtung. Häufig ist sie auch eine Theilerscheinung ausgedehnterer Lähmungen (bei progressiver Muskelatrophie u. a.).

Die Bewegungsstörungen sind sehr auffallend. Die Pronation des *Vorderarms* (Pronator teres und quadratus) ist fast ganz aufgehoben. Die *Hand* kann nur noch durch den Flexor ulnaris ulnarwärts flectirt werden (Lähmung des Flexor carpi radialis). Die *Finger* können in den Endphalangen nicht mehr gebeugt (Flexor digitor. sublimis und ein Theil des profundus) werden, während die Beugung der Grundphalangen

von den Interosseis in normaler Weise besorgt wird. Nur mit den drei
letzten Fingern, deren Beugung zum Theil noch vom Flexor dig. prof.
(N. ulnaris) besorgt werden kann, vermögen die Kranken einen Gegenstand zu fassen. Der *Daumen* kann nicht mehr gebeugt (Flexor pollicis longus et brevis) und nicht opponirt (M. opponens) werden und
liegt meist der Hand an.

Die etwa vorhandene *Sensibilitätsstörung* findet sich an der Volarfläche des Daumens und der beiden folgenden Finger, ferner auch an
der Dorsalfläche der Endphalangen vom Zeige- und Mittelfinger (siehe
Fig. 3 u. 4). *Trophische Störungen* (Blasen an den Fingern, glänzende
atrophische Haut, Veränderungen an den Nägeln) werden relativ häufig
beobachtet.

Combinirte Armlähmungen. Combinirte Lähmungen, bei welchen
die befallenen Muskeln dem Verbreitungsbezirk mehrerer Nerven an-
gehören, kommen in der mannigfachsten Weise vor, namentlich häufig
in Folge von Schädlichkeiten, welche den Plexus brachialis am Halse
treffen (*Plexuslähmungen*). Hierher gehört z. B. ein grosser Theil der
Lähmungen nach Luxationen des Humerus (*Luxationslähmungen*).

Besondere Erwähnung verdient eine zuerst von ERB beschriebene
und seitdem wiederholt beobachtete combinirte Plexuslähmung, bei welcher gleichzeitig der *Deltoideus, Biceps, Brachialis internus* und *Supinator longus* gelähmt sind. Der Arm hängt schlaff herab, kann gar
nicht gehoben und der Vorderarm gar nicht gebeugt werden, während
Hand und Finger ihre normale Beweglichkeit haben. Die Lähmungsursache muss ihren Sitz an dem Punkte haben, wo die Nervenfasern
für die genannten Muskeln nahe an einander liegen (s. Fig. 12). Zuweilen ist gleichzeitig auch der *M. infraspinatus* gelähmt, so dass der
einwärts rotirte Arm nicht nach aussen gerollt werden kann.

Genau dieselbe Combination der gelähmten Muskeln findet sich in
einem Theil der zuerst von DUCHENNE beschriebenen *Entbindungsläh-
mungen*. Dieselben werden zuweilen bei Kindern nach schweren Entbindungen beobachtet und sind die Folge traumatischer Schädigungen
des Plexus brachialis bei Wendungen beim Prager Handgriff, bei der
Extraction des Kindes an den Schultern u. dgl.

**Allgemeine Prognose und Therapie der peripheren Lähmungen an der
oberen Extremität.** Bei der *Prognose* der peripheren Armlähmungen
gelten dieselben allgemeinen Gesichtspunkte, welche wir bei der Prognose der Facialislähmung besprochen haben. Auch hier kommen leichte
und schwere Fälle vor, letztere mit vollständiger Entartungsreaction und
einem bis zum Eintritt der Heilung mindestens mehrere Monate lang

dauernden Verlauf. Eine Anzahl traumatischer Lähmungen ist überhaupt nur bis zu einem gewissen Grade heilbar oder selbst vollkommen unheilbar.

Die *Therapie* kann nur in verhältnissmässig seltenen Fällen der Causalindication genügen, wenn es gelingt, etwa vorhandene comprimirende Geschwülste, Narben, Knochensplitter, Callusbildungen u. dgl. operativ zu entfernen.

Im Uebrigen ist die *elektrische Behandlung* der Lähmungen die am meisten Erfolg versprechende. Man benutzt vorzugsweise den constanten Strom, obwohl sich sicher auch mit dem faradischen Strome gute Resultate erzielen lassen. Was die *Methode der Behandlung* anbetrifft, so kann man, namentlich in frischeren Fällen, auf die Läsionsstelle selbst den constanten Strom stabil einwirken lassen. Die Hauptsache aber bleibt die elektrische Reizung der gelähmten Nerven und Muskeln. Den Nerv sucht man oberhalb der Läsionsstelle auf, um gewissermaassen von oben her gegen die Leitungshemmung einzuwirken und dieselbe zu überwinden. Die Muskeln werden galvanisch gereizt, indem man mit der Kathode über die einzelnen gelähmten Muskeln hinstreicht. Besteht Entartungsreaction mit vorherrschenden oder ausschliesslichen Anodenzuckungen, so nimmt man die Anode zum differenten Pol. Der andere Pol kommt aufs Sternum oder eventuell auf die Läsionsstelle. Die Faradisation der Muskeln kann ebenfalls von Nutzen sein, namentlich wenn die Muskeln faradisch reagiren. Doch auch, wenn dies nicht der Fall ist, hat die *sensible* faradische Reizung vielleicht einen günstigen Einfluss, indem sie auf reflectorischem Wege eine Erregung der motorischen Nerven herbeiführt. — Die einzelnen Sitzungen dauern etwa 5—10 Minuten und finden täglich oder 3—4 mal wöchentlich statt. Je frischer die Lähmung ist, desto günstiger ist relativ die Prognose. Doch erzielt man auch in älteren, schweren Fällen durch grosse Geduld und Ausdauer zuweilen noch beachtenswerthe Resultate. Die Behandlung muss dann Monate lang und mit zeitweiligen Unterbrechungen noch länger fortgesetzt werden.

Spirituöse und ähnliche *Einreibungen* müssen in der Praxis oft verordnet werden, haben aber keine erhebliche Wirkung. Etwas mehr Nutzen sieht man zuweilen von localen warmen Bädern oder von dem Gebrauche der *Bäder* in Teplitz, Wiesbaden, Wildbad u. s. w.

7. Zwerchfellslähmung.

Isolirt kommt die Zwerchfellslähmung nur selten vor, bei Verletzungen des N. phrenicus am Halse, ferner als „rheumatische" Lähmung, und endlich bei Hysterischen. Muskuläre Paresen des Zwerchfells scheinen sich bisweilen im Anschluss an Entzündungen der Zwerchfellsserosa zu entwickeln. — Häufiger und praktisch wichtiger ist die Zwerchfellslähmung, welche als Theilerscheinung bei ausgebreiteteren Lähmungen auftritt. Bei Erkrankungen des oberen Halsmarkes, bei ascendirender Myelitis, bei progressiver Muskelatrophie, bei multipler Neuritis u. dgl. ist die schliesslich sich ausbildende Zwerchfellslähmung nicht selten die Ursache des in Folge der eintretenden Respirationsstörung beschleunigten tödtlichen Ausgangs.

Die *Symptome der Zwerchfellslähmung* sind, namentlich bei der meist beiderseitigen Erkrankung, leicht erkennbar. Auf den ersten Blick erkennt man die Modification der Athembewegungen. Während ein starkes, bei den geringsten Anlässen sehr angestrengt werdendes oberes Brustathmen auffällt, fehlt die sichtbare und fühlbare inspiratorische Vorwölbung des Epigastriums vollständig. Statt dessen findet meist eine inspiratorische Einziehung der epigastrischen Gegend statt. Die Athmung ist bei völliger Ruhe der Patienten in uncomplicirten Fällen nur wenig beschleunigt, während in anderen Fällen die wegen der mangelhaften Respiration in den unteren Lungenlappen sich entwickelnde starke Bronchitis eine Ursache beständiger Dyspnoë wird. Die Ursache der Bronchitis ist namentlich darin zu suchen, dass die Wirkung der Bauchpresse bei dem beständigen Hochstand des Zwerchfells (percutorisch nachweisbar) sehr herabgesetzt ist und in Folge davon das Husten und die Expectoration des Secrets sehr unvollkommen wird.

Die *Prognose* ist nur bei hysterischen und rheumatischen Zwerchfellslähmungen günstig, sonst meist sehr ungünstig. In *therapeutischer Beziehung* besteht der einzig mögliche Versuch darin, das Zwerchfell vom Phrenicus aus am Halse faradisch oder galvanisch zu reizen, während der andere Pol auf die Gegend des Zwerchfellsansatzes am Brustkorb aufgesetzt wird. Auch eine quere Durchleitung des constanten Stromes durchs Zwerchfell kann von günstigem Einfluss sein.

8. Lähmungen im Gebiete der unteren Extremität.

Lähmung des N. cruralis. Die Cruralislähmung kommt nur selten isolirt vor. Sie wird beobachtet nach Traumen, Compression des Nerven durch Becken- und Oberschenkeltumoren, bei Wirbelleiden, Psoasabscessen u. dgl.

Die *Symptome* sind leicht erkennbar. Der Oberschenkel kann nicht gegen den Rumpf gebeugt werden resp. der Rumpf nicht aus der liegenden Stellung aufgerichtet werden (*M. iliopsoas*). Der gebeugte Unterschenkel kann nicht gestreckt werden (*Extensor cruris quadriceps*). Das Gehen und Stehen ist sehr erschwert oder fast ganz unmöglich. Die Lähmung des M. sartorius und pectineus macht keine besonderen Symptome. Die etwa vorhandene *Sensibilitätsstörung* findet sich in der unteren Hälfte der vorderen Oberschenkelfläche und an der inneren Seite des Unterschenkels bis zur grossen Zehe herab (N. saphenus, Vgl. Fig. 6 u. 7).

Lähmung des N. obturatorius ist sehr selten isolirt beobachtet worden. Das Hauptsymptom ist die mangelnde Adduction des Oberschenkels (M. adductor magnus, longus brevis, M. gracilis), die Unmöglichkeit, ein Bein über das andere zu legen. Ausserdem ist auch die Rotation des Oberschenkels nach aussen gestört (M. obturator externus). Etwaige *Sensibilitätsstörungen* finden sich an der Innenseite des Oberschenkels.

Lähmung der Nn. glutaei ist ebenfalls selten. Am meisten erschwert ist die Abduction des Oberschenkels (Mm. glutaei) und die Rotation desselben nach innen (M. obturator internus). Das Gehen und besonders das Treppensteigen wird sehr unsicher.

Lähmungen im Gebiete des Ichiadicus, entstanden durch traumatische Läsionen, durch Compression der einzelnen Nervenäste bei Wirbelleiden, Beckentumoren, bei schweren Entbindungen, seltner durch rheumatische Einflüsse (Neuritis ischiadica) u. a. werden relativ häufig beobachtet.

Die Peroneuslähmung, welche auch isolirt nicht selten vorkommt, giebt sich sofort durch das schlaffe Herabhängen des Fusses zu erkennen. Beim Gehen tritt dies sehr deutlich hervor und nicht selten bleibt dabei die Fussspitze am Boden·hängen. Die Kranken müssen daher den Oberschenkel stärker heben und setzen den Fuss tappend, zuerst mit der Spitze auf. Die Dorsalflexion des Fusses (M. tibialis anticus) und der Zehen (Extensor digitor. commun. longus und Ext. hallucis longus), sowie die Abduction des Fusses (Mm. peronei) sind fast ganz aufgehoben. In älteren Fällen bildet sich meist in Folge der secundären Contractur der Wadenmuskeln eine dauernde Spitzfussstellung (Pes equinus, Pes varo-equinus) aus.

Die Lähmung des N. tibialis macht die Plantarflexion des Fusses unmöglich (M. gastrocnemius und soleus). Die Kranken können sich nicht mehr auf die Zehen stellen u. s. w. Ausserdem ist die Adduction des Fusses (M. tibialis posticus) und die Plantarflexion der Zehen (M. flexor digitor. commun. und Flexor hallucis longus) aufgehoben. In Folge secundärer Contracturen bilden sich zuweilen Hackenfussstellung (Pes calcaneus) und eine klauenartige Zehenstellung mit Dorsalflexion der ersten und Plantarflexion der letzten Phalangen aus (Lähmung der Interossei).

Bei Lähmungen des Ischiadicus-Stammes kommt zu den genannten Symptomen noch die Unfähigkeit hinzu, den Unterschenkel nach hinten gegen den Oberschenkel zu beugen (bei Seitenlage oder im Stehen der Patienten zu prüfen), was von der Lähmnng des M. biceps femoris, semimembranosus und semitendinosus abhängt. Bei einseitiger Ischiadicuslähmung ist das Gehen noch möglich, indem das im Knie durch den Extensor cruris festgestellte Bein wie eine Stelze benutzt wird.

Die Ausbreitung der *Sensibilitätsstörung* an der Hinterfläche des Beines ergiebt sich aus Fig. 7. *Vasomotorische* und *trophische* Störungen (Cyanose und Kälte der Haut, Atrophie der Muskeln), sind häufig vorhanden.

Die *Therapie* richtet sich genau nach denselben Regeln, welche für die Behandlung der peripheren Lähmungen an der oberen Extremität angeführt sind.

9. Toxische Lähmungen.

Bleilähmung. Unter allen toxischen Lähmungen ist die Bleilähmung die praktisch wichtigste. Sie ist ein häufiges Symptom der chronischen Bleivergiftung und wird vorzugsweise bei solchen Leuten beobachtet, deren Beruf zu einer lange Zeit fortgesetzten Aufnahme kleiner Bleimengen in den Körper Anlass giebt, also namentlich bei Schriftsetzern, Schriftschleifern und Schriftgiessern, bei Malern und Anstreichern (Bleifarben), bei Töpfern (bleihaltige Glasur) u. a.

Ueber die eigentliche *anatomische Ursache* der Bleilähmung ist eine völlige Einigung der Ansichten noch nicht erzielt worden. Während Einige den Ausgangspunkt der Lähmung in den Muskeln selbst suchen, nehmen die meisten Autoren gegenwärtig eine durch die toxische Einwirkung des Bleies hervorgerufene Affection im Nervensystem als Ursache der Lähmung an. Da, wie wir sogleich sehen, die Bleilähmung zu den echten atrophischen Lähmungen (s. o.) gehört, so kann es sich nur um eine Erkrankung der grauen Vorderhörner im Rückenmark oder um eine Degeneration der peripheren motorischen Nerven handeln. Die bisherigen positiven Befunde sind noch nicht völlig übereinstimmend, doch kann es nach den Untersuchungen von Leyden, Zunker u. a. kaum zweifelhaft sein, dass wenigstens in einem Theil der Fälle die *degenerative Atrophie der motorischen peripheren Nervenfasern* das Primäre ist, an welche sich secundär in der gewöhnlichen Weise die degenerative Atrophie der von den Nerven versorgten Muskeln anschliesst. Doch ist vielleicht in manchen Fällen auch eine durch die toxische Wirkung des Bleies bedingte Rückenmarksaffection (speciell in den grauen Vorderhörnern gelegen) die Ursache der Bleilähmung. Jedenfalls sind weitere anatomische Untersuchungen noch sehr wünschenswerth.

Die Bleilähmung zeigt in der grossen Mehrzahl der Fälle eine äusserst *typische Localisation* und zwar befällt sie bei weitem am häufigsten einen Theil des *Radialisgebiets*. In rascher oder langsamer Weise tritt eine Lähmung des Extensor digitorum communis ein. Die Streckung der Grundphalanx des dritten und vierten, später auch des zweiten und fünften Fingers wird unmöglich, während die von den Interosseis besorgte Streckung der Endphalangen normal bleibt. Weiterhin gesellt sich oft noch eine Lähmung des Extensor pollicis longus und brevis, des Abductor pollicis und der Extensoren des Handgelenks hinzu, während bemerkenswerther Weise der Supinator longus und der Triceps fast stets frei bleiben. In viel selteneren Fällen betrifft die Bleilähmung den Deltoideus, Biceps, Brachialis internus und die Supinatoren. Lähmungen der unteren Extremitäten sind ebenfalls sehr selten.

Meist tritt die Bleilähmung doppelseitig auf. In den gelähmten Muskeln entwickelt sich in allen schwereren Fällen eine ausgesprochene *Atrophie* und *elektrische Entartungsreaction.* Interessant ist es, dass letztere zuweilen sogar in Muskeln constatirt werden kann, welche willkürlich vollkommen gut beweglich sind. Die *Sensibilität* bleibt fast ausnahmslos *vollkommen normal,* so dass offenbar die sensiblen Nervenfasern von dem Blei unbeeinflusst bleiben.

Die Bleilähmung gestattet in den Fällen, wo die Kranken sich dem schädlichen Einflusse des Giftes entziehen können, eine *günstige Prognose.* Die Heilung tritt nach mehreren Wochen oder, in schwereren Fällen, auch noch nach Monaten ein. Recidive und Complicationen mit sonstigen krankhaften Folgezuständen der chronischen Bleiintoxication sind natürlich häufig.

Die *Therapie* ist dieselbe, wie bei allen übrigen peripheren Lähmungen. Die *elektrische Behandlung* kommt in erster Linie in Betracht. Ausserdem werden locale *Schwefelbäder* und innerlich *Jodkalium* empfohlen (s. das Capitel über Bleivergiftung).

Arseniklähmung. Die Arseniklähmung kommt viel seltener vor, als die Bleilähmung. Sie tritt im Gegensatz zur letzteren namentlich nach *acuten* Vergiftungen mit Arsenik auf und schliesst sich meist (doch nicht immer) unmittelbar an die übrigen Vergiftungserscheinungen an. Die *Localisation der Lähmung* ist nicht so typisch, wie bei der Bleilähmung. Zuweilen ist die Lähmung sehr ausgebreitet (Arme und Beine), meist werden vorzugsweise nur die *unteren Extremitäten* befallen. Die gelähmten Muskeln werden rasch atrophisch. Ob Entartungsreaction vorkommt, ist noch nicht sicher constatirt. Sehr charakteristisch sind die *begleitenden Sensibilitätsstörungen*, theils Anästhesien, theils namentlich Parästhesien und *heftige Schmerzen* im Kreuz und in den Beinen. Wiederholt hat man *trophische Störungen* an den Nägeln, Haaren u. s. w. beobachtet. Ueber die *anatomische Ursache* der Arseniklähmung ist nichts Sicheres bekannt.

Der *Verlauf* ist meist günstig, zuweilen rasch, zuweilen Monate lang dauernd. Die *Therapie* ist dieselbe, wie bei der Bleilähmung.

Sehr selten, und daher hier nicht näher besprochen sind die *Kupferlähmungen*, *Zinklähmungen* u. a.

DRITTES CAPITEL.
Die einzelnen Formen der localisirten Krämpfe.

1. Krämpfe im Gebiet des motorischen Trigeminus.

Der *tonische Krampf* der Kaumuskeln wird als *Trismus* bezeichnet. Als selbständige Erkrankung sehr selten, kommt er häufig als Theilerscheinung bei complicirteren Krampfformen und sonstigen Nervenleiden vor, so z. B. beim Tetanus, im epileptischen Anfall, bei Hysterie, Meningitis u. a. Die beiden Kiefer sind fest an einander gepresst und man fühlt durch die Wange hindurch die bretthart angespannten Masseteren. Bei einseitigem Krampf der Pterygoidei ist der Unterkiefer nach der entgegengesetzten Richtung hin seitlich verschoben.

Der *klonische Kaumuskelkrampf* (masticatorischer Gesichtskrampf) besteht in meist anfallsweise auftretenden, beständigen Bewegungen des Unterkiefers, fast immer in verticaler, nur selten in horizontaler Richtung. Die einzelnen Bewegungen folgen sich gewöhnlich in regelmässigem raschem Rhythmus und rufen ein hörbares Zähneklappern hervor. Verletzungen der Mundschleimhaut oder der Zunge sind nicht selten.

Die *Ursache* dieser Krämpfe ist nicht immer festzustellen. Zuweilen scheinen sie *reflectorisch* zu entstehen, so z. B. bei Affectionen des Unterkiefers, der Zähne oder selbst entfernterer Partien. Wir sahen einen Jahre lang dauernden Fall, welcher angeblich nach einem heftigen *Schreck* entstanden war.

Die *Therapie* muss versuchen, abgesehen von der Behandlung des Grundleidens, zunächst die etwa vorhandenen Ursachen des Leidens zu entfernen (Entfernung schadhafter Zähne u. s. w.). Im Uebrigen ist die

Elektricität (Durchleiten eines constanten Stromes, Faradisiren der Muskeln, faradischer Pinsel) in manchen Fällen von Nutzen. Von *inneren Mitteln* sind zu versuchen: Narcotica (Morphium, Cannabis indica), Bromkalium, Atropin, Arsen, Jodkalium, Zincum valerianicum u. a.

Von grosser Wichtigkeit ist die künstliche Ernährung der Kranken, wenn die willkürliche Nahrungsaufnahme durch einen andauernden Trismus unmöglich ist. Am besten ist dann die Einführung einer dünnen Schlundsonde durch die Nase in den Oesophagus. Auf die Dauer zwar unzureichend, aber immerhin zuweilen nützlich ist die Ernährung per rectum. In einigen Fällen hat man auch mit Erfolg versucht, die Kiefersperre durch Einschieben von Holzkeilen zwischen die Zähne allmählich zu überwinden.

2. Klonischer Facialiskrampf.
(*Mimischer Gesichtskrampf. Tic convulsif.*)

Ueber die *Aetiologie* des Facialiskrampfes, der häufigsten und praktisch wichtigsten isolirten Krampfform, wissen wir wenig Genaues. Häufig lässt sich gar keine Entstehungsursache nachweisen. In anderen Fällen ist das Leiden vielleicht auf eine *Läsion des Facialisstammes* (Erkältung, Ohrleiden, Affectionen an der Schädelbasis) oder auf eine *reflectorische Erregung* desselben (bei Trigeminusneuralgie, ferner bei Sexualleiden u. a.) zurückzuführen. Vielleicht sind manche Fälle gar nicht peripheren, sondern *centralen Ursprungs* (Facialiscentrum in der Hirnrinde). Auch nach heftigen *psychischen Erregungen* kann das Leiden auftreten. Ferner spielt die *Nachahmung* (Grimassenschneiden) eine nicht zu unterschätzende Rolle. Dass die Disposition zur Erkrankung durch eine allgemeine hereditär-neuropathische Belastung erhöht wird, ist durch wiederholte Beobachtungen festgestellt worden.

Die *Symptome* des Tic convulsif bestehen in abwechselnden kurzen, blitzartigen Zuckungen fast aller vom Facialis versorgten Muskeln. Die Erkrankung ist meist einseitig, oft auf das ganze Facialisgebiet ausgedehnt, zuweilen nur auf einzelne Theile desselben beschränkt (particller Facialiskrampf). In manchen Fällen treten die Zuckungen in wechselnder Intensität fast beständig auf, so dass die Patienten unwillkürlich die auffallendsten „Gesichter schneiden"; häufig erfolgen die Zuckungen aber auch in einzelnen, meist nur kurze Zeit dauernden Anfällen, welche von vollständig freien Pausen unterbrochen werden. Die Anfälle entstehen entweder ohne besondere Veranlassung oder werden durch Sprechen, willkürliche Bewegungen, sensible und psychische Eindrücke u. dgl.

hervorgerufen. In einzelnen sehr heftigen Fällen greifen die Zuckungen auch auf benachbarte Gebiete (Kaumuskeln, Zunge, Nackenmuskeln) über. Die willkürliche Motilität der Muskeln ist, abgesehen von dem störenden Einfluss der Krampfbewegungen, vollständig normal. Ebenso fehlen alle sensiblen Störungen; es besteht weder Anästhesie, noch Schmerz.

Eine häufig ganz oder fast ganz isolirt auftretende partielle Form des Facialiskrampfes verdient noch besondere Erwähnung: der *Blepharospasmus* oder *Lidkrampf*, d. h. ein tonisch oder klonisch auftretender Krampf im Orbicularis palpebrarum. Die *tonische Form* entsteht namentlich auf reflectorischem Wege bei den verschiedenartigsten Augenleiden, doch auch zuweilen von anderen Trigeminusgebieten her. Sie ist in der Regel doppelseitig und kann, zuweilen mit einzelnen Unterbrechungen, Tage und Wochen lang andauern. Sehr merkwürdig sind die hierbei vorkommenden, zuerst von v. GRÄFE genauer beschriebenen *Druckpunkte*. Sie finden sich gewöhnlich an den Austrittsstellen der Trigeminusäste, zuweilen auch an der Wirbelsäule oder an anderen Körperstellen. Bei Druck auf diese Punkte lässt der Krampf sofort nach, so dass die Augenlider wie bei einem „Federdruck aufspringen". Der *klonische Lidkrampf* (Spasmus nictitans) besteht in einem zuweilen fast beständigen krampfhaften Blinzeln und Zusammenziehen des Auges. Auch hier ist ein reflectorischer Ursprung des Krampfes zuweilen nachweisbar; oft findet man aber gar keine Ursache.

Der Facialiskrampf ist in seinen schweren Formen stets ein für die Kranken lästiges und, namentlich bei bestehendem Blepharospasmus, sehr störendes Leiden. Der *Verlauf* ist oft sehr langwierig. Zuweilen treten längere Pausen ein (z. B. wie wir gesehen haben, während der Gravidität) und dann beginnt der Krampf aufs Neue. In nicht sehr seltenen Fällen wird das Leiden habituell und dauert das ganze Leben hindurch.

Die *Therapie* hat daher meist eine schwierige und undankbare Aufgabe. Die besten Resultate kann man in den Fällen erzielen, wo es gelingt, eine reflectorische Ursache des Krampfes zu entfernen (Ausziehen kranker Zähne, Behandlung von Augenleiden, in einigen Fällen Resection des Nerv. supraorbitalis). Bei der *elektrischen Behandlung* hat man sein Hauptaugenmerk auf etwa vorhandene Druckpunkte zu richten, auf welche man die Anode des constanten Stroms stabil einwirken lässt. Sind keine Druckpunkte vorhanden, so setzt man die Anode auf den Facialisstamm und die einzelnen Aeste des Pes anserinus. Auch der faradische Strom (langsam „anschwellende Ströme") ist empfohlen worden. Von *inneren Mitteln* kann man Morphium, Bromkalium, Arsenik, Atropin, Curare, Zincum oxydatum u. a. versuchen.

3. Krämpfe in den Hals- und Nackenmuskeln.

Tonische und klonische Krämpfe im Gebiete der Nackenmuskeln sind ein zwar nicht sehr häufiges, aber in sehr mannigfaltiger Weise auftretendes, zuweilen sehr schweres und langdauerndes Leiden. Ueber die *Aetiologie* dieser Zustände ist meist gar nichts Bestimmtes zu ermitteln. Nur in vereinzelten Fällen lassen sich gröbere anatomische Erkrankungen des Nervensystems oder der Halswirbelsäule, rheumatische oder sonstige Schädlichkeiten, reflectorische Einflüsse u. dgl. nachweisen. Obgleich sich die Krämpfe in den einzelnen Muskelgebieten nicht selten mit einander combiniren, kann man doch einzelne Hauptformen unterscheiden.

Krämpfe im Gebiet des Accessorius. Beim *klonischen Accessoriuskrampf* treten anfallsweise Zuckungen des Kopfes auf, welche eine grosse Heftigkeit erreichen können. Handelt es sich um einen vorwiegend einseitigen Krampf des *Sternocleidomastoideus,* so wird der Kopf bei jeder Zuckung dieses Muskels nach der entgegengesetzten Seite gedreht und dabei das Kinn etwas gehoben. Bei einseitigem Krampf des *Cucullaris* wird der Kopf rückwärts nach der kranken Seite gegen die Schulter zu gezogen. Bei doppelseitigen und combinirten Krämpfen dieser Muskeln entstehen heftige schüttelnde und nickende Bewegungen des Kopfes, sogenannte *Nickkrämpfe, Salaamkrämpfe,* welche vorzugsweise bei Kindern beobachtet worden sind, übrigens in ähnlicher Weise auch durch Contractionen anderer Nackenmuskeln hervorgerufen werden können. Beim *tonischen Accessoriuskrampf* wird der Kopf beständig in der oben beschriebenen abnormen Stellung fixirt und kann auch passiv gar nicht oder nur unvollkommen in seine normale Lage zurückgebracht werden. Das Schiefhalten des Kopfes bei einseitigem tonischen Krampf des Sternocleidomastoideus wird als *Torticollis spastica* oder *Caput obstipum spasticum,* oder wenn eine Erkältung als Ursache angesehen wird, als *Torticollis rheumatica* bezeichnet.

Tonischer und klonischer Krampf im Splenius (s. Fig. 23 S. 98) kommt ebenfalls isolirt oder mit Accessoriuskrämpfen combinirt vor. Hierbei wird der Kopf nach hinten und nach der kranken Seite zu gezogen und man fühlt den vorspringenden Muskelwulst nach aussen vom Nackentheil des Cucullaris.

Ein Krampf im M. obliquus capitis ist wahrscheinlich die Ursache des sogenannten *Tic rotatoire,* bei welchem reine Drehbewegungen des Kopfes in krampfhafter Weise auftreten. Die *Musc. recti capitis antici* und *postici* betheiligen sich vielleicht in manchen Fällen von Nickkrämpfen.

Die *Prognose* der besprochenen Krampfformen ist meist zweifelhaft. Zwar giebt es manche leichte „rheumatische" Fälle, welche in kurzer Zeit heilen. Andererseits stellen aber die combinirten tonisch-klonischen Krämpfe der Nackenmuskeln nicht selten ein sehr schweres, Jahre lang oder Zeitlebens andauerndes Leiden dar, welches für die Kranken äusserst qualvoll und schmerzhaft ist und auch die Kräfte und den Ernährungszustand derselben aufs äusserste herunterbringen kann.

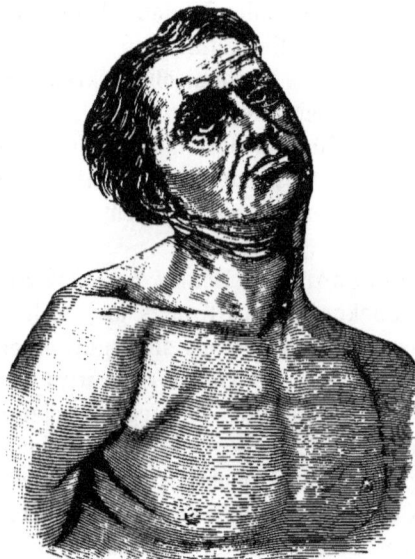

Fig. 23. Krampf des rechten M. splenius capitis (nach Duchenne).

Therapie. In einigen Fällen hat die *Elektricität* Heilung oder wenigstens Besserung gebracht. Die Methode der Behandlung besteht in der Application der Anode auf die befallenen Nerven und Muskeln oder in der Anwendung schwellender faradischer Ströme oder in der faradischen Pinselung der Haut oberhalb der befallenen Muskeln. Sehr oft muss man mit der Methode wechseln und durch Probiren die wirksamste Anwendungsweise herauszufinden suchen. Von den übrigen Mitteln sind *Narcotica* (subcutane Injectionen von Morphium) in schweren Fällen unentbehrlich. Versuchen kann man ferner *Bromkalium, Atropin, Zincum valerianicum, Arsenik* und andere Nervina. In schweren Fällen entschliesst man sich zur Anwendung des *Glüheisens* am Nacken. Andere Beobachter und wir selbst sahen guten Erfolg davon, aber derselbe tritt nicht immer ein. Auch die *Nervendehnung* kann den Kranken vorgeschlagen werden, obwohl der Nutzen unsicher ist. Schliesslich muss erwähnt werden, dass durch passend angebrachte *mechanische Stützapparate* manchen Kranken eine grosse Erleichterung verschafft werden kann.

4. Krämpfe in den Schulter- und Armmuskeln.

Die *klonischen Krämpfe* in der oberen Extremität sind wahrscheinlich meist centralen Ursprungs. Sie kommen selten isolirt (z. B. in den Mm. pectoralis major.), häufiger mit anderen Krampfformen und sonstigen nervösen Symptomen combinirt vor. Zuweilen scheinen sie auch reflectorischen Ursprungs zu sein, so z. B. die mit Armneuralgien verbundenen klonischen Krämpfe, ferner die einige Mal in Amputationsstümpfen beobachteten Krämpfe u. a.

Wiederholt beobachtet sind isolirte *tonische Krämpfe* in einzelnen Muskeln oder Muskelgruppen der oberen Extremität. *Tonischer Krampf der Rhomboidei* bewirkt eine Schiefstellung des Schulterblatts, dessen innerer Rand schräg von unten und innen nach oben und aussen verläuft. Dabei ist die Erhebung des Arms über die Horizontale erschwert, wie bei der Serratuslähmung. Doch fehlt die für die letztere so sehr charakteristische Abhebung der Scapula von der Thoraxwand. *Tonischer Krampf im Levator anguli scapulae* kommt fast nur in Verbindung mit Krampf der Rhomboidei oder des Cucullaris vor. Die Schulter wird dabei gehoben und der Kopf etwas zur Seite geneigt. Isolirt *tonische Krämpfe* im *Pectoralis major, Latissimus dorsi, Deltoideus* u. s. w. sind im Ganzen leicht zu erkennen, kommen aber nur sehr selten vor. Häufiger sind *tonische Beugekrämpfe der Hand und der Finger.* Wir selbst haben mehrere derartige Fälle beobachtet, welche zum Theil Monate lang und länger anhielten. In einem Fall konnte der Krampf sofort gelöst werden durch Aufsetzen der Anode eines mittelstarken galvanischen Stromes auf den N. medianus. In einem anderen Fall hatte sich der Beugekrampf der Finger an eine leichte acute Entzündung des Handgelenks angeschlossen.

Die eigentliche Ursache aller dieser Krämpfe ist uns noch gänzlich unbekannt. Die *Prognose* und *Therapie* richtet sich nach denselben allgemeinen Grundsätzen, welche bei den anderen Krampfformen angegeben sind. Von der Elektricität (stabile Einwirkung der Anode, faradischer Pinsel, Faradisation der Antagonisten) ist relativ am meisten zu erwarten.

5. Krämpfe in den Muskeln der unteren Extremität.

Klonische Krämpfe in den Muskeln der unteren Extremität kommen mit seltenen Ausnahmen fast nur als ein Symptom spinaler oder cerebraler Erkrankungen vor. Von den *tonischen Krämpfen* sind am häufigsten und bekanntesten die schmerzhaften *Wadenkrämpfe* (Crampi).

welche namentlich nach stärkeren Muskelanstrengungen (Bergtouren, Tanzen) auftreten. Manche Personen haben eine besonders grosse Disposition zu derartigen Krämpfen, welche sich namentlich nach gewissen Bewegungen oder bei gewissen Haltungen des Fusses leicht einstellen. Ausser in der Wade treten ähnliche schmerzhafte Krämpfe zuweilen auch in anderen Muskeln (z. B. im Abductor hallucis u. a.) auf. Sonstige tonische Krämpfe in den Muskeln der unteren Extremität sind selten. Doch sind einzelne Fälle von isolirtem tonischen Krampf in den Adductoren, im Ileopsoas, in den Wadenmuskeln u. a. beobachtet worden. Ausgedehntere tonische Contracturen der Beinmuskeln kommen bei Hysterischen (namentlich auch bei der Hysterie der Kinder) nicht sehr selten vor.

Arthrogryposis. Anhangsweise wollen wir hier noch kurz einer merkwürdigen Krankheit gedenken, der sogenannten *Arthrogryposis,* welche vorzugsweise bei *Kindern in den ersten Lebensjahren* auftritt und in anhaltenden tonischen Krämpfen und Contracturstellungen einzelner oder oft aller vier Extremitäten besteht. Die Krankheit entwickelt sich gewöhnlich ziemlich acut und kann unter Fieber und ziemlich schweren Allgemeinerscheinungen verlaufen. Die Beine finden sich entweder in starrer Streckstellung, oder sind krampfhaft an den Leib herangezogen und können passiv auch mit Gewalt nicht gestreckt werden. Die Arme sind flectirt, Hände und Finger ebenfalls in irgendwelchen Contracturstellungen fixirt. In leichteren Fällen kann nach einigen Wochen Heilung eintreten. Doch sahen wir auch zwei Fälle mit tödtlichem Ausgang, bei welchen die Section ein vollständig negatives Resultat ergab. Das Wesen dieser ziemlich seltenen Affection ist uns noch gänzlich unbekannt. In *therapeutischer* Beziehung sind namentlich prolongirte warme Bäder empfehlenswerth.

Die als *Tetanie* bezeichnete tonische Krampfform wird in einem besonderen Capitel besprochen werden.

6. Krämpfe in den Respirationsmuskeln.

Tonischer Krampf des Zwerchfells ist in einzelnen seltenen Fällen beobachtet worden. Der untere Thoraxraum ist stark ausgedehnt, das Epigastrium vorgewölbt, die starke dyspnoische Athmung geschieht nur mit den oberen Theilen des Brustkorbs. Percutorisch lässt sich der Tiefstand und Stillstand des Zwerchfells nachweisen. In der Gegend des Zwerchfells empfinden manche Kranke lebhaften Schmerz. Der Zustand ist nicht ungefährlich und erfordert sofortiges Eingreifen: Chloroforminhalationen, subcutane Morphiuminjection, warmes Bad eventuell mit kühler Uebergiessung, Faradisation der Haut in der Zwerchfells-gegend, Galvanisation der Phrenici u. dgl.

Klonischer Zwerchfellskrampf, Singultus. Das bekannte „Schluch-zen“ oder „Schnucken“, welches auf plötzlich eintretenden krampfhaften Zwerchfellscontractionen beruht, ist in seinen leichten Formen ein sehr häufiger und rasch wieder vorübergehender Zustand. In manchen Fällen steigert sich derselbe aber zu einem anhaltenden, hartnäckigen und sehr lästigen Leiden, welches Wochen und Monate lang andauern kann. Dasselbe tritt zuweilen nach psychischen Erregungen auf und ist eine nicht sehr seltene Theilerscheinung der *Hysterie*. Doch auch *reflec-torisch*, bei Affectionen des Magens, Darms, Peritoneums u. s. w. kann anhaltender Singultus hervorgerufen werden. In einzelnen Fällen beruht der Singultus auf directen *Läsionen des N. phrenicus*, so z. B., wie wir in einem Falle gesehen haben, bei tuberkulöser Mediastino-Pericarditis.

In den leichteren Fällen vergeht der Singultus bald wieder ohne besondere Behandlung. Anhalten des Athems, Pressen bei geschlossener Glottis, Klopfen auf den Rücken u. dgl. sind die auch bei den Laien allgemein bekannten, oft angewandten Proceduren, um den Singultus zu unterdrücken. In schwereren Fällen muss man Narcotica (Opium, Cannabis indica, Chloroformeinathmungen) versuchen. Ferner ist zu-weilen die faradische Pinselung der Zwerchfellsgegend oder die directe Einwirkung der Electricität auf den Phrenicus von günstiger Wirkung. Bei dem hysterischen Singultus erzielt man zuweilen mit einem der verschiedenen Nervina, Valeriana, Zink, Atropin, Solutio Fowleri u. a. sehr rasche Erfolge.

Complicirtere Respirationskrämpfe, theils in Form krampfhaft be-schleunigter und forcirter Athmung, theils combinirt mit allerlei Neben-bewegungen, mit mannigfachen Gurgelgeräuschen, Ructus u. s. w. kom-men fast ausschliesslich bei Hysterischen vor. Wir selbst zählten in einem derartigen Falle über 200 Athemzüge in der Minute! Das beste, oft momentan wirksame Mittel gegen die meisten derartigen Krampf-formen ist ein kühles Bad mit energischen kalten Uebergiessungen. — Ferner gehören zu den Respirationskrämpfen der *Gähnkrampf* (Chasmus Oscedo), der *Niesekrampf* (Sternutatio convulsiva, Ptarmus), die *Lach-* und *Weinkrämpfe*, der *Hustenkrampf* u. a. Von dem letzteren sahen wir ein sehr merkwürdiges Beispiel bei einem 10 jährigen Knaben. Theils von selbst, namentlich aber bei jedem Kneifen der Haut an irgend einer beliebigen Körperstelle trat reflectorisch ein eigenthümlich hohl klingender, bellender Husten auf. Das Leiden dauerte einige Wochen lang und verschwand dann ziemlich plötzlich.

VIERTES CAPITEL.
Der Schreibekrampf und verwandte Beschäftigungsneurosen.

Der *Schreibekrampf* (*Graphospasmus*, *Mogigraphie*) ist die häufigste
Form einer ganzen Reihe von eigenthümlichen Bewegungsstörungen,
welche von BENEDIKT mit dem zutreffenden Namen der „*coordinatori-
schen Beschäftigungsneurosen*" bezeichnet worden sind. Das Charakteristische derselben liegt darin, dass die Störung in einer gewissen Gruppe
von Muskeln nur dann eintritt, wenn diese Muskeln bei einer ganz
bestimmten, meist feinen und complicirten Beschäftigung in gemein-
same Action treten. Während also die Personen, welche am Schreibekrampf leiden, für gewöhnlich die Muskeln ihres rechten Arms und
ihrer rechten Hand vollständig normal bewegen und gebrauchen können,
versagen dieselben Muskeln alsbald ihren Dienst, wenn die Patienten zu
schreiben anfangen. Die Störung kann mithin nicht in der Innervation
der einzelnen Muskeln an sich liegen, sondern muss sich auf die Art
ihres gemeinschaftlichen Zusammenwirkens beziehen d. h. eine Coordinationsstörung sein. Näheres hierüber ist uns aber noch gänzlich unbekannt, ebenso, an welcher Stelle des Nervensystems der Sitz der Erkrankung zu suchen sei. Als *ätiologisches Moment* spielt jedenfalls die
Ueberanstrengung beim Schreiben die wichtigste Rolle. Man sieht daher den Schreibekrampf vorzugsweise (freilich nicht ausschliesslich) bei
solchen Personen auftreten, deren Beruf mit anhaltendem Schreiben
verbunden ist, also namentlich bei Schreibern, Kaufleuten, Büreaube-
amten u. dgl. Eine allgemeine nervöse Disposition scheint auch die
Disposition zum Schreibekrampf zu erhöhen. Ferner hat man darauf
aufmerksam gemacht, dass schlechte Federn (harte Stahlfedern), schlechte
Haltung beim Schreiben u. dgl. die Entstehung des Schreibekrampfes
begünstigen sollen.

Symptome. Das wesentliche Symptom des Schreibekrampfes besteht
darin, dass bei jedem Versuch zu schreiben gewisse Störungen eintreten,
welche das Schreiben sehr erschweren oder ganz unmöglich machen.
Das Leiden beginnt meist allmählich, steigert sich aber ziemlich rasch.
Zur genaueren Charakterisirung der Störung hat BENEDIKT drei Formen
des Schreibekrampfes unterschieden, welche aber mannigfache Uebergänge in einander zeigen. Am häufigsten ist die *spastische Form*. Kaum
beginnen die Kranken zu schreiben, so treten in einzelnen Fingern
Zuckungen oder tonische Krämpfe ein, so dass die Feder nicht mehr
festgehalten werden kann oder abnorme unregelmässige Bewegungen

ausführt oder fest an das Papier angepresst wird u. dgl. Das Schreiben ist ganz unmöglich oder geschieht nur mit der grössten Anstrengung und die Schriftzüge sind dabei vollständig entstellt, unegal, mit falschen Strichen und Klexen untermischt. Bei der *paralytischen Form* tritt die Schreibestörung vorherrschend als ein rasch sich einstellendes lähmungsartiges Ermüdungsgefühl im rechten Arm auf, welches nicht selten mit schmerzhaften Sensationen verbunden ist. Bei der *tremorartigen Form* des Schreibekrampfes endlich tritt bei jedem Versuch zu schreiben ein so starkes Zittern in der rechten Hand auf, dass die Buchstaben vollständig unleserlich werden.

Wie schon gesagt, ist die Motilität in jeder sonstigen Beziehung vollständig normal. Nur zuweilen treten zugleich auch bei manchen anderen feineren Hantirungen (Nähen, Klavierspielen u. dgl.) analoge Erscheinungen auf. Die *Sensibilität* ist, abgesehen von den schon erwähnten Muskelschmerzen und einem nicht selten vorkommenden subjectiven Gefühl von Taubsein am Vorderarm und in den Fingern, meist vollständig normal. Zuweilen hat man einzelne schmerzhafte Druckpunkte an den Hals- und Rückenwirbeln gefunden. Handelt es sich um allgemein nervöse Personen, so sind gleichzeitige Klagen über Kopfschmerzen, psychische Verstimmung, allgemeine Schwäche u. s. w. nicht selten.

Die *Diagnose* des Schreibekrampfes ist fast immer leicht. Zu hüten hat man sich vor Verwechselungen mit anderen nervösen Erkrankungen, welche selbstverständlich unter Umständen ebenfalls zu Störungen beim Schreiben führen können (Chorea, Paralysis agitans, multiple Sclerose, beginnende Muskelatrophie).

Die *Prognose* ist stets mit Reserve zu stellen. Zwar kommen zweifellos einzelne Heilungen vor, doch sind manche Fälle äusserst hartnäckig, andere unheilbar. Auch nach eingetretener Besserung sind Recidive des Leidens sehr häufig. Viele Patienten sind in Folge ihres Leidens genöthigt, einen andern Beruf zu wählen.

Die *Therapie* beginnt mit der Forderung, zunächst mehrere Wochen oder Monate lang das Schreiben ganz auszusetzen. Ist diese Forderung erfüllbar, so kann in leichten, beginnenden Fällen schon die blosse Ruhe von Nutzen sein. Ferner sind gewisse Vorrichtungen beim Schreiben, welche die Kranken am besten selbst herausprobiren, oft vortheilhaft, so z. B. das Hindurchstecken des Federhalters durch einen Kork, der Gebrauch dicker Federhalter, ein Wechsel in der Haltung der Feder und in der Stellung des Arms u. dgl. Neuerdings hat NUSSBAUM ein besonderes Bracelet anfertigen lassen, welches mit gespreizten Fingern

festgehalten und an welches der Federhalter befestigt wird. Das Er-
lernen des Schreibens mit der linken Hand, welches oft von den
Kranken versucht wird, führt meist zu keinem Ziel, da sich merkwürdiger Weise der Krampf dann sehr bald auch in der linken Hand
einstellt.

Von den besondern Behandlungsmethoden des Schreibekrampfes
verdient zunächst die *galvanische Behandlung* Erwähnung. Unter Vermeidung aller stärkeren Ströme und Stromschwankungen lässt man die
Anode stabil auf den Plexus brachialis, sowie auf die einzelnen Nervenstämme und befallenen Muskeln 5—10 Minuten lang einwirken. Die
Kathode kommt auf die Gegend der Nackenwirbel. Sind Schmerzpunkte
aufzufinden, so werden diese besonders behandelt. Versuchsweise kann
man auch die Galvanisation durch den Kopf anwenden. — Noch günstigere
Erfolge, als die elektrische Behandlung, hat in neuerer Zeit die *Massage*
und *methodische Heilgymnastik* aufzuweisen, deren Anwendung aber besondere technische Fertigkeiten erfordert und deshalb bisher vorzugsweise
nur in der Hand gewisser Specialisten vorzügliche Resultate aufzuweisen
hat. Von *inneren Mitteln* (subcutane Injectionen von Strychnin, Atropin u. a.) darf man sich fast niemals Erfolg versprechen. Günstigen
Einfluss zeigen dagegen nicht selten solche Kuren, welche zur allgemeinen
Stärkung des Nervensystems beitragen, Kaltwasserkuren, Seebäder und
Gebirgsaufenthalt.

Anhangsweise erwähnen wir hier noch einige andere zuweilen beobachtete Beschäftigungskrämpfe. Es sind dies der *Clavierspielerkrampf*
(besonders bei jungen Conservatoristinnen vorkommend), der *Violin-
spielerkrampf, Telegraphistenkrampf, Schneiderkrampf, Melkekrampf*
u. s. w. In den *unteren Extremitäten* scheint ein analoges Leiden bei
Ballettänzerinnen vorzukommen, ferner bei Arbeiterinnen an der Näh-
maschine, bei Drechslern u. s. w. Einen Beschäftigungskrampf in der
Zunge beobachteten wir bei einem Clarinettenbläser. Die Einzelnheiten
in der Symptomatologie und Behandlung aller dieser Krampfformen
sind den beim Schreibekrampf besprochenen Verhältnissen vollkommen
analog.

FÜNFTES CAPITEL.
Einfache und multiple (degenerative) Neuritis.

Aetiologie und pathologische Anatomie. Wirkliche *Entzündungen*
der peripheren Nerven sind ein ziemlich seltenes Vorkommniss, wenn
man den Ausdruck „Entzündung" in strengem Sinne gebraucht und

hierunter nur diejenige Veränderung versteht, bei welcher die Gefässe
des Nerven stark hyperämisch sind und aus den Wandungen derselben
eine Transsudation von Flüssigkeit und zelligen Elementen in die Umgebung stattfindet. Der entzündete Nerv ist geschwollen und verdickt,
seine Farbe ist in Folge der starken Gefässfüllung eine deutlich geröthete, nicht selten sind schon mit blossem Auge einzelne oder zahlreiche kleine Blutungen erkennbar. Die mikroskopische Untersuchung
zeigt eine reichliche Infiltration der Nervenscheide und des interstitiellen
Gewebes mit Eiterkörperchen, welche so zahlreich auftreten können,
dass die Entzündung sich schon bei der makroskopischen Betrachtung
als *eitrige Neuritis* zu erkennen giebt. Die Nervenfasern selbst zeigen
Anfangs keine sichtbaren Veränderungen. Bei stärkerer Neuritis dagegen findet man einen deutlichen Zerfall der Markscheiden und der
Achsencylinder mit schliesslichem völligen Untergang der Nervenfasern.
Die hierbei auftretenden „Fettkörnchenzellen" sind wahrscheinlich weisse
Blutkörperchen (vielleicht auch Endothelien?), welche das Fett der zerfallenden Marksubstanz in sich aufgenommen haben. Der Untergang
der Nervenfasern („parenchymatöse Entzündung") ist zum Theil die
mechanische Folge der Compression derselben durch die umgebenden
Exsudatmassen, zum Theil wahrscheinlich aber auch die Folge der
directen Schädigung, welche die Nervenfasern selbst durch die entzündungserregende Ursache erleiden.

Im weiteren Verlaufe tritt die Neuritis in das Stadium der *Bindegewebsneubildung* und der *regenerativen Vorgänge* ein. Der Nerv erscheint fester und derber, als normal; zwischen den einzelnen, noch
erhaltenen Nervenfasern bildet sich ein-reichliches interstitielles Bindegewebe, welches in einem Uebermaass von Production (einer Art Callus-
bildung) zu theilweisen nicht unbeträchtlichen Verdickungen des Nerven
führen kann (sogenannte *Neuritis nodosa*). Die Regenerationsfähigkeit
der peripheren Nerven ist verhältnissmässig eine sehr beträchtliche, so
dass bei mässigen und selbst noch bei schwereren Graden der Neuritis
eine ziemlich vollständige restitutio in integrum erfolgen kann. Eine
theilweise Regeneration der Nervenfasern kann sogar in den schwersten
Fällen stattfinden. — Die *chronische Neuritis* geht aus der acuten
Neuritis hervor oder entwickelt sich von vornherein in schleichender
Weise. Dann fehlt das erste acute Stadium der Hyperämie und eitrigen
Infiltration ganz und der Untergang von Nervenfasern, sowie die Neu-
bildung von Bindegewebe treten in einer von Anfang an chronischen
Weise auf. Wahrscheinlich dürfen aber viele Fälle von „chronischer
Neuritis" gar nicht als eigentliche „Neuritis" (Nervenentzündung) auf-

gefasst werden, sondern sind vielmehr als eine besondere Art von *primärer degenerativer Atrophie der Nerven* anzusehen. In Folge gewisser
specifischer, wahrscheinlich infectiöser (s. u.), auf den Nerven einwirkenden Schädlichkeiten tritt an verschiedenen peripheren Nerven ein allmählicher Zerfall der Markscheiden und später auch der Achsencylinder
ein. Dass diese Veränderungen an den peripheren Endverzweigungen
der Nerven beginnen und von hier aus allmählich centripetal fortschreiten, ist möglich, aber noch nicht sicher bewiesen. Jedenfalls bleibt
die Affection oft auf die peripheren Nerven beschränkt. Die vorderen
Rückenmarkswurzeln und das Rückenmark selbst findet man intact oder
nur in unbedeutender Weise verändert.

Fragen wir nach den *Ursachen* der Neuritis, so begegnen wir denselben Schädlichkeiten, welche auch bei der Entzündung anderer Organe
die Hauptrolle spielen. Sehr häufig spricht man von einer *traumatischen
Neuritis,* welche durch die verschiedenartigsten mechanischen Verletzungen des Nerven hervorgerufen werden soll. Soweit es sich hierbei um
offene Wunden (Stich-, Hieb-, Schusswunden u. dgl.) handelt, welche
den Nerven betreffen, kann die Entstehung einer echten traumatischen
Neuritis nicht zweifelhaft sein. Doch handelt es sich dann nicht nur
um die mechanische Läsion, sondern um eine accidentelle Wundcompli-
cation, um das Eindringen von (organisirten) Entzündungserregern durch
die Wunde in den Nerv. Nur in diesem Falle kann es von der Läsionsstelle des Nerven aus zu einer im Nervenstamme sich continuirlich oder
auch sprungweise weiter fortpflanzenden Entzündung (*ascendirende Neuritis, Neuritis migrans*) kommen, während bei aseptischem Wundver-
lauf, wie die experimentellen Untersuchungen von ROSENBACH und
KAST gezeigt haben, eine derartige Propagation der Entzündung über
die Läsionsstelle hinaus niemals eintritt. Bei den subcutanen Verletzungen der Nervenstämme durch Stoss, Druck, bei Knochenluxationen
u. dgl. ist es vollends nicht gerechtfertigt, von einer traumatischen
Neuritis zu sprechen, sondern hierbei handelt es sich um eine rein mechanische Zerstörung der Nervenelemente, welche von den nothwendigen
Vorgängen der Bindegewebswucherung, der secundären Degeneration
und eventuell Regeneration gefolgt ist.

Eine weitere Entstehungsursache echter Neuritis liegt in dem *Uebergreifen einer Entzündung von benachbarten Organen aus* auf den Nerven.
Bei Entzündungen der Knochen (z. B. bei Caries der Schädelknochen
und der Wirbel), der Gelenke und der verschiedensten inneren Organe
kann der Entzündungsprocess sich direct per contiguitatem auf einen
Nervenstamm fortsetzen. LEYDEN hat eine Anzahl von sogenannten

„*Reflexlähmungen*" d. h. von Lähmungen, welche zuweilen im Anschluss an entzündliche Affectionen gewisser innerer Organe, namentlich des Darms, der Harn- und Geschlechtsorgane, sich entwickeln, dadurch zu erklären versucht, dass von dem primär erkrankten Organ aus eine Neuritis entstehen soll, welche sich vielleicht bis ins Rückenmark hinein fortpflanzen kann.

Von besonderem Interesse sind aber die scheinbar *spontan entstehenden Neuritiden,* welche ohne nachweisbare Veranlassung (vielleicht zuweilen nach Erkältung) meist in ziemlich acuter Weise auftreten, und einen oder häufiger mehrere Nerven zu gleicher Zeit befallen. Wie sich aus der Darstellung des Krankheitsverlaufes ergeben wird, handelt es sich hierbei wahrscheinlich um eine bestimmte Form infectiöser Erkrankung, welche sich ausschliesslich oder wenigstens vorherrschend in den peripheren Nerven localisirt. In den acuten Fällen scheinen die anatomischen Veränderungen in den Nerven wirklich entzündlicher Natur zu sein, während in den chronischen Fällen, wie schon oben bemerkt, eine einfache degenerative Atrophie der Nerven den Krankheitserscheinungen zu Grunde liegt. Wir müssen annehmen, dass die specifische Schädlichkeit, welche die Krankheit hervorruft, in ähnlicher Weise auf die Nervenfasern deletär einwirkt, wie dies von gewissen Giften, z. B. vom Blei, allgemein anerkannt ist.

Die in Rede stehende Form der *primären multiplen Neuritis* ist eine zwar wahrscheinlich nicht sehr seltene, aber doch erst in den letzten Jahren genauer erforschte Krankheit. Die ersten sicheren, in den Jahren 1864 und 1866 gemachten Beobachtungen über dieselbe stammen aus Frankreich (DUMÉNIL). Seitdem ist von EICHHORST, EISENLOHR, JOFFROY, LEYDEN, vom Verfasser u. A. noch eine ganze Reihe sicherer Fälle veröffentlicht worden, so dass das Krankheitsbild gegenwärtig ein ziemlich genau gekanntes ist. Wahrscheinlich sind in früherer Zeit oft Verwechselungen der multiplen Neuritis mit der Poliomyelitis (s. d.) und gewissen Fällen von „aufsteigender acuter Paralyse" (s. d.) vorgekommen. Interessant ist der zuerst von SCHEUBE geführte Nachweis, dass die als eigenthümliche Krankheit schon längst gekannte, in Japan und Indien endemisch vorkommende „*Kak-Ke*" oder „*Beri-Beri*" eine in klinischer und anatomischer Hinsicht wohl charakterisirte multiple periphere Neuritis ist.

Symptome und Krankheitsverlauf. 1. Die secundäre Neuritis. Das Hauptsymptom der secundären, an Verwundungen, Entzündungen benachbarter Organe u. dgl. sich anschliessenden Neuritis ist der *Schmerz,* welcher nicht nur in dem Ausbreitungsbezirk, sondern meist längs dem ganzen Stamme des Nerven in grosser Intensität auftritt. Dabei besteht gleichzeitig eine sehr bedeutende *Empfindlichkeit des Nerven gegen Druck.* In manchen Fällen gelingt es, den verdickten Nervenstamm deutlich durch die Haut hindurch zu fühlen.

Ausser diesen directen Symptomen der Entzündung machen sich bald auch die nothwendigen Folgen der gestörten Nervenleitung geltend. Im Gebiete des befallenen Nerven tritt eine *Abstumpfung der Sensibilität* ein, Anfangs meist in Form eines subjectiven Gefühls von Vertaubung, später auch als deutliche objective Anästhesie. Doch erreicht diese selten einen sehr hohen Grad. Die *motorischen Erscheinungen* zeigen sich anfänglich als motorische Schwäche, welche in schweren Fällen in eine ausgesprochene *Lähmung* übergeht. Es ist selbstverständlich (s. o. Seite 51), dass die Lähmung von einer *degenerativen Atrophie der gelähmten Muskeln* und von dem Auftreten *elektrischer Entartungsreaction* gefolgt sein muss. In der Haut sind *trophische und vasomotorische Störungen*, namentlich leichtes *Oedem* des subcutanen Zellgewebes, *Herpes-Eruptionen* u. dgl. wiederholt beobachtet worden.

Der *Verlauf* der secundären einfachen Neuritis kann verschieden sein. Der Anfang ist meist ziemlich acut, seltener zeigt sich ein allmählicher Beginn. Manche Fälle scheinen zu heilen, ehe es zu schwereren Folgeerscheinungen gekommen ist, andere nehmen einen chronischen, langwierigen Verlauf und führen zu dauernden Functionsstörungen.

2. Primäre multiple degenerative Neuritis. Die als primäre multiple Neuritis zu bezeichnende eigenartige Krankheitsform beginnt meist acut (ja zuweilen fast apoplectiform) und ohne jede sichere Veranlassung, ganz nach Art einer acuten Infectionskrankheit. Bei den vorher ganz gesunden Personen (meist Erwachsene im jugendlicheren und mittleren Lebensalter) treten Fiebererscheinungen (Temperaturen von 39—40⁰ C.), schwerer Allgemeinzustand, Appetitlosigkeit, Mattigkeit, Kopfschmerzen, zuweilen selbst leichte Delirien ein. In diesen acuten Fällen ist einige Mal auch Albuminurie und ein leichter Milztumor beobachtet worden, welche Erscheinungen ebenfalls für die infectiöse Natur der Krankheit sprechen. Sehr charakteristisch sind die fast niemals fehlenden *Schmerzen,* welche als ziehend und reissend geschildert, vorzugsweise im Kreuz und in den Extremitäten empfunden werden und sich zuweilen annähernd dem Verlaufe der grösseren Nervenstämme anschliessen. Da in einigen Fällen auch mehrfache *Anschwellungen der Gelenke* vorkommen, so kann die Krankheit Anfangs mit einem acuten Gelenkrheumatismus verwechselt werden. Sehr bald nach

diesen Initialerscheinungen oder auch mit ihnen gleichzeitig treten die ersten *Lähmungserscheinungen*, meist in den unteren Extremitäten auf. Die Kranken merken, dass sie das eine und bald darauf auch das andere Bein nicht gut bewegen können. Oft breitet sich die Lähmung rasch weiter auf den einen oder auf beide Arme aus. Untersucht man die gelähmten Theile näher, so findet man eine vollständig *schlaffe*, mehr oder weniger ausgebreitete Lähmung. Die *Reflexe* sind constant *herabgesetzt*, die Sehnenreflexe fehlen meist ganz, die Hautreflexe sind schwach oder ebenfalls fast ganz erloschen. Meist kann man schon nach wenigen Tagen eine deutliche *Abnahme der elektrischen Erregbarkeit* in den befallenen Nerven und Muskeln constatiren, welche schliesslich in ausgesprochene *Entartungsreaction* übergeht. Bei längerem Bestande der Lähmung tritt eine deutliche *Atrophie der Muskeln* ein. Dabei lassen die anfänglichen heftigen *sensiblen Reizerscheinungen* in der Regel rasch nach, während geringere Schmerzen, Parästhesien, namentlich aber eine bedeutende Empfindlichkeit der gelähmten Theile gegen Druck und bei passiven Bewegungen oft längere Zeit zurückbleiben. In manchen acuten Fällen erreicht die *Hyperästhesie der Haut und der tieferen Theile* einen sehr hohen Grad. Sehr bemerkenswerth ist es, dass die *objectiven Sensibilitätsstörungen* dagegen in der grossen Mehrzahl der Fälle sehr gering sind. Stärkere Anästhesien gehören zu den seltenen Ausnahmen, so dass man mit Recht die Vermuthung aussprechen darf, die primäre multiple Neuritis befalle vorzugsweise die *motorischen* Nervenfasern. Im Gebiete der Gehirn- und bulbären Nerven findet man meist keine Störungen. Nur in vereinzelten Fällen ist eine Affection des *Opticus* erwähnt. Wichtig ist auch die in der Regel vorhandene auffallende *Vermehrung der Pulsfrequenz*, welche vielleicht von einer Vagusstörung abhängig ist. *Trophische Störungen* an der Haut, den Haaren und Nägeln kommen nicht sehr selten vor. Auch *ödematöse Anschwellungen* an den befallenen Extremitäten sind mehrmals beobachtet worden. Dagegen bleiben die Functionen der *Blase* und des *Mastdarms* fast stets ungestört.

Was den *Verlauf der Krankheit* anlangt, so kann in den schwersten Fällen ein rasch *tödtlicher Ausgang* eintreten, fast immer dadurch, dass sich die *Lähmung auf die Respirationsmuskeln ausbreitet.* Die Inspirationen werden angestrengt, geschehen nur mit den oberen Thoraxpartien, während das Epigastrium in Folge der Zwerchfellslähmung still steht oder inspiratorisch einsinkt. Dazu kommen ferner Lähmungen der übrigen Respirationsmuskeln, der Bauchmuskeln u. s. w., so dass schon nach 1—1½ wöchentlicher Krankheitsdauer der Tod unter allen Zeichen der

Atheminsufficienz eintritt. Eine zweite Reihe von Fällen beginnt ebenfalls ziemlich acut, nimmt dann aber einen chronischen weiteren Verlauf.
Die acuten fieberhaften Initialerscheinungen hören nach einigen Tagen
auf, die Lähmungen entwickeln sich bis zu einer gewissen Ausbreitung.
Dann scheint ein Stillstand der Affection einzutreten und allmählich
beginnen die ersten Zeichen der Besserung. Da in diesen Fällen stets
eine mehr oder weniger hochgradige Atrophie der Muskeln eingetreten
ist, so erfordert auch die schliessliche Heilung stets ziemlich lange Zeit,
meist mehrere Monate. Eine dritte Reihe von Fällen zeigt einen von
vornherein chronischen Verlauf, obgleich auch bei diesen Fällen acutere
Exacerbationen der Krankheit vorkommen können. Hierbei entwickeln
sich allmählich ziemlich ausgebreitete atrophische Lähmungen an den
unteren und meist auch an den oberen Extremitäten. Die Reflexe verschwinden, die Sensibilität ist in der Regel etwas, fast niemals aber
beträchtlich herabgesetzt. Schmerzen sind Anfangs stets vorhanden,
treten im weiteren Verlaufe der Krankheit aber oft in den Hintergrund.
Blase und Mastdarm bleiben in ihren Functionen vollständig intact.
Schreitet die Krankheit allmählich vorwärts, so kann sie noch spät
(nach Monate langem Verlauf) einen tödtlichen Ausgang nehmen, meist
ebenfalls in Folge schliesslich eintretender Respirationslähmung. Andererseits kann es aber auch noch nach langwierigem Verlaufe zu
schliesslichem Stillstande der Krankheit und zu einer vollständigen oder
wenigstens theilweisen Heilung kommen.

Die *Diagnose* der multiplen Neuritis ist in der Regel nicht schwer,
wenn man die Krankheit kennt und die einzelnen Symptome genau
beachtet. Wichtig in diagnostischer Beziehung sind vor allem der meist
acute Beginn mit ausgesprochenen sensiblen Reizerscheinungen, mit oft
sehr beträchtlicher Empfindlichkeit der Nerven gegen Druck und mit
allgemeiner Hauthyperästhesie, ferner der Eintritt einer meist sich rasch
ausbreitenden Lähmung, deren periphere Natur durch den Eintritt der
elektrischen Entartungsreaction, der Muskelatrophie, durch das Fehlen
der Haut- und Sehnenreflexe documentirt wird. Eine derartige Lähmung kann ausser durch eine Affection der peripheren Nerven nur noch
durch eine Poliomyelitis (s. d.) hervorgerufen werden. Wie wir schon
oben angedeutet haben, sind Verwechselungen dieser letzteren mit der
multiplen Neuritis auch in der That oft vorgekommen. Doch dürfte
immerhin die genaue Beachtung der Initialerscheinungen, vor allem der
Sensibilitätsstörungen die Differentialdiagnose meist möglich machen.

Die *Prognose* der multiplen Neuritis ist, wie aus der Darstellung
des Krankheitsverlaufs hervorgeht, zwar zweifelhaft, aber keineswegs

sehr ungünstig. Namentlich, wenn das erste acute Stadium der Krankheit glücklich vorübergegangen ist, darf man selbst bei ausgebreiteten
Lähmungen noch auf Heilung oder wenigstens wesentliche Besserung
hoffen. Derartige auffallende Heilresultate nach Monate lang andauernden Lähmungen sind auch in diagnostischer Hinsicht wichtig, da so
ausgebreitete Regenerationsvorgänge wohl bei Affectionen der peripheren
Nerven und der Muskeln, kaum aber jemals bei spinalen Erkrankungen
möglich sind.

Therapie. Im ersten Stadium der Krankheit, besonders wenn heftige Schmerzen, Gelenkschwellungen oder höheres Fieber vorhanden
sind, empfiehlt es sich am meisten, einen Versuch mit der Darreichung
der *Salicylsäure* zu machen, von welcher mehrere Beobachter einen
günstigen Einfluss gesehen haben. Man giebt stündlich 0,5 Acidum
salicylicum oder einige grössere Dosen (4,0—6,0) von salicylsaurem Natron. Bei starken Schmerzen muss man *Narcotica* (Morphiuminjectionen)
anwenden. Ausserdem sind *Chloroformeinreibungen* und zuweilen auch
protrahirte *warme Bäder* von palliativem Nutzen. — Im weiteren Verlaufe der Krankheit sind die richtige Pflege (Lagerung) und Diät (gute
Ernährung) der Patienten die Hauptsache. Die regenerativen Heilungs-
vorgänge stellen sich, wenn überhaupt, von selbst ein. Doch kann man
durch eine consequente *elektrische*, vor allem *galvanische Behandlung*
die Heilung beschleunigen und vervollständigen. Zu letzterem Zwecke
dienen ausserdem *Bäder* (einfache warme Bäder, Salzbäder) und Badekuren in *Teplitz, Wiesbaden, Rehme* u. a.

SECHSTES CAPITEL.
Neubildungen an den peripheren Nerven.

Die an den peripheren Nerven vorkommenden Neubildungen werden
gewöhnlich als *falsche* und *wahre Neurome* unterschieden. Erstere bestehen nicht aus neugebildetem eigentlichen Nervengewebe, sondern
sind Fibrome, Myxome, Sarkome u. a., welche sich an den Nerven entwickeln. Auch *Infectionsgeschwülste,* speciell *syphilitische Gummata*
und noch viel häufiger die bei der *Lepra* entstehenden Neubildungen
können ihren Sitz an den peripheren Nerven haben. Die *wahren Neurome*
bestehen aus neugebildeten, meist markhaltigen Nervenfasern (*Neuroma
myelinicum* VIRCHOW), welche in ein oft sehr reichliches bindegewebiges
Stroma eingebettet sind. Am häufigsten entwickeln sich diese Neurome
an den durchschnittenen Nervenenden der Amputationsstümpfe (*Amputationsneurome*). Auch nach sonstigen *Verletzungen der Nerven* können

sich Neurome bilden. Sehr merkwürdig ist ferner das wiederholt beobachtete *multiple Auftreten der Neurome*, welche sich zu Hunderten
bei demselben Individuum entwickeln, vorzugsweise an den spinalen,
nur vereinzelt und ausnahmsweise auch an den sympathischen und cerebralen Nerven. In derartigen Fällen stellen die einzelnen Geschwülste
keineswegs Metastasen einer ursprünglichen Geschwulst vor, sondern
sind der Ausdruck einer allgemeinen, manchmal *hereditären Disposition*
des peripheren Nervensystems zur Geschwulstbildung. Zuweilen combiniren sich die multiplen Neurome mit anderen Anomalien des Nervensystems (Cretinismus u. s. w.). Ausser den markhaltigen Neuromen
kommen auch Neubildungen aus marklosen Nervenfasern vor (*Neuroma
amyelinicum*), deren histologische Diagnose aber stets grosse Schwierigkeiten hat.

Die *Symptome* der Neurome sind in den einzelnen Fällen sehr
wechselnd. Manche Neurome machen *gar keine Symptome*. In anderen
Fällen dagegen sind sie die Ursache äusserst heftiger, anhaltender *Neuralgien* und *neuralgiformer Schmerzen,* welche in wechselnder Intensität, meist remittirend oder intermittirend, durch äussere Anlässe
(Witterungseinflüsse u. dgl.) oft gesteigert, auftreten. Stärkere Drucksymptome, insbesondere Anästhesien und motorische Lähmungen entwickeln sich nur ausnahmsweise, kommen aber doch zuweilen vor,
namentlich bei Neuromen an der Cauda equina. Etwas häufiger sind direct
oder reflectorisch entstehende motorische Reizerscheinungen (Zittern,
tonische Krämpfe).

Besondere Erwähnung verdienen noch die sogenannten *Tubercula
dolorosa.* Hierunter versteht man kleine, unter der Haut fühlbare,
meist ziemlich leicht verschiebbare Knötchen, welche auf Druck sehr
empfindlich sind. Sie kommen nicht sehr selten vor und sind meist
verbunden mit ziehenden, selten ausgesprochen neuralgischen und nicht
sehr streng localisirten Schmerzen. Ihr Sitz ist an den Extremitäten,
besonders an den Armen, am Rumpf, im Nacken u. a. Merkwürdig ist
es, dass die Symptome nur zeitweise stärker hervortreten und dann
wieder verschwinden und dass damit zuweilen sicher auch ein spontanes
Zurückgehen der Knötchen verbunden ist. Die anatomische Natur der
Tubercula dolorosa ist nicht immer sicher festzustellen. Manche derselben sind wahre Neurome, andere aber gehören zu verschiedenen
sonstigen Neubildungen.

Der *Verlauf der Neurome* ist selbstverständlich ein sehr chronischer.
In einigen Fällen können die anhaltenden starken Schmerzen schliesslich zu beträchtlichen Allgemeinstörungen Anlass geben. Zuweilen hat

man aber auch einen schliesslichen spontanen Stillstand der Erscheinungen, ja sogar ein Zurückgehen der Neubildungen beobachtet.

Die *Diagnose* der Neurome ist nur dann möglich, wenn die Geschwülste durch die Haut hindurch gefühlt werden können und ihr Sitz, sowie die etwa vorhandenen klinischen Symptome dem Verlaufe und der Ausbreitung eines Nerven entsprechend sind. Bei multiplen Neuromen ist die Diagnose wiederholt durch die Exstirpation und Untersuchung einer der Geschwülste sichergestellt worden.

Eine erfolgreiche *Therapie* der Neurome kann nur in der *Exstirpation* derselben bestehen, welche aber nur dann vorzunehmen ist, wenn die Beschwerden sehr heftig sind. Ist die Exstirpation unausführbar oder handelt es sich um multiple Neurome, so kann man nur in symptomatischer Weise (Narcotica, Elektricität) die Beschwerden der Kranken mildern. Vermag man den Nerv oberhalb des Neuroms zu comprimiren, so kann auch hierdurch manchmal ein zeitweiliges Nachlassen der Schmerzen bewirkt werden.

II. Vasomotorische und trophische Neurosen.

ERSTES CAPITEL.
Vorbemerkungen über vasomotorische, trophische und secretorische Störungen.

Ausser den in den bisherigen Abschnitten besprochenen Störungen der Sensibilität und Motilität beobachtet man bei Nervenkranken auch häufig Anomalien der vasomotorischen und trophischen Functionen. Ueber die nähere Art ihres Zustandekommens ist aber bis jetzt erst verhältnissmässig wenig Sicheres bekannt.

Von den *vasomotorischen Nerven* unterscheidet die Physiologie bekanntlich zwei Arten: die *gefässverengernden* und die *gefässerweiternden* Nerven. Da die letzteren bisher aber nur an einzelnen Stellen (namentlich Chorda tympani, N. erigens, Ischiadicus) experimentell nachgewiesen sind, so haben sie in der menschlichen Pathologie noch keine sehr grosse Bedeutung gewonnen. Man ist vielmehr jetzt noch meist geneigt, jede abnorme Gefässverengerung auf eine Reizung, jede abnorme Gefässerweiterung auf eine Lähmung der gefässverengernden Nerven zu beziehen. Was den näheren *anatomischen Verlauf* der Vasomotoren betrifft, so ist zunächst zu erwähnen, dass sicher schon vom *Grosshirn* aus vasomotorische Erregungen ausgehen können, wie die allgemein bekannten Erscheinungen des Erröthens und Erblassens bei psychischen Affecten beweisen. Auch experimentell (EULENBURG und LANDOIS) ist es bei Hunden gelungen, durch Reizung gewisser Hirnrindenstellen in unmittelbarer Nähe der motorischen Centren eine Temperaturerniedrigung, durch Exstirpation derselben Stellen eine Temperaturerhöhung in den Extremitäten der anderen Seite hervorzurufen. Weiter wissen wir mit Bestimmtheit, dass in der *Medulla oblongata* (beim Kaninchen in der Gegend der oberen Olive) ein wichtiges vasomotorisches Centrum gelegen ist, dessen Reizung (direct oder reflectorisch) eine fast allgemeine Gefässverengerung, dessen Zerstörung eine fast allgemeine Gefässerweiterung zur Folge hat. Den weiteren Verlauf der Gefässnerven haben wir wahrscheinlich zum grössten Theil (ob aber ausschliesslich?) in den *Seitensträngen* des Rückenmarks zu suchen, aus welchem der Austritt vorzugsweise durch die *vorderen Wurzeln* erfolgt. Doch existiren auch experimentelle Angaben (STRICKER) über das Vorhandensein vasomotorischer Nerven in den hinteren Wurzeln. Ob überhaupt und wo eine etwaige Kreuzung der vasomotorischen Fasern stattfindet, ist nicht sicher bekannt. Der grösste Theil der vasomotorischen Nerven sammelt sich jedenfalls in den Grenzsträngen des *Sympathicus,* von welchem aus, wie bekannt, die einzelnen, die Gefässe umspinnenden Plexus entspringen. Doch ist es nicht unwahrscheinlich, dass auch ein theilweiser directer Uebergang vasomotorischer Fasern aus dem Rückenmark in die peripheren Nerven stattfindet. Schliesslich ist noch zu bemerken, dass nach den Versuchen von GOLTZ im Rückenmark auch *vasomotorische Reflexcentra* für die einzelnen Körperabschnitte vorhanden sind.

Die klinischen *vasomotorischen Symptome* kommen vorzugsweise an der äusseren Haut zur Beobachtung. Man unterscheidet:

1. *Vasomotorische Lähmungserscheinungen.* Auf eine Lähmung der Vasomotoren schliessen wir, wenn sich in der Haut eine abnorme *Röthung* einstellt, welche fast immer mit einer objectiven und oft auch subjectiv empfundenen *Temperaturerhöhung* verbunden ist. Derartige Zustände beobachten wir theils im Verein mit sonstigen nervösen Erscheinungen (z. B. bei frischen spinalen und cerebralen Lähmungen, ferner sehr häufig bei gewissen functionellen Neurosen, bei Hysterie, Neurasthenie u. dgl.), theils in der Form selbständiger Erkrankungen (reine vasomotorische Neurosen, Verletzungen des Halssympathicus u. a). Es giebt Fälle, bei welchen eine anhaltende oder anfallsweise auftretende diffuse Röthung der Haut, namentlich des Kopfes, verbunden mit starkem Hitzegefühl, mit Herzklopfen, starkem Pulsiren der Arterien, Unruhe, Ohrensausen und Schweisssecretion das einzige Krankheitssymptom bildet. Beschränkt sich die Affection auf einzelne Extremitäten, in welchen anfallsweise Röthung, diffuse Schwellung und Schmerzen auftreten, so hat man den von WEIR MITCHELL als *Erythromelalgie* beschriebenen Zustand.

2. *Vasomotorische Krampferscheinungen.* Der Krampf der kleinen Gefässe macht sich bemerkbar durch eine auffallende Blässe und Kühle der Haut. Dabei tritt in den befallenen Partien oft ein lebhaftes Gefühl von Kriebeln und Steifigkeit auf, welches sich sogar zu wirklicher Schmerzempfindung steigern kann. Derartige vasomotorische Krämpfe

kommen namentlich an den Händen vor und bilden ein nicht sehr seltenes habituelles Leiden. Beobachtet wird es bei allgemein nervösen und reizbaren Personen, ferner zuweilen bei Wäscherinnen. Auch als Theilerscheinung complicirterer Anfälle, z. B. bei der nervösen Angina pectoris (s. d.), kommt zuweilen Gefässkrampf an den Extremitäten, namentlich im Beginn der Anfälle vor. Ein anhaltender Krampf der kleinen Arterien kann zu nachfolgenden beträchtlichen trophischen Störungen Anlass geben. Wenigstens werden die seltenen Fälle von sogenannter *„spontaner symmetrischer Gangrän"* an den Extremitäten, ferner gewisse Formen der *Sclerodermie* (s. d.) und einige ähnliche Affectionen von manchen Beobachtern auf einen primären Gefässkrampf zurückgeführt. Namentlich an den Händen kommt ein Zustand vor, bei welchem ohne bekannte Veranlassung die Haut dunkelblau und eiskalt ist und die Epidermis an einzelnen Stellen in Blasen abgehoben wird.

Weit weniger, als über die vasomotorischen, sind wir über die *trophischen Nerven* unterrichtet. Wie bekannt, dauert noch jetzt der Streit fort, ob man wirklich ein Recht habe, die Existenz besonderer trophischer Nerven anzunehmen. Die klinischen Thatsachen sprechen entschieden zu Gunsten dieser Annahme, obwohl wir bereits angeführt haben, dass manche trophische Störungen wahrscheinlich auf vasomotorischen Veränderungen beruhen und dass auch die Anästhesie mancher Theile (vgl. das bei der Trigeminus-Anästhesie auf S. 15 Gesagte) ein das Auftreten von Ernährungsstörungen sehr begünstigender Umstand ist. Einen Uebergang zwischen vasomotorischen und trophischen Störungen bilden diejenigen Hautveränderungen, welche im Wesentlichen auf einer *abnorm starken Exsudation aus den Gefässen* beruhen. Hierher gehört das Auftreten von *Urticaria, Erythema exsudativum, Herpes zoster* und *Pemphigus,* welche im Anschluss an sonstige nervöse Störungen (namentlich bei peripheren und spinalen Erkrankungen nicht selten beobachtet werden. Von denjenigen Erscheinungen, welche vorzugsweise zur Annahme specifisch trophischer nervöser Einflüsse drängen, haben wir die *degenerative Atrophie der Muskeln und Nerven* (s. S. 69) schon kennen gelernt. Andere trophische Störungen in der Haut und in tiefer gelegenen Theilen werden bei Nervenkrankheiten in mannigfaltiger Weise beobachtet.

An der *Haut* bemerkt man, namentlich nach peripheren Nervenverletzungen, zuweilen eine eigenthümlich glänzende, glatte, atrophische Beschaffenheit (*Glanzhaut, „glossy skin", „glossy fingers"* der englischen Autoren). In anderen Fällen scheinen *Pigmentanomalien* der Haut mit nervösen Störungen zusammenzuhängen. So z. B. entwickeln sich pigmentfreie Stellen (*Vitiligo*) manchmal im Anschluss an heftige Neuralgien. Auch an das Auftreten von Pigmentvermehrungen (Morbus Addisonii) aus nervösen Ursachen ist hier zu erinnern. Zu den schweren neurotrophischen Störungen der Haut rechnen manche Forscher, namentlich CHARCOT, das Auftreten eines *acuten Decubitus* bei manchen spinalen und cerebralen Lähmungen. Doch spielen hierbei auch reine mechanische Einflüsse (Druck) eine Rolle. Sehr merkwürdig ist endlich, wie hier kurz erwähnt werden mag, eine neuerdings namentlich in England von WILLIAM GULL und von ORD beschriebene Erkrankung, bei welcher eine starke ödemartige Schwellung einzelner Hautpartien, namentlich im Gesicht, aber auch an den Extremitäten, am Rumpf, an der Zunge und in inneren Organen eintritt, welche auf der Entwicklung einer Art myxomatösen Neubildung beruht und daher als *Myxoedema* bezeichnet ist. CHARCOT nimmt für die Krankheit, welche schliesslich stets zu allgemeinen Ernährungsstörungen und zu hochgradiger psychischer Schwäche, zu Anästhesien u. dgl. führt, einen trophoneurotischen Ursprung an und nennt sie *Cachexie pachydermique*.

Neben trophischen Störungen in der Haut beobachtet man häufig analoge Veränderungen auch an den *Nägeln* und an den *Haaren*. Die Nägel werden brüchig und rissig, nehmen eine dunklere Färbung an und zeigen oft eine beträchtliche Verdickung (*Onychogryphosis*). Zuweilen beobachtet man auch ein Ausfallen der Nägel. Ein *Ausfallen der Haare* sehen wir bei Frontalneuralgien, bei gewissen Formen des Kopfschmerzes, ferner als scheinbar selbständige nervöse Erkrankung (*Alopecia*) nicht selten. Bekannt ist das in einigen Fällen sehr rasch eintretende *Ergrauen* der Haare nach psychischen Erregungen.

Von den trophischen Störungen der tieferen Theile verdienen noch die in den *Knochen* und *Gelenken* zuweilen beobachteten Erscheinungen eine kurze Erwähnung. Die Betheiligung der *Knochen* an atrophischen Processen sehen wir vorzugsweise bei der *progressiven halbseitigen Gesichtsatrophie* (s. d.). Ferner ist bei den in der Kindheit entstandenen spinalen und auch cerebralen Lähmungen das vollständige *Zurückbleiben des Knochenwachsthums* in den befallenen Extremitäten eine häufig zu beobachtende Erscheinung, welche aufs deutlichste die Abhängigkeit der Wachsthumsvorgänge vom Nervensystem darthut. *Trophische Gelenkaffectionen* sind bei cerebralen und spinalen Erkrankungen, namentlich bei der *Tabes* (s. d.) wiederholt constatirt worden. Als eine besondere Form vasomotorisch-trophischer Gelenkneurose erwähnen wir hier den sogenannten Hydrops articulorum intermittens. Man versteht hierunter eine sehr selten vorkommende, aber vollkommen typisch verlaufende Krankheit, bei welcher sich in ganz regelmässigen Intervallen von etwa 1—4 Wochen starke Anschwellungen meist des Kniegelenks, zuweilen auch anderer grosser Gelenke, ausbilden, welche ohne Fieber und meist auch ohne erhebliche Schmerzen einhergehen und nach wenigen Tagen wieder verschwinden. Derartige Anfälle können sich mit verschieden langen Unterbrechungen Jahre und Jahrzehnte lang wiederholen. Für ihre nervöse Natur spricht namentlich das rasche Auftreten und Verschwinden der Affection und ferner die mehrfach beobachtete Combination derselben mit sonstigen nervösen Störungen (Angina pectoris, Morbus Basedowii, vasomotorischen Erscheinungen u. dgl.). In *therapeutischer* Beziehung kann man Salicylsäure, Chinin, Solutio Fowleri und subcutane Ergotininjectionen versuchen.

Im Anschluss an die trophischen Störungen müssen wir noch die ebenfalls nicht seltenen *secretorischen Störungen* erwähnen. Anomalien der *Speichelsecretion* bei der Facialislähmung und der *Thränensecretion* bei Trigeminusneuralgien haben wir schon kennen gelernt. Gelegentlich werden analoge Erscheinungen auch bei anderen Nervenkrankheiten beobachtet. Am leichtesten zu constatiren sind die Störungen der *Schweisssecretion*, deren Verständniss durch den zuerst von LUCHSINGER geführten Nachweis der „Schweissnerven" (grösstentheils aus dem Sympathicus stammend) wesentlich gewonnen hat. Bei Nervenkranken sehen wir ziemlich häufig einerseits eine abnorme Vermehrung der Schweisssecretion (*Hyperidrosis, Ephidrosis*), andererseits eine Herabsetzung oder ein vollständiges Aufhören derselben (*Anidrosis*). Erstere kommt z. B. bei manchen Hemiplegikern in der gelähmten Seite und bei spinalen Lähmungen, letztere bei der Tabes dorsalis vor. Ziemlich häufig sind auch Anomalien der Schweisssecretion, meist combinirt mit vasomotorischen Störungen, bei gewissen allgemeinen Neurosen (Hysterie, Neurasthenie u. dgl.). In einigen seltenen Fällen ist eine echte *Hämatidrosis* (Blutschwitzen) constatirt worden. Besonders interessant ist ferner der als *Hyperidrosis unilateralis* (halbseitiges Schwitzen) bezeichnete Zustand, bei welchem besonders im Gesicht, seltener auch im Arm oder auf der ganzen einen Seite eine abnorme Schweisssecretion auftritt. Die Affection ist meist im Verein mit Hemicranie, Morbus Basedowii, Hysterie u. dgl. beobachtet worden und beruht, wenigstens in einer Anzahl von Fällen, auf directen Läsionen des Sympathicus. Andererseits haben wir selbst mehrere (sonst ganz gesunde) Personen gesehen, bei welchen die unter normalen Verhältnissen (Hitze, körperliche Anstrengung) eintretende Schweisssecretion auf die eine Hälfte des Körpers, namentlich des Gesichts beschränkt blieb.

Zum Schluss wollen wir hier noch kurz die Erscheinungen anführen, welche man bei *directen Verletzungen des Halssympathicus* (Traumen, Druck benachbarter Tumoren u. dgl.) beobachtet hat. Handelt es sich um eine *Sympathicuslähmung*, so beobachtet man auf der betreffenden Seite am constantesten eine *Verengerung der Pupille* (Lähmung des vom Sympathicus versorgten M. dilatator pupillae), ferner zuweilen Verengerung der Lidspalte und Retraction des Bulbus (Lähmung des Müller'schen Muskels), und vermehrte Röthung und Wärme am Ohr und an der Wange (vasomotorische Störung). Die umgekehrten Erscheinungen findet man bei Zuständen von *Sympathicusreizung*. In beiden Fällen treten zuweilen auch leichte trophische Störungen in der Wange auf. Bemerkenswerth ist noch, dass bei Geschwülsten am Halse und bei Verletzungen des Plexus brachialis zuweilen auch sympathische Störungen (besonders Pupillenveränderungen) vorkommen, welche wahrscheinlich auf einer Läsion der *Rami communicantes* zwischen Grenzstrang und Plexus brachialis beruhen.

ZWEITES CAPITEL.

Hemicranie.

(*Migraine.*)

Aetiologie. Unter Hemicranie versteht man eine eigenthümliche Form von halbseitig auftretendem, wahrscheinlich meist auf vasomotorischen Störungen beruhendem Kopfschmerz. Das Leiden kommt besonders bei *Frauen*, seltener bei Männern vor und beginnt fast immer im *jugendlichen Alter*, meist zur Pubertätszeit. Doch sind auch bei Schulkindern typische Fälle von Migraine wiederholt beobachtet worden. Ziemlich häufig, aber *keineswegs immer*, betrifft die Krankheit Frauen, welche als „allgemein nervös" bezeichnet werden müssen, anämisch sind oder an Menstruationsstörungen leiden. Verhältnissmässig häufig spielt die *Heredität* eine Rolle, indem die Hemicranie einerseits als solche erblich ist, andererseits nicht selten in Familien auftritt, in welchen auch sonstige Nervenleiden (Epilepsie, Hysterie, Psychosen) vorgekommen sind. Als *veranlassende Momente*, welche sowohl für das Entstehen der Krankheit, als namentlich auch oft für das Entstehen der einzelnen Anfälle verantwortlich gemacht werden können, sind körperliche und geistige Ueberanstrengungen, stärkere psychische Erregungen, Digestionsstörungen u. dgl. anzuführen.

Die anatomische Ursache der Hemicranie kennen wir nicht. Doch ist es nach den vasomotorischen Begleiterscheinungen, welche bei der

Migraine in der Regel vorkommen (s. u.) sehr wahrscheinlich, dass die Krankheit der Hauptsache nach als eine Affection des Sympathicus angesehen werden muss. Auch über den eigentlichen *Sitz des Schmerzes* sind wir nicht mit Sicherheit unterrichtet, doch ist derselbe wahrscheinlich in die Gehirnhäute (Pia und Dura mater) zu verlegen.

Symptome und Krankheitsverlauf. Die Migraine tritt immer in einzelnen Anfällen auf, welche sich in verschieden langen Intervallen wiederholen, im einzelnen Falle aber oft eine auffallend grosse Regelmässigkeit zeigen. Nicht selten steht der Eintritt der Anfälle bei Frauen zu den Menses in Beziehung. Die *linke* Kopfhälfte wird auffallend häufiger befallen, als die rechte. In vereinzelten Fällen kommt es vor, dass der Schmerz abwechselnd bald die rechte, bald die linke Seite betrifft.

Der *Migraineanfall* beginnt meist mit gewissen *Prodromalerscheinungen,* welche den Kranken als sicheres Anzeichen ihres herannahenden Leidens bald wohl bekannt werden. Diese Prodromalerscheinungen bestehen in allgemeiner Verstimmung, Unbehagen, Kopfdruck, Schwindel, zuweilen Ohrensausen, Flimmern vor den Augen, Frösteln, Uebelkeit, krankhaftes Gähnen u. dgl. Nach kurzer Zeit beginnt der *Schmerz,* welcher bald mehr in den vorderen Stirntheilen, bald mehr in der Schläfen- oder Scheitelgegend empfunden wird, im Allgemeinen einen continuirlichen, nicht intermittirenden (wie bei den Neuralgien) Charakter zeigt und sich bis zu sehr grosser Intensität steigern kann. Besondere Schmerzpunkte fehlen; dagegen ist die ganze Kopfhaut auf der befallenen Seite meist hyperästhetisch. Dabei dauert das schlechte *Allgemeinbefinden* fort: die Kranken sind vollständig appetitlos, oft besteht starke Brechneigung, fast immer eine grosse Empfindlichkeit gegen äussere Eindrücke, gegen jede grellere Lichtempfindung, gegen jedes Geräusch u. s. w. In manchen Fällen (*Hemicrania ophthalmica*) treten *Augenstörungen* besonders hervor: starkes *Flimmern* vor dem einen Auge, *Flimmerscotome,* und keineswegs selten lässt sich eine ausgesprochene *Hemianopsie* während des Anfalls nachweisen.

Von besonderem Interesse, weil für die Theorie der Krankheit maassgebend, sind die *vasomotorischen Erscheinungen.* Nach denselben theilt man gewöhnlich die Migraine in zwei Unterarten ein, in die *Hemicrania sympathico-tonica* s. *spastica* und in die *Hemicrania sympathico-paralytica* s. *angioparalytica.*

Bei der *Hemicrania spastica* (zuerst von DU BOIS-REYMOND nach Beobachtungen an sich selbst beschrieben) sind Stirn und Ohr auf der befallenen Seite blass, die Haut ist kühl, die Temporalarterie contrahirt, die Pupille oft deutlich erweitert, die Speichelabsonderung vermehrt

— kurz es ist eine ganze Reihe von Erscheinungen vorhanden, welche alle übereinstimmend auf einen *Reizungszustand im Sympathicus* hinweisen.

Bei der *Hemicrania paralytica* dagegen (zuerst von MÖLLENDORFF ebenfalls nach Beobachtungen an sich selbst beschrieben) ist das Gesicht auf der befallenen Seite geröthet, fühlt sich heiss an, die Temporalarterie erscheint erweitert, stark pulsirend, zuweilen tritt halbseitiger Schweiss im Gesicht auf, die Pupille ist verengert — alles Symptome, welche nur von einer *Lähmung des Sympathicus* abhängig sein können.

Nicht sicher ist es, ob der *Schmerz* ausschliesslich eine Folge der Circulationsstörung ist, oder ob vielleicht in den Fällen der ersteren Categorie die krampfhafte Gefässcontraction an sich schon schmerzerzeugend wirkt. Uebrigens muss hervorgehoben werden, dass nur selten alle einzelnen Erscheinungen der einen oder der anderen Form scharf ausgeprägt sind und dass in der Praxis nicht selten Fälle vorkommen, welche man zu keiner der beiden Formen mit Sicherheit hinzuzählen kann. Zuweilen scheinen auch bei demselben Anfalle Lähmungs- und Reizzustände mit einander abzuwechseln.

Die *Dauer* der Migraineanfälle ist in den einzelnen Fällen sehr verschieden. Gewöhnlich beträgt sie einige Stunden bis einen Tag. Dann verliert sich der Schmerz allmählich, oft, nachdem gegen Ende des Anfalls reichliches *Erbrechen* eingetreten ist. In der Zwischenzeit zwischen den einzelnen Anfällen befinden sich die meisten Patienten vollkommen wohl und schmerzfrei.

Der *Gesammtverlauf der Migraine* ist sehr chronisch und kann sich auf Jahre oder Jahrzehnte erstrecken. Meist ist sie ein habituelles Leiden, an welches die Kranken sich schliesslich gewöhnen. Mit der *Prognose* muss man ziemlich reservirt sein, da viele Fälle allen Heilungsversuchen sehr hartnäckig widerstehen. Nur den Trost kann man den Kranken geben, dass sich das Leiden im höheren Alter gewöhnlich von selbst verliert. Eine besondere Gefahr birgt es meist nicht in sich. Nur in vereinzelten Fällen hat man gesehen, dass Jahre lang eintretende Migraineanfälle einem später sich entwickelnden schwereren Gehirnleiden vorhergingen.

Therapie. Sehr viele an Migraine leidende Kranke verzichten schliesslich, nachdem sie alle möglichen Mittel durchprobirt haben, auf jede besondere Behandlung. Sie ziehen sich, wenn der Anfall eingetreten ist, auf ihr Zimmer zurück, verdunkeln die Fenster, geniessen nichts, als etwas Thee, Selterswasser, Eisstückchen u. dgl., machen sich einen kalten

Umschlag um den Kopf, versuchen vielleicht ein Fussbad — und warten im Uebrigen ruhig ab, bis der Anfall wieder vorüber ist. In der That sind auch unsere Mittel, den Anfall zu coupiren, ziemlich unsicher. Zuweilen helfen sie, oft aber lassen sie, namentlich bei wiederholter Anwendung, im Stich. Besonders ist hervorzuheben, dass *Narcotica* (Morphium) bei der Migraine fast immer schlecht vertragen werden und nichts nützen. Theoretisch rationell und zuweilen in der That von guter Wirkung sind Einathmungen von *Amylnitrit* (3—5 Tropfen aufs Taschentuch) bei der spastischen, und subcutane *Ergotininjectionen* (Ext. Secalis cornuti aquosi 2,5, Spir. diluti, Glycerini ana 5,0, oder Ergotin. dialysatum 1,0 Aq. dest. 4,0, ½—1 Spritze) bei der paralytischen Migraine. Von den sonstigen zahlreich empfohlenen Mitteln erwähnen wir die *Pasta guarana* (Paullinia sorbilis, einige Pulver zu 2—4 Grm.), *Coffeïn* (ca. 0,05 pro dosi) und *Natron salicylicum* (2,0—4,0). Diese Mittel und ebenso zahlreiche andere Nervina (Bromkali, Solutio Fowleri) sind auch zu anhaltenderem Gebrauch empfohlen worden, ebenso das *Ext. Cannabis indica* und neuerdings *Nitroglycerin* (1 Tropfen einer 1% Lösung).

Sehr wichtig ist in manchen Fällen die *Allgemeinbehandlung*. Die Eisenpräparate, Seebäder, Gebirgsaufenthalt, Kaltwasserkuren u. dgl. sind manchmal von entschiedenem Nutzen. Einige Erfolge hat auch die andauernde *elektrische Behandlung* aufzuweisen, sehr grossen Hoffnungen aber darf man sich nicht hingeben. Bei der spastischen Form ist besonders die Einwirkung der Anode auf den Sympathicus, bei der paralytischen Form die Einwirkung der Kathode zu versuchen. Auch vorsichtiges Galvanisiren am Kopf, sowie schwache primäre faradische Ströme können angewandt werden.

DRITTES CAPITEL.
Hemiatrophia facialis progressiva.
(*Einseitige fortschreitende Gesichtsatrophie.*)

Die einseitige Gesichtsatrophie ist ein äusserst seltenes Leiden, von welchem bis jetzt erst ca. 30 Fälle in der Literatur bekannt geworden sind. Die Krankheit besteht in einer sehr langsam und allmählich, aber meist stetig fortschreitenden Atrophie der einen Gesichtshälfte und betrifft sowohl die Haut, wie das Fettgewebe, die Muskulatur und die Knochen in gleichmässiger oder verschieden starker Weise. Der Beginn der Affection fällt meist in die Jugendjahre. Das weibliche Geschlecht scheint stärker zur Erkrankung disponirt zu sein, als das männliche.

Die Atrophie, welche ihren Sitz weit häufiger auf der linken, als auf der rechten Seite hat, beginnt gewöhnlich an einer umschriebenen Stelle, entweder an der Wange oder am Kinn. Die *Haut* erfährt in der Regel allmählich eine weissliche oder bräunliche Verfärbung. Allmählich sinkt die befallene Partie und schliesslich die ganze Gesichtshälfte immer mehr und mehr ein, so dass die Krankheit auf den ersten Blick erkannt werden kann. In der Mittellinie zeigt die Atrophie eine scharfe Begrenzung. Die *Muskeln* bleiben in manchen Fällen scheinbar fast ganz intact, in anderen zeigt sich eine deutliche Atrophie derselben, besonders der Kaumuskulatur. Einige Mal hat man auch eine Betheiligung der entsprechenden Hälfte der Zunge und des weichen Gaumens gesehen. Ausnahmsweise greift die Atrophie sogar auf die benachbarte Schultergegend und die obere Extremität über. Die *Knochen* atrophiren auch, namentlich in den Fällen, welche in früherer Jugend entstehen. Die *Haare* auf der befallenen Kopfhälfte fallen oft stark aus und werden

Fig. 21. Hemiatrophia facialis sinistra.

dünn und atrophisch. Die *Sensibilität* bleibt vollständig intact; deutliche vasomotorische und secretorische Störungen sind nur selten beobachtet worden. — Die beigegebene Abbildung zeigt einen Patienten, welchen schon ROMBERG vor ca. 30 Jahren beschrieben hat und der noch gegenwärtig die deutschen Kliniken bereist, um sich zu zeigen.

Ueber die Natur des Leidens ist Näheres nicht bekannt. Darin sind zwar gegenwärtig die meisten Beobachter einig, dass es sich um eine *trophische Neurose*, um eine Affection trophischer Nerven oder Nervencentra handelt, wo aber der eigentliche Sitz der Krankheit zu suchen sei, im Trigeminus (speciell im Ganglion spheno-palatinum oder im Ganglion Gasseri?) oder Sympathicus, darüber wissen wir nichts, zumal anatomische Untersuchungen noch ganz fehlen.

Das Leiden ist an sich nicht gefährlich und bewirkt meist auch keine besonderen subjectiven Beschwerden, scheint aber unheilbar zu sein. In beginnenden Fällen könnte man höchstens den Versuch machen, durch eine lang fortgesetzte elektrische Behandlung einen Stillstand der Krankheit herbeizuführen.

VIERTES CAPITEL.

Morbus Basedowii.

(Basedow'sche Krankheit. Glotzaugenkrankheit. Morbus Gravesii. Goître exophthalmique.)

Aetiologie. Der eigenthümliche Symptomencomplex, welchem man den Namen der Basedow'schen Krankheit gegeben hat und als dessen *drei Cardinalerscheinungen* die *Pulsbeschleunigung,* die *Struma* und der *Exophthalmus* bezeichnet werden müssen, wurde in Deutschland zuerst im Jahre 1840 von dem Merseburger Arzt BASEDOW genauer beschrieben, während in England schon 5 Jahre früher von GRAVES ähnliche, wenn auch weniger präcise Beobachtungen veröffentlicht waren. Die anatomische Ursache der Krankheit ist uns noch vollständig unbekannt. Das ganze Gesammtbild und fast alle einzelnen Symptome des Leidens weisen aber mit Bestimmtheit auf eine Affection des Nervensystems hin, welche man im Hinblick auf die am meisten hervortretenden Erscheinungen gewöhnlich als „vasomotorische Neurose", als „Affection des Sympathicus" auffasst, obwohl, wie sich aus dem Folgenden ergeben wird, die Hinzuziehung des Morbus Basedowii zu den *allgemeinen Neurosen* eigentlich richtiger wäre.

Was die specielle *Aetiologie* der Krankheit anbetrifft, so stehen alle diejenigen Momente oben an, welche in der Aetiologie der Neurosen überhaupt die erste Rolle spielen. In manchen Fällen ist die *hereditäre Disposition* aufs Bestimmteste nachzuweisen. Wiederholt sind Erkrankungen bei Mitgliedern derselben Familie beobachtet worden. Andererseits kommt der Morbus Basedowii auch relativ häufig in solchen Familien vor, in denen eine Disposition zu Neurosen überhaupt (Epilepsie, Psychosen, Hysterie) erblich ist. Unter den Gelegenheitsursachen sind starke *psychische Erregungen* (Kummer, Schreck, Aerger) in erster Linie zu nennen. Zuweilen scheinen ausser diesen „psychischen Traumen" auch wirkliche Traumen, d. h. starke allgemeine *Erschütterungen des Körpers* (Sturz u. dgl.) einen Einfluss auf die Entwicklung des Leidens zu haben. Ziemlich viel Gewicht wird von manchen Autoren auf *Erkrankungen der weiblichen Sexualorgane* gelegt, doch scheint uns die Bedeutung dieses Moments sehr überschätzt zu sein. Sicher ist dagegen, dass die ersten Symptome des Morbus Basedowii sich nicht selten zur Zeit der *Gravidität* entwickeln.

Der *Einfluss des Geschlechts* auf das Entstehen des Leidens zeigt sich deutlich, indem *Frauen*, namentlich die etwas anämischen, „nervösen" Frauen, entschieden häufiger erkranken, als Männer. Gewöhnlich tritt der Morbus Basedowii im *mittleren Lebensalter* auf, während er bei Kindern und älteren Leuten nur ausnahmsweise vorkommt.

Krankheitssymptome. Von den drei oben genannten Cardinalsymptomen des Morbus Basedowii, von denen freilich nicht selten das eine oder das andere fehlt resp. nur gering entwickelt ist, ist die *Pulsbeschleunigung* das constanteste und meist auch am frühesten auftretende Symptom. Die Pulsfrequenz beträgt durchschnittlich 100—120 Schläge, zuweilen auch nur 80—90, in anderen Fällen aber auch 140—160 Schläge. Sie ist nicht zu allen Zeiten gleich, sondern unterliegt manchen Schwankungen, welche sich sowohl in grösseren Perioden, wie auch in einzelnen Anfällen zeigen. Mit der Pulsbeschleunigung ist meist eine sehr *lebhafte Herzaction* und in der Regel auch das subjective Gefühl des *Herzklopfens* verbunden. Die Carotiden und zuweilen auch kleinere Arterien pulsiren lebhaft. Qualitative Aenderungen des Pulses sind nicht nachweisbar. Meist ist der Puls ganz regelmässig, doch ist auch *Arythmie* desselben wiederholt beobachtet worden. In einzelnen Fällen litten die Patienten an ausgesprochener *Angina pectoris*.

Die objective *Untersuchung des Herzens* ergiebt meist gar keine Besonderheiten. In einzelnen Fällen findet man aber *Dilatationen des Herzens,* ziemlich häufig *accidentelle Geräusche;* zuweilen complicirt sich der Morbus Basedowii aber auch, wie wir aus eigener Erfahrung bestätigen können, mit Herzhypertrophie und wirklichen Herzklappenfehlern.

Die *Struma* entwickelt sich meist etwas später, als die ersten Erscheinungen von Seiten des Herzens. In manchen Fällen fehlt der Kropf vollständig oder tritt nur in geringem Grade auf. Sehr bedeutend wird die Anschwellung der Schilddrüse überhaupt nur ausnahmsweise. Auch sie zeigt im Verlaufe desselben Falles zuweilen einige deutliche Schwankungen. Charakteristisch für die Struma beim Morbus Basedowii sind die relative Weichheit der Geschwulst, die häufig starken pulsatorischen Bewegungen derselben und die oft (aber nicht immer) hörbaren lauten *Gefässgeräusche*, welche in den erweiterten Gefässen

der Schilddrüse zu Stande kommen. Auch mit der aufgelegten Hand
kann man nicht selten Schwirren und Pulsiren fühlen.

Der *Exophthalmus*, das Hervortreten der Augäpfel aus den Augen-
höhlen, ist stets doppelseitig, wenn auch zuweilen auf der einen Seite
stärker, als auf der anderen. In der Intensität zeigt er grosse Verschiedenheiten. In manchen Fällen fehlt er ganz, in anderen kann er
einen so hohen Grad erreichen, dass eine förmliche „Luxation des Bulbus" beschrieben worden ist. Bei stärkeren Graden des Exophthalmus
bekommt der Blick häufig einen eigenthümlich starren Ausdruck. Bemerkenswerth ist ferner ein eigenthümliches, zuerst von v. GRAEFE be-
schriebenes Symptom: beim Heben und Senken des Blicks fehlen die
entsprechenden, unter normalen Verhältnissen stets vorhandenen Mitbewegungen des oberen Augenlids. Dieses „*Gräfe'sche Symptom*" soll
zuweilen zu den frühesten Erscheinungen der Krankheit gehören und
kann deshalb von diagnostischem Werthe sein. Wir müssen aber nach
unseren Erfahrungen betonen, dass dasselbe jedenfalls nur sehr selten
vorkommt. Einige Mal hat man schwere *Entzündungsprocesse am Auge*
gesehen, welche wahrscheinlich auf den in Folge des Exophthalmus
geringeren Schutz des Auges durch das obere Augenlid zu beziehen
sind. Pupillen- und Accomodationsstörungen beim Morbus Basedowii
sind nicht bekannt.

Ausser den bisher besprochenen Hauptsymptomen der Basedow-
schen Krankheit ist noch eine Reihe anderer Symptome zu erwähnen,
welche sowohl in den typischen, als namentlich auch in manchen anomalen Fällen (den sogenannten „*Formes frustes*" der Franzosen) zur
Beobachtung kommen. Hierher gehören zunächst einige weitere *nervöse Symptome;* vor allem ein eigenthümliches *Zittern*, auf welches
namentlich MARIE neuerdings die Aufmerksamkeit gelenkt hat. Dieses
Zittern betrifft bald den ganzen Körper, bald nur die Extremitäten,
zeigt zuweilen zeitweise Remissionen und Exacerbationen, und kann so
stark werden, dass es die Hauptklage der Patienten bildet. Auch in
einem der von uns beobachteten Fälle war starker Tremor eins der
ersten Symptome der Krankheit. Er wurde zeitweise so heftig, dass
in den Extremitäten und auch in den Gesichtsmuskeln geradezu krampfhafte Zuckungen auftraten. Weiterhin sind von zuweilen vorkommenden nervösen Symptomen zu nennen: Kopfschmerzen, Schwindel, Gedächtnissschwäche, Schlaflosigkeit u. dgl. Am häufigsten und für viele
Fälle der Krankheit in der That sehr charakteristisch ist die eigenthümliche *nervöse Unruhe* und die *reizbare Gemüthsstimmung* der Patienten. Zuweilen complicirt sich der Morbus Basedowii auch mit

anderen Neurosen, mit wirklicher Hysterie, Epilepsie, Chorea, Psychosen u. dgl. Auf *vasomotorischen Störungen* beruht wahrscheinlich das starke *subjective Hitzegefühl,* an welchem viele Kranke leiden. Auch objective Temperatursteigerungen bis auf 38,0—38°,8 sind von Anderen (EULEN-BURG) und uns wiederholt constatirt worden. Mit dem Hitzegefühl verbindet sich nicht selten eine starke *Vermehrung der Schweissproduction* (in seltenen Fällen nur einseitig).

Von Symptomen, welche sich auf andere Organe beziehen, haben wir zunächst einiger Störungen von Seiten der *Respiration* zu gedenken. Die Athmung ist meist mässig beschleunigt, manche Patienten klagen über Dyspnoë. In einem Falle sahen wir zeitweise tiefe krampfhafte Inspirationen auftreten, in anderen Fällen zeigt sich ein eigenthümlich trockner *„nervöser Husten".* Auch Erscheinungen von Seiten der *Digestionsorgane* kommen vor. Bei einigen Kranken treten anfallsweise heftige *Durchfälle* auf, bei einer Patientin sahen wir Anfälle von starkem *Erbrechen.* Endlich haben wir noch gewisse an der *Haut* auftretende Störungen zu erwähnen: mehrmals ist *Vitiligo* beobachtet worden, ferner chloasmaähnliche *Pigmentflecke* und *Urticaria.* Ein sehr seltenes, aber gefährliches Ereigniss, von dem wir selbst ein sehr prägnantes Beispiel beobachtet haben, ist eine scheinbar spontan eintretende *Gangrän der Extremitäten.* In unserem Fall, der tödtlich endete, betraf die Gangrän das rechte Bein. An den Gefässen desselben konnte anatomisch nicht die geringste Anomalie nachgewiesen werden. Dieses Auftreten der Gangrän beim Morbus Basedowii erinnert entschieden an den sogenannten „spontanen symmetrischen Brand" (s. o.), für welchen man ebenfalls einen neurotischen Ursprung annehmen muss.

Pathologische Anatomie und Pathogenese. Obgleich, wie aus der Symptomatologie des Morbus Basedowii hervorgeht, alle Krankheitserscheinungen auf eine Affection des Nervensystems als Krankheitsursache hinweisen, so sind doch die Ergebnisse der pathologisch-anatomischen Untersuchung bis jetzt erst sehr gering. Zwar giebt es eine Reihe von Fällen, bei welchen angeblich Veränderungen im Sympathicus und zwar namentlich im untersten Cervicalganglion vorhanden gewesen sein sollen. Aber die pathologische Bedeutung der Befunde ist nicht über allem Zweifel erhaben und in anderen Fällen hat man gar nichts Abnormes am Sympathicus nachweisen können. Auch die theoretische Ableitung aller Symptome des Morbus Basedowii aus einer Sympathicusstörung stösst auf mannigfache Schwierigkeiten und Widersprüche. Berücksichtigen wir nur die drei Cardinalsymptome der Krankheit, so würde sich mit der Annahme einer *Sympathicusreizung* wohl die Pulsbeschleunigung und vielleicht auch der Exophthalmus, nicht aber die Struma, welche auf Gefässerweiterung beruht, in Einklang bringen lassen. Die Annahme einer *Sympathicuslähmung* erklärt die Struma und auch den Exophthalmus, wenn wir als Ursache desselben die Erweiterung der Gefässe in der hinteren Augenhöhle annehmen. Dann stimmt aber wieder nicht die Pulsbeschleunigung. Noch viel complicirter werden die Erklärungsversuche, wenn man auch die übrigen, seltneren Symptome des Morbus Basedowii mit berücksichtigt. Wir glauben überhaupt, dass man eine befriedigende Theorie der Krankheit aus der alleinigen Annahme von Sympathicusstörungen nicht aufstellen kann und dass wir uns vorläufig damit begnügen müssen, den Morbus Basedowii zu den *allgemeinen Neurosen* ohne bekannte anatomische Ursache zu zählen. Auch die an sich interessanten Experimente FILEHNE's, welcher durch Durchschneidung der Corpora restiformia bei jungen Kaninchen ähnliche Symptome, wie beim Morbus Basedowii, hervorrufen konnte, haben bis jetzt keine Verwendung für die menschliche Pathologie gewonnen.

Verlauf und Diagnose. Der *Verlauf* der Krankheit ist immer sehr chronisch und kann sich auf Jahre und Jahrzehnte erstrecken. Nicht selten kommen ziemlich grosse Schwankungen in der Intensität der Krankheitserscheinungen vor. Heilungen sind, wie es scheint, mit Sicherheit beobachtet worden, aber jedenfalls nur selten. Der schliessliche tödtliche Ausgang der Krankheit erfolgt zuweilen unter den Zeichen des allgemeinen Marasmus, häufiger durch Complicationen von Seiten der Lunge oder des Herzens. Indessen möchten wir besonders hervorheben, dass wahrscheinlich nicht sehr selten *leichte, gewissermaassen rudimentäre Fälle der Krankheit* vorkommen, welche das Leben in keiner Weise gefährden. Die *Diagnose* solcher Fälle ist freilich nicht immer leicht, da die drei Cardinalsymptome keineswegs stets ausgebildet sind. Man muss dann namentlich auf die übrigen Erscheinungen der Krankheit, vorzugsweise auf die allgemeine nervöse Erregbarkeit, das Zittern, das subjective Hitzegefühl, die Neigung zu Schweissen u. s. w. genau achten. In den ausgebildeten Fällen ist die *Diagnose* dagegen fast immer ohne Schwierigkeit und sicher zu stellen.

Therapie. In erster Linie kommt die *Allgemeinbehandlung* der Patienten in Betracht. Körperliche und geistige Ruhe, gute Ernährung mit Vermeidung aller stärkeren Reizmittel (Alkohol, starker Kaffee u. dgl.), Landaufenthalt, vorsichtige *Kaltwasserkuren*, namentlich Abreibungen, können eine wesentliche Besserung des Zustandes herbeiführen. Anämischen Patienten verordnet man *Eisen*, allein oder in Verbindung mit kleinen Dosen *Arsen*. Auch Trinkkuren in Franzensbad, Schwalbach, Pyrmont, Elster, Cudowa u. s. w. sind zuweilen von gutem Erfolg begleitet.

Von den übrigen Mitteln ist zunächst die *Elektricität* zu nennen, und zwar namentlich die galvanische Behandlung am Halse, die sogenannte *Galvanisation des Sympathicus* am inneren Rande des Sterno-cleido-Mastoideus. Je nachdem man den Zustand mehr als Lähmung oder als Reizung des Sympathicus auffasst, wird man vorherrschend die Einwirkung der Kathode oder der Anode versuchen. Stärkere Ströme sind stets zu vermeiden. Auffallend ist die nicht selten sofort eintretende Pulsverlangsamung (Vagusreizung?). Als *innere Medicamente* werden empfohlen: *Atropin* (Tinct. Belladonnae) und *Secale cornutum* (Ergotin). In *symptomatischer* Hinsicht hat man oft Digitalis verordnet, jedoch meist ohne jeden Erfolg. Auch die Anwendung der Jodpräparate gegen die Struma ist fast immer nutzlos. Bei stärkerem Exophthalmus müssen die Augen vor äusseren traumatischen Schädlichkeiten geschützt werden.

III. Die Krankheiten des Rückenmarks.

Krankheiten der Rückenmarkshäute.

1. Acute Entzündungen der Rückenmarkshäute.

Aetiologie und pathologische Anatomie. Isolirte acute Entzündungen der Rückenmarkshäute kommen, soweit bekannt, fast niemals primär vor. Ziemlich häufig dagegen setzen sich Entzündungsprocesse von der Nachbarschaft her auf die Rückenmarkshäute fort oder tritt die Meningitis spinalis als Theilerscheinung einer allgemeinen *Meningitis cerebrospinalis* auf. Dieses letztere Verhalten beobachten wir zunächst bei der *idiopathischen,* meist *epidemischen Cerebrospinal-Meningitis,* welche eine specifische Infectionskrankheit darstellt und von uns im vorigen Bande bereits ausführlich besprochen worden ist. Ferner combinirt sich eine *tuberkulöse* Meningitis spinalis sehr häufig mit der tuberkulösen Gehirnhautentzündung. Da aber die Erscheinungen der letzteren meist in den Vordergrund des Krankheitsbildes treten, so werden wir die *tuberkulöse Cerebrospinal-Meningitis* in dem Abschnitte über die Krankheiten der Gehirnhäute abhandeln. Ferner treten *secundäre Cerebrospinalmeningitiden* zuweilen im Verlauf gewisser anderer Infectionskrankheiten auf und sind dann wahrscheinlich als besondere Localisationen des specifischen Krankheitsgiftes aufzufassen. So erklärt sich das Vorkommen acuter, spinaler und cerebraler Meningitis im Anschluss an eine *croupöse Pneumonie,* bei *pyämischen und septischen Erkrankungen,* sehr selten auch beim *Typhus* und bei *acuten Exanthemen.* Zu erwähnen ist endlich das zwar seltene, aber von uns wiederholt beobachtete Vorkommen eitriger Cerebrospinalmeningitis im Anschluss an eitrige Pleuritis, Lungengangrän u. dgl. In diesen Fällen erfolgt ebenfalls die Infection der Meningen vom primären Erkrankungsherde aus; doch ist der Weg der Infection noch nicht genau bekannt. Vielleicht sind die Intercostalnerven die Vermittler.

In allen bisher erwähnten Fällen handelt es sich vorzugsweise um eine Entzündung der *weichen* Gehirnhäute, um eine sogenannte *Leptomeningitis*; die Dura mater betheiligt sich gar nicht oder nur in geringem Grade an der Erkrankung. Anders verhält es sich bei denjenigen entzündlichen Processen, welche sich *von der äusseren Nachbarschaft* der Rückenmarkshäute her allmählich auf dieselben fortsetzen. So sieht man bei Wirbelcaries sehr häufig umschriebene Entzündungen an der Oberfläche der *Dura mater* (*Pachymeningitis*), welche sich oft auch auf die Innenfläche derselben, seltener noch weiter auf die Pia mater fortpflanzen. Eine sehr seltene Erkrankung ist die acute *eitrige Peripachymeningitis*, d. h. die eitrige Entzündung des Bindegewebes zwischen der Dura mater und der Wirbelsäule, welche in fast allen Fällen *secundären* Ursprungs ist. Wir haben einen sehr charakteristischen Fall dieser Art im Verlaufe einer puerperalen Pyämie beobachtet. Von einer eitrigen Entzündung des Beckenzellgewebes aus hatte sich die Entzündung durch die Löcher des Wirbelcanals hindurch ausgebreitet und schliesslich eine bis zum Halsmark hinaufreichende eitrige Entzündung an der *Aussenfläche* der Dura hervorgerufen. Ein Ergriffensein der *Pia mater* durch fortgesetzte Entzündung trifft man vorzugsweise bei Erkrankungen des Rückenmarks an, indem die Pia in vielen Fällen von Myelitis in umschriebener oder grösserer Ausdehnung an dem Processe Theil nimmt.

Ob auch sonstige Schädlichkeiten, namentlich *Traumen* und *Erkältungen* direct zu Entzündungen der Rückenmarkshäute führen können, wie vielfach behauptet worden ist, ist nicht mit Sicherheit erwiesen.

In Bezug auf die *pathologische Anatomie* der acuten Spinalmeningitis können wir uns kurz fassen. Die Veränderungen bei der eitrigen Entzündung der Pia mater sind im Capitel über epidemische Meningitis beschrieben worden. Genau dieselben Verhältnisse finden sich auch bei den übrigen Formen der acuten *Leptomeningitis*. Durchaus analog sind die Veränderungen bei der *Pachymeningitis*. Die Dura mater ist von erweiterten Gefässen durchsetzt, sieht daher geröthet aus, ist verdickt und an ihrer Innen- oder Aussenfläche (*P. interna* oder *externa* s. *Peripachymeningitis*) findet sich ein meist rein eitriges oder ein serös-eitriges Exsudat.

Symptome. Eine sichere Unterscheidung zwischen den acuten Entzündungen der Pia mater und denen der Dura mater lässt sich in klinischer Beziehung nicht durchführen. Die Krankheitserscheinungen setzen sich in jedem Falle zusammen aus den Symptomen des etwa vorhandenen Grundleidens, aus den Allgemeinerscheinungen (Fieber

9*

u. s. w.) und den nothwendigen Folgen, welche die Anwesenheit der
meningealen Circulationsstörung und des meningitischen Exsudats auf
das Rückenmark und die Nervenwurzeln ausübt und welche sowohl auf
einer mechanischen Compression der genannten Theile, als auch wahrscheinlich nicht selten auf einem Uebergreifen der Entzündung auf die
Substanz des Rückenmarks selbst beruhen.   Dazu kommt noch die
häufige Combination der Spinalsymptome mit den Erscheinungen der
gleichzeitigen cerebralen Meningitis.

Diejenigen Symptome, welche bei der acuten Spinalmeningitis auftreten und sich auf diese speciell beziehen, sind uns aus der Besprechung
der epidemischen Meningitis (Bd. I. S. 116) bereits alle bekannt. Noch
einmal kurz zusammengefasst, ist vorzugsweise der oft sehr heftige
Schmerz im Rücken, die grosse *Druckempfindlichkeit der Wirbelsäule*
und die *Steifigkeit* derselben zu nennen. Dazu kommen gewöhnlich Reizerscheinungen von Seiten der Nervenwurzeln: *excentrische Schmerzen*
am Rumpf und in den Extremitäten, *Hyperästhesie der Haut* und der
tieferen Theile, motorische directe oder reflectorische Reizsymptome,
Muskelspannungen, Zuckungen u. dgl.   Die Haut- und Sehnenreflexe
sind häufig, jedoch nicht immer in Folge der Wurzelläsion sehr herabgesetzt oder aufgehoben. Zuweilen bestehen *Störungen der Harn-* und
Stuhlentleerung.   Treten im späteren Verlaufe der Krankheit wirkliche
Lähmungen und *Anästhesien* auf, so ist dies wohl immer ein Zeichen
der stärkeren Mitbetheiligung des Rückenmarks selbst.

Aus den genannten Symptomen wird man in vielen Fällen die
Diagnose der Meningitis spinalis machen können.   Oft genug freilich
findet sich eine Meningitis am Leichentisch, deren Symptome im Leben
von sonstigen schweren Allgemeinerscheinungen ganz verdeckt waren,
während auch umgekehrt bei schweren Allgemeinzuständen die Symptome
einer Meningitis vorgetäuscht werden können (z. B. bei Typhus, bei der
Pyämie). Näheren Aufschluss über den Sitz und die Ausbreitung der
Entzündung gewährt die Berücksichtigung der am meisten schmerzhaften
Stelle der Wirbelsäule, das Vorherrschen der Schmerzen und der Hauthyperästhesie in den Armen (Cervicaltheil) oder Beinen (Lumbaltheil)
u. dgl. Beim Uebergreifen der Meningitis auf die oberen Abschnitte
des Rückenmarks und die Oblongata können sich auch *Respirationsstörungen, Pupillenerscheinungen* und *Anomalien der Herzinnervation*
einstellen. Ueber die *Art* der Meningitis (eitrig oder tuberkulös) entscheidet nur die Berücksichtigung der Anamnese, der übrigen Krankheitserscheinungen und des Krankheitsverlaufes.

Prognose. Eine Heilung, selbst in schweren Fällen, ist mit Sicherheit nur bei der epidemischen Cerebrospinalmeningitis und bei den ätiologisch wahrscheinlich identischen sporadischen Fällen idiopathischer Meningitis beobachtet worden. In allen anderen mitgetheilten Fällen mit günstigem Ausgang kann die Diagnose angezweifelt werden, denn im Allgemeinen gilt gewiss der Satz, dass bei ausgebreiteter acuter eitriger Leptomeningitis und Pachymeningitis, sei sie secundär im Verlaufe einer anderen Infectionskrankheit oder durch Propagation eines benachbarten Entzündungsherdes entstanden, die Prognose fast absolut ungünstig ist. Eine Ausnahme mögen vielleicht einzelne leichte, umschriebene, nicht bis zur Eiterung kommende Fälle machen. Diese bleiben aber auch in diagnostischer Hinsicht stets unsicher.

Therapie. In Bezug auf die Therapie können wir vollständig auf das bei der epidemischen und bei der tuberkulösen Meningitis Gesagte verweisen.

2. Chronische Leptomeningitis spinalis.

Während die chronische Leptomeningitis (gewöhnlich schlechthin chronische Spinalmeningitis genannt) früher in der Diagnostik und pathologischen Anatomie der Rückenmarkskrankheiten eine ziemlich grosse Rolle spielte, müssen wir gegenwärtig behaupten, dass das Vorkommen derselben als einer selbständigen Erkrankung mit Recht angezweifelt werden darf. Fast alle Mittheilungen über dieselbe stammen aus einer Zeit, wo die Diagnose vieler Erkrankungen des Rückenmarks selbst noch vollständig unmöglich war und wo die Verdickungen und Trübungen der Rückenmarkshäute am Sectionstisch viel mehr auffielen, als die weit wesentlicheren, aber nicht mit blossem Auge, sondern nur bei genauer mikroskopischer Untersuchung nachweisbaren Veränderungen der Rückenmarkssubstanz selbst. Jedenfalls darf man sagen, dass ein sicherer klinisch *und* anatomisch beweiskräftiger Fall von *primärer* chronischer Leptomeningitis nicht existirt und dass unsere jetzigen klinischen Erfahrungen auch keineswegs zu Gunsten des Vorkommens leichterer, heilbarer Formen derselben sprechen. Unter zahlreichen Fällen spinaler Erkrankung wird man kaum einmal sich veranlasst sehen, auch nur mit Wahrscheinlichkeit die Annahme einer primären chronischen Meningitis zu machen. Dass wir die *Möglichkeit* ihres Vorkommens nicht vollkommen in Abrede stellen können, versteht sich von selbst, obwohl man auch hierfür kaum Analogiegründe anführen kann.

Anders steht es mit der *secundären chronischen Leptomeningitis.* Dieselbe bildet zunächst in seltenen Fällen den *Ausgang einer acuten Meningitis.* Namentlich bei der epidemischen Meningitis kann dieses

Verhalten sicher nachgewiesen werden. Ferner finden wir eine chronische Meningitis häufig als *Secundärerkrankung* bei primären Affectionen des Rückenmarks und der Wirbel. So z. B. ist die Pia in den älteren Fällen der chronischen, mit Atrophie verbundenen Spinalerkrankungen (Tabes, progressive Muskelatrophie u. s. w.) fast immer stark getrübt, verdickt, mit dem Mark und der Dura durch oft sehr zahlreiche und feste Adhäsionen verwachsen, während sich in den Arachnoidealmaschen trübes, serös-sulziges Exsudat findet. Aber alle diese Anomalien sind secundärer Natur und haben keine klinische Bedeutung. Denn dieselben, wenn auch selten so starken Veränderungen finden sich ziemlich häufig in der Leiche älterer Personen, wo sie den ebenfalls so häufigen Trübungen der Gehirnhäute, den „pleuritischen Adhäsionen" u. dgl. analog sind und im Leben nicht die geringsten spinalen Krankheitserscheinungen verursacht haben.

Die *Symptome,* welche man als charakteristisch für die chronische Leptomeningitis aufgestellt hat, entsprechen durchaus denen der acuten Meningitis, nur dass selbstverständlich ihre Intensität verhältnissmässig geringer, der Verlauf der Krankheit ein protrahirter sein soll. Schmerzen und Steifigkeit im Rücken und im Nacken, abnorme schmerzhafte Empfindungen und Parästhesien in den Extremitäten, Gürtelgefühl, schliesslich zunehmende Paresen, Anästhesien und Blasenstörungen sind die Hauptzüge des construirten Krankheitsbildes, bei dessen Aufstellung Verwechselungen mit Myelitis, Spondylitis, beginnender Tabes, multipler Neuritis u. a. jedenfalls in Menge vorgekommen sind.

Dass unter solchen Umständen besondere Regeln für die *Therapie* der chronischen Spinalmeningitis nicht aufgestellt werden können, ist klar. Gegebenen Falls wird man örtliche Applicationen an der Wirbelsäule, Jodeinpinselung, trockene, ausnahmsweise bei kräftigen Patienten auch blutige Schröpfköpfe, ferner protrahirte lauwarme Bäder (26—28 ⁰ R.) oder vorsichtige Kaltwasserkuren und endlich die Anwendung des galvanischen Stroms versuchen. Von inneren Mitteln dürfte Jodkalium am meisten indicirt sein. In Bezug auf alle weiteren Einzelnheiten kann auf die Besprechung der Therapie bei der Myelitis verwiesen werden.

3. Pachymeningitis cervicalis hypertrophica.

Die *Pachymeningitis cervicalis hypertrophica* ist als eine besondere Krankheitsform zuerst von CHARCOT im Jahre 1871, dann von dessen Schüler JOFFROY genauer beschrieben worden. Ueber die Ursachen ihrer Entstehung ist wenig bekannt; Erkältungen und Alkoholmissbrauch werden beschuldigt.

Anatomisch charakterisirt sich die Krankheit durch eine, wie es scheint, fast immer am Cervicalabschnitt des Marks sitzende chronische, oft sehr beträchtliche Verdickung der Dura mater, während die Pia mater nur in relativ geringem Grade an der Erkrankung Theil nimmt. Die Dura kann eine Dicke von 6—7 Mm. erreichen und zeigt sich gewöhnlich aus einer Anzahl concentrischer Schichten zusammengesetzt. Histologisch besteht die Hypertrophie aus einem neugebildeten derben Bindegewebe. Die klinischen Erscheinungen der Krankheit kommen dadurch zu Stande, dass zunächst die durchtretenden Nervenwurzeln, fernerhin aber auch das Rückenmark selbst eine beträchtliche *mechanische Compression* erleiden. Tritt diese in hohem Grade und anhaltend ein, so sind secundäre Degenerationen der motorischen Nerven und Muskeln, sowie eine secundäre absteigende Degeneration der Pyramidenbahn im Rückenmark die nothwendige Folge.

Die *klinischen Symptome* sind demnach leicht verständlich. Die Krankheit beginnt fast immer mit *heftigen Schmerzen,* welche vom Nacken aus ins Hinterhaupt und in die Arme ausstrahlen. Daneben bestehen Parästhesien und Vertaubungsgefühl in den Armen und Händen. Selten treten Herpeseruptionen auf. Alle diese Erscheinungen hängen von der Reizung der hinteren Wurzeln ab.

Nachdem diese *erste Krankheitsperiode (période douloureuse* nach CHARCOT) etwa 2—3 Monate gedauert hat, beginnt die zweite Periode, die *Periode der Lähmungen.* Vorzugsweise in Folge der Compression der vorderen, motorischen Wurzeln entwickelt sich allmählich eine *atrophische Lähmung in den oberen Extremitäten,* welche bemerkenswerther Weise vorzugsweise das Gebiet des N. ulnaris und Medianus befällt, während das Ra-

Fig. 25. Stellung der Hand bei der Pachymeningitis cervicalis hypertrophica. Nach CHARCOT.

dialisgebiet beiderseits meist frei bleibt. Die Hand bekommt daher in Folge der antagonistischen Extensorencontractur eine charakteristische Stellung (s. Fig. 25). Die gelähmten Muskeln werden rasch atrophisch und zeigen deutliche elektrische Entartungsreaction. In diesem Stadium kann es auch zu theilweisen *Anästhesien* der Haut kommen.

Schreitet die Compression des Rückenmarks fort, so müssen noth-

wendiger Weise schliesslich auch die das Halsmark durchziehenden
motorischen Fasern für die unteren Extremitäten in Mitleidenschaft gezogen werden. Die Folge davon ist eine *spastische Lähmung der unteren Extremitäten*, d. h. eine Parese resp. Paralyse derselben mit gesteigerten Sehnenreflexen, aber selbstverständlich *ohne* Muskelatrophie,
weil die trophischen Centren für die Beinmuskeln, in den Vorderhörnern
des Lendenmarks gelegen, ganz intact bleiben. Wohl aber kann die
Compression des Halsmarks schliesslich auch zu Anästhesie der unteren
Extremitäten, zu Blasenlähmung und Decubitus führen, unter welchen
Erscheinungen schliesslich der *Tod* eintritt. Andererseits muss aber hervorgehoben werden, dass wahrscheinlich auch *Heilungsfälle* oder wenigstens wesentliche Besserungen bei der Pachymeningitis cervicalis hypertrophica, selbst noch nach jahrelangem Verlauf vorkommen können.

Die *Diagnose* der Krankheit stützt sich vor allem auf den Beginn
des Leidens mit Schmerzen in den Armen und auf den späteren Eintritt der charakteristischen Lähmungen. Verwechselungen können leicht
vorkommen mit Tumoren am Halsmark und mit Spondylitis cervicalis.
Die amyotrophische Lateralsclerose unterscheidet sich leicht durch das
Fehlen aller Sensibilitätsstörungen, durch das schliessliche Auftreten
von Atrophie an den unteren Extremitäten, durch die Bulbärsymptome
und die intacte Blasenfunction.

Die *Therapie* kann direct wenig ausrichten und muss vorzugsweise
symptomatisch sein. Bäder, Jodkali und die Elektricität kommen am
meisten zur Anwendung. JOFFROY empfiehlt den Gebrauch des Glüheisens am Nacken.

4. Blutungen der Rückenmarkshäute.

*(Haematorrhachis. Meningealapoplexie. Pachymeningitis haemor-
rhagica interna.)*

Grössere Blutungen in und zwischen die Rückenmarkshäute sind
ein seltenes Ereigniss. Sie entstehen vorzugsweise nach *traumatischen
Einflüssen*, nach Erschütterungen und Fracturen der Wirbelsäule oder
durch directe Verletzungen der Meningen (Messerstiche, Schusswunden).
In vereinzelten Fällen sollen auch grosse *körperliche Ueberanstrengungen*
zu einer Meningealapoplexie geführt haben. Ferner können Erkrankungen der Wirbel, Caries und Carcinom, durch Arrosion eines Gefässes
zu einer Blutung führen. Die nicht seltenen kleinen meningealen Blutungen, welche als Theilerscheinung der Meningitis, bei hämorrhagischen
Erkrankungen, im Verlaufe schwerer allgemeiner Infectionskrankheiten
(septische Infectionen, Typhus, Pocken) und im Anschluss an schwere

allgemeine Convulsionen auftreten, haben fast niemals eine klinische Bedeutung. Endlich ist zu erwähnen, dass *Aneurysmen* der Aorta und ihrer Aeste in den Wirbelcanal durchbrechen können.

Die *klinischen Erscheinungen* der Meningealblutung treten meist plötzlich, „apoplectiform", aber ohne Bewusstseinsstörung auf. Ihre Intensität hängt ganz von dem Grade der Compression ab, welche die Nervenwurzeln und das Rückenmark von dem ausgetretenen Blute erleiten. Gewöhnlich überwiegen die *Reizerscheinungen*, heftiger Rückenschmerz, Parästhesien und neuralgische Schmerzen in den Extremitäten, ferner auf motorischem Gebiet Spannung, Zittern und Contracturen der Muskeln. Bei stärkeren Blutungen können auch *Lähmungserscheinungen*, theilweise *Anästhesien*, *Blasenstörungen* u. dgl. eintreten. Dabei richten sich die Verschiedenheiten im Krankheitsbilde, welche von dem Sitze der Blutung abhängen, nach denselben allgemeinen Gesichtspunkten, welche für die Bestimmung des Sitzes aller anderen Rückenmarksaffectionen in Betracht kommen. Im Ganzen kann die *Diagnose* der Meningealblutung nur selten mit einiger Sicherheit gestellt werden, wenn maassgebende ätiologische Momente vorliegen und die Symptome und der Beginn besonders charakteristisch sind.

Der *Verlauf* ist in manchen Fällen, wenn die Blutung rasch resorbirt wird, ein ziemlich günstiger. Zuweilen bleiben aber auch dauernde Functionsstörungen zurück.

In *therapeutischer Hinsicht* ist vor allem vollständige *Ruhe* und energische *locale Application von Eis* zu empfehlen, bei schweren initialen Reizerscheinungen auch eine *örtliche Blutentziehung* (Schröpfköpfe, Blutegel). Bleiben dauernde Störungen nach, so werden dieselben nach den allgemein üblichen Methoden (Jodkalium, Bäder, Elektricität) behandelt.

Als besondere Krankheitsform müssen wir hier noch die *Pachymeningitis interna haemorrhagica* nennen, welche meist gleichzeitig mit dem *Hämatom der Dura mater cerebralis* (s. d.) vorkommt und demselben in ätiologischer und pathologisch-anatomischer Hinsicht durchaus analog ist. Auf der Innenfläche der Dura finden sich abgesackte Blutherde, welche einen ziemlich beträchtlichen Umfang zeigen können und, da sie meist älteren Datums sind, schon zersetztes Blut, Detritus, Hämatoidinkrystalle u. dergl. enthalten. Ausserdem bestehen ebenso wie an der Dura des Gehirns die Zeichen einer fibrinösen Entzündung, welche letztere nach der Ansicht der meisten Untersucher der primäre Vorgang ist, so dass also die Blutungen erst nachträglich in die neugebildeten Pseudomembranen hinein erfolgen. Die *Sym-*

ptome des Leidens, welches vorzugsweise bei chronisch Geisteskranken (Paralytikern) und bei Potatoren beobachtet worden ist, sind selten ausgeprägt und bestehen vorzugsweise in Rückenschmerzen, Wirbelsteifigkeit und den etwaigen Compressionserscheinungen von Seiten der Nervenwurzeln und des Rückenmarks. Doch ist eine sichere Diagnose fast niemals möglich.

ZWEITES CAPITEL.
Circulationsstörungen, Blutungen, functionelle Störungen und traumatische Läsionen des Rückenmarks.

1. Circulationsstörungen. Unsere Kenntnisse von dem Vorkommen und der etwaigen klinischen Bedeutung reiner Circulationsstörungen im Rückenmark sind sehr gering. Alles, was hierüber in den Darstellungen der Rückenmarkspathologie berichtet wird, entspricht grösstentheils weit mehr den gemachten theoretischen Voraussetzungen, als wirklichen objectiven Thatsachen.

Dass eine vollständige *Anämie des Rückenmarks* die Functionirung desselben aufheben muss, versteht sich von selbst. Diese Thatsache wird am besten durch den bekannten *Stenson'schen Versuch* illustrirt. Comprimirt man die Bauchaorta eines Thieres und hört damit die Blutzufuhr zum Lendenmark fast vollständig auf, so tritt sehr rasch eine Lähmung des Hinterkörpers ein. Einige durchaus analoge Beobachtungen sind am Menschen gemacht worden in den seltenen Fällen von *embolischem* oder *thrombotischem Verschluss der Aorta.* — Ausgesprochene spinale Symptome bei *allgemeiner Anämie,* welche auf die gleichzeitige Anämie des Rückenmarks bezogen werden können, sind selten und jedenfalls viel weniger klinisch hervortretend, als die wichtigen Folgen der gleichzeitigen Gehirnanämie (s. d.). Nur in vereinzelten Fällen hat man das Auftreten von *Paraplegien nach starken allgemeinen Blutverlusten* (Metrorrhagien, Darmblutungen) beobachtet.

Noch unsicherer sind alle Angaben, welche man von dem Vorkommen der *Rückenmarkshyperämie* machen könnte. Ob active Hyperämien des Rückenmarks an sich eine klinische Bedeutung haben, wissen wir nicht. Die Stauungshyperämie, an welcher das Rückenmark gewiss bei allgemeinen Circulationsstörungen oft Theil nimmt, macht keine besonders hervortretenden Symptome.

2. Blutungen in die Rückenmarkssubstanz. Apoplexia spinalis. Hämatomyelie. So häufig Blutungen im Gehirn vorkommen, so selten treten primäre Blutungen im Rückenmark auf. In einigen Fällen können sie durch *traumatische Einflüsse* entstanden sein, in anderen ist man geneigt, eine primäre *Erkrankung der Rückenmarksgefässe* anzunehmen. Vielleicht kommen derartige *aneurysmatische Erweiterungen*, wie sie an den kleineren Gehirngefässen gefunden werden, auch vereinzelt im Rückenmark vor und geben den Anlass zu Blutungen. Endlich hat man nach grossen *körperlichen Anstrengungen* den plötzlichen Eintritt spinaler Lähmungen beobachtet, welche vielleicht in einer Spinalapoplexie ihren Grund haben. — Diejenigen meist kleinen Spinalblutungen, welche als Theilerscheinung bei Rückenmarkstumoren und bei entzündlichen Rückenmarksaffectionen (bei Myelitis, epidemischer Meningitis u. s. w.), sowie bei allgemeiner hämorrhagischer Diathese (Scorbut, schwere allgemeine Infectionskrankheiten) auftreten, gewinnen nur selten eine besondere Bedeutung.

Die *anatomischen Erfahrungen* über primäre Spinalapoplexien sind noch äusserst gering. Indessen weichen die betreffenden Verhältnisse jedenfalls nicht wesentlich von den analogen Processen in anderen Organen ab. Ist die Blutung umfangreicher, so findet man die Rückenmarkssubstanz in grösserer Ausdehnung zertrümmert. Gewöhnlich erstreckt sich der apoplectische Herd vorherrschend in der Längsrichtung des Rückenmarks. Das Blut ist in frischen Fällen noch flüssig. Später erleidet es alle diejenigen Veränderungen, welche in dem Capitel über die Gehirnapoplexien näher beschrieben sind.

Die *Symptome* der Spinalapoplexie müssen in erster Linie ganz von dem Sitz und der Ausdehnung der Blutung abhängen. Charakteristisch ist stets der *plötzliche, apoplectiforme Beginn* der Erscheinungen. Meist unter einem heftigen Schmerz im Rücken tritt binnen kürzester Zeit eine mehr oder weniger vollständige *Lähmung* ein, gewöhnlich in den unteren Extremitäten, selten auch in den Rumpfmuskeln und den oberen Extremitäten. Meist besteht gleichzeitig *Anästhesie* und *Blasenlähmung*, doch zeigen sich hierin, ebenso wie in dem Verhalten der *Reflexe*, je nach dem Sitze der Blutung, natürlich mannigfache Verschiedenheiten. Auf eine genaue Darstellung der Einzelnheiten brauchen wir nicht einzugehen, da sie sich aus den allgemeinen Gesichtspunkten für die Localisation der Rückenmarksaffectionen, wie wir sie im Capitel über Myelitis besprechen werden, von selbst ergeben.

Der *Verlauf* der Rückenmarksblutungen kann in manchen Fällen ein relativ günstiger sein. Wird die Blutung resorbirt und sind keine wesentlichen Leitungsbahnen dauernd zerstört, so gehen die vorhandenen Lähmungserscheinungen allmählich wieder zurück und es tritt Heilung oder wenigstens Besserung und Stillstand der Symptome ein. In manchen

Fällen freilich entwickelt sich das schwere Bild der spinalen Lähmung mit Decubitus, Cystitis u. s. w., welche nach kürzerer oder längerer Zeit zum Tode führt.

Mit der *Diagnose* der Spinalblutung sei man stets sehr zurückhaltend. Nur bei einem ausgesprochenen apoplectischen Beginn der Erscheinungen und einem sicher nachweisbaren ätiologischen Momente darf man die Diagnose mit einiger Wahrscheinlichkeit stellen. Dabei ist aber nie zu vergessen, dass manche Formen von multipler Neuritis (s. d.), acuter Myelitis und selbst chronische Spinalaffectionen ebenfalls einen auffallend plötzlichen Anfang oder wenigstens plötzliche Exacerbationen zeigen können. Die Unterscheidung der echten Spinalapoplexie von meningealen Blutungen ist fast niemals mit Sicherheit möglich.

Therapie. Hat man die seltene Gelegenheit, beim *Beginn* der Erscheinungen eingreifen zu können, so ist vollkommen *ruhige Lage, örtliche Application von Eis* und eventuell *Ergotin* anzuordnen. In der Folgezeit richtet sich die Behandlung nach den bei spinalen Lähmungen allgemein üblichen Methoden.

3. Functionelle Störungen. In der Praxis beobachtet man sehr häufig Krankheitsfälle, bei denen die Patienten über eine Reihe von Symptomen klagen, welche mit der grössten Wahrscheinlichkeit spinalen Ursprungs sind. Da aber alle objectiven Zeichen einer schwereren Rückenmarksaffection vollständig fehlen, da auch die ganze Entwicklung und der weitere Verlauf dieser Fälle vollkommen gegen die Annahme einer gröberen anatomischen Störung im Rückenmark sprechen, so hat man ein Recht, dieselben als bloss „functionelle Störungen" aufzufassen und damit ihre Beziehung zu gewissen ätiologischen Schädlichkeiten und ihre relative Ungefährlichkeit auszudrücken. Ob die Symptome in unbekannten Störungen der Nervenmechanik selbst ihren Grund haben oder ob hierbei, was sehr wohl möglich ist, auch Circulationsstörungen auf Grund abnormer vasomotorischer Einflüsse eine Rolle spielen, darüber wissen wir gar nichts Bestimmtes. Die betreffenden klinischen Krankheitsbilder sind aber sehr charakteristisch, meist leicht zu erkennen und ihrer Häufigkeit wegen von der grössten praktischen Bedeutung. In der Regel vereinigen sich die spinalen mit gewissen *cerebralen* Symptomen, indem die vorhandenen Krankheitserscheinungen der Ausdruck einer Störung des *gesammten* Centralnervensystems sind. Das im Folgenden kurz geschilderte Krankheitsbild, für welches die Namen der *Irritatio spinalis* oder *Neurasthenia spinalis* am gebräuchlichsten sind, ist also häufig nur die *Theilerscheinung einer allgemeinen Neurasthenie,* auf deren Besprechung wir daher auch des Näheren verweisen müssen.

Die *Aetiologie* des Leidens ist gewöhnlich leicht zu ermitteln. Es handelt sich um Patienten, bei welchen eine oder mehrere jener Schädlichkeiten eingewirkt haben, welche bei der Entwicklung fast aller Neurosen eine unzweifelhafte Bedeutung haben: schwere und anhaltende *Gemüthsbewegungen*, geistige und körperliche *Ueberanstrengung*, *unzweckmässige Lebensweise*, *toxische Einflüsse* (Alkohol, Nicotin), *sexuelle Excesse* (Onanie) u. dgl. Dazu kommt sehr oft eine *hereditäre Disposition*, also eine angeborene Widerstandschwäche des Nervensystems, welche manchmal noch durch einen *schlechten allgemeinen Ernährungszustand* gesteigert wird. Von grosser Wichtigkeit endlich ist eine *hypochondrische Gemüthsstimmung*, welche nicht nur eine abnorm gesteigerte Aufmerksamkeit, sondern auch eine abnorme Hyperästhesie gegen alle subjectiven Empfindungen bewirkt. Die anhaltende Besorgniss vor den gefürchteten Folgen gemachter Excesse ist oft viel schädlicher, als diese selbst.

Die *Symptome* der in Rede stehenden Krankheitszustände beginnen meist allmählich. Die Kranken fangen an über *Schwäche und Ermüdung* beim Gehen zu klagen, ausserdem sehr häufig über *Schmerzen* im Rücken, im Kreuz und nicht selten auch in den Extremitäten. Trotz der lebhaften Schilderung, welche die Patienten von ihren Schmerzen machen, müssen sie doch, wenn man sie strict danach fragt, meist gestehen, dass die Intensität der Schmerzen eigentlich nicht sehr gross ist. Neben den Schmerzen treten gewöhnlich mannigfache *Parästhesien* auf, Vertaubungsgefühl, Kriebeln, Kältegefühle u. s. w. Je mehr die Patienten durch Lectüre und Umgang mit anderen Kranken von der Symptomatologie der Rückenmarkskrankheiten wissen oder wenigstens zu wissen glauben, um so ausführlicher werden ihre Klagen. *Blasenstörungen* sind meist nur in geringem Maasse vorhanden. Sehr häufig dagegen bestehen *sexuelle Störungen*, welche meist auf frühere Excesse, namentlich auf Onanie oder auf die hypochondrische Gemüthsverfassung der Kranken zurückzuführen sind.

Untersucht man die Patienten objectiv, so sind sichere Anzeichen eines spinalen Leidens nicht zu entdecken. In einem Theil der Fälle findet man eine verbreitete oder auf einige bestimmte Stellen beschränkte *Druckempfindlichkeit der Wirbel*, ein Symptom, welches vorzugsweise mit dem Namen der „*Irritatio spinalis*" bezeichnet wird. Nicht selten vermisst man aber auch die Schmerzhaftigkeit der Wirbelsäule. An den Pupillen, an den Reflexen ist nichts Abnormes zu entdecken. Die Sehnenreflexe sind zuweilen ziemlich lebhaft. zuweilen schwach. Die Sensibilität ist objectiv vollkommen normal, ebensowenig sind wirkliche

Paresen und Atrophien der Muskulatur nachweisbar. Dagegen sind manchmal *vasomotorische Störungen* zu beobachten: abnorme Kälte, Blässe oder Röthe der Hände, Neigung zu Schweissen u. dgl. Die meist gleichzeitig vorhandenen mannigfaltigen *cerebralen Symptome* werden wir bei Besprechung der Neurasthenie erwähnen. Der *allgemeine Ernährungszustand* bleibt bei manchen Kranken vorzüglich erhalten, andere freilich werden blass, mager und schwächlich.

Die *Diagnose* der functionellen Rückenmarksstörungen ist, wie gesagt, meist nicht schwierig zu stellen und ergiebt sich oft schon aus der Anamnese, aus dem ganzen äusseren Benehmen der Kranken und der Art ihrer Klagen. Indessen kann doch nicht genug betont werden, dass eine genaue objective Untersuchung stets vorgenommen werden muss, um Verwechselungen mit beginnenden ernsteren Leiden zu vermeiden. Auf die hierbei vorzugsweise zu beachtenden Symptome werden wir im Folgenden wiederholt aufmerksam machen.

In Bezug auf *Prognose* und *Therapie* verweisen wir auf das Capitel über Neurasthenie im Allgemeinen.

4. Traumatische Läsionen des Rückenmarks. Trotz der geschützten Lage des Rückenmarks wird dasselbe doch nicht selten der Sitz schwerer acuter traumatischer Läsionen. Am häufigsten sind es *Fracturen* und *Luxationen der Wirbelsäule,* welche durch Dislocation einzelner Wirbel oder abgesprengter Knochenstücke zu bedeutenden Verletzungen des Rückenmarks Anlass geben. In manchen Fällen wird das Rückenmark nicht direct durch die Knochenaffection, sondern durch die eingetretene traumatische Blutung geschädigt. Ziemlich häufig sind *Schussverletzungen* des Rückenmarks, wobei die Kugel entweder ins Rückenmark selbst eindringt oder Zertrümmerungen der Wirbel und Blutungen herbeiführt, welche das Rückenmark indirect in Mitleidenschaft ziehen. Auch *Stich-* und *Schnittverletzungen* des Rückenmarks sind wiederholt beobachtet worden. Die Spitze eines Messers oder Degens kann durch die Zwischenwirbelscheiben in den Spinalcanal eindringen und eine theilweise Durchschneidung oder wenigstens Quetschung des Marks hervorrufen. Wie bei allen anderen traumatischen Läsionen des Rückenmarks, so kann sich auch hierbei zu der directen Verletzung noch eine *secundäre traumatische Entzündung* mit ihren Folgen hinzugesellen.

Auf alle Einzelnheiten in der pathologischen Anatomie und Symptomatologie der traumatischen Rückenmarksläsionen brauchen wir nicht einzugehen, da die Mannigfaltigkeit der speciellen Verhältnisse selbstverständlich fast unerschöpflich ist, die Beurtheilung der einzelnen Fälle aber nach den allgemein gültigen Gesichtspunkten der Rückenmarkspathologie meist keine besonderen Schwierigkeiten darbietet. Die Betheiligung des Rückenmarks an Verletzungen seiner Umgebung lässt sich durch den Eintritt ausgesprochener sensibler und motorischer Störungen leicht erkennen, welche indessen je nach dem Sitze und der Ausdehnung der Rückenmarksaffection grosse Verschiedenheiten zeigen müssen. Meist besteht anfangs eine ausgesprochene, oft complete *motorische Lähmung* der unteren, beim Sitz der Verletzung an der Halswirbelsäule, zuweilen auch der oberen Extremitäten. Dazu kommen *Anästhesien,* natürlich in den einzelnen Fällen sehr verschieden an Intensität und Ausdehnung, und sehr häufig *Blasen-* und *Mastdarmlähmungen.* In manchen schweren Fällen scheint die *Harnsecretion* anfangs stark vermindert oder ganz aufgehoben zu sein. Sind die Rückenmarkswurzeln betroffen, so entstehen lebhafte ausstrahlende *Schmerzen* und *Parästhesien.* Die *Reflexe* sind anfangs meist herabgesetzt, später, wenn der Sitz der Verletzung oberhalb des Reflexbogens gelegen ist, gesteigert, wenn der Reflexbogen aber selbst unterbrochen ist, dauernd aufgehoben. Bei Männern beobachtet man in schweren Fällen nicht selten eine mehr oder weniger vollständige und lange andauernde *Erection des Penis,* welche wahrscheinlich auf einer directen oder reflectorischen Reizung der Erectionsnerven beruht. Physiologisch interessant und mit experimentellen Resultaten übereinstimmend sind die *bei Verletzungen des Halsmarks* oft beobachteten *hohen allgemeinen Temperatursteigerungen* bis 43—44° C., welche namentlich in schweren, rasch tödtlich endenden Fällen eintreten. Andererseits kommen (wie es scheint, besonders bei Verletzungen des Brustmarks) auch tiefe Senkungen der Temperatur bis auf 32—30° C. vor.

Der weitere Verlauf der Affection gestaltet sich sehr verschieden. In den schwersten Fällen tritt schon nach wenigen Stunden oder Tagen der Tod ein. In anderen Fällen erholen sich die Kranken zwar von dem ersten „Shock", aber es bleiben dauernde Lähmungen nach, welche durch die eintretenden Folgezustände (Decubitus, Cystitis) früher oder später noch zum Tode führen können. Nicht selten beobachtet man aber auch theilweise Besserungen und einen Stillstand aller Erscheinungen. Obgleich gewisse Functionsstörungen dauernd zurückbleiben, ist das Leben doch nicht weiter gefährdet. In einer Reihe von relativ leichten Fällen endlich kann auch eine vollständige Heilung eintreten.

Die *Behandlung* der Primäraffectionen (insbesondere die etwa auszuführende *Trepanation* der Wirbelsäule, um womöglich durch Beseitigung von Wirbeldislocationen oder Knochensplittern den ausgeübten Druck auf das Rückenmark zu vermindern) gehört ins Bereich der Chirurgie. In den meisten Fällen muss man sich auf die richtige *Lagerung des Kranken* (Wasserkissen) und auf die möglichst sorgfältige Verhütung von Decubitus und Cystitis beschränken. Oertlich ist die andauernde Application von *Eis* am meisten empfehlenswerth. Von localen Blutentziehungen, von Einreibungen mit grauer Salbe u. dgl. ist nur wenig Erfolg zu erwarten. Ist das erste acute Stadium glücklich überwunden, so geschieht die Behandlung der etwa nachgebliebenen Lähmungserscheinungen in der gewöhnlichen Weise (Bäder, Elektricität).

5. **Erschütterungen des Rückenmarks. Commotio spinalis. Railway spine.** In Folge von heftigen Erschütterungen des ganzen Körpers beobachtet man zuweilen das Auftreten eines im Wesentlichen spinalen Symptomencomplexes, als dessen Ursache feinere, durch die Commotion des Rückenmarks hervorgerufene, ihrem Wesen nach uns freilich noch vollständig unbekannte Veränderungen im Rückenmark angenommen werden müssen. Es versteht sich von selbst, dass man den Ausdruck „commotio spinalis" nicht auch für diejenigen Fälle gebrauchen darf, bei welchen eine gröbere traumatische Läsion (Blutung, Wirbelverletzung) entstanden ist.

Die Erscheinungen der Rückenmarkscommotion können nach Erschütterungen des Körpers jeder Art auftreten. Von besonderem Interesse ist aber ihr relativ häufiges Entstehen nach *Eisenbahnunfällen* (*„railway spine"*), zumal derartige Fälle bei Schaffnern und sonstigen Bahnbediensteten nicht selten in die praktischen Fragen des Unfall-Versicherungswesens eingreifen.

Die Entwicklung der *Symptome* bei der Commotio spinalis erfolgt nicht immer in gleicher Weise. In einer Reihe von Fällen treten unmittelbar nach der Verletzung die schwersten Symptome auf, welche übrigens nicht ausschliesslich auf die Erschütterung des Rückenmarks, sondern meist auch auf die *Mitbetheiligung des Gehirns* zu beziehen sind. Oft besteht mehr oder weniger vollständiger Verlust des Bewusstseins, allgemeine Paralyse aller Extremitäten, allgemeiner Collaps (kleiner Puls, kühle Haut, dyspnoische Respiration), Harnretention, Erbrechen u. s. w. Solche Fälle können in wenigen Stunden tödtlich enden, ohne dass die Autopsie eine wesentliche gröbere Läsion des Nervensystems ergiebt. In anderen Fällen geht aber der erste schwere Insult vorüber und nun bleibt eine Reihe von subjectiven und objectiven Störungen nach, welche erst nach einer gewissen Zeit vergehen, zuweilen aber auch Jahre lang bestehen können. Das Hauptsymptom bildet meist eine *allgemeine motorische Schwäche*. Manche Patienten können noch ziemlich gut allein gehen, ermüden aber sehr leicht, andere gehen nur

mit Unterstützung, langsam und steif, mit kleinen Schritten und nach-
schleppenden Beinen. Auch in den Händen besteht dieselbe allgemeine
Schwäche, während Lähmungen einzelner Muskeln oder Muskelgruppen
nie vorkommen. Der Ernährungszustand der Muskeln bleibt meist gut,
die elektrische Erregbarkeit derselben ist normal oder nur quantitativ
ein wenig herabgesetzt. Von Seiten der *Sensibilität* machen sich gewöhnlich Klagen über *Schmerzen* und *Parästhesien* geltend. Die Schmerzen
haben ihren Sitz sowohl im Rücken, als auch oft an verschiedenen
Stellen des Rumpfes (Gürtelschmerz) und der Extremitäten. Die Parästhesien bestehen in einem Vertaubungsgefühl der Fingerspitzen und
in Formicationen in den Beinen. Die Wirbelsäule, zuweilen auch andere
Stellen des Körpers sind *gegen Druck oft deutlich empfindlich.* Sehr
häufig findet sich eine entschiedene *objective Abstumpfung der Sensibilität,* welche manchmal die ganze Körperoberfläche betrifft. Gewöhnlich ist die Tastempfindung nicht aufgehoben, aber undeutlich, die
Schmerzempfindlichkeit stark herabgesetzt. In einem Falle beobachteten wir eine, namentlich an den Beinen fast vollständige Anästhesie
des Temperatursinns. Die *Reflexe* sind oft abnorm, verhalten sich aber
in den einzelnen Fällen verschieden. Wir fanden die Hautreflexe (mit
Ausnahme von Bauchdecken- und Cremasterreflex) gewöhnlich herabgesetzt, die Sehnenreflexe lebhaft gesteigert. Doch können die letzteren
auch abgeschwächt sein, resp. ganz fehlen. Die *Harnentleerung* ist gewöhnlich ungestört, zuweilen ein wenig erschwert. *Gehirnerscheinungen*
fehlen entweder, oder die Kranken klagen über Kopfweh und Schwindel.
Nicht selten findet sich eine ziemlich starke nervöse Reizbarkeit und
allgemeine psychische Verstimmung.

Die geschilderten Symptome können, wie erwähnt, Monate und
Jahre lang anhalten. In vielen Fällen, namentlich bei geeigneter Pflege
und Behandlung, tritt jedoch schliesslich noch eine bedeutende Besserung
oder eine vollständige Heilung ein. Anders verhält es sich in einer
zweiten Reihe von Fällen. Bei diesen scheinen anfangs die Folgen der
Rückenmarkserschütterung nur gering zu sein, so dass die Betroffenen
bereits glauben, ohne erhebliche Schädigung davon gekommen zu sein.
Mehrere Tage oder sogar Wochen nach der erlittenen Erschütterung beginnen aber neue spinale Symptome, die sich allmählich zu dem Bilde
einer schweren Rückenmarkserkrankung steigern. Schmerzen, Gehstörungen, ausgesprochene Paresen und Anästhesien der Beine, Anomalien der Blase und der Geschlechtsfunctionen stellen sich ein und
combiniren sich nicht selten auch mit bulbären (Sprachstörungen) und
cerebralen (Schlaflosigkeit, Abnahme des Gedächtnisses, nervöse Reiz-

barkeit) Krankheitserscheinungen. Der weitere Verlauf ist langwierig.
Zuweilen treten noch spät Besserungen oder sogar Heilungen ein, in
anderen Fällen aber führen die immer mehr zunehmende allgemeine
Schwäche und Abmagerung oder eintretende Complicationen den ungünstigen Ausgang herbei. Die anatomischen Verhältnisse in diesen
Fällen sind noch nicht genauer bekannt. Wahrscheinlich handelt es
sich hierbei stets um gröbere anatomische Veränderungen, um chro-
nisch-meningitische und myelitische Processe, welche sich im Anschluss
an das Trauma entwickelt haben.

Die *Therapie* der Commotio spinalis hat in frischen Fällen zunächst die primären Erscheinungen der Erschütterung, den *„Shock"*,
zu bekämpfen. Der Körper muss ruhig gelagert werden; ist der Puls
schwach, die Respiration ungenügend, so müssen Reizmittel (Campher-
oder Aethcrinjectionen, Wein, starker Kaffee) gegeben werden. Ferner
sind äussere Hautreize, Senfteige, Frottirungen, eventuell die Faradisation der Athemmuskeln in Anwendung zu ziehen.

Hat der Patient sich erholt und bleiben schwere spinale Symptome
nach oder bilden sich diese in der nächsten Zeit aus, so sind neben
der fortgesetzten *diätetischen Behandlung* (Ruhe, gute Ernährung) vor
allem zu gebrauchen: vorsichtige *Galvanisation* längs der Wirbelsäule
mit aufsteigenden Strömen, verbunden mit peripherer Galvanisation und
Faradisation, ferner vorsichtige *Kaltwasserkuren*, namentlich kalte Abreibungen, von innerlichen Mitteln *Jodkali*, *Ergotin* und *Strychnin*. Der
Gebrauch von Thermalbädern ist im Allgemeinen abzurathen, während
sich die *kohlensäure-haltigen Eisenbäder* (*Cudowa*, *Elster*, *Schwalbach*,
Homburg, *Rippoldsau* u. a.) einen besonderen Ruf bei der Behandlung
der Rückenmarkserschütterung erworben haben.

6. **Rückenmarkserkrankungen nach plötzlicher Erniedrigung des Luftdrucks.** Bei Arbeitern an Brückenbauten u. dgl., welche unter Wasser
in sogenannten „Caissons" bei einem äusseren Drucke von 2—3 Athmo-
sphären Stunden lang gearbeitet haben, beobachtet man nach dem Verlassen der Caissons, also bei der plötzlich eintretenden Erniedrigung des
Luftdrucks zuweilen das Auftreten eigenthümlicher Symptome. Ausser
den häufig vorkommenden leichteren Erscheinungen von Ohrenschmer-
zen und Ohrenblutungen, Gelenk- und Muskelschmerzen im Rücken
und in den Extremitäten, Pulsverlangsamung und Erbrechen, kommen
auch schwere *Störungen der Motilität und Sensibilität* vor, welche unzweideutig auf eine Affection des Rückenmarks hinweisen. Gewöhnlich wird nur die *untere Körperhälfte* befallen. Die Beine sind mehr
oder weniger vollständig gelähmt, die Haut derselben bis zum Rumpf

hinauf anästhetisch, meist besteht Retentio urinae. Zuweilen tritt nach einigen Wochen Heilung ein, in anderen Fällen aber nimmt der Zustand in relativ kurzer Zeit, nach wenigen Wochen oder Monaten, einen tödtlichen Ausgang. Die erst vereinzelt vorliegenden anatomischen Untersuchungen (LEYDEN, F. SCHULTZE) ergaben in solchen Fällen eine disseminirte, aber ausgebreitete Affection im *Dorsalmark* und zwar vorzugsweise in den Hintersträngen und den hinteren Abschnitten der Seitenstränge. Das Nervengewebe ist an den erkrankten Stellen vollständig zerstört, anstatt desselben findet sich Detritus und eine Anhäufung von grossen rundlichen, feingekörnten Zellen (Fettkörnchenzellen?). Blutungen im Rückenmark, welche man vielleicht erwarten könnte, sind bisher nicht gefunden worden.

Ueber die näheren Vorgänge bei dieser Art der Rückenmarkserkrankung ist nichts Sicheres bekannt. LEYDEN vermuthet, dass unter dem Einfluss des schnell verringerten Barometerdrucks, wie HOPPE-SEYLER und P. BERT experimentell nachgewiesen haben, eine Gasentwicklung aus dem Blute stattfindet und Zerreissungen des umgebenden Gewebes bewirkt. Hiergegen spricht aber die umschriebene Begrenzung der Affection im Brustmark und der Mangel aller Zeichen von Gefässhämorrhagien.

Die *Therapie* ist dieselbe, wie bei der acuten Myelitis.

DRITTES CAPITEL.
Die Drucklähmungen des Rückenmarks.
(Langsame Compression des Rückenmarks, insbesondere bei Wirbelcaries und Wirbelcarcinom.)

Aetiologie. Zahlreiche pathologische Processe, welche sich in der Umgebung des Rückenmarks ausbilden, können einen allmählich zunehmenden Druck auf dasselbe ausüben und hierdurch einerseits die Leitung der Nervenerregungen hemmen, andererseits gröbere mechanische Verletzungen in der Substanz des Rückenmarks bewirken. Der Sitz derartiger Affectionen kann zunächst in den *Häuten des Rückenmarks* gelegen sein. Bei der Besprechung der *Meningitis* haben wir bereits die Druckwirkung der entzündlichen Exsudatmassen auf die Nervenwurzeln und das Rückenmark erwähnen müssen und namentlich in der *Pachymeningitis cervicalis hypertrophica* ein charakteristisches Beispiel einer allmählich zunehmenden Compression des Halsmarks kennen gelernt. Durchaus ähnliche Verhältnisse finden sich bei den seltenen *meningealen Tumoren,* deren speciellere Pathologie im Verein mit den Tumoren des Rückenmarks selbst besprochen ist.

Bei weitem die häufigsten und daher praktisch wichtigsten Compressionslähmungen des Rückenmarks kommen aber durch gewisse *Erkrankungen der Wirbel* zu Stande und zwar in erster Linie durch die chronische *Wirbelcaries (Spondylitis, Malum Pottii, Spondylarthrocace).* Es ist gegenwärtig nicht mehr zweifelhaft, dass, wenn nicht alle, so doch gewiss der grösste Theil der zur Wirbelcaries gehörigen Fälle *tuberkulösen Ursprungs* ist, dass die Wirbelcaries eine *locale Tuberkulose der Wirbelknochen* darstellt. Während diese Thatsache schon früher durch die histologischen Verhältnisse des Processes, sowie durch seine häufigen Beziehungen zu sonstigen sicheren tuberkulösen Erkrankungen (Lungentuberkulose, Miliartuberkulose, tuberkulöse Meningitis) sehr wahrscheinlich war, so ist sie neuerdings durch den meist gelingenden Nachweis von Tuberkelbacillen in den käsigen Herden der Wirbelcaries unzweifelhaft festgestellt worden. Die tuberkulöse Spondylitis kommt fast in *jedem Lebensalter* vor; nur bei alten Personen ist sie selten. Häufig entwickelt sie sich bei *Kindern,* fast ebenso häufig ist sie aber bei Erwachsenen. Die ätiologische Bedeutung der von den Patienten selbst oder von deren Eltern oft angegebenen *Traumen* (Fall, Stoss) ist in den meisten Fällen sehr zweifelhaft.

Ausser der Wirbelcaries führt auch der *Wirbelkrebs* zu Compressionslähmungen des Rückenmarks. Er ist aber relativ viel seltener, als die Caries, entwickelt sich vorzugsweise bei älteren Personen und kommt sowohl als *primäre,* als auch als *secundäre Neubildung* bei Krebs anderer Organe (Mamma, Oesophagus, Magen u. a.) vor.

Als sehr seltene Ursachen von Rückenmarkscompression haben wir hier noch kurz zu erwähnen *Aneurysmen* der Aorta, welche die Wirbel allmählich usuriren, *Echinokokken* im Wirbelcanal, *Wirbelexostosen* und *syphilitische Neubildungen.* ′

Pathologische Anatomie. Die *Wirbelcaries* kommt am häufigsten im Dorsaltheil (*Spondylitis dorsalis*) der Wirbelsäule, etwas seltener am Cervicaltheil (*Spond. cervicalis*), am seltensten am Lumbalabschnitt der Wirbelsäule (*Sp. lumbalis*) und am Kreuzbein (*Sp. sacralis*) vor. Sie dehnt sich meist über mehrere benachbarte Wirbel aus; seltener zeigen sich zwei von einander getrennte Krankheitsherde. Der Process selbst, dessen Einzelnheiten hier nicht erörtert werden können, beginnt wahrscheinlich stets *in der spongiösen Substanz der Wirbelkörper.* Hier sieht man in beginnenden Fällen auf dem Durchschnitte rundliche blassröthliche oder gelbliche Herde, welche aus dem neugebildeten *fungösen*

(d. i. *tuberkulösen*) *Granulationsgewebe* bestehen. Die Knochensubstanz selbst wird immer mehr und mehr durch die weiter um sich greifende Neubildung zerstört, und letztere selbst zeigt die für alle tuberkulösen Neubildungen charakteristische Tendenz zum *käsigen Zerfall*. So kommt es zu einer oft ausgedehnten Zerstörung der Wirbelkörper, welche weiterhin auch auf die Wirbelfortsätze, die Zwischenwirbelscheiben und die übrigen Gelenkverbindungen zwischen den einzelnen Wirbeln übergreift.

Für die uns hier vorzugsweise interessirende Frage nach dem *Zustandekommen der Rückenmarkscompression* kommen im Wesentlichen zwei Momente in Betracht. Zunächst ist es klar, dass die vollständige oder theilweise Zerstörung eines oder gar mehrerer Wirbelkörper und ihrer Gelenkverbindungen nicht ohne Einfluss auf die Lage der übrigen benachbarten Wirbel bleiben kann. In der That sehen wir sehr häufig in Folge davon *Dislocationen der Wirbel* eintreten und zwar gewöhnlich in der Weise, dass durch Aneinanderrücken der nach oben und unten vom erkrankten Abschnitt gelegenen Wirbel *die theilweise zerstörten Wirbel nach hinten geschoben werden* (s. Fig. 26). Es entsteht einerseits eine Verengerung des Wirbelcanals und damit eine oft sehr erhebliche Raumbeschränkung für das Rückenmark, andererseits aber jenes charakteristische Vortreten der Processus spinosi im Gebiete des erkrankten Abschnitts der Wirbelsäule, welche den sogenannten *Pott'schen Buckel*, die *spitzwinklige Kyphose* bilden. Bei sehr geringen Graden findet nur ein leichtes Vortreten eines oder einiger Dornfortsätze statt, während in anderen Fällen allmählich eine ausgedehnte, auf den ersten Blick auffallende Deformität der Wirbelsäule zu Stande kommt. Selbst-

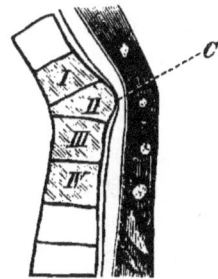

Fig. 26. Schematische Darstellung der Wirbelverschiebung bei Spondylitis. Bei *c*, in der Höhe des zweiten Brustwirbels, die Stelle der Rückenmarkscompression.

verständlich kann unter Umständen bei der Wirbelcaries der Pott'sche Buckel auch ganz fehlen.

Das zweite für den Mechanismus der Rückenmarkscompression häufig in Betracht kommende Moment ist die Bildung *käsiger Eiterherde an der Hinterfläche der Wirbelkörper*. Indem die tuberkulösentzündliche Neubildung auf das Periost übergreift, entstehen hier nicht selten reichliche Ansammlungen von käsigem Eiter, welche subperiostal sitzen und das Periost weit in den Wirbelcanal hinein abheben und vorbuchten. In anderen Fällen greift die tuberkulöse Neubildung direct noch weiter auf die Aussenfläche der Dura über und bildet hier ausgedehnte käsige Massen, welche selbstverständlich ebenfalls eine Compression des Markes bewirken können. Die Innenfläche der Dura mater ist an den entsprechenden Stellen meist deutlich injicirt, ein directes weiteres Uebergreifen des tuberkulösen Processes durch die Dura hindurch auf die Pia ist aber selten.

Ist nun durch Dislocation der Wirbel oder durch die nach innen in den Wirbelcanal sich hinein erstreckenden käsig-eitrigen Massen eine beträchtlichere Verengerung des Wirbelcanals zu Stande gekommen, so sind *an dem Rückenmark selbst die nothwendigen mechanischen Folgen* meist leicht erkennbar. Das Rückenmark erscheint an der Compressionsstelle *verschmälert*. Sehr oft, wenn die enge Stelle einer Knickung der Wirbelsäule entspricht, ist auch an der vorderen Fläche des Rückenmarks ein *deutlicher Knickungswinkel* sichtbar. Meist ist die *Consistenz* des Marks an der betroffenen Stelle, deren Ausdehnung nicht selten mehrere Centimeter beträgt, *vermindert,* das Rückenmark ist weich und lässt sich leicht biegen. Nur in alten Fällen findet man das Rückenmark daselbst härter, sclerosirt (s. u.). Sehr bemerkenswerth aber ist es, dass nicht selten im *Leben deutliche Compressionserscheinungen vorhanden gewesen sein können, ohne dass eine gröbere mechanische Läsion des Rückenmarks in der Leiche gefunden wird,* so dass das Rückenmark sogar ein fast ganz normales Aussehen zeigen kann. Wie beim peripheren Nerven genügt offenbar auch beim Rückenmark schon ein mässiger Druck, um eine theilweise *Leitungsunterbrechung* hervorzurufen, ohne dass damit gleichzeitig eine wirkliche mechanische Zerstörung von Nervenelementen verbunden zu sein braucht. Bei der genaueren *mikroskopischen* Untersuchung des Rückenmarks findet man in solchen Fällen, trotzdem im Leben eine vollständige Paraplegie bestand, die meisten Nervenfasern noch vollkommen erhalten, nur hier und da einige Lücken, entsprechend einzelnen untergegangenen Fasern. Diese Befunde sind namentlich deshalb interessant, weil sie uns für die *Möglichkeit der Heilung* selbst in scheinbar schweren Fällen (s. u.) ein Verständniss gewähren.

Aber auch wo wir beträchtliche histologische Veränderungen im Rückenmark nachweisen können, wo schon die Weichheit des Marks eine gröbere Läsion desselben anzeigt und wo das Mikroskop den Untergang eines grossen Theiles des normalen Gewebes an der Compressionsstelle darthut, sind *alle diese Veränderungen nur die nothwendigen Folgen der rein mechanischen Druckläsion* des Rückenmarks. Wie wir auf Grund zahlreicher eigener Untersuchungen gegenüber der bisher allgemein gültigen Anschauung behaupten müssen, hat man nicht den geringsten Grund, das Zustandekommen der Lähmung bei der Spondylitis durch eine secundäre Myelitis zu erklären. Eine derartige „Compressions-Myelitis", d. h. eine durch den Druck als solchen entstandene Entzündung des Rückenmarks ist schon aus allgemein-pathologischen Gründen zu verwerfen und auch die mikroskopische Untersuchung des Rückenmarks zeigt nichts, was auf eine Entzündung hinweist und was nicht lediglich Folge der mechanischen Compression sein kann. Nimmt man von der weichen Compressionsstelle etwas zur frischen Untersuchung, so findet man zuweilen reichliche, zuweilen nur spärliche *Körnchenzellen,* je nach der Menge des zerfallenen Nervenmarks, dessen Reste von den weissen Blutkörperchen (Wanderzellen) aufgenommen werden. Fertigt man vom gehärteten Mark gefärbte Querschnitte an, so sieht man mikroskopisch nichts von Gefässveränderungen, von Hyperämie, von Zellanhäufungen um die Gefässe, sogar nur ausnahmsweise eine kleine (traumatische) Blutung, sondern neben meist reichlichen noch erhaltenen Nervenfasern andere Fasern, welche im Zerfall begriffen, oder bereits zerfallen sind. Sehr gewöhnlich sind die Veränderungen herdweise angeordnet. Man findet Gruppen *stark gequollener Achsencylinder,* welche ihre Markscheide ganz oder fast ganz verloren haben, an anderen Stellen bemerkt man bereits die Anzeichen ihres Zerfalls oder die schon leeren Lücken der Neurogliamaschen. Ist der Untergang des Nervengewebes bis zu einem gewissen Grade fortgeschritten, so muss in späteren Stadien die Neuroglia sich secundär betheiligen. Jetzt tritt eine Vermehrung des interstitiellen Bindegewebes ein. Die Züge desselben, welche den Platz des zu Grunde gegangenen Nervengewebes einnehmen, erscheinen verbreitert, anfangs locker, später aber fester und fibrillär. So kommt es, dass man in alten abgelaufenen Fällen an der Compressionsstelle weiter nichts findet, als eine Einbusse des Marks an Nervenfasern, an deren Stelle ein derbes Fasergewebe getreten ist. Alle genannten Veränderungen sind in der weissen Substanz des Rückenmarks stets viel stärker ausgebildet, als in der grauen.

Endlich findet man in allen Fällen einer länger andauernden Compression des Markes eine nach auf- und abwärts gelegene *secundäre Degeneration im Rückenmark* (s. d.).

Auf die Einzelnheiten der Rückenmarkscompression aus anderen Ursachen brauchen wir nicht näher einzugehen, da die Folgen derselben, soweit sie rein mechanischer Natur sind, genau dieselben sind. Beim *Wirbelkrebs* können ebenfalls nach Zerstörung einiger Wirbelkörper Dislocationen der Wirbelsäule eintreten. Gewöhnlich beruht aber die Druckwirkung auf dem directen Ueberwuchern der Neubildung auf die Dura. Von Wichtigkeit ist hierbei auch die *Compression der Nerven-wurzeln* in den Intervertebral-Oeffnungen.

Symptome und Krankheitsverlauf. Viele Fälle von Spondylitis ver-laufen ohne oder wenigstens mit nur ganz untergeordneter Betheiligung des Rückenmarks. In anderen Fällen bestehen die Symptome des Wirbel-leidens lange Zeit allein, bis endlich, plötzlich oder langsamer, die Zei-chen der Rückenmarkscompression sich zu ihnen hinzugesellen. In einer dritten Gruppe von Fällen endlich verläuft das Wirbelleiden an sich so latent, dass nur die bestehenden Spinalerscheinungen im Krankheits-bilde hervortreten und die Erkrankung der Wirbel leicht ganz über-sehen werden kann.

Gewöhnlich gehen dem Auftreten der ersten spinalen Symptome eine Zeit lang die Erscheinungen des sich entwickelnden Grundleidens, der Wirbelaffection, vorher. Die Kranken empfinden an einer bestimm-ten Stelle des Rückens einen *dumpfen Schmerz*, welcher sich bei Be-wegungen des Rumpfes, beim Bücken und Aufrichten steigert. Die *Steifigkeit der Wirbelsäule* fällt manchen Kranken von selbst auf, zu-weilen sogar die *beginnende Deformität* derselben. Die ersten spinalen Symptome bestehen gewöhnlich in *schmerzhaften Sensationen,* welche nicht auf den Ort der Erkrankung beschränkt sind, sondern annähernd nach dem Verlaufe gewisser Nervenbahnen ausstrahlen. Diese Schmer-zen, welche vorzugsweise von einer durch die Compression bedingten *Reizung der Nervenwurzeln* abhängen, strahlen je nach dem Sitze der Affection in die Schultern und Arme, in die Seitentheile des Rumpfes oder in die unteren Extremitäten aus. Sie sind zuweilen sehr heftig und haben dann meist einen ausgesprochenen neuralgiformen Charakter, oder sie sind mehr dumpf, ziehend. Neben den eigentlichen *Schmerzen* kommen auch mannigfache *Parästhesien* (Ameisenkriechen, abnorme Temperaturempfindungen) vor. Zugleich oder bald nach diesen Er-scheinungen machen sich die beginnenden *Störungen der Motilität* gel-tend. Gewöhnlich nicht gleichzeitig in beiden Beinen, sondern zuerst mehr in dem einen, später auch in dem anderen, tritt eine *Steifigkeit und Schwäche* auf, welche das Gehen erschwert. Rascher oder lang-samer steigert sich diese Parese und kann schliesslich in eine *völlige motorische Lähmung* übergehen. Ist der Sitz der Affection, wie ge-wöhnlich, an der Brustwirbelsäule, oder ist er an der Lendenwirbel-säule, so betrifft die Lähmung nur die unteren Extremitäten, während die Arme selbstverständlich ganz frei bleiben. Bei der Spondylitis cer-vicalis dagegen werden die Arme gewöhnlich zuerst und vorzugsweise befallen. Erst bei starker Compression des Halsmarks wird auch die

Leitung der dasselbe durchziehenden Fasern für die unteren Extremitäten geschädigt und damit treten dann auch in den letzteren Functionsstörungen ein.

Sensibilitätsstörungen finden sich, abgesehen von den schon erwähnten Schmerzen und Parästhesien, zwar häufig, aber in vielen Fällen von Compressionslähmung nur in relativ geringem Grade. Es scheint, dass, ähnlich wie z. B. auch bei den Drucklähmungen peripherer Nerven, die sensiblen Nerven sich dem Drucke gegenüber resistenter verhalten, als die motorischen. Möglicher Weise schützt sie aber auch ihre Lage (graue Substanz der Hinterhörner) mehr vor mechanischen Insulten, als dies z. B. von den in der Pyramidenbahn verlaufenden motorischen Fasern (vgl. Fig. 10 u. 11) gilt. Thatsache ist es, dass oft selbst bei vollständiger motorischer Paraplegie fast gar keine oder eine nur geringe Abstumpfung der Sensibilität vorhanden ist und dass stärkere Anästhesien selten und gewöhnlich erst in den letzten Stadien der Krankheit vorkommen. Am häufigsten findet man eine gleichmässige geringe Abstumpfung der Sensibilität für alle Empfindungsqualitäten, namentlich für die Schmerzempfindung. Nicht selten verhalten sich die einzelnen Hautpartien verschieden, so dass neben stärker anästhetischen Partien sich auch ziemlich normal empfindliche Hautabschnitte vorfinden.

Interessant ist das *Verhalten der Reflexe*. Ist der Sitz der Compression oberhalb des Reflexbogens, welcher für die in den unteren Extremitäten vorkommenden Reflexe im Lendenmark angenommen werden muss, so haben wir ein Erhaltenbleiben der Reflexe und in vielen Fällen, entsprechend dem Wegfall von hemmenden, von oben her kommenden Einflüssen, sogar eine Steigerung derselben zu erwarten. Das Letztere trifft für die *Sehnenreflexe* auch ausnahmslos zu, welche bei den vom Halsmark oder Brustmark ausgehenden Compressionslähmungen in den unteren Extremitäten stets *gesteigert* sind. Die Erhöhung der Sehnenreflexe kann einen so hohen Grad erreichen, dass die unteren Extremitäten das ausgesprochene Bild der *spastischen Lähmung* (s. d.) darbieten. Sie befinden sich dann in einem starren Strecktonus, können passiv wegen des Muskelwiderstandes nur mühsam gebeugt werden, zeigen ein sehr lebhaftes, zuweilen in allgemeinen Tumor des Beines ausartendes Fussphänomen, starke Patellarreflexe, Adductorenreflexe u. s. w. Doch können auch bei schlaffen Paraplegien die Sehnenreflexe ziemlich lebhaft sein. Bei der Spondylitis cervicalis sind die Sehnen- und Periostreflexe in den Armen zuweilen ebenfalls gesteigert, in anderen Fällen aber, wenn der Reflexbogen selbst geschädigt ist, fehlen

sie. Die *Hautreflexe* zeigen beim Sitz der Compression oberhalb des
Lendenmarks zuweilen auch eine ziemliche Lebhaftigkeit, doch ist diese
weit seltener so hervortretend, wie die Steigerung der Sehnenreflexe.
Bei schweren Compressionslähmungen im Brustmark sind sogar die
Hautreflexe nicht selten herabgesetzt. Ganz fehlen sie wahrscheinlich
niemals, man muss sie aber zu suchen verstehen und muss länger
andauernde Hautreize (Kneifen, Stechen) an verschiedenen Hautstellen
anwenden.

Häufig finden sich in den gelähmten Theilen *trophische Störungen.*
Bestehen heftige sensible Reizerscheinungen, so beobachtet man zuweilen dem Nervenverlauf entsprechend *Herpeseruptionen.* Häufiger
sind in schweren, lang andauernden Fällen *chronische Ernährungsstörungen der Haut.* Dieselbe wird trocken, die Epidermis schuppt
sich ab, die Nägel werden brüchig. *Decubitus* am Kreuzbein, an den
Hinterbacken, an der Innenseite der Kniee und an den Hacken kommt
in schweren Fällen, namentlich bei ungenügender Pflege der Kranken,
sehr leicht zu Stande. Die *Muskeln* behalten in vielen Fällen, so lange
ihr trophisches Centrum unversehrt bleibt, ihr normales Volumen und
ihre normale elektrische Erregbarkeit. Doch kommt zuweilen auch beim
Sitz der Compressionsstelle oberhalb des Lendenmarks in den Beinmuskeln eine stärkere *Atrophie* vor, wobei aber die elektrische Reaction
der Nerven normal oder höchstens quantitativ etwas herabgesetzt ist.
Betrifft die Läsion das Lendenmark selbst oder, bei Caries des Kreuz-
beines, die Fasern der Cauda, so muss natürlich eine *atrophische Lähmung* mit Entartungsreaction in den Beinen eintreten. Ebenso kann
es bei cervicaler Spondylitis zu einer atrophischen Lähmung in den
Armen kommen.

Störungen der Blase und *des Mastdarms* treten in fast allen schwereren Fällen von Compressionslähmung auf. Oft ist die Erschwerung
der Harnentleerung ein frühzeitiges Symptom der Krankheit, weiterhin
tritt vollständige *Retentio* und in vorgerückteren Stadien der Krankheit
meist *Incontinentia urinae* ein. Damit ist die Gefahr der Entwicklung
einer *Cystitis* sehr nahe gerückt. Der *Stuhl* ist meist angehalten, zuweilen entsteht auch Incontinentia alvi.

So sehen wir also bei der Rückenmarkscompression unter Umständen die ganze Reihe derjenigen Symptome eintreten, welche die
nothwendige Folge der Leitungsunterbrechung im Rückenmark sind und
welchen wir in gleicher Weise bei den verschiedensten sonstigen spinalen Affectionen, vor allem bei der Myelitis und bei den Tumoren
wieder begegnen werden. Die Intensität und Auswahl der Symptome

muss natürlich in den einzelnen Fällen sehr variiren. Ist die Compression ganz gering, so treten nur schwache sensible Reizerscheinungen und leichte Paresen auf. Eins der frühesten und constantesten Zeichen der Rückenmarkscompression im Brust- oder Halsmark ist fast immer die lebhafte Steigerung der Patellarreflexe. Man findet sie zuweilen schon zu einer Zeit, wo sonst noch fast gar keine spinalen Symptome vorhanden sind. Steigert sich die Compression, so werden die Paresen stärker, die Sensibilitätsstörung nimmt zu, Blasenstörungen stellen sich ein, bis schliesslich das complete Bild der vollkommenen queren Leitungsunterbrechung im Rückenmark ausgebildet ist. Doch ist letzteres nur selten der Fall, da, wie erwähnt, meist wenigstens die Leitung der sensiblen Eindrücke nicht ganz aufgehoben ist. Die *Zeitdauer*, während welcher sich die spinalen Compressionserscheinungen entwickeln, ist sehr verschieden. Zuweilen erreichen sie in kurzer Zeit eine beträchtliche Höhe, zuweilen entwickeln sie sich erst im Verlaufe von Monaten. Schwankungen in der Intensität der Symptome kommen häufig vor.

Was den *Ausgang der Compressionslähmungen* betrifft, so hängt derselbe zunächst natürlich von der Natur des Grundleidens ab. Bei Tumoren, speciell beim Carcinom der Wirbelsäule ist an eine Heilung nicht zu denken. Die *spondylitischen Processe* bieten aber zweifellos die *Möglichkeit der Heilung* dar, was auch mit ihrem Charakter als *local* tuberkulöser Processe keineswegs in Widerspruch steht. Von grosser praktischer Wichtigkeit ist dabei die Thatsache, dass auch die Compressionslähmungen, insofern durch Resorption von entzündlichen und tuberkulösen Neubildungen ein Aufhören der comprimirenden Ursache möglich ist, sich vollständig zurückbilden können, so dass *selbst nach Monate und 1—1½ Jahre langem Bestehen der Lähmung eine vollkommene und dauernde Heilung derselben eintritt.* Derartige Beobachtungen sind von Anderen und auch von uns in grösserer Zahl gemacht worden.

Wenn also hiernach die Prognose in einem Theil der Fälle von spondylitischer Compressionslähmung auch eine relativ gute ist, so tritt doch in zahlreichen anderen Fällen ein ungünstiger Ausgang ein. Die Ursache hiervon liegt entweder in dem Auftreten gefährlicher Folgeerscheinungen der Lähmung (Decubitus, Cystitis, Pyelo-Nephritis mit Fieber und zunehmender allgemeiner Schwäche), oder in der Entwicklung sonstiger tuberkulöser Erkrankungen (besonders Lungentuberkulose, seltener Miliartuberkulose, tuberkulöse Meningitis), an welchen die Patienten sterben.

Diagnose. Die Häufigkeit der Compressionslähmungen des Rückenmarks gebietet uns in *jedem* Falle spinaler Erkrankung, namentlich
wenn er sich nicht einem der speciellen Typen systematischer Erkrankung (s. u.) unterordnen lässt, die *Wirbelsäule genau zu untersuchen.*
Zu beachten ist besonders die *Steifigkeit bestimmter Abschnitte derselben*
bei Bewegungen des Rumpfes resp. des Kopfes, ferner die ausgesprochene
Schmerzhaftigkeit einzelner Wirbel gegen Druck und endlich, als wich-
tigstes und sicherstes Kennzeichen, die *Deformität der Wirbelsäule,* das
stärkere Vorspringen einzelner Processus spinosi oder die Bildung einer
deutlichen spitzwinkligen Kyphose. Findet sich ein derartiger *Pott'scher
Buckel,* so ist die Diagnose leicht und man darf dann jedesmal die
bestehenden spinalen Symptome auf eine durch ein Wirbelleiden bedingte Compression des Rückenmarks beziehen.

Schwieriger ist die Diagnose, wenn die Zeichen der Wirbelaffection
nicht offen zu Tage liegen. Es muss noch einmal hervorgehoben werden, dass keineswegs jede Wirbelcaries einen deutlichen Pott'schen
Buckel zur Folge zu haben braucht und dass selbst die Druckempfindlichkeit der Wirbel zuweilen bei der Spondylitis auffallend gering ist.
In solchen Fällen muss die Untersuchung der Wirbelsäule öfter wiederholt werden, damit auch geringere Anomalien durch ihre Constanz
diagnostischen Werth erhalten und ist ferner der ganze Verlauf der
Krankheit zu berücksichtigen. Für eine Rückenmarkscompression am
meisten charakteristisch sind: der Beginn mit sensiblen Reizsympto-
men, das Vorwiegen der motorischen Lähmungserscheinungen bei relativ wenig gestörter Sensibilität, endlich die nicht selten vorkommende Asymmetrie der Erscheinungen auf beiden Seiten, welche sogar
an das Bild der sogenannten *„Halbseitenläsion"* des Rückenmarks (s. d.)
erinnern kann. Zuweilen ist die Ursache der Rückenmarkserscheinungen
anfangs unklar, während sich im späteren Verlauf der Krankheit noch
eine deutliche Anomalie der Wirbelsäule entwickelt.

Ist die Diagnose einer Wirbelaffection sicher, so entsteht die weitere
Frage nach der Art derselben, insbesondere, ob es sich um eine *Spondylitis* oder um ein *Wirbelcarcinom* handelt. Da die *Spondylitis* die
bei weitem häufigere Krankheit ist, so wird man zunächst immer an
sie denken, zumal wenn es sich um jugendlichere Individuen und um
die Bildung einer ausgesprochenen spitzwinkligen Kyphose handelt.
Beim *Carcinom der Wirbelsäule* sind die gröberen Formveränderungen
der Wirbelsäule meist weniger deutlich. Dasselbe entwickelt sich meist
bei älteren Personen (nach dem 40. Lebensjahr) und zeichnet sich durch
die *grosse Intensität der initialen sensiblen Reizerscheinungen* aus. Die

„*Paraplegia dolorosa*", die mit heftigen Schmerzen verbundene Lähmung der unteren Extremitäten, ist das am meisten charakteristische Symptom des Wirbelkrebses. Ferner kann der Nachweis eines primären Krebsknotens (Mamma) und, wie wir gesehen haben, das Auftreten von Lymphdrüsenschwellungen in der Inguinalgegend zur Stütze der Diagnose dienen. Endlich ist auch auf den bekannten allgemeinen Habitus der Krebskranken, auf die eigenthümliche Krebskachexie ein gewisses Gewicht zu legen.

Der *Ort der Compression* ist in der Mehrzahl der Fälle schon durch die nachweisbare Localisation des Wirbelleidens erkennbar. Im Uebrigen gelten dieselben Localisationsregeln, welche wir bei der Besprechung der Myelitis im folgenden Capitel näher erörtern werden.

Therapie. In Betreff der speciellen, namentlich der orthopädischen Behandlung der Spondylitis müssen wir auf die Lehrbücher der Chirurgie verweisen. Im Allgemeinen haben wir bisher nicht den Eindruck gewonnen, dass durch die *Extensionsvorrichtungen an der Wirbelsäule* ein besonders günstiger Einfluss auf die spinalen Compressionserscheinungen ausgeübt werden kann. Erstere sind gerade bei bestehender Paraplegie oft unzweckmässig, da sie die Schmerzen vermehren und die Verhütung des Decubitus erschweren. Indessen wollen wir nicht läugnen, dass in manchen Fällen gewisse *Stützapparate* für die Wirbelsäule und *Extensionsvorrichtungen* mit Nutzen angewandt werden können. Von der grössten Wichtigkeit ist jedenfalls stets die *andauernde ruhige Bettlage*. *Oertliche Applicationen* an der Wirbelsäule werden vielfach angewandt: trockene Schröpfköpfe, Jodeinpinselungen und vor allem das *Ferrum candens*. Letzteres hat bei der Spondylitis noch heut zu Tage warme Fürsprecher und verdient in der That versucht zu werden, zumal die Procedur mit dem PAQUELIN'schen Thermocauter (etwa 3—4 runde Brandschorfe zu jeder Seite der erkrankten Wirbel) leicht ausführbar ist.

Von sonstigen Mitteln sind zu nennen: die stabile *Galvanisation* an der Druckstelle und die elektrische Behandlung der gelähmten Extremitäten, ferner der Gebrauch von *Bädern*, namentlich *Salzbädern*, und endlich der innerliche Gebrauch von Jodpräparaten, *Jodkalium* und *Jodeisen*. In Betreff der *symptomatischen Behandlung* verweisen wir auf das folgende Capitel.

VIERTES CAPITEL.

Die acute und die chronische Myelitis.

(Diffuse Myelitis. Myelitis transversa. Querschnittsmyelitis.)

Vorbemerkungen. Die im Rückenmark vorkommenden, uns bis jetzt bekannten pathologischen Processe lassen sich in zwei Gruppen eintheilen. Bei der *ersten Gruppe* finden wir die Eigenthümlichkeit, dass die pathologisch-anatomischen Veränderungen sich mit merkwürdiger Constanz auf gewisse bestimmte Theile des Rückenmarks beschränken, so dass in Folge davon auch die klinischen Erscheinungen der Krankheit ganz genau umgrenzt werden können. Hierher gehört die als *Poliomyelitis anterior* (πολιός = grau) bezeichnete Erkrankung, welche sich fast ausschliesslich in den grauen Vorderhörnern des Rückenmarks localisirt und dann eine Reihe von Affectionen (die *Tabes dorsalis*, die *amyotrophische Lateralsclerose* u. a.), bei welchen ganz bestimmte Faserzüge im Rückenmark erkranken. Aus dem Vergleich der anatomischen Befunde in diesen Fällen mit unseren sonstigen Kenntnissen über den Bau und die Functionen des Rückenmarks hat sich ergeben, dass die erkrankten Abschnitte auch in anatomischer und physiologischer Hinsicht eine gesonderte Stellung einnehmen. Man bezeichnet daher mit Recht diese Affectionen des Rückenmarks als *systematische Erkrankungen*. Eine sichere Erklärung für die merkwürdige Thatsache, dass derartige isolirte Erkrankungen ganz bestimmter functioneller Abschnitte des Rückenmarks („Fasersysteme") zu Stande kommen können, lässt sich zur Zeit nicht geben. Wir müssen uns vorstellen, dass die krankmachenden Schädlichkeiten in solchen Fällen nicht auf das ganze Rückenmark, sondern nur auf die Fasern und Zellen eines bestimmten Systems ihre Wirkung ausüben, eine Vorstellung, welche in dem Verhalten mancher Gifte (Curare, Strychnin, Blei u. s. w.) ein passendes Analogon findet.

Gegenüber den Systemerkrankungen giebt es eine *zweite Gruppe* von Rückenmarksaffectionen, bei welchen eine derartige Beschränkung des Processes auf bestimmte Abschnitte des Rückenmarks keineswegs vorhanden ist. In diesen Fällen breitet sich die Erkrankung bald mehr, bald weniger weit über den Querschnitt und die Längsausdehnung des Rückenmarks aus, bildet entweder einen grösseren Krankheitsherd, oder tritt in zahlreichen einzelnen, von einander getrennt stehenden kleineren Herden auf. Zu dieser Gruppe, den *unsystematischen, diffusen Rückenmarkserkrankungen*, gehören ausser den schon besprochenen *Blutungen* und *traumatischen Läsionen* die *Neubildungen*, die *acuten und chroni-schen* „*Entzündungen*" *des Rückenmarks* (die diffuse *Myelitis*), die *multiple Sclerose* u. a.

Da bei den diffusen Rückenmarkserkrankungen auch alle jene Ab-schnitte befallen werden können, deren isolirte Affectionen die System-erkrankungen darstellen, so werden sich natürlich alle klinischen Sym-ptome der letzteren auch bei den diffusen Affectionen vorfinden können. Denn das einzelne spinale Krankheitssymptom als solches hängt nie-mals von der *Art* des anatomischen Processes, sondern nur von dem *Orte* desselben und von der dadurch bedingten Reizung oder Leitungs-unterbrechung gewisser Nervenbahnen ab. Die Diagnostik der Rücken-marksleiden ist daher zunächst immer eine *topische Diagnostik*. Wir suchen aus den im einzelnen Krankheitsfalle vorliegenden functionellen Störungen denjenigen Ort des Rückenmarks zu erkennen, in welchem die Affection sitzen muss, welche gerade diese Symptome zur Folge hat. Aus dem Vergleich aller bestehenden Krankheitserscheinungen und aus der Berücksichtigung der noch normalen Functionen können wir dann schliessen, ob sich die Affection in systematischer Weise auf ein specielles physiologisches Gebiet beschränkt, oder ob sie sich in diffuser, unregelmässiger Weise über einen grösseren Abschnitt des Rückenmarks erstrecken muss. Im ersteren Falle finden wir dann ge-wöhnlich leicht die Anknüpfung an die einzelnen bekannten *typischen* Krankheitsbilder, im letzteren Falle können wir wenigstens der Haupt-sache nach die Ausdehnung und den Sitz der Erkrankung bestimmen und dann aus dem ganzen Verlaufe und der Combination der Krank-heitserscheinungen, soweit es überhaupt möglich ist, auch einen Schluss auf die Art der Affection ziehen.

Nach diesen allgemeinen Vorbemerkungen gehen wir zur Bespre-chung der Myelitis über.

Aetiologie. Ueber die Ursachen der diffusen Myelitis ist, wie über die Aetiologie der meisten Rückenmarkserkrankungen überhaupt, noch fast gar nichts Sicheres bekannt. Häufig sehen wir die Krankheit sich bei vorher gesunden Menschen entwickeln, ohne dass wir irgend eine einwirkende Schädlichkeit als Krankheitsursache nachweisen können. Und auch in den Fällen, wo wir gewissen Verhältnissen wenigstens möglicher Weise eine ätiologische Bedeutung zuschreiben können, sind wir über die Art der Einwirkung derselben noch völlig im Unklaren. Die Momente, welche am häufigsten in Beziehung zur Entwicklung einer Myelitis zu stehen scheinen, sind folgende: *Erkältungen*, nament-lich wiederholte Durchnässungen, Arbeiten im Freien unter ungünstigen äusseren Bedingungen, *körperliche Strapazen und Ueberanstrengungen*, zumal wenn sie mit der erstgenannten Schädlichkeit combinirt sind (Kriegsstrapazen u. dgl.), *sexuelle Excesse* und *heftige Gemüthsbewegungen*. Die Bedeutung der beiden letztgenannten Ursachen für das Zustandekommen *anatomischer* Erkrankungen im Rückenmark ist aber äusserst zweifelhaft.

Für die Möglichkeit *infectiöser Ursachen* spricht das gelegentliche Auftreten spinaler Erkrankungen *nach dem Ablauf gewisser acuter Infectionskrankheiten*, z. B. nach Typhus, Pocken, Puerperalaffectionen, Diphtherie u. a. Doch sind diese Fälle im Vergleich zu der grossen Anzahl der primär auftretenden Myelitiden sehr selten und auch in anatomischer Hinsicht erst wenig gekannt. Eine grössere Bedeutung kommt wahrscheinlich der *Syphilis* zu, doch sind unsere Kenntnisse über diesen Punkt noch nicht so weit, dass wir eine abgeschlossene Darstellung der „*Rückenmarkssyphilis*" geben könnten. Jedenfalls ist es aber auffallend, dass man in der Anamnese von Kranken mit diffuser Myelitis (wie es uns scheint, speciell bei der Myelitis im oberen Brustmark) relativ häufig das Bestehen einer früheren syphilitischen Infection erfährt. Freilich ist der wirkliche Zusammenhang beider Erkrankungen im einzelnen Fall fast nie sicher zu beweisen.

Dass sich *Entzündungen benachbarter Organe auf das Rückenmark fortsetzen können*, ist für die eitrige spinale Meningitis bewiesen. In den meisten übrigen Fällen, welche in Bezug auf diesen Punkt gewöhnlich angeführt werden, handelt es sich aber um Verwechselungen von mechanischen Druckläsionen des Rückenmarks mit wirklicher Myelitis, wie wir dies im vorigen Capitel über die Compression des Rückenmarks näher besprochen haben. Auch die Theorie der *Neuritis ascendens*, d. h. das Uebergreifen einer Neuritis auf das Rückenmark, bedarf noch sehr der weiteren Bestätigung.

Pathologische Anatomie. Die *makroskopische Betrachtung des Rückenmarks im frischen Zustande* ergiebt nur in einer kleinen Anzahl von Fällen deutliche pathologische Veränderungen. Nicht selten erscheint das Rückenmark, auch wenn im Leben schwere spinale Symptome bestanden haben, auf den ersten Anblick fast völlig normal, zumal die häufig zunächst auffallenden Trübungen und Verwachsungen an der Pia keine wesentliche Bedeutung haben. Prüft man durch Betasten näher die *Consistenz des Marks*, so fällt dem geübten Untersucher freilich oft eine Veränderung derselben auf, indem das Rückenmark in einer bestimmten Ausdehnung entweder weicher, biegsamer, oder im Gegentheil härter und fester erscheint. Macht man jetzt eine Anzahl

von Querschnitten durch das Mark, so bemerkt man ein stärkeres Ueber-
quellen der Rückenmarkssubstanz auf dem Querschnitt, ein Verwaschen-
sein der Zeichnung der grauen Substanz und vor allem eine grau-röthliche Verfärbung der weissen, zuweilen auch eine röthliche (hyperämische)
Verfärbung der grauen Substanz. In einzelnen Fällen erkennt das blosse
Auge kleine capilläre Blutungen. Zur näheren Bestimmung der Ausdehnung und Intensität der Erkrankung aber reicht die makroskopische
Betrachtung des frischen Rückenmarks nie aus.

Viel deutlicher sichtbar werden die Veränderungen, wenn man das
Rückenmark in Chromsäure (resp. in Müller'scher Lösung) härtet (mindestens 8—10 Wochen lang). Alle noch *normalen* Partien der weissen
Rückenmarkssubstanz nehmen dadurch eine dunkelgrüne Farbe an,
welche im Wesentlichen auf der Chromfärbung der Markscheiden beruht. Die *erkrankten* Partien, in welchen die Markscheiden ganz oder
wenigstens zum grössten Theil fehlen, behalten eine hellgelbe Färbung
und grenzen sich dadurch oft sehr scharf von den gesunden, dunkel-
grünen Partien ab. Da ähnliche Farbendifferenzen zwischen gesundem
und krankem Gewebe, wenn auch weniger scharf, auch in der grauen
Substanz hervortreten, so gewähren die Querschnitte eines in Chromsäure gut gehärteten Rückenmarks schon eine ziemlich richtige Anschauung über die Ausbreitung der Erkrankung.

Näheren Aufschluss über die Art der anatomischen Veränderungen
erhalten wir aber erst durch die *mikroskopische Untersuchung.* Am
frischen, ungehärteten Rückenmark ausgeführt, ergiebt sie wenig. Nur
die Anwesenheit von zahlreichen *Körnchenzellen* (s. u.) im frisch zer-
zupften Präparat ist wichtig, da sie mit Sicherheit das Bestehen einer
pathologischen Veränderung anzeigt. Fertigt man aber von dem *gehärteten Rückenmark* feine Querschnitte an und färbt dieselben mit
Carmin oder ähnlich wirkenden Farbstoffen, so tritt zunächst schon für
das unbewaffnete Auge ein deutlicher Unterschied zwischen dem erkrankten und dem gesunden Gewebe hervor, indem das erstere, welches
fast immer bindegewebsreicher ist, sich viel *dunkler* färbt und sich dadurch von dem helleren normalen Gewebe unterscheidet. Die mikroskopische Untersuchung zeigt nun, dass *an den erkrankten Stellen das
normale Nervengewebe fast ganz oder wenigstens zum Theil untergegangen ist.* Nur vereinzelt sieht man noch hier und da übrig gebliebene
Nervenfasern von normalem Aussehen. An anderen Stellen sind die noch
sichtbaren Fasern verschmälert, atrophisch, die Achsencylinder haben
zum Theil ihre Markscheide verloren oder sind gequollen. Schwerer
zu verfolgen sind die Veränderungen an den Ganglienzellen. In fort-

geschritteneren Fällen zeigen aber auch diese deutliche Zeichen des Untergangs, sind geschrumpft, abgerundet und haben ihre Fortsätze verloren. Dem Untergange der Nervensubstanz auf der einen Seite entspricht andererseits die *Vermehrung des Bindegewebes.* Die Maschen der Neuroglia verbreitern sich und schwellen an, so dass der durch den Untergang des Nervengewebes gebildete Raum zum grössten Theil durch Bindegewebe eingenommen ist. Je älter der Process, desto derber und fasriger wird das Bindegewebe. Die Kerne der Neuroglia nehmen an Zahl zu und oft findet man auch eine sehr reichliche Vermehrung jener eigenthümlichen zuerst von DEITERS beschriebenen und nach ihm benannten, platten, fortsatzreichen Bindegewebszellen, der sogenannten *Deiters'schen Spinnenzellen.* Die *Fettkörnchenzellen* sind auch am gehärteten Präparat, so lange dasselbe noch nicht mit Alkohol behandelt ist, gut zu erkennen. Sie liegen in den Lücken des Neuroglianetzes, in reichlicher Menge namentlich um die Gefässe herum. Sie sind theils als weisse Blutkörperchen, theils als Endothelzellen der Gefässscheiden aufzufassen, welche das Fett der zerfallenden Nervensubstanz in sich aufgenommen haben. Ist daher der Process noch frisch resp. noch im Fortschreiten begriffen, so sind die Fettkörnchenkugeln in grosser Anzahl anzutreffen, während in älteren, bereits sclerosirten Herden nur spärliche oder fast gar keine Körnchenzellen gefunden werden. Sehr in die Augen fallend sind meist die *Veränderungen an den Gefässen.* Diese sind oft erweitert und stark gefüllt. Hier und da können Blutungen auftreten. Die Gefässwände sind namentlich in den älteren Fällen verdickt, zuweilen eigenthümlich homogen geworden ("hyaline Degeneration"); um die Gefässe herum finden sich reichlichere Kernanhäufungen. Sogenannte *Corpora amylacea* kommen zuweilen in grösserer Menge, zuweilen nur spärlich vor. Ihre Bedeutung und ihre Genese sind noch unbekannt.

Die *Ausbreitung des Gesammtprocesses* ist in den einzelnen Fällen sehr verschieden. Gewöhnlich findet man einen Hauptherd der myelitischen Erkrankung, welcher sich meist in diffuser Weise über den grössten Theil des Rückenmarkquerschnitts erstreckt und nach oben und unten hin eine Ausdehnung von 6—10 Ctm. und mehr gewinnen kann. Am häufigsten ist der Dorsalabschnitt des Rückenmarks ergriffen (*Myelitis dorsalis*), gewöhnlich am stärksten die obere Hälfte, doch in anderen Fällen auch die untere Hälfte desselben. Manchmal ist fast das ganze Dorsalmark Sitz einer diffusen, freilich in den verschiedenen Höhen ungleich ausgebreiteten myelitischen Erkrankung. In anderen Fällen sitzt der hauptsächlichste myelitische Herd im Cervicalmark

(*Myelitis cervicalis*), relativ am seltensten im Lumbalmark (*Myelitis lumbalis*). Häufig findet man in der Umgebung des Hauptherdes einzelne kleinere, getrennt stehende Herde. Weiterhin nach aufwärts und abwärts entwickelt sich in allen schwereren Fällen eine *secundäre aufsteigende und absteigende Degeneration* (s. d.).

Eine Eintheilung des Processes in einzelne Stadien haben wir absichtlich vermieden, weil dieselbe nach unseren jetzigen Kenntnissen nur eine gekünstelte sein kann. Im Allgemeinen gilt, dass die Fälle, in denen das Mark weich ist, eine mehr grau-röthliche Färbung zeigt, die Fettkörnchenzellen noch reichlich und die Neurogliamaschen noch nicht fasrig sind, zu den relativ acuteren, frischeren Stadien zu rechnen sind, während in den älteren Fällen das Rückenmark an der betroffenen Stelle durch die Bildung des derberen fibrillären Bindegewebes fester („*sclerosirt*") geworden ist und ein mehr graues Aussehen zeigt. Eine scharfe Trennung zwischen *acuter und chronischer Myelitis* lässt sich aber in pathologisch-anatomischer Hinsicht nicht durchführen. Die echte Myelitis transversa zeigt stets einen chronischen Verlauf und nur insofern verdienen manche Fälle in klinischer Beziehung die Bezeichnung „acute Myelitis", als der *Beginn* der Krankheitserscheinungen ein acuter, rascher ist. Den eigentlichen *Rückenmarksabscess* lassen wir ganz bei Seite, weil er so selten ist, dass er als selbständige Krankheit nie in Frage kommt. Unentschieden ist es noch, ob es eine *Rückenmarkserweichung* als Analogon der Erweichungsherde im Gehirn giebt, also im Anschluss an eine thrombotische (oder embolische) Gefässverschliessung. Jedenfalls ist eine wirkliche Rückenmarkserweichung d. h. eine Verwandlung der Rückenmarksubstanz in einen weichen Brei, der nur Trümmer von Nervengewebe und massenhaft Fettkörnchenzellen enthält, sehr selten. Wir selbst haben nur einen derartigen Fall im unteren Brustmark beobachtet, welcher unter dem Bilde einer chronischen (2 Jahre dauernden) Querschnittsmyelitis tödtlich verlief.

Die einzelnen Symptome der Myelitis. Der Verlauf der transversalen Myelitis gestaltet sich in den einzelnen Fällen so verschieden, dass es nicht möglich ist, ein allgemein gültiges Krankheitsbild zu geben. Je nachdem bald diese, bald jene Theile des Rückenmarkes ergriffen sind, müssen die klinischen Erscheinungen vorzugsweise die Sensibilität oder die Motilität, die trophischen Functionen oder die Reflexe betreffen, müssen sie entweder in den unteren oder in den oberen Extremitäten oder in beiden zugleich vorhanden sein. Die folgende Darstellung wird sich daher zunächst mit den einzelnen vorkommenden Symptomen beschäftigen und die Folgerungen angeben, welche man nach dem jetzigen

11 *

Stande unserer Kenntnisse aus dem Vorhandensein derselben in Bezug auf den Sitz und die Ausdehnung des anatomischen Processes ziehen kann.

1. **Motorische Lähmungserscheinungen** sind nicht nur bei der ausgebildeten Myelitis in der Regel das hauptsächlichste Symptom, sondern oft auch das erste Zeichen der beginnenden Erkrankung. Die Patienten empfinden anfangs nur ein leichtes Schwächegefühl in einem oder gleich in beiden Beinen, sie ermüden leichter beim Gehen und fangen an die Beine „nachzuziehen". Allmählich wird die motorische Schwäche immer grösser und steigert sich zur völligen Paralyse. Die Kranken sind dann bettlägerig und vermögen schliesslich nicht die geringste active Bewegung mit ihren Beinen auszuführen. Analog sind die Lähmungserscheinungen in den Armen.

Da, wie wir gesehen haben, die hauptsächlichste Leitungsbahn für die willkürliche Bewegung in den Seitensträngen des Rückenmarks und zwar speciell in der *Pyramiden-Seitenstrangbahn* gelegen ist, so können wir bei jeder spinalen Erkrankung aus dem Vorhandensein von Lähmungssymptomen zunächst auf eine Unterbrechung dieser Bahn, also auf eine Betheiligung der hinteren Abschnitte der Seitenstränge schliessen. Da nun bei der transversalen Myelitis mehr oder weniger der ganze Querschnitt des Rückenmarks betheiligt ist, so erstreckt sich die Lähmung auch auf beide Körperhälften: die *motorische Paraplegie ist die charakteristische Lähmungsform der transversalen Myelitis.* Die Paraplegie der *unteren Extremitäten* kann selbstverständlich bei jedem Sitz der Myelitis, sowohl im Lendenmark, als auch im Brustmark oder im Halsmark zu Stande kommen. Die *oberen Extremitäten* dagegen bleiben nothwendiger Weise bei jeder Myelitis dorsalis und lumbalis ganz frei. Das Auftreten von paretischen Erscheinungen an denselben und die schliessliche Entwicklung einer *Paraplegia brachialis* weist mit Sicherheit auf eine Betheiligung des Halsmarks (Myelitis cervicalis) hin. Ueberwiegt bei einer Spinalaffection die Lähmung der Extremität einer Seite über die der anderen, so muss auch die anatomische Affection auf derselben Seite des Rückenmarks stärker, als auf der anderen sein.

2. **Motorische Reizerscheinungen** der verschiedensten Art beobachtet man nicht selten sowohl im Anfange, als auch während des ganzen Verlaufs der Myelitis. Spontan treten einzelne Zuckungen in den (meist gleichzeitig gelähmten oder wenigstens paretischen) Gliedern auf, bald kurz und rasch vorübergehend, bald langsam und andauernd. Die Beine werden an den Leib herangezogen oder es treten heftige Streckkrämpfe in denselben ein. Die Deutung dieser Erscheinungen ist nicht immer leicht. Namentlich ist es oft schwer zu entscheiden, ob

sie die Folge einer *directen* Reizung motorischer Fasern im Rückenmark sind oder ob sie *Reflexe* darstellen (s. u.). Demgemäss ist auch die Verwerthbarkeit der motorischen Reizerscheinungen für die Localisation der Erkrankung gering. Natürlich wird man aber auch hierbei vorzugsweise an die motorischen Bahnen in den Seitensträngen denken müssen.

Verhältnissmässig selten, relativ am häufigsten noch in den oberen Extremitäten, ferner im Reconvalescenzstadium heilbarer Fälle, kommt *Ataxie* und *Intentionstremor* vor.

3. Sensibilitätsstörungen. Die Störungen der Sensibilität treten in stärkerem Maasse meist erst in den späteren Stadien der Krankheit auf. Im Anfang beobachtet man gewöhnlich nur leichte *sensible Reizerscheinungen*, wie Ameisenkriechen, Kriebeln, Gefühl von Taubsein und Pelzigsein u. dgl. Geringe Abstumpfungen der Sensibilität sind bei genauer Untersuchung freilich oft schon frühzeitig nachweisbar. In manchen Fällen aber bleibt die Sensibilität lange Zeit ganz oder fast ganz intact, sei es, dass die Localisation der Krankheit die sensiblen Abschnitte des Rückenmarks verschont, sei es, dass die sensiblen Leitungsbahnen resistenter sind oder auch in höherem Grade vicariirend für einander eintreten können. Im weiteren Verlauf der Krankheit kommt es aber fast immer zu stärkeren Sensibilitätsstörungen, anfangs zu einer einfachen Herabsetzung der Hautempfindlichkeit, zuweilen zu partiellen Empfindungslähmungen (Analgesie, Drucksinnlähmung u. s. w.), und schliesslich nicht selten zu einer vollständigen *Anästhesie*. Andererseits beobachtet man in manchen Fällen eine auffallende *Hyperästhesie* gegen Schmerzempfindungen (Nadelstiche).

Aus dem Vorhandensein deutlicher Sensibilitätsstörungen kann man mit Sicherheit auf eine *Affection der Hinterstränge und grauen Hinterhörner* schliessen. Bei stärkeren Anästhesien sind die letzteren wohl stets betheiligt. Ob der von SCHIFF aufgestellte Satz, dass die Leitung der *Schmerzempfindung* vorzugsweise in der *grauen Substanz*, die Leitung der *Tastempfindungen* vorzugsweise in der *weissen Substanz* stattfindet, auch für den Menschen Geltung hat, ist noch zweifelhaft. Ebenso geben die pathologischen Daten gar keinen Anhaltspunkt dafür, dass beim Menschen auch in den Seitensträngen sensible Fasern verlaufen.

Wichtige Dienste leistet die Sensibilitätsstörung zur Bestimmung der Höhe, in welcher die Affection im Rückenmark sitzt. Sucht man am Rumpf die Grenze auf, wo die Empfindlichkeit der Haut wieder normal wird, so darf man die obere Grenze der myelitischen Erkrankung, soweit hierdurch die Sensibilität gestört wird, annähernd in die gleiche

Höhe verlegen. Bei Myelitis im Lendenmark reicht die Sensibilitätsstörung etwa bis zum Nabel oder noch etwas höher hinauf, bei Myelitis
im unteren Brustmark etwa bis zum unteren Ende des Sternums, bei
Myelitis im oberen Brustmark bis zur Höhe der Achselhöhlen, während
bei Myelitis cervicalis auch die oberen Extremitäten an Empfindlichkeit
einbüssen. Vollständige Anästhesie derselben ist indessen sehr selten.

4. Hautreflexe. Wie bekannt, befindet sich der Reflexbogen
im Rückenmark ungefähr in gleicher Höhe mit den eintretenden sensibeln und den austretenden motorischen Fasern. Ausserdem steht er
in Verbindung mit Fasern, welche von oben her kommen und welchen
man *reflexhemmende* Eigenschaften zuschreiben muss. Werden diese
Fasern oberhalb des Reflexbogens in den Zustand der Reizung versetzt,
so wird dadurch der Reflex erschwert; wird die Leitung jener Fasern
aber unterbrochen, so erscheint die Reflexthätigkeit erhöht, der Reflex
tritt schon bei schwächeren Reizen ein und die Zuckung wird lebhafter.
Ist der Reflexbogen selbst an irgend einer Stelle unterbrochen, so muss
der Reflex verschwinden.

Diesem Schema, welchem gegenüber freilich die Wirklichkeit wahrscheinlich complicirtere Verhältnisse darbietet, lassen sich im Allge-
meinen auch die Ergebnisse der Krankenuntersuchung unterordnen.
Bei ausgebreiteter Myelitis lumbalis, durch welche die Reflexbahn im
Lendenmark unterbrochen wird, müssen die Hautreflexe in den unteren
Extremitäten abgeschwächt werden resp. erlöschen. Gewöhnlich geht
in diesen Fällen die Abnahme der Sensibilität der Abschwächung der
Reflexe ungefähr parallel. Bei der Myelitis dorsalis und cervicalis dagegen bleibt der Reflexbogen im Lendenmark ungestört, während die
Leitung der sensibeln Eindrücke nach dem Gehirn zu sehr wohl unterbrochen werden kann. In diesen Fällen sind die Hautreflexe auch bei
bestehender Anästhesie erhalten, oder, wenn reflexhemmende Einflüsse
durch die Erkrankung aufgehoben werden, sogar lebhaft gesteigert. Doch
können die Hautreflexe in den Beinen auch bei myelitischen Erkrankungen oberhalb des Lendenmarks abgeschwächt sein, bei welchem Verhalten man an eine Abnahme der Erregbarkeit der reflexvermittelnden
Fasern oder an eine Reizung reflexhemmender Fasern zu denken hat.
Ueber die übrigen Reflexe (im Cremaster, in den Bauchdecken u. s. w.)
lassen sich noch keine allgemeinen Angaben machen.

5. Sehnenreflexe. Dieselben Gesichtspunkte, welche für die
Beurtheilung des Verhaltens der Hautreflexe maassgebend sind, gelten
im Allgemeinen auch für die Sehnenreflexe. Vom Patellarreflex wissen
wir sogar den Verlauf seines Reflexbogens im Lendenmark relativ genau.

Wir wissen, dass der Reflex fehlt, sobald die mittlere Partie der Hinterstränge (s. das Capitel über Tabes), oder die Vorderhörner der grauen Substanz in grösserer Ausdehnung erkrankt sind. Bei fast allen myelitischen Erkrankungen oberhalb des Lumbalmarks, also bei der Myelitis dorsalis und cervicalis, tritt aber eine sehr lebhafte *Steigerung der Sehnenreflexe* ein, wie wir uns vorstellen müssen, in Folge des Wegfalls von reflexhemmenden Einflüssen. Man hat ein gewisses Recht zu der Annahme, dass die Fasern, welche das Verhalten der Sehnenreflexe beeinflussen, vorzugsweise in den Seitensträngen des Rückenmarks verlaufen, dass sie aber nicht identisch mit den Fasern der Pyramiden-Seitenstrangbahn sind (s. das Capitel über spastische Spinalparalyse). Wir können somit den Satz aufstellen, dass bei einer beträchtlichen Steigerung der Sehnenreflexe in beiden unteren Extremitäten der Sitz der Myelitis *oberhalb* des Lendenmarks, also im Brust- oder Halsmark gelegen sein muss, und dass wir hierbei vorzugsweise an eine Mitbetheiligung der Seitenstränge zu denken haben. Bei Myelitis cervicalis sind oft auch die Sehnenreflexe an den oberen Extremitäten beträchtlich gesteigert.

Ueber die einzelnen Erscheinungsweisen der gesteigerten Sehnenreflexe, den lebhaften Patellarreflex, das Fussphänomen, die Periostreflexe u. s. w. haben wir bereits S. 58 u. flg. das Nöthige gesagt. Den eigenthümlichen Charakter, welchen die Lähmung der Beine durch eine gleichzeitige beträchtliche Steigerung der Sehnenreflexe erhält, werden wir im Capitel über „*spastische Spinalparalysen*" (s. d.) näher beschreiben.

6. **Störungen von Seiten der Blase und des Mastdarms.** Störungen der *Harnentleerung* gehören zu den häufigsten Symptomen der Myelitis. Gewöhnlich tritt zuerst eine *Erschwerung der Harnentleerung* auf. Die Kranken müssen beim Uriniren länger drücken und warten. Schliesslich kann eine vollständige *Retentio urinae* eintreten (Lähmung des *M. detrusor urinae*). In den späteren Stadien der Krankheit tritt dagegen gewöhnlich eine Lähmung des *Sphincter vesicae* und in Folge davon *Incontinentia urinae* ein. In Bezug auf die Localisation der Myelitis bieten die Blasenstörungen insofern keinen Anhaltspunkt dar, als sie bei Erkrankungen in jeder Höhe des Rückenmarks vorkommen können. Dagegen glauben wir mit Recht annehmen zu dürfen, dass sie stets den Schluss auf eine Mitbetheiligung der *Hinterstränge* des Rückenmarks gestatten.

Die klinische Bedeutung der Blasenstörungen bei der Myelitis (und bei vielen anderen Rückenmarkserkrankungen) liegt, auch abgesehen von den grossen Beschwerden und Unannehmlichkeiten für die Kranken, darin, dass sie sehr häufig, ja in schweren Fällen fast stets, den Anlass zur Entstehung einer *Cystitis* abgeben. Bei der Retentio urinae ist es die nothwendige Anwendung des Katheters, durch welche oft trotz aller Desinfectionsversuche Entzündungserreger in die Blase gebracht werden, welche zur Zersetzung des Harns und zur Cystitis führen. Bei gleichzeitiger Incontinentia dagegen ist der mangelnde Sphincterverschluss und die beständige Anwesenheit von stagnirendem und sich zersetzendem Harn in der Urethra die Ursache des Eindringens von Entzündungserregern in die Blase. Hat sich eine Cystitis gebildet, so kann sich daran unter Umständen eine *Pyelitis* und eine eitrige *Pyelo-Nephritis* anschliessen, welche Zustände nicht selten die unmittelbare Todesursache mancher Rückenmarkskranker werden.

Auch die *Stuhlentleerung* ist in vielen Fällen von Myelitis gestört. Gewöhnlich tritt anfangs Verstopfung ein, welche entweder auf einer Schwächung der Darmperistaltik oder auf einer Parese der Bauchpresse beruhen kann. Zuweilen erreicht die Obstipation einen so hohen Grad, dass die Stuhlentleerung nur in Pausen von 1—2 Wochen erfolgt. In vielen schweren Fällen tritt in Folge von Lähmung des Sphincter ani schliesslich *Incontinentia alvi* ein. Ueber die Localisation der die Stuhlentleerung vermittelnden Nervenbahnen im Rückenmark kann man nichts Näheres angeben.

Zu bemerken ist noch, dass bei gesteigerter Reflexerregbarkeit oft auch die Harn- und Stuhlentleerung in abnormer Weise *reflectorisch* angeregt wird. Bei Reizung der Haut an den Oberschenkeln, am Perineum, an der Glutäalgegend u. a. erfolgt nicht selten eine unfreiwillige, mit Urinabgang verbundene Contraction der Blase.

Anhangsweise sei endlich erwähnt, dass die *Geschlechtsfunctionen* in manchen Fällen von Myelitis ebenfalls beträchtlich gestört sind und schliesslich ganz erlöschen können. Die hierbei in Betracht kommenden Bahnen liegen wahrscheinlich vorzugsweise im Lendenmark, doch ist uns ihre nähere Localisation (Hinterstränge?) noch unbekannt.

7. Trophische Störungen. Aeusserst wichtige diagnostische Anhaltspunkte gewährt das *trophische Verhalten der gelähmten Muskeln*. Bei der Myelitis cervicalis und dorsalis bleiben die trophischen, im Lendenmark gelegenen Centra für die Muskulatur der Beine intact; die etwa gelähmten Muskeln behalten deshalb im Wesentlichen ihr normales Volumen und vor allem ihre *normale elektrische Erregbarkeit*. Zwar ist auch in solchen Fällen die Muskulatur zuweilen schlaffer und weniger umfangreich, als unter normalen Verhältnissen, doch beruht dies theils auf der Abnahme der Gesammternährung, theils vielleicht

auch auf dem Bewegungsmangel („*Inactivitätsatrophie*"). Nur zuweilen findet man *stärkere Muskelatrophien*, aber einfacher, nicht degenerativer Natur und daher auch *ohne Entartungsreaction*. Findet sich aber bei einer myelitischen Erkrankung eine echte *degenerative Atrophie mit Entartungsreaction* in den Muskeln der *unteren* Extremitäten, so können wir hieraus bestimmt den Schluss auf ein Mitergriffensein der *grauen Vordersäulen* resp. der vorderen Wurzelfasern im *Lendenmark* ziehen. In analoger Weise weist die degenerative Atrophie mit Entartungsreaction in den Muskeln der *oberen* Extremitäten auf eine Affection der vorderen *grauen Substanz im Cervicalmark* hin.

Trophische Störungen in der Haut sind ebenfalls nicht selten, haben aber keine sichere diagnostische Bedeutung. Oft findet man die Haut trocken, spröde, die Epidermis abschuppend, die Nägel verdickt und brüchig. Ausnahmsweise treten Eruptionen von Herpes, Urticaria u. dgl. auf. *Vasomotorische Störungen* sind meist wenig auffallend. Zuweilen zeigen die gelähmten Extremitäten eine fleckige, cyanotische Röthung und fühlen sich kalt an. Häufiger sind leichte *Oedeme* an den gelähmten Theilen vorhanden. Störungen der *Schweisssecretion* sind nicht selten. Man findet theils ein Erlöschen, theils eine starke Vermehrung derselben, so dass die gelähmten Theile beständig feucht sind. Für die speciellere topische Diagnostik können alle diese Symptome zur Zeit noch nicht verwerthet werden.

Von grosser praktischer Wichtigkeit ist das häufige Auftreten eines *Decubitus* in der Kreuzbeingegend, an den Glutäen, seltener an den Füssen und an den Innenseiten der Kniee. Wenngleich trophische und vasomotorische Einflüsse bei der Entstehung desselben auch eine Rolle spielen mögen, so ist in letzter Instanz die Ursache desselben doch immer in äusseren Verhältnissen (Druck, Verunreinigung u. s. w.) zu suchen. Je mangelhafter die Pflege der Kranken ist, desto leichter entsteht Decubitus. Bei vollständig gelähmten und anästhetischen Kranken mit Incontinentia alvi et urinae kann er freilich zuweilen auch bei der sorgfältigsten Behandlung auf die Dauer nicht ganz vermieden werden.

8. Störungen im Gebiete der Gehirnnerven fehlen in den meisten Fällen von transversaler Myelitis vollkommen. Bei der Myelitis cervicalis kann sich in seltenen Fällen der Process allmählich nach oben fortsetzen und zu *bulbären Symptomen* Anlass geben. Ferner beobachtet man bei Myelitis cervicalis zuweilen *Veränderungen an der Pupille* (Ungleichheit, spinale Myosis), und endlich ist wiederholt eine Combination der Myelitis mit einer *Neuritis optica* gefunden worden.

Einzelne Formen der Myelitis, Krankheitsverlauf und Diagnose. Aus den im Vorhergehenden im Einzelnen besprochenen Symptomen setzt sich in der verschiedensten Weise das gesammte Krankheitsbild der transversalen Myelitis zusammen. Meist wird man ohne Schwierigkeit wenigstens annähernd den Sitz und die Ausbreitung der Erkrankung bestimmen können. Fassen wir die hauptsächlichsten Symptome der verschiedenen Formen der Myelitis noch einmal zusammen, so ergiebt sich:

Myelitis cervicalis: Paraplegie der Beine combinirt mit mehr oder weniger ausgebreiteten motorischen Störungen an den oberen Extremitäten, eventuell Sensibilitätsstörungen in gleicher Ausdehnung. Zuweilen Atrophie einzelner Muskelgebiete der Arme. Muskulatur der Beine nicht wesentlich atrophisch. Erhöhte Sehnenreflexe und spastische Symptome in den Beinen, nicht selten auch in den Armen. Hautreflexe in den Beinen erhalten, zuweilen ebenfalls erhöht. Blasen- und Mastdarmstörungen. Zuweilen Veränderungen der Pupillen.

Myelitis dorsalis: Obere Extremitäten frei. Motorische und event. sensible Paraplegie der Beine ohne degenerative Atrophie. Erhöhte Sehnenreflexe (besonders stark bei Myelitis im oberen Dorsalmark), erhaltene (selten gesteigerte) Hautreflexe. Blasen- und Mastdarmstörungen.

Myelitis lumbalis: Obere Extremitäten frei. Motorische und event. sensible Paraplegie der Beine. Haut- und Sehnenreflexe in denselben abgeschwächt resp. erloschen. Unter Umständen degenerative Muskelatrophie mit Entartungsreaction. Blasen- und Mastdarmlähmung.

Der *Gesammtverlauf* der Myelitis ist fast immer ein chronischer. Eine scharfe Trennung zwischen *acuter Myelitis* und *chronischer Myelitis* halten wir, wie schon erwähnt, für nicht möglich. Manche Fälle zeigen freilich einen relativ *raschen Beginn der Symptome,* so dass sich in wenigen Wochen schwere spinale Symptome ausbilden. Solche Fälle kann man als acute Myelitis bezeichnen. Ihr weiterer Verlauf ist aber fast immer chronisch. Viele Fälle beginnen von vorn herein sehr allmählich und führen erst nach jahrelanger Dauer zur völligen Paraplegie.

In der Regel beginnt die Krankheit mit motorischen Symptomen, bald in einem, bald ziemlich gleichzeitig in beiden Beinen. Allmählich nimmt die Parese immer mehr und mehr zu, spastische Erscheinungen stellen sich ein, ferner sensible Reizerscheinungen (Ameisenkriechen) Blasenstörungen u. s. w. Die Sensibilität ist zuweilen schon frühzeitig etwas abgestumpft, bleibt aber doch fast immer längere Zeit erhalten, als die Motilität. Erst in den letzten Stadien tritt häufig vollständige Anästhesie ein. Die gesammte *Krankheitsdauer* beträgt selten unter

einem Jahr, oft 2—3 Jahre und noch viel länger. Remissionen, scheinbare Stillstände und Besserungen sind nicht selten, ebenso rasche Verschlimmerungen des Zustandes. *Heilungen* sind nicht unmöglich, aber
jedenfalls selten. Wir kennen keinen geheilten Fall, bei dem die Diagnose
sicher gestellt werden konnte. Die berichteten angeblichen Heilungsfälle sind meist Compressionslähmungen, multiple Neuritiden, Polio-
myelitiden u. dgl. Der *tödtliche Ausgang* tritt in Folge der schliesslich eintretenden allgemeinen Schwäche, oder durch die Cystitis und
Pyelo-Nephritis, welche nicht selten mit pyämischen Zuständen combinirt sind, durch ausgedehnten Decubitus oder schliesslich durch irgend
welche Complicationen (Tuberkulose, acute Erkrankungen) ein.

Die *Diagnose der diffusen transversalen Myelitis* geschieht stets
unter Berücksichtigung des gesammten im Einzelfall vorliegenden Symptomencomplexes. Durch eine sorgfältige Untersuchung der Wirbelsäule
und die Berücksichtigung des Krankeitsverlaufes muss die Möglichkeit
einer Rückenmarkscompression ausgeschlossen werden. Ferner muss
festgestellt werden, dass die bestehenden Krankheitserscheinungen nicht
einem bestimmten typischen Krankheitsbilde oder einer Systemerkrankung entsprechen, sondern sich nur mit der Annahme einer diffus ausgebreiteten Erkrankung an einer gewissen, nach den Symptomen näher
zu bestimmenden Stelle des Rückenmarks vereinigen lassen. Die weitere
Entscheidung, ob diese diffuse Erkrankung eine Myelitis ist, kann freilich fast nie mit absoluter Bestimmtheit ausgesprochen werden, da
diffuse Neubildungen und Höhlenbildungen im Rückenmark genau dieselben Symptome machen müssen. Hier entscheidet nur der Gesammtverlauf und der individuelle diagnostische Scharfblick des Arztes. Ebenso ist es zur Zeit noch nicht möglich, die Differentialdiagnose zwischen
der diffusen Myelitis und den sogenannten *combinirten Strang- resp.
Systemerkrankungen des Rückenmarks* (s. u.) *mit Sicherheit zu formuliren.*

Therapie. So selten unsere therapeutischen Bemühungen auch
Aussicht auf einen dauernden und vollständigen Erfolg haben, so kann
die Behandlung doch in vielen Fällen Besserungen des Leidens und
Verzögerungen des Ausganges erzielen.

Der *causalen Indication* kann man in den Fällen zu genügen versuchen, bei welchen die Anamnese oder die Untersuchung eine *Lues*
ergiebt. Auch wenn, wie es meist der Fall ist, der Zusammenhang
zwischen dieser und der Myelitis nicht sicher angenommen werden kann,
muss man doch stets einen Versuch mit einer gründlichen *Schmierkur*
(2,0—5,0 Ungt. einer. pro die) machen. Innerlich giebt man gleichzeitig
1,5—2,0 Grm. *Jodkalium* täglich. Zuweilen sieht man hiervon entschie-

dene Besserungen, in anderen Fällen freilich ist der Erfolg unsicher oder scheint die Kur sogar einen ungünstigen Einfluss auf die Krankheit auszuüben. Dann muss man sofort aufhören.

Von den übrigen Behandlungsmethoden kommen am meisten in Betracht: die Elektricität, die Bäder und die Kaltwasserkuren. Mit diesen wechselt man ab. Neue Kurversuche heben den Muth und die Hoffnung der Kranken von Neuem.

Die *Elektricität* kann in vielen Fällen Besserungen erzielen. Heilungen freilich bewirkt auch sie jedenfalls nur ausnahmsweise. In schweren, hoffnungslosen Fällen ist sie aber wenigstens das beste Trostmittel für die Kranken. Den grössten therapeutischen Werth hat der *constante Strom*. Man lässt unter Anwendung grosser, an der Wirbelsäule aufgesetzter Elektroden einen nicht zu starken Strom stabil oder langsam labil etwa 3—5 Minuten lang das Rückenmark durchfliessen, vorzugsweise die Gegend, wo man den Sitz der Erkrankung vermuthet. Gewöhnlich nimmt man *aufsteigende Ströme* und lässt abwechselnd den einen und den anderen Pol auf die erkrankte Stelle einwirken. Wendungen und starke Stromschwankungen sind zu vermeiden. Damit verbindet man die periphere Galvanisation und häufig auch die Faradisation der Muskeln und Nerven an den gelähmten Extremitäten. Einzelne Symptome verdienen zuweilen besondere Berücksichtigung (Faradisation der Haut bei Anästhesien, Galvanisation der Blase bei Blasenschwäche u. dgl.). Die Sitzungen geschehen täglich oder einen Tag um den andern. Will man Erfolge erzielen, so muss die Behandlung mit Consequenz Monate lang fortgesetzt werden.

Die Behandlung der Myelitis mit *Bädern* kann, wenn vorsichtig ausgeführt, ebenfalls von ersichtlichem Nutzen sein. Schon einfache Wannenbäder, wie sie in jeder Haushaltung gemacht werden können, thun unter Umständen gute Dienste. Als erste Regel gilt, die Bäder *nie zu warm* zu machen (etwa 24° bis höchstens 26° R.), ihre Dauer anfangs auf 10—15 Minuten zu beschränken und anfangs nicht öfter, als 3—4 Mal in der Woche baden zu lassen. Werden die Bäder gut vertragen, so können sie täglich verordnet werden. Am vorsichtigsten sei man in beginnenden, noch fortschreitenden Fällen. Die beste Wirkung einfacher warmer Bäder sieht man bei chronischer Myelitis mit vorwiegend spastischen Symptomen. Hierbei kann auch die Dauer der Bäder verlängert werden (bis auf eine Stunde und mehr). Noch besser, als einfache Wasserbäder, wirken zuweilen Bäder mit künstlichen Zusätzen. Man thut 5—10 Pfund Kochsalz (Stassfurter Salz) ins Bad. Durch Einleitung von Kohlensäure aus einem auf dem Boden der Badewanne befindlichen vielfach durchlöcherten Rohr ins Badewasser kann man leicht „*künstliche Rehmebäder*", herstellen, wie sie z. B. in der hiesigen Klinik häufig mit gutem Erfolge angewandt wurden.

Kann man bemittelte Kranke in einen Kurort schicken, so eignen sich hierfür am meisten die kohlensäurehaltigen Thermalsoolen *Rehme* und *Nauheim*, ferner zuweilen *Moorbäder* (*Marienbad, Elster*), seltener die Thermen von *Ragaz, Teplitz, Wildbad, Gastein, Wiesbaden* u. a. Recht gute Erfolge erzielt zuweilen eine methodisch geleitete *Kalt-wasserbehandlung*. Doch sind hierbei alle eingreifenderen Proceduren (Douchen, starke Abreibungen, sehr kalte Bäder) durchaus zu vermeiden und nur kurze kühle Halb- und Sitzbäder und leichte kalte Abreibungen vorzunehmen.

Von *inneren Mitteln* hat man wenig Erfolg zu erwarten. Am häufigsten werden *Jodkalium, Argentum nitricum, Ergotin* und *Strychnin* verordnet.

Sehr wichtig ist die *allgemein-diätetische* und *symptomatische Be-handlung*. Zeigen sich die ersten Symptome eines beginnenden Spinal-leidens, so ist dem Patienten möglichste körperliche Schonung und geistige Ruhe dringend anzurathen. Die Diät sei kräftig, aber leicht verdaulich. Spirituosen in grösserer Menge, starkes Rauchen, starker Kaffee, Thee u. s. w. sind zu verbieten. Sind die Patienten bettlägerig geworden, so ist in erster Linie die grösste Sorgfalt auf ein gutes Lager zu verwenden, um die Decubitusbildung zu verhüten. In schweren Fällen, namentlich bei vorhandenen Sensibilitätsstörungen, ist ein *Wasserkissen* im höchsten Grade wünschenswerth. Ausserdem muss der Patient öfter umgelagert und die Kreuzbeingegend oft gewaschen und eingerieben werden. Jeder beginnende Decubitus muss sehr sorgfältig behandelt werden (Perubalsamsalbe 1 : 30, Jodoformpulver), um ein Weiterschrei-ten desselben zu verhüten. Bei sehr ausgedehntem Decubitus ist das *continuirliche Wasserbad* das beste Mittel.

Tritt *Retentio urinae* ein und muss catheterisirt werden, so ist peinlichste Sorgfalt in Bezug auf die Reinigung und Desinfection des Catheters anzuwenden, sonst entwickelt sich in wenigen Tagen eine *Cystitis*. Besteht eine solche, so sind regelmässige Ausspülungen der Blase mit Plumbum aceticum (1 : 1000) und ähnlichen Mitteln in schwe-ren Fällen am besten. In leichteren Fällen kann man innerlich Kali chloricum, Adstringentien oder balsamische Mittel (3,0—5,0 pro die) versuchen. Tritt vollständige *Incontinenz* ein, so empfiehlt es sich, einen *Dauercatheter* in die Blase einzuführen d. i. einen Nelaton'schen Catheter, der in der Blase liegen bleibt und mit Heftpflasterstreifen an den Oberschenkeln befestigt wird. Durch einen Gummischlauch läuft der Harn ab und man vermeidet die beständige Durchnässung der Haut und der Wäsche.

Die *Obstipation* muss nach den üblichen Regeln bekämpft werden. Mit Abführmitteln sei man anfangs so sparsam wie möglich und suche mit diätetischen Vorschriften und Klystieren auszukommen. Bestehen heftige *Schmerzen*, so sind *subcutane Morphiuminjectionen* unentbehrlich. Immerhin zögere man möglichst lange, bis man schliesslich in hoffnungslosen Fällen die Dose des Morphiums unbeschränkt lässt.

FÜNFTES CAPITEL.
Die multiple Sclerose des Gehirns und Rückenmarks.
(*Disseminirte Herdsclerose. Sclérose en plaques.*)

Aetiologie und pathologische Anatomie. Die multiple Sclerose des Centralnervensystems ist eine besondere chronische Krankheitsform, deren anatomische Grundlage in der Entwicklung zahlreicher, zerstreuter „sclerotischer Herde" (s. u.) im Gehirn und Rückenmark besteht. Ueber die *Aetiologie* derselben ist so gut wie gar nichts bekannt. Denn die Bedeutung der als Krankheitsursache zuweilen angegebenen Erkältungen, Ueberanstrengungen und Gemüthsbewegungen ist durchaus zweifelhaft. Eine *hereditäre Disposition* scheint in einigen Fällen vorzuliegen. Das Leiden kommt vorzugsweise im *jugendlichen Alter* vor, etwa zwischen dem 18. und 35. Lebensjahr, doch haben wir selbst einen (secirten) Fall bei einem 60jährigen Manne beobachtet. Auch bei *Kindern* kommt die Erkrankung vor. In Bezug auf das *Geschlecht* lässt sich kein wesentlicher Unterschied nachweisen.

Was die Entwicklung der einzelnen sclerotischen Herde anlangt, so ist über die Genese derselben bisher nichts Sicheres festgestellt worden. Verschiedene Gründe lassen sich zu Gunsten der Vermuthung anführen, dass die Erkrankung von *Anomalien der Gefässe* abhängt, doch kann ein Beweis hierfür noch nicht geliefert werden. Die Herde sind zum Theil schon mit blossem Auge an ihrer grauen Farbe und ihrer vermehrten Resistenz leicht zu erkennen. Sie sind über das ganze Centralnervensystem zerstreut. Im *Gehirn* sind ihre Prädilectionsstellen das weisse Marklager der Hemisphären, die Wandungen der Seitenventrikel, der Balken; ferner finden sich die Herde gewöhnlich ziemlich zahlreich im *Pons*, spärlicher in der *Oblongata*, sehr zahlreich aber und in der verschiedensten Weise angeordnet im *Rückenmark* (s. Fig. 27 u. 28), und zwar vorzugsweise in der *weissen* Substanz desselben. *Mikroskopisch* untersucht bestehen die Herde im Wesentlichen aus einem reichlichen, netzförmig angeordneten fibrillären Bindegewebe, welches nur von relativ spärlichen, noch erhaltenen Nervenfasern durchsetzt ist. An den Gefässen bemerkt man anfangs eine Kernvermehrung, später meist Verdickungen ihrer Wandung. Fettkörnchenzellen sind in frischeren Fällen stets vorhanden. CHARCOT hat zuerst die Angabe gemacht, dass die Achsencylinder auffallend lange, auch nach dem Untergang der Markscheiden, in den Herden persistiren. Vielleicht hängt es hiermit zusammen, dass *secundäre Degenerationen* im Rückenmark auffallender Weise meist fehlen.

Symptome und Krankheitsverlauf. Bei den Verschiedenheiten, welche die Anzahl und die Localisation der Herde darbieten können, ist es von vorn herein erklärlich, dass ein für *alle* Fälle passendes Krankheitsbild nicht existiren kann. Immer-

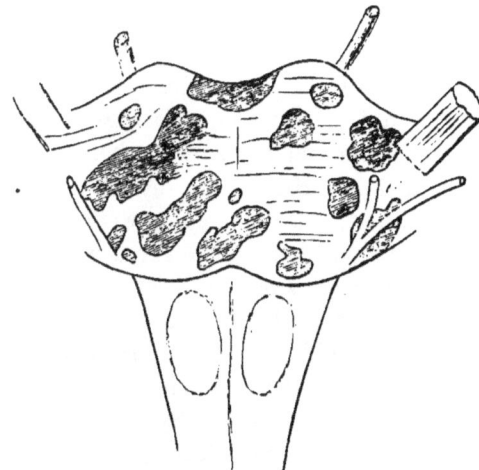

Fig. 27. Beispiel der Erkrankung des Rückenmarks bei multipler Herdsclerose. Die dunklen Stellen sind die erkrankten Partien.

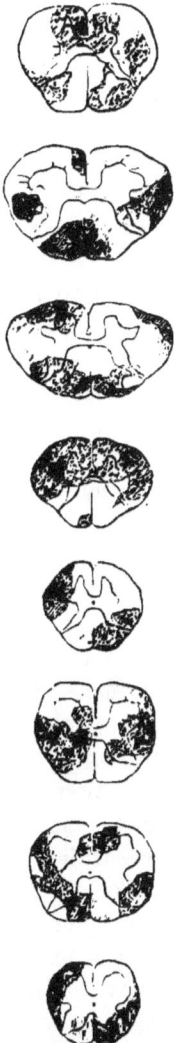

Fig. 28. Vertheilung sclerotischer Herde auf der Oberfläche des Pons; nach LEUBE.

hin zeigt eine *Anzahl* von Fällen einen so charakteristischen Symptomencomplex, dass die Diagnose häufig mit ziemlich grosser Sicherheit gestellt werden kann. Dieses *typische* Krankheitsbild, dessen Kenntniss namentlich Charcot zu verdanken ist, wollen wir zunächst besprechen und daran einige Bemerkungen über die keineswegs sehr seltenen von diesem Typus abweichenden Fälle („*formes frustes*") anknüpfen.

Dasjenige Symptom der *typischen* Fälle von Herdsclerose, welches wir zuerst erwähnen müssen, ist das *Zittern*. Es ist die Veranlassung gewesen, dass die multiple Sclerose früher wiederholt mit der Paralysis agitans verwechselt worden ist, obwohl das Zittern bei beiden Krankheiten durchaus verschiedene Eigenthümlichkeiten zeigt. Im Gegensatz zu den beständigen rhythmischen Oscillationen der Glieder bei der Paralysis agitans (s. d.) tritt das Zittern der multiplen Sclerose *nur bei intendirten Bewegungen* auf („*Intentionszittern*") und zeigt meist keinen ganz regelmässig rhythmischen Charakter, sondern ist ungleichmässiger, stossweiser, obgleich die Richtung der eingeschlagenen Bewegung im Ganzen stets eingehalten wird. Am deutlichsten zeigt sich der Tremor in den oberen Extremitäten, wenn die Kranken nach einer bestimmten Stelle hin greifen sollen, wenn sie ein Glas Wasser an den Mund führen, wenn sie die Spitzen ihrer Zeigefinger aneinander bringen sollen u. dgl. Doch kommt das Zittern auch im Kopf, im Rumpf und in den unteren Extremitäten vor. Bei vollständiger Ruhe der Patienten hört das Zittern ganz auf. Nur vereinzelte Ausnahmen von dieser Regel sind bekannt geworden. Werden die Kranken psychisch erregt, so wird das Zittern meist stärker. Ueber die eigentliche Ursache des Zitterns wissen wir nichts. Auch darüber ist man noch zweifelhaft, ob, wie Manche meinen, das Zittern stets von der Anwesenheit cerebraler Herde abhänge, oder ob es auch durch Herde im Rückenmark bedingt sein könne.

Dem Zittern bis zu einem gewissen Grade analog sind zwei weitere Symptome, welche häufig bei der Herdsclerose vorkommen, eine eigenthümliche *Sprachstörung* und der *Nystagmus*. Die *Sprachstörung* beruht auf motorischen Innervationsstörungen der Sprachwerkzeuge (Kehlkopf, Zunge), und lässt sich wahrscheinlich auf die Anwesenheit sclerotischer Herde im Pons und in der Medulla oblongata beziehen. Die Sprache wird langsam, scandirend, undeutlich, schliesslich zuweilen fast unverständlich. Sehr auffallend ist oft die Gleichmässigkeit in der Tonhöhe. In der Zunge und in den Lippen bemerkt man beim Sprechen nicht selten zitternde Bewegungen. Der *Nystagmus* zeigt sich in Form kleiner, meist seitlicher Zuckungen in den Augäpfeln beim Fixiren oder bei intendirten Augenbewegungen.

Ausser den bisher beschriebenen Symptomen sind meist noch andere *motorische Störungen* vorhanden.

In manchen Fällen ist die rohe Kraft der Muskeln lange Zeit vollständig normal. In anderen Fällen aber beobachtet man deutliche *Paresen*, welche sich zuweilen zu vollständigen *Lähmungen* steigern. Weit charakteristischer und häufiger aber sind die *„spastischen Erscheinungen"* (s. das Capitel über „spastische Spinalparalyse"), welche, wenigstens zum grössten Theil, auf der fast immer vorhandenen sehr beträchtlichen *Steigerung der Sehnenreflexe* beruhen. An den oberen Extremitäten treten die spastischen Symptome weniger hervor, doch findet man auch hier beim Beklopfen der unteren Enden der Vorderarmknochen, der Biceps- und Tricepssehne, stets lebhafte Sehnen- und Periostreflexe. An den unteren Extremitäten beobachtet man aber nicht nur starke Patellarreflexe, ein sehr intensives, anhaltendes Fussphänomen (früher unpassender Weise als „Spinalepilepsie" bezeichnet), sondern meist besteht auch eine ausgesprochene *tonische Starre* beider Beine. Die passiven Bewegungen sind erschwert und der *Gang* ist vollkommen *spastisch*. Besteht gleichzeitig eine stärkere Parese in den Beinen, so ist der Gang steif, aber zugleich schleppend (*paretisch-spastischer Gang*). Bemerkenswerther Weise treten die *Sensibilitätsstörungen* bei der multiplen Sclerose meist ganz in den Hintergrund. Nur selten findet man eine leichte Abstumpfung der Empfindlichkeit, ganz ausnahmsweise stärkere Anästhesien. Die *Hautreflexe* verhalten sich meist vollständig normal. — Von Störungen anderer Sinnesorgane ist noch zu bemerken, dass einige Mal *Atrophie des Opticus* mit beträchtlichen Sehstörungen beobachtet ist. Auch *Diplopie,* abhängig von Anomalien in der Innervation der Augenmuskeln, kommt vor.

In einer Reihe von Fällen treten noch gewisse *cerebrale Symptome* auf, welche in diagnostischer Hinsicht wichtig sein können. Häufig stellt sich im Verlauf der Krankheit eine gewisse *psychische Schwäche*, eine *Imbecillität* ein, welche sich zuweilen zu stärkerer Demenz steigert. Viel seltener sind melancholische Zustände oder Exaltationszustände. Ferner ist das Vorkommen *apoplectiformer Anfälle* zu erwähnen. Nach leichten Prodromalerscheinungen (Kopfschmerz, Schwindel) tritt ziemlich plötzlich Bewusstlosigkeit und Hemiplegie ein. Dabei ist das Gesicht meist geröthet, der Puls frequent, die Körpertemperatur kann bis auf 40—41° C. steigen. Nach 1—2 Tagen kehrt das Bewusstsein allmählich wieder zurück und bald darauf verliert sich auch die Hemiplegie. Viel seltener sind *epileptiforme Anfälle*. Wir sahen dieselben wiederholt in einem typischen Fall, vorherrschend halbseitig, mit nachbleibender, aber ebenfalls rasch vorübergehender Hemiplegie. Die nähere Ursache dieser

• Anfälle ist noch gänzlich unbekannt. Ein häufiges cerebrales Symptom ist der *Schwindel* (Drehschwindel), welcher sich schon in früheren Stadien der Krankheit entwickeln kann und auch oft anfallsweise auftritt.

Symptome von Seiten der *Blase,* des *Mastdarms,* der *Geschlechtsfunctionen* fehlen in den typischen Fällen meist ganz oder treten erst gegen Ende der Krankheit auf. Ebenso selten sind *trophische Störungen* (Muskelatrophien).

Was nun den *Gesammtverlauf* der typischen Fälle betrifft, so entwickelt sich das Leiden sehr langsam und allmählich. Gewöhnlich treten zuerst in den Extremitäten motorische Symptome auf, Zittern, Paresen und Gehstörung. Oft klagen die Kranken gleichzeitig über zeitweilige Kopfschmerzen und Schwindel. Allmählich wird die Sprache undeutlicher, die Intelligenz schwächer, und es bilden sich die übrigen, oben erwähnten Erscheinungen der Krankheit aus. Fast immer erstreckt sich das Leiden auf Jahre oder gar Jahrzehnte. Schwankungen, Stillstände und Remissionen kommen oft vor. Namentlich beobachtet man im Anschluss an die oben erwähnten apoplectiformen Anfälle oft rasche Verschlimmerungen des Zustandes. Das letzte Stadium ist charakterisirt durch die allmählich immer stärker werdende allgemeine Ernährungsstörung, durch schliessliche Lähmungen und Decubitus. Der Tod erfolgt durch intercurrente Krankheiten oder unter zunehmender Schwäche, zuweilen auch in einem apoplectiformen Anfall.

Anomale Fälle. Ausser der beschriebenen typischen Form der multiplen Sclerose kommen, wie gesagt, nicht selten abweichende Fälle vor. Wir erwähnen kurz folgende Möglichkeiten:

1. Die Krankheit kann *sehr latent* verlaufen. Wir sahen einen Fall, in welchem Klagen über geringen Kopfschmerz und Schwindel lange Zeit das einzige Symptom waren. Einmal trat ein leichter, vorübergehender apoplectischer Insult ein, mehrere Monate später ein epileptiformer Anfall und wenige Tage darauf der Tod. Die Section ergab eine vollkommene ausgebildete multiple Sclerose.

2. Zuweilen tritt die Krankheit ganz *unter dem Bilde der chronischen Myelitis* auf. Die Gehirnherde machen keine Symptome (sind vielleicht nur in geringer Zahl vorhanden) und die spinalen Herde bewirken eine allmählich zunehmende Paraplegie der Beine, mit Blasenstörung, Sensibilitätsabnahme u. s. w. Wir verfügen über zwei Sectionsfälle von multipler Sclerose, bei welchen im Leben die Diagnose auf eine einfache Querschnittsmyelitis gestellt worden war.

3. Wiederholt sind Fälle bekannt geworden, wo die multiple Sclerose fast ganz unter dem Bilde einer *spastischen Spinalparalyse* aufgetreten ist.

4. Seltener treten Erscheinungen, wie bei der *Tabes* (Schmerzen und Ataxie), vorzugsweise hervor. Uebrigens sind auch Combinationen von multipler Sclerose mit grauer Degeneration der Hinterstränge beobachtet worden. — Localisirt sich die multiple Sclerose in ungewöhnlicher Ausbreitung im Pons und in der Oblongata, so können die Symptome der *chronischen Bulbärparalyse* hervortreten.

5. Endlich kann es vorkommen, dass die *psychischen Störungen* so sehr in den Vordergrund der Krankheit treten, dass das ausgesprochene Bild der *Dementia paralytica* entsteht.

Die **Diagnose** der multiplen Sclerose in den atypischen Fällen ist zuweilen ganz unmöglich oder höchstens dann mit einiger Wahrscheinlichkeit zu stellen, wenn ausser den abweichenden Symptomen wenigstens einige der für die Krankheit charakteristischen Erscheinungen vorhanden sind. Gerade der Umstand, dass die anomalen Fälle oft auch nicht recht in den Rahmen einer anderen Krankheitsform hineinpassen wollen, muss den Gedanken an die Möglichkeit einer multiplen Sclerose nahe legen. Denn hierbei können ja natürlich alle möglichen Combinationen von Symptomen vorkommen.

In den typischen Fällen ist die Diagnose meist nicht schwer. Das Intentionszittern, die spastischen Erscheinungen, die Sprachstörung, der Nystagmus, die allmählich meist deutlich werdende psychische Schwäche und eventuell die apoplectiformen Anfälle sind die am meisten zur Diagnose zu verwerthenden Zeichen. Die Unterscheidung von der Paralysis agitans (s. d.) ist fast immer leicht, wenn man bedenkt, dass, abgesehen von allem Anderen, bei dieser Krankheit das Zittern vorzugsweise in der Ruhe besteht und viel gleichmässiger oscillirend ist.

Die **Prognose** der multiplen Sclerose ist durchaus ungünstig. Ein Heilungsfall ist noch niemals mit Sicherheit beobachtet worden. Die Dauer der Krankheit kann sich freilich, wie oben erwähnt, auf eine sehr lange Zeit erstrecken.

Die **Therapie** versucht dieselben Mittel anzuwenden, welche wir bei der Besprechung der chronischen Myelitis angeführt haben. Der galvanische Strom, laue Bäder und Abreibungen, vielleicht auch der innerliche Gebrauch von Argentum nitricum dürften am ehesten einen vorübergehenden Erfolg versprechen.

SECHSTES CAPITEL.
Tabes dorsalis.
(Graue Degeneration der Hinterstränge. Ataxie locomotrice progressive.)

Mit dem alten Namen *Tabes dorsalis* („Rückenmarksschwindsucht")
bezeichnet man gegenwärtig eine ganz bestimmte chronische Erkrankung
des Centralnervensystems, als deren hauptsächlichste anatomische Grundlage eine *typische Degeneration der Hinterstränge des Rückenmarks*
anzusehen ist. Die Krankheit ist noch nicht sehr lange genauer bekannt. Die erste, freilich in vieler Beziehung noch lückenhafte Beschreibung, findet sich in einer Arbeit von W. HORN (1827). Eine um-
fassendere Kenntniss des Leidens und eine sichere Abgrenzung desselben
von den übrigen chronischen Rückenmarkskrankheiten verdanken wir
vor allem den Untersuchungen ROMBERG's in Deutschland (1851) und
DUCHENNE's in Frankreich (1858).

Aetiologie. Ueber die Ursachen der Tabes ist erst wenig Sicheres
bekannt. *Hereditäre Verhältnisse* spielen bei der echten Tabes eine
sehr geringe Rolle. Eine „neuropathische Belastung" der an Tabes erkrankten Individuen kann man nur selten nachweisen. Viel Gewicht
in ätiologischer Beziehung wurde früher auf vorhergegangene *Erkältungen* gelegt. Es lässt sich nicht leugnen, dass in manchen Fällen die
ersten Erscheinungen der Krankheit sich an eclatante Erkältungen und
Durchnässungen anschliessen; viel häufiger aber lässt sich etwas Derartiges nicht nachweisen. Eine ähnliche Bewandniss hat es auch mit
den *körperlichen* und *geistigen Ueberanstrengungen,* welche man früher
für das Entstehen mancher Fälle von Tabes verantwortlich machen
wollte. Dass *sexuelle Excesse* die Ursache einer Tabes werden können,
ist eine völlig unbegründete Behauptung. Von einigen Beobachtern
wird angeführt, dass sich die Tabes *im Anschluss an acute Krankheiten*
und im Anschluss *an Traumen* (Schenkelfracturen u. dgl.) entwickeln
könne. Auch in diesen seltenen Fällen ist es schwer, den Zusammenhang sicher festzustellen. Die frühere Lehre von der Entstehung der
Tabes nach *„unterdrückten Fussschweissen"* beruht offenbar auf einer
Verwechselung von Ursache und Wirkung. Das Aufhören der Fuss-
schweisse ist nicht die Ursache, sondern ein Symptom der beginnenden Tabes.

Ein ätiologisches Moment müssen wir aber noch erwähnen, welches
neuerdings namentlich von FOURNIER in Frankreich und von ERB in
Deutschland ganz in den Vordergrund gestellt wird — die *Syphilis.*

Trotz des lebhaften Widerspruchs, welchen diese Ansicht von anderer Seite her gefunden hat, erscheint uns doch die Möglichkeit eines Zusammenhangs der Tabes mit einer vorhergegangenen Lues für viele Fälle sehr naheliegend zu sein. Wenn wir auch zur Zeit noch keine eigenen bestimmten Zahlenangaben machen können (ERB fand unter 122 Fällen 59% mit sicherer früherer Lues, 30,3% mit früherem Chanker ohne secundäre Symptome, FOURNIER fand in 103 Fällen 94 mal syphilitische Antecedentien), so müssen wir doch anführen, dass auch uns in letzter Zeit das relativ sehr häufige Zusammenvorkommen von Tabes mit evidenten Zeichen früherer oder noch bestehender Syphilis aufgefallen ist. Auch die Fälle sind nicht selten, wo nach einer primären luetischen Infection sich nur *sehr geringe secundäre Symptome* einstellen, während später eine unzweifelhafte Tabes auftritt. Die Zeit zwischen der Infection und dem Beginn der tabischen Erscheinungen ist sehr wechselnd, sie schwankt zwischen 2 und 20 Jahren.

Endlich wollen wir hier die interessante, von TUCZEK gefundene Thatsache erwähnen, dass bei der *chronischen Mutterkornvergiftung* („*Ergotismus*") sich Erscheinungen ausbilden können, welche der Tabes vollkommen analog sind und auf einer anatomisch nachweisbaren Erkrankung der Hinterstränge des Rückenmarks beruhen.

Die Tabes ist vorzugsweise eine Krankheit des *mittleren Lebensalters*. Die meisten Erkrankungen beginnen im Alter von etwa 35 bis 45 Jahren. Beim *männlichen Geschlecht* ist das Leiden entschieden häufiger, als beim weiblichen. Doch kommt auch bei Frauen die Tabes nicht besonders selten vor.

Pathologische Anatomie. Untersucht man das Rückenmark eines im vorgerückten Stadium der Tabes gestorbenen Patienten, so fällt einem zunächst meist die Schmalheit und Dünne des ganzen Marks auf. Die Pia mater ist getrübt und verdickt, namentlich an der hinteren Fläche. Häufig sieht man die Hinterstränge als ein durch die ganze Länge des Rückenmarks sich erstreckendes *graues Band* durchschimmern. Auf Querschnitten bemerkt man, dass die Kleinheit des Marks vorzugsweise auf der oft sehr beträchtlichen *Atrophie der Hinterstränge* beruht, welche ihre normale hintere Wölbung ganz verloren haben und flach und eingesunken erscheinen. Durch ihre ausgesprochen graue Färbung unterscheiden sie sich auch auf dem Querschnitte sehr deutlich von der übrigen weissen Rückenmarksubstanz. Eine beträchtliche Atrophie zeigen ausnahmslos auch die *Hinterhörner der grauen Substanz* und die *hinteren Nervenwurzeln,* welche sehr schmal, dünn und ebenfalls grau verfärbt aussehen.

Nähere Auskunft über die Ausbreitung und die Art der Degeneration gewährt die *mikroskopische Untersuchung*. Dieselbe zeigt, dass nicht alle Abschnitte der Hinterstränge in gleicher Weise erkranken. Im *Lendenmark* ist die Degeneration stets am intensivsten; sie betrifft hier vorzugsweise die mittleren und hinteren Theile der Hinterstränge, während der vorderste Abschnitt in allen Fällen intact bleibt (s. Fig. 29). Im *Brustmark* sind die Hinterstränge fast vollständig degenerirt. Nur in den hinteren äusseren Theilen und in den vordersten Abschnitten sind gewöhnlich noch kleine normale Felder erhalten. Im *Halsmark* (s. Fig. 30) sind vorzugsweise

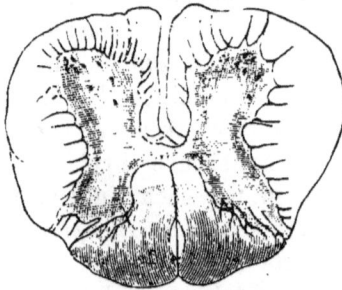

Fig. 29. Querschnitt durchs Lendenmark bei der Tabes dorsalis. Die erkrankten Partien der Hinterstränge sind schraffirt.

die sogenannten Goll'schen Stränge und die „seitlichen Wurzelfelder", d. h. diejenigen Abschnitte in den Keilsträngen erkrankt, in welche directe Fasern aus den hinteren Nervenwurzeln hineintreten und aus welchen sich weiterhin Fasern in die graue Substanz der Hinterhörner hinein verfolgen lassen. Dagegen bleiben die sogenannten hinteren äusseren Felder und auch zwei kleine, vorn seitlich gelegene Felder ganz oder wenigstens lange Zeit von der Erkrankung verschont. Wie sich die ersten Anfänge der Erkrankung localisiren, zeigen die Figg. 31 u. 32, Seite 183, welche die Präparate eines Falles im allerersten Stadium der Krankheit darstellen.

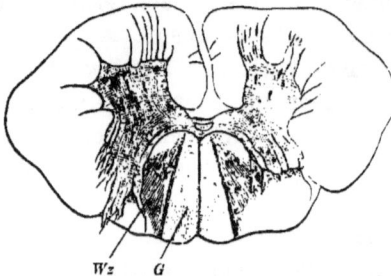

Fig. 30. Querschnitt durchs Halsmark bei der Tabes dorsalis. *G* = Goll'sche Stränge, *Wz* = Wurzelzonen.

Am bemerkenswerthesten ist, dass die beschriebene Degeneration sich in fast genau gleicher Weise in allen Fällen wiederfindet, dass immer dieselben Abschnitte vorzugsweise erkranken, während gewisse andere Abschnitte constant frei bleiben, dass die Erkrankung sich vollkommen scharf begrenzt und in beiden Hälften des Rückenmarks vollkommen symmetrisch ist. Dieses Verhalten ist nur erklärlich, wenn man annimmt, dass bei der Tabes stets gewisse *Fasersysteme* erkranken, d. h. Fasern, welche in anatomischer und physiologischer Hinsicht eine bestimmte Zusammengehörigkeit besitzen. Da nun, wie die Symptome der Tabes zeigen, offenbar Fasern verschiedener Functionen erkranken, so muss man die Krankheit nicht als eine einfache, sondern als eine *combinirte Systemerkrankung* bezeichnen, um so mehr, als auch be-

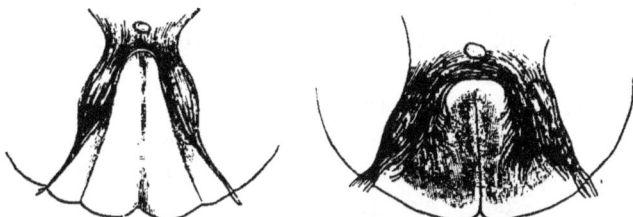

Fig. 31 u. 32. Querschnitt durch die Hinterstränge des Rückenmarks bei beginnender Tabes dorsalis. Fig. 31 Brustmark, Fig. 32 Lendenmark.

stimmte *Gehirnnerven* (Opticus, Theile des Oculomotorius und andere Augenmuskelnerven) nicht selten gleichzeitig erkrankt gefunden werden (s. u.).

Die *Art* der Erkrankung besteht in einer primären degenerativen Atrophie der Nervenfasern und in einer dem entsprechenden secundären Vermehrung des Bindegewebes. In Folge des Verlustes der Markscheiden tritt die Graufärbung der Hinterstränge ein. Da der Untergang der Nervenfasern nur sehr langsam fortschreitet, so finden sich stets auch nur wenige Fettkörnchenzellen (s. S. 162). In alten Fällen findet man reichliche Corpora amylacea, deren Entstehung und Bedeutung noch unbekannt ist. Die *Atrophie der grauen Hinterhörner* und der *hinteren Wurzeln* haben wir schon oben erwähnt. Sie geht der Degeneration der Hinterstränge vollständig parallel, da es, wenigstens zum grössten Theil, *dieselben Fasern* sind, welche in ihrem Verlauf von den hinteren Wurzeln bis in die Hinterstränge und weiter in die Hinterhörner hinein atrophiren. Die Verdickung der *Pia mater* ist eine secundäre, unwesentliche Erscheinung. Ob auch in den *peripheren spinalen Nerven* bei der Tabes Veränderungen vorkommen, ist noch nicht sicher festgestellt.

Ueber die näheren Beziehungen zwischen der anatomischen Erkrankung und den klinischen Symptomen der Tabes werden wir das Wenige, was wir hierüber wissen, weiter unten mittheilen.

Symptome und Krankheitsverlauf. Eine Krankheit, welcher eine so bestimmte und streng begrenzte anatomische Veränderung zu Grunde liegt, wie dies bei der Tabes der Fall ist, muss auch ein sehr charakteristisches, klinisches Symptomenbild geben. Diese Voraussetzung trifft in vollem Maasse zu und es giebt daher wenige Krankheiten, welche schon in ihrem frühesten Stadium mit solcher Sicherheit diagnosticirt werden können, wie die Tabes dorsalis. Auch diese Thatsache wird nur verständlich, wenn man die Tabes als eine Systemerkrankung auffasst, bei welcher stets gewisse Fasersysteme erkranken, während andere ebenso constant von der Krankheit verschont bleiben. Die Unterschiede, welche die verschiedenen Fälle von Tabes darbieten, beziehen sich daher auch weniger auf die Symptome selbst, als auf ihre Intensität, ihre Dauer und die Reihenfolge ihres Auftretens.

Für die Mehrzahl der Fälle kann man folgendes *allgemeine Krankheitsbild* entwerfen, wobei man zweckmässig den ganzen Krankheitsverlauf in mehrere Stadien eintheilt.

Die Tabes beginnt in der Regel mit einem *Stadium der Initialerscheinungen,* welches sich sehr allmählich, unmerklich entwickelt und von sehr verschieden langer Dauer sein kann. Das am meisten charakteristische Symptom dieses Stadiums sind *sensible Reizerscheinungen,* am häufigsten in Form der sogenannten *blitzartigen, „lancinirenden“ Schmerzen* in den unteren Extremitäten. Ihre Intensität ist zuweilen sehr heftig, während sie in anderen Fällen nur gering sind, von den Kranken relativ wenig beachtet und für „Rheumatismus“ gehalten werden. In den *Fingerspitzen,* besonders am 4. und 5. Finger, haben viele Patienten ein Gefühl von Kriebeln und Taubsein; am Rumpf tritt nicht selten ein ausgesprochenes *Gürtelgefühl* auf.

Neben diesen sensiblen Reizerscheinungen, welche oft Jahre lang das einzige Sympton sein können, über welches die Kranken klagen, treten schon sehr frühzeitig zwei *objective* Symptome auf, welche für die Diagnose der Tabes incipiens von der grössten Wichtigkeit sind: das zuerst von WESTPHAL gefundene *Verschwinden der Patellarreflexe* und die *reflectorische Pupillenstarre.* Das Fehlen der Patellarreflexe ist das constanteste aller bekannten Symptome der Tabes, welches schon so frühzeitig nachweisbar ist, dass man fast niemals die Zeit seines Eintritts näher bestimmen kann. Die reflectorische Pupillenstarre, d. h. das Fehlen der Pupillenverengerung bei Lichteinfall, während die accomodativen Aenderungen der Pupillen dabei vollständig erhalten sein können, ist zwar lange nicht so constant, als das Fehlen der Patellarreflexe, aber doch auch ziemlich häufig. Sind alle drei Symptome, lancinirende Schmerzen, aufgehobener Kniereflex und Pupillenstarre, gleichzeitig vorhanden, so ist die Diagnose der Tabes, auch wenn alle übrigen Erscheinungen noch fehlen, absolut sicher, weil diese eigenthümliche Combination dreier, scheinbar so heterogener Symptome nur bei dieser Krankheit vorkommt.

Von selteneren Initialerscheinungen werden wir unten das *Doppelt-sehen* (durch Lähmung gewisser Augenmuskeln bedingt), die *Abnahme der Sehkraft (Atrophie des Opticus)* und gewisse *Sensibilitätsstörungen der Haut* (Analgesie) noch kennen lernen. Zuweilen treten auch leichte *Störungen der Harnentleerung* schon ziemlich frühzeitig auf.

Nachdem dieses erste Stadium der Krankheit sehr verschieden lange Zeit (wenige Monate bis 2—5—20 Jahre) gedauert hat, beginnt das *zweite Stadium,* welches man gewöhnlich als das *atactische Stadium der Tabes* bezeichnet.

Der Beginn dieses Stadiums kennzeichnet sich durch das Auftreten von *Gehstörungen.* Der Gang wird schwieriger, unsicherer und bekommt gewisse Eigenthümlichkeiten, welche wir unten näher beschreiben werden. Die genauere Untersuchung zeigt, dass die Gehstörung nicht auf einer Parese der Muskeln, sondern auf einer Coordinationsstörung, einer *Ataxie der unteren Extremitäten* beruht. Meist steigert sich dieses Symptom sehr langsam bis zu dem Grade, dass die Kranken nur mühsam und schliesslich gar nicht mehr gehen können. Nicht selten (fast immer aber erst nach Jahren) tritt später auch eine *Ataxie der oberen Extremitäten* ein.

Ausser den fortbestehenden Symptomen des ersten Stadiums treten jetzt neben der Ataxie häufig stärkere *Sensibilitätsstörungen* auf. Die Kranken haben ein Gefühl, als wenn sie auf Wolle, Filz oder dgl. gingen. Schliessen sie die Augen, so tritt starkes Schwanken des ganzen Körpers ein („*Romberg'sches Symptom*“). Die objective Untersuchung der Sensibilität ergiebt nicht selten eine deutliche *Abnahme des Tastsinns, der Schmerzempfindung* oder andere Empfindungsstörungen (s. u.). Besonders oft zeigt sich eine *Abnahme des Muskelsinns.* Die *Störungen der Harnentleerung* werden allmählich stärker und sehr häufig bildet sich allmählich eine *Cystitis* aus. Auch dieses Stadium kann Jahre lang bestehen. Zuweilen scheint die Krankheit still zu stehen, manchmal zeigen sich kleine Remissionen, dann wieder neue Verschlimmerungen des Zustandes.

Das *dritte Stadium,* das *Endstadium der Krankheit,* entwickelt sich dann, wenn die Kranken nicht schon vorher einem intercurrenten Leiden erlegen sind. Die Erscheinungen sind dieselben, wie im letzten Stadium der meisten anderen chronischen Rückenmarkskrankheiten. Die Kranken werden allmählich immer elender und hülfsloser und sind schliesslich ganz an ihr Lager gefesselt. Die Ataxie ist sehr hochgradig und zuweilen bilden sich jetzt auch *Paresen* aus, welche sich zu einer wirklichen *Lähmung der Beine* steigern können. In diesen (keineswegs häufigen) Fällen hat man ein Recht, das dritte Stadium der Tabes als *„paralytisches Stadium"* zu bezeichnen. Gewöhnlich entwickelt sich eine schwere Cysto-Pyelitis, Decubitus tritt auf, und der Tod erlöst endlich die Kranken von ihrem beklagenswerthen Zustande.

Dieses kurz skizzirte Krankheitsbild müssen wir jetzt durch die genauere *Besprechung der Einzelsymptome* vervollständigen.

1. **Störungen der Motilität an den Extremitäten.** Das für die Tabes typische motorische Symptom ist die *Störung der Coordination, die Ataxie* (vgl. S. 55). Dieselbe zeigt sich fast immer zuerst in den unteren Extremitäten. Lässt man bei Rückenlage der Kranken mit dem Fuss einen Kreis in der Luft beschreiben, so bemerkt man die Ungleichmässigkeit, das „Ausfahrende" der Bewegung. Noch zweckmässiger ist es, die Kranken aufzufordern, mit dem Hacken des einen Fusses das Knie des anderen Beines zu berühren. Man sieht dann, wie das bewegte Bein erst mehrmals an dem bezeichneten Ort vorbeifährt, ehe es ihn erreicht. Auch schon beim einfachen Uebereinanderschlagen der Beine ist die Ataxie oft bemerkbar, indem das gehobene Bein hierbei eine viel zu ausgiebige, schleudernde Bewegung macht.

Sehr charakteristisch ist die Veränderung des Gehens, der *atactische Gang*, welcher es oft ermöglicht, den Tabeskranken ihr Leiden schon auf den ersten Blick anzusehen. Sitzen die Kranken und wollen sie sich erheben, um zu gehen, so ist das Aufstehen mit Schwierigkeiten verbunden. Sie rücken die Beine auseinander, um einen festen Stützpunkt zu finden, nehmen, wo möglich, einen Stock zu Hülfe, und gewinnen oft erst nach mehreren Versuchen das richtige Gleichgewicht, um sich aufrecht zu erhalten. Der Gang selbst ist breitspurig, die Beine werden abnorm hoch gehoben und stampfend aufgesetzt. Lässt man die Kranken sich rasch umwenden, so tritt die Unsicherheit der Bewegung noch mehr hervor. Die meisten Patienten gehen immer am Stock und controliren die Bewegungen ihrer Beine, indem sie beim Gehen den Blick auf den Fussboden heften. Diese Controle ist namentlich dann nothwendig, wenn gleichzeitig die Sensibilität der Beine, speciell die Muskelempfindungen herabgesetzt sind.

Die Sensibilitätsstörungen sind auch der alleinige Grund des schon oben erwähnten ROMBERG'schen Symptoms, nämlich des *Schwankens bei geschlossenen Augen*, namentlich wenn die Patienten dabei die Hacken an einander stellen. Dieses Phänomen ist oft mit der Ataxie zusammen geworfen worden, hängt aber nur von der mangelhaften Controle der zur Erhaltung des Gleichgewichts nothwendigen Muskelbewegungen durch die Sensibilität der Fusssohlenhaut und der Muskeln selbst ab. Wird diese

Controle durch das Auge ersetzt, so ist das Schwanken unbedeutend; es wird aber sofort stärker, wenn die Controle durch das Auge wegfällt. Aus dem gleichen Grunde ist auch das Gehen im Dunkeln den meisten Tabeskranken viel schwerer, als am hellen Tage.

Ist die Ataxie sehr hochgradig, so können die Kranken sich schliesslich gar nicht mehr auf den Beinen erhalten. Das Gehen wird ganz unmöglich. Bei den einzelnen Bewegungen der Beine im Bett ist die Ataxie dann noch sehr deutlich nachweisbar. Fast immer tritt das Schleudernde der Bewegung, das *Uebermaass* der Innervation vor allem hervor.

Tritt im Laufe der Krankheit auch eine *Ataxie der oberen Extremitäten* auf, so ist diese leicht zu erkennen, wenn die Kranken nach einer bestimmten Stelle hin (z. B. an die Ohren) greifen, wenn sie die Spitzen beider Zeigefinger aus einer gewissen Entfernung an einander bringen oder wenn sie feinere Verrichtungen (schreiben, nähen) mit den Händen ausführen. Die Bewegungen sind unregelmässig, unsicher und ausfahrend. Besteht gleichzeitig eine Sensibilitätsstörung, so nimmt die Bewegungsanomalie in den Armen bei geschlossenen Augen noch mehr zu.

Ueber die *Ursache der Ataxie* bei der Tabes dorsalis ist schon viel geschrieben und viel gestritten worden, ohne dass bis jetzt eine völlige Einigung und Klarheit erzielt wäre. Vor allem sind es drei Theorien (oder richtiger Gruppen von Theorien), welche bis jetzt zur Erklärung der Ataxie aufgestellt worden sind. Nach der *ersten Theorie* (JACCOUD, CYON, BENEDIKT) beruht die Ataxie auf einer *Störung der Reflexthätigkeit im Rückenmark*. Nach der *zweiten Theorie* (LEYDEN u. A.) ist die Ataxie eine Folge der Sensibilitätsstörung bei der Tabes (*„sensorische Ataxie"*) und nach einer *dritten Ansicht* endlich (FRIEDREICH, ERB) handelt es sich bei der Ataxie um die Läsion bestimmter *„coordinatorischer Fasern"*, welche in *centrifugaler* Richtung verlaufend, die Coordination der Bewegung zu besorgen haben. Der nähere Ort, wo diese Fasern verlaufen, wird nicht sicher angegeben. CHARCOT verlegt ihn in die äusseren Abschnitte der Hinterstränge, in die sogenannten Keilstränge.

Es kann hier unmöglich unsere Aufgabe sein, eine genauere kritische Würdigung dieser Theorien zu versuchen. Der Hauptgrund, weshalb es zur Zeit überhaupt nicht möglich ist, eine unanfechtbare Erklärung für das Zustandekommen der Ataxie zu geben, liegt jedenfalls darin, dass wir den *Vorgang der normalen Coordination der Bewegung* noch nicht genau kennen und zu analysiren im Stande sind; denn offen-

bar muss jede Theorie über die Ursachen der Ataxie an die Vorgänge
bei der Coordination der normalen Bewegungen anknüpfen. Sucht man
sich hierüber eine klare Vorstellung zu machen, so scheint uns der
wesentlichste Punkt darin zu liegen, dass die Coordination der Bewegung keine angeborene, sondern eine *durch Uebung erlernte Fähigkeit
unserer Bewegungsorgane* ist. Die Bewegungen kleiner Kinder, welche
gehen lernen, sind atactisch und noch im späteren Lebensalter passirt
es oft, dass die Ausführung gewisser complicirterer und schwierigerer
Bewegungen erst erlernt werden muss. Wir können uns nun von
dieser Erlernung der Coordination keine andere Vorstellung machen, als
dass sie mit Hülfe der stetigen Einwirkung controlirender und corri-
girender, von der Peripherie stammender (centripetaler) Eindrücke zu
Stande kommt, wobei aber besonders hervorzuheben ist, dass diese Einwirkungen grösstentheils *unbewusst* erfolgen. Je sicherer wir in der
Ausführung der Bewegungen werden, um so mehr tritt der regulatorische Einfluss der centripetalen Erregungen in den Hintergrund, ohne
jedoch jemals ganz fortzufallen. Dabei ist keineswegs bloss an Erregungen zu denken, welche von der *Haut* der bewegten Theile den Cen-
tralorganen zugeführt werden, sondern ebenso sehr oder noch mehr an
solche, welche durch die wechselnde Spannung und Lage der *tieferen
Theile,* der *Muskeln, Fascien, Gelenkflächen* und *Bänder* bedingt sind.
Ja, sogar andere Sinnesorgane, vor allem das Auge, tragen unter Umständen zur Regulirung der Bewegung wesentlich bei.

Eine *Störung der Coordination* muss demnach zu Stande kommen,
wenn entweder die regulirenden Einflüsse selbst wegfallen oder wenn
sie ihre Wirksamkeit verlieren, d. h. wenn die Möglichkeit einer erfolgreichen Uebertragung derselben auf die motorischen Apparate aufgehoben
ist. Welches von diesen beiden Verhältnissen bei der Tabes realisirt
ist, wissen wir nicht genau. Vielleicht kommen beide in Betracht. Zu
Gunsten der Annahme eines Wegfalls centripetaler Erregungen bei der
Tabes lassen sich mehrere Umstände anführen: die häufig nachweisbaren Sensibilitätsstörungen, das Fehlen der Sehnenreflexe, der zweifellos verminderte Muskeltonus u. a. Alle diese Erscheinungen sind gewiss nicht an sich die Ursache der Ataxie, aber doch beachtenswerthe
Thatsachen, weil sie auf den thatsächlichen Ausfall centripetaler Erregungen überhaupt hinweisen. Vielleicht noch mehr für sich hat die
zweite Annahme, nach welcher die *Uebertragung* der regulatorischen
centripetalen Erregungen auf die motorischen Apparate bei der Tabes
gestört sei. Sie lässt sich vollständig mit der Thatsache vereinigen,
dass der Grad der *Ataxie bei der Tabes keineswegs der Störung der*

bewussten Sensibilität parallel geht. Es kommen zweifellos Fälle vor, bei welchen die Ataxie ziemlich beträchtlich, die Sensibilität, d. h. die bewusste Wahrnehmung der sensiblen Eindrücke aber so gut wie gar nicht gestört ist. Andererseits existiren mehrere Fälle in der Literatur, bei welchen trotz hochgradiger Anästhesie keine Ataxie bestand. In diesen Fällen war sicher der regulatorische Einfluss der von den anästhetischen Theilen ausgehenden Erregungen aufgehoben, aber derselbe konnte durch die *Controle von Seiten anderer Sinnesorgane (vornehmlich des Auges) ersetzt werden.* Denn, so lange die vollständig anästhetischen Kranken ihre Augen offen haben, können sie gut gehen, sobald sie die Augen schliessen, können sie dagegen keinen Moment mehr stehen und fallen sofort hin. Hier ist also eine Regulation der Bewegung durch die Augen noch möglich; es besteht keine eigentliche Ataxie. Bei der echten Ataxie bleibt auch trotz der versuchten Controle durch die Gesichtsempfindungen die Bewegung uncoordinirt, was wir nur dadurch erklären können, dass auch die vom Auge ausgehenden, die Bewegung regelnden Einflüsse nicht mehr zur Geltung kommen, weil die Uebertragung derselben auf die motorischen Apparate unmöglich geworden ist. Ein gewisser Einfluss des Auges auf die Bewegungen der Tabiker ist übrigens trotzdem unverkennbar. Sobald die Kranken die Augen schliessen, werden alle Bewegungen noch viel unsicherer und ermangeln nun jeder Controle, so dass das Urtheil der Kranken über das Maass ihrer Bewegungen bei gleichzeitig vorhandener Haut- und Muskelanästhesie jetzt vollständig verloren gegangen ist.

Den Ort, an welchem die Uebertragung centripetaler Eindrücke auf die motorischen Apparate zum Zwecke der Coordination der Bewegung stattfindet, können wir uns nur in der grauen Substanz und nur unter Vermittelung von Ganglienzellen vorstellen. Wir würden somit annehmen müssen, dass die Ataxie, insofern sie auf einer Störung jener Uebertragung beruht, anatomisch durch eine *Läsion der grauen Substanz* (Hinterhörner?) bedingt sein kann, womit natürlich nicht ausgeschlossen ist, dass auch der Ausfall centripetaler (unbewusster) Erregungen, abhängig von einer Läsion centripetaler, in den hinteren Wurzeln weiterhin im Rückenmark selbst verlaufender Fasern, auf das Zustandekommen der Ataxie von Einfluss sein kann.

Diese kurzen Andeutungen über die bei der Frage nach dem Entstehen der Ataxie in Betracht kommenden Verhältnisse mögen genügen, um dem Leser einen vorläufigen Ueberblick über die wichtigsten Gesichtspunkte und eine Anregung zu weiterem Nachdenken über den interessanten Gegenstand zu geben.

Die Ataxie ist die hauptsächlichste motorische Störung bei der Tabes. Die rohe Kraft der Musculatur kann dabei vollkommen normal sein und es ist vorzugsweise ein Verdienst DUCHENNE's, den principiellen Unterschied zwischen Ataxie und Lähmung zum ersten Mal klar präcisirt zu haben. Er zeigte, dass Atactische, welche keinen Schritt mehr allein gehen konnten, trotzdem mit ihren Beinen noch die grössten Kraftleistungen ausführen können. Wir selbst haben Jahre lang einen Turnlehrer behandelt, welcher trotz der stärksten Ataxie der Arme noch so viel Kraft in denselben besass, dass er, sich auf die Arme im Bett aufstützend, seinen ganzen Körper mit gestreckten Beinen schwebend erhalten konnte.

Indessen kommt es doch zuweilen vor, dass auch die rohe Kraft bei der Tabes nachlässt und dass die Muskeln *paretisch* werden. Es ist schon oben erwähnt, dass sich schliesslich im Verlaufe der Krankheit sogar eine vollständige *Paraplegie* ausbilden kann. In diesen Fällen findet man bei der anatomischen Untersuchung den Process auch nicht mehr allein auf die Hinterstränge beschränkt, sondern eine gleichzeitige (systematische) Degeneration der motorischen *Pyramiden-Seitenstrangbahn* im Lendenmark.

Endlich ist zu erwähnen, dass *geringe motorische Reizerscheinungen,* kleine Zuckungen in den Muskeln, namentlich in den Fingern, nicht selten sind. Man bemerkt dieselben aber nur bei besonders darauf gerichteter Aufmerksamkeit. Wie sie entstehen, ist nicht sicher bekannt.

Sehr charakteristisch ist das *Verhalten der Muskeln bei passiven Bewegungen.* Man bemerkt hierbei in den meisten Fällen eine ganz *auffallende Schlaffheit der Glieder,* so dass fast gar kein Muskelwiderstand zu fühlen ist. Wie es scheint, handelt es sich um eine *Herabsetzung des Muskeltonus,* deren Ursache noch nicht ganz klar ist. Da aber manche Gründe dafür sprechen, dass der normale Muskeltonus reflectorischen Ursprungs ist, so liegt der Gedanke an einen Zusammenhang zwischen dem Fehlen des Muskeltonus und den sonstigen Reflexstörungen bei der Tabes (Fehlen der Sehnenreflexe) nahe.

Die *elektrische Erregbarkeit der Nerven und Muskeln* verhält sich, wie gleich hier bemerkt werden mag, bei uncomplicirter Tabes völlig normal.

2. Störungen der Haut- und Muskelsensibilität. Wie schon erwähnt, beginnt die Tabes in der grossen Mehrzahl der Fälle mit *sensiblen Reizerscheinungen,* welche gewöhnlich auch im späteren Verlaufe der Krankheit anhalten. Neben den einfachen *Parästhesien* (Gefühl von Kriebeln, von Taubsein, Ameisenkriechen) sind vor allem die *tabischen Schmerzen* für die Krankheit charakteristisch.

Die *Intensität* der Schmerzen ist in den einzelnen Fällen sehr ver-schieden, aber ein völliges Fehlen derselben beobachtet man fast nie-mals. Manchmal werden die Kranken erst durch directes Befragen auf ihre geringen und nicht sehr häufig auftretenden Schmerzen auf-merksam; in anderen Fällen sind die heftigen Schmerzen eine anhal-tende Qual für die Patienten. Am meisten für die Tabes charakte-ristisch sind die *blitzartigen*, *„lancinirenden“ Schmerzen*, welche wie neuralgische Schmerzen eine Strecke weit längs dem Verlaufe der Ner-ven ausstrahlen. Sie treten nicht selten anfallsweise besonders stark auf, während sie zu anderen Zeiten nachlassen. Ausserdem kommen auch *bohrende, stechende* Schmerzen vor, welche auf einen Punkt fixirt sind und namentlich in der Nähe der Gelenke ihren Sitz haben, und endlich auch *„constringirende Schmerzen“*, welche vorzugsweise häufig im *Rücken* und *Kreuz* empfunden werden. An diese schliesst sich das bekannte häufig vorkommende *„Gürtelgefühl“* der Tabiker an, die Em-pfindung eines um den Rumpf fest umgelegten Bandes.

Entsprechend dem fast constanten Beginn der tabischen Erschei-nungen in den unteren Extremitäten, beginnen auch die tabischen Schmerzen in den Beinen. Im weiteren Verlauf stellen sich aber zu-weilen ganz analoge Schmerzen in den Armen ein und in sehr fort-geschrittenen Fällen haben wir auch Schmerzen im Gebiete der Occi-pitalnerven und des Trigeminus beobachtet. Selten sind die lanciniren-den Schmerzen von dem Auftreten einer *Herpes-Eruption*, wie bei echten Neuralgien, begleitet.

Gewöhnlich erst viel später, als die Schmerzen, stellen sich auch *objective Sensibilitätsstörungen* ein. Als Regel lässt sich aufstellen, dass in den meisten (nicht in allen) Fällen von Tabes die Sensibilität nicht normal bleibt, dass aber stärkere Anästhesien, wenn überhaupt, immer erst in vorgerückten Stadien der Krankheit auftreten.

Die Art der Sensibilitätsstörungen ist äusserst mannigfaltig und zum Studium interessanter Details im Gebiete der Empfindungsano-malien bietet keine Krankheit so vielfache Gelegenheit dar, als die Tabes. Namentlich stützen sich unsere Kenntnisse von dem Vorkommen *partieller Empfindungslähmungen* zum grössten Theil auf die Unter-suchungen an Tabikern. Der *Tastsinn* leidet in den meisten Fällen von Tabes, doch ist gewöhnlich nur eine gewisse Abstumpfung desselben nachweisbar. Erst bei weit fortgeschrittener Krankheit empfinden die Kranken leise Berührungen ihrer Haut gar nicht mehr. Der *Schmerz-sinn* verhält sich ebenfalls oft abnorm. Zuweilen beobachtet man eine ausgesprochene *Analgesie,* in anderen Fällen aber sogar eine sehr lebhafte Schmerzempfindlichkeit trotz mangelhafter Tastempfindung. Sehr häufig ist die Erscheinung, dass die Kranken bei einem Nadelstich zuerst nur eine geringe, nicht schmerzhafte Empfindung haben, wenige Secunden später aber (namentlich wenn das Stechen anhält) plötzlich zusammenzucken und einen lebhaften Schmerz angeben. Hierbei tritt gewöhnlich eine Reflexzuckung in dem betreffenden Beine ein. Man bezeichnet diese Erscheinung gewöhnlich als *„verlangsamte Leitung der Schmerzempfindung"*, oder als *„Reflexverspätung"*. Uns scheint aber das Symptom noch nicht genau genug analysirt, und namentlich nicht gehörig von den *Nachempfindungen* getrennt zu sein, welche bei der Tabes ebenfalls sehr häufig sind. Es kommt vor, das Tabeskranke nach jedem einzelnen Nadelstich in wechselnden Zwischenräumen 5—6 und mehr schmerzhafte Nachempfindungen angeben.[1]

Wenn hierbei die erste Empfindung nicht schmerzhaft ist, so geschieht es, dass die Kranken bei einem Nadelstich zuerst „jetzt" und bald darauf „au" sagen, weil sie dann erst den Schmerz empfinden (*„Doppelempfindung"* nach NAUNYN, REMAK u. A.). Eine eigenthümliche bei der Tabes vorkommende Sensibilitätsstörung hat FISCHER als *Polyästhesie* bezeichnet: die Patienten geben bei der Untersuchung mit dem Tasterzirkel an, 3—5 Spitzen zu fühlen, obgleich sie nur mit einer Spitze berührt werden.

Störungen des *Druck-* und *Temperatursinns* findet man ebenfalls ziemlich häufig, namentlich auch als *partielle Empfindungslähmungen* bei sonst gut erhaltener Sensibilität. Andererseits können insbesondere die Temperaturempfindungen zuweilen noch sehr scharf sein, während im Uebrigen bereits ein ziemlich hoher Grad von Anästhesie besteht.

Ein besonderes Interesse haben die in vorgeschrittenen Fällen häufig nachweisbaren beträchtlichen Anomalien des *Muskelsinns* (s. Seite 9). Schliessen die Patienten ihre Augen, so sind sie über die Lage und Stellung ihrer Extremitäten oft ganz im Unklaren. Passiv ausgeführte Bewegungen geben sie in Bezug auf Richtung und Ausdehnung falsch an. Sind die Muskelempfindungen der Arme gestört und bringt man letztere in irgend eine ungewöhnliche Stellung, so haben die Patienten bei geschlossenen Augen ziemliche Mühe, die Hände an einander zu

---

[1] Prüft man bei geschlossenen Augen in der Weise, dass man möglichst *gleichzeitig* einen Nadelstich am Bein und einen am Arm (oder am Halse) anbringt, so müsste, bei vorhandener verlangsamter Leitung der Empfindungseindrücke vom Bein aus, der Nadelstich am Bein deutlich später empfunden werden, als derjenige am Arm. Dieses Verhalten haben wir aber bis jetzt niemals deutlich nachweisen können.

bringen. Sie fahren mit den Armen so lange in der Luft umher, bis sie zufällig mit der einen Hand den andern Arm berühren und tasten dann an diesem abwärts bis zur Hand. Hierbei combinirt sich also die Wirkung der Ataxie und der Muskelanästhesie. Unmöglich kann man aber die erstere als Folge der letzteren auffassen. Denn es giebt zweifellos Fälle von Tabes — auch wir selbst haben solche gerade mit Bezug auf diese Frage genau untersucht — bei welchen trotz bestehender Ataxie die Bewegungs- und Lagempfindungen vollkommen normal sind. Die Störung der gewollten Bewegungen durch den Verlust des Muskelsinns kommt nur bei geschlossenen Augen in Betracht. Bei offenen Augen ersetzt die Controle des Gesichtssinns die fehlenden Muskelgefühle.

3. Störungen der Reflexe. Die *Hautreflexe* zeigen bei der Tabes keine constanten Veränderungen. Meist verhalten sie sich annähernd normal, zuweilen sind sie abgeschwächt.

Ein constantes und diagnostisch höchst werthvolles Symptom der Tabes ist aber das *Fehlen der Sehnenreflexe, insbesondere des Patellarreflexes.* Wir haben eine Ausnahme von dieser Regel noch niemals gesehen und bezweifeln, dass die vereinzelten angeführten Fälle von Tabes mit erhaltenem resp. sogar gesteigertem Patellarreflex wirklich typische Tabesfälle gewesen sind. Ein anatomisch untersuchter Fall von Tabes mit erhaltenem Kniereflex ist noch nie beschrieben worden. Wie schon erwähnt, ist das Erlöschen des Reflexes eins der frühzeitigsten Symptome der Krankheit, welches gerade in den ersten Stadien der Tabes die Diagnose oft schon mit völliger Sicherheit ermöglicht. Ueber die anatomische Ursache der in Rede stehenden Erscheinung sind wir ebenfalls ziemlich gut unterrichtet. Wir wissen, dass die Degeneration in dem mittleren Abschnitt der Hinterstränge des Lendenmarks (vergl. Fig. 32) das Verschwinden des Patellarreflexes zur Folge hat.

4. Störungen von Seiten des Auges und der übrigen Sinnesorgane. Die Berechtigung, die Tabes als eine *combinirte* Systemerkrankung aufzufassen, ergiebt sich aus der Häufigkeit, mit welcher sich neben den spinalen auch gewisse cerebrale Symptome bei der Tabes vorfinden.

Beachtung verdienen vor allem die Erscheinungen an den Augen. Freilich nicht in allen Fällen, doch jedenfalls in der grossen Mehrzahl derselben, findet man *Störungen an den Pupillen.* Oft sind die Pupillen sehr eng („*spinale Myosis*") und zeigen auf Lichtreiz keine Spur von

Verengerung, während die bekannten Veränderungen der Pupillenweite
bei wechselnder Accommodation des Auges vollkommen deutlich eintreten. Man bezeichnet dieses Phänomen, dessen nähere anatomische Ursache noch nicht bekannt ist, mit dem Namen der *reflectorischen Pupillenstarre bei erhaltener accommodativer Beweglichkeit der Pupillen.*
Uebrigens braucht dabei keineswegs immer gleichzeitig eine Myosis vorhanden zu sein, sondern man findet nicht sehr selten auch ziemlich
weite, aber reflectorisch starre Pupillen. Wie schon erwähnt, ist die
Pupillenstarre ebenfalls häufig schon ein sehr frühzeitig auftretendes
Symptom, so dass demselben eine bedeutende diagnostische Wichtigkeit zukommt.

Sehr interessant sind ferner die bei der Tabes vorkommenden
Augenmuskellähmungen. Sie treten gewöhnlich einseitig, doch zuweilen
auch doppelseitig auf und zwar oft schon gleich im Beginn der Krankheit, so dass *Doppeltsehen* das erste subjective Symptom sein kann, über
welches die Kranken klagen. Bei jeder plötzlich, ohne sonstige Veranlassung eintretenden Oculomotorius- oder Abducenslähmung muss man an
die Möglichkeit einer Tabes incipiens denken. Bemerkenswerth ist, dass
diese Lähmungen in vielen Fällen nach einiger Zeit wieder vollständig
und dauernd verschwinden. Zuweilen bleiben sie aber auch bestehen,
wie wir es wiederholt beobachtet haben, so namentlich in einem Falle
mit doppelter Abducens- und einseitiger Oculomotoriuslähmung, ferner
in einem Falle mit beiderseitiger fast vollständiger Oculomotoriuslähmung. Bei der Section derartiger Fälle findet man die betreffenden
Nervenstämme und ihre Kerne hochgradig atrophisch.

Die dritte Complication der Tabes von Seiten des Auges ist die
Atrophie des Opticus. Sie tritt ebenfalls in der Mehrzahl der Fälle
als Initialsymptom auf, zu einer Zeit, wo ausserdem nur noch die gewöhnlich bereits fehlenden Sehnenreflexe die Diagnose des Leidens ermöglichen. Die Kranken klagen über Abnahme der Sehkraft, namentlich erlischt das Unterscheidungsvermögen für die *Farben* (besonders
für Grün) und durch die ophthalmoskopische Untersuchung kann die
beginnende graue Degeneration des Sehnerven leicht nachgewiesen werden. Die Affection macht zuweilen kleine Stillstände und geringe scheinbare Besserungen, endigt aber immer mit völliger Blindheit. Seltener
tritt die Atrophie des Opticus erst in späteren Stadien der Krankheit
auf, wenn bereits alle übrigen Symptome derselben voll entwickelt sind.

Gehörstörungen sind viel seltener, als Sehstörungen, kommen aber
auch vor. Die Ursache derselben ist, wenigstens in einem Theil der
Fälle, eine *Atrophie des Acusticus.* Manchmal beobachtet man auch

Symptome, welche denen der *Menière'schen Krankheit* ähnlich sind (Ohrensausen, Schwindel und Schwerhörigkeit).

Veränderungen des *Geschmack-* und *Geruchsinns* sind nur in vereinzelten Fällen beobachtet worden.

5. Störungen von Seiten der Blase, des Mastdarms und der Sexualorgane. Störungen in der Entleerung der Harnblase sind ein in den späteren Stadien der Tabes fast constant vorkommendes Symptom. Zuweilen treten sie jedoch auch schon sehr frühzeitig auf. Die Kranken empfinden einen häufigeren Harndrang, nicht selten kommt es zu geringer unfreiwilliger Harnentleerung, zu anderen Zeiten tritt, zuweilen ganz plötzlich, eine Retentio urinae ein und in vorgerückten Fällen besteht sehr häufig eine vollkommene Incontinentia urinae. In Folge aller dieser Störungen entwickelt sich sehr häufig eine *Cystitis*, welche der Ausgangspunkt einer schweren Cysto-Pyelitis und Pyelo-Nephritis und somit die Todesursache werden kann.

Ein ebenfalls sehr häufiges Symptom der Tabes ist die anhaltende *Obstipation,* deren Grund vielleicht in der mangelhaften reflectorischen Anregung der Darmperistaltik zu suchen ist. Die Verstopfung kann in manchen Fällen zu grossen Beschwerden der Kranken Anlass geben, da sie zuweilen heftige schmerzhafte Sensationen im Leibe und im Kreuze hervorruft. *Incontinentia alvi* kommt relativ selten in den letzten Stadien der Krankheit vor.

Eine *Abnahme der Geschlechtsfunctionen* findet man fast constant in vorgerückten Fällen der Krankheit. Manchmal gehört die Verminderung der Potenz aber auch schon zu den Initialsymptomen.

6. Symptome von Seiten der inneren Organe. Nicht sehr selten beobachtet man bei der Tabes gewisse, zum Theil sehr charakteristische Symptome von Seiten der inneren Organe, welche jedenfalls in Innervationsstörungen ihren Grund haben. Am wichtigsten und relativ am häufigsten sind die sogenannten „*gastrischen Krisen*". Dieselben treten fast immer plötzlich, anfallsweise auf und bestehen in einem äusserst heftigen cardialgischen Schmerz, welcher von lebhaftem Erbrechen begleitet ist. Dabei befinden sich die Kranken sehr elend und häufig besteht gleichzeitig Herzklopfen, Pulsbeschleunigung, Schwindel u. dgl. Die Anfälle dauern etwa 2—3 Tage. Bei manchen Kranken wiederholen sie sich alle paar Monate.

Als „*laryngeale Krisen*" bezeichnet man Anfälle von heftiger Athemnoth, welche wahrscheinlich auf einem Glottiskrampf beruhen und einen sehr beängstigenden Grad erreichen können. Sie sind zuweilen verbunden mit einem heftigen krampfhaften nervösen Husten.

In vereinzelten Fällen sind auch *„renale Krisen"* („crises nephri-
tiques") beschrieben worden, welche in heftigen Nierenkolik-ähnlichen
Schmerzattaquen bestehen.

Endlich ist hier noch zu bemerken, dass man zuweilen bei Tabikern
eine beständige, auffallend *hohe Pulsfrequenz* (100—120 Schläge in der
Minute) beobachtet. Die von einigen Autoren hervorgehobene Combination der Tabes mit *Aorteninsufficienz* haben auch wir zweimal beobachtet. Der nähere Zusammenhang beider Affectionen ist noch ungewiss (Syphilis?).

7. Trophische Störungen. In vielen Fällen von Tabes fehlen
trophische Störungen vollkommen. Das gelegentliche Auftreten einer
Herpes-Eruption bei heftigen lancinirenden Schmerzen ist schon oben
erwähnt.

Grösseres Interesse haben die eigenthümlichen *Gelenkerkrankungen,*
welche bei der Tabes vorkommen und zuerst von CHARCOT genauer beschrieben sind (*„arthropathies tabétiques"*). Die Affection sitzt am
häufigsten im Knie- und Hüftgelenk, seltener im Fussgelenk und Schultergelenk. Meist ist sie doppelseitig, wenn auch auf der einen Seite
stärker, als auf der anderen. Zuweilen findet man reichliche *seröse
Ergüsse,* gewöhnlich aber eine hochgradige *deformirende Arthritis* mit
starker Atrophie der Knochenenden und mit reichlicher Osteophyten-
bildung. Auch spontane Luxationen und Fracturen kommen vor. Eine
Erkrankung der grauen Vorderhörner, wie sie CHARCOT als Ursache
der Gelenkaffection vermuthete, liess sich in einem von uns anatomisch
untersuchten Falle *nicht* nachweisen. Es ist nicht unmöglich, dass die
Anästhesie der Gelenkflächen, welche die Schonung der erkrankten Gelenke verhindert, mit zur Ausbreitung der Affection beiträgt.

Die *Muskeln* behalten ihren normalen Ernährungszustand bei, soweit sie nicht an einer allgemeinen Abmagerung theilnehmen. CHARCOT
beschrieb einen Fall von *Combination der Tabes mit echter progressiver
Muskelatrophie,* bei welchem die Section ausser der Atrophie der Hinterstränge eine Degeneration der grauen Vordersäulen im Rückenmark ergab.

Bemerkenswerth ist noch, dass wiederholt Fälle vom *„Mal perfo-
rant du pied"* (tiefe Ulcerationen an den Hacken) bei der Tabes beobachtet worden sind.

8. Cerebrale Symptome. Ausser den schon erwähnten häufigen und wichtigen Störungen von Seiten gewisser Hirnnerven (Opticus,
Augenmuskel-Nerven) haben wir hier noch die Beziehung der Tabes
zur *allgemeinen progressiven Paralyse* zu erwähnen. Einerseits gesellen
sich im Verlaufe des letzteren nicht selten die Erscheinungen der Tabes

hinzu, wobei die Section eine typische Degeneration der Hinterstränge nachweist (WESTPHAL). Andererseits kommt es aber auch vor, dass der ganze Process mit einer Tabes beginnt, welche Jahre lang für sich ohne irgend welche psychischen Symptome bestehen kann, und dann treten erst zum Schluss die Symptome der Dementia paralytica hinzu (Grössenideen, Blödsinn u. s. w.).

Wiederholt beobachtet ist die *Complication der Tabes mit Hemiplegie.* Die letztere beruht auf einer Gehirnhämorrhagie oder embolischen (thrombotischen) Gehirnerweichung, so dass es zweifelhaft ist, ob beide Affectionen einen wirklichen Zusammenhang haben oder nur eine zufällige Combination darstellen.

Gesammtverlauf und Prognose. Während die meisten der charakteristischen tabischen Symptome sich in fast allen Fällen entwickeln, zeigt doch die Reihenfolge und Intensität ihres Auftretens grosse Verschiedenheiten. Das am häufigsten zur Beobachtung kommende allgemeine Krankheitsbild haben wir bereits oben kurz geschildert, auch mannigfache sonstige Verlaufseigenthümlichkeiten sind bereits gelegentlich erwähnt worden.

Wir haben hervorgehoben, dass die Initialperiode meist durch die lancinirenden Schmerzen charakterisirt ist, dass letztere aber an Intensität sehr verschieden sein können und dass die Dauer dieses ersten Stadiums zwischen wenigen Monaten und Jahrzehnten schwanken kann. Als seltenere Initialerscheinung waren die Atrophie des Opticus und die Augenmuskellähmungen zu nennen. Der Uebergang des ersten Stadiums in das zweite, ins Stadium der Ataxie, erfolgt zuweilen sehr allmählich, in anderen Fällen aber auffallend rasch und plötzlich. Derartige, mit einem Mal auftretende Verschlimmerungen des Zustandes haben wir wiederholt beobachtet. Waren die vorhergehenden Erscheinungen gering, so rechnen die Patienten erst von hier an ihre Erkrankung und erzählen, dass sie ganz plötzlich bei irgend einer Veranlassung zusammengebrochen wären und seitdem gar nicht mehr oder nur mühsam gehen könnten. In solchen Fällen kommen nicht selten langsame Besserungen des plötzlich verschlechterten Zustandes vor, welche freilich nicht von Dauer sind.

Ueber das Weiterfortschreiten der Krankheit, das Uebergreifen der Ataxie auf die Arme, das Auftreten der selteneren Symptome (Gelenkleiden, gastrische Krisen u. s. w.) lassen sich keine allgemein gültigen Regeln aufstellen. Fast jeder einzelne Fall bietet seine Eigenthümlichkeiten dar, indem häufig eine Gruppe von Symptomen besonders hervortritt, während eine andere ganz fehlt oder nur in geringem Maasse entwickelt ist. Im Ganzen ist aber doch fast stets ein allmähliches, wenn auch sehr langsames Fortschreiten des Leidens erkennbar. Neue Symptome treten auf, die alten verschlimmern sich, der Allgemeinzustand wird schlechter, bis schliesslich das letzte Stadium der Krankheit herangerückt ist.

Heilungen der Tabes kommen, wenn überhaupt, nur sehr selten vor. Die Behandlung des Leidens vermag zwar Besserungen zu erzielen, den Gesammtverlauf der Krankheit zu verzögern und einzelne Symptome derselben zu lindern. Indessen ist die *Prognose* doch stets als ungünstig zu betrachten, obwohl viele Kranke, namentlich unter günstigen äusseren Verhältnissen, Jahre lang eine erträgliche Existenz führen können.

Diagnose. Es giebt kaum eine andere Rückenmarkskrankheit, deren Diagnose in den meisten Fällen mit so grosser Sicherheit und relativer Leichtigkeit gestellt werden kann, als die Diagnose der Tabes. Eben weil die Tabes eine combinirte *Systemerkrankung* ist, bietet sie eine so bestimmte Combination von Symptomen dar, wie sie unter anderen Verhältnissen gar nicht vorkommen kann. Die Diagnose wird daher auch nicht aus irgend einem einzelnen Symptom, sondern nur aus der Vereinigung aller und aus dem Gesammtverlauf der Krankheit gestellt.

Wichtig ist vor allem die *Diagnose der initialen Tabes*. In jedem Falle von hartnäckigen „rheumatischen" oder ähnlichen Schmerzen in den unteren Extremitäten soll man an die Möglichkeit einer Tabes denken und die Sehnenreflexe und die Pupillen untersuchen. Schmerzen, beiderseits fehlende Patellarreflexe und reflectorische Pupillenstarre machen die Diagnose sicher, die ersten beiden Symptome allein mindestens sehr wahrscheinlich. Verwechselungen könnten vorkommen mit tief sitzenden Tumoren, Wirbelaffectionen, mit neuritischen Erkrankungen, doch werden hierbei die gewöhnlich bald eintretenden motorischen Störungen und die Veränderungen der elektrischen Reaction die Unterscheidung ermöglichen. Sehr wichtig können die Augenmuskellähmungen, vorübergehende Ptosis, vorübergehendes Doppeltsehen für die Diagnose werden. Auch bei diesen Symptomen vergesse man nie, an die Möglichkeit einer Tabes zu denken. Endlich ist hier noch einmal an den Beginn der Krankheit mit einer Sehnerven-Atrophie zu erinnern. In seltenen Fällen können die frühzeitig auftretenden gastrischen Krisen anfangs eine Magenaffection vortäuschen, bis die Untersuchung der übrigen Symptome die wahre Natur des Leidens aufklärt.

Im *ausgebildeten atactischen Stadium* der Tabes ist die Diagnose fast stets leicht und oft auf den ersten Blick zu stellen. Die Anamnese,

der charakteristische atactische Gang, das Schwanken beim Schliessen
der Augen, die fehlenden Reflexe u. s. w. schützen vor Verwechselungen.
Schwieriger kann die Diagnose sein, wenn man den Kranken erst im
letzten Stadium zu sehen bekommt, wenn wirkliche Lähmungen eingetreten sind, wenn eine complicatorische Hemiplegie entstanden ist
u. dgl. In solchen Fällen muss man auf die Entwicklung des Leidens
Gewicht legen und heraussuchen, was noch jetzt von charakteristisch
tabischen Symptomen — Pupillenerscheinungen, Fehlen der Patellarreflexe, Reste der Ataxie, Schmerzen — nachzuweisen ist. Dann wird
man bei gehöriger Aufmerksamkeit und Sachkenntniss die Diagnose
fast immer noch richtig stellen können.

Therapie. Die Langwierigkeit des Krankheitsverlaufes bei der Tabes
erfordert es, dass der Arzt eine Auswahl von Mitteln und Kurmethoden
zur Hand hat, mit denen er nach den vorliegenden Umständen abwechseln kann, theils um durch eine neue Angriffsweise des Leidens doch
eine gewisse Besserung zu erzielen, theils um wenigstens den Muth und
die Hoffnung der Erkrankten immer wieder von Neuem anzufachen.

Liegt *Syphilis* als mögliches ätiologisches Moment vor, so halten
wir es für durchaus berechtigt, zunächst eine *antiluetische Behandlung*
(Schmierkur mit 3,0—5,0 Ungt. cinereum pro die, innerlich Jodkalium)
vorzunehmen. In sehr vielen Fällen hat diese freilich keinen eclatanten
Nutzen — hier und da wird sogar von Verschlimmerungen durch eine
Schmierkur berichtet — zuweilen sieht man aber doch entschiedene
Besserung. Je früher man die Kur beginnen kann, desto aussichtsreicher
ist sie. Die bereits verloren gegangenen Fasern der Hinterstränge werden natürlich durch Quecksilber und Jod nicht wieder hergestellt werden.

Ist die antiluetische Behandlung nicht indicirt oder erfolglos geblieben, so verdienen die Elektricität und die Balneo- resp. Hydrotherapie
das relativ grösste Zutrauen.

Die *elektrische Behandlung* besteht vorzugsweise in der Durchleitung aufsteigender *constanter Ströme durch das Rückenmark*. Die
Ströme dürfen nicht zu stark sein, die Sitzungen erfolgen täglich oder
alle zwei Tage und dauern 3—5 Minuten. Erb empfiehlt die mittel-
grosse Kathode auf die Gegend des obersten Sympathicusganglion zu
setzen, die grosse Anode dicht neben den Dornfortsätzen auf die andere
Seite der Wirbelsäule, in Absätzen von oben nach unten rückend. Für
jede Seite dauert dieses Verfahren etwa 2—3 Minuten. Gute Erfolge
erzielt man ausserdem in symptomatischer Beziehung durch die *periphere Galvanisation* bei vorhandenen starken Schmerzen, bei bestehender Blasenschwäche u. s. w. Findet man, was aber selten der Fall ist,

Schmerzpunkte an der Wirbelsäule, so werden diese mit stabiler Anode besonders behandelt. Neuerdings ist auch die von RUMPF empfohlene Behandlung der Tabes mit dem *faradischen Pinsel* (starke Pinselung der Haut des Rückens und der Extremitäten 5—10 Minuten lang) mehrmals mit gutem Erfolge angewandt worden. Jede elektrische Behandlung muss, um Resultate zu erzielen, Monate lang fortgesetzt werden.

Die *Hydrotherapie* hat, in rationeller Weise angewandt, häufig nicht unbeträchtliche Besserungen der Tabes zur Folge, während sie sonst viel Unheil anrichten kann. Heisse Bäder, namentlich Dampfbäder, haben oft rasche Verschlimmerungen zur Folge, eine Thatsache, die man leider nicht selten beobachten kann, wenn den Patienten im Beginn ihres Leidens „wegen Rheumatismus" Dampfbäder verordnet worden sind. Ebenso sind lange feuchte Einpackungen und stärkere Abreibungen oft von ungünstigem Erfolge begleitet. Dagegen thuen laue Halbbäder (20 bis höchstens 24° R., ca. 10 Minuten lang), verbunden mit leichtem Reiben der Haut, oft gute Dienste. Feuchte Binden, des Nachts um den Leib oder die Beine gelegt, können vorhandene Schmerzen in günstiger Weise beeinflussen. Im Allgemeinen ist es rathsam, wohlhabendere Kranke im Sommer in eine mit Sachkenntniss geleitete und gut eingerichtete Wasserheilanstalt zu schicken. Doch kann man auch zu Hause die nöthigen Proceduren vornehmen lassen.

Von den *Bädern*, deren Gebrauch bei der Tabes empfohlen wird, hat unzweifelhaft *Rehme* den grössten Ruf und die relativ besten Erfolge aufzuweisen. Mancher alte Tabiker kommt freilich auch aus Rehme gerade so zurück, wie er hingegangen ist. Immerhin ist beim Anrathen einer Badekur Rehme in erster Linie in Aussicht zu nehmen. Eine sehr ähnliche Zusammensetzung haben die Bäder in *Nauheim*. Die indifferenten Thermen (Teplitz, Wildbad, Ragaz u. a.), früher sehr beliebt, haben gegenwärtig ihren Ruf bei der Tabes eingebüsst. *Moorbäder* und *Eisenbäder* (Pyrmont, Driburg, Cudowa, Elster, Franzensbad) sollen zuweilen von günstiger Wirkung sein.

Neben den bisher erwähnten Kurmethoden giebt es noch eine Anzahl *innerer Mittel*, deren Gebrauch zuweilen von Nutzen zu sein scheint. In der Praxis kann man dieselben nicht entbehren. Zu erwähnen ist vor allem das zuerst von WUNDERLICH empfohlene *Argentum nitricum* (Pillen zu 0,01, anfangs 3, allmählich steigend bis zu 6 täglich), und das *Ergotin* (Pillen zu 0,05, 3—6 täglich); ferner können versucht werden *Jodkalium*, *Bromkalium*, *Phosphor*, *Arsenik* u. a. Alle diese Mittel, namentlich die beiden erstgenannten, können längere Zeit hindurch, mit Unterbrechungen sogar Jahre lang, gebraucht werden.

In *symptomatischer Hinsicht* kommen dieselben Mittel in Betracht, welche bei der Therapie der chronischen Myelitis erwähnt sind. Die *Schmerzen* sucht man durch narcotische *Einreibungen* und durch *Einwicklungen* der Beine zu mildern. Zuweilen schaffen *Ergotin, Bromkali, Chinin, Salicylsäure* vorübergehende Hülfe. In schlimmen Fällen ist aber *Morphium* unentbehrlich. Die *Obstipation* sucht man durch diätetische Vorschriften oder durch leichte Abführmittel (Bitterwässer, Tamarinden, Rheum) und Clystiere zu heben. Bei den *gastrischen Krisen* ist *Morphium* das beste Mittel. *Cystitis* und *Decubitus* müssen nach den allgemein üblichen Regeln behandelt werden.

Was die *allgemeine Lebensweise* der Patienten betrifft, so warne man vor jeder körperlichen und geistigen Ueberanstrengung, verordne eine vorsichtige, aber kräftige Diät und sorge für gute Luft (im Sommer Landaufenthalt, eventuell Alpen, Seeluft). Je frühzeitiger man die Patienten in Behandlung bekommt, desto ausdauernder und sorgsamer sei man mit der Behandlung, weil man dann noch auf Erfolg hoffen kann. In alten, schon weit fortgeschrittenen Fällen darf man sich auf eine rein symptomatische Behandlung beschränken.

ANHANG.

Hereditäre Ataxie. FRIEDREICH'sche Form der Tabes.

Eine eigenthümliche und seltene Krankheit, welche mit der Tabes eine gewisse Aehnlichkeit hat, ist zuerst von FRIEDREICH unter dem Namen der *„hereditären Ataxie"* beschrieben worden. Das Leiden kommt fast immer bei mehreren Geschwistern zugleich vor und entwickelt sich schon im jugendlichen Alter, etwa zwischen dem 12. und 18. Lebensjahr. Die weiblichen Familienmitglieder werden entschieden häufiger befallen, als die männlichen. Ein Stadium der initialen Schmerzen *fehlt* gewöhnlich. Die Krankheit beginnt mit einer ausgesprochenen *Ataxie* der Beine, welche gewöhnlich sehr bald auch auf die Arme übergeht. Die Sehnenreflexe verschwinden in den meisten Fällen, die *Sensibilität* der Haut und Muskeln aber bleibt *völlig intact,* eine Thatsache, welche mit Recht für die Unabhängigkeit atactischer Störungen von Anomalien der Sensibilität verwerthet werden kann. Auch die Blasenfunctionen bleiben lange Zeit vollständig normal. Sehstörungen sind bisher nicht beobachtet. Dagegen stellt sich im weiteren Verlaufe der Krankheit fast immer eine eigenthümliche *Sprachstörung* ein, welche wahrscheinlich auf einer Coordinationsstörung der beim Sprechen nöthigen Muskelbewegungen (Zunge, Lippe) beruht. Ebenso hat FRIEDREICH den auftretenden *Nystagmus* als „*atactischen Nystagmus*" zu deuten gesucht. Die Krankheit dauert sehr lange (Jahrzehnte lang) und führt schliesslich zu völligen *Lähmungen*, *Contracturen* und *Atrophien* der gelähmten Muskeln.

Die *anatomische Untersuchung* des Rückenmarks hat bis jetzt in allen Fällen eine combinirte strangförmige Erkrankung in den Hinter- und Seitensträngen ergeben. In dem von KAHLER und PICK mitge-theilten Falle konnte diese Erkrankung als *combinirte Systemerkran-kung* nachgewiesen werden. Sie betraf die Pyramiden-Seitenstrang-bahnen, die Kleinhirn-Seitenstrangbahnen, die Hinterstranggrundbündel und die Goll'schen Stränge. Zu derselben Anschauung in Betreff des anatomischen Befundes kam neuerdings auch F. SCHULTZE.

Die Krankheit ist unheilbar; wenigstens sind alle bisherigen thera-peutischen Versuche erfolglos geblieben.

SIEBENTES CAPITEL.
Die amyotrophische Lateralsclerose.

Die amyotrophische Lateralsclerose ist eine sowohl in klinischer, als auch in pathologisch-anatomischer Hinsicht vollkommen scharf abge-grenzte Krankheit, welche in der Mehrzahl der Fälle mit grosser Sicher-heit schon zu Lebzeiten der Patienten diagnosticirt werden kann. Die erste genauere Kenntniss derselben verdanken wir CHARCOT, welcher im Jahre 1869 in Gemeinschaft mit JOFFROY seine ersten hierher ge-hörigen Beobachtungen veröffentlichte und im Jahre 1874 bereits eine ziemlich vollständige Beschreibung der Krankheit zu geben im Stande war. Das nähere Verständniss der amyotrophischen Lateralsclerose wurde aber erst durch die Untersuchungen FLECHSIG's über den Ver-lauf der Leitungsbahnen im Rückenmark ermöglicht. Hiernach ergiebt sich mit völliger Sicherheit, dass die Affection als eine *systematische Degeneration der Pyramidenbahnen* in ihrer ganzen Ausdehnung oder wenigstens in gewissen Abschnitten derselben, combinirt mit der *Atro-phie gewisser Nervenkerne in der Medulla oblongata*, aufzufassen ist. Welche *Ursachen* die Erkrankung dieser Nervenfasern und der hinzu-gehörigen Zellen herbeiführen, ist uns noch vollständig unbekannt. Meist lässt sich in den einzelnen Fällen gar kein sicheres ätiologisches Mo-ment nachweisen. Zuweilen werden schwerere körperliche Anstrengun-gen als Grund der Erkrankung angegeben. Das Leiden kommt vorzugs-weise bei Personen im *jüngeren und mittleren Lebensalter* (zwischen

25 und 15 Jahren) vor. Das *männliche Geschlecht* scheint entschieden zur Erkrankung mehr disponirt zu sein, als das weibliche.

Pathologische Anatomie. In den typischen Fällen von amyotrophischer Lateralsclerose, welche im letzten Stadium der Krankheit (initiale Fälle sind noch nicht anatomisch untersucht worden) zur Section kommen, findet man im *Rückenmark* eine vollkommen scharf abgegrenzte *Degeneration ("Sclerose") beider Pyramidenbahnen* und eine beträchtliche *Atrophie der hinzugehörigen grossen Ganglienzellen in den grauen Vordersäulen*, vornehmlich in deren äusserem Abschnitt. Die Degeneration der Pyramidenbahn ist entweder nur in beiden Seitensträngen nachweisbar oder, wenn überhaupt eine Pyramiden-Vorderstrangbahn existirt, auch in einem resp. in beiden Vordersträngen (vgl. S. 45 und Fig. 10 u. 11). Sie nimmt genau dasselbe Areal auf dem Rückenmarksquerschnitt ein, welches als das Gebiet der Pyramidenbahn durch die Ausbreitung der secundären absteigenden Degeneration (s. d.) und durch die Ergebnisse der Entwicklungsgeschichte festgestellt worden ist. Beginnend im untersten Lendenmark lässt sie sich nach aufwärts bis zu den Pyramiden der Oblongata, zuweilen, aber nicht immer, noch weiter durch die Brücke, die Hirnschenkel bis in die innere Kapsel, ja vielleicht sogar bis an die Endigung der Fasern in den Centralwindungen des Grosshirns verfolgen. Ausserdem betrifft die Atrophie, wie schon erwähnt, immer die *motorischen Ganglienzellen der grauen Vorderhörner*, in welche die Pyramidenfasern direct übergehen, und ferner eine Anzahl von *Nervenkernen in der Medulla oblongata* (Hypoglossus, Vagus-Accessorius u. s. w.). Weiterhin lässt sich eine starke *Atrophie der vorderen Wurzeln* nachweisen. In den *peripheren Nerven* ist der Nachweis atrophischer Fasern schwierig und bisher auch noch nicht immer mit genügender Sorgfalt versucht worden. Die *Muskeln* dagegen bieten, wie es schon bei Lebzeiten der Kranken deutlich hervortritt, eine beträchtliche Atrophie dar. Ihr Volumen ist stark vermindert: manche Muskeln (Näheres s. u.) gehen schliesslich fast ganz zu Grunde, so dass an ihrer Stelle fast nur noch Bindegewebe und Fett nachbleibt. In den übrigen Muskeln findet man neben einer Anzahl noch normal erhaltener Fasern zahlreiche sehr verschmälerte Fasern, ferner solche, welche ihre Querstreifung verloren haben und einen körnigen resp. fettigen Zerfall zeigen. Die Sarcolemmkerne sind meist vermehrt, das interstitielle Fettgewebe ist oft (nicht immer) reichlich gewuchert.

So sehen wir also als die anatomische Grundlage der amyotrophischen Lateralscerose eine mehr oder weniger vollständige isolirte Erkrankung der grossen motorischen cortico-muskulären Leitungsbahn vom Centrum bis in die Peripherie. Der Process ist als einfache, degenerative Atrophie aufzufassen. Faser für Faser erkrankt und atrophirt. Wo der Process anfängt, ob an bestimmter Stelle und von hier nach aufwärts und abwärts fortschreitet, oder ob die Faser in ihrer ganzen Ausdehnung mit der zugehörigen Ganglienzelle und den Muskelfasern zu gleicher Zeit ergriffen wird, wissen wir nicht. Vielleicht kommen hierbei die *verschiedenen* Möglichkeiten in Betracht, wodurch sich manche Unterschiede im klinischen Verlauf erklären liessen. Sicher können die einzelnen Abschnitte des Systems in verschiedener Reihenfolge und auch in verschiedener Schnelligkeit der weiteren Ausbreitung erkranken. Die spinale und die bulbäre Erkrankung sind einander vollkommen analog und coordinirt. Sie sind beide Abschnitte desselben Systems; der eine gehört zu den Extremitätenmuskeln, der andere zu den Muskeln des Gesichts, der Zunge u. s. w. Die Nervenkerne in der Oblongata sind den grauen Vorderhörnern vollkommen analog zu stellen. Stets ist der Untergang der Nervenfasern der primäre Process, die *interstitielle Bindegewebswucherung* und die geringen Veränderungen an den Gefässen sind ein secundärer, accidenteller Vorgang.

Ausser den reinen typischen Fällen von amyotrophischer Lateralsclerose kommen — ziemlich selten — auch combinirte und Uebergangsformen vor. Neben der Pyramidenbahn-Degeneration hat man einige Mal auch eine Affection in den Hintersträngen und eine Degeneration der Kleinhirn-Seitenstrangbahn gefunden.

Klinische Symptome und Krankheitsverlauf. Entsprechend dem soeben beschriebenen, streng systematischen anatomischen Befunde geben auch die klinischen Symptome in allen typischen Fällen ein vollkommen charakteristisches, streng auf die motorische Sphäre begrenztes Krankheitsbild.

Die ersten Zeichen der Krankheit beginnen fast immer in einem Arm. Die Kranken bemerken eine Erschwerung der Arbeit und werden leichter müde. Allmählich nimmt die Schwäche des Armes immer mehr zu und greift schliesslich, gewöhnlich einige Monate später, auch auf den anderen Arm über. Nicht selten fällt schon jetzt den Kranken selbst eine Abmagerung gewisser Muskeln auf, welche allmählich mehr zunimmt und sich weiter ausbreitet. Etwa $1/2$—1 Jahr später beginnen auch Symptome von Seiten der unteren Extremitäten. Der Gang wird steif und unsicher, die Patienten ermüden leicht und oft stellt sich scheinbar von selbst ziemlich starkes Zittern in den Beinen ein.

Untersucht man die Kranken jetzt genauer, so ist das Krankheitsbild meist schon vollkommen ausgeprägt. An den *oberen Extremitäten* bemerkt man zunächst eine sehr ausgesprochene, mehr oder weniger ausgebreitete *Muskelatrophie*. Dieselbe ist gewöhnlich dort am stärksten, wo sie auch beginnt, nämlich am *Daumenballen* und *Kleinfingerballen*. Ferner werden die *Interossei* deutlich atrophisch, weiterhin die *Muskeln an der Streckseite des Vorderarms*, während die Beuger der Hand und der Finger länger intact bleiben. Am Oberarm atrophirt meist der *Triceps* und vor allem der *Deltoideus* am stärksten, später und in geringerem Grade auch der Biceps und die Schultermuskeln. Entsprechend dem Grade der Atrophie findet man eine *Functionsstörung der Muskeln*, eine *Parese* derselben. Soviel vom Muskel noch übrig ist, soviel functionirt auch noch und erst mit dem völligen Muskelschwund tritt ein vollkommenes Aufhören der betreffenden Bewegung ein. Doch ist eine deutliche *Parese* zuweilen auch in den noch nicht stärker atrophischen Muskeln zu bemerken. Die *elektrische Erregbarkeit* der noch *erhaltenen* Muskelfasern ist normal. Die Contractionsstärke der gereizten Muskeln (faradischer Strom) geht also proportional der noch vorhandenen Muskelsubstanz. In den stark atrophischen Muskeln sind die Reizeffecte schliesslich sehr gering und dann kann man auch immer in den noch übrig gebliebenen degenerirten Muskelfasern deutliche *Entartungsreaction* nachweisen (namentlich am Daumenballen). Eine Abnahme der Erregbarkeit der Nervenstämme ist fast niemals sicher nachzuweisen, wahrscheinlich weil hier stets noch eine grössere Anzahl normaler Fasern erhalten ist.

Sehr wichtig ist die Prüfung der *Sehnenreflexe*. Dieselben sind ausnahmslos schon von den frühen Stadien der Krankheit an *stark erhöht*. Von den Sehnen des Biceps und Triceps und von den unteren Enden der Vorderarmknochen aus erhält man schon durch leises Beklopfen lebhafte Reflexzuckungen. Dieselben sind diagnostisch so wichtig, weil sie bei der echten „progressiven Muskelatrophie" *niemals* vorkommen. In späteren Stadien der Krankheit bilden sich zuweilen (nicht immer) starke *Contracturen* in den Armen und Händen aus. Die *Sensibilität* der Haut und der tieferen Theile bleibt aber *absolut normal*.

An den *unteren Extremitäten* entwickeln sich die ersten Krankheitserscheinungen gewöhnlich einige Monate später, als an den Armen. Bemerkenswerther Weise treten hier die *spastischen Erscheinungen* durchaus in den Vordergrund, während die Muskelatrophie sich erst spät und in geringem Grade entwickelt. Die Beine werden steif und setzen passiven Bewegungsversuchen einen beträchtlichen Muskelwiderstand entgegen. Doch ist auch die rohe Kraft der Muskeln entschieden nicht normal. Es besteht eine deutliche Parese, wenn auch, wie es scheint,

fast niemals eine völlige Lähmung der Beine und jedenfalls wird die
Bewegungsstörung durch die spastischen Erscheinungen noch beträchtlich vermehrt (s. das folg. Capitel). Letztere hängen zum grössten Theil
von den *stark erhöhten Sehnenreflexen* ab. Der Patellarreflex ist sehr
lebhaft und oft findet man auch ein starkes anhaltendes Fussphänomen.
Das Gehen ist gewöhnlich noch relativ lange Zeit möglich, aber freilich
mühsam und anstrengend. Der Gang geschieht mit langsam schleppenden kleinen Schritten (*spastisch-paretischer Gang*). Auch in den Beinen
bleibt die *Sensibilität absolut normal*. Die Hautreflexe zeigen keine auffallenden Verhältnisse. Ebenso *fehlen Störungen der Harnentleerung*
vollständig. Der Stuhl kann etwas angehalten sein, ist aber sonst
normal.

Nachdem der Zustand in dieser Weise — Muskelatrophie und erhöhte Sehnenreflexe an den oberen, spastische Parese an den unteren
Extremitäten — eine Zeit (etwa 1—2 Jahre) lang gedauert und sich
langsam verschlimmert hat, treten im *dritten und letzten Stadium* der
Krankheit *bulbäre Erscheinungen* auf. Allmählich wird die Sprache undeutlicher und das Schlucken erschwert. Untersucht man jetzt genauer,
so findet man die *Lippen* atrophisch, so dass das Spitzen des Mundes,
das Pfeifen u. dgl. erschwert ist. An der *Zunge* ist bald ebenfalls eine
deutliche Atrophie bemerkbar. Ihre Oberfläche wird uneben und man
bemerkt stärkere oder schwächere fibrilläre Zuckungen der einzelnen
Muskelbündel. Auch hier bleibt die *Sensibilität* normal. Als Anologon
der gesteigerten Sehnenreflexe in den Extremitäten findet sich zuweilen
ein lebhafter Masseterenreflex beim Beklopfen des Unterkiefers. Leidet
die Nahrungsaufnahme der Kranken durch die eingetretenen Schlingbeschwerden, so wird der allgemeine Ernährungszustand bald schlechter.
Als eigentliche Todesursache treten schliesslich gewöhnlich *Respirationsstörungen* ein, wenn nicht schon früher eine intercurrente Krankheit
(Verschluckungspneumonie u. a.) dem traurigen Zustande der Patienten
ein Ende gemacht hat.

Das soeben geschilderte Krankheitsbild[1]) der amyotrophischen Lateralsclerose befindet sich in guter Uebereinstimmung mit dem patho-

---

1) LEYDEN hat die Berechtigung bestritten, die amyotrophische Lateralsclerose als besondere Krankheitsform aufzustellen, weil derselbe anatomische
Befund auch bei der gewöhnlichen progressiven Bulbärparalyse (s. d.) vorkomme.
Er widerspricht namentlich der Behauptung CHARCOT's, dass die von diesem angegebenen *Contracturen* in den Armen und Beinen für die amyotrophische Lateralsclerose charakteristisch seien. Auf die Contracturen kommt es auch in der That
nicht an, wohl aber auf die *Steigerung der Sehnenreflexe*, welche auch in LEY-

logisch-anatomischen Befunde. Wie die Degeneration ausschliesslich die
motorische Hauptbahn betrifft, so beschränken sich auch die klinischen
Erscheinungen vollkommen auf das Gebiet der Motilität. Das Mitergriffensein der grauen Vorderhörner erklärt den Eintritt der Muskelatrophien, während die Seitenstrangdegeneration für die (von der Atrophie
unabhängigen) Paresen und für die spastischen Erscheinungen verantwortlich gemacht werden muss. Die Erhöhung der Sehnenreflexe, deren
Reflexbogen ja durch die Vorderhörner hindurchgeht, drängt zu der
Vermuthung, dass die Erkrankung der Seitenstränge der Degeneration
in den Vorderhörnern vorangeht (wie dies namentlich an den unteren
Extremitäten ersichtlich ist). Denn offenbar können in den Muskelfasern, deren hinzugehörige Ganglienzellen bereits atrophisch sind, keine
Reflexe mehr entstehen. Die erhöhten Reflexe zeigen sich auch nur
in den Muskeln, welche wenigstens zum Theil noch aus normalen Fa-
sern bestehen. Die bulbären Symptome sind von der Degeneration der
Nervenkerne in der Oblongata abhängig.

Die **Diagnose** der Krankheit ist meist leicht zu stellen. Der typische
Verlauf derselben, die Muskelatrophie mit gleichzeitig erhöhten Sehnenreflexen, das vollständige Fehlen von Sensibilitäts- und Blasenstörungen,
das schliessliche Auftreten von Bulbärsymptomen sind in diagnostischer
Beziehung am meisten zu beachten. Verwechselungen können dadurch
entstehen, dass Tumoren oder Myelitiden eine Zeit lang eine ähnliche
Localisation haben (z. B. in der grauen Substanz des Halsmarks) und
daher die analogen Symptome hervorrufen. Doch zeigt in solchen Fällen
der spätere Verlauf fast immer abweichende Verhältnisse und lässt so
noch nachträglich die Diagnose richtig stellen.

Die **Prognose** der amyotrophischen Lateralsclerose muss als eine
absolut ungünstige angesehen werden. Das Leiden schreitet langsam,
aber unaufhaltsam fort und führt meist nach wenigen Jahren zum
Tode. Nur in einigen, in früherer Jugend entstandenen Fällen (SEELIG-
MÜLLER) scheint ein Stillstand des Leidens vorzukommen.

Die **Therapie** hat demnach nur geringe Aussicht auf Erfolg. Höchstens kann vielleicht eine mit sehr viel Geduld und Ausdauer fortgesetzte *elektrische Behandlung* das Fortschreiten der Krankheit hemmen.

DEN's Fällen vorhanden war. Wir selbst haben erst neuerdings einen Fall anatomisch untersucht, bei welchem bloss aus diesem Symptom neben der Muskelatrophie trotz des Fehlens aller eigentlichen Contracturen die Diagnose einer
amyotrophischen Lateralsclerose gestellt und durch die Section bestätigt wurde.

ACHTES CAPITEL.

Die sogenannte spastische Spinalparalyse.

(Primäre Seitenstrangsclerose, Tabes dorsal spasmodique.)

Im Jahre 1875 hat ERB und bald darauf CHARCOT auf eine klinisch keineswegs seltene Form spinaler Lähmung aufmerksam gemacht, welche sich „durch eine allmählich zunehmende, gewöhnlich von unten nach oben langsam fortschreitende *Parese* und *Paralyse* mit Muskelspannungen, Reflexcontractionen und Contracturen, mit *auffallend gesteigerten Sehnenreflexen*, bei völligem *Fehlen von Sensibilitäts- und trophischen Störungen, von Blasen- und Geschlechtsschwäche und aller Hirnstörungen*" auszeichnet. Als anatomische Ursache dieses Zustandes wurde von beiden Forschern in übereinstimmender Weise eine „primäre symmetrische Sclerose der Seitenstränge" angenommen.

Die zahlreichen, in den folgenden Jahren hierüber veröffentlichten Beobachtungen haben ergeben, dass das soeben kurz skizzirte Krankheitsbild in der That häufig anzutreffen ist und sich von den übrigen Formen spinaler Lähmung leicht unterscheiden lässt. Die Hypothese über die anatomische Grundlage desselben hat sich aber bis jetzt nicht bestätigt, indem sich in allen bisher zur Section gekommenen Fällen statt der ausschliesslich vorausgesetzten primären Seitenstrangsclerose andere anatomische Veränderungen vorfanden. Indessen kann nicht geleugnet werden, dass, freilich *neben anderen Affectionen,* doch eine Erkrankung der Seitenstränge in derartigen Fällen wiederholt nachgewiesen ist und dass diese dann für das Zustandekommen des in Rede stehenden Symptomencomplexes gewiss nicht ohne Bedeutung war. Es ist auch keineswegs unmöglich, dass eine isolirte systematische Degeneration der Seitenstränge, speciell der Pyramidenbahn, auch ohne gleichzeitige Erkrankung der grauen Substanz und anderer Abschnitte des Rückenmarks vorkommt; denn das Auftreten einer derartigen *primären* Degeneration in Verbindung mit analogen primären systematischen Erkrankungen der Hinterstränge ist von uns mit Sicherheit nachgewiesen worden.

Wir wollen im Folgenden zunächst die klinischen Eigenthümlichkeiten der spastischen Spinallähmung besprechen und daran die Aufzählung der anatomischen Ursachen derselben, soweit sie bis jetzt bekannt sind, anreihen. Dabei verstehen wir unter der „spastischen Spinallähmung" zunächst nur einen *Symptomencomplex,* welcher so häufig zur Beobachtung kommt, dass es schon aus praktischen Gründen zweckmässig ist, demselben einen kurzen, nichts präjudicirenden Namen zu geben.

Krankheitsbild der spastischen Spinalparalyse. Zwei Symptome beherrschen das Krankheitsbild der spastischen Spinallähmung: die *motorische Parese* und die *Steigerung der Sehnenreflexe* (Patellarreflex, Fussphänomen). Die erstere — wir sprechen vorläufig nur von der weitaus am häufigsten und ausgeprägtesten vorkommenden spastischen Lähmung der Beine — findet sich in verschieden hohem Grade, von einer einfachen Schwäche der Bewegungen an bis zu einer mehr oder weniger ausgebreiteten völligen Lähmung. Das zweitgenannte Symptom aber ist es, welches der Bewegungsstörung erst das charakteristische Gepräge der *spastischen* Lähmung giebt. Ist nämlich die Steigerung der Sehnenreflexe eine sehr beträchtliche, so treten die reflectorischen Zuckungen schon bei den Dehnungen und Zerrungen der Sehnen auf, welche durch die Schwere der Glieder, durch alle activen und passiven Bewegungen derselben hervorgerufen werden. Jedem Versuch einer Bewegung stellen sich die reflectorisch eintretenden Muskelspannungen entgegen. Die Muskeln fühlen sich starr und fest an und die Beine befinden sich häufig in fast permanenter Streckcontractur mit plantarflectirten Füssen. Versucht man die Beine im Knie passiv zu beugen, versucht man die Füsse dorsalwärts zu biegen, so ist dies kaum möglich. Je rascher und plötzlicher man die Bewegung ausführen will, um so stärker ist auch der eintretende, oft kaum zu überwindende Muskelwiderstand. Wenn man dagegen sehr langsam und vorsichtig zu Werke geht und jede plötzliche Anspannung der Sehnen vermeidet, so kann man die Beine fast immer ohne besondere Mühe beugen. Setzen sich die Kranken auf den Bettrand, so hängen die Beine nicht schlaff herab, sondern gerathen meist sofort in einen heftigen Strecktetanus, indem die Schwere des Unterschenkels durch Anspannung des Ligamentum patellae den M. quadriceps in Contraction versetzt. Nicht selten tritt sogar, ähnlich wie beim Fussphänomen, ein convulsivisches, reflectorisch ausgelöstes Zittern im ganzen Bein ein. Untersucht man die Kranken im Bade, so findet man die Spasmen entschieden geringer, weil im Wasser der Einfluss der Schwere des Gliedes wegfällt.

Wie leicht erklärlich ist, müssen auch die activen Bewegungen durch die hemmend entgegenwirkenden reflectorischen Spasmen beeinträchtigt werden. Der Grad der Bewegungsstörung wird hierdurch also noch vermehrt, die Parese erscheint oft stärker, als sie es an sich in Wirklichkeit ist. Besonders auffallend ist der Einfluss der Muskelspannungen auf den *Gang der Patienten*. So lange das Gehen noch möglich ist, bemerkt man sehr deutlich, wie dasselbe nicht nur durch die Muskelparese, sondern auch durch die Steifigkeit der Beine erschwert wird. Das Gehen erfolgt mit kleinen mühsamen Schritten, die Beine werden dabei im Knie fast gar nicht gebeugt, die Füsse fast gar nicht gehoben. Letztere „kleben am Boden" und werden langsam nach vorne geschleift, wobei in Folge der eintretenden Contraction in den Wadenmuskeln die deutliche Neigung besteht, mit den Fussspitzen aufzutreten. Erst die Körperschwere drückt den Fuss nach abwärts. Man bezeichnet diese sehr charakteristische Gangart als *spastisch-paretischen Gang.*

Die Steigerung der Sehnenreflexe kann auch bestehen, ohne dass gleichzeitig eine eigentliche motorische Parese der Muskeln vorhanden ist. Da aber auch in diesem Falle die Bewegungen nicht unbeträchtlich durch die stets eintretenden Spasmen beeinflusst sind, so kann eine Motilitätsstörung vorgetäuscht werden, welche wir als *„spastische Pseudoparalyse"* (richtiger Pseudoparese) bezeichnen möchten. Hierbei ist die Muskelkraft an sich fast normal, die Kranken können ziemlich lange Zeit gehen. Trotzdem sind alle ihre Bewegungen steif und erschwert und das Gehen zeigt alle Eigenthümlichkeiten des *rein spastischen Ganges.* Die Schritte sind nicht sehr klein und folgen ziemlich rasch aufeinander. Die Beine aber bleiben vollständig steif, werden fast gar nicht vom Erdboden erhoben und das Gehen geschieht fast ganz mit den Fussspitzen. Im Zimmer ist der Gang laut schlurrend und im weichen Sand sieht man die Striche, welche die am Boden schleppenden Füsse ziehen.

Wenn wir somit zweifellos berechtigt sind, die spastischen Zustände zum grössten Theil auf die Steigerung der Sehnenreflexe zu beziehen, so muss doch hinzugefügt werden, dass zuweilen ausserdem auch *directe motorische Reizerscheinungen* vorkommen können, einzelne raschere oder langsamere Zuckungen, für welche ein reflectorischer Ursprung nicht nachzuweisen ist. Dagegen gehört zur Charakteristik der spastischen Spinallähmung im ursprünglichen Sinne des Worts, dass sonstige spinale Symptome, vor allem *Störungen der Sensibilität, Störungen der Harn- und Stuhlentleerung, Ataxie, Muskelatrophien und sonstige trophische Symptome vollständig fehlen.* Nur mit diesem Zusatz haben ERB und CHARCOT die Behauptung aufgestellt, dass dem eigenthümlichen Symptomencomplex auch eine besondere anatomische Ursache zu Grunde liegen müsse. Und in der That sind auch die Fälle, in denen man das Krankheitsbild der reinen spastischen Spinallähmung ohne alle sonstige Symptome zu sehen bekommt, nicht sehr selten. Dasselbe entwickelt sich, ohne bekannte Ursache, meist bei Patienten im jugendlicheren oder im mittleren Lebensalter, langsam und allmählich. Erst wird das eine Bein, dann das andere ergriffen. Weiterhin kommt zuweilen auch die Rumpfmuskulatur und die Muskulatur der Arme an die Reihe und auch an den letzteren finden wir eine Parese mit lebhafter Steigerung der Sehnenreflexe ohne jede Sensibilitätsstörung und ohne jede Muskelatrophie. Dieses Krankheitsbild bleibt aber, wenigstens nach den bisherigen Erfahrungen, nur sehr selten in dieser Reinheit bestehen. Früher oder später mischen sich andere Symptome hinzu und in denjenigen Fällen, welche bis jetzt zur Section gekommen sind, waren die anatomischen Befunde keineswegs immer derselben Art.

Pathologisch-anatomische Befunde. Wie schon erwähnt, hatten ERB und CHARCOT ursprünglich die Vermuthung ausgesprochen, dass die anatomische Grundlage der spastischen Spinalparalyse in einer Sclerose der Seitenstränge zu suchen sei. Diese Meinung hatte insofern einen guten Grund, als das Symptomenbild der spastischen Spinallähmung offenbar in vieler Beziehung an die amyotrophische Lateralsclerose erinnerte. Bei beiden Krankheiten findet sich die ausschliessliche Beschränkung der Symptome auf die motorische Sphäre und die Steigerung der Sehnenreflexe. Der Unterschied lag nur in der Muskelatrophie, deren anatomische Ursache bei der amyotrophischen Lateralsclerose unzweifelhaft in der Atrophie der grauen Vorderhörner zu suchen ist. Dachte man sich die Pyramidenbahn ausschliesslich befallen, *ohne* gleichzeitige Erkrankung der grauen Substanz, so musste hieraus das Krankheitsbild der „spastischen Spinalparalyse" resultiren. Dieser Gedankengang, dessen Berechtigung auch noch heute anerkannt werden muss, hat sich indessen thatsächlich noch nicht bestätigt. Dagegen haben wir eine Reihe von Umständen kennen gelernt, unter denen ebenfalls, wenigstens *zeitweise*, das Symptomenbild der spastischen Spinallähmung auftreten kann. Zunächst ist hervorzuheben, dass auch *cerebrale Veränderungen*, vor allem der *chronische Hydrocephalus*, zuweilen das Bild der spastischen Spinalparalyse vortäuschen. Hierbei können (abgesehen von der etwaigen Schädelanomalie) eigentliche Gehirnsymptome ganz fehlen, während die Motilität der Beine (und Arme) vermindert ist und die Sehnenreflexe so lebhaft gesteigert sind, dass die Erscheinungen der spastischen Lähmung daraus resultiren. Solche Beobachtungen haben R. SCHULZ und wir selbst gemacht. Ferner kommen folgende Veränderungen in Betracht:

1. Die *transversale Myelitis* im oberen Dorsalmark (resp. Cervicalmark). Dieselbe zeigt zuweilen eine Zeit lang eine auffallende Symmetrie

14*

ihrer Ausbreitung und eine vorherrschende Localisation in den Seitensträngen, während die Hinterstränge relativ frei bleiben. Hieraus re-
sultirt, wie leicht verständlich ist, eine Lähmung der Beine mit sehr
gesteigerten Sehnenreflexen, aber normal bleibender Sensibilität. Seltener können *Tumoren* des Halsmarks ähnliche Erscheinungen machen.

2. Die *Compression des Rückenmarks*. Eine leichte Compression
des Rückenmarks im Hals- oder Brusttheil hat, wie wir gesehen haben,
Parese und Reflexsteigerung, aber keine Sensibilitätsstörung zur Folge.
Man begreift, dass, wenn keine deutliche Compressionsursache nachgewiesen werden kann, eine primäre Rückenmarksaffection mit dem Symptomenbilde der spastischen Spinallähmung vorgetäuscht werden kann.

3. Die *multiple Sclerose* kann ebenfalls nicht selten eine derartige
Localisation ihrer Herde zeigen, dass sie Parese und spastische Symptome
zur Folge hat; ohne Sensibilitätsstörungen. Der eine von CHARCOT
selbst als „Tabes dorsal spasmodique" diagnosticirte Fall stellte sich bei
der Section als multiple Sclerose heraus.

4. In einem von uns beobachteten Fall mit dem fast ganz reinen
Symptomenbilde der spastischen Spinallähmung ergab die Section einen
Hydromyelus mit gleichzeitiger Degeneration der Seitenstränge.

5. Einige Mal hat man das Auftreten *spastischer Lähmungen nach
acuten Krankheiten* beobachtet, doch fehlt es bis jetzt an Sections-
befunden bei solchen Fällen.

6. Endlich wollen wir hier kurz die von uns beschriebene *combinirte Systemerkrankung der Pyramidenbahn, der Kleinhirnseitenstrang-
bahn und der Goll'schen Stränge* bei Erwachsenen erwähnen. Hierbei
findet sich eine allmählich zunehmende Lähmung der Beine und später
auch der Arme mit erhöhten Sehnenreflexen, spastischen Symptomen
und vollkommen normaler Sensibilität. Indessen treten später auch
Blasenstörungen hinzu, welche wahrscheinlich auf die Erkrankung der
Goll'schen Stränge zu beziehen sind. Weitere Beobachtungen müssen
noch Bestimmteres über die Häufigkeit und die Möglichkeit der Diagnose
dieser, wie es scheint, besonders abzugrenzenden spinalen Erkrankungs-
form ergeben.

Diagnose. Die *symptomatische* Diagnose der spastischen Spinallähmung unter Berücksichtigung der oben gegebenen Schilderung ist leicht
zu machen. Mit der *anatomischen* Diagnose muss man einstweilen
aber noch stets sehr zurückhaltend sein. Nur der weitere Verlauf der
Krankheit kann gewisse Anhaltspunkte geben, wobei die oben genannten
Krankheitszustände in erster Linie in Betracht zu ziehen sind.

Prognose. Die Prognose der meisten Fälle, welche das Symptomenbild der spastischen Spinallähmung darbieten, ist ebenso ungünstig, wie bei den meisten übrigen chronischen Rückenmarkskranken. Doch ist immerhin zu bemerken, dass manche hierher gehörigen Fälle einen sehr langsamen Verlauf nehmen. Die Krankheit scheint lange Zeit ganz still zu stehen, die Beschwerden sind relativ geringer, als bei anderen Spinalleiden (keine Schmerzen, keine Incontinenz) und zuweilen hat man sogar deutliche Besserungen, ja sogar vereinzelte Heilungen beobachtet. Derartige Fälle entziehen sich aber bis jetzt der sicheren anatomischen Beurtheilung.

Therapie. Die Behandlung der spastischen Spinallähmung fällt mit derjenigen der chronischen Myelitis überhaupt (s. d.) zusammen. Eine *galvanische Behandlung* dürfte wohl meist die relativ besten Erfolge erzielen. Ausserdem ist hervorzuheben, dass speciell gegen die spastischen Symptome *prolongirte* (½—1½ Stunden lange) *warme Bäder* (26° bis höchstens 28° R.) oft von guter Wirkung sind. Die Beine werden danach biegsamer und beweglicher. Von *inneren Mitteln* kann man *Argentum nitricum* und *Ergotin* versuchen. Liegt ein Verdacht auf *Lues* vor, wonach stets sorgfältig zu forschen ist, so ist unbedingt eine *Schmierkur* vorzunehmen und Jodkalium innerlich zu verordnen.

NEUNTES CAPITEL.
Die progressive Muskelatrophie.

Wenige Krankheiten des Rückenmarks haben im Laufe der Zeit eine so verschiedene Auffassung und Deutung erfahren, als die progressive Muskelatrophie. Der Grund hierfür liegt vor allem darin, dass das Hauptsymptom derselben, die fortschreitende Atrophie der willkürlich beweglichen Muskeln, bei zahlreichen, an sich ganz verschiedenen Krankheiten vorkommen kann und daher zu beständigen Verwechselungen und Verwirrungen Anlass gegeben hat. Liest man gegenwärtig die ältere und zum Theil auch noch die neuere Literatur unseres Gegenstandes durch, so findet man überall die Vermengung verschiedener, gar nicht zu einander gehöriger Krankheitsfälle und erst die neuesten genauen klinischen und anatomischen Untersuchungsmethoden haben es ermöglicht, wenigstens einige Ordnung in diese Verwirrung zu bringen.

Abgesehen von vereinzelten älteren Beobachtungen haben Duchenne und Aran (1849 und 1850) die erste gute Beschreibung der progressiven Muskelatrophie gegeben. Die französischen Forscher bezeichnen die Krankheit daher noch gegenwärtig zur Unterscheidung von anderen ähnlichen Affectionen als *„atrophie musculaire progressive, type Duchenne-*

Aran". Kurze Zeit darauf, 1855, sprach CRUVEILHIER zum ersten Mal auf Grund eines positiven Sectionsbefundes die Ansicht aus, dass eine Erkrankung der grauen Substanz im Rückenmark als die eigentliche anatomische Ursache des Leidens anzusehen sei. Seitdem wurde ein langwieriger, sich zum Theil noch bis in die Gegenwart hineinziehender Streit geführt, ob die Krankheit in der That im Rückenmark oder nicht vielmehr in den Muskeln selbst ihren Sitz habe, ein Streit, der lange Zeit um so resultatloser bleiben musste, als die thatsächlichen pathologisch-anatomischen Unterlagen sehr gering waren und durch die Vermengung verschiedenartiger, gar nicht zusammengehöriger Krankheitsprocesse die Ergebnisse der Untersuchung einander äusserst widersprachen. Die spinale Natur der Krankheit wurde namentlich durch die Untersuchungen von LOCKHART-CLARKE und CHARCOT erwiesen, während in Deutschland neuerdings vor allem noch FRIEDREICH den myopathischen Ursprung derselben vertheidigte.

Unseres Erachtens kann gegenwärtig kein Zweifel mehr darüber herrschen, dass es eine vollkommen typische Krankheit giebt, deren hauptsächlichstes klinisches Symptom in einer sehr langsam, aber beständig und meist nach einem gewissen Typus fortschreitenden Atrophie der Muskulatur besteht, während die anatomische Untersuchung neben dieser Atrophie eine ebenfalls vollkommen typische Erkrankung der grauen Vorderhörner des Rückenmarks ergiebt. Daneben kann freilich nicht geleugnet werden, dass es auch *selbständige periphere Erkrankungen der Muskeln* giebt, welche ohne alle Betheiligung des Rückenmarks verlaufen und ebenfalls zur Atrophie führen. Diese Krankheitsformen, welche noch sehr eines fortgesetzten genaueren Studiums bedürfen, sind aber von der echten „progressiven Muskelatrophie" durchaus zu trennen. Ebenso muss eine Verwechselung der letzteren mit anderen spinalen Erkrankungen, welche in Folge von Mitergriffensein der vorderen grauen Substanz im Rückenmark gleichfalls zu Muskelatrophien führen, sorgfältig vermieden werden, und endlich haben die neueren Untersuchungen über die multiple degenerative Neuritis (s. d.) gelehrt, dass ausgebreitete Muskelatrophien auch von einer primären Affection der peripheren Nerven abhängig sein können.

Des besseren Verständnisses wegen geben wir im Folgenden zunächst die Darstellung der Aetiologie und des klinischen Krankheitsverlaufes und lassen dann erst die Besprechung des pathologisch-anatomischen Befundes folgen.

Aetiologie, klinische Symptome und Krankheitsverlauf. Die progressive Muskelatrophie ist eine von Anfang an äusserst langsam und chronisch verlaufende Krankheit. *Aetiologische Momente*, welche den Beginn derselben zu begünstigen scheinen, sind manchmal gar nicht nachweisbar. In nicht seltenen Fällen schliessen sich aber die ersten Symptome an eine *übermässige Anstrengung der Muskeln* an. So sieht man z. B. nach anhaltendem Dreschen, nach anstrengendem Waschen und ähnlichen schweren körperlichen Arbeiten die ersten Zeichen der Muskelschwäche auftreten. Eine *hereditäre Disposition* wird von den meisten Beobachtern als häufig angegeben. Indessen ist es sehr zweifelhaft, ob die „*hereditäre Muskelatrophie*", welche man bei mehreren Geschwistern zugleich findet, mit der echten progressiven Muskelatrophie zu identificiren ist (s. Pseudohypertrophie der Muskeln). Von den meisten sonst noch angeführten ätiologischen Momenten scheint es uns unzweifelhaft, dass ihre Aufzählung gewiss grösstentheils nur durch die Hinzurechnung andersartiger atrophischer Processe zu der echten progressiven Muskelatrophie erklärlich ist. Wir meinen hier namentlich die angebliche Entstehung der letzteren nach *Traumen*, nach *acuten Krankheiten* (Typhus. Diphtherie u. s. w.), nach *Syphilis* u. s. w.

Die Krankheit beginnt weitaus am häufigsten in den *oberen Extremitäten* und zwar, wie es scheint, vorzugsweise im *rechten* Arm, doch zuweilen auch im linken oder in beiden Armen zugleich. In der Regel beginnt zunächst eine Atrophie der kurzen *Muskeln am Daumen- und Kleinfingerballen*, welche von einer entsprechenden Functionsstörung begleitet ist. Irgend welche sonstige Erscheinungen, vor allem Störungen der Sensibilität, Parästhesien oder Schmerzen fehlen ganz. Die Atrophie betrifft zunächst gewöhnlich den *Abductor pollicis brevis*, dann den *Opponens* und .den *Adductor*. Schon sehr früh bemerkt man die charakteristische Einsenkung und Abflachung des Daumenballens und die abnorme Stellung des Daumens, welcher dem zweiten Metacarpusknochen beständig genähert ist („Affenhand"). Gleichzeitig oder etwas früher oder später beginnt auch die *Atrophie der Interossei*, kenntlich an dem Einsinken der Spatia interossea auf dem Handrücken und der immer unvollständiger werdenden Streckung der Endphalangen der Finger. Die Atrophie der *Lumbricales* bedingt eine deutlich sichtbare Abflachung in der Hohlhand. Hat die Functionsstörung der Interossei einen gewissen Grad erreicht, so bildet sich in Folge der Antagonisten-Contractur (M. extensor digitor. communis) dieselbe Krallenstellung der Finger aus, wie wir sie schon bei der Ulnarislähmung kennen gelernt haben (s. Fig. 22).

Im weiteren Verlauf der Krankheit breitet sich die Atrophie entweder auf die *Vorderarmmuskeln* aus oder, was keineswegs selten ist,

überspringt zunächst diese und befällt die *Muskulatur der Schulter*,
zunächst gewöhnlich den Deltoideus. Am Vorderarm sind es meist die
an der Streckseite desselben befindlichen Muskeln, welche zunächst ergriffen werden, der Abductor und Extensor pollicis longus, ferner die
Supinatoren, Flexoren u. s. w. Am Oberarm wird fast immer der *Deltoideus* zuerst atrophisch, ferner der Biceps, während der Triceps relativ lange Zeit intact bleiben kann. Früher oder später kommen häufig
auch die *Rumpfmuskeln* an die Reihe, zunächst gewöhnlich der Cucullaris, dann die Pectorales, Rhomboidei und der Latissimus dorsi. Die
durch die Atrophie aller dieser Muskeln bedingten Functionsstörungen
ergeben sich aus dem in den Capiteln über die einzelnen Formen der
Lähmung Gesagten von selbst. In den vorgeschrittenen Fällen hängen
die Arme schlaff zu beiden Seiten des Rumpfes herab. Alle Verrichtungen mit denselben, das Ausziehen und Anziehen der Kleider sind
gar nicht mehr oder nur noch mit der grössten Mühe möglich. Doch
lernen die Kranken zuweilen durch schleudernde Bewegungen, durch
entgegenkommendes Bücken des Rumpfes, durch Zuhülfenahme des
Mundes beim Festhalten der Sachen u. dgl. sich wenigstens einiger-
maassen noch allein zu helfen. Ziemlich selten greift die Atrophie
schliesslich auch auf die *Hals-* und *Nackenmuskeln* über. Durch Be-
fallenwerden des *Zwerchfells* und der übrigen Athemmuskeln können
die schwersten *Respirationsstörungen* hervorgerufen werden.

Die Zeit, welche bis zu dem allmählichen Eintritt der stärkeren
Functionsstörungen verstreicht, ist fast immer eine sehr lange. Es
können Jahre vergehen, ehe sich die Atrophie von den kleinen Handmuskeln auf die übrigen Armmuskeln ausbreitet. In den *Beinmuskeln*
kommen, wenn überhaupt, fast immer erst sehr spät die ersten Anzeichen der Atrophie zur Entwicklung. Nicht selten sind die Arme bereits völlig gebrauchsunfähig, während das Gehen noch stundenlang
möglich ist. Freilich kommen einzelne Ausnahmen von dieser Regel
vor. Auch an den Armen selbst entwickelt sich der Process nicht immer
in der oben beschriebenen Weise. So z. B. beobachtet man zuweilen
den Beginn der Affection in den Schultermuskeln (Deltoideus) und erst
später greift die Atrophie von hier aus auf die Handmuskeln oder auf
die Muskulatur des Oberarms über. Viel seltener sind die Rumpfmuskeln (Pectorales, Rückenmuskeln) der Ausgangspunkt der Krankheit, und
nur in ganz vereinzelten Fällen hat man den Beginn des Leidens in
den Beinen feststellen können. Bemerkenswerth ist, dass in derartigen
abnormen Fällen zuweilen (jedoch keineswegs immer) die zuerst befal-

lenen Muskeln ganz vorzugsweise grösseren Anstrengungen (Lasten tragen u. dgl.) ausgesetzt waren.

Ausser der Atrophie und der mit derselben durchaus parallel gehenden Functionsabnahme sind noch einige andere Veränderungen an den Muskeln hervorzuheben. Sehr auffallend sind oft die *fibrillären Muskelzuckungen*. Durch dieselben kann ein beständiges Zittern und Wogen des Muskels hervorgerufen werden. In anderen Fällen sind sie schwach und nur selten bemerkbar. Gewöhnlich werden sie lebhafter, wenn man den Muskel durch Beklopfen mechanisch reizt. Die *elektrische Erregbarkeit* der erkrankten Muskeln bleibt in der Regel so lange erhalten, als noch ein Theil der Muskelfasern selbst übrig ist. Da die Atrophie erst nach und nach eine Muskelfaser nach der anderen befällt, so nimmt die faradische und galvanische Erregbarkeit zwar allmählich ab, erlischt aber vollständig erst dann, wenn der grösste Theil des Muskels untergegangen ist. Bei genauer Prüfung kann man aber fast immer in einzelnen bereits stark erkrankten Muskeln auch *Entartungsreaction* nachweisen und zwar besonders oft in Form der sogenannten *partiellen Entartungsreaction:* die Erregbarkeit der Nerven ist erhalten, während in den Muskeln selbst die Zuckungen deutlich träge erscheinen und die AnS-Zuckungen überwiegen (s. o. S. 70).

In manchen Fällen tritt gleichzeitig mit der Atrophie der Muskelsubstanz eine *Vermehrung des Fettgewebes* ein, welche die Beurtheilung der Atrophie nicht selten erheblich erschwert. Doch klärt die Functionsabnahme der Muskeln und auch das eigenthümliche weiche Gefühl, welches die mit Fett überlagerten atrophischen Muskeln darbieten, leicht den wahren Sachverhalt auf. Sonstige *trophische Störungen in der Haut* fehlen meist ganz, kommen aber zuweilen doch vor. Namentlich an den Händen hat man in vereinzelten Fällen eine spontane Pemphigus-ähnliche *Blasenbildung* beobachtet. Die Haut wird zuweilen auch *verdickt*, *rissig*, die *Nägel* werden brüchig, gerieft und stärker gekrümmt. Auf *vasomotorischen Störungen* beruht die zuweilen zu beobachtende *Kälte* und *Cyanose der Haut*.

Von diagnostischer Wichtigkeit ist die *Prüfung der Reflexe*. Während bei der amyotrophischen Lateralsclerose die Sehnenreflexe an den oberen Extremitäten ausnahmslos ziemlich lebhaft gesteigert sind, fehlen sie bei der echten progressiven Muskelatrophie ganz. In den unteren Extremitäten ist der Patellarreflex, so lange die Beine noch von der Krankheit verschont sind, erhalten, aber nicht verstärkt. Greift die Atrophie auf die Beine über, so erlischt meist auch der Patellarreflex.

Gegenüber allen diesen in dem motorischen Gebiete nachweisbaren Störungen bleibt die *Sensibilität* der Haut und der tieferen Theile *vollkommen intact.* Ebenso treten niemals an den *Sphincteren* (Blase und Mastdarm) irgend welche Anomalien auf.

In manchen Fällen erfolgt schliesslich ein Uebergreifen der Affection auf die von der Medulla oblongata aus innervirten Muskelgebiete: zu den Erscheinungen der progressiven Muskelatrophie gesellen sich die Symptome der *„progressiven Bulbärparalyse"* (s. d.) hinzu. Diese Combination spinaler und bulbärer Erkrankung tritt, wie früher gezeigt ist, bei der amyotrophischen Lateralsclerose in der Regel und zwar schon nach relativ kurzer Krankheitsdauer auf. Bei der echten progressiven Muskelatrophie bilden sich die bulbären Symptome, wenn überhaupt, meist erst nach jahrelangem Verlauf des Leidens auf. Dann beginnt die Sprache in Folge der Zungenatrophie undeutlich zu werden, das Schlingen wird erschwert und die Kranken erliegen endlich der zunehmenden Inanition oder den eintretenden Respirationsstörungen. In principieller Hinsicht sind die Muskelatrophie an den Extremitäten und die bulbären Symptome einander vollkommen analoge Erscheinungen, insofern als die Nervenkerne in der Oblongata für die Musculatur der Zunge, des Schlundes und des Gesichts genau die gleiche Bedeutung haben, wie die grauen Vorderhörner des Rückenmarks für die Extremitäten- und Rumpfmusculatur. In vielen Fällen kommt es aber gar nicht zu der Entwicklung bulbärer Erscheinungen, indem die Patienten schon vorher an intercurrenten Erkrankungen sterben.

Anhangsweise sei hier noch kurz erwähnt, dass ERB in neuester Zeit eine besondere *„juvenile Form der progressiven Muskelatrophie"* unterschieden hat, welche bei Kindern und jungen Leuten auftritt. Dieselbe betrifft im Gegensatz zur typischen Form vorzugsweise die grossen Muskeln am Rumpf, an der Schulter und am Oberarm, am Gesäss und an den Oberschenkeln. Nach den neuesten Mittheilungen ERB's gehört diese Form aber gar nicht zur eigentlichen progressiven Muskelatrophie, sondern ist mit der unten besprochenen „Pseudohypertrophie der Muskeln" identisch oder wenigstens sehr nahe verwandt.

Pathologische Anatomie. Soweit die Ergebnisse der bisherigen, freilich noch recht spärlichen genauen anatomischen Untersuchungen über die echte progressive Muskelatrophie reichen, lässt sich als anatomische Grundlage derselben eine Erkrankung der motorischen Leitungsbahn von den grossen Ganglienzellen in den grauen Vorderhörnern des Rückenmarks an bis zu den Muskelfasern selbst annehmen. Der anatomische Befund ist demgemäss folgender: Im *Rückenmark* (am stärksten im

Halsmark) findet man die grauen Vorderhörner [1]) sehr verschmälert, die Ganglienzellen ganz oder zum grossen Theil geschwunden, die übrig gebliebenen atrophisch, die Zwischensubstanz in ein feinfasriges, zuweilen stark mit Spinnenzellen durchsetztes Gewebe verwandelt. Die Seitenstränge, speciell die Pyramidenbahnen, also den centralwärts von den Vorderhorn-Ganglienzellen gelegenen Abschnitt der motorischen Leitungsbahn, findet man dagegen vollständig normal. Weiterhin atrophisch sind die *vorderen Wurzeln* und die betreffenden motorischen Fasern in den *peripheren Nerven*. In den *Muskeln* tritt die Atrophie bei der anatomischen Untersuchung natürlich noch deutlicher hervor, als bei der Untersuchung am Lebenden. Die am stärksten befallenen Muskeln sind zu schmalen, blassen und schlaffen Bündeln reducirt, in welchen Fett und Bindegewebe das eigentliche Muskelgewebe überwiegen. Bei der histologischen Untersuchung findet man an sehr vielen Fasern eine *einfache Atrophie*, d. h. eine sehr beträchtliche Verschmälerung, aber noch erhaltene Querstreifung. An anderen Fasern trifft man aber auch die Zeichen der *degenerativen Atrophie*, fettige und wachsartige Degeneration der Muskelfasern, Zerklüftung derselben der Länge und Quere nach u. dgl. Das interstitielle Bindegewebe ist stets vermehrt, die Muskelkerne sind zahlreicher geworden, oft findet man reichliche Fetteinlagerung zwischen den noch erhaltenen Fasern.

Soweit der thatsächliche Befund. Die Fälle, wo bei bestehender Muskelatrophie das Rückenmark gesund befunden wird, können nicht zur typischen progressiven Muskelatrophie gerechnet werden. Sie gehören entweder zur Pseudo-Hypertrophie (s. u.), oder sind als selbständige muskuläre Atrophien aufzufassen, deren Vorkommen natürlich nicht geleugnet werden kann (Befunde von LICHTHEIM u. A.), für welche sich zur Zeit aber noch kein abgeschlossenes Krankheitsbild geben lässt.

Schwierigkeiten bereitet in der Auffassung des oben angeführten für die echte progressive Muskelatrophie charakteristischen Befundes nur die Frage nach dem Entwicklungsmodus und der gegenseitigen Abhängigkeit der einzelnen Störungen. Ist die Atrophie der Vorderhörner das Primäre und die Atrophie der Nerven und Muskeln als eine secundäre absteigende Degeneration aufzufassen? Oder beginnt der Process in den Muskeln und breitet sich von hier aufwärts bis zu dem Rückenmarke aus? Oder handelt es sich endlich um eine annähernd

---

1) Die Atrophie der Vorderhörner des Rückenmarks bei der *typischen* progressiven Muskelatrophie halten wir auf Grund eines neuerdings selbst untersuchten, unzweifelhaften Falls für sicher.

gleichzeitige Degeneration des gesammten betroffenen motorischen Abschnitts? Auf diese Fragen, welche überhaupt zur Zeit nicht sicher zu entscheiden sind, können wir hier nicht näher eingehen. Im Allgemeinen sind wir geneigt, die in der letzten Frage angedeutete Auffassung für die principiell richtigste zu halten.

Diagnose. Die Diagnose der progressiven Muskelatrophie ist leicht zu stellen, wenn man sich scharf an die Definition der Krankheit hält und dieselbe nicht mit anderen Affectionen vermischt, bei welchen die Muskelatrophie nur ein Symptom ist, welches unter Umständen einen ganz anderen Ursprung haben kann: Muskelatrophien bei ausgedehnter diffuser Myelitis, bei Tumoren und Höhlenbildung des Rückenmarks, bei multipler Neuritis, im Anschluss an Gelenkaffectionen (s. die Capitel über acute und chronische Gelenkentzündungen) u. a. Zu beachten sind vor allem der typische Verlauf der Affection in den meisten Fällen von echter progressiver Muskelatrophie, der Beginn an den oberen Extremitäten (kleine Handmuskeln, seltener Schulter- und Oberarmmuskeln), das langsame Fortschreiten, das eigenthümliche „Individualisiren" der Atrophie, d. h. das Befallensein einzelner Muskeln, während andere benachbarte Muskeln vollständig normal bleiben, endlich das Fehlen aller Sensibilitäts- und Sphincterenstörungen. Mit der *amyotrophischen Lateralsclerose* ist die progressive Muskelatrophie zweifellos nahe verwandt, indessen unterscheidet sich letztere durch den rascheren Verlauf und vor allem durch die von der Seitenstrangaffection abhängige *Steigerung der Sehnenreflexe* und das dem entsprechende Auftreten *spastischer Erscheinungen* in den Beinen.

Die **Prognose** der progressiven Muskelatrophie ist als eine durchaus ungünstige zu bezeichnen. Relativ gutartig zeigt sich die Krankheit nur in ihrem oft sehr langsamen Fortschreiten, so dass die Krankheit 10—15 Jahre und noch länger dauern kann. Wie schon erwähnt, erfolgt der tödtliche Ausgang durch intercurrente Erkrankungen oder in Folge des schliesslichen Eintritts gefährlicher bulbärer Symptome (Schling- und Respirationslähmungen).

Die Erfolge der **Therapie** sind demnach sehr gering. Nur eine mit sehr viel Ausdauer und Consequenz Monate und Jahre lang fortgesetzte *elektrische Behandlung* vermag kleine Besserungen zu erzielen und das Fortschreiten der Atrophie etwas aufzuhalten. Einzelne Erfolge werden auch der *Massage* und *Heilgymnastik* nachgerühmt. Im Uebrigen muss die Behandlung eine rein symptomatische sein.

ANHANG. Die Pseudohypertrophie der Muskeln.
(*Atrophia musculorum lipomatosa. Hereditäre Muskelatrophie.*)
Juvenile Form der Muskelatrophie.

Obgleich, wie wir sogleich sehen werden, die Pseudohypertrophie der Muskeln eine von der echten progressiven Muskelatrophie durchaus zu trennende Krankheit ist, wollen wir sie doch an dieser Stelle besprechen, da beide genannten Affectionen eine entschiedene klinische Aehnlichkeit haben und früher, zum Theil sogar noch jetzt, mit einander vermengt worden sind.

Die Pseudohypertrophie entwickelt sich fast ausnahmslos in den *Kinderjahren* (etwa vom 5. bis 8. Jahre an). Sie beruht sehr häufig auf einer ausgesprochenen *hereditären Anlage*, indem in dem grössten Theil der Fälle *mehrere Geschwister* von der Krankheit befallen werden. Seltener kann man auch in der Ascendenz der Patienten das gleiche Leiden nachweisen. Das männliche Geschlecht ist entschieden mehr zur Erkrankung disponirt, als das weibliche. Doch sahen wir z. B. die Affection einmal auch bei zwei Schwestern. Zuweilen, aber keineswegs immer, findet man in den betreffenden Familien auch einzelne Züge *nervöser* Belastung (Hysterie, Epilepsie, Schwachsinn, Schädelanomalien u. dgl.).

Die Krankheit beginnt allmählich und fast immer ohne besondere Gelegenheitsursache. Die Eltern bemerken, dass die bis dahin ganz gesunden und kräftigen Kinder unsicher auf den Beinen werden, dass sie nicht mehr so gut springen und Treppen steigen können, wie früher. Hiermit haben wir auch schon die erste charakteristische Eigenthümlichkeit angedeutet, wodurch die Pseudohypertrophie sich von der typischen progressiven Muskelatrophie unterscheidet. Die erstere *beginnt nämlich fast ausnahmslos in den Muskeln des Rumpfes*, speciell in den *Rücken- und Lendenmuskeln* und in den Muskeln der *unteren Extremitäten*, besonders der *Oberschenkel*. Während die Arme und Hände noch ganz normal sind, wird das Gehen immer schwieriger und nimmt sehr bald ein so charakteristisches Gepräge an, dass hieraus allein die Diagnose oft auf den ersten Blick gestellt werden kann. Der *Gang* wird *watschelnd*, der *Bauch erscheint stark vorgestreckt*, die *Wirbelsäule* ist im Lendentheil beträchtlich *lordotisch* nach vorne gekrümmt, der ganze Oberkörper balancirt auf den Beinen. Letztere werden langsam und mühsam gehoben, die Fussspitzen hängen gewöhnlich in Folge der Parese der Dorsalflectoren herab. Sehr charakteristisch und in fast allen Fällen übereinstimmend sind die Bewegungen der Kinder, wenn sie sich vom Fussboden erheben oder einen Gegenstand von demselben

aufheben sollen. Da das Aufrichten des Rumpfes unmöglich ist, so
stellen sich die Kinder gewöhnlich zuerst auf alle vier Extremitäten
und richten sich dann durch Aufstützen der Arme auf die Kniee allmählich in die Höhe (s. Fig. 33). Im späteren Verlauf treten auch an
den *oberen Extremitäten* Bewegungsstörungen auf.

Fig. 33 (nach Gowers). Aufrichten der Kinder mit hereditärer Muskelatrophie.

Untersucht man die Kranken näher, so findet man gewöhnlich auf
den ersten Blick die ungewöhnliche *Volumszunahme* einzelner Muskeln
(s. Fig. 34, S. 223). Die Waden sind unförmlich dick, ebenso zuweilen
die Oberschenkel, die Glutäen, an den Armen später besonders die Del-
toidei, Triceps u. a. Diese Volumszunahme ist durch eine abnorme
interstitielle Fettentwicklung bedingt („*Pseudohypertrophie*"). Die Muskeln fühlen sich daher auch nicht fest, sondern weich und schwammig
an. Indessen ist es keineswegs selten, dass neben der Pseudohypertrophie einzelner Muskeln in anderen sich eine echte *Atrophie* mit aus-
gesprochenem Muskelschwund *ohne gleichzeitige Fettentwicklung* entwickelt, wie dies namentlich an den oberen Extremitäten vorkommt.
Endlich scheint zuweilen sogar eine *echte Muskelhypertrophie* vorzukommen. Wir sahen in mehreren Fällen eine starke Volumszunahme
der Wadenmuskeln, welche dabei einer ganz ungewöhnlichen Kraftent-
wicklung fähig waren. Indessen handelt es sich hierbei vielleicht um
eine Art compensatorischer Hypertrophie, indem die überhaupt noch
leistungsfähigen Muskeln auch übermässig angestrengt werden.

Fibrilläre Muskelzuckungen kommen vor, sind aber selten deutlich bemerkbar, vielleicht weil sie durch das Fett verdeckt werden. Die *elektrische Untersuchung* ergiebt eine der Atrophie und dem vermehrten Fettreichthum entsprechende Herabsetzung der Erregbarkeit, aber *niemals Entartungsreaction*. Die *Sensibilität* bleibt vollständig normal, ebenso die *Harn-* und *Stuhlentleerung*, die *Patellarreflexe* fehlten in einigen von uns untersuchten Fällen. Auffallend ist es, dass die *Haut*, namentlich an den Beinen, sehr häufig eine eigenthümlich *bläulich-marmorirte Färbung* zeigt. *Bulbärerscheinungen* treten fast niemals ein. Die *Intelligenz* ist in vielen Fällen völlig normal. Nicht selten aber kommt es vor, dass die Kinder mit hereditärer Muskelatrophie gleichzeitig deutliche Zeichen psychischer (zuweilen auch moralischer) Schwäche zeigen.

Die Krankheit schreitet sehr langsam, aber unaufhaltsam fort. Das Gehen wird schliesslich ganz unmöglich, die Kranken sind ans Bett gefesselt und werden immer hülfloser. Der Tod erfolgt meist durch intercurrente Krankheiten, zuweilen auch durch eintretende Insufficienz der Respirationsmuskeln.

Der *anatomische Befund* in allen bisher genau untersuchten Fällen (CHARCOT, F. SCHULTZE u. A.) von echter (hereditärer resp. in der Kindheit entstandener) Pseudohypertrophie ist in Bezug auf das Nervensystem ein vollständig negativer. Abgesehen von zufälligen, unwesentlichen Complica-

Fig. 34. Pseudohypertrophia musculor. (nach DUCHENNE).

tionen ist insbesondere das *Rückenmark* und speciell die vordere graue Substanz desselben *vollständig normal*. In den *Muskeln* ergiebt die mikroskopische Untersuchung (zuweilen durch Harpunirung oder Excision kleiner Muskelstückchen schon zu Lebzeiten der Patienten vorgenommen) eine sehr beträchtliche Vermehrung des interstitiellen Binde- und vornehmlich des Fettgewebes zwischen den einzelnen Muskelfasern. Die Fasern selbst aber sind nicht verfettet, überhaupt niemals degenerativ atrophisch, sondern zeigen überall noch ihre deutliche Querstreifung. Dem Volumen nach sind einzelne derselben völlig normal, andere entschieden verschmälert, einige aber auch echt hypertrophisch.

Demnach müssen wir die Pseudohypertrophie der Muskeln von der echten progressiven Muskelatrophie trotz mancher klinischer Aehnlichkeiten principiell durchaus abtrennen. Während die letztere eine Erkrankung der Muskeln und des Rückenmarks darstellt, ist die erstere ein *rein muskuläres, wahrscheinlich auf angeborenen Ernährungsanomalien der Muskeln beruhendes Leiden.*

Von einer *Therapie* der Pseudohypertrophia musculorum ist leider gar nichts zu berichten. Auch die Elektricität, die Massage, Bäder u. dgl. erzielen fast niemals nennenswerthe Erfolge, obwohl es die einzigen Mittel sind, welche im gegebenen Fall versucht zu werden verdienen.

ZEHNTES CAPITEL.
Die acute und chronische Poliomyelitis.

1. Die spinale Kinderlähmung.
(*Acute Poliomyelitis der Kinder.*)

Aetiologie und pathologische Anatomie. Bei Kindern kommt relativ häufig eine bestimmte und wohl charakterisirte Lähmungsform vor, deren erste genauere Kenntniss wir JAC. V. HEINE (1840) verdanken. Obwohl HEINE schon 1860 die Vermuthung aussprach, dass der Lähmung eine Erkrankung des Rückenmarks zu Grunde liege, konnte die erste thatsächliche Begründung dieser Ansicht doch erst in neuerer Zeit durch PRÉVOST und VULPIAN, CHARCOT und JOFFROY u. A. geliefert werden, so dass man gegenwärtig mit Recht die frühere Bezeichnung *„essentielle Kinderlähmung"* mit dem Namen der *„spinalen Kinderlähmung"* vertauschen kann.

Wie schon der Name ausdrückt, kommt die Affection vorzugsweise, wenn auch nicht ausschliesslich (s. u.), bei *Kindern* vor und zwar am häufigsten im früheren Lebensalter, etwa zwischen 1 und 4 Jahren. Irgend eine *Gelegenheitsursache* (Erkältung) ist beinahe niemals nachzuweisen. Die Kinder sind vorher fast immer vollständig gesund[1]) und stammen aus gesunden, keineswegs neuropathisch beanlagten Familien. Der ganze Krankheitsverlauf macht die Vermuthung sehr wahrscheinlich, dass es sich um eine *acute Infectionskrankheit* handelt, um einen infectiösen Process, welcher zunächst eine Allgemeininfection des Körpers bedingt, sich dann aber vorzugsweise an einer umschriebenen Stelle

---

1) Die nach acuten Krankheiten (Masern, Scharlach, Pocken u. s. w.) entstehenden Lähmungen sind zum Theil vielleicht auch spinalen Ursprungs, dürfen aber nicht mit der idiopathischen spinalen Kinderlähmung identificirt werden.

des Rückenmarks localisirt. In Beziehung zu der soeben angedeuteten Natur der Krankheit steht vielleicht auch der Umstand, dass die meisten Erkrankungsfälle in der warmen Jahreszeit vorkommen.

In *anatomischer Beziehung* kann die Krankheit definirt werden als eine acute Entzündung, welche vorzugsweise in einer bestimmten Ausdehnung die *vordere graue Substanz des Rückenmarks* betrifft, meist nur das graue Vorderhorn der einen Seite befällt, sich indessen nicht immer ganz streng auf dasselbe beschränkt, sondern in freilich geringer Ausdehnung auch etwas auf die weisse Substanz der Umgebung übergreifen kann. Obwohl frische Fälle bis jetzt erst in sehr spärlicher Zahl zur Untersuchung gekommen sind, kann man doch auch in den älteren Herden zuweilen noch deutliche Residuen der Entzündung nachweisen. Der gewöhnliche Befund in den alten abgelaufenen Fällen, wie er relativ am häufigsten gemacht ist, besteht in einer beträchtlichen *Atrophie des einen Vorderhorns*, welches in ein derb sclerosirtes, oft von erweiterten und verdickten Gefässen durchzogenes Gewebe verwandelt ist und fast gar keine normalen Ganglienzellen mehr enthält. Betrifft die Lähmung einen Arm, so ist das entsprechende Vorderhorn in der Cervicalanschwellung atrophisch

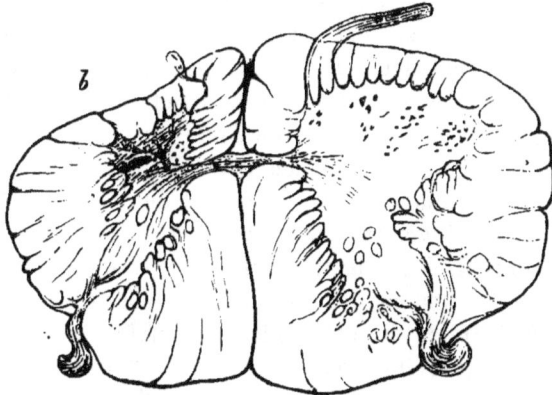

Fig. 35. Schnitt durch die Cervicalanschwellung bei Poliomyelitis anterior: linke Vordersäule sehr stark geschrumpft, ohne Ganglienzellen. Nach CHARCOT und JOFFROY.

(s. Fig. 35), ist ein Bein gelähmt, so sitzt der Process in der Lumbalanschwellung. Bei einer doppelseitigen Lähmung hat man an eine Affection beider Vorderhörner in der entsprechenden Höhe des Rückenmarks zu denken.

Diese Entzündung des Vorderhorns, die *Poliomyelitis*, ist als der primäre Erkrankungsherd aufzufassen. Von hier aus entwickelt sich wie bei jeder stärkeren Läsion der daselbst gelegenen motorischen Ganglienzellen eine *secundäre Degeneration*, welche, nach der Peripherie zu sich ausbreitend, die entsprechenden *vorderen Wurzeln*, weiterhin die hinzugehörigen *motorischen Nerven* und die von denselben versorgten *Muskeln* betrifft. In den gelähmten Muskeln und Nerven findet man demgemäss eine hochgradige, und zwar echt *degenerative Atrophie*, genau ebenso, wie wir sie bei den schweren peripheren Lähmungen kennen gelernt haben.

Wenn somit gegenwärtig der spinale Ursprung der atrophischen Kinderlähmung hinreichend sicher festgestellt ist, so wollen wir doch nicht verschweigen, dass von einigen Autoren, so namentlich von LEYDEN, für *einzelne* Fälle auch ein peripherer Ursprung, d. h. eine *primäre Neuritis* ohne wesentliche Betheiligung des Rückenmarks angenommen wird. Es erscheint in der That nicht unmöglich, dass dieselbe ätiologische Schädlichkeit (der von uns supponirte Infectionsstoff) sich ausnahmsweise auch einmal vorzugsweise in einem peripheren motorischen Nerv localisire. In dem Capitel über die keineswegs sehr seltene *cerebrale Kinderlähmung* werden wir sehen, dass ein offenbar sehr verwandter (vielleicht ätiologisch sogar identischer) acuter Process bei Kindern sich auch in den motorischen Gebieten der Hirnrinde etabliren kann.

Krankheitsbild und klinische Symptome. Die Krankheit beginnt fast immer plötzlich. Die vorher ganz gesunden und munteren Kinder werden mit einem Mal von heftigem *Fieber* (nicht selten 40⁰—41⁰) befallen, welches gleich von Anfang an mit ziemlich schweren Allgemeinerscheinungen verbunden ist. Die Kinder klagen über *Kopfschmerzen*, zuweilen auch über *Schmerzen im Kreuz und in den Gliedern*, sind deutlich *benommen* und *somnolent*. Sehr häufig entwickeln sich stärkere Gehirnerscheinungen: völlige *Bewusstlosigkeit*, einzelne *Zuckungen* im Gesicht und in den Extremitäten oder *allgemeine Convulsionen*. Nicht selten treten die eclamptischen Zufälle (Verdrehen der Augen, clonische Zuckungen im Kopf und in den Extremitäten) gleich zu Beginn der Krankheit auf. Die genannten Initialerscheinungen, deren Intensität übrigens in den einzelnen Fällen sehr wechselnd ist, dauern zuweilen nur sehr kurze Zeit, 1—2 Tage, während sie manchmal auch 1—2 Wochen anhalten. Ja, wir kennen sogar Fälle, in welchen, wie die Mütter versichern, die Kinder vor Beginn (d. h. vor dem Bemerktwerden) der Lähmung sogar 4—5 Wochen fast ununterbrochen „in Krämpfen gelegen" haben sollen. Andererseits kann es aber auch vorkommen, dass die Initialerscheinungen, insbesondere die schweren Gehirnerscheinungen, ganz fehlen oder nur angedeutet sind.

Gewöhnlich erst, nachdem die soeben beschriebene Initialperiode der Krankheit abgelaufen ist, wird von den Eltern bemerkt, dass die Kinder von einer mehr oder weniger ausgebreiteten *Lähmung* befallen sind. Kann die Entwicklung derselben näher verfolgt werden, so findet man stets, dass sie sich rasch, manchmal in einzelnen, einander schnell folgenden Nachschüben, ausbreitet und gewöhnlich *in kurzer Zeit eine ziemlich grosse Ausdehnung* erreicht. Entweder sind beide Beine oder die Beine und ein Arm oder gar alle Extremitäten und auch die Rumpfmuskeln befallen. Fast niemals bleibt aber die Lähmung in dieser ersten Ausbreitung bestehen: sie reducirt sich vielmehr rasch und *zieht sich bald auf dasjenige Muskelgebiet zurück, welches nun dauernd gelähmt bleibt.* . In einzelnen Fällen kann die Lähmung sogar wieder ganz verschwinden. In der Regel bleibt aber in einer Extremität oder wenigstens in einem Abschnitt derselben eine vollständige Lähmung nach und zwar am häufigsten in einem Bein (besonders häufig in der Peronealmuskulatur), etwas seltener im Arm (vorzugsweise im Deltoideus), zuweilen auch in beiden Beinen, sehr selten (bei der *spinalen* Lähmung) in einem Arm und Bein derselben Seite oder gekreuzt. Unterdessen hat sich das Allgemeinbefinden der Kinder wieder vollständig gebessert. Dieselben sind wohl und munter, haben vortrefflichen Appetit, zeigen niemals nachbleibende cerebrale Störungen — nur die schmerzlose, schlaffe Lähmung, die Gebrauchsunfähigkeit der befallenen Extremität ist zurückgeblieben. Nicht selten macht sich in den folgenden Wochen und Monaten noch ein weiterer langsamer Fortschritt in der Besserung der Bewegungsfähigkeit bemerklich, aber in der weitaus grössten Zahl der Fälle bleibt doch in gewissen Muskeln eine andauernde vollständige Lähmung übrig.

Was nun die näheren Eigenthümlichkeiten dieser nachbleibenden Lähmung anlangt, so charakterisirt sie sich ausnahmslos als eine *schlaffe atrophische Lähmung*. Schon wenige Wochen nach Beginn der Lähmung zeigt sich eine deutliche *Atrophie der gelähmten Muskeln*, welche allmählich immer weiter fortschreitet und schliesslich die höchsten Grade erreichen kann. Manchmal, aber nicht immer, wird die Atrophie zum Theil durch eine *reichlichere Entwicklung des Fettgewebes* verdeckt. Noch rascher, als die sichtliche Atrophie, treten die *Veränderungen in der elektrischen Erregbarkeit der gelähmten Nerven und Muskeln* ein. Da man es, wie aus der anatomischen Grundlage der Krankheit hervorgeht, mit einer echt degenerativen Atrophie von Nerv und Muskel zu thun hat, so muss sich auch nothwendiger Weise in den befallenen Theilen ausgeprägte *Entartungsreaction* entwickeln. Schon DUCHENNE fand, dass gewöhnlich nach 1—2 Wochen die *faradische Erregbarkeit* der befallenen Nerven und Muskeln vollkommen erloschen ist. Bei der galvanischen Untersuchung kann man in den Muskeln anfangs noch eine Steigerung der Erregbarkeit mit Ueberwiegen der trägen AnS-Zuckungen constatiren, während später (nach 2—3 Monaten) die galva-

nische Erregbarkeit ebenfalls sehr beträchtlich sinkt, wobei aber die
Muskelzuckungen ihre für die Entartungsreaction charakteristischen qualitativen Eigenthümlichkeiten bewahren (s. S. 69). Sehr häufig bleibt
auch die ganze befallene Extremität im Wachsthum zurück, so dass
später die *Knochen eine Verkürzung von vielen Centimetern* zeigen
können. Indessen ist, wie namentlich VOLKMANN hervorgehoben hat,
ein Parallelismus zwischen der Muskelatrophie und der Wachsthums-
hemmung der Knochen nicht in allen Fällen vorhanden.

Die *passiven Bewegungen* der gelähmten Extremität sind anfangs
und, abgesehen von den später sich einstellenden Contracturen (s. u.),
auch noch später vollkommen frei. Manche Gelenke sind so schlaff,
dass förmliche Schlotterbewegungen möglich sind und dass man den
gelähmten Gliedern die ungewöhnlichsten Stellungen geben kann. Die
Sehnenreflexe fehlen in den gelähmten Extremitäten ausnahmslos vollständig, ebenso fast immer die *Hautreflexe*, ein Verhalten, welches zuweilen von diagnostischer Bedeutung sein kann. Die *Haut* zeigt nicht
selten gewisse *trophische Störungen*, fühlt sich kühl an und bekommt
ein cyanotisches Aussehen. Ihre *Sensibilität* ist aber in allen Fällen
vollkommen erhalten. Die *Harnentleerung* zeigt zuweilen im Anfange
der Krankheit eine leichte Störung, welche aber später in den meisten
Fällen wieder völlig verschwindet.

Hat die Lähmung bereits eine Zeit lang bestanden, so bilden sich in
den gelähmten Theilen fast immer gewisse *secundäre Contracturen* aus,
welche zum Theil ein sehr charakteristisches Gepräge zeigen. Namentlich an den Beinen ist der *„paralytische Klumpfuss"* (*Pes varo-equinus*)
eine längst bekannte Erscheinung. Er beruht darauf, dass in Folge
der Lähmung der Peroneal-Muskulatur und des Tibialis anticus der
Fuss beständig mit der Spitze herabhängt und dass hierdurch allmählich eine Contractur in den antagonistischen Wadenmuskeln entsteht,
deren Ansatzpunkte dauernd einander genähert sind. Bei Lähmung der
Wadenmuskeln entsteht umgekehrt durch die Antagonistencontractur ein
mässiger Grad von Calcaneusstellung. Ebenso können in den Armen und
in der Wirbelsäule (bei Lähmungen der Rückenmuskeln) die mannigfaltigsten, zuweilen sehr beträchtlichen Contracturen und Deformitäten entstehen, welche der Hauptsache nach immer auf die *Contractur nicht ge-
lähmter Antagonisten* und auf *äussere mechanische Verhältnisse* (Schwere,
Druck) zurückgeführt werden können.

Vergleichen wir zum Schluss noch einmal das geschilderte Krankheitsbild mit der anatomischen Krankheitsursache, so ist die vollkommene Uebereinstimmung beider sofort ersichtlich. Die Affection des

grauen Vorderhorns muss eine Lähmung mit nachfolgender Atrophie und Entartungsreaction zur Folge haben, wobei auch die Reflexe durch die Zerstörung des Reflexbogens verloren gehen müssen, während die Sensibilität bei der Integrität der sensiblen Leitung (Hinterstränge, graue Hinterhörner) und ebenso die Blasenfunctionen vollkommen normal bleiben. Der acute Beginn der Krankheit mit hohem Fieber, heftigen Allgemeinerscheinungen spricht entschieden für eine infectiöse Krankheitsursache. Die nachbleibende Lähmung ist das Resultat der Zerstörung, welche der an sich bereits völlig abgelaufene Krankheitsprocess im Rückenmark angerichtet hat.

Diagnose. Die Diagnose der spinalen Kinderlähmung ist fast immer leicht und sicher zu stellen, wenn man sich streng an die Definition und die Eigenthümlichkeiten der Krankheit hält und nicht überhaupt jede bei einem Kinde entstehende Lähmung hierher rechnet. Zu beachten ist vor allem der *acute Beginn,* die nachfolgende schlaffe Lähmung mit *eintretender Atrophie* und *Entartungsreaction,* mit *erloschenen Reflexen,* aber *erhaltener Sensibilität.* Beachtet man diese Momente, so ist man vor Verwechselungen mit cerebralen und sonstigen Erkrankungen (Spondylitis, hereditäre Muskelatrophie, spastische Spinalparalysen) hinreichend geschützt.

Prognose. Es ist nicht unmöglich, aber noch nicht erwiesen, dass manche jener Fälle, wo Kinder ziemlich rasch unter Convulsionen sterben, als Initialstadium der acuten Poliomyelitis aufzufassen sind. Ist indessen das erste Stadium der Krankheit vorüber, so ist die Prognose quoad vitam durchaus günstig, da die sonstige körperliche Entwicklung der Kinder in keiner Weise weiterhin beeinträchtigt wird. Viel ungünstiger ist aber die Prognose mit Bezug auf die völlige Wiederherstellung der eingetretenen Functionsstörung. Was nicht in den ersten Wochen und Monaten wieder gut geworden ist, bleibt meist fürs ganze Leben gelähmt. Trotzdem soll uns diese Erfahrung nicht abhalten, wenigstens in den ersten Jahren noch eine ausdauernde Therapie zu versuchen, da hierdurch immerhin zuweilen sehr beachtenswerthe *Besserungen* in der Function der gelähmten Theile herbeigeführt werden können.

Therapie. Hat man Gelegenheit, schon während des Initialstadiums der Krankheit (wobei freilich die Diagnose meist noch nicht sicher gestellt werden kann) therapeutisch eingreifen zu können, so verordnet man *kalte Umschläge* oder eine *Eisblase auf den Kopf,* eventuell bei höherem Fieber oder bei stärkerer Benommenheit ein *laues Bad* mit kühleren Uebergiessungen. Zu einer *localen Blutentziehung* (Blutegel hinter den Ohren oder an die Schläfen) sieht man sich wohl nur selten

veranlasst (bei Zeichen stärkerer Gehirnhyperämie). Innerlich verordnet
man gewöhnlich eine leichte „Ableitung auf den Darm", Calomelpulver
zu 0,03—0,05, 2 bis 3stündlich, ein Sennainfus oder dgl.

Nach eingetretener Lähmung sind die meisten Erfolge von einer
Monate und mit Unterbrechungen Jahre lang consequent fortgesetzten
elektrischen Behandlung zu erwarten. Man setzt eine grosse breite
Elektrode auf die Wirbelsäule an der Stelle, welche dem Orte der Läsion im Rückenmark entspricht (Halswirbel bei Lähmung des Arms,
untere Brustwirbel bei Lähmung des Beins), während die andere Elektrode zur peripheren Application auf die gelähmten Nerven und Muskeln
dient. Auf diese Weise lässt man nun einen mittelstarken *constanten
Strom* theils stabil (in abwechselnder Richtung) je 2—3 Minuten einwirken, theils führt man die Kathode (eventuell auch die Anode) langsam über die gelähmten Muskeln und Nerven hin, wobei auch einzelne
Schliessungen und Stromwendungen vorgenommen werden können. Auch
von dem *faradischen Strom* hat Duchenne durch ausdauernde Behandlung Nutzen gesehen. Die Sitzungen sollen 3—4 mal wöchentlich, später,
wenn möglich, noch häufiger stattfinden.

Neben der elektrischen Behandlung können *methodische gymna-
stische Uebungen* der noch activ etwas beweglich gebliebenen Muskeln
von entschiedenem Nutzen sein, ebenso in etwas späteren Stadien regelmässig fortgesetztes *Massiren der Muskeln*. In der Praxis kann man
dabei die Verordnung bestimmter *Einreibungsmittel* (Campherspiritus,
Senfspiritus, Ameisenspiritus) nicht umgehen. Sehr wichtig sind die
passiven Bewegungen zur *Verhütung* von Contracturen und zur Besserung der bereits entstandenen Deformitäten. In Bezug auf die weiteren
Einzelnheiten der *orthopädischen Behandlung*, welche von grosser Wichtigkeit ist, müssen wir auf die betreffenden chirurgischen und orthopädischen Specialwerke verweisen.

Empfehlenswerth, wenngleich natürlich nicht zu überschätzen, ist
der Gebrauch von *Bädern* (Soolbäder, Eisenbäder), welche man zu Hause
gebrauchen lassen kann. Erlauben es die Verhältnisse, die Kinder während der Sommermonate in ein Bad zu schicken, so dürften die Soolbäder (*Reichenhall*, *Kreuznach*, *Kösen*, *Colberg*), die Kochsalzsäuer-
linge (*Rehme*, *Nauheim*, *Soden*), eventuell bei schwächlichen, anämischen Kindern der Gebrauch von Eisenbädern (*Driburg*, *Pyrmont*,
Schwalbach) vorzugsweise in Betracht kommen. Auch in den indifferenten Thermen (*Teplitz*, *Wildbad*, *Ragaz*, *Gastein*), welche indessen
nur mit Vorsicht anzuwenden sind, werden zuweilen Erfolge erzielt,
ebenso, namentlich bei älteren Kindern, in den Kaltwasserheilanstalten.

Von dem Gebrauche *innerer Mittel* ist sehr wenig zu erwarten. Empfohlen sind *Jodkalium* und *Strychnin*, letzteres auch in der Form von *subcutanen Injectionen* (0,001—0,003 täglich).

In den veralteten Fällen, bei welchen keine Hoffnung auf eine nennenswerthe weitere Besserung der Lähmung mehr vorhanden ist, kann sich die Behandlung darauf beschränken, durch eine passende Ernährung und gute Luft den Allgemeinzustand der Patienten möglichst zu heben und zu kräftigen.

2. Die Poliomyelitis acuta der Erwachsenen.
(*Acute atrophische Spinallähmung der Erwachsenen.*)

Nachdem man lange Zeit geglaubt hatte, dass die soeben beschriebene Form der acuten atrophischen spinalen Lähmung nur bei Kindern vorkomme, haben neuere Beobachtungen von MOR. MEYER, DUCHENNE, ERB, F. SCHULTZE, F. MÜLLER u. A. festgestellt, dass durchaus analoge Erkrankungsfälle, wenngleich entschieden seltener, sich auch bei Erwachsenen, namentlich bei jugendlicheren Individuen bis zum 30sten Lebensjahr entwickeln können. An dieser Thatsache ist, namentlich in Hinblick auf einen unzweideutigen von F. SCHULTZE gemachten *anatomischen Befund*, nicht mehr zu zweifeln. Wohl aber haben wir schon früher einmal hervorgehoben, dass man es mit der Diagnose der acuten und wie wir bald sehen werden auch der chronischen Poliomyelitis, eine Zeit lang zu leicht nahm und dass gewiss sehr viele als Poliomyelitis diagnosticirte und veröffentlichte Fälle zu der *primären Neuritis* (s. S. 108) zu rechnen sind. Seitdem wir wissen, dass sich auch in den motorischen Nerven primäre degenerative Processe in acuter und subacuter Weise entwickeln können, welche ebenfalls zu einer atrophischen Lähmung führen, bedarf ein grosser Theil der Lehre von der Poliomyelitis einer erneuten umsichtigen Bearbeitung, um das Nichthinzugehörige auszuscheiden.

Das *Krankheitsbild* der acuten Poliomyelitis der Erwachsenen, soweit es durch die bisherigen nicht zahlreichen *sicheren* Beobachtungen festgestellt ist, unterscheidet sich selbstverständlich nicht wesentlich von dem Krankheitsbilde der spinalen Kinderlähmung.

Aetiologische Verhältnisse sind manchmal gar nicht zu ermitteln, zuweilen scheint eine *Erkältung*, eine *Ueberanstrengung* u. dgl. das Entstehen der Krankheit zu begünstigen. Beim *männlichen Geschlecht* sind Erkrankungen häufiger beobachtet worden, als beim weiblichen.

Die Krankheit beginnt ebenfalls mit ziemlich schweren *Initialerscheinungen*, Fieber, Kopfschmerz, Somnolenz, Delirien, Erbrechen,

welche wenige Tage bis 1—2 Wochen andauern können. Die sehr häufig
angegebenen heftigen *spontanen Schmerzen* im Kreuz, Rücken und in
den Extremitäten beziehen sich wahrscheinlich meist auf solche Fälle,
bei welchen eine primäre *Neuritis*, und nicht eine Poliomyelitis die
hauptsächlichste anatomische Läsion darstellt. Nach Beendigung dieses
ersten Stadiums tritt die *Lähmung* auf, welche sich in verschiedener
Ausbreitung, meist in einzelnen Nachschüben, aber stets relativ rasch
entwickelt. Die gelähmten Muskeln sind vollständig schlaff, die *Haut-*
und *Sehnenreflexe* fehlen vollständig, sehr bald tritt ausgesprochene
Atrophie und *elektrische Entartungsreaction* ein, während die *Sensibilität*, die *Blasen-* und *Geschlechtsfunctionen normal* bleiben.

Die *Vertheilung der Lähmung* bietet gewisse Eigenthümlichkeiten
dar, welche hier, da sie bei Erwachsenen viel besser, als bei Kindern
studirt werden können, kurz angeführt werden müssen. Die Lähmung
kann sehr ausgedehnt sein, sie kann alle vier Extremitäten befallen
oder in paraplegischer, auch in monoplegischer Form auftreten. An
den Extremitäten findet man auffallend häufig gewisse Combinationen
der gelähmten Muskeln, auf welche E. REMAK zuerst aufmerksam gemacht hat. Da die gleichzeitig gelähmten Muskeln nicht von denselben
peripheren Nerven versorgt werden, wohl aber meist functionell zusam-
mengehören, so darf vermuthet werden, dass die entsprechenden Ganglienzellen in den Vordersäulen des Rückenmarks ebenfalls zusammen-
liegen, ohne Rücksicht auf die spätere Vertheilung ihrer peripheren
Ausläufer in den einzelnen motorischen Nerven. So z. B. ist es bemerkenswerth, dass bei Lähmung des Cruralisgebiets der M. sartorius
häufig ganz frei bleibt, dass am Unterschenkel einerseits der Tibialis
anticus, andererseits die Peronei und Extensores digitorum isolirt erkranken, dass am Vorderarm der vom Radialis innervirte Supinator
longus frei bleibt, während alle übrigen Muskeln an der Streckseite des
Vorderarms gelähmt sind („*Vorderarmtypus*" nach E. REMAK), dass hin-
gegen der Supinator allein oder zusammen mit dem Biceps, Brachialis
internus und Deltoideus („*Oberarmtypus*" nach E. REMAK) gelähmt sein
kann. Letztere Lähmungsform soll einer Rückenmarksläsion in der
Höhe der 4. und 5. Cervicalwurzel entsprechen, der Vorderarmtypus
einer Läsion in der Höhe der 8. Cervical- und 1. Dorsalwurzel. Das
Centrum für die Wadenmuskulatur liegt nach KAHLER und PICK in der
Höhe der 4. und 5. Dorsalwurzel. Mit den Beobachtungen am Menschen
grösstentheils gut übereinstimmende Resultate haben FERRIER und YEO
bei ihren experimentellen Untersuchungen an Affen durch Reizung der
vorderen motorischen Rückenmarkswurzeln erhalten.

In *diagnostischer Hinsicht* ist in Zukunft namentlich auf die Unterscheidung der Poliomyelitis von der Neuritis zu achten. Das grösste Gewicht ist hierbei jedenfalls auf die *initialen Schmerzen* und etwa bestehende sonstige leichte *Sensibilitätsstörungen* zu legen. Im Uebrigen ist der Verlauf beider Krankheiten so ähnlich, dass man wohl auf die *Vermuthung* kommen kann, dieselben seien in *ätiologischer* Hinsicht nahe verwandt und stellen nur verschiedene Localisationsformen derselben (wahrscheinlich infectiösen) Krankheitsursache dar. Einzelne Beobachtungen scheinen auch dafür zu sprechen, dass möglicher Weise Uebergangsformen mit einer gleichzeitigen primären Läsion des Rückenmarks·und der peripheren Nerven vorkommen.

Die *Prognose* ist insofern nicht schlecht, als in manchen Fällen, wenn auch erst nach Monaten, eine völlige Heilung beobachtet ist. Freilich ist es nicht sicher, ob diese Fälle nicht zur multiplen Neuritis gehörten. Andererseits können aber auch dieselben andauernden Lähmungen mit Atrophien und Contracturen nachbleiben, wie bei der spinalen Kinderlähmung.

Die *Therapie* richtet sich ganz nach denselben Regeln, welche wir bei der spinalen Kinderlähmung angeführt haben. Hinzuzufügen ist noch nach den Empfehlungen einiger Aerzte der innerliche oder subcutane Gebrauch von *Ergotin*. F. Müller empfiehlt eine Lösung von 10,0 Ergotin mit 0,02 Atropin. sulph., davon täglich zweimal ½—1 Pravaz'sche Spritze.

3. Die subacute und chronische Poliomyelitis.

(*Subacute und chronische atrophische Spinallähmung. Paralysie générale spinale antérieure subaigue [Duchenne]*.)

Während schon die anatomische Begründung der acuten Poliomyelitis bei Erwachsenen noch Manches zu wünschen übrig lässt, so sind unsere anatomischen Kenntnisse von dem Vorkommen einer subacuten und chronischen Poliomyelitis im Sinne der Autoren noch vollständig lückenhaft. Auch hier ist es unzweifelhaft, dass Verwechselungen mit der multiplen Neuritis sehr häufig vorgekommen sind und dass nicht bei allen unter dem Namen „subacute Poliomyelitis" veröffentlichten Fällen die Diagnose unanfechtbar ist. Wir beschränken uns daher darauf, das bisher unter dem obigen Namen beschriebene Krankheitsbild hier kurz zu reproduciren, indem wir besonders hervorheben, dass die sichere und genauere Feststellung der anatomischen Grundlage noch der Zukunft überlassen ist.

In den hierher gerechneten Fällen entwickelt sich meist ohne besondere Veranlassung und ohne alle schwereren Initialerscheinungen, aber in relativ kurzer Zeit, im Laufe einiger Tage, höchstens Wochen, eine Lähmung zuerst beider Beine, etwas später auch meist beider oberen Extremitäten. Die Kranken klagen anfangs über Schwäche in den Beinen, können bald nicht mehr gehen und werden bettlägerig. Kurze Zeit später treten dieselben Störungen in den Armen auf und führen zu einer mehr oder weniger vollständigen Lähmung. Nicht selten empfinden die Patienten leichte Parästhesien in den befallenen Theilen, im Uebrigen bleibt aber die Sensibilität vollständig normal. Auf Druck sind die gelähmten Muskeln nicht selten deutlich schmerzhaft (neuritische Symptome?). Bald nach der Lähmung entwickelt sich eine gleichmässig ausgebreitete *Atrophie* und damit parallel gehend eine entschiedene Abnahme der elektrischen Erregbarkeit, welche in partielle oder, in allen schwereren Fällen, in complete *Entartungsreaction* übergeht. Die *Haut-* und *Sehnenreflexe* sind sehr herabgesetzt, oft ganz erloschen. *Blase* und *Mastdarm* bleiben dagegen intact, niemals entwickelt sich *Decubitus.* Einige Mal wurde eine auffallende *Abnahme der Schweisssecretion* beobachtet. In *seltenen* Fällen findet auch ein Uebergreifen der Krankheit auf die Nackenmuskeln, die Lippen-, Zungen- und Schlundmuskulatur statt.

Nachdem die Lähmung ihre grösste Ausdehnung erreicht hat, tritt gewöhnlich ein Stillstand ein. Der Zustand bleibt, zuweilen Monate lang, stationär und erst dann beginnt eine allmähliche Besserung, welche zuweilen in eine *völlige Heilung* übergehen kann, oft freilich auch *unvollständig* bleibt, so dass die Kranken zeitlebens mehr oder weniger bedeutende Functionsstörungen nachbehalten. Eine fast immer gute Prognose giebt die von ERB beschriebene „*Mittelform der chronischen Poliomyelitis*", bei welcher es in den gelähmten Muskeln nur zu *partieller Entartungsreaction* kommt. Einen *ungünstigen Ausgang* können indessen diejenigen seltenen Fälle nehmen, bei welchen eine Mitbetheiligung der Schling- und Respirationsmuskulatur eintritt, obgleich auch dann noch die Möglichkeit einer Besserung nicht vollständig ausgeschlossen ist.

Anatomische Befunde, welche die Voraussetzung einer subacuten (entzündlichen?) in den Vorderhörnern des Rückenmarks von unten nach oben aufsteigenden Affection bestätigen, sind, wie gesagt, erst in äusserst geringer Zahl vorhanden und zum Theil auch nicht ganz sicher verwerthbar. Klinisch ist die Krankheit freilich wohl charakterisirt und bei gehöriger Aufmerksamkeit und Kenntniss leicht zu diagnosticiren.

Ueber ihre anatomische Grundlage und ihre Beziehungen zur acuten Poliomyelitis und zu den primären Neuritiden müssen aber noch weitere Untersuchungen angestellt werden.

Die *Therapie* ist, wie sich aus der Darstellung ergiebt, keineswegs aussichtslos und namentlich dürfte die *elektrische Behandlung* im Stande sein, eine möglichst vollständige und rasche Regeneration der befallenen Theile zu begünstigen.

ELFTES CAPITEL.
Die acute aufsteigende Spinalparalyse.
(*Paralysis ascendens acuta. Landry'sche Paralyse.*)

Unter dem Namen „*Paralysie ascendante aigue*" hat LANDRY im Jahre 1859 eine Krankheit beschrieben, welche sich *klinisch* vorzugsweise dadurch charakterisirt, dass zuerst die unteren, bald darauf auch die oberen Extremitäten und endlich eine Anzahl der von Oblongata versorgten Muskelgebiete von einer rasch fortschreitenden Lähmung befallen werden, während die Sensibilität, die Functionen der Blase und des Mastdarms normal bleiben. Die Krankheit verläuft in vielen Fällen tödtlich; die Untersuchung des Nervensystems hat aber bis jetzt keine Befunde ergeben, welche mit Sicherheit als die anatomische Ursache der Krankheit angesehen werden können. Nach den fortgesetzten, ziemlich zahlreichen Beobachtungen über die Krankheit scheint es überhaupt fraglich zu sein, ob man eine *einheitliche anatomische* Grundlage derselben wird aufstellen können. Vielmehr weist die Verschiedenheit mancher Symptome (s. u. Verhalten der Reflexe, Verhalten der elektrischen Erregbarkeit) darauf hin, dass der Sitz der Störung nicht immer der gleiche sei. Trotzdem können wir die klinische Zusammengehörigkeit der meisten Fälle nicht bezweifeln und müssen auf die Möglichkeit hinweisen, dass dieselbe Krankheitsursache nicht immer genau die gleiche Localisation der Erkrankung hervorzurufen braucht. Wir können die *ätiologische Einheit* der „acuten aufsteigenden Paralyse" sehr wohl anerkennen, ohne damit zu behaupten, dass alle Fälle sich auch in den klinischen und anatomischen Einzelnheiten vollkommen decken.

Allgemeines Krankheitsbild und Symptome. Die acute aufsteigende Paralyse befällt vorzugsweise vorher ganz gesunde und kräftige Personen im jugendlicheren und mittleren Lebensalter, etwa zwischen 20 und 35 Jahren. Doch sind einzelne Fälle auch bei Kindern und älteren Leuten beobachtet worden. Bei Männern scheint die Krankheit häufiger vorzukommen, als bei Frauen.

Das Leiden beginnt fast immer mit gewissen *Vorboten*. Dieselben bestehen in einem *allgemeinen Krankheitsgefühl*, in mässigen *Fiebererscheinungen, Kopfschmerzen, Appetitlosigkeit* und ziemlich häufig in ziehenden und reissenden *Schmerzen* im Rücken und in den Extremitäten. Nachdem diese Symptome einige Tage, seltener sogar einige Wochen gedauert haben, dabei entweder relativ gering, oder so heftig sind, dass manche Patienten bereits bettlägerig werden, tritt meist ziemlich plötzlich, zuweilen auch mehr allmählich eine *Parese* zuerst des einen, sehr bald auch des anderen Beines ein, welche rasch zunimmt und gewöhnlich schon in wenigen Tagen zu einer fast völligen *motorischen Paraplegie* führt.

Die *Lähmung* ist in fast allen Fällen eine *schlaffe*. Die Beine können passiv ohne allen Muskelwiderstand bewegt werden, die Muskeln zeigen weder active noch reflectorisch eintretende Spannungen. Die *elektrische Erregbarkeit* derselben bleibt in vielen Fällen *völlig normal*, doch tritt zuweilen auch eine *rasche Abnahme der faradischen Muskelerregbarkeit* ein (ob Entartungsreaction vorkommt, ist noch nicht erwiesen). Die *Reflexe* (Haut- und Sehnenreflexe) scheinen in der Mehrzahl der Fälle herabgesetzt oder vollständig erloschen zu sein, doch sind auch von dieser Regel einige Ausnahmen bekannt geworden.

Die *Sensibilität* ist zuweilen völlig *intact*. Doch kommen auch geringe Alterationen derselben, ganz vereinzelt auch stärkere Anästhesien vor. Einige Mal wurde eine merkliche *Verlangsamung der Empfindungsleitung* beobachtet. Von Seiten der *Sinnesnerven* findet man keine Veränderungen. Zuweilen tritt ein leichtes *Oedem* an den Beinen auf, welches vielleicht als eine vasomotorische Störung aufzufassen ist. Erwähnenswerth sind ferner die *starken Schweisse*, an welchen manche Patienten leiden. *Blase* und *Mastdarm* zeigen in den meisten Fällen gar keine oder nur geringe und vorübergehende Störungen.

Kurze Zeit, nachdem die Beine befallen sind, fangen auch die *Arme* an paretisch zu werden. Zuerst in dem einen, dann in dem anderen Arme tritt eine deutliche motorische Schwäche ein, welche sich ebenfalls bis zu fast vollständiger Paralyse steigern kann. Die Sensibilität, die Reflexe und die elektrische Erregbarkeit verhalten sich ähnlich wie an den unteren Extremitäten. Gleichzeitig oder noch früher, als die Arme, werden auch die *Rumpfmuskeln* befallen. Die Patienten können sich nicht mehr im Bette aufrichten, sich nicht auf die Seite legen u. s. w. In einigen Fällen ist auch eine *Lähmung der Hals- und Nackenmuskeln* beobachtet worden.

Das dritte und letzte Stadium der Krankheit ist durch das Auftreten von *Respirationsstörungen* und *bulbären Symptomen* gekennzeichnet. Es treten deutliche Zeichen einer beginnenden *Respirationslähmung* auf: die Athmung wird angestrengt und mühsam, die Zwerchfellsbewegungen werden immer geringer, die Hustenstösse schwächer. Auch Schlingstörungen, articuläre Störungen der Sprache, Paresen des Gaumens und der Lippen können auftreten. In vereinzelten Fällen hat man auch das Auftreten von *Facialislähmung* und *Augenmuskelstörungen* beobachtet. Der Zustand verschlimmert sich in acuter Weise und, wie erwähnt, tritt in vielen Fällen der Tod ein.

Ausser den bisher erwähnten, auf das Nervensystem bezüglichen Symptomen findet man in fast allen Fällen noch gewisse andere Erscheinungen, welche zwar weniger auffallend, für die Beurtheilung der Krankheit aber doch von grosser Bedeutung sind. Hierher gehört zunächst das *Fieber*. Die Körpertemperatur ist meist von Anfang an erhöht; sie kann vorübergehend sogar recht beträchtliche Steigerungen (bis ca. 40° C.) zeigen, später schwankt sie etwa zwischen 38° und 39°, wobei aber auch stärkere Remissionen bis zur Norm vorkommen. Von den *inneren Organen* zeigt die *Milz* am häufigsten Veränderungen. Sie schwillt gewöhnlich in mässiger, aber doch deutlich nachweisbarer Stärke an. Ferner kommt es zuweilen zu einer geringen *Albuminurie*.

Die ganze *Dauer* der Krankheit beträgt in den Fällen mit tödtlichem Ausgange zuweilen nur wenige Tage, in der Regel 8—14 Tage, selten noch mehr. Zum Glück tritt aber der tödtliche Ausgang nicht in allen Fällen ein. Die Krankheit kann auch jeder Zeit, ja sogar, wenn bereits die bedrohlichsten Symptome vorhanden waren, einen Stillstand machen. Dann zeigt sich kein weiteres Fortschreiten der Lähmung, die vorhandenen Störungen gehen langsam zurück und nach Verlauf mehrerer Wochen erfolgt die *Heilung*. Gewöhnlich dauert es freilich eine ziemlich lange Zeit, bis die Patienten sich wieder im Besitz ihrer völligen Leistungsfähigkeit fühlen.

Pathologische Anatomie und Pathogenese. Betrachten wir das gesammte Krankheitsbild der acuten aufsteigenden Paralyse, so drängt sich uns nothwendiger Weise der Gedanke auf, dass es sich hierbei um eine *acute Infection des Körpers mit vorherrschender Localisation im motorischen Nervensystem* handelt, eine Anschauung, welche zuerst von Westphal ausgesprochen worden ist. Der Beginn der Krankheit mit allgemeinem Unwohlsein entspricht ganz dem Prodromalstadium so vieler anderer acuter Infectionskrankheiten. Ferner lässt sich das Fieber, der acute Milztumor, die zuweilen vorkommende Albuminurie nach unseren jetzigen Anschauungen kaum anders erklären, als unter der obigen Voraussetzung.

Die anatomische Untersuchung hat freilich bisher keinen sicheren Beweis für diese Annahme erbracht. Ein merkwürdiger, von BAUMGARTEN veröffentlichter Fall, bei welchem sich im Rückenmark zahlreiche den Milzbrandbacillen ähnliche Stäbchen vorfanden, steht bis jetzt vollkommen vereinzelt da. Doch gerade der in vielen Fällen *vollkommen negative anatomische Befund* scheint darauf hinzuweisen, dass wir die Ursache der schweren nervösen Symptome vorzugsweise in der *durch einen toxischen (infectiösen) Einfluss hervorgerufenen Functionsstörung* zu suchen haben. Dass der Angriffspunkt des infectiösen Agens nicht immer genau der gleiche zu sein braucht, haben wir schon früher angedeutet. Das Verhalten der Reflexe und das rasche Erlöschen der elektrischen Erregbarkeit im Verein mit den anfänglichen Schmerzen lassen die Vermuthung gerechtfertigt erscheinen, dass die Störung zuweilen vorzugsweise in den peripheren motorischen Nerven ihren Sitz hat, dass die Krankheit also die acuteste Form der infectiösen „multiplen Neuritis" (s. d.) darstellt. Genauere, auf diesen Punkt gerichtete anatomische Untersuchungen werden vielleicht für diese Annahme auch positive Anhaltspunkte schaffen. In anderen Fällen dagegen sind vielleicht die motorischen Abschnitte des Rückenmarks (Seitenstränge, graue Vordersäulen) vorzugsweise befallen, wofür der einige Mal (von R. SCHULZ und F. SCHULTZE, VON DEN VELDEN) gemachte Befund einer acuten myelitischen Affection in den genannten Theilen spricht.

Diagnose und Prognose. Bei jeder acut beginnenden, von Allgemeinerscheinungen und Fieber begleiteten Lähmung der unteren Extremitäten müssen wir an die Möglichkeit einer acuten aufsteigenden Paralyse denken. Doch kann erst der weitere Verlauf der Krankheit diese Vermuthung sicher stellen. Insofern mit der obigen Bezeichnung zunächst nur ein wohl charakterisirter klinischer Symptomencomplex gemeint ist, lässt sich die *Diagnose* unter Berücksichtigung der oben angegebenen Eigenthümlichkeiten stets leicht stellen. Schwieriger ist aber die nähere Beurtheilung des Falles, ob derselbe mehr dem Bilde einer acuten multiplen Neuritis oder einer acuten aufsteigenden Spinallähmung entspricht. Hierüber wird sich nur durch genaue Berücksichtigung der Einzelerscheinungen, vor allem des Verhaltens der Sensibilität (Schmerzen, Anästhesien), der Reflexe und der elektrischen Erregbarkeit ein Urtheil fällen lassen.

Die *Prognose* muss anfangs mit grosser Reserve gestellt werden und namentlich ist an die Möglichkeit eines rasch tödtlichen Ausganges zu denken. Geht das erste acute Stadium aber glücklich vorüber und tritt ein entschiedener Stillstand in der Ausbreitung der Lähmungserscheinungen ein, so ist die Prognose ziemlich günstig, da dann Aussicht auf eine vollständige Wiederherstellung des Patienten vorhanden ist.

Therapie. Ob eine energische „ableitende Behandlung" im Beginn der Krankheit von Nutzen ist, lässt sich nicht bestimmen. Empfohlen sind trockene *Schröpfköpfe längs der Wirbelsäule* und sogar die Anwendung des *Ferrum candens* am Rücken. Zu letzterem würden wir uns kaum entschliessen. Dagegen empfiehlt es sich eine *Einreibungskur mit grauer Quecksilbersalbe* (täglich 2,0—3,0 wie bei der antiluetischen Schmierkur) anzuordnen. Von inneren Medicamenten können daneben *Jodkalium* oder *Ergotin* gegeben werden. Zweckmässig scheint es auch zu sein, frühzeitig mit der *galvanischen Behandlung* zu beginnen (Galvanisation am Rücken und peripher). Treten bedrohliche Zufälle von Atheminsufficienz ein, so verschafft die elektrische Reizung des Phrenicus und der Athemmuskeln den Kranken zuweilen Erleichterung.

Tritt ein Stillstand der Erscheinungen ein, so dürften am meisten die elektrische Behandlung und der Gebrauch von Bädern die Reconvalescenz beschleunigen.

ZWÖLFTES CAPITEL.
Neubildungen des Rückenmarks und seiner Häute.

Pathologische Anatomie. *Tumoren des Rückenmarks* kommen selten vor. Die relativ häufigste primäre Neubildung ist das *Gliom*, welches wahrscheinlich von der Neuroglia ausgeht und eine zellen- und gefässreiche Geschwulst darstellt. Nicht selten findet man in den Gliomen *secundäre Erweichungen* (Höhlenbildung, s. das folg. Capitel) und *Blutungen*. Die Geschwulst sitzt am häufigsten im *Halsmark* und *oberen Brustmark*, kann eine ziemliche Längenausdehnung und einen Querdurchmesser von mehreren Centimetern erreichen.

Von sonstigen Neubildungen im Rückenmark erwähnen wir noch *solitäre Tuberkel, Syphilome* und *Myxome (Myxosarcome)*.

An den *Rückenmarkshäuten* sind *Sarcome, Fibrome, Lipome, Myxome* und *Syphilome* gefunden worden. Ausgehend von den Wirbeln kann sich durch unmittelbares Uebergreifen auch in den Rückenmarkshäuten ein *Carcinom* entwickeln. Am Rückenmark selbst zeigen sich an der Stelle, wo eine Neubildung in den Meningen sitzt, häufig die deutlichen Zeichen der *Compression* und der davon abhängigen etwaigen *secundären Degenerationen*.

Ueber die *Aetiologie* der Neubildungen im Rückenmark wissen wir so gut, wie gar nichts. Bemerkenswerth ist nur, dass in den beobachteten Fällen von Rückenmarksgliom auffallend häufig ein *Trauma* (Fall auf den Rücken u. dgl.) dem Auftreten der ersten Symptome vorherging. **Symptome und Krankheitsverlauf.** Ein allgemeines Krankheitsbild der Rückenmarkstumoren lässt sich nicht geben, da selbstverständlich die einzelnen Symptome fast in jedem Falle je nach dem Sitze und der Ausdehnung der Neubildung verschieden sein müssen.

Bei den *Tumoren der Meningen* treten häufig die Erscheinungen der Rückenmarkscompression ziemlich deutlich hervor. Im Beginne beobachtet man ausgesprochene „Wurzelsymptome", d. h. ausstrahlende *Schmerzen, Steifigkeit, Parästhesien, Anästhesien* u. dgl. Im weiteren Verlauf zeigen sich die Folgen der Compression des Rückenmarks: motorische Schwäche, welche sich zu völliger motorischer und sensibler Paraplegie steigern kann. Auf die näheren Einzelnheiten können wir hier nicht noch einmal näher eingeben. Dieselben ergeben sich aus der Berücksichtigung der allgemeinen für die Localisation im Rückenmark in Betracht kommenden Gesetze von selbst.

Bei den *Tumoren des Rückenmarks* fehlen anfänglich meist stärkere sensible Reizsymptome. Allmählich entwickelt sich ein complicirtes spinales Krankheitsbild, bei welchem im Einzelnen alle Symptome vorkommen können, welche wir bei der Besprechung der diffusen chronischen Myelitis näher kennen gelernt haben. In der That ist die *Differentialdiagnose* zwischen Tumor und transversaler Myelitis häufig unmöglich. Indessen sind doch zuweilen gewisse Eigenthümlichkeiten des Krankheitsbildes vorhanden, welche wenigstens den Verdacht auf die Möglichkeit eines Tumors hinlenken. Hierher gehört vor allem die anfängliche Asymmetrie der Erscheinungen auf beiden Seiten. Da ein Tumor sich zuerst nur in einer Hälfte des Rückenmarks entwickeln kann (was bei der Myelitis fast nie vorkommt), so werden bei Tumoren nicht selten die Anzeichen einer *Halbseitenläsion des Rückenmarks* (s. u. Cap. XV) in mehr oder weniger prägnanter Weise beobachtet. Ferner sind zuweilen ein gewisser Wechsel der Erscheinungen, eintretende Besserungen und neue ziemlich plötzliche Verschlimmerungen bemerklich, eine Erscheinung, welche wahrscheinlich auf den Wechsel in der Gefässfüllung resp. auf eintretende Blutungen in die Substanz des Tumor hinein zu beziehen ist. Immerhin kann die Diagnose eines Rückenmarktumors höchstens mit einer gewissen Wahrscheinlichkeit gestellt werden. Das Urtheil über den Sitz und die Ausdehnung des Tumors richtet sich dann ganz nach denselben Regeln, wie bei der

Diagnose der einzelnen Myelitisformen. Ueber die *Art* des Tumors können wir fast niemals etwas Bestimmtes vorhersagen.

Die *Prognose* der Rückenmarkstumoren ist eine durchaus ungünstige. Der Verlauf des Leidens zieht sich nicht selten mehrere Jahre lang hin, der schliessliche Ausgang ist aber immer ein tödtlicher (allgemeine Schwäche, Cysto-Pyelitis, Decubitus). Die *Therapie* ist rein symptomatisch und geschieht in derselben Weise, wie bei der chronischen Myelitis. Ist ein Verdacht auf vorhergegangene *Syphilis* vorhanden, so ist nothwendiger Weise ein Versuch mit einer energischen Schmierkur und der inneren Darreichung von Jodkalium zu machen.

DREIZEHNTES CAPITEL.
Höhlen- und Spaltbildungen im Rückenmark.

Pathologische Anatomie und Pathogenese. Die abnormen Höhlenbildungen, welche im Rückenmark vorkommen, entstehen entweder durch eine *Erweiterung des Centralcanals (Hydromyelus)* oder entwickeln sich ausserhalb des Centralcanals und neben demselben (*Syringomyelie*). Die Fälle von echtem Hydromyelus kennzeichnen sich dadurch, dass die Höhlenbildung in der Mitte des Rückenmarks, entsprechend der Lage des Centralcanals, gefunden wird und dass ihre Wandung von Cylinderepithel bekleidet ist. Geringere Grade von Hydromyelie, bei welchen der erweiterte Centralcanal etwa einen Durchmesser von 1 bis 1 1/2 Mm. erreicht, findet man nicht sehr selten. Die Erweiterung erstreckt sich gewöhnlich nur auf einen Abschnitt des Rückenmarks. Höhere Grade der Hydromyelie mit einer Erweiterung des Centralcanals bis zu 1/2 — 1 Ctm. Durchmesser sind viel seltener. In solchen Fällen leidet die Substanz des Rückenmarks durch den von innen auf sie ausgeübten Druck.

Was die Entstehung der *Hydromyelie* anlangt, so nimmt man nach dem Vorgange LEYDEN's wenigstens für einen Theil der Fälle *Entwicklungsanomalien* bei der Bildung des Centralcanals als Ursache an. Gewiss nur ausnahmsweise handelt es sich, wie LANGHANS in einigen Fällen gefunden hat, um einen *Stauungsvorgang*, welcher seinen Grund in einem gesteigerten Druck in der hinteren Schädelgrube haben soll (Tumoren u. dgl.).

Für die meisten Fälle von *Syringomyelie* dagegen kann es nach den Befunden von WESTPHAL, SIMON und F. SCHULTZE kaum mehr zweifelhaft sein, dass sie aus einem Zerfall gewucherter Gliamassen hervorgehen. Es handelt sich um centrale Gliombildungen, wahrschein-

lich meist von dem Ependym des Centralcanals selbst oder auch von
dessen Umgebung ausgehend, mit secundärem Zerfall und secundärer
Höhlenbildung. In diesen Fällen kann man um die Höhle herum noch
die neugebildeten und theils in Wucherung, theils in Zerfall begriffenen
Gliamassen nachweisen. Die Höhle sitzt meist ebenfalls ziemlich genau central und erstreckt sich am häufigsten in die Substanz der Hinterstränge hinein. Der Längsausdehnung nach kann sie einen grossen
Theil des Rückenmarks betreffen.

Klinische Symptome. Ein einheitliches Krankheitsbild für die Höhlenbildungen im Rückenmark lässt sich nicht geben, da die Symptome
selbstverständlich je nach dem Sitz und der Ausdehnung der Veränderung sehr verschieden sein müssen. Geringe Erweiterungen des Centralcanals können vollständig symptomlos verlaufen. In den Fällen
ausgedehnter Höhlenbildung mit starker Beeinträchtigung der umgebenden Rückenmarkssubstanz entsteht aber meist ein schwerer complicirter
spinaler Symptomencomplex, dessen richtige Deutung zu Lebzeiten der
Patienten fast niemals mit Sicherheit möglich ist. Sind die Hinterstränge und Hinterhörner vorzugsweise von der Höhlenbildung betroffen,
so treten die Folgen der Functionsstörung dieser Theile besonders hervor. In dem berühmten Fall von allgemeiner Anästhesie, welchen SPÄTH
und SCHÜPPEL beschrieben haben, fand sich bei der Section eine sehr
ausgedehnte Syringomyelie im Rückenmark. In anderen Fällen, bei
welchen vorzugsweise die graue Substanz der Vorderhörner leidet, bilden
sich ausgedehnte atrophische Lähmungen, so dass das Krankheitsbild der
amyotrophischen Lateralsclerose sehr ähnlich werden kann. Namentlich
bei complicirten Krankheitsbildern mit atrophischen Lähmungen der oberen Extremitäten muss man an die Möglichkeit einer Syringomyelie
denken. Doch kann die Diagnose niemals mit Sicherheit, sondern nur
vermuthungsweise durch Ausschluss der übrigen Möglichkeiten gestellt
werden.

Die *Prognose* ist selbstverständlich stets ungünstig. Der *Verlauf*
ist aber ein sehr langsamer und langdauernde scheinbare Stillstände
des Leidens kommen vor.

Die *Behandlnng* ist rein symptomatisch. Sie geschieht nach denselben Regeln, wie bei der chronischen Myelitis.

ANHANG. Spina bifida.
(*Hydrorrhachis, Myelocele, Meningocele.*)

Mit dem Namen *Spina bifida* bezeichnet man eine angeborene,
auf Entwicklungsanomalien beruhende Spaltbildung an der hinteren Seite

der Wirbelbögen, verbunden mit einem hernienartigen Hervortreten des Duralsacks. Der häufigste Sitz der Missbildung ist in der *Kreuzbein-* und *Lendengegend.* Nur selten ist die Geschwulst so gross, dass sie die Geburt des Kindes hindert. Gewöhnlich werden die mit Spina bifida behafteten Kinder normal geboren und man findet erst nachher den in der Kreuzgegend befindlichen Tumor, dessen Grösse von der einer kleinen Nuss bis zu Faustgrösse und darüber sein kann. Die Haut über dem Tumor ist zuweilen ganz normal, in anderen Fällen aber stark gespannt und geröthet. Hat man Gelegenheit, den Tumor genauer anatomisch untersuchen zu können, so findet man unter der Haut gewöhnlich den hervorgestülpten Sack der Dura und unter dieser die Arachnoidea. Nur selten ist auch die Dura gespalten, so dass der Sack ausschliesslich von der Arachnoidea gebildet wird. Gefüllt ist derselbe mit einer klaren Flüssigkeit, welche mit der Cerebrospinal-flüssigkeit vollkommen identisch ist. In seltenen Fällen besteht gleichzeitig eine Erweiterung des Centralcanals (Hydromyelus); dann ist die Substanz des Rückenmarks selbst in grösserer oder geringerer Ausdehnung atrophisch und der Centralcanal communicirt direct mit der Höhle der Spina bifida. In den übrigen Fällen verhält sich das Rückenmark normal; zuweilen ist es mit seinem unteren Ende an eine Stelle des Sackes angewachsen. In Bezug auf alle weiteren zahlreichen anatomischen und entwicklungsgeschichtlichen Details verweisen wir auf die Lehrbücher der pathologischen Anatomie.

Was die *klinischen Erscheinungen* der Spina bifida anlangt, so verhalten sich die meisten Kinder anfangs, abgesehen von der Missbildung, vollkommen normal. Die Geschwulst selbst fühlt sich gewöhnlich prall gespannt an. Uebt man mit der Hand einen Druck auf dieselbe aus, so kann man häufig einen Theil des Inhalts in den Wirbelcanal zurückpressen. Dabei tritt auch eine Steigerung des Gehirndrucks ein und man bemerkt neben der Verkleinerung der Spina bifida eine stärkere Anspannung der Fontanellen und gleichzeitig das Eintreten von Somnolenz, von Zuckungen, von Athem- und Pulsveränderungen, welche die schleunige Unterbrechung dieses nicht ganz ungefährlichen Experiments erfordern. Treten derartige Erscheinungen gar nicht ein, so kann man hieraus auf eine völlige Abschnürung und ein Geschlossensein des Sackes schliessen.

Nur selten bleibt der Zustand der Kinder auch in der Folgezeit normal. Gewöhnlich zeigt die Geschwulst ein langsames Wachsthum und dann treten allmählich die Folgen des *Drucks auf das Rückenmark oder auf die Cauda equina* ein. Es entwickeln sich Lähmungen, Anästhesien, Blasenstörungen, Decubitus u. dgl., welche Erscheinungen schliesslich zum Tode führen. In noch häufigeren Fällen tritt eine *Berstung des Sackes* ein oder eine *Entzündung seiner Wandungen*, welche durch eine hinzutretende *eitrige Meningitis* tödtlich wird.

Demgemäss ist die *Prognose* der meisten Fälle von Spina bifida ungünstig zu stellen, wenn es nicht der *chirurgischen Behandlung* gelingt, eine Heilung des Leidens zu erzielen. Durch methodische Compression des Sackes, durch Punction desselben mit Entleerung der Flüssigkeit und nachfolgender Injection einer Jodlösung, um eine Obliteration des Sackes zu erzielen, ist in vielen Fällen Heilung bewirkt worden. Doch birgt andererseits die operative Behandlung der Spina bifida auch mancherlei Gefahren in sich (Meningitis), so dass neben den günstigen Erfolgen auch häufige Misserfolge zu verzeichnen sind. Auf die Einzelnheiten der chirurgischen Methoden zur Heilung der Spina bifida können wir hier nicht eingehen; man findet dieselben ausführlich in den Lehrbüchern der Chirurgie.

VIERZEHNTES CAPITEL.
Die secundären Degenerationen im Rückenmark.

Obwohl die secundären, im Rückenmark auftretenden Degenerationen vorherrschend nur in anatomischer Hinsicht Interesse haben, müssen wir dieselben doch kurz besprechen, einmal weil ihnen von gewisser Seite her auch eine *klinische Bedeutung* zugeschrieben worden ist und ferner, weil das Studium der secundären Degenerationen der Ausgangspunkt aller unserer jetzigen Kenntnisse über die systematischen Krankheiten des Rückenmarks gewesen ist.

1. *Secundäre Degeneration im Rückenmark nach Gehirnläsionen.* Wir wissen bereits (vgl. S. 50), dass jede Läsion der grossen motorischen Ganglienzellen in den Vorderhörnern des Rückenmarks und jede in den motorischen Nerven selbst gelegene dauernde Unterbrechung der Leitung eine secundäre Degeneration des nach der Peripherie zu gelegenen Abschnitts der motorischen Fasern nach sich zieht. Als Grund hierfür nimmt man, wie wir gesehen haben, einen „trophischen Einfluss" der erwähnten Ganglienzellen auf die von ihnen abgehenden motorischen Fasern an, so dass letztere degeneriren, wenn die Zuleitung jenes trophischen Einflusses unterbrochen ist oder wenn die trophisch wirkenden Ganglienzellen selbst zerstört sind. Für den ersten grossen Abschnitt der motorischen Leitungsbahn (Pyramiden-Seitenstrangbahn) von der Hirnrinde an bis zu den Vorderhörnern des Rückenmarks

existiren vollständig analoge Verhältnisse. Die grossen Ganglienzellen der motorischen Hirnrinde üben auf die von ihnen entspringenden motorischen Fasern ebenfalls einen trophischen Einfluss aus, welcher bis zu den motorischen Ganglienzellen des Rückenmarks reicht. Wenn in der motorischen Hirnrinde selbst oder an irgend einer Stelle der motorischen Bahn im Gehirn (motorische Stabkranzfaserung, innere Kapsel, Hirnschenkel, Brücke) eine Erkrankung sitzt, durch welche die Leitung unterbrochen wird, so tritt eine secundäre absteigende Degeneration der motorischen Fasern auf der gesammten nach abwärts gelegenen Strecke bis zu den Vorderhörnern der grauen Substanz (exclusive) ein. Diese *secundäre absteigende Degeneration der Pyramidenbahn* findet sich dem entsprechend in der Pyramide derselben Seite, auf welcher der Erkrankungsherd im Gehirn sitzt. Von hier aus kann man den Haupttheil der Degeneration weiterhin in dem Seitenstrang des Rückenmarks auf der entgegengesetzten Seite verfolgen (*secundäre Degeneration der gekreuzten Pyramiden-Seitenstrangbahn*, s. Fig. 36), während ausserdem in vielen Fällen eine geringere secundäre Degeneration in dem Vorderstrange des Rückenmarks auf derselben Seite (*secundäre Degeneration der ungekreuzten Pyramiden-Vorderstrangbahn*) nachweisbar ist. Wie aus den Flechsig'schen Untersuchungen bekannt ist, wechselt das Mengenverhältniss zwischen den gekreuzten Seitenstrangfasern und den ungekreuzt bleibenden Vorderstrangfasern individuell innerhalb gewisser Grenzen. In den Fällen, wo überhaupt keine Pyramiden-Vorderstrangbahn existirt, d. h. wo alle motorischen Fasern in der Pyramidenkreuzung zu dem Seitenstrange der entgegengesetzten Hälfte hinüberziehen, fehlt natürlich eine absteigende Degeneration in dem Vorderstrange vollkommen.

2. *Secundäre Degenerationen im Rückenmark bei Querschnittsaffectionen des Rückenmarks selbst.* Sitzt an irgend einer Stelle des Rückenmarks eine

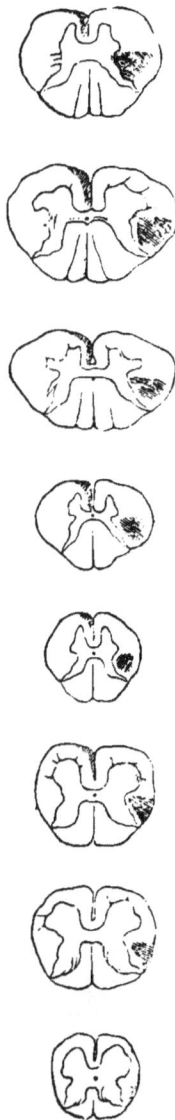

Fig. 36. Secundäre absteigende Degeneration der Pyramidenbahnen bei primärer Läsion der linken Grosshirnhälfte. Die Pyramiden-Seitenstrangbahnen der rechten Rückenmarkshälfte sind bis hinab in den untersten Theil des Lendenmarks (1-8), die Pyramiden-Vorderstrangbahnen d. linken Rückenmarkshälfte bis in den Beginn d. Lendenanschwellung (1-6) degenerirt.

Affection, von welcher mehr oder weniger der gesammte Querschnitt desselben betroffen ist, so hat die Leitungsunterbrechung in den hier gelegenen Fasern ebenfalls das Auftreten von secundären Degenerationen zur Folge, welche sich sowohl in absteigender, als auch in aufsteigender Richtung hin nachweisen lassen (s. Fig. 37). Am häufigsten sind es die *transversale Myelitis*, die *Rückenmarkscompression* und die *Rückenmarkstumoren*, welche zu dem Auftreten von secundären Degenerationen

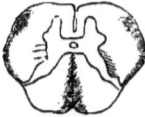

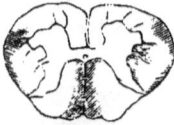

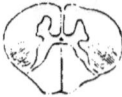

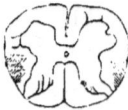

Veranlassung geben. Letztere hängen aber natürlich niemals von der *Art* der Läsion, sondern nur von dem *Sitz* derselben und von der verursachten Leitungsunterbrechung als solcher ab.

Die *secundäre absteigende Degeneration* betrifft die *Pyramidenbahnen* in genau analoger Weise, wie wir dies soeben bei der secundären Degeneration nach Gehirnherden kennen gelernt haben. Da aber die Primäraffection gewöhnlich die Pyramidenbahn auf beiden Seiten betrifft, so entwickelt sich selbstverständlich auch die absteigende secundäre Degeneration in beiden *Pyramiden-Seitenstrangbahnen* und, wenn unterhalb der Läsionsstelle überhaupt eine *Pyramiden-Vorderstrangbahn* existirt, auch in dieser.

Die aufwärts von der primär erkrankten Stelle sich entwickelnde *secundäre aufsteigende Degeneration* betrifft zwei Fasersysteme, die sogenannten *Goll'schen Stränge* (den inneren Abschnitt der Hinterstränge) und ausserdem gleichzeitig die an der Peripherie der Sei-

Fig. 37. Secundäre auf- und absteigende Degeneration bei einer Querschnittsaffection im oberen Brustmark. Aufwärts sind die Goll'schen Stränge und die Kleinhirnbahnen, abwärts die Pyramiden-Seitenstrangbahnen degenerirt.

tenstränge, nach aussen von den Pyramiden-Seitenstrangbahnen gelegenen *Kleinhirn-Seitenstrangbahnen*. Beide genannten Faserzüge, deren Leitung in centripetaler Richtung stattfindet, müssen demnach trophische Einflüsse von mehr peripherisch gelegenen Ganglienzellen her erhalten. Die Verbindungen der Goll'schen Stränge mit der grauen Substanz (Spinalganglien? Hinterhörner?) sind noch nicht genauer bekannt. Die Fasern der Kleinhirn-Seitenstrangbahnen dagegen stehen sicher mit den Zellen der *Clarke'schen Säulen* in Verbindung. Auch wenn letztere selbst durch irgend einen Process im unteren Brustmark und oberen Lendenmark zerstört sind, entsteht eine aufsteigende Degeneration der Kleinhirn-Seitenstrangbahn, welche sich nach aufwärts bis ins Corpus restiforme verfolgen lässt. Der weitere Verlauf der Fasern im Kleinhirn ist noch nicht sicher bekannt.

Während man der secundären *aufsteigenden* Degeneration gar keine *klinische* Bedeutung beilegen kann, herrscht fast allgemein die zuerst von französischen Forschern (CHARCOT u. A.) ausgesprochene Ansicht, dass die secundäre *absteigende* Degeneration bestimmte klinische Symptome verursacht. Namentlich werden die bei Hemiplegien auftretenden *secundären Contracturen* und die *Erhöhung der Sehnenreflexe* in den gelähmten Gliedern auf dieselbe bezogen. Wir werden im nächsten Abschnitt sehen, dass diese Ansicht keineswegs bewiesen und sogar unwahrscheinlich ist, so dass unseres Erachtens auch der secundären absteigenden Degeneration keine wesentliche klinische Bedeutung zukommt.

FÜNFZEHNTES CAPITEL.
Die Halbseitenläsion des Rückenmarks.
(*Brown-Séquard'sche Spinallähmung.*)

Die Halbseitenläsion ist keine bestimmte Krankheit des Rückenmarks, sondern ein eigenthümlicher *Symptomencomplex*, welcher jedes Mal eintritt, wenn durch irgend eine Affection in der *einen Seitenhälfte des Rückenmarks* eine Unterbrechung der Leitung hervorgerufen wird. Da die hierbei auftretenden Symptome zuerst namentlich von BROWN-SÉQUARD genau experimentell und klinisch studirt worden sind, so bezeichnet man häufig das in Rede stehende Krankheitsbild als *„Brown-Séquard'sche Lähmung"*. Relativ am häufigsten und in seinen reinsten Formen beobachtet man dasselbe bei *Verletzungen des Rückenmarks*. Durch Messerstiche, Degenstiche u. dgl. sind schon wiederholt fast vollkommen genau halbseitige Durchschneidungen des Rückenmarks hervorgebracht. Ferner können *entzündliche Processe*, *Compressionen* und vor allem *Tumoren* des Rückenmarks während einer gewissen Zeit ihres Verlaufs in mehr oder weniger scharfer Abgrenzung die Symptome der Halbseitenläsion darbieten.

Das eigenthümliche Verhalten der *Symptome bei der Halbseitenläsion* erklärt sich leicht durch die Berücksichtigung des Faserverlaufs im Rückenmark. In beistehender schematischer Abbildung (s. Fig. 38, S. 248) sind durch *r* die motorischen Fasern aus den vorderen, durch *h* die sensiblen Fasern aus den hinteren Wurzeln bezeichnet. Wie wir früher bereits erwähnt haben, treten die sensiblen Fasern *h* alsbald in die entgegengesetzte Rückenmarkshälfte ein, kreuzen sich also mit den entsprechenden sensiblen Fasern der anderen Seite. Die motorischen Fasern *r* ziehen dagegen ungekreuzt auf der Seite ihres Eintritts im

Rückenmark (speciell im Seitenstrange desselben) in die Höhe. Sitzt nun z. B. auf der *rechten* Seite des Rückenmarks bei *a* eine Affection (z. B. eine halbseitige Durchschneidung), so wird die Leitung derjenigen *motorischen* Fasern, welche von der *rechten* Seite kommen, dagegen die Leitung derjenigen *sensibeln* Fasern, welche von der *linken* Seite kommen, unterbrochen. Hieraus folgt also, dass auf *derjenigen Seite des Körpers, wo die Läsion im Rückenmark sitzt, motorische Lähmung,* auf der *anderen Seite* des Körpers eine *sensible Lähmung* (Anästhesie) eintreten muss. Sitzt die Affection im Brust- oder Lendenmark, so ist das Bein der entsprechenden Seite gelähmt, das Bein der anderen Seite anästhetisch. Sitzt die Läsion im Halsmark, oberhalb des Eintritts der Nerven für die oberen Extremitäten, so sind auf der Seite der Läsion Arm und Bein zugleich gelähmt (*spinale Hemiplegie*), während Arm und Bein auf der anderen Seite anästhetisch, aber normal beweglich sind.

Bei genauerer Untersuchung stellen sich noch weitere physiologisch interessante Verhältnisse

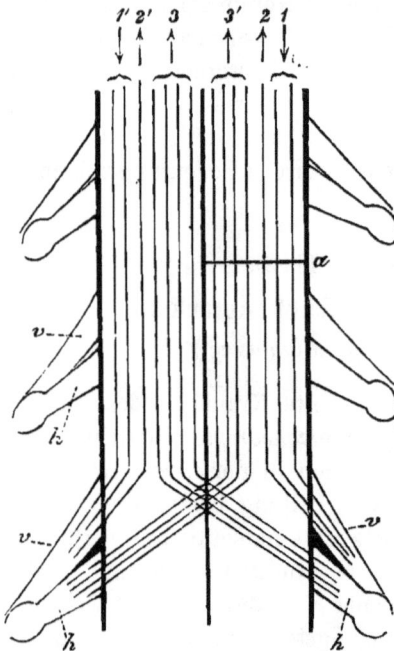

Fig. 38. (Nach ERB.) Schematische Darstellung des Verlaufs der Hauptbahnen im Rückenmark, für ein Wurzelpaar dargestellt. *v* = vordere. *h* = hintere Wurzel. 1 = motorische u. vasomotorische Leitungsbahnen. 2 = Bahnen für den Muskelsinn. 3 = Bahnen für die Hautsensibilität rechts; 1′, 2′, 3′ = dieselben Bahnen links. Die Pfeile deuten die Richtung der physiologischen Leitung an.

heraus. Auf der *motorisch gelähmten Seite* ist die Sensibilität gewöhnlich nicht nur normal, sondern hier besteht meist sogar eine ausgesprochene *Hyperästhesie* für alle oder wenigstens für einige Reizqualitäten. Schon leichte Nadelstiche sind sehr schmerzhaft, das Kitzeln der Fusssohle wird abnorm stark empfunden. Nur der *Muskelsinn* (das Gefühl für passive Bewegungen) macht eine bemerkenswerthe Ausnahme, indem derselbe auf der gelähmten Seite gewöhnlich deutlich *herabgesetzt* ist. Wir können dieses Factum nur durch die von BROWN-SÉQUARD gemachte Annahme erklären, dass die Fasern für die Muskelsensibilität (s. 2 und 2′ in Fig. 38) im Gegensatz zu allen anderen sensiblen Fasern ebenso, wie die motorischen Fasern *ungekreuzt* im Rückenmark verlaufen.

Oberhalb des hyperästhetischen Hautgebiets findet sich gewöhnlich eine *schmale anästhetische Zone* (s. Fig. 39, *b*) und über dieser zuweilen wieder ein schmaler hyperästhetischer Streifen (s. Fig. 39, *c*). Die anästhetische Zone ist leicht zu erklären. Sie entspricht genau der Höhe der Läsionsstelle im Rückenmark, also denjenigen sensibeln, von der gleichen Seite herkommenden Fasern, welche unmittelbar bei ihrem Eintritt ins Rückenmark getroffen sind. Dagegen fehlt es für das Auftreten der Hyperästhesie auf der gelähmten Seite und für die Entstehung der obersten schmalen hyperästhetischen Zone noch vollständig an einer genügenden Erklärung.

Die *Reflexe*, insbesondere die *Schnenreflexe*, sind auf der gelähmten Seite meist erhöht. Oft besteht daselbst ein lebhaftes Fussphänomen, eine Erscheinung, welche durch den Wegfall reflexhemmender, von oben her kommender Einflüsse erklärt werden muss. Endlich findet man auf der Seite der Läsion nicht selten auch die Zeichen einer *vasomotorischen Lähmung*, bestehend vor allem in einer merklichen *Erhöhung der Hauttemperatur* (bis um 1° C. und mehr).

Auf der *anderen anästhetischen Seite* dagegen ist, wie schon erwähnt, in reinen Fällen die Motilität vollkommen normal und ebenso auch, im Gegensatz zu den übrigen Empfindungsarten, der *Muskelsinn*. Oberhalb des anästhetischen Bezirks findet sich hier ebenfalls häufig eine schmale *hyperästhetische Zone* (s. Fig. 39, *c*). Die *Reflexe* sind meist normal oder nur wenig erhöht.

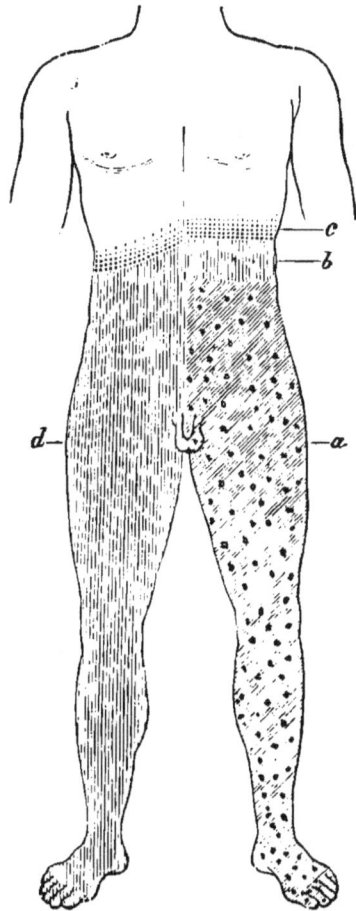

Fig. 39. (Nach Ern.) Schematische Darstellung der Haupterscheinungen bei Halbseitenläsion des Dorsalmarks (links). Die schräge Schraffirung bedeutet motorische und vasomotorische Lähmung; die senkrechte Schraffirung bedeutet Hautanästhesie; die Punktirung bezeichnet die Hauthyperästhesie.

Von *sonstigen spinalen Symptomen* sind noch zu erwähnen die fast immer vorkommenden *Störungen der Harn- und Stuhlentleerung*, neuralgische *Schmerzen*, bald mehr in der einen, bald mehr in der anderen Seite, *Muskelatrophien*, Veränderungen in der *elektrischen Erregbar-*

keit u. a. Die letztgenannten Erscheinungen sind nicht für die Halbseitenläsion als solche charakteristisch und erklären sich im gegebenen Falle stets leicht aus der Localisation der Erkrankung. Zu bemerken ist noch, dass das Symptomenbild der Halbseitenläsion häufig überhaupt nicht vollständig rein hervortritt, sondern nur einzelne hervorragendere Züge erkennen lässt.

Ueber *Prognose* und *Therapie* der Halbseitenläsion brauchen wir nichts hinzuzufügen, weil diese sich selbstverständlich ganz nach der Art des Grundleidens richten.

IV. Die Krankheiten des verlängerten Marks.

ERSTES CAPITEL.

Die progressive Bulbärparalyse.

(Paralysis glosso-labio-laryngea.)

Die erste klinisch genaue Beschreibung der Krankheit, welche gegenwärtig nach dem Vorgange Wachsmuth's (1864) fast allgemein als *progressive Bulbärparalyse* bezeichnet wird, verdanken wir Duchenne (1860). Derselbe erkannte aber noch nicht den eigentlichen Sitz derselben, und erst 1870 konnten Charcot in Frankreich und E. Leyden in Deutschland die bereits von Wachsmuth ausgesprochene Voraussetzung bestätigen, dass dem Symptomencomplexe der progressiven Bulbärparalyse eine fortschreitende degenerative Atrophie der Nervenkerne in der Medulla oblongata zu Grunde liege. Seitdem haben sich unsere klinischen und anatomischen Kenntnisse über die Krankheit rasch vermehrt und vor allem sind die interessanten Beziehungen der letzteren zu zwei anderen nahe verwandten Krankheitsformen, zur amyotrophischen Lateralsclerose und zur progressiven Muskelatrophie, wiederholt Gegenstand eingehender Erörterungen geworden (Kussmaul u. A.).

Aetiologie. Ueber die Ursachen des Leidens ist fast gar nichts Sicheres bekannt. Die *Heredität* spielt nur eine geringe Rolle. *Erkältungen, Gemüthsbewegungen, körperliche Ueberanstrengungen* (vielleicht zuweilen Ueberanstrengung der betroffenen Muskelgebiete, z. B. der Lippenmuskeln beim Spielen von Blasinstrumenten) und *traumatische Einflüsse* werden in einzelnen Fällen als Veranlassungsursache der Krankheit angegeben: in vielen anderen Fällen lässt sich dagegen gar kein ursächliches Moment auffinden. Männer scheinen etwas häufiger zu erkranken, als Frauen. Fast immer tritt die Krankheit erst im mittleren oder höheren Lebensalter auf, selten vor dem 35. Jahre.

Symptome und Krankheitsverlauf. Die Symptome der progressiven Bulbärparalyse entwickeln sich fast immer in sehr langsamer Weise.

Nachdem zuweilen leichte *Vorboten* (schmerzhafte Sensationen im Nacken u. dgl.) vorhergegangen sind, tritt ganz allmählich eine *Erschwerung der Sprache* ein. Bei manchen Worten, zunächst namentlich bei solchen Buchstaben, zu deren Hervorbringung eine stärkere Betheiligung der *Zunge* nothwendig ist (I, R, L, S, G, K, D, T, N), wird die Aussprache undeutlich und lallend. Man überzeugt sich leicht, dass die Sprachstörung nicht auf einem Vergessen oder Verwechseln der Worte und Buchstaben beruht, also keine „Aphasie" darstellt, sondern eine Folge der mangelhaften Innervation der Zunge ist. Lange bevor man gröbere Bewegungsstörungen in dieser nachweisen kann, können jene feineren Contractionen derselben, welche zur normalen Lautbildung nothwendig sind, nicht mehr mit der nöthigen Vollkommenheit hervorgerufen werden. Die hierdurch entstehende Sprachstörung bezeichnet man als *Alalie* oder *Anarthrie.*

Hat die Sprachstörung einen gewissen Grad erreicht, so kann man gewöhnlich auch schon bei aufmerksamer Betrachtung die beginnende *Atrophie der Zunge* wahrnehmen. Die Zunge erscheint schlaffer, dünner, weniger gewölbt; auf ihrer Oberfläche erscheinen einzelne Furchen und Einsenkungen und häufig sieht man in den einzelnen Muskelbündeln *lebhafte fibrilläre Contractionen.* Die Bewegungsstörung geht, genau wie bei der „progressiven Muskelatrophie", der Atrophie vollkommen parallel. Je mehr die Atrophie zunimmt, desto erschwerter werden auch die Bewegungen der Zunge. Auch das Vorstrecken der Zunge und die Seitwärtsbewegungen derselben werden schliesslich fast ganz aufgehoben. Die Zunge liegt platt und welk auf dem Boden der Mundhöhle, ihre Oberfläche ist oft mit Furchen und Einkerbungen durchsetzt, in welchen sich ein reichlicher Zungenbelag ablagert. Es ist leicht verständlich, dass durch jede stärkere Bewegungsstörung der Zunge nicht nur die Sprache, sondern auch das *Kauen* und das *Schlucken* unvollkommen werden. Die Zunge vermag nicht mehr die gekauten Speisen aus den Backentaschen hervorzuholen und ebensowenig, dieselben nach hinten in das Bereich der Schlundmuskulatur zu schieben.

Noch ehe aber die Atrophie der Zunge höhere Grade erreicht, treten gewöhnlich auch schon in anderen benachbarten Muskelgebieten analoge Störungen auf. In der Regel kommt nach der Zunge die *Lippenmuskulatur* an die Reihe. Die Patienten bemerken zuerst ein eigenthümliches Gefühl von Starre und Spannung in den Lippen. Allmählich wird die Bewegung der Lippen immer erschwerter, die Kranken vermögen den Mund nicht mehr zu spitzen und können nicht mehr pfeifen. An der *Sprache* macht sich die Innervationsstörung der Lippen sehr bemerklich, indem jetzt auch alle diejenigen Buchstaben, bei deren Aussprache die Lippen wesentlich betheiligt sind (O, U, E, ferner P, F, B, M, W) nur noch sehr unvollkommen und schliesslich gar nicht mehr hervorgebracht werden können. Allmählich wird auch die *Atrophie der Lippen* deutlich: dieselben werden dünn und mager, ihre Ränder scharf, ihre Haut runzlich. *Fibrilläre Contractionen* sind nicht selten sichtbar.

An die Atrophie der Lippen (*M. orbicularis oris*) schliesst sich die Atrophie und Bewegungsstörung in einem Theil der übrigen *mimischen Gesichtsmuskeln des unteren Facialisgebiets* an. Der gesammte *Gesichtsausdruck* der Kranken mit progressiver Bulbärparalyse erhält dadurch ein sehr charakteristisches Gepräge: der Mund erscheint in die Breite gezogen und ist halb geöffnet, die Unterlippe hängt herab, die Nasolabialfalten sind vertieft, so dass das Gesicht einen beständig weinerlichen Zug annimmt. Auch beim Lachen bleibt die untere Gesichtshälfte relativ starr, während das *obere Facialisgebiet* und die *Augenbewegungen ganz normal* bleiben.

Die dritte Gruppe von Bewegungsstörungen betrifft die Muskulatur des *Schlundes* und des *Larynx*. Die eintretende Parese des *weichen Gaumens* bewirkt eine weitere Erschwerung des Schlingens. Nicht selten gelangen Speisetheile, namentlich Flüssigkeiten, beim Schlucken in die Nase. Die *Sprache* wird näselnd und das Hervorbringen mancher Laute, wie namentlich des B und P, ganz unmöglich, weil ausser der Schwäche der Lippen nun noch ein Theil des nothwendigen Luftstroms durch die Nase entweicht. Daher kommt es, dass die genannten Buchstaben zuweilen besser ausgesprochen werden können, wenn man den Patienten die Nase zuhält. Die *Lähmung der eigentlichen Schlundmuskulatur* macht den Schlingact immer unvollständiger und gewinnt daher durch die eintretende Beeinträchtigung der Nahrungsaufnahme eine ominöse Bedeutung.

Die *Functionsstörung der Kehlkopfmuskulatur* macht sich in den früheren Stadien der Krankheit zuerst nur durch eine gewisse *Schwäche* und *Monotonie* der Stimme bemerklich. Die Stimme verliert ihre Modulationsfähigkeit, das Hervorbringen höherer Töne (Singen) wird unmöglich. Treten stärkere Anomalien in der Innervation der Larynxmuskeln auf, so sind dieselben von grosser klinischer Bedeutung. Wird der Kehlkopfeingang beim Schlucken nicht mehr gehörig geschlossen, indem die Aryknorpel dabei nicht mehr fest an einander treten, so erfolgt häufiges Verschlucken. Flüssigkeiten und feste Speisetheile gelangen in den Kehlkopf hinein, erregen heftigen Husten und werden

oft weiter in die Luftwege aspirirt, woselbst sie zur Entstehung von
Bronchitis und lobulären Fremdkörper-Pneumonien den Anlass geben.
Schreitet die Lähmung der Larynxmuskeln noch weiter fort, so wird
schliesslich die Stimme ganz heiser und aphonisch. Dann kann man
auch die Bewegungsstörungen der Stimmbänder *laryngoskopisch* wahrnehmen. Von sehr wesentlicher Bedeutung ist die *Unmöglichkeit eines
festen Glottisverschlusses,* weil hierdurch jeder *kräftigere Hustenstoss
unmöglich* ist. Die in den Luftwegen angesammelten Schleimmassen
können dann nicht mehr expectorirt werden, so dass die heftigsten Respirationsbeschwerden entstehen.

Ausser den bisher erwähnten Störungen sind noch einige weitere
Erscheinungen bemerkenswerth. Die *Atrophie der Muskeln* ist, wie wir
gesehen haben, an der Zunge und den Lippen stets deutlich nachweisbar. An den Schlund- und Kehlkopfmuskeln entzieht sie sich der directen Wahrnehmung am Lebenden und kann erst an der Leiche festgestellt werden. Da es sich um eine echte degenerative Atrophie handelt,
so muss das Vorhandensein *elektrischer Entartungsreaction* eigentlich
als nothwendig vorausgesetzt werden. Indessen ist der Nachweis derselben ebenso erschwert, wie bei der progressiven Muskelatrophie, weil
neben den degenerirten noch zahlreiche intacte Muskelfasern liegen.
Indessen kann man doch in vorgeschrittenen Fällen bei aufmerksamer
Untersuchung an einzelnen Abschnitten der Zunge und an den Lippen
meist deutliche Entartungsreaction auffinden.

Auffallend ist häufig die *Störung der Reflexe.* Gewöhnlich sind
dieselben stark herabgesetzt oder ganz erloschen, so dass man mit dem
Finger den Zungengrund und den Kehldeckel kitzeln kann, ohne die
entsprechenden Würg- und Schlingreflexe hervorzurufen. In den *Facial-
muskeln* findet man in einzelnen Fällen *erhöhte Sehnenreflexe* (Klopfen
auf die Sehnen, auf das Periost der Kiefer, des Nasenrückens u. s. w.),
eine Erscheinung, welche wahrscheinlich zu dem analogen Verhalten
der Körpermuskeln bei der amyotrophischen Lateralsclerose (s. d.) in
Beziehung zu bringen ist.

Nur ausnahmsweise werden noch andere Muskelgebiete, ausser den
schon genannten, ergriffen. Relativ am häufigsten findet man eine
Störung im Gebiete des *motorischen Trigeminus,* eine *Schwäche der
Kaumuskulatur.* Das Kauen, schon ohnedies durch die Atrophie der
Zunge und der Lippen erschwert, wird dann fast ganz unmöglich. Nur
in vereinzelten Fällen greift die Affection schliesslich auch auf die
Augenmuskeln über, so dass Ptosis, Strabismus u. dgl. entstehen.

Während alle bisher erwähnten Symptome sich ausschliesslich auf das Gebiet der Motilität beziehen, verhält sich die *Sensibilität* bis zu den letzten Stadien der Krankheit ganz normal. Die Empfindlichkeit der Haut im Gesicht, der Schleimhaut auf der Zunge und in der Mundhöhle bleibt ebenso ungestört, wie die *Geschmacksempfindung.* Was in vereinzelten Fällen von Sensibilitätsstörungen im Bereiche des Trigeminus und von Gehörstörungen (Acusticus) berichtet wird, ist noch zweifelhaft. Dagegen scheinen *secretorische* und *vasomotorische Störungen* in manchen Fällen sicher vorhanden zu sein. In ersterer Beziehung ist vor allem die *Vermehrung der Speichelsecretion* zu nennen. In vielen Fällen von progressiver Bulbärparalyse findet eine beständige Salivation statt, so dass die Kranken sich stets ein Taschentuch vorhalten müssen, um den aus den Mundwinkeln ausfliessenden Speichel aufzufangen. Diese Erscheinung hängt freilich einerseits davon ab, dass der secernirte Speichel nicht verschluckt werden kann und wegen des mangelhaften Lippenverschlusses zum Munde hinausfliesst. Andererseits haben aber genauere Messungen der Speichelmenge dargethan, dass es sich wahrscheinlich auch um eine vermehrte Secretion handelt. In welcher Weise diese zu Stande kommt, ist freilich noch durchaus unbestimmt. Ueber die *vasomotorischen Störungen* ist auch erst wenig bekannt. Manche Patienten klagen über ein Hitzegefühl und über „Wallungen" im Kopf. Hier mag auch erwähnt werden, dass man in einzelnen Fällen, namentlich in den letzten Stadien der Krankheit, eine starke *Vermehrung der Pulsfrequenz* (bis auf 140—160 Schläge) beobachtet hat, eine Erscheinung, welche aller Wahrscheinlichkeit nach von einer eingetretenen Vaguslähmung abhängt.

Der *Verlauf der Krankheit* ist stets ein sehr chronischer. Die Reihenfolge, in welcher die einzelnen Symptome auftreten, ist in der Regel die schon oben angedeutete, wonach die Atrophie und die Bewegungsstörung zuerst in der Zunge, dann in den Lippen und den benachbarten Gesichtsmuskeln, zuletzt in den Muskeln des weichen Gaumens, des Pharynx und des Larynx auftreten. Doch können gelegentlich auch einige Abweichungen von dieser Regel vorkommen. Gewöhnlich erfolgt das Weiterschreiten der Krankheit ganz allmählich. Zuweilen treten scheinbare Stillstände, selten ziemlich plötzliche Verschlimmerungen des Leidens ein. Sind alle einzelnen Erscheinungen voll entwickelt, so ist das gesammte Krankheitsbild der Bulbärparalyse ein ungemein charakteristisches. Der eigenthümlich starre Gesichtsausdruck, der breite, etwas geöffnete Mund mit den atrophischen Lippen, die fast ganz unverständliche, leise und monoton lallende Sprache und das Unvermögen zu schlucken lassen die Krankheit oft auf den ersten

Blick erkennen. Das letzte Stadium des Leidens ist für die Kranken
um so qualvoller, als ihre Intelligenz bis ans Ende vollkommen normal bleibt.

Die *Gesammtdauer* der Krankheit beträgt in der Regel mehrere
(2—5) Jahre. Führt nicht irgend eine intercurrente Krankheit den Tod
herbei, so wird der Ausgang bedingt durch die in Folge der Schlinglähmung immer mehr und mehr zunehmende *allgemeine Inanition,* oder
durch die in Folge des Verschluckens auftretenden *Lungencomplica-
tionen* (Bronchitis, lobuläre Pneumonien, Gangrän), oder durch zuweilen
plötzlich sich einstellende *Erstickungsanfälle* und *Herzlähmung.*

**Pathologische Anatomie. Wesen der Krankheit und Auftreten der-
selben als Theilerscheinung der progressiven Muskelatrophie und der amyotrophischen Lateralsclerose.** Fragen wir jetzt nach der *anatomischen
Ursache* des soeben geschilderten Krankheitsbildes, so ergiebt die genaue *mikroskopische* Untersuchung des Nervensystems in allen hierher
gehörigen Fällen eine durchaus regelmässige und typische *Erkrankung
der Medulla oblongata.* Die *Ganglienkerne* und *Nerven,* deren hinzugehörige Muskeln bei der progressiven Bulbärparalyse atrophiren, zeigen
eine ausgesprochene Degeneration. Am leichtesten lässt sich diese am
Hypoglossuskern demonstriren. Die Ganglienzellen desselben sind zum
Theil ganz verschwunden, zum Theil stark atrophisch. Das Bindegewebe
ist gewuchert, die Wände der im Kern gelegenen Gefässe sind verdickt.
In frischeren Fällen findet man oft ziemlich reichliche Fettkörnchenzellen.
Dieselben Veränderungen, wenn auch meist in geringerem Grade, zeigen
weiter der *Vagus-Accessoriuskern,* der *Facialiskern* und zuweilen auch
der *Glossopharyngeuskern.* Die übrigen Nervenkerne sind vollkommen
normal. *Niemals* hat man das Bild einer diffus sich ausbreitenden
„Entzündung“, sondern stets handelt es sich um eine *primäre Degeneration der betreffenden Nervenkerne,* welche streng auf diese beschränkt bleibt.

Von den Nervenkernen aus erstreckt sich die degenerative Atrophie
weiter auf die austretenden Nervenfasern. Die *Nervenwurzeln des Hypoglossus, des Vagus, Accessorius* und des *Facialis* erscheinen oft schon
dem blossen Auge verschmälert und grau gefärbt. Mikroskopisch lässt
sich immer eine theilweise Atrophie ihrer Fasern nachweisen. Endlich
findet sich eine entsprechende Atrophie auch in den befallenen Muskeln
(Zunge, Lippen u. s. w.). Die anatomischen Einzelnheiten brauchen wir
nicht zu besprechen, da die histologischen Verhältnisse genau dieselben
sind, wie bei der progressiven Muskelatrophie in den Rumpf- und Extremitätenmuskeln.

Wir sehen also, dass die *progressive Bulbärparalyse ein vollständiges Analogon der progressiven Muskelatrophie* bildet. Denn die Nervenkerne in der Medulla oblongata stehen als Ursprungsorte und trophische Centren zu den bulbären Nerven und den von ihnen versorgten Muskeln in genau demselben Verhältnisse, wie die grauen Vorderhörner des Rückenmarks zu den spinalen Nerven und der von diesen versorgten Musculatur. Bei beiden Krankheiten handelt es sich um eine degenerative Atrophie des trophisch-motorischen Centrums und der hinzugehörigen Nerven und Muskeln. Bei beiden Krankheiten gehen die Atrophie und die Functionsabnahme der Muskeln einander vollkommen parallel, bei beiden Krankheiten endlich ist die Affection streng auf das motorische Gebiet beschränkt, während die Sensibilität vollständig normal bleibt. Unentschieden ist es für die progressive Bulbärparalyse ebenso, wie für die progressive Muskelatrophie, ob der primäre Degenerationsprocess sich nur auf die Nervenkerne in der Oblongata beschränkt, so dass also die Degeneration der Nerven und Muskeln als *secundär* anzusehen ist, oder ob der ganze Abschnitt der motorischen Leitungsbahn von der Ganglienzelle an bis zur Muskelfaser gleichzeitig erkrankt, oder ob endlich, wie FRIEDREICH behauptet hat, die Atrophie im Muskel beginne und von hier längs den Nerven nach der Oblongata hinaufsteigt. Diese Fragen, deren Lösung einstweilen nur theoretisches Interesse hat, werden wohl auch so bald nicht sicher beantwortet werden können.

Jedenfalls müssen wir aber die principielle Gleichwerthigkeit der progressiven Bulbärparalyse mit der progressiven Muskelatrophie anerkennen, eine Gleichwerthigkeit, welche noch mehr hervortritt, wenn man bedenkt, dass *beide Krankheiten sehr häufig mit einander combinirt vorkommen.* Nicht selten gesellen sich zu den Erscheinungen der progressiven Muskelatrophie, nachdem diese eine Zeit lang allein bestanden haben, die Symptome der Bulbärparalyse hinzu. Und umgekehrt kann in anderen Fällen die Krankheit mit bulbären Symptomen beginnen, zu welchen erst später Atrophien in den Extremitätenmuskeln (fast immer zunächst in den Armen) hinzutreten. Kommen derartige Fälle zur Section, so findet man auch die anatomischen Veränderungen beider Krankheiten combinirt, d. h. neben der Degeneration der Nervenkerne in der Oblongata besteht eine ausgesprochene Atrophie der Ganglienzellen an den entsprechenden Stellen der grauen Vordersäulen im Rückenmark.

Ferner haben wir hier noch einmal das Vorkommen der bulbärparalytischen Symptome bei der *amyotrophischen Lateralsclerose* zu

erwähnen (s. Cap. VII). Auch bei dieser Krankheit besteht gleichzeitig
eine Degeneration der Nervenkerne in der Oblongata und der grauen
Vordersäulen des Rückenmarks, zu welcher ausserdem noch eine Erkrankung der motorischen Bahn in den Seitensträngen des Rückenmarks
hinzukommt. Abgesehen von den hierdurch bedingten Modificationen
des Krankheitsbildes sind die Erscheinungen fast ganz die gleichen,
wie bei der progressiven Muskelatrophie, und auch die Seitenstrang-
erkrankung schliesst sich, da sie nur das Befallensein einer weiteren
Strecke der motorischen Leitungsbahn darstellt, eng an die übrige Erkrankung an. So erscheint es also gerechtfertigt, die drei Krankheiten,
die progressive Bulbärparalyse, die typische progressive Muskelatrophie
und die amyotrophische Lateralsclerose als drei in Bezug auf die Localisation der Erkrankung verschiedene, sonst aber nahe verwandte Erscheinungsweisen eines in principieller (pathogenetischer und vielleicht
auch ätiologischer) Hinsicht identischen, oder bei den drei in Rede
stehenden Erkrankungsformen mindestens sehr ähnlichen Krankheitsprocesses anzusehen. Stets handelt es sich um primäre chronische Degenerationen von Abschnitten der motorischen Hauptleitungsbahn, bald
in diesem, bald in jenem Bezirke, bald in dieser, bald in jener Ausbreitung. Gewöhnt man sich an eine derartige einheitliche Auffassung
der drei Krankheitsgruppen, so erscheinen die geringen Abweichungen,
welche der einzelne Fall darbieten kann, weniger unverständlich, als
wenn man eine auf nebensächliche Umstände gegründete möglichst vielfache Eintheilung der Symptomenbilder vornimmt.

Diagnose. Die Diagnose der progressiven Bulbärparalyse hat in
allen typischen Fällen gar keine Schwierigkeiten, sobald man sich streng
an die Definition der Krankheit und die oben geschilderten Symptome
derselben hält. Die genaue Untersuchung der übrigen Körpermuskula-
tur und die Berücksichtigung des Gesammtverlaufs der Krankheit ergiebt im einzelnen Falle, ob die Bulbärerkrankung für sich allein oder
als Theilerscheinung einer ausgedehnteren Degeneration im motorischen
Leitungssystem aufzufassen ist. Handelt es sich um eine isolirte bulbäre Erkrankung, so ist daran zu denken, dass ein der echten progressiven Bulbärparalyse sehr *ähnliches* Krankheitsbild auch durch andersartige Affectionen des Bulbus hervorgerufen werden kann. Die acuten
Krankheitsprocesse (Thrombose, Hämorrhagie u. s. w.) können zwar ähnliche Erscheinungen zur Folge haben, unterscheiden sich aber durch
die Art ihres Auftretens leicht von der stets langsam sich entwickelnden echten Bulbärparalyse. Viel leichter können aber Verwechselungen
derselben mit den allmählich wachsenden *Tumoren* in der Oblongata

selbst oder in deren Umgebung entstehen. Hier entscheidet oft erst die fortgesetzte Beobachtung, indem schliesslich Symptome (Sensibilitätsstörungen, Ergriffensein des oberen Facialis, der Sinnesnerven, der Augenmuskeln) auftreten, welche nicht in den Rahmen der typischen Bulbärparalyse hineinpassen. Dasselbe gilt von den seltenen *diffusen sclerotischen Processen* in der Medulla oblongata. Schliesslich ist auch zu erwähnen, dass *doppelseitige Gehirnherde* eine derartige Zungen- und Lippenlähmung zur Folge haben können, dass die Symptome einer Bulbärlähmung vorgetäuscht werden (LÉPINE). Doch sind auch hierbei die Abweichungen von dem typischen Verhalten (Ungleichseitigkeit der Lähmung, einseitige Extremitätenlähmung, elektrisches Verhalten) meist bedeutend genug, um die Diagnose zu ermöglichen.

Prognose und Therapie. So ungünstig auch die *Prognose* der progressiven Bulbärparalyse ist, so müssen wir doch wenigstens versuchen, den Process aufzuhalten und sein Fortschreiten zu verlangsamen. Die *elektrische Behandlung* dürfte hierbei relativ die besten Aussichten bieten. Um den Krankheitsort direct zu treffen, versucht man vorzugsweise die *Galvanisation* quer durch beide Processus mastoidei hindurch, abwechselnde Stromesrichtung, wo möglich täglich 2—3 Minuten lang. Ausserdem kommt die Galvanisation des Sympathicus und die periphere galvanische (eventuell auch faradische) Reizung der erkrankten Muskeln (Lippen, Zunge) in Betracht. Bei beginnender Schlinglähmung ist ausserdem die *galvanische Auslösung von Schlingbewegungen* sehr zweckmässig. Man setzt die Anode in den Nacken, die Kathode an eine Seitenwand des Kehlkopfes. Bei jeder KaS oder bei jedem kurzen Streichen mit der Kathode über die Seitenwand des Kehlkopfes erfolgt jetzt (bei mittlerer Stromstärke) eine reflectorische Schlingbewegung.

Ausser der elektrischen Behandlung kann vielleicht eine *Badekur* (z. B. in Rehme) oder eine vorsichtige *Kaltwasserkur* versucht werden. Von *inneren Mitteln* kommen dieselben in Betracht, wie bei den chronischen Spinalerkrankungen: Argentum nitricum, Ergotin, Jodkalium u. s. w. Gegen starke *Salivation* kann das *Atropin* (Pillen von 0,0005, 3—4 täglich) von Nutzen sein.

Von Wichtigkeit ist die *Art der Ernährung*, wenn Schlingbeschwerden eintreten. Vor allem ist das Verschlucken möglichst zu vermeiden, weil sonst die Gefahr einer eintretenden Lungencomplication sehr gross ist. Es empfiehlt sich daher, nicht zu spät mit der *Ernährung durch die Schlundsonde* (Milch, Eier, Wein, Leguminose, Kindermehl) zu beginnen.

In dem letzten qualvollen Stadium der Krankheit sind *Narcotica* unentbehrlich, um den Patienten ihre Leiden wenigstens nach Möglichkeit zu erleichtern.

ZWEITES CAPITEL.
Acute und apoplectiforme Bulbärlähmungen.

1. **Hämorrhagien in der Medulla oblongata und im Pons.**

Blutungen kommen im verlängerten Mark und in der Brücke weit häufiger vor, als im Rückenmark, aber immer noch bedeutend seltener, als im Grosshirn. In Bezug auf ihre Entstehung gelten dieselben Anschauungen, welche wir bei der Aetiologie der Gehirnblutung im nächsten Abschnitt näher besprechen werden. In erster Linie handelt es sich wahrscheinlich stets um *Erkrankungen der Gefässe* (Atherom, miliare Aneurysmen), in zweiter um solche Momente, welche den *arteriellen Blutdruck steigern* (Herzhypertrophie, Nierenleiden, übermässige Körperanstrengungen, Alkohol). In einzelnen Fällen können *Traumen*, welche den Hinterkopf betreffen, eine Apoplexie in der Oblongata zur Folge haben. Secundäre, meist kleinere Blutungen findet man nicht selten bei acut entzündlichen Affectionen (s. u.) des Marks, bei eitriger Meningitis und bei gefässreichen Tumoren.

Die *anatomischen Verhältnisse* der Blutungen in der Oblongata schliessen sich ganz an die analogen Vorgänge im Gehirn an, so dass wir auch in dieser Beziehung auf den folgenden Abschnitt verweisen können. Die Grösse des apoplectischen Herdes ist sehr wechselnd. Ausgedehntere Blutergüsse, welche einen grösseren Theil des Querschnitts einnehmen, finden sich im Pons häufiger, als in der eigentlichen Oblongata. Sitzt, was wiederholt beobachtet ist, der Herd nahe unter dem Boden des vierten Ventrikels, so kann ein Durchbruch in diesen stattfinden. Tritt nicht bald nach der Blutung der Tod des Patienten ein, so wird das Blut zum grössten Theil resorbirt und es bildet sich entweder eine *apoplectische Narbe* oder eine *apoplectische Cyste.*

Die *Symptome* der Bulbärblutung treten, abgesehen von etwaigen leichten Vorläufern, ganz plötzlich auf, fast immer unter den ausgesprochenen Erscheinungen des *apoplectischen Insults.* Die Kranken werden plötzlich „vom Schlage getroffen", sie sinken zusammen, werden schwindlig oder verlieren ganz das Bewusstsein. Kopfschmerz, Erbrechen, Ohrensausen, einzelne Zuckungen oder sogar ein ausgebildeter epileptiformer Anfall werden ebenfalls nicht selten beobachtet.

In den schwersten Fällen tritt gleich im Anfall, oder wenigstens kurze Zeit danach der *Tod* ein. Hierbei handelt es sich wahrscheinlich stets um schwere Schädigungen der Respirations- und Circulationscentren, welche eine weitere Fortdauer des Lebens unmöglich machen. In anderen Fällen aber lassen die Initialerscheinungen des Insults nach, und nun treten erst die durch die Zerstörung bewirkten Ausfallserscheinungen deutlich hervor.

Das Charakteristische der Bulbärlähmungen zeigt sich jetzt einmal darin, dass speciell im Bereiche der bulbären Nerven Störungen vorhanden sind, welche bei den Apoplexien im Grosshirn in dieser Weise niemals vorkommen, ferner aber auch darin, dass die Combination dieser Lähmungen mit den Lähmungen der Extremitäten und zuweilen auch die Anordnung der Lähmung in den Extremitäten selbst in einer eigenthümlichen, durch die anatomischen Verhältnisse bedingten Weise hervortritt. Zu der ersten Gruppe von Erscheinungen gehört die mehr oder weniger vollständige *Zungenlähmung* und die hiervon abhängige *articulatorische (anarthrische) Sprachstörung;* ferner die häufige *Schlinglähmung,* dann Lähmungen im Gebiete des Accessorius, des Facialis, des Trigeminus u. s. w. Sind die Pyramidenbahnen im Pons oder in der Oblongata durch die Blutung lädirt, so combinirt sich mit den specifisch bulbären Symptomen eine Lähmung der Extremitäten. Bei ausgedehnteren Blutergüssen können *alle vier Extremitäten* mehr oder weniger vollständig paralytisch sein. In der Mehrzahl der Fälle bleibt aber die Lähmung auf die *eine Seite* beschränkt. Für eine grosse Anzahl von *Ponshämorrhagien* ist es nun charakteristisch und von diagnostischer Bedeutung, dass gleichzeitig eine *Lähmung der Extremitäten* auf der einen Seite und eine *Lähmung des Facialis* auf der anderen Seite zu Stande kommt, d. i. eine sogenannte *Hemiplegia alternans.* Ihre Entstehung erklärt sich leicht, wenn man bedenkt, dass die Kreuzung der vom Gehirn kommenden Facialisfasern jedenfalls viel höher liegt, als die Pyramidenkreuzung, woselbst, wie bekannt, die Kreuzung der für die Extremitäten bestimmten motorischen Fasern stattfindet. Es ist daher sehr wohl möglich, dass ein apoplectischer Herd in der einen Brückenhälfte oberhalb der Pyramidenkreuzung, aber unterhalb der Facialiskreuzung sitzt. Dann können unter Umständen (s. Fig. 40 *y*, S. 262) der Facialis auf derselben Seite, wo der Herd sitzt, die Extremitäten dagegen auf der gegenüberliegenden Seite gelähmt sein. Sitzt dagegen der Herd höher, oberhalb der Facialiskreuzung, so müssen beide, die Lähmung der Extremitäten sowohl, als auch die Facialislähmung auf der gegenüberliegenden Körperhälfte liegen (s. Fig. 40 *x*).

Aehnliche Combinationen, wie diejenigen der Extremitäten- und der Facialislähmung, kommen, wenngleich viel seltener, auch in Bezug auf andere Bulbärnerven vor. So kann die Extremitätenlähmung gekreuzt sein mit einer einseitigen Zungen-, Abducenslähmung u. s. w. In einzelnen Fällen, freilich sehr selten bei Blutungen, etwas häufiger aber bei andersartigen Krankheitsherden, kann die Affection gerade die Gegend der Pyramidenkreuzung selbst betreffen und zwar so gelegen sein, dass die motorischen Fasern für die eine Extremität oberhalb, diejenigen für die andere Extremität unterhalb ihrer Kreuzung betroffen werden. Dann entsteht das seltene Krankheitsbild der „*Hemiplegia cruciata*", d. h. Lähmung des Armes auf der einen, Lähmung des Beines auf der anderen Körperseite.

Sensibilitätsstörungen in der Haut der gelähmten Extremitäten kommen bei Ponsherden zuweilen vor, erreichen aber fast nie einen hohen Grad und sind zur genaueren Diagnostik des Sitzes der Blutung nicht verwerthbar, da uns der Verlauf der sensiblen Bahnen durch das verlängerte Mark noch fast ganz unbekannt ist. Wichtiger sind die zuweilen beobachteten Anästhesien im Bereich des Trigeminus, welche von einer Affection des Kerns oder einer der Wurzeln dieses Nerven abhängen können.

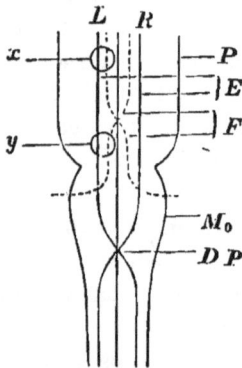

Fig. 40. Schema der Handerkrankungen im Pons.
L = Links,
R = Rechts,
P = Pons,
Mo = Medulla oblongata,
DP = Decupatio Pyramidum,
E = Extremitätenfasern,
F = Facialisfasern,
x = Herd in der ob. Ponshälfte,
y = Herd in d. unt. Ponshälfte.

Endlich haben wir noch einige Symptome zu erwähnen, welche zwar selten vorkommen, aber eine interessante Beziehung zu gewissen in der Oblongata gelegenen nervösen Centren haben. Hierher gehören auffallende *Störungen der Respiration* und der *Pulsfrequenz* (gesteigerte Pulsfrequenz, Irregularität), *vasomotorische Störungen* (Erhöhung der Hauttemperatur, subjectives Wärmegefühl), und endlich die in einzelnen Fällen vorübergehend vorkommende *Albuminurie* und *Melliturie*. Die *Körpertemperatur* ist anfangs meist normal oder nur wenig verändert, steigt aber bei tödtlichem Ausgange der Krankheit oft sehr beträchtlich an (bis 42° C. und darüber).

Was den *Verlauf der bulbären Apoplexien* anbelangt, so sind, wie schon erwähnt, Fälle mit *raschem tödtlichen Ausgang* wiederholt beobachtet worden. Günstiger gestaltet sich der Verlauf, wenn der erste Insult glücklich vorübergeht. Dann wird das ergossene Blut allmählich resorbirt, die Compressionserscheinungen lassen nach und es tritt eine allmähliche relative oder sogar vollständige Besserung aller Erscheinungen ein. Häufiger bleiben freilich gewisse Lähmungserscheinungen stationär — sei es im Gebiete der eigentlichen Bulbärnerven (nachbleibende Zungenlähmung, Schlinglähmung), sei es an den Extremitäten (nachbleibende Hemiplegie). Im letzteren Fall sind die weiteren Erscheinungen (Contracturen u. s. w.) ganz dieselben, wie bei den gewöhnlichen cerebralen Hemiplegien.

Die *Diagnose* der Bulbärblutung wird aus dem apoplectischen Auftreten der Erscheinungen und aus dem Vorhandensein specifischer Bulbärsymptome (articulatorische Sprachstörung, Schlinglähmung, vor allem etwaiges Bestehen einer Hemiplegia alternans) gestellt. Eine sichere Unterscheidung von embolischen Processen, welche fast das gleiche Krankheitsbild hervorrufen können, ist freilich fast niemals möglich (s. u.).

Die *Behandlung* sowohl des Insultes, als auch der nachbleibenden Lähmungen geschieht ganz nach denselben Grundsätzen, wie bei der später zu besprechenden Therapie der Gehirnblutung. Die etwa nachbleibenden speciell bulbären Symptome werden ebenso behandelt, wie bei der chronischen Bulbärlähmung, wobei die Elektricität jedenfalls als das relativ wirksamste Heilmittel anzusehen ist.

2. Die Embolie und Thrombose der Basilararterie.

Das verlängerte Mark und die Brücke erhalten ihr arterielles Blut hauptsächlich durch Gefässe, welche aus der Art. spinalis anterior, den Vertebrales und aus der Basilaris stammen, in die vordere Medianspalte (Raphe) eindringen und von hier bis zu den Nervenkernen verlaufen. Einen weit geringeren Antheil der Circulation besorgen die „Wurzelarterien“, d. h. kleine Gefässe aus den Seitenästen der Basilaris und der Vertebrales, welche mit den Nervenwurzeln zusammen bis zu den betreffenden Nervenkernen vordringen. Abgesehen von individuellen Abweichungen werden nach den Untersuchungen Duret's die Kerne des *Hypoglossus* und *Accessorius* von der *Art. spinalis anterior* und der *Vertebralis*, die Kerne des *Vagus*, *Glossopharyngeus* und *Acusticus* von den Aesten des oberen Endes der Vertebralarterien, die Kerne des *Facialis*, *Trigeminus* und der drei *Augenmuskelnerven* von den Aesten der Art. basilaris versorgt. Embolische oder thrombotische Verstopfungen der genannten Arterien müssen eine *secundäre Erweichung* in den entsprechenden Abschnitten des Bulbus herbeiführen und sind daher eine nicht sehr seltene Ursache von *apoplectisch* oder wenigstens *acut auftretenden Bulbärlähmungen.*

Die *Ursachen*, welche zu einer Thrombose oder Embolie der genannten Arterien führen, sind dieselben, welche wir bei der Besprechung der Gehirnerweichung noch näher kennen lernen werden. *Embolien* treten besonders bei Herzfehlern auf. Sie kommen nur in der Art. vertebralis (besonders in der linken) vor, nicht direct in der Art. basilaris. Erst durch nachträgliche thrombotische Vergrösserung des Embolus in der Vertebralis kann auch die Basilaris verstopft werden. Die häufigeren *Thrombosen* entwickeln sich auf Grund *chronischer Arterienerkrankungen*, namentlich des *Atheroms* und der *luetischen Endarteriitis*. Letztere, welche einen ihrer Lieblingssitze in der Art. basilaris hat, ist relativ die häufigste Ursache der acuten Ponserweichungen.

Die *anatomischen Verhältnisse* sind ebenfalls den Vorgängen bei der Gehirnerweichung (s. d.) vollkommen analog. In dem Bezirk, welcher durch die Verstopfung des zuführenden Gefässes ausser Circulation gesetzt ist, tritt in Folge der acuten Anämie ein Absterben und Zerfall des Gewebes ein. Es bildet sich ein „*Erweichungsherd*", welcher vorzugsweise aus den Zerfallsproducten des Nervengewebes und aus zahlreichen Fettkörnchenzellen besteht.

Die *Krankheitserscheinungen* bei der Verstopfung der Basilararterie treten ganz plötzlich unter den Zeichen eines apoplectischen Insults oder mindestens sehr rasch, innerhalb weniger Tage auf. Die *Symptome des ersten Insults* gleichen in allen wesentlichen Stücken denen bei der Bulbär- und im Ganzen auch denen bei der Gehirnapoplexie. Auch der Mangel einer stärkeren *Bewusstseinsstörung* ist für die apoplectische Bulbärlähmung keineswegs charakteristisch, da die plötzliche Verstopfung der Basilaris jedenfalls auch in den vorderen Grosshirnabschnitten Circulationsstörungen hervorruft. In einzelnen Fällen manifestiren diese sich sogar durch das Auftreten einer ophthalmoskopisch nachweisbaren Stauungspapille. Besonders hervortretend sind oft die *Respirations-* und *Circulationsstörungen* (Cheyne-Stokessches Athmen, hohe Pulsfrequenz u. dgl.).

Tritt der Tod nicht unmittelbar ein, so dass die *localen Ausfallssymptome* festgestellt werden können, so zeigen sich im Allgemeinen dieselben Erscheinungen, wie wir sie soeben bei der *Bulbärblutung* kennen gelernt haben. Die *Körperlähmung* betrifft zuweilen alle Extremitäten, gewöhnlich ist sie aber halbseitig und tritt dann in der für die topische Diagnose wichtigen Form der *Hemiplegia alternans* (gekreuzte Facialis- oder Augenmuskellähmung) auf. Mehrmals hat man beobachtet, dass die Lähmung zuerst besonders auf der einen Seite hervortritt, nach wenig Tagen aber auf die andere Seite überspringt, ein Verhalten, welches jedenfalls mit den wechselnden Circulationsverhältnissen (fortschreitende Thrombose, Ausbildung collateraler Circulation) zusammenhängt. Die specifisch *bulbären Symptome* bestehen, wie bei allen übrigen Bulbäraffectionen, in *Zungenlähmung* und davon abhängiger articulatorischer *Sprachstörung*, in *Schlinglähmung*, selten auch in einer durch Affection des Acusticuscentrums hervorgerufenen *Gehörstörung*. Selbstverständlich muss die Intensität und Ausbreitung aller dieser Symptome ganz von der Grösse und dem Sitz der Erweichung abhängig sein.

Der *Verlauf* der hierher gehörigen Fälle ist fast immer ein ungünstiger. Spätestens nach einigen Tagen tritt, häufig unter hoher Steigerung der Körpertemperatur, der Tod ein. Nur ausnahmsweise findet ein Uebergang in ein chronisches Stadium der Krankheit statt.

Ueber die *Therapie* brauchen wir nichts hinzuzufügen, da dieselben Mittel zur Anwendung kommen, wie bei den übrigen acuten bulbären Erkrankungen.

3. Die acute (entzündliche) Bulbärparalyse.
(*Acute Bulbärmyelitis.*)

Unter „*acuter Bulbärparalyse*" im engeren Sinne des Wortes versteht man eine Krankheitsform, bei welcher sich in acuter Weise (innerhalb weniger Tage oder Wochen) die ausgesprochenen Erscheinungen einer Bulbärerkrankung (Schlinglähmung, Sprachstörung u. s. w.) ausbilden, deren anatomische Ursache in einer acuten, wahrscheinlich entzündlichen Affection des verlängerten Marks zu suchen ist. Ueber die *Aetiologie* dieser seltenen Affection ist nichts Sicheres bekannt. Die Krankheit beginnt gewöhnlich mit leichten *Vorboten* (Schwindel, Kopfschmerz, in einem Fall unserer Beobachtung mit schmerzhaften Empfindungen in der Nackengegend). Sehr bald stellen sich dann deutliche *bulbäre Symptome* ein: zuerst gewöhnlich eine *Erschwerung des Schlingens*. Der Schlingact selbst ist erschwert und wegen eintretender Lähmung des weichen Gaumens und der Kehlkopfmuskeln tritt häufiges Verschlucken (Eindringen von Flüssigkeit in die Nase oder in den Larynx) ein. Allmählich wird auch die Beweglichkeit der *Zunge* gestört, die *Sprache* wird undeutlich und, bei bestehender Gaumenlähmung, näselnd. Die vom Rachen aus auszulösenden Reflexe sind stark herabgesetzt oder erlöschen ganz.

Auch in den *Extremitäten* sind zuweilen deutliche Paresen beobachtet worden, welche auf ein Uebergreifen des Processes auf die Gegend der Pyramiden zu beziehen sind. In manchen Fällen bleiben aber die Extremitäten bis zuletzt verschont. Etwas häufiger sind Lähmungserscheinungen am *Facialis* und an den *Augenmuskeln*. Die *Körpertemperatur* ist zuweilen, aber nicht immer, etwas erhöht (38⁰ bis 39⁰), die Pulsfrequenz fast stets gesteigert (in unserem Fall z. B. bis auf 148).

Der *Verlauf* der Krankheit scheint stets *ungünstig* zu sein. Manchmal tritt schon nach 4—8 Tagen, zuweilen erst nach 2—3 Wochen der Tod ein. Derselbe erfolgt stets unter allen Zeichen der *Respirationslähmung*. In dem von uns beobachteten Fall trat zuletzt eine ausgesprochene Zwerchfellslähmung ein.

Pathologisch-anatomische Befunde existiren erst in geringer Zahl. Makroskopisch ist am verlängerten Mark meist gar nichts zu sehen; nur in seltenen Fällen erscheint dasselbe schon dem blossen Auge erweicht und mit kleinen Blutungen durchsetzt. Die *mikroskopische* Untersuchung ergiebt dagegen deutliche Zeichen einer *entzündlichen* Erkrankung: Körnchenzellen, Kerninfiltration um die Gefässe herum, die Gefässwände zum Theil verdickt, kleine Extravasate, Schwellung der Achsencylinder u. dgl.

Die *Behandlung* der acuten Bulbärparalyse ist, wie schon erwähnt, fast aussichtslos. In beginnenden Fällen wird man *Ableitungen am Nacken*, vielleicht auch eine *Schmierkur* mit grauer Quecksilbersalbe vornehmen. Ausserdem dürfte namentlich der *constante Strom* (Galvanisation am Nacken, Auslösung von Schlingbewegungen) zu versuchen sein. *Strychnin-Injectionen* erwiesen sich uns als nutzlos. Im letzten Stadium sind *Narcotica* unentbehrlich.

DRITTES CAPITEL.
Die Compression des verlängerten Marks.

Acute Compressionen und Beschädigungen des verlängerten Marks kommen relativ am häufigsten durch *Fracturen* und *Luxationen der beiden obersten Halswirbel* zu Stande. Bekannt ist, dass die Luxation des Epistropheus und die Luxation des Atlas gegen das Hinterhaupt meist den sofortigen Tod zur Folge haben.

Eine *langsame Compression des verlängerten Marks* beobachten wir bei *chronischen Erkrankungen der Knochen*, welche die Oblongata umgeben, bei *Caries* und bei *Tumoren* des Hinterhaupts und der ersten zwei Halswirbel. *Enchondrome der Schädelbasis*, *Neubildungen am Clivus Blumenbachii* können ebenso, wie *Tumoren der Dura*, ja zuweilen auch *Tumoren des Kleinhirns* durch Druck auf das verlängerte

Mark die schwersten Bulbärerscheinungen hervorrufen. In allen diesen
Fällen ist gewiss das rein mechanische Moment, die directe Zerstörung
der nervösen Bahnen oder wenigstens die Leitungsunterbrechung in
denselben die Hauptursache der klinischen Symptome. Doch können
ausserdem noch Blutungen und vielleicht zuweilen auch entzündliche
Affectionen in der Umgebung auftreten, welche das Krankheitsbild weiter
compliciren.

Die *klinischen Erscheinungen* einer langsamen Compression der
Oblongata beginnen, nach Analogie mit den Symptomen der Rückenmarkscompression, gewöhnlich mit gewissen *Reizungszuständen,* welche
sich im Gebiet der zunächst betroffenen Nervenwurzeln zeigen: neuralgische Schmerzen im Trigeminus, einzelne Zuckungen in den Gesichtsmuskeln, Ohrensausen u. dgl. Nimmt die Compression weiter zu,
so treten schwerere Bulbärsymptome auf, Schling- und Sprachstörungen,
Lähmung der Zunge, des Gaumens, der Gesichtsmuskeln und schliesslich nicht selten auch motorische und sensible Störungen in den Extremitäten. Daneben beobachtet man meist auch allgemeine Gehirnerscheinungen, Schwindel, Kopfschmerzen, Erbrechen, zuweilen epileptiforme Anfälle.

Ein abgeschlossenes Krankheitsbild lässt sich natürlich nicht geben,
da sowohl der Gesammtverlauf, als auch die einzelnen Symptome je
nach der Art der Compressionsursache grosse Verschiedenheiten zeigen.
Die *Diagnose* ist nur dann möglich, wenn ätiologische Momente (Traumen, Wirbelcaries) bekannt sind. In den übrigen Fällen handelt es
sich gewöhnlich nur um Vermuthungen. Von der echten progressiven
Bulbärparalyse unterscheidet sich die Krankheit vorzugsweise durch
den Verlauf (die initialen Reizerscheinungen) und durch die grössere
Mannigfaltigkeit der Symptome (Sensibilitätsstörung, hemiplegische Lähmungen). Doch sind in dieser Beziehung schon öfter Verwechselungen
vorgekommen. Betrifft die Compression nur den vorderen Theil der
Oblongata (*Pyramiden*), so können, wenigstens eine Zeit lang, die bulbären Erscheinungen ganz fehlen und nur motorische, vorzugsweise *pare-
tische* und *spastische Symptome in den Extremitäten* vorhanden sein.

Die *Prognose* ist, entsprechend dem Charakter des Grundleidens,
fast immer durchaus ungünstig. Der Tod erfolgt durch Verschluckungs-
pneumonien oder Athemlähmungen. Die *Therapie* muss rein symptomatisch sein und richtet sich nach denselben Regeln, wie bei der progressiven Bulbärparalyse.

V. Die Krankheiten des Gehirns.

ERSTER ABSCHNITT.
Krankheiten der Gehirnhäute.

ERSTES CAPITEL.
Hämatom der Dura mater.
(*Pachymeningitis interna haemorrhagica.*)

Aetiologie und pathologische Anatomie. Flächenhaft ausgebreitete, meist abgekapselte Blutergüsse an der inneren Oberfläche der Dura werden als „*Hämatome der Dura mater*" bezeichnet. Ueber ihre Entstehung ist viel discutirt worden, ohne dass bis jetzt eine völlige Einigung der Ansichten erzielt ist. Nach der einen Anschauung ist *die Blutung das Primäre;* aus der Organisation der Gerinnsel sollen sich erst später die bindegewebigen Membranen entwickeln. Diese Auffassung, welche ursprünglich die herrschende war, wurde von VIRCHOW bekämpft, welcher auf Grund seiner Untersuchungen behauptete, dass die Blutung stets ein *secundärer* Vorgang sei. Der primäre Process bestehe in einer *eigenthümlichen Entzündung* („*Pachymeningitis haemorrhagica*") und die Blutung erfolge erst in das gefässreiche neugebildete Bindegewebe hinein. Neuerdings ist man indessen geneigt, wenigstens in einem Theil der Fälle, wiederum die Blutung als den ursprünglichen Vorgang anzusehen und sucht die Ursache derselben in gewissen Veränderungen der Gefässwände, welche eine grössere Zerreisslichkeit derselben zur Folge haben.

In ihren leichtesten Graden stellt die Pachymeningitis interna eine zarte, röthliche, an der Innenfläche der Dura sitzende, ziemlich leicht abziehbare Membran dar, auf welcher zahlreiche rothe und bräunliche Flecke sichtbar sind. Diese Flecke entsprechen kleinen Hämorrhagien und Hämatoïdinanhäufungen. Die Membran selbst besteht aus einem zarten Bindegewebe, welches von zahlreichen weiten Capillaren durchzogen ist.

In den höheren Graden erreicht diese Auflagerung eine viel beträchtlichere Dicke. Sie besteht dann gewöhnlich aus mehreren Schichten, von denen die jüngste, die oberflächlichste, nach dem Gehirn zu gelegen ist, während die älteste, der Dura mater anliegende aus einem bereits ziemlich derben, fibrillären Bindegewebe besteht. Offenbar entwickelt sich, wie aus der schichtweisen Anordnung des Hämatoms hervorgeht, der ganze Process in verschiedenen Nachschüben, ein Verhalten, mit welchem auch der klinische Verlauf der Krankheit (s. u.) gut übereinstimmt. Die Blutergüsse zeigen zuweilen eine sehr beträchtliche Ausdehnung, so dass über hühnereigrosse Blutherde entstehen können, welche einen nicht unbeträchtlichen Druck auf die darunterliegende Gehirnsubstanz ausüben. Die Blutungen finden sich jedoch stets *in* der Auflagerung oder *zwischen* den Schichten derselben. Nur wenn die unterste (nach dem Gehirn zu gelegene) Schicht von dem Bluterguss durchbrochen wird, ergiesst sich das Blut frei in den Raum zwischen Dura und Arachnoidea („*Intermeningealapoplexie*").

Der *Sitz* des Hämatoms ist am häufigsten die Scheitelgegend. Doch kommen auch an der Gehirnbasis (hintere und mittlere Schädelgrube) Hämatome vor. Dieselben sind entweder einseitig, oder zuweilen auch doppelseitig.

Die Pachymeningitis haemorrhagica ist keine seltene Affection. Geringere Grade derselben, welche meist kein klinisches Interesse haben, finden sich zuweilen als Nebenbefund bei den Sectionen *chronischer Herz-, Nieren-* und *Lungenkranker,* ferner bei den verschiedensten *acuten Infectionskrankheiten* (Typhus, Variola u. a.). Wichtiger und häufiger ist ihr Vorkommen bei sonstigen *chronischen Gehirnerkrankungen,* namentlich allen denjenigen, welche mit einer stärkeren allgemeinen Gehirnatrophie verbunden sind. Vor allem ist das Durhämatom bei der *Dementia paralytica* und bei den sonstigen Formen des *Blödsinns* kein seltener Sectionsbefund. Eine grosse Rolle in der Aetiologie desselben wird dem *chronischen Alkoholismus* zugeschrieben. Bei Säufern entwickelt sich das Durhämatom relativ am häufigsten in solcher Ausdehnung, dass dadurch ein schweres cerebrales Krankheitsbild entsteht. In den meisten Fällen dürften wohl hierbei *Veränderungen der Gefässwände* (Atherom, fettige Degeneration) eine wichtige Rolle spielen. Endlich haben wir noch das Auftreten des Durhämatoms in allen den Krankheitszuständen zu erwähnen, bei welchen eine *allgemeine hämorrhagische Diathese* des Körpers besteht. Hierher gehört das Vorkommen desselben bei perniciöser Anämie, Leukämie, Scorbut u. dgl. In allen diesen Fällen haben wir es gewiss mit primären Blutungen zu thun, ebenso wie bei den wiederholt beobachteten *traumatischen Hämatomen*.

Entsprechend den soeben aufgezählten ätiologischen Verhältnissen ist es erklärlich, dass das Hämatom der Dura vorzugsweise eine Krankheit des *höheren Alters* ist und bei *Männern* entschieden häufiger zur Entwicklung gelangt, als bei Frauen.

Klinische Symptome. Nicht selten findet man bei Sectionen Durhämatome, aúf welche zu Lebzeiten der Patienten kein einziges Symptom hingewiesen hat. Entweder war die Blutung dazu überhaupt nicht ausgedehnt genug, oder es zeigt sich die bekannte eigenthümliche Toleranz des Gehirns gegen manche, sogar ausgedehnte anatomische Veränderungen, oder die etwa hervorgerufenen Symptome des Durhämatom kamen in dem allgemeinen schweren Krankheitsbilde (Typhus u. s. w.) nicht besonders zur Geltung. In anderen Fällen bedingt die Pachymeningitis haemorrhagica dagegen ein schweres Krankheitsbild, dessen Symptome freilich nur in seltenen Fällen so charakteristisch sind, dass die Diagnose der anatomischen Ursache daraus gestellt werden kann. Denn je nach der Grösse der Blutungen, je nach ihrem Sitze, je nach der Häufigkeit ihres Auftretens müssen die klinischen Erscheinungen in den einzelnen Fällen selbstverständlich grosse Verschiedenheiten zeigen.

Fast immer ist der *Beginn der Krankheit* ein ziemlich plötzlicher, nicht selten ganz nach Art eines *apoplectischen Insults*. Die Symptome sind theils solche, welche von der Allgemeinwirkung der Blutung auf das Gehirn abhängen, theils solche, welche durch die specielle Localisation der Blutung bedingt sind. Zu den Allgemeinsymptomen gehören der *Kopfschmerz*, die *Bewusstseinsstörung* (Benommenheit oder selbst vollkommenes Coma), *verlangsamter* oder unregelmässiger *Puls, Erbrechen, verengte Pupillen* — alles Erscheinungen, welche von dem gesteigerten Gehirndrucke abhängen. In einzelnen Fällen kann sich sogar eine *Stauungspapille* entwickeln. Hierzu kommen bei dem meist einseitigen Sitze des Hämatoms in der Gegend der motorischen Rindenregion (Centralwindungen) nicht selten *hemiplegische Störungen*, halbseitige Paresen und, da die Blutung häufig als *Reiz* auf die motorischen Centren einwirkt, *halbseitige Zuckungen* und *Convulsionen*. Zuweilen sind diese Erscheinungen nur auf einzelne Extremitäten, auf ein Facialisgebiet oder auf eine Extremität beschränkt. Wiederholt sind auch *aphatische Störungen* constatirt worden, wenn die Blutung in der linken Inselregion ihren Sitz hatte. Breitet sich die Blutung weiter aus, so nimmt dem entsprechend auch die Motilitätsstörung zu und kann dann zuweilen von der einen auf die andere Seite übergreifen. Die *Sensibilität* ist gewöhnlich nur wenig gestört.

Der *weitere Verlauf* des Leidens gestaltet sich sehr mannigfaltig. In den schwersten Fällen tritt, meist im tiefen Coma, rasch der Tod ein. In anderen Fällen dagegen bessern sich die anfänglichen Symptome, es bleiben aber leichtere Erscheinungen des Hirndrucks (Kopfschmerz, Schwindel) oder locale Symptome (Hemiparese) nach. Durch eine fortschreitende Resorption des Blutes ist eine fast vollständige Heilung dieser Zustände möglich. Gewöhnlich aber entstehen neue Blutungen und damit neue Symptome. Gerade dieses anfallsweise Auftreten der klinischen Erscheinungen, die häufige Wiederkehr schwerer cerebraler Symptome ist für das Hämatom der Dura charakteristisch, ein Umstand, welcher, wie schon angedeutet ist, in der anatomischen Entwicklung des Processes seine wohlbegründete Erklärung findet. Auf diese Weise kann sich in wechselnden Exacerbationen und Remissionen die Krankheit Monate und Jahre lang hinziehen. Der Tod erfolgt dann in einem späteren Anfalle. Stillstände und wesentliche Besserungen des Leidens sind jedoch auch jetzt noch möglich, obgleich häufig die *Symptome des Grundleidens* mittlerweile das gesammte Krankheitsbild wesentlich verändert haben. Ueberhaupt trägt der Umstand, dass das Hämatom so häufig eine secundäre Erkrankung ist, viel dazu bei, die klinischen Erscheinungen desselben zu verwischen und zu compliciren.

Die **Diagnose** des Durhämatoms ist aus diesem Grunde stets mit Schwierigkeiten verknüpft. Als die wichtigsten Anhaltspunkte zur Diagnose heben wir noch einmal hervor: 1. das Vorhandensein *ätiologischer Momente* (Alkoholismus, sonstige chronische Gehirnaffectionen), 2. den *plötzlichen Anfang* der Symptome und weiterhin das *anfallsweise Auftreten neuer Erscheinungen*, den Wechsel von raschen Verschlimmerungen und Besserungen und 3. das Bestehen von Symptomen, welche man erfahrungsgemäss vorzugsweise auf eine die *Gehirnrinde* betreffende Affection beziehen kann, die *halbseitigen Convulsionen*, die *monoplegischen Paresen* und Contracturen und die *engen Pupillen*. In vielen Fällen wird man diagnostische Irrthümer trotzdem nicht vermeiden können.

Therapie. Die Möglichkeit, therapeutisch mit Erfolg eingreifen zu können, ist sehr gering. Bei den apoplectischen Insulten ist die Application von *Eis* auf den Kopf nützlich; bei kräftigeren Individuen kann auch eine *locale Blutentziehung* (an den Schläfen, hinter den Ohren) indicirt sein. Ausserdem werden gewöhnlich „Ableitungen auf den Darm" (Senna, Calomel) verordnet.

Ist der erste Anfall glücklich vorüber, so besteht die weitere Behandlung vorzugsweise in allgemeinen diätetischen und hygienischen Vorschriften (Verbot von Alcoholicis, von stärkeren körperlichen und geistigen Anstrengungen), um die Wiederkehr neuer Blutungen möglichst zu verhüten. Ausserdem können natürlich gewisse nachbleibende Störungen (Lähmungen u. s. w.) eine besondere symptomatische Behandlung wünschenswerth machen.

ZWEITES CAPITEL.
Die eitrige Meningitis.
(*Eitrige Leptomeningitis cerebralis. Convexitätsmeningitis.*)

Aetiologie. Da die eitrigen Entzündungen der *Dura mater*, welche sehr selten sind und nur als von der Nachbarschaft her fortgepflanzte Erkrankungen vorkommen, kein klinisches Interesse haben, so beschäftigen wir uns im Folgenden nur mit der eitrigen Entzündung der *weichen Gehirnhäute*, der *eitrigen Leptomeningitis*. Eine wichtige Form derselben, die *epidemische Cerebrospinal-Meningitis* haben wir als selbstständige infectiöse Erkrankung bereits kennen gelernt (Bd. I. S. 116) und gesehen, dass man wahrscheinlich auch die vereinzelten *sporadischen* Fälle von *primärer („idiopathischer")* *Meningitis* in ätiologischer Hinsicht mit der epidemischen Meningitis identificiren darf. In allen anderen Fällen ist die eitrige Meningitis eine *secundäre Erkrankung*, d. h. das specifische, die eitrige Entzündung erregende Agens gelangt von einem anderen, vorher bereits erkrankten Organ erst secundär in die Meningen. Die klinische und vor allem die pathologisch-anatomische Untersuchung hat daher die Aufgabe, in jedem einzelnen Falle von eitriger Meningitis aufs genaueste nach dem Wege zu forschen, auf welchem die entzündungserregende Ursache bis zu den Meningen fortgeschritten sein kann und erst, wenn die genaueste Nachforschung in dieser Hinsicht nichts ergeben hat, darf man den Fall als eine primäre Meningitis in dem oben erwähnten Sinne auffassen. In *klinischer* Beziehung machen freilich auch viele secundäre Meningitiden den Eindruck einer primären Erkrankung, indem die eigentliche primäre Affection gar keine oder wenigstens nur wenig auffallende Symptome darbietet.

Die häufigste Ursache der secundären eitrigen Meningitis sind *Erkrankungen der Schädelknochen* und vor allem des *Felsenbeines* und des in demselben liegenden *Gehörapparates*. Die Thatsache, dass sich an Entzündungen des mittleren und inneren Ohres nicht selten eine

Meningitis anschliessen kann, erklärt sich leicht aus der Berücksichtigung der anatomischen Verhältnisse. Gewöhnlich ist es die aus einer Otitis media sich entwickelnde *Caries des Felsenbeins,* welche, zumal an der dünnen oberen Decke der Paukenhöhle, zum Durchbruch in die Schädelhöhle führt. Doch auch von den Zellen des Processus mastoideus aus, ferner durch directe Fortleitung längs der Scheide des N. acusticus und N. facialis und längs den durch die Fissura petrososquamosa hindurchziehenden Gefässen kann sich die Entzündung ausbreiten; sie ergreift zunächst die Dura und weiterhin die Pia mater. In manchen Fällen vermitteln auch die benachbarten Venensinus (Sinus transversus, cavernosus, petrosus sup.) das Weitergreifen der Entzündung, indem sie zunächst von einer eitrigen Thrombophlebitis befallen werden. Ausser den Ohraffectionen können in seltenen Fällen auch eitrige Entzündungen in den oberen Partien der *Nasenhöhle* den Ausgangspunkt einer Meningitis abgeben.

Eine häufige Ursache für die Entwicklung einer Meningitis bilden ferner die mannigfaltigen *traumatischen Affectionen der Schädelknochen.* Hierbei handelt es sich in der grossen Mehrzahl der Fälle um *offene Wunden,* durch welche die Entzündungserreger aus der Luft eindringen können. Die Eiterung tritt häufig zuerst in dem lockeren Gefüge der Diploë auf und schreitet von hier aus weiter auf die Dura und Pia fort, entweder direct oder durch Vermittlung einer eitrigen, von den Venen der Diploë ausgehenden Sinusthrombose. Dass es auch eine *traumatische eitrige Meningitis ohne jede offene Wunde* giebt, wird zwar allgemein behauptet, obgleich diese Thatsache nach unseren jetzigen Anschauungen über die Entstehung eitriger Entzündungen unerklärlich ist. Ebenso ist die Angabe mancher Autoren schwer verständlich, dass der Einfluss der *Sonnenhitze* auf den entblössten Kopf eine eitrige Meningitis erzeugen könne. In den meisten Fällen von „Sonnenstich" findet man zwar eine starke Hyperämie der Gehirnhäute, aber keine Entzündung.

Ausser durch Fortleitung der Entzündung von aussen her kann eine Meningitis auch *im Anschluss an einen Gehirnabscess* entstehen. Reicht ein irgendwie entstandener Abscess bis an die Oberfläche des Gehirns, so entwickelt sich von der betreffenden Stelle aus eine mehr oder weniger weit sich ausbreitende eitrige Meningitis. Auch wenn ein Abscess in einen Seitenventrikel hindurchbricht, kann von hier aus die Infection der Pia an der Gehirnbasis erfolgen.

Während alle bisher besprochenen Meningitiden sich durch ein directes Uebergreifen des Entzündungsprocesses von der Nachbarschaft her auf die Gehirnhäute erklären lassen, muss jetzt noch eine zweite Gruppe secundärer Meningitiden erwähnt werden, bei welcher die Infection der Pia von einem entfernten Orte aus (wahrscheinlich auf dem Wege des Blut- oder Lymphstroms) geschieht. Derartige Fälle bezeichnet man häufig als *metastatische Meningitis*.

In erster Linie ist hier die secundäre Meningitis bei der echten *croupösen Pneumonie* zu nennen, eine Combination, welche wir schon früher (Bd. I. S. 255) kennen gelernt haben. Ebenso tritt zuweilen eine Meningitis bei *eitriger Pleuritis*, ferner in seltenen Fällen bei *pyämischen* und *septischen Erkrankungen*, bei der *Endocarditis ulcerosa*, sehr selten auch beim *Abdominaltyphus*, bei den *acuten Exanthemen* (Pocken, Scharlach), beim *acuten Gelenkrheumatismus* u. a. auf. Im einzelnen Fall wird man freilich stets zu bedenken haben, ob die eingetretene Meningitis unmittelbar oder erst durch ein Zwischenglied (z. B. Ohraffection bei Scharlach, secundäres Empyem beim Typhus) mit der Grundkrankheit zusammenhängt.

Pathologische Anatomie. In Bezug auf die pathologische Anatomie der eitrigen Meningitis können wir zum grössten Theil auf das Bd. I. Seite 117 Gesagte verweisen, da das anatomische Bild der eitrigen Meningitis an sich in allen einzelnen Fällen dasselbe ist. Nur durch das Vorhandensein resp. das Fehlen von Erkrankungen in der Nachbarschaft oder in anderen Organen (Pneumonie u. s. w.) kann man entscheiden, welcher Art, ob primär oder secundär, die Meningitis ist. Je nach dem etwa bestehenden Ausgangsorte der Entzündung verhält sich die Localisation derselben etwas verschieden. Schliesst sich die Meningitis an eine Caries des Felsenbeins oder an eine Schädelverletzung an, so ist gewöhnlich in unmittelbarer Nachbarschaft hiervon die Eiteransammlung zwischen Pia und Arachnoidea am reichlichsten. Von hier aus breitet sich die Entzündung allmählich weiter über die Oberfläche des Gehirns aus, bald mehr an der Gehirnbasis, bald mehr über die Convexität desselben. Doch kann man im Allgemeinen sagen, dass die meisten secundären und metastatischen eitrigen Meningitiden vorherrschend, wenn auch keineswegs ausschliesslich, die *Convexität* des Gehirns betreffen und so erklärt sich die zuweilen gebrauchte Bezeichnung *„Convexitätsmeningitis"* im Gegensatz zu der *tuberkulösen* Meningitis, welche, wie wir sehen werden, häufig vorzugsweise die Gehirnbasis befällt und daher auch *„basale Meningitis"* genannt wird. Die weichen Häute des *Rückenmarks* sind zuweilen von der Entzündung mitergriffen, doch ist ihre Theilnahme nicht so constant, wie bei der primären (epidemischen) Meningitis. Das *Gehirn* selbst betheiligt sich fast immer an dem Process, indem sich längs den aus der Pia in die Gehirnsubstanz eintretenden Gefässen die Entzündung ausbreitet. Man findet daher nicht selten im Innern des Gehirns selbst kleine Eiterherde, Blutungen u. dgl. Die ganze Gehirnsubstanz ist gewöhnlich feucht, ödematös, von teigiger Consistenz. Eine wichtige klinische Bedeutung hat der *Druck*, welchen das meningeale Exsudat auf das Gehirn ausübt. Man erkennt denselben an der oft beträchtlichen *Abplattung der Windungen* an der Gehirnoberfläche. In den *Seitenventrikeln* findet sich fast immer eine geringere oder reichlichere Ansammlung von serös-eitriger Flüssigkeit.

Krankheitsverlauf und Symptome. Bei der Mannigfaltigkeit der primären Erkrankungen, welche zu einer Meningitis führen können, ist es kaum möglich, ein für alle Fälle passendes allgemeines Krankheitsbild zu geben. Tritt die Meningitis im Verlaufe einer sonstigen, bereits an sich sehr schweren Krankheit auf (Pyämie, Pneumonie u. a.), so sind ihre Symptome nicht selten so verwischt, dass sie sich nur unsicher von den Erscheinungen der Grundkrankheit trennen lassen. Ebenso ist es häufig sehr schwierig zu entscheiden, ob sich zu einer Schädel- und Gehirnverletzung ausserdem noch eine Meningitis hinzugesellt hat oder nicht, weil begreiflicher Weise schon das Trauma selbst beträchtliche Gehirnerscheinungen hervorgerufen haben kann. Die folgende Darstellung bezieht sich daher vorzugsweise auf diejenigen Fälle, wo die Meningitis als scheinbar primäre Erkrankung oder als deutlich ausgesprochene Complication auftritt.

Der *Beginn der Meningitis* in derartigen Fällen erfolgt bald rasch, bald ziemlich schleichend. Zuweilen treten fast mit einem Mal unter Frost und hohem Fieber die schweren Erscheinungen auf, zuweilen gehen denselben längere Zeit unbestimmte, nicht immer leicht zu deutende Vorboten voraus. Fast immer aber ist es der *Kopfschmerz*, welcher zuerst die Aufmerksamkeit auf eine sich entwickelnde Krankheit oder Complication hinlenkt. Derselbe nimmt rascher oder langsamer an Intensität zu, erreicht aber fast immer eine grosse Heftigkeit. Nur ausnahmsweise kommt es vor, dass der Kopfschmerz auffallend gering ist. Doch zeigt er nicht selten ziemlich grosse Schwankungen, ist an manchen Tagen und Stunden viel stärker, als an anderen. Der *Sitz* des Schmerzes ist bald im ganzen Kopf, bald in der Stirn, bald vorzugsweise im Hinterhaupt. Nächst dem Kopfschmerz treten, namentlich im späteren Verlaufe der Krankheit, die *Störungen des Bewusstseins* meist in den Vordergrund der Krankheit. Die Patienten klagen über Schwindel, werden unklar, benommen und fangen an zu deliriren.

Zuweilen erreichen die Delirien eine grosse Heftigkeit; gewöhnlich überwiegen aber die Depressionserscheinungen, so dass die Benommenheit
der Patienten bald in stärkeren Sopor übergeht. Das häufige Greifen
nach dem Kopfe, das schmerzhafte Verziehen des Gesichts bei allen
passiven Bewegungen desselben lassen auch jetzt noch das Fortbestehen
der Kopfschmerzen erkennen, bis endlich mit dem Eintritt eines tiefen
Comas fast jede Reaction der Kranken aufhört.

Ausser den erwähnten allgemeinen Gehirnerscheinungen kommen
meist noch andere Symptome zur Beobachtung, welche mehr von der
besonderen Localisation der Erkrankung abhängig sind. Hierher gehört
zunächst die *Nackenstarre.* Sie ist am ausgesprochensten, wenn sich
die Entzündung auf die hintere Schädelgrube und das oberste Halsmark ausgebreitet hat. Ferner kommen mannigfache *Lähmungs-* und
Reizungszustände im Gebiete der Hirnnerven vor, welche grösstentheils
von einer Affection der Nerven an der Gehirnbasis abhängen: Augenmuskelstörungen (Lähmungen, Nystagmus), Pupillendifferenzen, Verengerung und Erweiterung der Pupillen mit aufgehobener Lichtreaction,
leichte Facialisparesen, Trismus, Zähneknirschen u. s. w., alles Erscheinungen, welche in genau derselben Weise auch bei den übrigen Formen
der Meningitis auftreten. Ophthalmoskopisch lässt sich zuweilen eine
Neuritis optica nachweisen. Eine weitere Reihe von Symptomen bezieht sich auf die *Affection des Gehirns* selbst, wahrscheinlich häufig
vorzugsweise der *Gehirnrinde.* Hierher gehören einzelne *Zuckungen*
oder selbst ausgebildete *Convulsionen* in einer oder in mehreren Extremitäten, *monoplegische und hemiplegische Lähmungen* u. dgl. Zuweilen
giebt die Section in solchen Fällen Aufschluss über den näheren Grund
dieser Erscheinungen, häufig aber fehlt jeder entsprechende gröbere
anatomische Befund, so dass man Circulationsstörungen oder functionelle Störungen annehmen muss.

Von den sonstigen Symptomen ist in erster Linie das *Fieber* zu
nennen. Fast immer ist die Eigenwärme erheblich erhöht; Temperaturen von 40° bis 40°,5 C. sind nicht selten. Der Fieberverlauf ist aber
durchaus unregelmässig. Zuweilen treten während der Krankheit wiederholt Frostanfälle mit hohen Temperatursteigerungen auf. Der *Puls* ist
meist beschleunigt, oft etwas unregelmässig. Nur ausnahmsweise wird
er in Folge des erhöhten Gehirndrucks verlangsamt. *Erbrechen* ist
namentlich im Beginn der Krankheit nicht selten. Der *Stuhl* ist fast
immer angehalten, der *Leib* häufig gespannt und eingezogen. Die *Harn-
menge* ist verringert; eine geringe Albuminurie wird oft gefunden.
Von secundären Erkrankungen finden sich in der Leiche nicht selten

lobuläre Pneumonien, deren Entstehung durch Verschluckung und Aspiration bei dem benommenen Zustande der Patienten leicht erklärlich ist.

Der *Gesammtverlauf* der Krankheit beträgt in den acutesten Fällen nur wenige Tage, auch in den protrahirteren Fällen selten länger, als 1—1½ Wochen. Der *Ausgang* ist fast ausnahmslos ein ungünstiger; wenigstens sind die vereinzelt mitgetheilten Fälle von angeblicher Heilung in ihrer Deutung zweifelhaft. Der *Tod* erfolgt in den meisten Fällen im tiefen Coma, zuweilen unter Convulsionen. Häufig beobachtet man eine hohe terminale Temperatursteigerung (42° und mehr).

Diagnose. Die Diagnose der Meningitis ist zuweilen ziemlich leicht, in anderen Fällen indessen so schwierig, dass Verwechselungen mit sonstigen schweren acuten Erkrankungen (Typhus, Pyämie, Miliartuberkulose u. a.) nicht zu vermeiden sind. Von den Symptomen, welche für das Bestehen einer meningitischen Affection überhaupt sprechen, verdienen in diagnostischer Beziehung am meisten Berücksichtigung: der intensive Kopfschmerz, die rasch eintretenden schweren Gehirnsymptome, Delirien und Bewusstlosigkeit, die Nackenstarre und die zwar oft geringen, aber doch meist vorhandenen localen Störungen im Gebiete der Gehirnnerven (Augenmuskelstörungen, Neuritis optica). Neben diesen einzelnen Symptomen muss immer auch der gesammte *Krankheitsverlauf* und die etwa nachweisbare *Aetiologie* berücksichtigt werden. Der *Typhus* unterscheidet sich von der Meningitis durch den meist langsameren Beginn, das spätere Auftreten der schweren Gehirnerscheinungen, die Roseolen, den stärkeren Milztumor, die charakteristischen Stühle und den eigenartigen Fieberverlauf. Schwere *septische und pyämische Erkrankungen* (incl. Endocarditis ulcerosa), bei welchen die Gehirnerscheinungen ebenfalls zur fälschlichen Annahme einer Meningitis verleiten können, müssen aus der etwa nachweisbaren Aetiologie (äussere Wunde, Abort u. s. w.), dem Auftreten von Hautblutungen, den septischen Netzhautaffectionen, den Gelenkschwellungen, dem Auftreten von Schüttelfrösten u. a. erkannt werden. Auch die *Urämie* kann zu Verwechselungen Anlass geben; das Verhalten des Harns und das Vorwiegen von Convulsionen können zuweilen, aber nicht immer, einen derartigen Irrthum vermeiden lassen. Endlich mag hier noch erwähnt werden, dass wir, wie gewiss jeder erfahrene Beobachter, wiederholt Fälle gesehen haben, welche im Leben ein schweres acutes cerebrales, oft anscheinend meningitisches Krankheitsbild darboten, während die Section, abgesehen von „Hyperämie", „ödematöser Schwellung" und ähnlichen nebensächlichen Befunden im Gehirn vollständig negativ ausfiel. Die

Bedeutung derartiger Fälle entzieht sich vorläufig noch vollständig unserer Beurtheilung.

Ist einmal die Meningitis diagnosticirt, so handelt es sich immer noch um die Feststellung der näheren *Form* derselben. Hierbei sind stets in erster Linie die *ätiologischen Momente* maassgebend. Man forscht nach einem etwa vorausgegangenen Trauma, nach einem alten Ohrleiden (Ohrenspiegelbefund!) u. s. w. Die Annahme einer *epidemischen Meningitis* kann mit Sicherheit erst aus dem gleichzeitigen Auftreten mehrerer Fälle begründet werden; ausserdem ist der *Herpes* eine für dieselbe sehr charakteristische Erscheinung, welche bei den übrigen Formen der Meningitis nur ausnahmsweise auftritt. Die *tuberkulöse Meningitis*, deren Symptome selbstverständlich in den meisten Einzelnheiten mit denen der eitrigen Meningitis übereinstimmen, kann man fast nur durch Berücksichtigung der ätiologischen Verhältnisse diagnosticiren. Näheres hierüber s. im folgenden Capitel.

Therapie. Die Therapie ist bei den einzelnen Formen der Meningitis so ähnlich, dass wir, um Wiederholungen zu vermeiden, uns kurz fassen können. Von *localen Applicationen* werden *Eisumschläge* auf den (wo möglich geschorenen) Kopf und *locale Blutentziehungen* (hinter den Ohren, in der Schläfengegend) am meisten angewandt. Sie schaffen entschieden häufig Erleichterung und vorübergehende Besserung. Das Abscheeren der Haare und das Einreiben der Kopfhaut mit Pustelsalbe (Ungt. Tartari stibiati) oder starker Jodtinctur wird von manchen Aerzten empfohlen; wir haben es nie versucht. Kühle *Bäder* mit Uebergiessungen sind nur dann anzuwenden, wenn die Bewegungen für den Kranken nicht zu schmerzhaft sind. Bei heftigen Schmerzen und grosser Unruhe der Kranken muss man *Narcotica* (am besten subcutane Morphiuminjectionen) anwenden. Von sonstigen inneren Mitteln (*Jodkalium, Calomel* u. a.) ist wenig Erfolg zu erwarten.

In *prophylactischer Hinsicht* ist vor allem dringend auf die Nothwendigkeit einer rechtzeitigen specialistischen Behandlung aller Ohraffectionen und auf eine sorgfältig antiseptische Behandlung aller Schädelverletzungen hinzuweisen.

DRITTES CAPITEL.

Die tuberkulöse Meningitis.

(*Basilarmeningitis. Meningitis tuberculosa.*)

Aetiologie. Die Tuberkulose der weichen Gehirnhäute ist stets eine secundäre Affection, welche sich an eine in irgend einem anderen

Organe bereits vorher bestehende tuberkulöse Erkrankung anschliesst. Unsere Kenntnisse über die Ursache, warum gerade die Pia mater so häufig von einer secundären Infection mit dem Tuberkelgift ergriffen wird und über den Weg, welchen der Infectionsstoff zurücklegt, um in die Pia zu gelangen, sind erst sehr gering. Wir können nur angeben, an welche andere tuberkulöse Erkrankungen sich die tuberkulöse Meningitis erfahrungsgemäss am häufigsten anschliesst. Sind diese primären Affectionen schon an sich mit schwereren klinischen Erscheinungen verbunden, so tritt die Meningitis als Complication eines schon bestehenden Leidens auf. Hat aber die Primäraffection vorher keine oder bereits lange vorübergegangene Symptome gemacht, so erscheint die tuberkulöse Meningitis klinisch als eine scheinbar primäre Krankheit und selbst die genaueste Untersuchung kann nicht in allen Fällen schon zu Lebzeiten der Patienten den Ausgangspunkt der Erkrankung feststellen.

Am häufigsten schliesst sich die tuberkulöse Meningitis an eine bestehende *Lungentuberkulose* an. Sie kann bei bereits fortgeschrittener Lungenphthise als terminale Complication auftreten, oder sich schon zu einer Zeit entwickeln, wo die tuberkulösen Veränderungen in der Lunge erst eine sehr geringe Ausdehnung zeigen. Nächstdem ist die *tuberkulöse Pleuritis* kein seltener Ausgangspunkt für eine tuberkulöse Meningitis. Wie wir früher gesehen haben, ist die Mehrzahl der scheinbar primär beginnenden Pleuritiden tuberkulöser Natur. Dieser Satz bestätigt sich nicht selten dadurch, dass nach Ablauf einer Pleuritis, manchmal während der anscheinend vollen Reconvalescenz der Patienten, plötzlich die Symptome einer tuberkulösen Meningitis auftreten. Bei Kindern (doch auch bei Erwachsenen) sind *tuberkulös-verkäste Bronchial- oder Mesenterialdrüsen* häufig die Quelle für die Verschleppung des tuberkulösen Virus in die Meningen, ferner *tuberkulöse („fungöse") Knochen- und Gelenkaffectionen* und bei Erwachsenen nicht selten der tuberkulös erkrankte *Urogenital-Apparat*. Bemerkenswerth ist auch, dass von einem grösseren *solitären Hirntuberkel* aus die Aussaat einer Miliartuberkulose der Meningen erfolgen kann. Kurz, wir sehen, dass unter Umständen eigentlich jeder irgendwo im Körper befindliche tuberkulöse Herd die Infection bewerkstelligen kann, wobei merkwürdiger Weise entweder nur die Meningen oder gleichzeitig auch zahlreiche andere Organe betroffen werden. Im letzteren Falle, wo die Verschleppung des Infectionsstoffs aller Wahrscheinlichkeit nach auf dem Wege des Blutstroms stattfindet, bildet die tuberkulöse Meningitis eine Theilerscheinung der allgemeinen Miliartuberkulose (s. Bd. I. S. 307),

während die ausschliessliche oder doch vorherrschende Erkrankung der
Meningen im ersteren Falle offenbar in der bestimmten Art der Infection
ihren Grund hat. Näheres hierüber ist uns aber, wie schon erwähnt,
vorläufig noch völlig unbekannt.

Dass die den Ausbruch der Krankheit angeblich veranlassenden
ätiologischen Momente, welchen man zuweilen begegnet, wie z. B. Ueberanstrengung, psychische Erregungen, Traumen u. dgl., in keinem eigentlich ursächlichen Verhältnisse zur Entwicklung der Meningitis stehen
und meist nur als ein zufälliges Zusammentreffen aufzufassen sind, bedarf keiner weiteren Erörterung. Dagegen spielt das *Lebensalter* eine
nicht zu läugnende prädisponirende Rolle. Obwohl die Krankheit bei Erwachsenen keineswegs selten ist, so ist sie doch entschieden im *Kindesalter* noch weit häufiger.

Pathologische Anatomie. Wie bei der Tuberkulose der serösen
Häute, so haben wir auch bei der Tuberkulose der Pia zwei Effecte
der tuberkulösen Infection von einander zu trennen: die Entwicklung
der specifischen Neubildung, d. i. der *miliaren Tuberkel* und die eigentlich *entzündlichen Erscheinungen.* Beide stehen nicht immer in gleichem Verhältnisse zu einander; bald ist die Tuberkeleruption sehr
reichlich, die entzündliche Exsudation relativ gering, während in anderen Fällen die Entzündung beträchtlich ist, obgleich miliare Tuberkel
nur in relativ spärlicher Zahl aufzufinden sind. Die grösste Zahl der
Tuberkel findet sich gewöhnlich längs den grösseren Gefässen, daher
vorzugsweise in den Furchen und Spalten an der Gehirnoberfläche, in
den Fossae Sylvii, am Chiasma, am Pons, verlängerten Mark, Kleinhirn
u. s. w. Ueberhaupt ist die Gehirnbasis meist stärker afficirt, als die
convexe Oberfläche des Gehirns — ein Umstand, welcher, wie schon
erwähnt, der tuberkulösen Meningitis den Namen der „*Basilarmeningitis*“ verschafft hat. Indessen trifft dieses Verhalten keineswegs für
alle Fälle zu. Sehr oft lässt sich feststellen, dass das Gebiet einer
oder einiger Arterien vorzugsweise befallen ist, was offenbar mit der
Art der Infection zusammenhängt. Die *entzündlichen Veränderungen*
bestehen in einer meist *stärkeren Gefässfüllung* und in der Bildung
eines bald spärlichen, bald reichlicheren *sulzig-serösen Exsudats.* Die
zellige Exsudation ist mikroskopisch immer, häufig auch schon makroskopisch durch die starke Trübung der Pia nachweisbar, erreicht
aber nur ausnahmsweise eine solche Ausdehnung, dass man von einer
wirklich eitrigen Entzündung sprechen kann. Kleinen *Blutungen* in
der Pia begegnet man nicht selten. Das *Gehirn* selbst ist in den
meisten Fällen durch den Druck des meningealen Exsudats abgeplattet.

Häufig greift die tuberkulöse Entzündung auf die Gehirnsubstanz selbst über und man kann in dieser bei der mikroskopischen Untersuchung Tuberkel, entzündliche Processe und capilläre Blutungen nachweisen. In den *Ventrikeln* findet sich meist — freilich nicht immer — ein *hydrocephalischer Erguss*, welcher den früheren Beobachtern Veranlassung gab, die Krankheit mit dem Namen des *„Hydrocephalus acutus"* zu bezeichnen. Die Flüssigkeit ist seröser Natur, doch meist durch zellige Beimischungen getrübt, zuweilen leicht hämorrhagisch. Die *Plexus chorioidei* sind stark gefüllt, nicht selten auch mit Tuberkeln besetzt. Das *Rückenmark* betheiligt sich in der *Mehrzahl* der Fälle an der tuberkulösen Erkrankung. Auch hier finden sich in der Pia entzündliche Veränderungen und die Bildung miliarer Tuberkel. Diese Thatsache ist klinisch nicht unwichtig, da manche Symptome der tuberkulösen Meningitis von der Spinalaffection abhängen.

Krankheitsverlauf und Symptome. Die tuberkulöse Meningitis beginnt fast immer mit einem *Vorläufer-Stadium*, welches zwar manchmal nur kurze Zeit dauert, in anderen Fällen aber auch 1—2, ja noch mehr Wochen anhalten kann. Die bis dahin scheinbar gesunden (s. o.) oder bereits an irgend einer anderen tuberkulösen Affection leidenden Patienten fühlen sich unwohl und fangen an, über zeitweise exacerbirende *Kopfschmerzen* zu klagen. Der *Appetit* hört auf, sehr häufig stellt sich *Verstopfung* ein. Auch ein- oder mehrmaliges *Erbrechen* ist ein oft vorkommendes Initialsymptom. Der *Schlaf* ist durch die Kopfschmerzen oder eine gewisse allgemeine Unruhe gestört. In einigen Fällen sahen wir, dass ausgesprochene *psychische Symptome* die Krankheit eröffneten. Die Patienten wurden unbesinnlich, redeten und thaten verkehrtes Zeug, bis erst einige Tage später die ausgesprochenen meningitischen Symptome auftraten. In zwei Fällen, welche Potatoren betrafen, begann die Krankheit ganz wie ein Delirium tremens.

Nachdem diese Initialerscheinungen kürzere oder längere Zeit gedauert haben, wird der Allgemeinzustand allmählich schwerer. Die Kopfschmerzen nehmen zu, die Kranken werden bettlägerig, fangen an zu deliriren und bald zeigt sich das ausgesprochene Bild einer schweren Gehirnaffection. Das *Sensorium* wird immer mehr und mehr benommen. Die Patienten sind soporös, reagiren auf Anreden gar nicht mehr oder nur noch unvollkommen. Dabei sind sie anfangs meist ziemlich unruhig, greifen mit den Händen in der Luft und an der Bettdecke umher und machen beständige Bewegungen mit ihren Beinen. Die *Delirien* sind bald leise, bald laut, so dass die Kranken ununterbrochen singen, rufen oder pfeifen. Dass der *Kopfschmerz* noch jetzt fortdauert,

merkt man an dem schmerzhaften Verziehen des Gesichts und an den
Klagen der Kranken, wenn die Bewusstseinsstörung zeitweise geringer
wird. Neben dem Kopfschmerz findet sich meist eine deutliche *Empfindlichkeit des Nackens* gegen Druck, oft mit ausgesprochener *Nackenstarre* verbunden. Nicht selten ist auch die *ganze Wirbelsäule steif*
und schmerzhaft, ein Symptom, welches jedenfalls auf die gleichzeitige.
spinale Meningitis zu beziehen ist.

Ferner macht sich eine Reihe von *Erscheinungen im Gebiete der
Gehirnnerven* bemerkbar, durchaus ähnlich, wie bei den übrigen Formen
der Meningitis. An den *Augen* sieht man nicht selten einseitige oder
beiderseitige *Ptosis* (Parese im Gebiet des Oculomotorius). Die Bulbi
stehen uncoordinirt, deviiren bald nach aussen, bald nach innen. Sehr
häufig, namentlich in den früheren Stadien der Krankheit, sieht man
Reizerscheinungen im Gebiete der Augenmuskelnerven, langsame unfreiwillige seitliche Bewegungen der Bulbi, zuweilen auch kurze nystak-
tische Zuckungen. Die *Pupillen* sind oft ungleich, entweder verengt oder
erweitert, häufig wiederholt in ihrem Durchmesser beträchtlich wechselnd. Der Satz, dass sehr stark erweiterte Pupillen auf einen starken
hydrocephalischen Erguss in den Ventrikeln hinweisen, stimmt in vielen
Fällen, zuweilen aber auch nicht. Die Reaction der Pupillen gegen
Licht ist meist träge, zuweilen ganz fehlend. Die *ophthalmoskopische
Untersuchung* ergiebt an der Pupille nicht selten die Zeichen der Stauung oder der Neuritis. Von grosser diagnostischer Bedeutung ist natürlich der ophthalmoskopische Nachweis von *Chorioideal-Tuberkeln*. Im
Gebiete des *Facialis* beobachtet man nicht selten einzelne Zuckungen,
eine leichte tonische Contraction oder auch einseitige Paresen. Alle
diese Erscheinungen erklären sich leicht durch die Beeinträchtigung
der Nervenstämme an der Gehirnbasis, sei es durch den Druck des sie
umgebenden Exsudats, sei es durch ein Uebergreifen der Entzündung
oder durch kleine Blutungen, welche man zuweilen in den Nerven-
scheiden antrifft.

Die *Störungen an den Extremitäten* können in verschiedenen anatomischen Verhältnissen ihren Grund haben. *Motorische Reizerscheinungen* in denselben sind wahrscheinlich meist als Symptome von Seiten
der Gehirnrinde aufzufassen. Man beobachtet einzelne *Zuckungen* in
grösseren oder beschränkteren Muskelgebieten, in seltenen Fällen halbseitige oder auf eine Extremität beschränkte *Convulsionen*. Zuweilen
kommen ausgesprochene *Hemiparesen* oder *monoplegische Lähmungen*,
ferner *aphatische Störungen* vor, deren anatomische Ursache zuweilen,
aber nicht immer, durch die Section klar gestellt wird. Es kann sich

hierbei um eine einseitige stärkere Compression der betreffenden Rindenbezirke oder der ganzen Hemisphäre, um Circulationsstörungen, entzündliches Oedem u. dergl. handeln. In anderen Fällen findet man eine
eigenthümliche Starre in den Extremitäten. Die *Reflexe* in den unteren
Extremitäten sind anfangs meist erhöht, erst in dem letzten Stadium
der Krankheit vermindert und schliesslich erloschen. Ungleichheiten auf
beiden Seiten werden nicht selten beobachtet. Ueber das Verhalten der
Sensibilität ist es bei dem benommenen Zustande der Patienten schwer,
ein sicheres Urtheil zu fällen. Zuweilen findet man eine ausgesprochene
Hyperästhesie der Haut, eine Erscheinung, welche wahrscheinlich auf
die Mitbetheiligung des Rückenmarks hinweist.

Interessante Verhältnisse bietet das Verhalten der Körpertemperatur und des Pulses dar. Die *Eigenwärme* ist in den meisten Fällen
gesteigert, doch häufig nur in geringem Grade, so dass sie zwischen
38° und 39° schwankt. Tiefere Remissionen, von unregelmässigen neuen
Steigerungen unterbrochen, kommen häufig vor. Selten sind Fälle,
welche vorherrschend höhere Temperaturen, um 40° C. herum, zeigen.
Gegen Ende der Krankheit machen sich gewöhnlich beträchtliche Abweichungen der Temperatur nach der einen oder der anderen Richtung
hin geltend. Manchmal beobachtet man ein sehr *tiefes agonales Sinken* (in zwei Fällen beobachteten wir selbst Temperaturen von 31° C.),
in anderen Fällen ein prämortales Ansteigen bis 41° C. und mehr. Der
Puls ist in den früheren Stadien der Krankheit oft deutlich verlangsamt, bis auf 40—50 Schläge in der Minute, eine Erscheinung, welche
jedenfalls von dem erhöhten Hirndruck abhängt. Später, zuweilen ganz
plötzlich, wird der Puls frequent und klein: auf das anfängliche Stadium der Vagusreizung folgt die Vaguslähmung. Unregelmässigkeiten
des Pulses kommen nicht selten vor.

Die *Respiration* ist meist mässig beschleunigt. Stärkere Beschleunigung und Vertiefung der Athemzüge muss jedesmal die Vermuthung
einer gleichzeitigen Miliartuberkulose der Lungen nahe legen. Gegen
Ende der Krankheit nimmt die Respiration oft den Typus des sogenannten *Cheyne-Stokes'schen Athmens* an: nach einer längeren Athempause beginnen ganz oberflächliche leichte Respirationen, welche allmählich immer tiefer werden, um dann wieder nachzulassen und in
eine neue völlige Athempause überzugehen. Diese Erscheinung ist stets
von übelster Vorbedeutung, da sie eine bereits weit vorgeschrittene Abnahme in der Erregbarkeit des Athemcentrums anzeigt.

Ueber die Erscheinungen von Seiten der *übrigen Organe* ist nur
Weniges hinzuzufügen. *Erbrechen* ist in den späteren Stadien der

Krankheit selten. Der *Leib* ist in Folge einer tonischen Contraction der Bauchmuskeln häufig kahnförmig eingezogen und fühlt sich hart und gespannt an. Der *Stuhl* ist fast immer angehalten. Die *Milz* findet man zuweilen etwas vergrössert. Der *Harn*, von den soporösen Kranken meist ins Bett entleert oder in der Blase zurückgehalten, enthält zuweilen kleine Mengen Eiweiss. In fast allen Fällen tritt eine rasche *Abmagerung* und ein *allgemeiner Verfall* der Kranken ein.'

Die *Gesammtdauer* der tuberkulösen Meningitis unterliegt gewissen Schwankungen, welche namentlich auf Rechnung der verschiedenen Länge des ersten Krankheitsstadiums kommen. Ist das schwere Bild der Meningitis voll ausgebildet, so erstreckt sich die Krankheit selten länger, als auf $1/2 - 1^1/2$ Wochen. Die häufig gemachte Eintheilung derselben in drei Stadien, 1. das *Stadium der Hirnreizung* (Kopfschmerz, Nackenstarre, Erbrechen, Delirien), 2. das *Stadium des Hirndrucks*, vorzugsweise bedingt durch die Entwicklung des Hydrocephalus (Sopor, langsamer Puls, Augenmuskellähmungen, hemiplegische Zustände u. s. w.) und 3. das *Stadium der Lähmung* (tiefes Coma, Verschwinden der Contracturen, Pulssteigerung, beträchtliche Temperaturschwankungen) ist zwar zu sehr schematisirt und entspricht nicht immer genau der Wirklichkeit, kann aber doch in manchen Fällen die Uebersicht über den gesammten Krankheitsverlauf erleichtern.

Der *Ausgang* der tuberkulösen Meningitis ist, wie es scheint, immer ein *tödtlicher*. Nach kürzerer oder längerer Zeit wird die Bewusstlosigkeit eine vollständige, der Puls wird sehr klein und frequent, die Athmung unregelmässig und aussetzend (Cheyne-Stokes'sches Phänomen s. o.), die Temperatur steigt, wie oben erwähnt, hoch an oder sinkt zu tiefen subnormalen Werthen herab und schliesslich erfolgt der Tod unter den Zeichen der Lähmung aller lebenswichtigen Functionen. Die angeblichen Heilungsfälle, von welchen einzelne Aerzte berichtet haben, sind alle in ihrer Deutung zweifelhaft. Jedenfalls dürfte es zur Zeit kaum gelingen, die Heilung einer tuberkulösen Meningitis, welche freilich an sich durchaus nicht absolut unmöglich erscheint, im einzelnen Falle nachzuweisen.

Die tuberkulöse Meningitis der Kinder. Wegen der grossen Häufigkeit der tuberkulösen Meningitis im Kindesalter erscheint es uns wünschenswerth, noch einige Bemerkungen über die hierbei vorzugsweise in Betracht kommenden Eigenthümlichkeiten des Krankheitsverlaufs hinzuzufügen.

Häufig handelt es sich hierbei um blasse, schwächliche, aus tuberkulösen Familien stammende, doch nicht selten auch um scheinbar vorher ganz gesunde und blühende Kinder. Zuweilen schliesst sich die tuberkulöse Meningitis an Masern, Keuchhusten und andere vorhergegangene Krankheiten an, welche die Veranlassung zur Entwicklung der Tuberkulose abgegeben haben. Gewöhnlich geht auch bei den Kindern den schwereren Krankheitserscheinungen ein, oft ziemlich lange andauerndes *Prodromalstadium* vorher, während dessen die Kinder appetitlos und mürrisch sind, blass werden und abmagern. Der Ausbruch des zweiten Stadiums ist auch hier meist durch den Eintritt von *Kopfschmerzen* und *Erbrechen* gekennzeichnet. Sehr heftige Kopfschmerzen sind bei den Kindern nicht besonders häufig; auffallend oft hört man dagegen Klagen über *Leibschmerzen* oder *Brustschmerzen,* deren nähere Ursache nicht nachweisbar ist. Dabei wird der Puls fast stets verlangsamt, etwas unregelmässig und zeigt häufig einen auffallend raschen Wechsel in seiner Frequenz, so dass man innerhalb weniger Stunden Differenzen von 20 und mehr Schlägen in der Minute findet. Sehr bald tritt eine starke Benommenheit und Somnolenz der Kinder ein, oft von einem eigenthümlich *tiefen Aufseufzen* oder von dem schon lange den Aerzten bekannten und von ihnen gefürchteten plötzlichen *lauten Aufschreien* („*cri hydrencephalique*") unterbrochen. Die Symptome von Seiten der Gehirnnerven und die nervösen Störungen in den Extremitäten verhalten sich ebenso, wie bei den Erwachsenen, so dass wir hierüber wenig hinzuzufügen haben. Die *Bulbi* sind fast immer *uncoordinirt* gestellt, sehr häufig besteht *Trismus* und ein lautes, für die Angehörigen des Kindes schrecklich anzuhörendes *Zähneknirschen.* Das von Trousseau betonte Entstehen rother Flecken auf der Haut, wenn dieselbe mechanisch gereizt wird („*Trousseau'sche Flecken*"), hat keine diagnostische Bedeutung. Derartige gesteigerte Gefässreflexe kommen bei allen möglichen acuten Erkrankungen vor. Das *Fieber* ist, wie bei den Erwachsenen, meist nicht sehr hoch (ca. 38°—39° C.), die *Respiration* gewöhnlich beschleunigt, oft unregelmässig.

Die Verschlimmerung des Zustandes zeigt sich fast immer durch eine rasche Zunahme der Pulsfrequenz (bis auf 160—200 Schläge) an. Die Kinder werden vollständig comatös und sehr häufig stellen sich zuletzt wiederholte *epileptiforme Convulsionen* im ganzen Körper oder in einzelnen Gliedern ein. Der Tod erfolgt meist unter einer ausgesprochenen Steigerung der Körpertemperatur.

Diagnose. Ist das ausgeprägte Krankheitsbild vorhanden, so ist die Diagnose einer Meningitis nicht schwer und es handelt sich dann nur noch um die Feststellung der näheren Art der Erkrankung. Die Erkennung der *tuberkulösen* Natur derselben beruht niemals auf den meningitischen Symptomen als solchen, sondern ist nur durch die Berücksichtigung der etwa nachweisbaren *ätiologischen* Verhältnisse möglich. Wie bei allen anderen tuberkulösen Affectionen, kommen hierbei die Heredität und der Nachweis früherer oder jetzt noch bestehender sonstiger tuberkulöser Erkrankungen (Scrophulose, Knochen- und Gelenkaffectionen, Lungentuberkulose, Pleuritis, Genitaltuberkulose, Chorioidealtuberkel) vorzugsweise in Betracht. Fehlen derartige Anhaltepunkte, so kann man sich zuweilen von dem allgemeinen Habitus des Kranken (Anämie, schlecht gebauter Thorax u. dgl.) leiten lassen. Ausserdem ist natürlich auch die Abwesenheit von sonstigen Entstehungsursachen einer Meningitis (Trauma, Ohraffection, Herrschen epidemischer Meningitis) von diagnostischer Bedeutung.

Ziemlich grosse Schwierigkeiten bietet die Diagnose der tuberkulösen Meningitis im *Beginn* der Fälle und bei *Abweichungen von dem gewöhnlichen Krankheitsverlauf* dar. Namentlich in der Kinderpraxis kommen diagnostische Irrthümer häufig vor. Die Krankheit wird anfangs wegen des Unwohlseins und Erbrechens als „einfacher Magenkatarrh" behandelt und erst der Eintritt der schweren cerebralen Erscheinungen deckt die falsch gestellte Prognose auf. Beachtung verdient in solchen Fällen besonders die anfängliche *Verlangsamung und Irregularität des Pulses*, ein Zeichen, welches den Arzt stets in seinem Ausspruche sehr vorsichtig machen soll. Treten die Fiebererscheinungen anfangs in den Vordergrund, so ist eine Verwechselung mit einem beginnenden *Typhus* leicht möglich und oft kann erst der weitere Verlauf die richtige Diagnose ermöglichen. In Bezug hierauf und auf die zuweilen in Betracht kommende Differentialdiagnose von *schweren septischen Erkrankungen, Urämie* u. dgl. kann auf das im vorigen Capitel bei der eitrigen Meningitis Gesagte verwiesen werden.

Nähere Voraussagungen über die Zahl und Vertheilung der Tuberkel, über das Bestehen eines stärkeren hydrocephalischen Ergusses u. dgl. sind zu Lebzeiten der Patienten sehr unsicher. Häufig, bei Kindern und bei Erwachsenen, ist man über die scheinbare Geringfügigkeit der anatomischen Veränderungen erstaunt. Deutliche Gehirnnervenlähmungen (Augenmuskeln, Facialis) lassen ein stärkeres Befallensein der Gehirnbasis vermuthen, während das Fehlen derartiger Symptome trotz schwerer Bewusstseinsstörungen und motorischer Reizerscheinungen in den Extremitäten auf eine Convexitätsmeningitis schliessen lässt. Bestehen hemiplegische Störungen, so darf man ein einseitiges stärkeres Befallensein der gegenüber liegenden Hemisphäre voraussetzen.

Therapie. Trotz der Aussichtslosigkeit der Bemühungen ist es doch

nothwendig, alle uns zu Gebote stehenden Mittel ebenso, wie bei den
übrigen Formen der Meningitis, anzuwenden. Energische Application
von *Eis* auf den Kopf, eventuell *locale Blutentziehungen*, laue *Bäder*
mit Uebergiessungen sind vorzugsweise zu versuchen. Auch Einreibungen mit *Ungt. cinereum* sind empfohlen worden. Von innerlichen Mitteln werden *Calomel* (bei Kindern zweistündlich 0,03—0,05) und *In-
fusum Sennae* am häufigsten verordnet. Ausserdem kann man *Jodkalium*
in grösseren Dosen (bei Kindern ein, bei Erwachsenen 2—3 Grm. täglich) darreichen, obgleich auch die Wirksamkeit dieses Mittels sehr
zweifelhaft ist. Bei grosser Unruhe der Kranken sind *Narcotica* unentbehrlich. *Reizmittel* im letzten Stadium der Krankheit anzuwenden,
ist meist nutzlos.

In *prophylactischer* Beziehung gilt Alles das, was im ersten Bande
über die Prophylaxe der tuberkulösen Erkrankungen überhaupt gesagt ist.

VIERTES CAPITEL.
Thrombose der Hirnsinus.

Aetiologie und pathologische Anatomie. In den venösen Blutleitern
der Dura mater kommt zuweilen eine Thrombose unter ähnlichen Umständen zu Stande, wie in anderen Körpervenen. Am häufigsten sind
es *marantische Zustände* der verschiedensten Art, welche in Folge der
Circulationsschwäche zu Thrombosen führen. Auf diese Weise erklärt
sich die Sinusthrombose, welche man nicht sehr selten bei elenden,
atrophischen Kindern im ersten Lebensjahre findet, ferner bei Erwachsenen unter ähnlichen Verhältnissen, bei Phthisikern u. dgl. Hierbei
scheinen in manchen Fällen *venöse Stauungen* die Entstehung der Thrombose noch zu begünstigen.

Eine Mittelstellung zwischen der marantischen und der gleich zu
besprechenden entzündlichen Thrombose nehmen die Fälle ein, welche
man zuweilen *bei schweren acuten Infectionskrankheiten*, namentlich
beim Typhus, beobachtet. Hier scheint (ebenso wie bei der Thrombose
der Cruralvene) neben der vielleicht gleichfalls in Betracht kommenden
Herzschwäche auch die specifische Krankheitsursache eine wichtige Rolle
zu spielen.

Die eigentlichen *entzündlichen Thrombosen*, d. h. die mit einer
echten Phlebitis verbundenen Sinusthrombosen entstehen fast immer
durch fortgepflanzte Entzündungen von der Nachbarschaft her. Vor
allem sind es *eitrige Processe im Felsenbein* (Otitis, Caries), welche sich

auf die Wandung des benachbarten Sinus transversus oder Sinus petrosus fortsetzen, ebenso Affectionen (Traumen, Necrose) anderer *Schädelknochen* und in seltenen Fällen auch tiefgreifende Entzündungen der *Weichtheile des Gesichts und des Kopfes* (grosse Furunkel, erysipelatöse Abscesse).

Die marantische Thrombose hat ihren Sitz relativ am häufigsten im *Sinus longitudinalis superior*, die entzündliche Thrombose im *Sinus transversus, petrosus* und *cavernosus*. Selbstverständlich kann sich die Thrombose von ihrem Entstehungsort aus weiter in die benachbarten Sinus fortpflanzen. Von grosser klinischer Bedeutung sind die *secundären Stauungserscheinungen* im Gebiete derjenigen Venen, welche ihr Blut in den betreffenden Sinus entleeren. Am ausgesprochensten findet man sie bei der Thrombose des Sinus longitudinalis: die meningealen Venen an der Gehirnoberfläche sind stark erweitert und geschlängelt, nicht selten kommt es zu ausgebreiteten *meningealen Blutungen*. Doch auch in der darunterliegenden Hirnsubstanz selbst ist die venöse Hyperämie deutlich ausgesprochen und sind kleine capilläre Apoplexien wiederholt beobachtet worden.

Klinische Symptome. In einzelnen Fällen werden bei der Section nicht sehr ausgebreitete Thrombosen in den Hirnsinus gefunden, auf welche zu Lebzeiten der Patienten gar kein Symptom hingewiesen hat. In anderen Fällen verursacht die Sinusthrombose zwar deutliche cerebrale Erscheinungen, welche aber so allgemeiner und vieldeutiger Natur sind, dass man ihre anatomische Ursache zwar vermuthen, aber keineswegs sicher diagnosticiren kann. Bei der *marantischen Sinusthrombose der Kinder* stellen sich gewöhnlich Coma, Steifigkeit des Nackens und des Rückens, Strabismus, Nystagmus, zuweilen auch klonische Zuckungen im Gesicht und in den Extremitäten ein. Aehnlich sind die Erscheinungen bei *Erwachsenen:* Kopfschmerz, Somnolenz, zuweilen Delirien, in anderen Fällen Coma, daneben wechselnde Reiz- oder Lähmungssymptome im Gebiete der Gehirnnerven (Nystagmus, Strabismus, Trismus u. s. w.) und in den Extremitäten. Eine sichere Bedeutung für die Diagnose gewinnen alle diese Erscheinungen aber nur dann, wenn sich zu ihnen noch einige weitere Symptome hinzugesellen, welche specieller auf die eigenthümlichen, durch die Sinusthrombose bedingten Circulationsstörungen hinweisen. Ist der *Sinus cavernosus* undurchgängig geworden, so treten zuweilen deutliche Stauungserscheinungen im Gebiete der *Venae ophthalmicae* auf: ophthalmoskopisch nachweisbare Stauung in der Retina, Oedem der Augenlider und der Conjunctiva, stärkere Prominenz des Bulbus und abnorme Füllung der Vena frontalis. Handelt es sich um eine entzündliche Thrombose, so kann die periphlebitische Schwellung auch deutliche Erscheinungen im Gebiete der benachbarten Nerven (Oculomotorius- und Abducensparesen, neuralgische Schmerzen im Trigeminus) bewirken. Bei Thrombose des *Sinus transversus* ist in einzelnen Fällen eine ödematöse Schwellung hinter dem Ohr, in der Gegend des Processus mastoideus, beobachtet worden. Reicht die Verstopfung weiter in den *Sinus petrosus* oder sogar bis in die *Vena jugularis interna* hinein, so collabirt das untere Ende der letzteren. Weil sich dann die Vena jugularis externa leichter in die ungefüllte Jugularis interna entleeren kann, so collabirt auch diese und tritt auf der befallenen Seite noch weniger hervor, als auf der gesunden. Zuweilen kann man selbst die Thrombose der Jugularis interna fühlen und dann entstehen Schmerzen und Anschwellung auf der betreffenden Seite des Halses. Bei der Verstopfung des *Sinus longitudinalis superior* sind Stauungserscheinungen in der Nase (Nasenbluten) und stärkere Füllung der Venen in der Schläfengegend, welche durch Vasa emissaria mit dem Sinus longitudinalis zusammenhängen, gefunden worden. Doch sind, wie bemerkt werden muss, alle diese Erscheinungen relativ selten und oft auch schwer nachweisbar.

Complicirter wird das Krankheitsbild, wenn es sich um eine eitrige Phlebitis handelt, weil sich dann im weiteren Verlaufe gewöhnlich ausgesprochen *pyämische Erscheinungen* (Schüttelfröste mit hohem Fieber, Lungenabscesse, Gelenkeiterungen u. s. w.) einstellen. Die Combination einer Sinusthrombose mit einer *eitrigen Meningitis* haben wir schon früher erwähnt.

Die *Prognose* der Sinusthrombose ist fast in allen Fällen eine durchaus ungünstige, was theils von der Natur des Grundleidens, theils von den schweren Gehirnstörungen oder von der secundären Pyämie abhängt. Die *Therapie* ist dem Leiden selbst gegenüber vollständig ohnmächtig und kann nur in symptomatischer Weise versucht werden.

ZWEITER ABSCHNITT.

Krankheiten der Gehirnsubstanz.

ERSTES CAPITEL.

Circulationsstörungen im Gehirn.

Gehirnhyperämie. Gehirnanämie.

Dass ein so empfindliches Organ, wie das Gehirn, schon auf Circulationsstörungen leichteren Grades verhältnissmässig stark reagiren
muss, ist vorauszusetzen; unsere speciellen Kenntnisse von dem Vorkommen und der Art solcher Störungen sind aber verhältnissmässig
noch sehr gering, weil der Nachweis derselben mit grossen Schwierigkeiten verbunden ist. In manchen Fällen, bei denen ausgesprochene
Symptome von Seiten des Gehirns auf einen abnormen Zustand desselben hinweisen, wo aber trotzdem aus mannigfachen Gründen eine
gröbere anatomische Erkrankung ausgeschlossen werden kann, sprechen
wir die *Vermuthung* von Circulationsstörungen im Gehirn aus, ohne
hierfür eigentlich einen directen Grund anführen zu können. So werden
namentlich gewisse Fälle von Kopfschmerz, Kopfdruck, Schwindel, allgemeiner Hyperästhesie, von jenem vielgestaltigen und doch so wohl
charakterisirten Krankheitsbilde, welches man als Neurasthenia cerebralis (s. d.) bezeichnet, auf cerebrale Circulationsstörungen zurückgeführt. Wie weit letztere hierbei aber wirklich in Betracht kommen,
welcher Art sie sind und ob nicht auch unabhängig von ihnen rein
functionelle Erkrankungen des Gehirns auftreten können, entzieht sich
vorläufig jeder begründeten Beurtheilung.

Am sichersten ist die Annahme von Circulationsstörungen im Gehirn bei gewissen *anfallsweise* auftretenden cerebralen Symptomen-
complexen. Namentlich beruht die unter dem Namen der *Ohnmacht*
(Syncope) bekannte Erscheinung wohl zweifellos auf einer plötzlich eintretenden *Gehirnanämie*. Bekanntlich entstehen derartige Ohnmachtsanfälle meist bei bestimmt nachweisbaren Veranlassungen. *Psychische*
Erregungen (Schreck, ungewohnte psychische Eindrücke, wie z. B. der
Anblick einer blutenden Wunde u. dgl.), *körperliche Ueberanstrengun-*
gen (langes Stehen), die Einwirkung grosser *Hitze* und ähnliche Momente sind häufige und allgemein bekannte Ursachen. Eine ziemlich
grosse Rolle spielt in manchen Fällen zweifellos auch der Zustand
des *Magens*. Es giebt zahlreiche Personen, bei welchen ein längerer

Aufschub ihrer gewohnten Mahlzeiten, z. B. längeres Nüchternbleiben des Morgens, ungemein leicht die Veranlassung einer auftretenden Ohnmachtsanwandlung werden kann. Ueberhaupt besitzen einzelne Personen entschieden eine grössere Disposition zu Ohnmachtsanwandlungen, als andere. Oft sind es schwächlich gebaute, im Ganzen anämische (z. B. Reconvalescenten), in anderen Fällen aber auch scheinbar robuste und kräftige Individuen, welche bei besonderen Veranlassungen relativ häufig von einer Ohnmacht befallen werden. Bemerkenswerth ist auch die Neigung mancher *Kinder* zu Ohnmachten.

Ueber die specielleren Ursachen des Eintritts der Gehirnanämie in allen diesen Fällen ist man noch wenig unterrichtet. Bei den Ohnmachtsanfällen aus psychischen Veranlassungen nimmt man gewöhnlich einen durch die psychische Erregung entstehenden *Krampf* der kleineren *arteriellen Gehirngefässe* an. Dass hierbei, wie in anderen Fällen, auch plötzlich eintretende *Schwächezustände des Herzens* eine Rolle spielen können, ist nicht unmöglich, obgleich es dann auffallend wäre, dass die Kranken niemals eine Andeutung von Cyanose zeigen. Bei den anscheinend mit Zuständen der Abdominalorgane in Verbindung stehenden Ohnmachtsanfällen denkt man an die Beziehungen des N. splanchnicus zu der Herzinnervation (Goltz'scher Klopfversuch), und an die Möglichkeit einer entstehenden Gehirnanämie, wenn durch eine plötzlich eintretende Erweiterung der Unterleibsgefässe ein grosser Theil des Blutes sich in ihnen ansammelt.

Die *Symptomatologie* des gewöhnlichen Ohnmachtsanfalls ist allgemein bekannt. Gewöhnlich gehen dem Anfall gewisse Vorboten voraus. Die betreffenden Personen merken, dass ihnen „schlecht wird". Der Kopf wird eingenommen, die Sinne schwinden, Ohrensausen, Schwarzsehen oder Flimmern vor den Augen treten ein, der Boden schwankt unter den Füssen und die Gegenstände vor den Augen fangen an, sich zu drehen. Dabei besteht fast immer ein Gefühl von Uebelkeit und nicht selten kommt es zu wirklichem Erbrechen. Können die Patienten sich zur rechten Zeit hinlegen, so geht der Anfall zuweilen vorüber, ehe völlige Bewusstlosigkeit eintritt. Sonst schwindet das Bewusstsein eine gewisse Zeit lang (mehrere Minuten oder sogar eine halbe Stunde und länger) vollständig. Was objectiv schon im Beginne des Anfalls am meisten auffällt, ist die eintretende *Blässe* des Gesichts, welche oft den allerhöchsten Grad erreicht und den sichtbaren Ausdruck der gleichzeitig vorhandenen Gehirnanämie darstellt. Sehr oft bricht im Gesicht und am Körper ein kalter *Schweiss* aus. Der *Puls* ist meist klein und beschleunigt.

Eine ernstliche Gefahr bergen die gewöhnlichen Ohnmachtsanfälle
fast niemals in sich. In *therapeutischer* Hinsicht ist möglichst schleunige horizontale Lagerung des Ohnmächtigen am wichtigsten, um hierdurch das Wiedereinströmen des Blutes ins Gehirn zu erleichtern.
Ausserdem sind leichte Reizmittel anzuwenden: Bespritzen des Gesichts mit kaltem Wasser, Reiben der Schläfen mit Essig oder Eau de
Cologne, die Darreichung von Wein u. s. w. Um die etwa bestehende
Disposition zu Ohnmachten zu vermindern, können nur solche Mittel
dienlich sein, welche die gesammte Constitution kräftigen.

Die Folgen einer *andauernden Gehirnanämie* beobachten wir dann,
wenn die Gehirnanämie Theilerscheinung einer hochgradigen allgemeinen
Anämie ist. Bei der Chlorose, der perniciösen Anämie, bei den Anämien
nach starken Blutungen (Magenblutungen u. s. w.) treten die Symptome
der Gehirnanämie in fast allen Fällen aufs deutlichste hervor. Die Erscheinungen sind hierbei im Wesentlichen dieselben, nur in geringerem
Grade entwickelt, wie bei den Ohnmachtsanwandlungen. Das Bewusstsein ist nur in den stärksten Fällen in höherem Grade gestört. Eine
gewisse beständige *Schläfrigkeit,* oft verbunden mit häufigem *Gähnen,*
gehört aber zu den constantesten Zeichen der andauernden Gehirnanämie. Am quälendsten für die Kranken sind meist das heftige *Ohrensausen,* ferner die beständige *Uebelkeit* und die *Brechneigung,* zuweilen
auch anhaltende *Kopfschmerzen.* Alle diese Erscheinungen nehmen zu,
wenn die Patienten sich im Bett aufrichten, während sie bei möglichst
ruhiger horizontaler Lage relativ am geringsten sind. Die *Behandlung*
dieses Zustandes fällt natürlich ganz mit der Therapie des Grundleidens
und der allgemeinen Anämie zusammen.

Analog den Verhältnissen bei der Gehirnanämie ist auch die *Hyperämie des Gehirns* entweder eine andauernde oder eine nur anfallsweise
auftretende. Ueber erstere ist sehr wenig Sicheres bekannt. Ob es
wirklich eine *allgemeine Plethora* giebt und ob die bei den „vollblütigen" Personen auftretenden Kopfschmerzen und Schwindelerscheinungen
wirklich auf einer Gehirnhyperämie beruhen, ist zum mindesten zweifelhaft. Ebenso fehlen alle directen Beweise dafür, dass die cerebralen
Erscheinungen, welche in Folge *chronischer Intoxicationen* (Nicotin,
Alkohol u. a.) oder im Anschluss an anhaltende *geistige Ueberanstrengung* auftreten, auf einer Gehirnhyperämie, wie zuweilen angenommen
wird, und nicht vielmehr auf functionellen Schädigungen der nervösen
Elemente selbst beruhen.

Am meisten Recht zu der Annahme einer Gehirnhyperämie als
Ursache auftretender cerebraler Symptome hat man in den Fällen, bei

welchen sich Anfälle von sogenannten „*Congestionen nach dem Kopfe*"
zeigen. Dieselben charakterisiren sich durch den mehr oder weniger
plötzlichen Eintritt einer allgemeinen Erregung, verbunden mit Hitzegefühl im Kopf und Hals, mit Klopfen der Carotiden, starker Röthung
des Gesichts, allgemeiner Reizbarkeit und Hyperästhesie, Kopfschmerzen,
Schwindelgefühl, Ohrensausen, Flimmern, Uebelkeit u. dgl. Die Dauer
eines derartigen Anfalls beträgt $^1\!/_2$—1 Stunde. Wahrscheinlich handelt
es sich hierbei um *vasomotorische Störungen*, um eine plötzliche Erweiterung der Gehirngefässe, sei es, dass diese durch eine Gefäss-
lähmung oder durch eine Reizung vasodilatorischer Nerven zu Stande
kommt. In schweren Fällen steigert sich der Zustand zu einer vollständig *maniakalisch-erregten Stimmung*, während sich andererseits auch
depressorische Bewusstseinsstörungen (Benommenheit, Sopor), wie bei
einem leichten apoplectischen Insult (s. das folgende Capitel), entwickeln
können. Dann ist es aber nicht mehr möglich, zu entscheiden, ob es
sich wirklich nur um eine blosse Hyperämie und nicht bereits um
tiefer greifende Störungen (kleine Hämorrhagien u. a.) handelt.

Die *Behandlung* der Congestionen besteht in einer möglichst ruhigen Lagerung des Patienten mit *erhöhtem* Oberkörper und ferner in
solchen Manipulationen, durch welche man den Blutzufluss zum Gehirne nach anderen Theilen hin abzulenken versucht. Hierzu dienen
heisse *Fussbäder*, *Senfteige* auf die Brust und Waden und stärkere *Abführmittel* (Senna, Coloquinthen). Wohlthätig wirkt ferner die locale
Application von *Kälte* auf den Kopf. In schweren Fällen ist auch eine
locale Blutentziehung an den Schläfen oder den Processus mastoidei
gerechtfertigt.

Um das· wiederholte Auftreten der Anfälle nach Möglichkeit zu
verhüten, können nur Behandlungsmethoden dienen, welche auf die gesammte Constitution des Patienten Rücksicht nehmen. Diätetische Kuren
(Verbot von Spirituosen u. s. w.), Badekuren und Kaltwasserkuren kommen hierbei vorzugsweise in Betracht.

ZWEITES CAPITEL.

Allgemeine Vorbemerkungen über die topische Diagnostik der Gehirnkrankheiten.

(*Die Lehre von den cerebralen Localisationen.*)

Die eigenthümlichen physiologischen Verhältnisse des Gehirns bringen es mit sich, dass die klinischen Symptome, welche bei den Gehirn-

erkrankungen auftreten, zu einem grossen Theil nicht sowohl von der
Art der Affection abhängen, als vielmehr von dem *Orte*, an welchem sich
dieselbe entwickelt hat. Wenn z. B. an irgend einer Stelle im Verlaufe
der motorischen Bahn durch das Grosshirn eine Leitungs-Unterbrechung
stattfindet, so ist, wie wir schon früher (Seite 46) gesehen haben, die
Folge davon das Auftreten einer hemiplegischen Lähmung auf der entgegengesetzten Körperhälfte. Dabei ist es durchaus gleichgültig, ob
die motorischen Fasern durch eine Gehirnblutung oder durch einen
Gehirnabscess, durch eine Neubildung oder durch einen embolischen
Erweichungsherd zerstört sind; wenn nur überhaupt auf irgend eine
Weise ihre Function unterbrochen ist, so muss eine Lähmung von ganz
bestimmter Ausdehnung und mit gewissen, ganz bestimmten Eigenschaften die nothwendige Folge davon sein. Aehnlich verhält es sich
mit zahlreichen anderen Symptomen, deren Auftreten stets an die Läsion
eines bestimmten Ortes oder vielleicht auch einiger, jedoch niemals
an die Läsion irgend welcher beliebiger Abschnitte des Gehirns gebunden ist.

Wie selbstverständlich auch diese einfachen Sätze zu sein scheinen,
so hat es doch einer langen Zeit bedurft, ehe sich dieselben allgemeinen Eingang in das Verständniss der Aerzte verschafft haben. Dies
lag namentlich an der Auffassung, welche die ältere Physiologie von
den Functionen des Gehirns hegte. Die Lehre FLOURENS' (1842), dass
alle Theile des Grosshirns in Bezug auf ihre Function gleichwerthig
seien und sich daher gegenseitig vertreten können, hatte nicht nur
unter den Physiologen, sondern auch unter den Aerzten zahlreiche Anhänger. Und doch führte gerade die klinische und pathologisch-anatomische Erfahrung zuerst zu Beobachtungen und Thatsachen, welche
sich offenbar mit dieser Anschauung nicht vereinigen liessen. Vor allem
waren es die anatomischen Befunde bei der *Aphasie*, welche zu der
Nothwendigkeit der *Localisation* eines cerebralen Symptoms an einer
bestimmten Stelle des Gehirns hindrängten, und die 1861 veröffentlichte BROCA'sche Entdeckung, dass das Auftreten jener eigenthümlichen
Sprachstörung stets an die Läsion der *dritten linken Hirnwindung* gebunden sei, ist der Ausgangspunkt für die ganze Lehre von den Gehirnlocalisationen geworden. Neun Jahre später (1870) erschien die
berühmte Abhandlung von FRITSCH und HITZIG, in welcher zum ersten
Mal durch gelungene Reizversuche an der Gehirnoberfläche von Thieren
die frühere Ansicht über die Unerregbarkeit der grauen Gehirnrinde
widerlegt wurde. Es zeigte sich, dass man durch Reizung gewisser
Stellen der Gehirnrinde Muskelzuckungen in ganz bestimmten Ab-

schnitten der gegenüberliegenden Körperhälfte erzielen könne und dass man somit eine Anzahl von relativ eng umgrenzten *Rindencentren* anzunehmen berechtigt sei. Diese Ergebnisse fanden sehr bald zahlreiche bestätigende Erfahrungen in der Gehirnpathologie des Menschen, so dass unsere Kenntnisse über die motorischen Verrichtungen der Gehirnrinde heute den relativ bestgekannten Theil in der Lehre von den Gehirnlocalisationen bilden. In den letzten Jahren haben *Anatomen* (Meinert, Flechsig), *Physiologen* (Ferrier, Munk, Goltz u. A.) und *Pathologen* (Charcot und seine Schüler, Nothnagel, Hughlings, Jackson u. A.) in erfolgreicher Weise gemeinsam daran gearbeitet, in diesem so ungemein schwierigen Gebiete wenigstens einige Klarheit zu schaffen. Freilich befinden wir uns noch in den ersten Anfängen des Wissens. Zahlreiche Controversen und Widersprüche in diesem Gebiete bedürfen noch der Aufklärung, zahlreiche Fragen noch der Erledigung. Die im Folgenden gegebene Uebersicht ist daher auch nur als der Ausdruck der gegenwärtig herrschenden Ansichten anzusehen. Manches darin wird gewiss mit der Zeit noch geändert werden; in ihren Grundzügen ist aber die Lehre von den gesondert localisirten Functionen des Gehirns das Fundament, auf welchem allein ein weiterer Aufbau der Pathologie und Diagnostik der Gehirnkrankheiten möglich ist. Den Bedürfnissen des Arztes entsprechend stellen wir die Resultate der klinischen, beim Menschen angestellten Beobachtungen in den Vordergrund der folgenden Darstellung und weisen nur nebenbei auf die entsprechenden experimentellen Arbeiten hin. Auf diese Weise werden wir am ehesten die bei der Diagnose der „*Herderkrankungen*" (der Ausdruck wurde zuerst von Griesinger gebraucht) in Betracht kommenden praktisch wichtigen Sätze kennen lernen und können uns dann bei der Besprechung der einzelnen *Formen* der Gehirnerkrankungen auf diese allgemein geltenden Vorbemerkungen beziehen.

1. Die motorische Region der Grosshirnrinde.

Klinische und experimentelle Erfahrungen haben übereinstimmend ergeben, dass ein Theil der Grosshirnrinde insofern eine durchaus gesonderte Stellung einnimmt, als er allein als der Sitz *motorischer Verrichtungen* angesehen werden muss. Diese „*motorische Region*" (s. Fig. 42 und 43, S. 297, 298) wird gebildet von den *beiden Centralwindungen* (Gyrus centralis ant. und post. in Fig. 41, S. 296) und dem an der medianen Gehirnfläche gelegenen *Lobulus paracentralis* (s. Fig. 43). Sie ist, wie Betz zuerst nachgewiesen hat, auch in anatomischer Hinsicht vor den übrigen Rindengebieten ausgezeichnet, indem nur in ihr gewisse *grosse pyramidenförmige Ganglienzellen* vorkommen, welche allem Anschein nach als motorische Ganglienzellen aufgefasst werden müssen. Sitzen auch noch so ausgedehnte Zerstörungen an anderen Stellen der Gehirnoberfläche, aber ohne die soeben bezeichneten Windungen in Mitleidenschaft zu ziehen, so sind sie von keiner nachweisbaren Lähmung begleitet, während alle Erkrankungen, durch welche ausgedehntere Partien der genannten Region zerstört werden, nothwendiger Weise eine motorische Lähmung in der gegenüberliegenden Körperhälfte zur Folge haben.

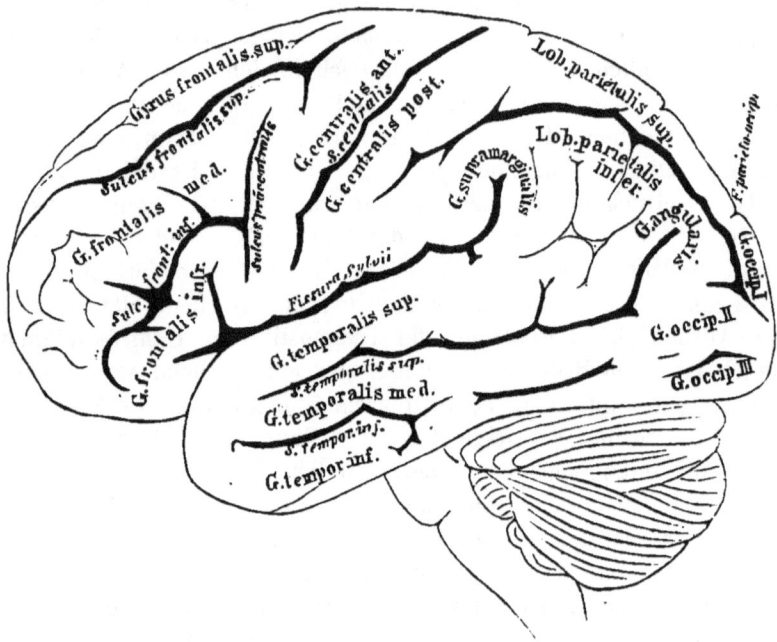

Fig. 41. Seitenansicht des Gehirns (nach ECKER). Die Gyri und Lobuli sind mit Antiqua-Schrift die Sulci und Fissurae mit Cursiv-Schrift bezeichnet.

Dabei kann man aber noch weiter einzelne Rindenbezirke unterscheiden, welche die speciellen Centra für die verschiedenen Muskelgebiete des Körpers darstellen. Das *Centrum für die Bewegungen der Gesichtsmuskeln* (unteres Facialisgebiet) ist an dem *unteren Ende* der Centralwindungen und zwar wahrscheinlich vorzugsweise der *vorderen Centralwindung* gelegen. In der Nähe hiervon, wahrscheinlich noch etwas tiefer, befindet sich auch das *Centrum für die Bewegungen der Zunge.* Das *Centrum für die Bewegungen des Armes* sitzt etwas höher, als das Facialiscentrum und nimmt ungefähr die *mittleren Partien der vorderen* Centralwindung ein. Das *Centrum für die Bewegungen des Beines* befindet sich an den *obersten Partien der Centralwindungen* und, wie es scheint, vorzüglich im *Lobulus paracentralis.* Eine weitere Detaillirung der motorischen Centra ist einstweilen noch nicht möglich.

Beispiele von *Hemiplegien,* deren Ursache in irgend welchen Erkrankungen der motorischen Region (Tumoren, Erweichungsherde u. a.) gefunden wurde, sind bereits in ziemlich grosser Zahl bekannt. In

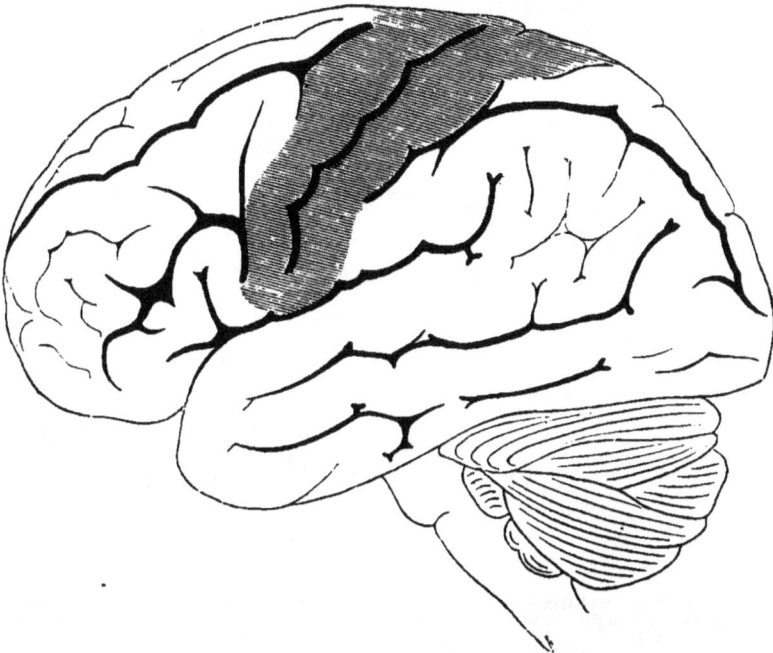

Fig. 42. Seitenansicht des Gehirns (nach ECKER). Das motorische Rindenfeld, bestehend aus dem Gyrus centralis anterior und dem Gyrus centralis posterior nebst dem auf Fig. 43 verzeichneten Lobulus paracentralis, ist schattirt.

anatomischer Hinsicht muss noch hinzugefügt werden, dass bei ihnen ausnahmslos eine *secundäre absteigende Degeneration der Pyramidenbahn* (vgl. Seite 244) durch die innere Kapsel, den Hirnschenkel und die Oblongata hindurch bis in den Seiten- resp. auch Vorderstrang der entgegengesetzten Rückenmarkshälfte nachweisbar war. In klinischer Beziehung braucht sich die Rindenhemiplegie in keiner Weise von den Hemiplegien zu unterscheiden, welche durch Herderkrankungen an tiefer gelegenen Stellen der motorischen Leitungsbahn (vgl. Seite 44) zu Stande kommen und deren symptomatische Einzelnheiten wir im Capitel über die Gehirnapoplexie näher kennen lernen werden. Dass es aber trotzdem, wenigstens in vielen Fällen, möglich ist, die Diagnose speciell auf eine Erkrankung der motorischen *Gehirnrinde* zu stellen, beruht auf folgenden eigenthümlichen Verhältnissen.

Zunächst haben wir schon früher einmal hervorgehoben (Seite 46), dass das räumliche Aussereinanderliegen der motorischen Centra für die einzelnen Körperabschnitte (Gesicht, Arm, Bein) das Zustandekommen von isolirten Lähmungen in einem dieser Theile, von sogenannten *Monoplegien*, besonders begünstigt. In der That existirt auch schon eine grosse Reihe von Beobachtungen, bei welchen umschriebene Affectionen

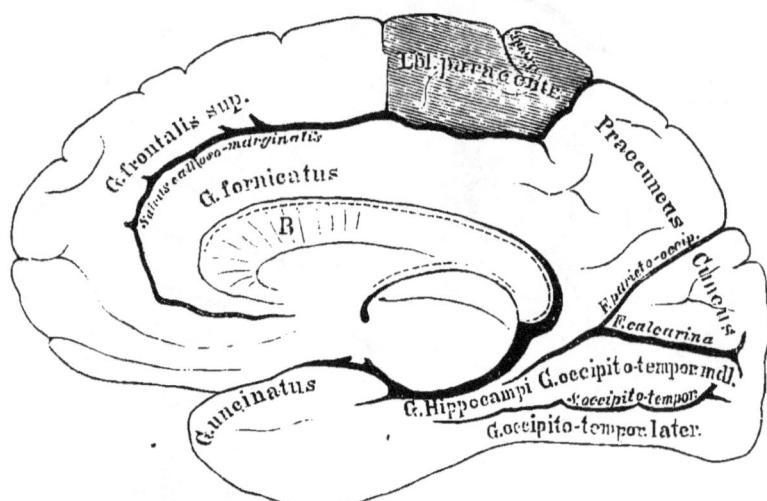

Fig. 43. Ansicht der medialen Grosshirnoberfläche, wie sich dieselbe zeigt, wenn die beiden Hemisphären durch einen sagittalen Schnitt von einander getrennt werden. B Balken. Die Bezeichnungsweise wie in Fig. 41. Der Lobulus paracentralis als zum motorischen Rindenfeld gehörig schattirt. (Copie nach ECKER, nur ist der Lobulus paracentralis schärfer als im Originale hervorgehoben.)

in dem motorischen Rindengebiet isolirte Lähmungen einer Gesichtshälfte, eines Armes oder eines Beines hervorgerufen hatten. Man bezeichnet derartige Lähmungen als *Monoplegia facialis, brachialis* und *cruralis* und kann in derartigen Fällen dem oben Gesagten zu Folge schon zu Lebzeiten der Kranken ziemlich genau die Stelle bezeichnen, an welcher der Herd an der Gehirnoberfläche sitzen muss. Noch häufiger, als ganz isolirte Monoplegien finden sich bei Rindenaffectionen combinirte Lähmungen zweier Körperabschnitte, vorzugsweise eine gleichzeitige Lähmung des Armes und des Facialis, seltener eine Lähmung des Armes und Beines. Dagegen ist es bei der Lage der motorischen Centra undenkbar, dass durch *einen* Herd eine gleichzeitige Lähmung des Beines und des Facialis mit Freibleiben des Armes hervorgerufen wird, und in der That ist eine derartige Combination auch noch niemals beobachtet worden.

Ausser der soeben besprochenen Beschränkung der Lähmung auf einen Körperabschnitt giebt es noch ein zweites für die Rindenherde charakteristisches Verhalten: das auffallend häufige Vorkommen von *motorischen Reizerscheinungen*, von tonisch-klonischen Krämpfen, welche

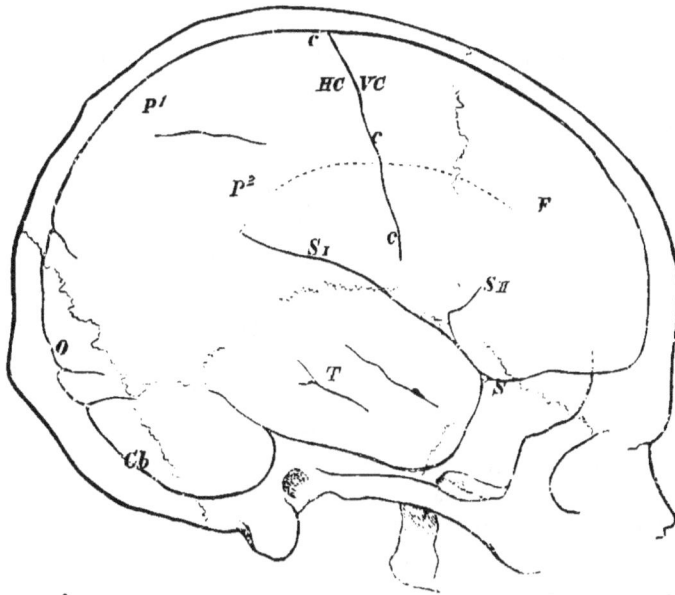

Fig. 44. (Nach ECKER gezeichnet.) Erläuterung der topographischen Beziehungen zwischen Hirnoberfläche und Schädel. *c* Centralfurche, *HC* und *VC* hintere und vordere Centralwindung, *S, Sι* und *Sιι* Fossa Sylvii, *P¹ P²* oberer und unterer Scheitellappen, *O* Occipitalhirn, *Cb* Kleinhirn, *T* Schläfenlappen, *F* Stirnhirn.

ebenso, wie die Lähmungen, nicht selten nur *einen* Arm oder einen Arm *und* einen Facialis, zuweilen freilich auch die ganze Körperhälfte befallen. Man bezeichnet derartige, anfallsweise auftretende Krämpfe als „*Rindenepilepsie*" (*partielle Epilepsie*, JACKSON'sche Epilepsie), da die Zuckungen den bei der echten Epilepsie vorkommenden durchaus ähnlich sind. Zahlreiche klinische Erfahrungen haben gelehrt, dass solche umschriebene epileptiforme Anfälle fast nur bei Affectionen der motorischen Gehirnrinde vorkommen und zwar kann man auch hierbei den näheren Ort der Läsion noch weiter präcisiren, indem Krämpfe im *Facialisgebiet* vorzugsweise auf das *untere Drittel*, Krämpfe im *Arm* auf den *mittleren* Theil und Krämpfe im *Bein* auf die *oberen* Partien der Centralwindungen hinweisen. Hierbei ist das Verhältniss der Krämpfe zu den Lähmungen ein sehr wechselndes. In manchen Fällen, z. B. bei einer Blutung in den Centralwindungen, treten zuweilen gleichzeitig mit der Lähmung heftige halbseitige Convulsionen auf. Bei langsam sich entwickelnden Affectionen (namentlich bei Tumoren) gehen dagegen häufig partiell epileptische Krämpfe dem Auftreten von Lähmungserscheinungen längere Zeit vorher, und endlich kommt es nicht selten vor, dass in den bereits gelähmten Gebieten noch später wiederholt epileptiforme Anfälle auftreten. Namentlich die beiden zuletzt genannten Verhältnisse lassen stets mit grosser Wahrscheinlichkeit auf eine Erkrankung der Gehirnrinde schliessen. Ausser den ausgebildeten epileptischen Anfällen kommen bei Affectionen der motorischen Rindengebiete auch *leichtere Formen motorischer Reizerscheinungen* vor: einzelne Zuckungen, rhythmische Zuckungen, tonische Contractionen u. dgl.

Noch nicht genügend bekannt ist das Verhalten der *Sensibilität bei den corticalen Lähmungen.* Da neuere experimentelle Untersuchungen von MUNK zu dem Resultat geführt haben, dass bei Thieren die sogenannte „*Fühlsphäre*" in derselben Region gelegen ist, wo sich auch die motorischen Rindencentra befinden, so könnte man geneigt sein, bei den corticalen Lähmungen des Menschen a priori auch stets eine gleichzeitige Sensibilitätsstörung vorauszusetzen. Indessen stimmen die klinischen Beobachtungen in diesem Punkt noch nicht vollkommen überein. In manchen Fällen ist die Sensibilität zweifellos normal, in anderen dagegen sind freilich gleichzeitig auch sensible Störungen mit Sicherheit nachgewiesen worden. Besonders interessant ist das mehrmals constatirte Vorkommen einer Abnahme des *Muskelsinns* (Gefühl für Stellung und passive Bewegungen) in den befallenen Extremitäten.

2. Die übrigen Partien der Grosshirnrinde mit Ausnahme der Sprachcentren.

1. *Frontalwindungen.* Einseitige Erkrankungen des Stirnhirns können sich in ziemlich grosser Ausdehnung entwickeln, ohne überhaupt irgend welche bemerkenswerthe Störungen zu verursachen. Jedenfalls gehören die *oberen zwei Stirnwindungen* nicht zu den motorischen Theilen der Rinde. Nur von ihrem hinteren, an die vordere Centralwindung anstossenden Abschnitt, dem sogenannten „*Fuss der Stirnwindungen*", ist mehrfach behauptet worden, dass derselbe motorische Centren enthielte. Doch ist man auch in diesem Punkte neuerdings zweifelhaft geworden. Die *dritte (unterste) Stirnwindung* der *linken*

Seite steht, wie wir bald sehen werden, in einer unzweifelhaften Beziehung zu den *motorischen Sprachorganen*.

Ziemlich allgemein verbreitet ist die Annahme, dass die Rinde des Stirnhirns als der „Sitz der höheren *psychischen Functionen*" anzusehen sei. Es existiren vereinzelte Beobachtungen, wo bei *doppelseitigen* ausgedehnten Affectionen der Frontallappen nur psychische Symptome ohne alle sonstigen Störungen bestanden. Auch bei der Dementia paralytica und bei anderen Formen des Blödsinns ist das Vorherrschen der Atrophie in dem Stirnhirne sehr wahrscheinlich. Indessen kann es doch nicht genug betont werden, dass wir zur Zeit über die näheren Beziehungen der psychischen Functionen zu den einzelnen Abschnitten des Gehirns gar nichts Bestimmtes wissen.

2. *Parietalwindungen.* Ueber die Functionen der Rinde des Parietallappens und über die Symptome, welche etwa auf eine Erkrankung dieses Gehirnabschnittes hinweisen könnten, ist so gut wie nichts bekannt. Die klinischen Beobachtungen haben in Bezug hierauf bisher ganz widersprechende Resultate gegeben. Motorische Functionen scheint das Parietalhirn nicht zu haben. Dagegen scheint die *sensible Haubenbahn* vorzugsweise im Parietallappen ihre centrale Endigung zu finden (FLECHSIG), so dass man bei Erkrankungen desselben vorzugsweise auf Anomalien der Haut- und Muskelsensibilität achten muss.

3. *Occipitalwindungen.* Die klinischen und experimentellen Untersuchungen der letzten Jahre haben übereinstimmend zu dem Ergebniss geführt, dass das Occipitalhirn das *corticale Centrum für die Gesichtsempfindungen* enthält. Hier findet aller Wahrscheinlichkeit nach die Endigung der Opticus-Fasern in der Hirnrinde statt. Wirft man einen Blick auf die beistehende kleine Figur (Fig. 45), so werden die bei Läsionen des Occipitallappens auftretenden Sehstörungen leicht verständlich. L stellt das linke, R das rechte Auge dar, Ch das Chiasma

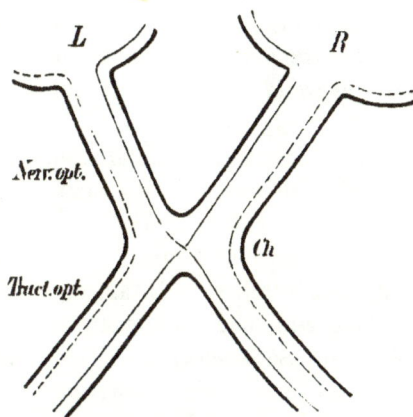

Fig. 45. Schema des Verlaufes der Opticusfasern im Chiasma.

der Nervi optici, in welchem, wie man jetzt sicher annehmen kann, eine *partielle* Kreuzung der Opticusfasern stattfindet. Die (gestrichelt gezeichneten) Fasern von den äusseren (temporalen) Hälften beider Retinae gehen

ungekreuzt in den betreffenden Tractus opticus (Tr. opt.) über, während
die aus den inneren (nasalen) Hälften der Retinae kommenden Fasern
sich im Chiasma *kreuzen.* Der rechte Occipitallappen z. B. erhält also
die Fasern von der äusseren (temporalen) Hälfte der rechten Retina
und von der inneren (nasalen) Hälfte der linken Retina. Ist der rechte
Occipitallappen durch irgend eine Erkrankung gestört, so werden die
auf die eben genannten Retinatheile fallenden Bilder, welche aus der
linken Hälfte des *Gesichtsfeldes* stammen, nicht mehr wahrgenommen.
Die Kranken sehen mit jedem Auge nur die in der rechten Hälfte
ihres Gesichtsfeldes gelegenen Objecte, während sie für Alles, was auf
der linken Seite liegt, blind sind. Man nennt diese Art der Sehstörung, den Ausfall der beiden gleichseitigen („homonymen") Gesichts-
feldhälften für jedes Auge, eine *Hemianopsie* oder *Hemiopie.* Bei einer
Läsion des *rechten Occipitallappens* tritt also eine *linksseitige Hemiopie*
ein und umgekehrt bei Zerstörungen des *linken Occipitallappens* eine
rechtsseitige Hemiopie.

Hier möge noch eine andere eigenthümliche Sehstörung kurz erwähnt werden, welche *vielleicht* auch auf einer Rindenaffection der
Occipitallappen beruht. Fürstner beobachtete bei Geisteskranken gewisse Erscheinungen, welche darauf hinwiesen, dass die Kranken zwar
sahen, also nicht eigentlich blind waren, aber die Gegenstände nicht
erkannten, d. h. also das Verständniss für die Bedeutung der Gesichts-
bilder verloren hatten. Es ist dies ein Zustand, welchen Munk als
„*Seelenblindheit*" bezeichnet und als den „*Verlust der optischen Erinnerungsbilder*" aufgefasst hat.

4. *Temporalwindungen.* Wie der Occipitallappen zum Gesichts-
sinn, so steht der Schläfenlappen wahrscheinlich in Beziehung zum
Gehör. Ob ausgedehnte Zerstörungen desselben oder seiner zuleiten-
den Fasern wirkliche *Taubheit* auf dem Ohr der gegenüberliegenden
Seite hervorrufen können, ist noch nicht sicher erwiesen, da hierüber
erst ganz vereinzelte Erfahrungen vorliegen. Dagegen kann mit grosser
Wahrscheinlichkeit angenommen werden, dass eine Läsion der ersten
(obersten) Schläfenwindung jene eigenthümliche Erscheinung zur Folge
hat, welche wir als „*Worttaubheit*" („Seelentaubheit") sogleich näher
kennen lernen werden.

3. Die Sprachcentren und die Störungen der Sprache (Aphasie und verwandte Zustände).

**Die verschiedenen Formen der Aphasie und ihre anatomische Locali-
sation.** Wie schon am Anfange dieses Capitels bemerkt worden ist,

waren die eigenthümlichen Störungen der Sprache, welche man bei manchen Gehirnkranken beobachtet, dasjenige cerebrale Symptom, dessen Ursache zuerst in der Affection einer ganz bestimmt localisirten Stelle des Gehirns gefunden wurde. Zum besseren Verständniss dieses äusserst interessanten Gegenstandes, auf den hier etwas näher eingegangen werden soll, müssen wir an die Vorgänge beim *normalen* Sprechen anknüpfen.

Die Anregung zum Sprechen, d. i. zum mündlichen Mittheilen unserer Gedanken an Andere, gewinnen wir entweder durch innere Antriebe oder durch äussere Anlässe, welche diesen Antrieb hervorrufen. Immer setzt das Sprechen eine innere geistige Thätigkeit voraus, das Vorhandensein von Vorstellungen, aus deren weiterer Verarbeitung erst der Inhalt dessen gebildet wird, was wir durch die Sprache mittheilen wollen. Wo die Begriffe wirklich ganz fehlen, da stellt sich auch kein Wort ein. Der Blödsinnige spricht nicht, weil er nichts zu sprechen hat, ebenso wie das neugeborene Kind und das Thier. Andererseits muss aber auch der Antrieb zum Sprechen vorhanden sein. Bei melancholischen Geisteskranken sehen wir zuweilen anhaltende Sprachlosigkeit, nicht etwa aus einem Mangel an Sprachmaterial, sondern aus Mangel jeder Initiative zum Sprechen oder wegen des Vorhandenseins hemmender Vorgänge, welche jede aufstrebende Sprachthätigkeit sofort unterdrücken. Setzen wir aber das Vorhandensein eines geistigen Sprachinhalts voraus, so beruht die Uebertragung desselben in die wirkliche Sprache auf folgenden complicirten Vorgängen, deren Störung im Einzelnen die verschiedenen Formen der Aphasie erzeugt.

Zunächst muss dem Sprechenden das den Begriff ausdrückende Wort bekannt sein. Will er z. B. einem Anderen den Namen eines Thieres nennen, so muss er das betreffende Wort, „Hund", „Sperling", „Frosch", kennen. Diese Kenntniss, die wir alle, soweit sie unsere Muttersprache betrifft, uns in der Kindheit erwerben, kann erfahrungsgemäss bei Gehirnerkrankungen wieder verloren gehen. Wie wir momentan ein Wort vergessen können, wie auch jeder Gesunde beim Anblick eines vielleicht selteneren Thieres „nicht sogleich auf den Namen desselben kommen kann", so kann ein Kranker das Gedächtniss für alle oder für einen mehr oder weniger grossen Theil der Worte verlieren. Ein derartiger Kranker sieht einen Hund, er weiss genau, dass das ein Thier ist, dass es die und die Eigenschaften hat, aber er weiss nicht mehr, wie es heisst. Die Association zwischen dem Begriff „Hund" und ebenso auch zwischen der Gesichtswahrnehmung eines Hundes und der dazugehörigen Lautvorstellung „Hund" ist verloren gegangen. — Man nennt diesen Zustand *amnestische Aphasie*, weil er auf dem (vollständigen oder theilweisen) Verlust des *Wortgedächtnisses* beruht. Die Kranken wissen genau, was sie sagen wollen, aber ihnen fehlen die Worte. Dabei ist das *Nachsprechen* der Worte in Fällen von rein amnestischer Aphasie vollkommen erhalten. Sobald man dem Kranken das Wort „Hund" vorspricht, spricht er dasselbe vollkommen richtig nach. Dabei fällt ihm zuweilen auch sofort ein, dass dies in der That das richtige Wort ist, während in anderen Fällen das Wort zwar richtig nachgesprochen wird, aber ohne dass dabei dem Kranken die Bedeutung desselben zum Bewusstsein kommt (s. u. „Worttaubheit").

Höchst merkwürdig sind die wiederholt beobachteten Fälle von einer bloss *theilweise eintretenden Amnesie.* So ist es vorgekommen, dass ein Kranker nur die Eigennamen vergessen hatte, während ihm das Gedächtniss für alle anderen Wörter erhalten war. Oder es gehen nur die Wortvorstellungen einer Sprache verloren, während der Kranke in einer anderen Sprache sich noch leidlich gut ausdrücken kann. In einem von Graves beobachteten Fall wusste der Patient von allen Worten nur noch die Anfangsbuchstaben. Sah er z. B. eine Kuh, so wusste er, dass das betreffende Wort mit einem K anfängt, und sah in einem Wörterbuch unter K so lange nach, bis er das Wort fand.

Ist das Wortgedächtniss erhalten, so bedarf es zum Sprechen weiterhin der Uebertragung der Wortvorstellung in diejenige Muskelaction unseres Stimmorgans, welche das betreffende Wort als wirklichen Laut hervorzubringen im Stande ist. Dieser motorische Vorgang ist ein so complicirter, dass eine äusserst feine Coordination der Bewegungen erforderlich ist, um die richtige Aussprache des Wortes zu ermöglichen. Der Mensch besitzt daher auch ein eigenes Centrum, in welchem die Uebertragung der Wortvorstellung in die motorischen Sprachvorgänge stattfindet. Ist dieses Centrum erkrankt, so ist wiederum ein Verlust oder wenigstens eine mehr oder weniger starke Beeinträchtigung der Sprache die Folge davon. Die Kranken wissen jetzt sehr wohl das Wort, welches sie sagen wollen, aber sie können es nicht *aussprechen.* Sie haben, wenn man sich so ausdrücken darf, das Gedächtniss für die zum Sprechen nöthigen Bewegungen verloren. Ihre Zunge, ihre Lippen sind an sich nicht gelähmt, aber die Kranken wissen sich derselben zum Sprechen nicht mehr zu bedienen. Sie sind wieder auf dem Standpunkte des Kindes, welches noch nicht sprechen gelernt hat. Die Kranken geben sich oft die grösste Mühe zu sprechen. Das Wort, welches sie sagen wollen, „schwebt ihnen beständig vor", sie bewegen den Mund in der auffallendsten Weise, aber es kommen nur einzelne falsche Laute hervor. Man bezeichnet diese Form der Sprachstörung als *atactische Aphasie*. Die Kranken können natürlich auch kein Wort *nachsprechen*. Sie blicken beständig nach dem Munde des Vorsprechenden, sie suchen die Mundbewegungen desselben nachzuahmen, aber das Nachsprechen gelingt ihnen gar nicht oder nur unvollkommen.

Die atactische Aphasie zeigt sehr verschiedene Grade der Intensität. Einerseits giebt es Fälle von vollständiger Aphasie, in welchen die Kranken nur einzelne Laute „a", „e" u. dgl. hervorbringen können. Andererseits giebt es aber auch sehr leichte Fälle, in welchen es sich nur um kleine Fehler beim Aussprechen handelt. Die Kranken sprechen viele Worte richtig aus, bei anderen aber machen sich Fehler bemerkbar, welche in dem Verwechseln einzelner Buchstaben, in einer Umstellung oder in dem Auslassen einzelner Buchstaben, oder endlich in dem Anhängen falscher Buchstaben bestehen. So z. B. sagen die Kranken **Wohnungs** statt **Wohnung**, **Diestag** statt **Dienstag**, **Lipte** statt **Lippe**, **Gefd** statt **Geld**, **Tilscher** statt **Tischler**, **Eulnen** statt **Eulen** u. s. w. Man bezeichnet diese leichteste Form der atactischen Sprachstörung als *„Silbenstolpern"* oder *„litterale Ataxie"*. In den meisten Fällen können die Patienten einige Worte ziemlich gut, andere nur mit Mühe und fehlerhaft, wieder andere gar nicht aussprechen. Gewöhnlich *lernen* die Kranken durch beständiges Nachsprechen einzelne, häufig vorkommende Wörter und Redensarten (z. B. „guten Tag" u. dgl.) allmählich immer besser aussprechen. Sehr merkwürdig ist die nicht selten zu beobachtende Thatsache, dass die Kranken zuweilen im Affect, also gewissermaassen unwillkürlich, ein Wort, z. B. einen Fluch, einen Ausruf (bei uns in Sachsen z. B. „Ei Herr Jeses") ganz gut hervorbringen, während sie dieselben Worte, wenn sie sie aussprechen *wollen*, nicht zu Stande bringen. Ferner macht sich oft der Einfluss der Association geltend: ein Kranker, welcher z. B. absolut nicht „sechs" aussprechen kann, sagt diese Zahl vollkommen deutlich, wenn er von eins zu zählen anfängt und der Reihe nach bis zu sechs fortzählt. Auf zahlreiche hierher gehörige specielle Thatsachen können wir nicht eingehen. Jeder Fall für sich verlangt ein eingehendes Studium, bietet dann aber auch meist eine Fülle interessanter Einzelnheiten dar.

An die atactische Aphasie schliessen sich zwei andere verwandte Sprachstörungen an, die *Monophasie* und die *Paraphasie*. Bei der *Monophasie*, die freilich selten ganz rein zur Beobachtung kommt, haben die Kranken nur eine einzige Silbe oder eine einzige kurze Folge von Worten zur Verfügung, welche immer wieder zum Vorschein kommt, sobald die Kranken irgend einen Versuch zum Sprechen machen. So

haben wir z. B. einen Kranken behandelt, welcher lange Zeit nichts
Anderes hervorbringen konnte, als den sinnlosen Satz: „selber sag
ich nämlich selber". Bei einer anderen Kranken unserer Beobachtung bestand der ganze Wortschatz nur in den Lauten „Bibi" und
„Eibibi", bei einer dritten Kranken in einem beständigen „Tinne,
Tinne". Die Kranken wissen sehr wohl, dass dies falsch ist, aber
trotz allen Widerstrebens bringt jeder motorische Sprachantrieb bei ihnen
immer nur das eine Wort hervor. Von komischer Wirkung ist es, wenn
die Kranken dabei dasselbe Wort mit dem verschiedensten mimischen
Ausdruck gebrauchen. Die oben erwähnte Kranke konnte z. B. in schmei-
chelndem Ton mit „bibi" bitten, während sie sich zuweilen auch in
vollem Zorn mit einem lauten „Bibibibi" Luft machte.

Unter *Paraphasie* versteht man das *Verwechseln der Worte.* Die
Association zwischen Vorstellung und zugehörigem Wort ist gelöst; statt
dessen kommen dem Kranken beständig andere, theils an sich richtige
Wörter, theils vollständig sinnlose Laute auf die Zunge. Solche Kranke
können grosse Reden halten, von denen der Zuhörer aber kein Wort
versteht, da der Kranke statt „Bleistift" „Bett", statt „geben"
„galen" sagt u. dgl.

Wenn bei der amnestischen Aphasie, wie oben gezeigt ist, die Verbindung von Wort und Begriff in der Weise gelockert ist, dass der im
Bewusstsein auftretende Begriff nicht das entsprechende Wort finden
kann, so kommt andererseits auch das umgekehrte Verhalten vor, dass
nämlich das gehörte Wort nicht mehr den ihm zukommenden Begriff
ins Bewusstsein ruft. Man nennt diesen Zustand nach Kussmaul die
Worttaubheit (sensorische Aphasie nach Wernicke). Die Kranken sind
nicht eigentlich taub, denn sie hören Alles, aber sie verstehen es nicht
mehr, sie haben die Kenntniss von der Bedeutung der Worte verloren.
Die Muttersprache klingt ihnen, wie dem Gesunden eine fremde Sprache,
von welcher er gar nichts oder nur wenig gelernt hat. Geringere Grade
der Worttaubheit finden sich bei Aphatischen sehr häufig, namentlich
im Verein mit der amnestischen Aphasie. Doch ist letztere nicht mit
der Worttaubheit zu identificiren, da, es sehr wohl vorkommen kann,
dass ein Kranker für einen Begriff das Wort vergessen hat, dass er
aber dessen Bedeutung sofort richtig erkennt, sobald er es hört. Der
Nachweis der Worttaubheit bei den Kranken ist leicht zu führen, indem man unter Vermeidung aller unterstützenden Mimik Aufforderun-
gen (bestimmte Gegenstände oder Körpertheile zu zeigen, gewisse Handlungen zu verrichten) an die Kranken stellt und sieht, ob die Kranken
das Gesagte verstehen und demgemäss handeln. Natürlich beschränkt

sich der Nachweis der Worttaubheit meist auf die concreten Substantiva, auf gewisse Zeit- und Eigenschaftswörter, während für alle übrigen Wörter (viele Abstracta, Umstandswörter u. s. w.) die Untersuchung auf Worttaubheit, zumal bei den gleichzeitig aphatischen Kranken, kaum ausführbar ist.

Die einzelnen soeben besprochenen Hauptformen der Aphasie finden sich selten ganz isolirt bei einem Kranken vor. Gewöhnlich combiniren sie sich in mannigfaltiger Weise mit einander und nur eine eingehende Untersuchung und eine längere Beschäftigung mit dem Kranken kann ein vollständiges Bild der vorhandenen Sprachstörung geben. Wenn nun aber die Form der Aphasie festgestellt ist, welche Schlüsse auf die *Localisation der Erkrankung* im Gehirn lassen sich dann ziehen?

Schon im Jahre 1825 hatte BOUILLAND behauptet, dass nur Affectionen der *Vorderlappen* des Gehirns zu Sprachstörungen führen. Ein anderer französischer Arzt, MARC DAX, wies 1836 zum ersten Mal nach, dass nur Läsionen der *linken* Gehirnhälfte eine Aphasie zur Folge haben, und im Jahre 1861 konnte, wie schon erwähnt, BROCA endlich den Satz aufstellen, dass das *„Sprachcentrum" in der dritten linken Stirnwindung gelegen sei.* Diese Ansicht ist seitdem in der That unzählige Mal bestätigt worden, aber man muss hinzufügen, dass die Erkrankung dieser Stelle (und zwar vorzugsweise der *hinteren* Partie der dritten linken Stirnwindung, der sogenannten *Pars opercularis*) nur die Ursache der *atactischen* (motorischen) *Aphasie* ist. Hier erfolgen also jene complicirten motorischen Coordinationsvorgänge, welche zur Lautbildung des gesprochenen Worts nothwendig sind. Dagegen scheint nach allen neueren Erfahrungen (WERNICKE, KAHLER und PICK) die *Worttaubheit* (wahrscheinlich auch die amnestische Aphasie) ihren Grund stets in der Erkrankung der *linken ersten (obersten) Schläfenwindung* zu haben. Hier wäre also der Ort zu suchen, dessen Integrität zum Zustandekommen der Association zwischen den Klangbildern der gehörten Worte und den dazu gehörigen Begriffen nothwendig ist. Eine noch speciellere Localisation dieser und der übrigen Sprachstörungen ist zur Zeit nicht möglich. Dass auch die *linke Inselgegend* zu den Sprachstörungen in Beziehung steht, ist wahrscheinlich, aber nicht sicher erwiesen. Jedenfalls haben aber die gleichen Gehirnabschnitte der *rechten* Hemisphäre für gewöhnlich keine Bedeutung für das Zustandekommen von Sprachstörungen, eine Thatsache, welche vielleicht mit dem vorherrschenden Gebrauch unserer *rechten* Hand, also ebenfalls unserer *linken* Gehirnhemisphäre, in Analogie zu setzen ist. Nur in einzelnen Ausnahmefällen, bei Linkshändern, bei Personen mit angeborenen Defecten der linken Gehirnhälfte, hat man das Auftreten von Aphasie bei Erkrankungen der entsprechenden Stirn- und Schläfewindungen auf der rechten Seite beobachtet.

Die *Diagnose der aphatischen Störungen* ist leicht zu stellen, wenn man sich streng an den Begriff der eigentlichen Aphasie hält. Nur bei oberflächlicher Untersuchung kann eine Verwechselung mit *bulbären Sprachstörungen* (*Dysarthrie* s. o. S. 252) vorkommen oder mit den Sprachstörungen, welche durch sonstige Paresen und Lähmungen des N. hypoglossus (zum Theil auch des N. facialis) bedingt sind.

Ueber *Prognose* und *Therapie der Aphasie* lassen sich keine allgemeinen Regeln aufstellen, da hierbei selbstverständlich Alles auf die *Art* der Erkrankung ankommt, welche die Aphasie hervorgerufen hat. In symptomatischer Hinsicht wollen wir hier nur hervorheben, dass methodische Uebungen geradezu in Form eines wirklichen *Sprech-* und *Sprachunterrichts* bei Aphatischen von zweifellosem Nutzen sein können. Bei der atactischen Aphasie kann der Unterricht ähnlich, wie bei den Taubstummen, ertheilt werden (Zuhülfenahme der Gesichts- und Tastempfindungen zur neuen Einübung der nöthigen Muskelbewegung), während es sich bei der amnestischen Aphasie um methodische Uebungen des Gedächtnisses, um ein neues „Einprägen" der vergessenen Worte handelt. Natürlich erfordern alle derartigen Uebungen viel Geschick und Geduld und führen nur dann zu Resultaten, wenn sie lange Zeit methodisch fortgesetzt werden.

Die der Aphasie verwandten Störungen: Agraphie, Alexie, Amimie und Apraxie. Sehr häufig findet man mit der Aphasie gleichzeitig noch eine Reihe anderer Erscheinungen, welche ebenfalls auf Störungen associativer Vorgänge beruhen. Ausser der Wortsprache besitzen wir noch zwei andere Ausdrucksmittel, die Schrift und die Geberde. Wie mit gewissen Lauten, so sind unsere Vorstellungen auch mit gewissen optischen Bildern associirt, so dass wir durch diese einerseits unsere Gedanken Anderen mittheilen, andererseits mit ihrer Hülfe die Gedanken Anderer erfahren können. Bei Aphatischen ist auch diese Fähigkeit oft in höherem oder geringerem Grade verloren gegangen. Ist eine Verständigung mit Hülfe des Wortes nicht möglich, und reicht man dem Kranken einen Stift, seine Wünsche aufzuschreiben, so findet man häufig, dass auch dies nicht geht. Der Kranke versucht zu schreiben, er bringt vielleicht auch einzelne Worte, einzelne Buchstaben heraus, aber er ist nicht mehr fähig, einen geordneten Satz oder auch nur ein einziges Wort richtig zu schreiben. Man nennt diese Unfähigkeit „*Agraphie*". Hierbei handelt es sich wohl meist um eine amnestische Agraphie. Die

Kranken haben die Schriftzeichen vergessen; Vorgeschriebenes schreiben sie meist, freilich auch nicht immer, richtig ab. Gewöhnlich besteht dann gleichzeitig auch eine *Alexie:* die Kranken, welche nicht schreiben können, sind auch nicht mehr im Stande zu lesen, d. h. auch die gesehenen Schriftzeichen eines Wortes rufen nicht mehr den associirten Begriff hervor. Die Alexie ist nicht nothwendig mit Worttaubheit verbunden. Es kann vorkommen, dass ein Kranker das gesprochene Wort nicht versteht, während er die Bedeutung des geschriebenen Wortes sofort richtig erkennt.

Auch die *mimischen Ausdrucksbewegungen,* die „Geberdensprache", sind bei Aphatischen nicht selten gestört. Oft machen die Kranken überhaupt keinen Versuch, sich durch Zeichen verständlich zu machen, und die gewöhnlichen Ausdrucksbewegungen werden sichtlich falsch und verkehrt angewandt. Wir haben wiederholt gesehen, wie aphatische Kranke mit dem Kopfe nickten, während sie offenbar verneinen wollten, und umgekehrt.

Hieran schliesst sich endlich noch die *Apraxie* an, eine Störung, welche freilich zuweilen mit der Aphasie zusammen vorkommt, aber doch schon zum Theil in ein weiteres Gebiet übergreift. Die wesentliche Störung bei der *Apraxie* besteht darin, dass die Kranken auch das Verständniss für die Bedeutung der *Gegenstände* mehr oder weniger verloren haben. Hierbei handelt es sich also offenbar um einen Zustand, der mit der sogenannten „Seelenblindheit" nahe verwandt ist. Die Kranken sehen die Gegenstände ihrer Umgebung, aber erkennen sie nicht mehr richtig. Sie halten z. B. das Messer für den Löffel, die Waschschaale für das Nachtgeschirr, die Seife für ein Stück Brod, und handeln demgemäss.

Eine bestimmte *anatomische Localisation* für alle diese Störungen, welche wir im Vorhergehenden nur kurz andeuten konnten, kennen wir noch nicht. Bei der Alexie (und noch mehr bei der Apraxie) muss man vorzugsweise an die Läsion von Bahnen denken, welche mit dem Occipitalhirn, dem Sitze der optischen Erinnerungsbilder, zusammenhängen oder in diesem selbst gelegen sind.

4. Das Centrum ovale, die Capsula interna, die Centralganglien und die Vierhügelgegend.

Centrum ovale. Das weisse Marklager der Hemisphären enthält, soweit bis jetzt bekannt, einerseits *Commissurenfasern,* welche die einzelnen Rindencentra mit einander verbinden, andererseits Fasern, welche von den Rindencentren nach abwärts verlaufen und die Verbindung derselben mit den peripher gelegenen Organen vermitteln (*Stabkranz-fasern*). Ueber pathologische Folgeerscheinungen, welche durch die Zerstörung von Commissurenfasern bewirkt werden, ist fast nichts bekannt. Vermuthen darf man nur, dass bei den associativen Störungen, wie wir sie bei der Aphasie und den verwandten Affectionen kennen gelernt haben, unter Umständen auch Läsionen von Commissurenfasern (z. B. zwischen Schläfen- und Stirnlappen) in Betracht kommen. Eine Unterbrechung der Leitung in den *Stabkranzfasern* muss natürlich dieselben Ausfallssymptome machen, wie die Zerstörung des zugehörigen Centrums selbst. Es ist daher verständlich, dass Herde im Centrum ovale, welche die motorische, zu den Centralwindungen gehörige Stabkranzfaserung unterbrechen (aber auch *nur* solche), *hemiplegische* oder bei geringer Ausdehnung auch *monoplegische Lähmungen* verursachen. In analoger Weise können Erkrankungen im Marklager des Occipitallappens zu *Hemiopie*, Erkrankungen im Marklager des Schläfenlappens zu *Gehörstörungen* (Worttaubheit) führen. In der weissen Substanz des *Stirnhirns* der einen Seite hat man zuweilen ziemlich ausgedehnte Affectionen gefunden, welche zu Lebzeiten der Kranken *gar keine* auffallenden Symptome gemacht hatten. Nur wenn der Erkrankungsherd auf der linken Seite die zur dritten Stirnwindung gehörenden Stabkranzfasern betrifft, muss eine *motorische* (atactische) *Aphasie* entstehen.

Capsula interna. Die wichtigsten, auf die Functionen der inneren Kapsel bezüglichen, bis jetzt bekannten Thatsachen sind schon früher mitgetheilt worden. Vor allem haben wir gesehen, dass durch den *hinteren Schenkel* derselben, auf einen verhältnissmässig engen Raum beschränkt, die von den Centralwindungen kommende *Pyramidenbahn* zu dem Hirnschenkelfusse hindurchzieht (s. Fig. 8, Seite 44). Hier ist also ein Ort, wo schon umschriebene Herderkrankungen zu einer vollständigen *Hemiplegie* der gegenüber liegenden Körperhälfte führen müssen. In der That lehrt auch die klinische Erfahrung, dass die grösste Zahl der dauernden Hemiplegien durch Erkrankungen der erwähnten Stelle bedingt sind. Dabei ist der *Facialis*, dessen Fasern wahrscheinlich etwas weiter nach vorn liegen, als die für die Extremitäten bestimmten Bahnen, in der Regel mit betheiligt.

Am hinteren Ende der inneren Kapsel liegt die *sensible Bahn* (vgl. Seite 11 und Fig. 8, Seite 44) und zwar scheinen hier nicht nur sensible Fasern für die Haut, sondern auch Fasern für die übrigen Sinnesorgane zu liegen. Eine vollständige Zerstörung dieser Stelle würde sonach auf der entgegengesetzten Körperhälfte nicht nur eine Anästhesie der Haut, sondern gleichzeitig auch eine entsprechende Abnahme des

Geruchs, des Geschmacks, des Gehörs und Hemiopie — kurz eine sogenannte *vollständige cerebrale Hemianästhesie* zur Folge haben. Indessen sind gerade über diesen Punkt weitere unzweideutige Beobachtungen noch sehr wünschenswerth. Insbesondere hat die CHARCOT'sche Angabe, dass die Sehstörung hierbei keine Hemiopie, sondern eine totale Amblyopie des Auges auf der dem Herde gegenüberliegenden Seite sei, viel Verwirrung gestiftet, da ein derartiges Factum offenbar mit dem sicher festgestellten Auftreten der Hemiopie bei Affectionen des Occipitallappens in Widerspruch stehen würde. Indessen ist die eben erwähnte Angabe von CHARCOT noch keineswegs sicher, so dass wir also einstweilen bei der Annahme bleiben können, dass die Sehstörung bei der cerebralen Hemianästhesie auch hemiopischer Natur sei.

In praktisch diagnostischer Hinsicht ergeben sich aus dem Vorhergehenden die Sätze, dass wir bei einer rein motorischen Hemiplegie ohne gleichzeitige Sensibilitätsstörung ein Freibleiben der hintersten Abschnitte der inneren Kapsel annehmen können, dass diese Partie aber wahrscheinlich mit ergriffen ist, wenn sich neben der motorischen Lähmung auch stärkere Sensibilitätsstörungen vorfinden. Letztere brauchen sich übrigens durchaus nicht *immer* auf alle Sinne zu beziehen, sondern treten nicht selten auch ausschliesslich in der Form von Hautanästhesie auf.

Ueber die Bedeutung der übrigen, hier nicht erwähnten Abschnitte der inneren Kapsel ist nichts bekannt. Nur die von CHARCOT gemachte Angabe ist noch hinzuzufügen, dass man auch in solchen Fällen, wo *posthemiplegische Reizerscheinungen* (Hemichorea posthemiplegica, s. u.) auftreten, vorzugsweise an eine Affection der *hintersten* Abschnitte der inneren Kapsel zu denken habe.

Centralganglien (Nucleus caudatus, Linsenkern und Thalamus opticus). Vor der genaueren Feststellung des Verlaufs der Pyramidenbahn wurden Zerstörungen der Centralganglien, vornehmlich des Nucleus caudatus und des Linsenkerns, fast allgemein als die Ursache der gewöhnlichen cerebralen Hemiplegien angesehen. Gegenwärtig aber drängen die Beobachtungen immer mehr zu dem Schlusse hin, dass nur die Leitungsunterbrechung in der Pyramidenbahn eine vollständige Hemiplegie zur Folge haben kann. Die zahlreichen Fälle, bei welchen man als anatomische Ursache einer im Leben bestandenen Hemiplegie einen Herd in den Centralganglien findet, lassen sich wahrscheinlich alle dadurch erklären, dass entweder die Pyramidenbahn in der unmittelbar benachbarten inneren Kapsel direct von der Herderkrankung mit ergriffen ist, oder dass wenigstens die Leitung in derselben durch die

Fernwirkung des benachbarten Herdes (Druck auf die Umgebung u. dgl.) unterbrochen ist. Demgemäss sehen wir auch, dass Herde in den der inneren Kapsel anliegenden Centralganglien meist nur *vorübergehende Hemiplegien* bewirken, d. h. Lähmungen, welche allmählich wieder zurückgehen, wenn jene Fernwirkungen der Erkrankungsherde auf die innere Kapsel aufhören. Bei *andauernden, unheilbaren Hemiplegien* darf man aber, wenn es sich überhaupt um eine Erkrankung dieser Gegend handelt, immer eine directe Läsion der Pyramidenbahnen in der inneren Kapsel annehmen. Ein durchaus analoger Satz scheint auch für die Hemianästhesie zu gelten. Wenn früher behauptet wurde, dass diese Erscheinung besonders bei Herden im Thalamus opticus auftrete, so erklärt sich dies leicht durch die Betheiligung der gerade dem Thalamus nahe gelegenen sensiblen Bahn am hinteren Ende der inneren Kapsel.

Fragt man aber nach den direct von einer Läsion der Centralganglien selbst abhängigen Erscheinungen, so kann man hierauf fast gar nichts Bestimmtes antworten. Sowohl die klinischen, als auch die experimentellen Ergebnisse sind noch vielfach einander widersprechend, und wiederholt hat man schon ziemlich ausgedehnte Zerstörungen der genannten Theile beobachtet, welche fast ganz symptomlos verlaufen waren. Namentlich muss noch einmal erwähnt werden, dass im *Linsenkern* und im *Nucleus caudatus* Erweichungen vorkommen können, ohne dass zu Lebzeiten der Kranken die geringste hemiplegische Störung bestanden hat. Auch vom *Thalamus opticus* ist es wahrscheinlich, dass er in keiner Beziehung zu den willkürlichen Bewegungen steht. Von sensiblen Functionen desselben ist nur *eine* sicher festgestellt, nämlich die Hinzugehörigkeit seines hinteren Abschnitts (des sogenannten *Pulvinar*) und des *Corpus geniculatum externum* zur centralen Ausbreitung des Opticus. Eine Zerstörung des hinteren Theils des Thalamus hat dem entsprechend eine vollständige *Hemianopsie* (s. S. 301) der gegenüberliegenden Seite zur Folge. Ob der Thalamus opticus auch mit anderen sensiblen Bahnen in Verbindung steht, wie man behauptet hat, ist nicht sicher erwiesen. Wiederholt hat man bei Herden im Thalamus opticus posthemiplegische Reizsymptome ("posthemiplegische Chorea") beobachtet.

Corpora quadrigemina und Hirnschenkel. Affectionen der Vierhügel kommen überhaupt selten und fast immer nur als Theilerscheinung ausgebreiteter Gehirnerkrankungen vor. Sie kommen daher in diagnostischer Hinsicht nur ausnahmsweise in Betracht.

Die *vorderen Vierhügel* stehen unzweifelhaft mit den Fasern des

Nervus opticus in Verbindung. Sind *beide* Corpora quadrigemina anteriora zerstört, so muss eine völlige *Blindheit* die Folge sein, während bei *einseitiger* Erkrankung *Hemiopie* zu erwarten ist. Beide Symptome sind indessen so vieldeutig, dass sie allein selbstverständlich niemals die topische Diagnose einer Erkrankung der vorderen Vierhügel gestatten. Im Uebrigen ist bei allen Erkrankungen der Vierhügel vorzugsweise die Lage der Kerne für die Augenmuskelnerven, speciell für den *N. oculomotorius* in Betracht zu ziehen. Diese macht es erklärlich, dass ein- oder doppelseitige *Oculomotorius-Lähmungen* bei Vierhügelläsionen wiederholt beobachtet worden sind, ebenso *reflectorische Pupillenstarre* und *Nystagmus*.

Greift die Affection auf den *Hirnschenkel* über, so kann ein Symptomencomplex entstehen, welcher in topisch-diagnostischer Beziehung sehr charakteristisch ist, nämlich eine Lähmung der einen Körperhälfte (Arm, Bein, Facialis), verbunden mit einer *gekreuzten* (auf der anderen Seite gelegenen) *Oculomotoriuslähmung*. Ein Blick auf Figur 9 (S. 45) macht dieses Verhalten leicht verständlich. Ein z. B. auf der *rechten* Seite gelegener Herd würde die Fasern des rechten Oculomotorius (III) zerstören und somit eine *rechtsseitige Oculomotoriuslähmung* hervorrufen, während er bei genügender Ausdehnung gleichzeitig die Pyramidenfasern p des rechten Hirnschenkels betreffen könnte, was eine *linksseitige Hemiplegie* zur Folge haben müsste. Dass Affectionen der *Hirnschenkelhaube* Sensibilitätsstörungen nach sich ziehen müssen, ist von vornherein anzunehmen. Specielle klinische Erfahrungen hierüber liegen aber noch fast gar nicht vor.

5. Das Kleinhirn.

Ziemlich ausgedehnte Zerstörungen können im Kleinhirn vorkommen, welche zu Lebzeiten der Kranken vollständig symptomlos verlaufen. In solchen Fällen sind aber fast ausnahmslos nur die *Hemisphären* betroffen. Sobald auch die mittlere Partie des Kleinhirns, der *Wurm*, in ausgedehnterer Weise ergriffen ist, entstehen fast immer eigenthümliche Krankheitserscheinungen, welche in vielen Fällen die Diagnose einer Cerebellarerkrankung mit ziemlicher Sicherheit zu stellen ermöglichen.

Zwei Symptome sind für die Kleinhirn-Affectionen am meisten charakteristisch: eine eigenthümliche Unsicherheit des Ganges (*cerebellare Ataxie*) und ein ausgesprochenes *Schwindelgefühl*.

Die *cerebellare Ataxie* zeigt sich nur im *Rumpf* und in den *unteren* Extremitäten und zwar beim Stehen und Gehen. Liegen die Kranken zu

Bett, so bewegen sie ihre Beine fast ganz sicher und mit normaler Kraft. Sobald sie aber das Bett verlassen, treten die charakteristischen Bewegungsstörungen deutlich hervor. Schon beim *Stehen* bemerkt man an den Kranken meist ein deutliches Schwanken des ganzen Körpers, welches besonders stark wird, wenn die Hacken der beiden Füsse an einander gestellt werden. Beim breitbeinigen Stehen gewinnen die Kranken etwas mehr Sicherheit und Festigkeit. Durch Schliessen der Augen wird das Schwanken in der Regel *nicht* verstärkt, da die Sensibilität der Haut und Muskeln an den unteren Extremitäten bei reinen Cerebellarerkrankungen vollkommen normal bleibt. Das *Gehen* ist sehr schwankend, taumelnd und ähnelt durchaus dem Gange eines stark Betrunkenen, während es meist durchaus verschieden von der atactischen Gehstörung der Tabiker ist. Statt des gleichmässig stampfenden und schleudernden Ganges der Tabes findet sich bei der cerebellaren Ataxie ein vollständiges Taumeln des ganzen Körpers, so dass die Kranken in schweren Fällen überhaupt nicht mehr in einer geraden Richtung gehen können, sondern zickzackförmig bald nach rechts, bald nach links hin zu fallen scheinen. Nicht selten, aber keineswegs immer, bemerkt man, dass das Schwanken des Körpers beim Gehen vorzugsweise nach einer bestimmten Richtung, entweder nach vorn oder rückwärts oder nach der einen Seite hin geschieht. Hieraus einen sicheren Schluss auf die nähere Lage des Erkrankungsherdes im Kleinhirn zu ziehen, ist zur Zeit noch nicht möglich; höchstens darf man vermuthen, dass in einem derartigen Falle die *mittleren Kleinhirnschenkel* (s. u.) mit ergriffen sind. Bemerkenswerth ist, dass mit seltenen Ausnahmen die *oberen Extremitäten* an der Unsicherheit der Bewegungen *nicht* Theil nehmen. Viele Patienten, welche kaum mehr allein zu gehen im Stande sind, können mit ihren Händen noch die feinsten Beschäftigungen verrichten. Man sieht also, dass das Kleinhirn nur bei der *Erhaltung des Gleichgewichts im Körper*, wie es zum Stehen und Gehen nothwendig ist, eine wichtige Rolle spielt.

Die cerebellare Ataxie ist, wie oben erwähnt, in den meisten Fällen mit einem ausgesprochenen *Schwindelgefühl* verbunden. Ein vollständiger Parallelismus zwischen der Gehstörung und dem Schwindel ist indessen nicht vorhanden. In einzelnen seltenen Fällen kann sogar das eine dieser Symptome ohne das andere bestehen. Gewöhnlich tritt der Schwindel nur dann ein, wenn die Kranken stehen oder gehen, sehr selten auch bei ruhiger Bettlage. Ueber die Art seines Zustandekommens fehlen uns noch alle näheren Kenntnisse. Da der Schwindel auch bei sonstigen Gehirnerkrankungen ziemlich häufig ist, so gewinnt er für die Diagnose einer Cerebellarerkrankung nur dann eine Bedeutung, wenn er sehr anhaltend und heftig und mit der charakteristischen cerebellaren Gehstörung verbunden ist.

Von sonstigen Symptomen, welche auf eine Kleinhirnerkrankung hinweisen, ist wenig bekannt. Diagnostische Wichtigkeit hat zuweilen ein beständiger *Hinterhaupts-Kopfschmerz*, namentlich wenn er mit anderen Cerebellarsymptomen verbunden ist. Sonst ist dieses Symptom natürlich zu vieldeutig, um diagnostisch verwerthbar zu sein. und andererseits kann ausnahmsweise auch bei einer bestehenden Kleinhirnaffection der Kopfschmerz mehr in den Seitentheilen des Kopfes und in der Stirn localisirt sein. Noch unsicherer in seiner Bedeutung ist das *Erbrechen*, welches zwar häufig bei chronischen Kleinhirnerkrankungen (besonders bei Tumoren) vorkommt, indessen in gleicher Weise auch bei anderswo gelegenen Affectionen beobachtet wird. Die bei Kleinhirntumoren *auffallend häufigen Sehstörungen* hängen zweifellos nicht direct von der Läsion des Kleinhirns ab, sondern beruhen auf der Entwicklung einer *Stauungspapille* (s. das Capitel über Gehirntumoren).

Zum Schluss müssen wir noch einige Worte über die Erkrankungen der *mittleren Kleinhirnschenkel (Crura cerebelli ad pontem)* hinzufügen. Auf eine *Reizung* derselben darf man in den meisten Fällen jene eigenthümlichen Symptome beziehen, welche als *Zwangsbewegung* und als *Zwangslage* bezeichnet werden. Letztere besteht darin, dass die Kranken, sei es bei klarem Bewusstsein oder auch im Zustande völliger Bewusstlosigkeit, stets eine bestimmte Seitenlage im Bett einnehmen. Werden sie in eine andere Lage gebracht, so dreht sich der Rumpf alsbald unwillkürlich wieder in die frühere Lage zurück. Nicht selten ist mit dieser Zwangslage des Rumpfes auch eine entsprechende Zwangsstellung des Kopfes und der Augäpfel verbunden, während die Extremitäten fast immer unbetheiligt erscheinen. Eigentliche *Zwangsbewegungen* werden viel seltener beobachtet. Dieselben zeigen sich entweder in mehrfach wiederholten vollständigen Drehungen des Körpers um seine Längsachse oder, wenn die Patienten überhaupt gehen können, in zwangsmässigen Kreisbewegungen („Reitbahnbewegungen") u. dgl. Aus der näheren Art dieser Symptome einen sicheren Schluss zu ziehen, in welchem von beiden Kleinhirnschenkeln die Reizung stattfindet, ist nicht möglich. In einzelnen, freilich seltenen Fällen von Gehirnerkrankungen hat man sogar dieselben Symptome beobachtet, ohne dass überhaupt die mittleren Kleinhirnschenkel nachweislich afficirt waren.

Der leichteren Uebersichtlichkeit wegen stellen wir hier noch einige der *wichtigsten diagnostischen Sätze in Bezug auf die Gehirnlocalisationen* zusammen.

1. Die gewöhnliche *Hemiplegie* ist am häufigsten bedingt durch eine Läsion der Pyramidenbahnen im hinteren Schenkel der *inneren Kapsel*. Bei dauernder Hemiplegie sind diese Bahnen wirklich zerstört; bei vorübergehender Hemiplegie sind sie durch Erkrankungsherde in ihrer Nachbarschaft nur zeitweise functionsunfähig gemacht.

2. *Monoplegische cerebrale Lähmungen* sind meist von Affectionen der *Gehirnrinde* (Centralwindungen und Lobulus paracentralis) abhängig. Die *Monoplegia facialis* und *lingualis* hängen von Läsionen des *untersten* Endes der vorderen Centralwindung ab. Die *Monoplegia brachialis* hängt vorzugsweise von einer Affection des mittleren Dritttheils der vorderen Centralwindung ab. Die *Monoplegia cruralis* deutet auf eine Affection des *Lobulus paracentralis* hin.

3. Hemiplegische oder monoplegische Lähmungen, welche mit halbseitigen oder nur in einem bestimmten Körpertheil auftretenden *epileptiformen Convulsionen* verbunden sind, hängen fast immer von einer Affection der *Gehirnrinde* ab. Dieselben motorischen Reizerscheinungen *ohne* gleichzeitige Lähmung sind ebenfalls auf eine Reizung der oben genannten Rindengebiete zu beziehen.

4. *Hemiplegie mit gekreuzter Oculomotoriuslähmung* weist auf eine Affection der *Hirnschenkel* hin.

5. *Hemiplegie mit gekreuzter Facialislähmung* spricht mit grosser Sicherheit für den Sitz des Erkrankungsherdes in der *Brücke*.

6. *Posthemiplegische Chorea* (s. u.) scheint besonders bei Herderkrankungen in der Nähe des Thalamus opticus und der hinteren Theile der inneren Kapsel vorzukommen.

7. *Hemianästhesie* (der Haut und der Sinnesorgane) hängt, wie es scheint, vorzugsweise von einer Affection der *hintersten Abschnitte der inneren Kapsel* ab.

8. *Hemianopsie (Hemiopie)* kann von einer Läsion des *Occipitallappens* herrühren, ferner wahrscheinlich von einer Läsion des hintersten Abschnitts der *inneren Kapsel* (dann meist verbunden mit Hemianästhesie), endlich von einer Affection des *Pulvinar thalami optici*, eines vorderen *Vierhügels* und eines *Tractus opticus*.

9. Echte motorische *Aphasie* bedeutet eine Erkrankung der *dritten linken Stirnwindung*.

10. *Worttaubheit* hängt von einer Erkrankung der *ersten linken Schläfenwindung* ab.

11. *Articulatorische Sprachstörungen* weisen auf eine Erkrankung des *verlängerten Marks* hin, ebenso *Schlingstörungen*.
12. *Taumelnder Gang* und *Schwindel* sind die constantesten Zeichen von Erkrankungen des *Kleinhirns*. *Zwangslagen* und *Zwangsbewegungen* kommen vorzugsweise bei Affectionen der *Crura cerebelli ad pontem* vor.

DRITTES CAPITEL.

Die Gehirnblutung.

(*Haemorrhagia cerebri. Apoplexia sanguinea.*)

Aetiologie. Die Ursache einer eintretenden Gehirnblutung ist immer in einer Erkrankung der Wandungen der kleinen Gehirnarterien zu suchen. Im Jahre 1868 haben CHARCOT und BOUCHARD zuerst nachgewiesen, dass man in fast allen Fällen von Gehirnhämorrhagie an den kleinen arteriellen Gefässen der Gehirnsubstanz *Miliaraneurysmen*, oft in sehr grosser Zahl, auffinden kann, deren eines durch Bersten seiner Wandung die Veranlassung zur Blutung gegeben hat. Diese Miliaraneurysmen, deren Vorkommen und Bedeutung alle späteren Untersucher bestätigt haben, können einen Durchmesser von 1 Mm. und mehr erreichen. Sie zeigen sich meist als spindelförmige Erweiterungen des ganzen Umfanges der Gefässe; seltener ist die Gefässwandung nur nach einer Seite hin ausgebuchtet. So weit man bis jetzt die Genese der Miliaraneurysmen hat verfolgen können, scheint der Process mit einer Erkrankung der Intima zu beginnen. An dieser finden sich anfangs Wucherungsprocesse und eine Verfettung der Endothelzellen; später ist die Intima aber gewöhnlich ebenso, wie die Muscularis, atrophisch. Da die intracerebralen Arterien so gut wie gar keine eigentliche Adventitia besitzen, so versteht man leicht, dass gerade in diesen Gefässen die Bedingungen zum Zustandekommen einer Aneurysmabildung besonders günstig sind. Dass die der letzteren zu Grunde liegende Gefässerkrankung mit der gewöhnlichen Arteriosclerosis (s. Bd. I. S. 448), dem Atherom der Gefässe, identisch ist, wird zwar von CHARCOT bestritten, ist aber nach später gemachten Untersuchungen (EICHLER) sehr wahrscheinlich. In der That findet man auch sehr häufig (wenngleich nicht immer) die Gehirnblutungen bei solchen Personen, welche an allgemeiner *Arteriosclerose* oder speciell an *Atheromatose der Gehirnarterien* leiden, und die Mehrzahl der begünstigenden Momente, welche man für die Entstehung einer Gehirnblutung verantwortlich

machen kann, sind dieselben, welche auch für die Entwicklung der
Arteriosclerose in Betracht kommen.

Eine wichtige, schon längst gekannte Rolle spielt das *Alter* der
Patienten. Wenngleich vereinzelte Fälle auch bei jüngeren Personen
vorkommen, so tritt die grosse Mehrzahl der Gehirnhämorrhagien doch
erst im vorgerückten Alter, nach dem 50. Lebensjahre, auf, also zu
derselben Zeit, wo gewöhnlich auch die Arteriosclerose ihre höheren
Grade erreicht. Ebenso entspricht der Umstand, dass die Gehirnblutungen entschieden bei *Männern* häufiger vorkommen, als bei Frauen,
dem analogen Verhalten des Arterienatheroms. *Alkoholismus, Lues,
Gicht* und eine nicht sehr selten nachweisbare *hereditäre Beanlagung*
werden ebenfalls sowohl zu den ätiologischen Momenten der Arteriosclerosis, als zu denen der Gehirnhämorrhagien gerechnet. Eine kurze
Erwähnung verdient noch der sogenannte *„apoplectische Habitus"*. Obgleich bei Personen jeglicher Constitution Gehirnhämorrhagien vorkommen können, lässt es sich doch nicht in Abrede stellen, dass die Apo-
plectiker auffallend häufig einen bestimmten Habitus darbieten. Es
sind nicht sehr grosse, aber corpulente Leute mit breiter Brust, kurzem,
gedrungenen Halse und rundem Gesichte, Personen, welche den Freuden
der Tafel und dem Alkohol nicht abhold waren und nicht selten gleichzeitig an Emphysem, leichter Herzhypertrophie und, wie man aus der
Untersuchung der Radial- und Temporalarterien wenigstens manchmal
schon zu Lebzeiten der Patienten diagnosticiren kann, an allgemeiner
Arteriosclerosis leiden.

Wenn somit die Arterienerkrankung und speciell die auf Grund
einer chronischen Endarteriitis entstehenden miliaren Aneurysmen der
kleineren Gehirnarterien als die Hauptursache der Gehirnblutungen angesehen werden müssen, so fragt es sich andererseits, ob auch eine
abnorme *Steigerung des Blutdrucks* bei der Entstehung der Hämorrhagie eine Rolle spielen kann. Sind die Arterienwandungen normal,
so ist auch die stärkste Blutdrucksteigerung sicher nicht im Stande,
eine Gefässzerreissung herbeizuführen. Wenn sich aber bereits Aneurysmen gebildet haben, so kann es nicht bezweifelt werden, dass eine
dauernde oder vorübergehende Blutdrucksteigerung das Zustandekommen der Berstung eines derselben begünstigen muss. In diesem Sinne
kann das gelegentliche Vorkommen einer Gehirnhämorrhagie bei manchen Formen von Herzhypertrophie (*Nierenschrumpfung, idiopathische
Herzhypertrophien* u. dgl.) und *gleichzeitiger Gefässerkrankung* zum
Theil auf die Steigerung des arteriellen Drucks bezogen werden. Vor
allem aber erklärt sich die Wirksamkeit mancher *Gelegenheitsursachen,*

welche die letzte unmittelbare Veranlassung zum Eintritt einer Gehirnblutung abgeben, aus vorübergehenden Blutdrucksteigerungen. So tritt z. B. eine Gehirnhämorrhagie zuweilen nach einer übermässigen *Muskelanstrengung*, nach einer *reichlichen Mahlzeit*, nach *Alkoholgenuss*, im *kalten Bade*, nach einer heftigen *psychischen Erregung* u. dgl. ein. Immer muss aber in einem solchen Fall schon vorher die disponirende Arterienveränderung vorhanden sein.

Schliesslich ist noch zu erwähnen, dass zuweilen auch grössere Gehirnhämorrhagien bei solchen *Allgemeinerkrankungen* vorkommen, welche mit einer Ernährungsstörung und einer davon abhängigen abnormen Zerreisslichkeit der Gefässwände verbunden sind. In diesen Fällen sind die Gehirnblutungen nur der Ausdruck einer *allgemeinen hämorrhagischen Diathese*, wie sie bekanntlich bei der *Leukämie*, bei *perniciöser Anämie* und bei den im engeren Sinne sogenannten „*hämorrhagischen Erkrankungen*" (Scorbut, Morbus maculosus u. s. w.) beobachtet wird. Auch bei *schweren allgemein-infectiösen Processen* (septischen Erkrankungen, Typhus, Pocken u. dgl.) können, wie in anderen Organen, so auch im Gehirn Blutungen entstehen, welche aber meist capilläre Blutungen darstellen und nur sehr selten einen grösseren Umfang erreichen.

Pathologische Anatomie. Entsprechend dem Umstande, dass die Miliaraneurysmen nicht an allen Gehirnarterien in gleicher Häufigkeit vorkommen, kann man auch für die Gehirnblutungen gewisse *Prädilectionsstellen* angeben, welche ungleich häufiger der Sitz von Hämorrhagien werden, als andere Gehirnabschnitte. Bei weitem am häufigsten betroffen werden die grossen *Centralganglien* in der Umgebung der Seitenventrikel, Thalamus opticus, Nucleus caudatus und Linsenkern, sowie die ihnen benachbarte weisse Substanz der inneren Kapsel und des Centrum ovale. Viel seltener sind Blutungen in den übrigen Gehirnpartien, in den Windungen, in der Brücke, dem Kleinhirn, in den Hirnschenkeln und in der Oblongata. Tritt die Blutung in der Nähe eines *Ventrikels* ein, so kann ein *Durchbruch des Blutes* in denselben hinein stattfinden. Ebenso kommt es in seltenen Fällen vor, dass eine in der Nähe der Rinde stattfindende Blutung an die Oberfläche des Gehirns perforirt.

Umfängliche Blutherde, welche in einer Hemisphäre entstanden sind, üben einen so beträchtlichen Druck auf ihre Umgebung aus, dass man schon bei der Eröffnung der Schädelhöhle die Folgen der *vermehrten Spannung* auf der befallenen Seite wahrnehmen kann. Die *Dura* ist daselbst straffer, die Sichel ist nach der anderen Seite hinüber gedrängt, die *Windungen* an der Convexität erscheinen abgeplattet, die Furchen abgeflacht. Ausnahmsweise, bei sehr grossen und nahe an die Oberfläche heranreichenden Blutherden, nimmt man bei der Betastung von aussen sogar ein Fluctuationsgefühl wahr.

Beim Durchschneiden der Gehirnsubstanz trifft man auf den *hämorrhagischen Herd* und kann nun genauer den Sitz und die Grösse desselben feststellen. Letztere wechselt selbstverständlich innerhalb ziemlich weiter Grenzen, so dass bald nur ein kleiner Bezirk, bald ein grosser Theil einer ganzen Hemisphäre durch das extravasirte Blut zertrümmert ist. Die Wand des Herdes besteht aus der unregelmässig zerfetzten und zerrissenen Hirnsubstanz, der Herd selbst aus dem geronnenen, zum Theil mit den Trümmern der nervösen Elemente gemischten Blute. Der *geronnene Blutklumpen* hat in frischen Fällen fast immer eine sehr dunkle Farbe; in der späteren Zeit verwandelt der Herd sich in einen chocoladenfarbigen oder mehr braun-gelblichen Brei, welcher aus den zerfallenden Resten der Nervensubstanz und dem sich zersetzenden Blute besteht. Mikroskopisch lassen sich, namentlich in der Umgebung des Herdes, zahlreiche *Fettkörnchenzellen* auffinden, d. h. weisse Blutkörperchen, welche das Fett der untergegangenen Marksubstanz aufgenommen haben. Ferner findet man immer reichliche, aus dem Zerfall der rothen Blutkörperchen hervorgegangene *Hämatoidinkrystalle.* Die weitere Umgebung des Herdes ist durch Imbibition mit dem gelösten Blutfarbstoff gelblich tingirt und zeigt meist bis auf eine gewisse Entfernung hin eine weich-ödematöse Beschaffenheit.

Bleibt der Kranke am Leben, so werden die Bestandtheile des Herdes allmählich immer mehr und mehr resorbirt. Der Herd verkleinert sich langsam, seine Umgebung kehrt nach und nach wieder in ihre normalen Verhältnisse zurück. Schliesslich bildet sich in manchen Fällen eine glattwandige, mit seröser Flüssigkeit gefüllte Höhle, eine stationär bleibende sogenannte *apoplectische Cyste.* In anderen Fällen, namentlich bei kleineren Herden, treten die Wandungen des Herdes gleichzeitig mit der Resorption seines Inhalts immer näher an einander; es beginnt eine reichliche Bindegewebsentwicklung, als deren Resultat schliesslich die durch Blutpigmentreste meist gelb gefärbte sogenannte *apoplectische Narbe* nachbleibt. Von dem Sitze und der Grösse des schliesslichen Defectes hängen, wie leicht verständlich ist, der etwaige Eintritt einer *secundären absteigenden Degeneration* (s. S. 244), sowie die Art und die Ausbreitung der dauernd nachbleibenden klinischen Symptome ab.

Klinische Symptome und Krankheitsverlauf. Die klinischen Symptome der Gehirnblutung schliessen sich an die im Vorhergehenden geschilderten anatomischen Verhältnisse eng an. Die miliaren Aneurysmen an sich rufen, auch wenn sie in grosser Zahl an den Gehirngefässen vorhanden sind, in den meisten Fällen keine Krankheitserscheinungen hervor. Nur zuweilen sind vielleicht die durch sie bedingten geringen Circulationsstörungen die Ursache der leichten Kopfschmerzen und ähnlicher Symptome, welche dem Eintritt einer Gehirnblutung in manchen Fällen längere oder kürzere Zeit vorhergehen.

Sobald aber an irgend einer Stelle die Berstung eines Aneurysmas und damit die Blutung in die Gehirnsubstanz hinein erfolgt, tritt mit einem Mal ein schwerer cerebraler Symptomencomplex ein, welchen man mit dem Namen des *apoplectischen Insults ("Schlaganfall")* bezeichnet. Da der Austritt des Blutes unter einem Drucke stattfindet, welcher dem arteriellen Blutdruck nahezu gleichkommt und da dieser Druck zweifellos viel höher ist, als der Druck, unter welchem die weiche Gehirnsubstanz steht, so erfolgt im Momente der Blutung eine bedeutende Druckwirkung auf den betroffenen Hirntheil, welche sich verschieden weit nach allen Richtungen hin fortpflanzt. Es versteht sich von selbst, dass die traumatische Wirkung der Gehirnblutung von sehr wechselnder Intensität sein kann und dass demnach auch die Erscheinungen des apoplectischen Insults keineswegs in allen Fällen den gleichen Grad erreichen. Je weiter der Riss in dem Gefäss ist und je rascher und je reichlicher daher das Blut sich ergiessen kann, um so grösser ist auch der apoplectische Insult. Die Blutungen aus grösseren Gefässen sind daher gewöhnlich von schwereren Erscheinungen begleitet, als diejenigen aus kleinen Arterienästchen. Während bei einer umfangreichen Gehirnhämorrhagie die Patienten zuweilen plötzlich, „wie vom Schlage getroffen", völlig bewusstlos umsinken, verursachen kleinere Hämorrhagien nicht selten nur einen vorübergehenden Schwindelanfall mit leichter Trübung des Bewusstseins. Ist der Riss in der Arterienwand sehr klein und schmal, so dass das Blut sich nur langsam einen Weg bahnen kann, so kommt es zuweilen überhaupt nicht zu einem schweren plötzlichen Insult, sondern die Erscheinungen desselben bedürfen einer gewissen Zeit zu ihrer Entwicklung.

Nicht unwesentlich sind auch die Beziehungen, welche zwischen dem Sitze der Blutung und der Schwere des eintretenden apoplectischen Insults bestehen. Da die Bewusstseinsstörung, wie wir sogleich noch näher beschreiben werden, das Hauptsymptom des Insults ist und da diese jedenfalls von einer Functionshemmung der Hirnrinde abhängt, so ist einerseits klar, dass, je näher die Gehirnrinde dem hämorrhagischen Herde gelegen ist, um so leichter auch ein starker Insult eintreten wird. Dem entsprechend beobachten wir bei Hämorrhagien in tiefer gelegenen Gehirnabschnitten (Hirnschenkel, Brücke) nicht selten einen relativ geringen apoplectischen Insult. Auf der anderen Seite kommt aber ein in den Circulationsverhältnissen des Gehirns gelegener Umstand in Betracht, welcher es erklärlich macht, dass bei Hämorrhagien in den *Hirnstamm* der Insult doch häufig grösser ist, als bei Blutungen in den Gehirnmantel (Rinde, weisse Marksubstanz der Hemisphäre). Der Gehirnstamm ist nämlich mit relativ weit stärkeren Arterien versehen, als der Gehirnmantel, in welchem nur Gefässe kleineren Calibers vorhanden sind. Ausserdem bringt es die Art der Gefässvertheilung, wie DURET und HEUBNER gezeigt haben, mit sich, dass der *Blutdruck* in den Arterien des Stammes nicht unwesentlich *höher* ist, als in denen des Hirnmantels. So erklärt sich also die klinisch gefundene Thatsache, dass Blutungen im Gebiete der Stammarterien (welche überhaupt, wie gesagt, am häufigsten vorkommen) selbst bei verhältnissmässig geringerem Umfange von Insulterscheinungen begleitet sind, während solche zuweilen bei annähernd gleich grossen Herden im Gehirnmantel vermisst werden können.

Was nun die näheren *klinischen Erscheinungen des Insults* anlangt, so treten dieselben zuweilen vollkommen plötzlich ein, während in anderen Fällen dem eigentlichen schweren Insult während einer kürzeren oder längeren Zeit gewisse *Vorboten* vorhergehen. Die letzteren sind entweder die Folgen der durch die Gefässerkrankung im Gehirn bedingten Circulationsstörungen und bestehen dann, wie schon oben erwähnt, in zeitweilig auftretenden Kopfschmerzen, Schwindelerscheinungen, Ohrensausen, Flimmern vor den Augen, Müdigkeit, Muskelschwäche u. dgl., oder sie beruhen auf kleineren Blutungen, welche dem Eintritt einer grösseren Hämorrhagie nicht selten voranzugehen scheinen. In einem solchen Falle erfährt man, dass die Patienten in der letzten Zeit vor ihrer schweren Erkrankung schon einmal oder wiederholt einen leichten, rasch vorübergegangenen Anfall erlitten hatten, bestehend in einer geringen Ohnmachtsanwandlung, in einer rasch vorübergehenden Sprachstörung, in einer plötzlich eingetretenen, aber rasch wieder verschwundenen Schwäche eines Armes oder Beines, und ähnlichen Erscheinungen. Diese Symptome können mehrere Tage oder Wochen und Monate dem schweren apoplectischen Anfall vorhergehen.

In anderen Fällen fehlen derartige Vorboten. Der apoplectische Anfall tritt unerwartet und plötzlich ein, so dass die Kranken mitten in scheinbar völliger Gesundheit „wie vom Schlage getroffen" umsinken. In einer dritten Reihe von Fällen endlich fehlen die Vorboten auch; die Insulterscheinungen treten aber nicht auf einmal in ihrer ganzen Heftigkeit auf, sondern entwickeln sich erst allmählich im Verlauf einiger Stunden oder gar eines Tages. Man bezeichnet diesen Vorgang, welcher auf einer langsam eintretenden und erst allmählich anwachsenden Blutung beruht, als *langsamen* oder *verzögerten apoplectischen Insult*. Die Kranken werden verworren, ängstlich, Delirien (in einem unserer Fälle sehr ausgesprochene Gesichtshallucinationen) treten auf, Arm und Bein der einen Seite werden paretisch und allmählich immer stärker gelähmt, bis nach einigen Stunden völlige Bewusstlosigkeit eintritt. Zwischen den Erscheinungen des langsamen und des plötzlichen Insults kommen natürlich alle möglichen Uebergänge vor.

Der apoplectische Insult kann in kürzester Zeit mit dem *Tode* endigen. Die traumatische Druckwirkung der Apoplexie erstreckt sich in solchen Fällen wahrscheinlich bis auf die Oblongata, deren zur Erhaltung des Lebens nothwendigen Centra für die Herzbewegung und die Athmung ausser Thätigkeit gesetzt werden. Gewöhnlich tritt aber nur mehr oder weniger rasch eine völlige *Bewusstlosigkeit* ein. Zuweilen sind die Kranken noch im Stande, sich niederzulegen; gewöhnlich sinken sie auf den Stuhl oder zu Boden nieder und verfallen in ein tiefes *Coma*. Dabei ist das *Gesicht* nicht selten auffallend geröthet, der *Puls* ist voll und gespannt, aber in Folge des vermehrten Gehirndrucks nicht selten etwas *verlangsamt*. Die *Athmung* ist tief, geräuschvoll, schnarchend („stertoröses Athmen"), nicht selten ebenfalls verlangsamt. Die schlaffen Wangen und Lippen werden oft bei jeder Inspiration tief eingezogen, bei jeder Exspiration aufgeblasen. Die *Körpertemperatur* zeigt meist eine anfängliche Senkung und steigt erst später wieder bis auf die Norm oder über dieselbe hinaus. Nur bei rasch letalem Ausgange dauert das anfängliche Sinken der Eigenwärme bis zum Tode fort. Nicht sehr selten besteht in schweren Fällen anfangs eine eigenthümliche Haltung des Kopfes und der Augen, indem die genannten Theile ganz nach der einen Seite hin gerichtet sind. Diese Erscheinung, welche als *conjugirte Ablenkung* (déviation conjuguée) *der Augen und des Kopfes* (PRÉVOST) bezeichnet wird und gewöhnlich bald wieder vorübergeht, soll vorzugsweise von einer Affection des *unteren Scheitelläppchens* abhängen (LANDOUZY). Die Beziehungen zwischen der Richtung der seitlichen Ablenkung und der Gehirnhälfte, welche von der Blutung betroffen ist, sind nicht ganz constant. Am häufigsten scheint das Verhalten so zu sein, dass die Augen nach der befallenen Hemisphäre hin gerichtet sind, also gewissermaassen „den Herd anblicken" und von der gelähmten Körperhälfte (s. u.) wegblicken. Die *Pupillen* zeigen keine constanten Eigenthümlichkeiten. Oft sind sie von normaler Weite, in anderen Fällen verengt, erweitert oder ungleich, ohne dass man hieraus bestimmte diagnostische Schlüsse ziehen könnte. Ihre Reaction gegen Lichteindrücke ist in den schwersten Fällen erloschen, in anderen erhalten, aber oft abgeschwächt.

Die *Extremitäten* liegen während des tiefen apoplectischen Comas meist vollständig unbeweglich da und fallen, wenn sie passiv erhoben werden, schlaff herab. Die *Reflexe* sind in den schwersten Fällen völlig aufgehoben; zuweilen kann man aber durch stärkere Nadelstiche, durch Kneifen der Haut u. dgl. noch einzelne langsame Reflexzuckungen und Abwehrbewegungen erzielen. Ob überhaupt und auf welcher Seite durch die Apoplexie eine *halbseitige Lähmung* eingetreten ist, lässt sich während des initialen apoplectischen Comas nicht immer leicht feststellen. Oft jedoch bemerkt man schon jetzt, dass der Mundwinkel auf der einen Seite tiefer herabhängt, als auf der anderen, dass die Extremitäten auf der einen Seite noch schlaffer und schwerer sind, als diejenigen auf der anderen Körperhälfte, und dass die Reflexe und Abwehrbewegungen auf der einen (gelähmten) Seite ganz fehlen, während sie auf der anderen Seite deutlich hervorgerufen werden können.

Im Gegensatz zu der gewöhnlichen Schlaffheit der Arme und Beine während des apoplectischen Comas kann sich in anderen Fällen eine *tonische Starre* der Extremitäten, vorzugsweise auf der der Blutung gegenüberliegenden Seite, ausbilden. Dieses Symptom scheint, wenn auch nicht ausschliesslich, so doch namentlich dann aufzutreten, wenn die Blutung in einen *Seitenventrikel* durchgebrochen ist. Ziemlich selten ist die Gehirnhämorrhagie von dem Eintritt allgemeiner oder halbseitiger *epileptiformer* Convulsionen begleitet, eine Erscheinung, welche, wie wir gesehen haben, auf eine Reizung der motorischen Rindenbezirke zu beziehen ist.

Erwähnenswerth ist, dass in manchen Fällen von Gehirnblutung in dem nach dem Anfall entleerten *Urin* geringe Mengen von *Eiweiss* oder *Zucker* gefunden worden sind. Man bezieht dieses Symptom gewöhnlich auf eine bis auf die Oblongata sich erstreckende Druckwirkung des hämorrhagischen Herdes. Die Aufhebung der willkürlichen Harnentleerung zeigt sich meist in einer *Retentio urinae*, während in anderen Fällen der Harn unwillkürlich ins Bett entleert wird.

In einer Anzahl von Fällen erholen sich die Kranken nicht wieder aus dem apoplectischen Coma. Zwar tritt der Tod nicht sofort ein,

aber die völlige Bewusstlosigkeit hält an, die Athmung wird beschleu-
nigter, unregelmässiger und durch Hineinfliessen von Speichel und
Schleim in den Larynx und in die Trachea röchelnd; der anfangs verlangsamte Puls wird beschleunigt, das Gesicht wird blasser und immer
verfallener, die Augen sinken ein, die Corneae werden trübe und schliesslich tritt nach mehrstündigem oder selbst nach einem 1—2 Tage anhaltenden Coma der *Tod* ein, häufig unter einer ziemlich *beträchtlichen
Temperatursteigerung.*

Dieser Ausgang ist indessen keineswegs die Regel. Häufiger kommt
es vor, dass die Kranken den apoplectischen Insult überleben. Die
Blutung im Gehirn hat aufgehört, das Gerinnsel zieht sich zusammen,
es beginnt der Zerfall und die Resorption desselben. Damit lässt die
Druckwirkung auf die Umgebung immer mehr und mehr nach, die
entfernteren Gehirntheile erholen sich allmählich von ihrem „Shok",
das Bewusstsein kehrt langsam zurück. Die Kranken fangen an, bei
starkem Anrufen die Augen aufzuschlagen, sie greifen nach dem Kopfe,
seufzen, gähnen; allmählich wird ihr Bewusstsein klarer, sie versuchen
zu reden, sich durch Zeichen verständlich zu machen; die Erinnerungen
tauchen wieder auf, sie erkennen ihre Umgebung wieder. Selten wird
diese Besserung durch eine neue, vielleicht tödtliche Verschlimmerung
unterbrochen. Dies kann geschehen, wenn die Blutung sich erneuert.
Gewöhnlich hält aber die Besserung an, die Kranken sind nach einigen
Tagen wieder bei völligem Bewusstsein und jetzt erst kann man den
ganzen „angerichteten Schaden übersehen".

Ausser den bisher beschriebenen Erscheinungen des *schweren* apoplectischen Insults kommen, wie erwähnt, Fälle mit *leichterem Insult*
in allen möglichen Abstufungen keineswegs selten vor. In diesen tritt
überhaupt kein andauerndes tiefes Coma ein. Die Kranken verlieren
das Bewusstsein nur vorübergehend oder gar nicht. Sie werden von
einem *Schwindel,* von plötzlichem *Kopfschmerz* ergriffen, sind nur eine
Zeit lang betäubt, benommen. Ziemlich häufig tritt ebenso, wie bei
den gewöhnlichen Ohnmachtsanwandlungen, *Uebelkeit* und *Erbrechen*
ein. Trotz dieser relativ geringen Insulterscheinungen, welche zuweilen
sogar fast ganz fehlen, können doch die eigentlichen Herdsymptome
der Blutung (Hemiplegie u. a.) sich vollkommen ausbilden. Zu der
Besprechung derselben müssen wir jetzt übergehen.

Als *directe Herdsymptome* der Gehirnblutung kann man nur diejenigen Ausfallserscheinungen bezeichnen, welche ihren Grund in der
wirklichen Zerstörung einer Gehirnstelle durch die Blutung haben. An
dem Orte der Blutung wird, wie wir gesehen haben, ein grösserer oder

kleinerer Bezirk der Gehirnsubstanz von dem unter hohem Druck plötzlich austretenden Blute völlig zertrümmert. Dieser Ausdehnung entsprechend entsteht später die apoplectische Narbe oder Cyste und je nach dem Orte, wo dieser Verlust an functionsfähiger Gehirnsubstanz stattfindet, muss sich die Art und die Ausbreitung der *dauernden*, grösstentheils *irreparablen Ausfallserscheinungen* richten. Ausser diesen directen Herderscheinungen giebt es aber auch noch *indirecte Herdsymptome* der Gehirnblutungen, welche den eigentlichen apoplectischen Insult überdauern und auch von der speciellen Localisation des Herdes abhängen. Sie entsprechen aber nicht dem eigentlich zerstörten Gehirnbezirke, sondern beziehen sich auf die eine gewisse Zeit lang anhaltende Einwirkung des apoplectischen Herdes auf seine *unmittelbare Umgebung*. Der Druck des Herdes auf seine Umgebung, die gestörte Circulation in derselben, das collaterale Oedem, vielleicht auch die Imbibition mit den gelösten Zerfallsproducten aus dem apoplectischen Herde sind hierbei vorzugsweise in Betracht zu ziehen. Die indirecten Herdsymptome überdauern zwar den apoplectischen Insult, sind aber doch vorübergehend und verschwinden wieder nach verschieden langer Zeit, nach Tagen, Wochen oder selbst noch nach Monaten. Ist der apoplectische Insult vorüber und sind die nachbleibenden Herdsymptome in ihren Einzelnheiten festgestellt worden, so besitzen wir zunächst gar kein sicheres Zeichen, aus welchem wir schliessen können, ob die bestehenden Herdsymptome directer oder indirecter Natur sind. Hierüber giebt allein die weitere Beobachtung des Krankheitsverlaufes Aufschluss. Gehen die anfänglichen Erscheinungen innerhalb der nächsten Tage, Wochen oder der ersten Monate allmählich wieder zurück, so schliessen wir hieraus nachträglich, dass es sich um indirecte Herdsymptome gehandelt habe. Was nach Ablauf eines halben Jahres noch zurückgeblieben ist, gehört zu den directen Herdsymptomen und ist einer wesentlichen weiteren Besserung nicht mehr fähig. Wir kommen auf diese in praktischer Beziehung äusserst wichtigen Unterschiede bei der Besprechung des *Verlaufs* der Gehirnblutungen noch einmal zurück.

Eine nähere Beschreibung aller bei den Gehirnblutungen möglichen Herdsymptome und der aus denselben sich ergebenden Anhaltspunkte für die Diagnose des *Sitzes* der Blutung können wir unterlassen, da hierbei alle diejenigen Thatsachen noch einmal aufgezählt werden müssten, welche bereits im vorigen Capitel besprochen sind. Nur das hauptsächlichste Krankheitsbild, welches bei weitem am häufigsten nach einer Gehirnblutung zurückbleibt, bedarf noch einer ausführlicheren Darstellung: die gewöhnliche *cerebrale Hemiplegie*.

Da, wie erwähnt, die meisten Gehirnblutungen in der Umgebung der Seitenventrikel eintreten, so wird in der Mehrzahl der Fälle die durch die innere Kapsel laufende motorische Pyramidenbahn durch die Blutung entweder direct zerstört oder wenigstens durch den in ihrer unmittelbaren Nachbarschaft gelegenen hämorrhagischen Herd secundär in Mitleidenschaft gezogen. Bei den meisten Kranken findet sich daher, nachdem die Erscheinungen des apoplectischen Insults glücklich vorübergegangen sind, eine *halbseitige motorische Lähmung* auf der dem Sitze der Blutung im Gehirn *gegenüberliegenden Körperhälfte*. Untersucht man die Hemiplegie näher, so findet man zunächst gewöhnlich schon im *Facialisgebiet* einen deutlichen Unterschied zwischen der gesunden und der kranken Seite, und zwar eine deutliche Lähmung im Gebiete des *unteren Facialis* (Wangen-, Nasen- und Mundmuskeln), während der *obere Abschnitt* (Augen- und Stirntheil) des Facialisgebiets ganz oder *fast ganz frei* geblieben ist. Das Runzeln der Stirn geschieht auf beiden Seiten gleich; beim Rümpfen der Nase, beim Verziehen des Mundes tritt dagegen die Facialislähmung deutlich hervor. Oft ist sie schon in der Ruhe durch das Verstrichensein der Nasolabialfalte und das Herabhängen des Mundwinkels bemerkbar. Interessant ist es, dass die Parese des unteren Facialis beim willkürlichen Verziehen des Mundes (Zeigen der Zähne) viel mehr zum Vorschein kommt, als beim *unwillkürlich* eintretenden *Lachen*. Zuweilen bemühen sich die Kranken vergeblich, ihren einen Mundwinkel stärker zu bewegen, fangen dann über ihr eigenes Ungeschick an zu lachen und ziehen hierbei ihren Mund in fast ganz normaler Weise in die Breite. Worauf der Unterschied im Verhalten des oberen und unteren Facialisgebiets bei den cerebralen Hemiplegien beruht, ist noch nicht sicher bekannt. Möglicher Weise hängt diese Erscheinung damit zusammen, dass die Muskeln des oberen Facialisgebiets, namentlich Frontalis und Corrugator, fast nie einseitig, sondern immer auf beiden Seiten zugleich bewegt werden, und dass vielleicht dem entsprechend von jeder Hemisphäre aus die Muskeln *beider* Seiten innervirt werden können, so dass also das Erhaltensein des *einen* Facialiscentrums für die Beweglichkeit der beiderseitigen Muskeln ausreichend ist. Uebrigens kann man bei genauerer Prüfung doch zuweilen im Frontalis der gelähmten Seite eine *geringe* Parese bemerken. Auch im unteren Facialisgebiet handelt es sich bei den gewöhnlichen cerebralen Hemiplegien fast immer nur um eine mehr oder weniger starke *Parese*, fast nie um eine völlige Lähmung.

Ziemlich häufig ist neben der Facialisparese auch eine Störung im

Gebiete des *Hypoglossus* nachweisbar. Strecken die Kranken die *Zunge* heraus, so zeigt die Spitze derselben eine deutliche *Abweichung nach der gelähmten Seite* hin. Dieses Verhalten beruht auf der Parese des einen *M. genioglossus*. Durch die Wirkung der beiden Genioglossi wird die Zunge gewissermaassen nach vorn geschoben. Ueberwiegt dieses Schieben auf der einen (gesunden) Seite, so wird hierdurch die Spitze der Zunge nach der anderen (kranken) Seite hinüber geschoben. Andere Bewegungsstörungen an der Zunge sind bei der gewöhnlichen cerebralen Hemiplegie fast niemals zu bemerken. Doch kann zuweilen schon durch die geringe Parese der einen Zungenhälfte im Verein mit der Facialisparese eine merkliche articulatorische Sprachbehinderung entstehen, welche freilich keinen höheren Grad erreicht und oft nur den Kranken selbst als ein subjectives Gefühl der Erschwerung des Sprechens bemerkbar ist.

Ziemlich selten ist eine deutliche Betheiligung des *weichen Gaumens* an der Hemiplegie. Das Gaumensegel der gelähmten Seiten hängt dann etwas tiefer herab und bewegt sich weniger, als auf der anderen Seite. Die Uvula steht schief, mit ihrer Spitze bald nach der gesunden, bald nach der kranken Seite hin gerichtet. Besondere Functionsstörungen kommen hierdurch nicht zu Stande.

Die Betheiligung der *Rumpfmuskulatur* an der Hemiplegie tritt gewöhnlich nur im Gebiete des *M. cucullaris* stärker hervor. Die *Schulter* hängt in Folge der Parese dieses Muskels tiefer herab und kann auf der kranken Seite weniger hoch gehoben werden, als auf der gesunden. Lässt man die Kranken tiefe willkürliche Inspirationen machen, so bemerkt man zuweilen ein deutliches *Nachschleppen der kranken Seite bei der Athmung*, ein Verhalten, welches jedenfalls auf einer Parese der betreffenden Respirationsmuskeln beruht. Hiermit hängt es vielleicht zusammen, dass Erkrankungen der Athmungsorgane, welche Hemiplegiker betreffen, sich auffallend häufig in der (weniger ausgiebig athmenden) Lunge der kranken Seite localisiren.

Die wichtigste Theilerscheinung der Hemiplegie ist die *Lähmung der Extremitäten*. Sie ist in der ersten Zeit nach Eintritt der Blutung häufig eine so vollständige, dass nicht die geringste willkürliche Bewegung in dem befallenen Arm und Bein ausgeführt werden kann. In anderen Fällen besteht dagegen von vorn herein nur ein mehr oder weniger hoher Grad von Parese (*Hemiparese*) oder die complete Lähmung erstreckt sich wenigstens nur auf gewisse Muskelgebiete, während in anderen Muskeln noch Reste activer Beweglichkeit erhalten sind. Auch, wenn anfangs eine völlige Hemiplegie besteht, tritt in der Folgezeit meist bis zu einem gewissen Grade eine Wiederbeweglichkeit in einem Theil der gelähmten Muskeln ein (s. u.).

Das *Verhalten der Reflexe* zeigt bei fast allen cerebralen Hemiplegien eine relativ grosse Uebereinstimmung. Am constantesten ist die *Erhöhung der Sehnenreflexe* auf der gelähmten Seite. Nur wenn die Erscheinungen des initialen apoplectischen Insults sehr heftig sind, können anfangs auch die Sehnenreflexe völlig fehlen. Bei allen älteren Hemiplegien sind sie aber constant erheblich verstärkt. Sowohl am Arm, als auch am Bein erhält man durch Beklopfen der Sehnen und Knochen (*Periostreflexe*) die lebhaftesten und mannigfaltigsten Reflexzuckungen. Sehr häufig lässt sich ein anhaltendes *Fussphänomen* hervorrufen. Bemerkenswerth ist, dass auch auf der *gesunden Seite,* namentlich am Bein, fast immer eine deutliche, wenn auch nicht so erhebliche Steigerung der Sehnenreflexe nachweisbar ist. Von verschiedenen Seiten ist die Meinung aufgestellt worden, dass die Steigerung der Sehnenreflexe auf der gelähmten Seite abhängig sei von der *secundären Degeneration* der Pyramidenbahnen im Rückenmark. Diese Ansicht ist unseres Erachtens durchaus unbegründet, da die Erhöhung der Sehnenreflexe häufig schon wenige Tage oder gar Stunden nach dem apoplectischen Insult vorhanden ist, also zu einer Zeit, wo an eine bestehende secundäre Degeneration im Rückenmark noch gar nicht zu denken ist. Vielmehr ist der durch die Gehirnerkrankung selbst bedingte Wegfall gewisser reflexhemmender Erregungen wahrscheinlich als die Ursache der verstärkten Sehnenreflexe anzusehen.

Sehr häufig, namentlich bei älteren Hemiplegien mit ausgebildeten Contracturen, findet man auch eine erhöhte „*directe mechanische Erregbarkeit*" der gelähmten Muskeln, indem bei directem Beklopfen derselben lebhafte Contractionen entstehen. Wir sind der Meinung, dass mindestens ein Theil dieser Contractionen auch *reflectorischen* Ursprungs ist und auf der mechanischen Reizung der Muskelfascien (*Fascienreflex*) beruht.

Gerade umgekehrt, wie die Sehnenreflexe, verhalten sich in der Regel die *Hautreflexe* bei der Hemiplegie. Sie zeigen fast immer eine entschiedene *Herabsetzung auf der gelähmten Seite.* Im gelähmten Arm sind meist überhaupt keine Hautreflexe hervorzurufen, im gelähmten Bein fehlen sie auch oder sind mindestens bedeutend schwächer, als auf der gesunden Seite. Besonders deutlich zeigt sich der Unterschied ferner im Verhalten des *Bauchreflexes* und des *Cremasterreflexes* (s. S. 58), welche auf der gelähmten Seite fast immer sehr herabgesetzt oder ganz verschwunden sind, während man sie auf der gesunden Seite

in normaler Stärke hervorrufen kann. Dieser Unterschied ist nicht selten
zur Bestimmung des Sitzes der Hemiplegie dienlich, wenn die Kranken
benommen oder sogar ganz bewusstlos sind.

Die *Sensibilität* ist in den meisten Fällen von cerebraler Hemiplegie nur in geringem Grade gestört. Speciell bei den Hemiplegien
nach Gehirnblutungen findet man bei genauerer Prüfung im Anfang
freilich meist eine *geringe Abstumpfung* der Hautempfindlichkeit. Dieselbe erreicht aber selten einen höheren Grad und nimmt in der Folgezeit häufig noch weiter ab. Leichte *Parästhesien* in der gelähmten
Seite sind, namentlich im Beginn der Affection, nicht selten. Eine
stärkere Sensibilitätsstörung weist, wie wir gesehen haben (vgl. S. 310),
auf eine Betheiligung des hintersten Abschnitts der inneren Kapsel an
der Erkrankung hin. In derartigen, freilich seltenen Fällen kann die
motorische Hemiplegie mit einer vollständigen cerebralen *Hemianästhesie*
combinirt sein. Eine *vorübergehende Hemiopie* soll nach GOWERS in
der ersten Zeit nach dem Eintritt einer Gehirnblutung häufig vorhanden
sein. Auch die Combination einer Hemiplegie mit *dauernder Hemiopie*
ist nicht sehr selten; doch sind die *anatomischen* Befunde bei derartigen
Fällen erst wenig bekannt. Vorzugsweise darf man hierbei wohl an
eine Affection der Sehnervenfasern in der inneren Kapsel oder im Pulvinar thalami optici denken. Der *Muskelsinn* ist bei der Hemiplegie
meist nicht gestört. Die neuerdings gemachte Angabe, dass bei *corticalen Lähmungen* constant Anomalien der Muskelempfindung in den gelähmten Theilen nachweisbar seien, bedarf noch der weiteren Bestätigung.

Eine andere Reihe wichtiger Erscheinungen tritt uns entgegen,
wenn wir den *weiteren Verlauf der Hemiplegien* ins Auge fassen. Vor
allem verdient das weitere Verhalten der gelähmten Muskeln Beachtung.
Ist die Hemiplegie von vorn herein keine ganz vollständige, so kann
sich in relativ kurzer Zeit die Beweglichkeit der befallenen Seite in
fast völlig normaler Weise wieder herstellen. Höchstens bleibt noch
eine gewisse leichte Schwäche und Steifigkeit nach, welche indessen
allmählich auch noch weiter abnehmen. Wie aus dem früher Gesagten
hervorgeht, ist in diesen Fällen die anfängliche Hemiparese ein *indirectes* Herdsymptom, welches verschwindet, sobald die Fernewirkun-
gen des eigentlichen Herdes aufhören.

Doch auch in den Fällen, wo eine vollständige Hemiplegie eintritt,
bleibt dieselbe nur ausnahmsweise in ihrer ganzen Ausdehnung dauernd
bestehen. Entweder schon nach einigen Tagen oder häufiger erst nach
einigen Wochen beginnt in einzelnen Theilen der gelähmten Seite die
Beweglichkeit wieder zurückzukehren. Langsam schreitet die Besserung

fort und in den günstigsten Fällen kann im Verlaufe der nächsten Monate der grösste Theil der Lähmungserscheinungen wieder verschwinden. Gewöhnlich gelangt aber die Besserung nur bis zu einem gewissen Grade und der dann erreichte Zustand bleibt stationär. Hierbei *kehrt bemerkenswerther Weise die Beweglichkeit des Beines fast immer in höherem Maasse zurück*, als die Beweglichkeit des Armes. Viele Patienten gelangen allmählich dahin, wieder allein oder mit Hülfe des Stocks ziemlich gut gehen zu können, während ihnen der Arm fast völlig unbrauchbar bleibt. Freilich wird der Gang nur selten wieder ganz normal. Die Patienten machen kleine Schritte, schleppen das kranke Bein mehr oder weniger stark nach und bewegen es häufig nicht gerade, sondern in einem nach aussen gerichteten Bogen nach vorwärts. Im *Arm* erfährt gewöhnlich die Beweglichkeit in den Fingern und in dem Ellenbogengelenk die relativ grösste Besserung, während die Bewegungen im Schultergelenk am meisten beschränkt bleiben.

Worauf die soeben geschilderte, in den ersten Monaten nach Eintritt der Hemiplegie häufig beginnende Besserung beruht, ist nicht mit völliger Sicherheit zu sagen. Der Hauptgrund ist wahrscheinlich auch hierbei in dem Umstande zu suchen, dass nur die dauernden Lähmungserscheinungen als *directe* Herdsymptome aufzufassen sind, während die vorübergehenden Bewegungsstörungen nur indirect vom hämorrhagischen Herde abhängen und verschwinden, sobald alle in der Umgebung desselben eintretenden Veränderungen (Druck, Oedem u. s. w.) aufgehört haben. Doch ist die Möglichkeit nicht ganz von der Hand zu weisen, dass allmählich auch andere Bahnen (vielleicht von der intact gebliebenen Gehirnhälfte her) vicariirend eintreten und einen Theil der anfänglich gestörten Functionen übernehmen. Dass eine wirkliche *Regeneration* der einmal zerstörten Fasern eintritt, ist sehr unwahrscheinlich, und, wie oben schon erwähnt, ist eine wesentliche Besserung nur etwa innerhalb des ersten halben Jahres möglich.

In den gelähmt bleibenden Theilen bilden sich in der späteren Zeit sehr häufig *Contracturen* aus, welche in den einzelnen Fällen eine ziemlich grosse Uebereinstimmung zeigen. Entsprechend dem höheren Grade der Lähmung sind auch die Contracturen im *Arm* meist stärker, als im Bein, und zwar zeigen die *Finger* fast immer eine Beugecontractur, der *Vorderarm* eine *Pronationscontractur*, wobei er meist gebeugt, nur selten gestreckt ist, und der *Oberarm* eine *Adductionscontractur* (vorzugsweise in dem M. pectoralis). Diese Contracturstellungen entsprechen denjenigen Stellungen, welche der gelähmte Arm fast immer einnimmt, wenn er sich selbst überlassen bleibt. Schon hierin liegt ein Grund, als die Hauptursache der Contracturen die mangelnde Beweglichkeit des Armes und die in Folge davon nothwendig eintretende dauernde Verkürzung gewisser Muskeln, die Contracturen selbst also als *„passive Contracturen"* zu betrachten. Für diese Ansicht spricht ferner, dass die Contracturen bis zu einem gewissen Grade verhindert werden können, wenn man durch regelmässig fortgesetzte passive Bewegungen keine dauernde Verkürzung der Muskeln zu Stande kommen lässt. CHARCOT und seine Schüler (BOUCHARD u. A.) haben indessen eine ganz andere Anschauung von dem Zustandekommen der Contracturen. Sie halten dieselben für eine *Folge der secundären Degeneration der Pyramidenbahn.* Zu Gunsten dieser Ansicht kann aber Nichts angeführt werden, als dass sich bei den Sectionen der Kranken mit hemiplegischen Contracturen in der That stets die erwähnte secundäre Degeneration findet. Dies ist aber selbstverständlich und beweist nichts für den ursächlichen Zusammenhang beider Erscheinungen. Eine Contractur kommt nur bei einer dauernden Lähmung zu Stande; eine dauernde Lähmung tritt aber nur dann ein, wenn die Pyramidenbahn zerstört ist und ist diese zerstört, so muss eine secundäre Degeneration eintreten. Dass letztere aber als „Reiz" auf die Fasern wirken und hierdurch die Muskeln zur Contraction bringen solle, ist vollends unwahrscheinlich, da die degenerirenden Fasern aller Analogie nach ihre Erregbarkeit verloren haben und mithin gar nicht im Stande sind, irgend einen Reiz auf die gelähmten Muskeln zu übertragen.

Treten im *Beine* stärkere Contracturen ein, so sind es entweder Streck- oder Beugecontracturen. Im Unterschenkel findet sich am häufigsten eine mässige Contractur der Wadenmuskeln. Bemerkenswerth ist noch die von HITZIG hervorgehobene Thatsache, dass manche Contracturen des Morgens, wenn die Kranken aus dem Schlafe erwachen, sehr gering sind und erst stärker werden, nachdem die Kranken die ersten Bewegungen gemacht haben. HITZIG führt diese Erscheinung, welche übrigens noch sehr eines fortgesetzten Studiums bedarf, auf abnorme *„Mitbewegungen"* in den gelähmten Muskeln zurück. Derartige Mitbewegungen werden auch sonst bei Hemiplegikern zuweilen beobachtet und zwar kann es vorkommen, dass sowohl bei Bewegungen in der gesunden Seite Mitbewegungen in der kranken Seite vorkommen, als auch dass umgekehrt die angestrengten Bewegungen in der kranken Seite von Mitbewegungen in den gesunden Muskeln begleitet sind.

Im Anschluss an die Mitbewegungen muss noch eine eigenthümliche Erscheinung erwähnt werden, die sogenannte *Hemichorea posthemiplegica* (WEIR MITCHELL). Dieselbe besteht darin, dass einige Zeit *nach* dem Auftreten der Lähmung in den gelähmten Theilen eigenthümliche choreatische oder athetotische unfreiwillige Bewegungen (s. S. 54) entstehen, welche theils fortwährend, theils nur als Mitbewegungen bei gewollten Bewegungen in der kranken oder auch in der gesunden Seite auftreten. Bei den Hemiplegien nach Gehirnhämorrhagien ist die posthemiplegische Chorea sehr selten. Sie soll vorzugsweise nach Herden im hinteren Ende der inneren Kapsel und im Thalamus auftreten. Viel häufiger ist sie bei gewissen Formen *infantiler* Hemiplegie (vgl. u. das Capitel über Encephalitis).

Von Interesse ist die Beobachtung des *trophischen* und *vasomotorischen Verhaltens der gelähmten Theile* im Beginn und im weiteren Verlauf der Hemiplegie. Zuweilen findet man die Haut auf der gelähmten Seite im Anfange etwas röther und wärmer, als auf der gesunden. Auch im Gebiete des *Halssympathicus* hat NOTHNAGEL bei Hemiplegischen theils vorübergehende, theils dauernde Lähmungserscheinungen (vermehrte Temperatur und Röthung in der gelähmten Gesichtshälfte, Verengerung der Lidspalte und der Pupille), freilich fast immer nur von geringer Intensität nachgewiesen. Sehr häufig, namentlich am Handrücken, findet man eine geringere oder selbst stärkere *ödematöse Anschwellung*, welche ebenfalls gewöhnlich als vasomotorisches Symptom aufgefasst wird. Doch ist zu bedenken, einen wie grossen Einfluss auf die Fortbewegung des Venen- und Lymphstromes die *Bewegungen* eines Körpertheils haben, und dass vielleicht auch durch den Wegfall dieses Einflusses das Oedem in den gelähmten Theilen erklärt werden kann. Bei *älteren* Hemiplegien findet man die Extremitäten auf der gelähmten Seite stets *kühler* und namentlich an der Hand macht sich sehr häufig eine stark *cyanotische Färbung* bemerkbar. Die *Haut* wird zuweilen spröde und rissig, manchmal verdickt. Die Innenfläche contracturirter Hände ist oft der Sitz einer ziemlich reichlichen *Schweisssecretion*.

Zu den specifisch trophischen Störungen bei der Hemiplegie wird von CHARCOT auch der *„acute maligne Decubitus“* gerechnet, welcher sich zuweilen in äusserst rapider Weise schon wenige Tage nach dem apoplectischen Insult, gewöhnlich in der Mitte der Hinterbacke der gelähmten Seite, entwickelt. Hier entsteht eine umschriebene Röthung und Blasenbildung, welche rasch in eine tiefgreifende Gangrän der Weichtheile übergeht. Wir selbst haben bei *gut gepflegten* Kranken diesen Decubitus nie beobachtet und können nicht umhin, unserem Zweifel Ausdruck zu geben, ob die Entwicklung desselben wirklich eine *rein* trophische Störung, und nicht von dem Druck und dem Eindringen septischer Stoffe in die Haut abhängig sei. Dass bei alten bettlägerigen Hemiplegikern leicht in der gewöhnlichen Weise Decubitus entstehen kann, versteht sich von selbst.

Die dauernd *gelähmten Muskeln* erleiden allmählich (im Verlaufe von Jahren) eine gewisse Atrophie, welche aber in uncomplicirten Fällen cerebraler Hemiplegie *niemals* den Charakter der degenerativen Atrophie annimmt und meist auch keinen stärkeren Grad erreicht. Die gelähmten Muskeln bewahren daher auch vollkommen ihre *faradische Erregbarkeit*, ein Verhalten, welches sich aus dem Seite 71 Gesagten von selbst ergiebt. In den *Gelenken* der gelähmten Extremitäten, namentlich im Knie- und Schultergelenk, entwickeln sich in seltenen Fällen acute oder mehr chronisch verlaufende Entzündungsprocesse, deren Genese nicht klar ist. CHARCOT hält einen neurotrophischen Ursprung derselben für wahrscheinlich, ebenso wie für die selten vorkommenden *Verdickungen an den peripheren Nervenstämmen* der gelähmten Seite („*Neuritis hypertrophica*").

In einer grossen Anzahl von Fällen, bei welchen die Hemiplegie dauernd fortbesteht, entwickeln sich schliesslich im Laufe der Jahre immer mehr zunehmende Zeichen *psychischer Schwäche*. Die Kranken werden stumpfsinnig und ihr Gedächtniss nimmt ab. Sehr häufig zeigt sich eine eigenthümliche Neigung derselben zum Weinen, so dass sie bei jedem geringsten Anlasse in Thränen ausbrechen. Doch wechselt die Stimmung oft rasch und Weinen und Lachen können unmittelbar in einander übergehen.

Der *allgemeine Ernährungszustand* der Kranken bleibt in vielen Fällen lange Zeit gut erhalten; nicht selten tritt sogar eine entschiedene Neigung zum Corpulentwerden hervor. In anderen Fällen, namentlich bei den vollständig bettlägerigen Hemiplegikern, entwickelt sich aber allmählich ein allgemeiner Marasmus, welcher das Ende der Kranken beschleunigt, zumal wenn noch Decubitus, eine Bronchitis oder sonstige intercurrente Erkrankungen hinzutreten.

Wir haben die Eigenthümlichkeiten der Hemiplegie hier näher besprochen, weil das Gesagte für alle cerebralen Hemiplegien gilt, an welcher Stelle der Pyramidenbahn auch die Unterbrechung stattfinde und durch welchen anatomischen Process sie herbeigeführt sei. Eine weitere Erörterung der Gehirnhämorrhagien je nach ihrem verschiedenen Sitze ist unnöthig. Die Hemiplegie als solche ist dieselbe, ob der hämorrhagische Herd in der Rinde, in der inneren Kapsel, im Gehirnschenkel oder in der Brücke sitzt. Durch welche *Begleiterscheinungen* die nähere Diagnose des Sitzes gemacht werden kann, ist aus dem im vorigen Capitel Gesagten ersichtlich. Zu erwähnen ist hier nur noch die häufige *Combination einer rechtsseitigen Hemiplegie mit Aphasie*, welche bei ausgedehnten Hämorrhagien in der *linken* Hemisphäre entsteht, wenn der Herd von der inneren Kapsel aus bis in die Gegend der dritten Hirnwindung resp. obersten Schläfenwindung (vgl. S. 307) reicht.

Diagnose. Die Diagnose der Gehirnblutung stützt sich auf den plötzlichen Eintritt der Erscheinungen des apoplectischen Insults und die eventuell nachbleibenden cerebralen Ausfallssymptome. Absolut sicher ist die Diagnose fast niemals, da die *Gehirnembolie* fast durchaus die gleichen Erscheinungen machen kann. Die Differentialdiagnose zwischen dieser und der Hämorrhagie wird im folgenden Capitel besprochen werden. In einzelnen Fällen können auch sonstige Gehirnerkrankungen (Meningitis, Tumoren), ferner eine plötzlich eintretende Urämie, allgemein septische Processe u. dgl. das Krankheitsbild einer Gehirnblutung vortäuschen, indem die hierbei rasch eintretenden schweren allgemeinen Gehirnerscheinungen (Bewusstlosigkeit u. a.) für ein apoplectisches Coma gehalten werden.

Prognose. Die Prognose, ob der Kranke zunächt den apoplectischen Insult überstehen wird, richtet sich nach der Schwere der Erscheinungen desselben. Je tiefer und anhaltender die Bewusstlosigkeit, je ungenügender die Athmung und der Puls, um so geringer die Aussicht auf eine Wiederherstellung. Doch ist eine sichere Vorhersage niemals möglich. Hat der Kranke den Insult überstanden und ist eine Hemiplegie zurückgeblieben, so hängt die Möglichkeit ihrer Besserung allein davon ab, ob die Lähmung ein indirectes oder ein directes Herdsymptom ist. Da Niemand dies im Anfang wissen kann, so muss man mit seinem Urtheil, sowohl nach der schlimmen, wie nach der guten Seite hin, sehr zurückhaltend sein. Stets im Auge zu behalten ist die Möglichkeit einer *Wiederkehr der Blutung.* Die der Gehirnblutung zu Grunde liegende Gefässerkrankung macht die Thatsache verständlich, dass Personen, welche bereits einmal von einem Schlaganfall heimgesucht sind, häufig nach kürzerer oder längerer Zeit von einer zweiten Apoplexie befallen werden.

Therapie. Die Behandlung des *apoplectischen Insults* besteht zunächst in ruhiger *Lagerung* des Patienten mit erhöhtem Oberkörper. Zur Vermeidung von Decubitus ist *Reinlichkeit* und genaue Ueberwachung der Haut an den der Unterlage aufliegenden Theilen des Körpers dringend nothwendig. Der Kopf, namentlich die Seite, auf welcher man die Blutung vermuthet, wird mit einer *Eisblase* bedeckt. Ueber den Werth der früher allgemein angewandten *Blutentziehungen* ist man gegenwärtig zweifelhaft geworden. Ein *Aderlass* ist nur dann angezeigt, wenn ein stark geröthetes Gesicht, ein lebhaftes Pulsiren der Carotiden, ein gespannter, langsamer Puls bei einem sonst noch kräftigen Individuum auf einen erhöhten Blutdruck hinweisen und man noch hoffen kann, durch eine Herabsetzung des Blutdrucks im *Beginn* des Anfalls das längere Andauern der Hämorrhagie zu verhindern. Auch locale Blutentziehungen an der Schläfe scheinen unter solchen Verhältnissen, wie die Erfahrung lehrt, nicht immer ganz nutzlos zu sein. Durch *Clystiere*, in der späteren Zeit durch innerlich gereichte *Drastica*, sorgt man für genügende Stuhlentleerung. Wird die Athmung und der Puls ungenügend, so versucht man *Reizmittel* (Aether, Campher), welche freilich häufig erfolglos bleiben. Ist der Insult glücklich vorübergegangen, so sind unsere Mittel, auf den ferneren Verlauf der Erscheinungen einzuwirken, sehr gering. So lange Kopfschmerzen und Fiebererscheinungen anhalten, fährt man mit der Eisapplication auf den Kopf fort und richtet sich im Uebrigen nach den einzelnen symptomatischen Indicationen. Bei bestehender Unruhe und bei Schlaflosigkeit verordnet man kleine Dosen Morphium oder Chloral. Etwa 3—4 Wochen nach dem Insult kann man, wenn alle anfänglichen Reizerscheinungen vorüber sind, die *Behandlung der Hemiplegie* in Angriff nehmen, wobei die Anwendung der *Elektricität* in erster Linie in Betracht kommt. Man versucht die *locale Galvanisation* quer durch den Kopf mit möglichster Berücksichtigung der Lage des hämorrhagischen Herdes: schwache Ströme, Dauer der Sitzung etwa 2—3 Minuten. Mit der Galvanisation am Kopf kann die *Galvanisation des Sympathicus* auf der Seite des Gehirnherdes verbunden werden und endlich ist auch die Galvanisation (labile Kathode) und Faradisation der gelähmten Muskeln und Nerven nicht zu versäumen. Die Beurtheilung der hierdurch anscheinend erzielten günstigen Heilerfolge ist jedoch deshalb unsicher, weil, wie erwähnt, spontane Besserungen häufig vorkommen.

Sehr wichtig zur möglichsten Verhütung der Contracturen sind frühzeitig anzufangende und methodisch fortzusetzende *passive Bewegungen*, verbunden mit *Massage* der gelähmten Muskeln. In diesem Sinne sind auch die vielfach angewandten *Einreibungen* (mit Campherspiritus, Chloroformöl, Senfspiritus u. s. w.) von Nutzen.

Von *inneren Mitteln* wird *Jodkalium* häufig verordnet im Hinblick auf den Ruf desselben als „*Resorbens*". Ausserdem kann, namentlich in älteren Fällen, ein Versuch mit *Strychninpräparaten* gemacht werden.

Was die Anwendung der *Bäder* betrifft, so sind alle höheren Temperaturen (über 26 bis höchstens 27° R.) zu vermeiden. Mässig warme Bäder, eventuell mit einem Zusatz von Salz, 3—4 in der Woche, scheinen eine günstige Wirkung auszuüben. Zu wirklichen Badekuren, welche man Hemiplegikern verordnen will, eignen sich *Wildbad, Ragaz, Teplitz, Wiesbaden, Rehme* u. a. Doch sind an den erstgenannten Orten nur die kühleren Quellen zu verwenden.

Bei der langen Dauer vieler hemiplegischer Lähmungen muss man mit den einzelnen Kurmethoden wiederholt abwechseln, um den Muth und die Geduld der Patienten stets von Neuem zu beleben. Mit besonderer Sorgfalt sind diejenigen allgemein diätetischen Vorschriften zu machen, welche der Wiederkehr einer Blutung nach Möglichkeit vorbeugen sollen: einfache Diät, Vermeidung reichlicherer Mengen Spirituosa, Vermeidung körperlicher Anstrengungen und geistiger Aufregungen.

VIERTES CAPITEL.
Die embolische und thrombotische Gehirnerweichung
(Encephalomalacie).

Aetiologie und pathologische Anatomie. *Embolische Verstopfungen der Gehirnarterien* gehören zu den am häufigsten vorkommenden embolischen Processen. Die Emboli stammen meist aus dem linken Herzen, aus *Thromben im linken Herzohr* oder aus den thrombotischen Auflagerungen, welche sich bei *chronischer Endocarditis* auf den Klappen des linken Herzens (Mitralfehler, Aortaklappenfehler) bilden. Bei chronischer Arteriosclerose können auch die Thromben in den *grösseren Arterien*, namentlich in der Aorta, das embolische Material abgeben, und wenn die Gehirngefässe selbst der Sitz ausgedehnterer atheromatöser Processe sind, so können sogar die in den grösseren Arterien der Gehirnbasis entstandenen Thromben zu Embolien in das Gebiet der kleineren Gehirngefässe führen.

Die *Thrombose der Gehirnarterien* beruht in allen Fällen auf primären Erkrankungen der Gefässe, vor allem auf der soeben schon genannten *chronischen Arteriosclerose*. An allen Stellen, wo der atheromatöse Process die normale Structur der Gefässintima verändert hat, können sich Fibrinauflagerungen bilden, deren Entstehung noch dadurch begünstigt wird, dass der Verlust der Arterien an Elasticität und die an manchen Stellen der Gefässbahn entstehenden Verengerungen des Lumens der Gefässe eine Verlangsamung, ja vielleicht stellenweise sogar eine völlige Stagnation des Blutstroms zur Folge haben. Dass Thrombose und Embolie vielfach in einander übergehen, ist leicht verständlich, wenn man bedenkt, dass sich von jedem Thrombus ein em-

bolischer Pfropf loslösen und dass umgekehrt jeder festsitzende Embolus
sich durch auflagernde Thrombusmassen vergrössern kann.

Nächst der Arteriosclerosis ist die *syphilitische Endarteriitis* die
häufigste Ursache von Thrombenbildung in den Gehirngefässen. Wir
werden im Capitel über Gehirnsyphilis näher auf dieselbe eingehen. —
Ob sich auch unabhängig von einer Gefässerkrankung Thromben entwickeln können, ist zweifelhaft. Eine *scheinbar spontane Thrombose*
findet sich in einzelnen Fällen bei cachectischen, schweren Kranken
(Carcinome, schwerer Typhus, Pneumonie), bei welchen man theils die
bestehende Herzschwäche, theils vielleicht auch eine grössere Neigung
des Blutes zur Gerinnselbildung als ursächliche oder wenigstens unter-
stützende Momente der Thrombose ansieht.

Ist an irgend einer Stelle des arteriellen Gefässsystems eine vollständige embolische oder thrombotische Verstopfung eingetreten, so
hängen die weiteren Folgezustände ganz davon ab, ob das betreffende,
von seiner gewöhnlichen Blutzufuhr abgeschlossene Gefässgebiet jetzt
von einer anderen Seite her, auf dem Wege der collateralen Circulation,
mit Blut versorgt werden kann oder nicht. Im ersteren Fall sind überhaupt keine weiteren Folgen bemerkbar, im letzteren muss aber das
der weiteren arteriellen Blutzufuhr beraubte Gewebe nothwendiger Weise
dem Untergang verfallen und in den Zustand der „*Erweichung*" übergehen. Von der grössten praktischen Bedeutung ist daher die Thatsache,
dass die Arterien des *Hirnstammes* und speciell die *aus der Arteria
fossae Sylvii entspringenden Gefässe* für die grossen *Centralganglien*
und die *innere Kapsel* sämmtlich „*Endarterien*" im Cohnheim'schen
Sinne sind, d. h. in ihren Verzweigungen keine ausgedehnten Verbindungen mit den Aesten benachbarter Gefässe haben. Die Arteria fossae
Sylvii und ihre Aeste sind aber erfahrungsgemäss die Prädilectionsstellen für Embolien im Gebiete der Gehirnarterien und so erklärt es
sich, dass gerade in ihrem Bezirke die schweren Folgen der Embolie
am häufigsten beobachtet werden. Dabei ist bemerkenswerther Weise
die *linke* Arteria fossae Sylvii häufiger der Sitz eines Embolus, als die
rechte. Im Gebiete des *Hirnmantels* (Centrum ovale, Rinde) ist die
Möglichkeit einer collateralen Ausgleichung der gehemmten Blutzufuhr
grösser, als in den Stammganglien; doch ist die collaterale Circulation auch hier keineswegs in allen Fällen ausreichend, wie das nicht
seltene Vorkommen von Erweichungsherden in dem Marklager der Hemisphären und in der Gehirnrinde beweist. Weit seltener sind dagegen embolische Herde in den Hirnschenkeln, in der Brücke und im
Kleinhirn.

Die näheren Vorgänge, welche zur embolischen resp. thrombotischen Gehirnerweichung führen, sind im Wesentlichen dieselben, wie die verwandten embolischen Processe in anderen Organen (vgl. Bd. I. S. 325). Das Gewebe, welches seines arteriellen Blutes beraubt ist, stirbt ab, zerfällt und verwandelt sich in eine gleichmässig weiche Masse. In den leer gewordenen Gefässabschnitt strömt rückwärts von den Venen und, wenn möglich, auch von benachbarten kleinen Arterien her Blut ein, welches aber zur Ernährung des Gewebes nicht ausreichend ist. Die Gefässwände werden abnorm durchlässig und zerreisslich, so dass theils per diapedesin rothe Blutkörperchen in das zerfallende Gewebe eintreten, theils hier und da kleine echte Hämorrhagien entstehen. Zu einer wirklichen Infarktbildung kommt es jedoch im Gehirn niemals, vielleicht weil die starke Quellung des Nervengewebes ein reichlicheres Eindringen von Blut unmöglich macht (WEIGERT). Immerhin sind die kleinen punktförmigen Hämorrhagien in manchen Fällen so zahlreich, dass sie im Verein mit der Imbibition des Gewebes mit Blutfarbstoff dem ganzen Erweichungsherde ein deutlich röthliches oder gelbliches Aussehen verleihen (*rothe* resp. *gelbe Erweichung*). Tritt diese Verfärbung des Gewebes nicht besonders hervor, so spricht man von einer *weissen Erweichung.*

Bei der *mikroskopischen* Untersuchung frischer Erweichungsherde findet man die erweichte Masse bestehen aus Myelintropfen, gequollenen und zerbrochenen Nervenfasern, aus zahlreichen Fettkörnchenzellen und freien Fettkörnchen. Die Zeit, welche bis zum Eintritt dieser Veränderungen verstreichen muss, beträgt 1—2 Tage. Tritt innerhalb der ersten 24—48 Stunden eine ausreichende collaterale Circulation ein, so kann sich die Nervensubstanz wieder erholen und functionsfähig werden. Nach dieser Zeit aber ist sie definitiv abgestorben, zerfällt und die weissen Blutkörperchen und Wanderzellen (vielleicht auch die Gefässendothelien, Glia- und Ganglienzellen) nehmen den entstandenen fettigen Detritus auf und bilden so die soeben erwähnten *Fettkörnchenzellen*. Bleibt der Kranke am Leben, so wird das abgestorbene und zerfallene Gewebe allmählich resorbirt und es kann sich schliesslich eine Cyste bilden, welche sich nachträglich durch Nichts von einer nach Gehirnhämorrhagie entstandenen Cyste unterscheiden lässt. Aus kleineren Erweichungsherden entstehen zuweilen auch narbig-indurirte Gehirnpartien. Betrifft die Erweichung Theile der *Gehirnoberfläche,* so bildet sich daselbst später oft ein ziemlich tiefer *Defect,* der zum Theil von seröser Flüssigkeit, zum Theil von der verdickten Pia eingenommen wird. In einigen Fällen sind die Windungen noch theilweise erkenn-

22*

bar, aber atrophisch, gelblich verfärbt und in Folge der narbigen Binde-
gewebsvermehrung von einer derb-sclerotischen Consistenz.

Klinische Symptome und Krankheitsverlauf. Der Eintritt einer *Gehirnembolie* ist mit fast genau denselben *Insulterscheinungen* verbunden,
wie die Gehirnblutung. Auf die Einzelnheiten des Insultes brauchen
wir nicht noch einmal näher einzugehen, sondern können auf das vorige
Capitel (s. S. 321) verweisen. Auch bei der Embolie wechselt die Intensität des Insults von den leichtesten Graden, bei welchen es nur zu
einer rasch vorübergehenden Benommenheit oder einem leichten Schwindelanfall kommt, bis zu den schwersten, welche ein tiefes, anhaltendes
Coma zeigen. In erster Linie hängen diese Unterschiede von der Grösse
des verstopften Gefässes ab, ferner von der Lage desselben, je nachdem die Embolie in den Hemisphären oder in den tiefer gelegenen
Hirntheilen stattgefunden hat. Im Allgemeinen ist der Insult bei der
Embolie seltener so schwer und so lange andauernd, wie bei der Hämorrhagie. Ausserdem fehlen bei der ersteren öfter die Zeichen des
erhöhten Hirndrucks, vor allem die Verlangsamung des Pulses. Dagegen ist das Auftreten *epileptiformer Convulsionen* bei der Embolie
erfahrungsgemäss häufiger, als bei der Blutung. Ein *verlangsamter
Insult* kann auch bei der Embolie zu Stande kommen, wenn ein anfänglich kleiner Embolus sich durch eine nachfolgende Thrombose allmählich vergrössert.

Die Erklärung für das Zustandekommen des Insults bei der Embolie ist nicht so einfach, wie bei der Gehirnblutung. Vielleicht spielt
die *negative Druckschwankung*, welche der von der Embolie direct
betroffene Gehirnabschnitt und seine Umgebung erfahren, hierbei die
Hauptrolle. Durch das Leerwerden des hinter der verstopften Stelle
gelegenen Gefässabschnitts wird nicht nur Blut und Gewebsflüssigkeit
angesaugt, sondern das ganze weiche Gewebe der Umgebung wird einer
negativen Druckveränderung, gewissermaassen einer Zerrung ausgesetzt
(WERNICKE). Doch ist zu bedenken, ob nicht schon allein die Circulationsstörung, welche bei der plötzlichen Embolie einer grösseren Arterie in den benachbarten Gefässbezirken eintreten muss, zur Erklärung
der Insulterscheinungen ausreichend ist.

Auch in Betreff der *andauernden Krankheitssymptome*, welche die
Embolie zurücklässt, können wir uns kurz fassen, da die Einzelnheiten
hierbei den bei der Gehirnblutung vorkommenden fast ganz analog
sind. Wie erwähnt, ist ein völliger Ausgleich der anfangs bestehenden
Herdsymptome nur dann möglich, wenn innerhalb der ersten 48 Stunden nach Eintritt der Embolie sich ein genügender Collateralkreislauf

entwickelt. Nach dieser Zeit ist die Nekrose der von der weiteren Blutzufuhr abgesperrten Gewebstheile unvermeidlich. Doch ist immerhin noch jetzt ein Unterschied zwischen directen, irreparablen und indirecten, einer Besserung fähigen Herdsymptomen vorhanden, so dass also auch eine embolische Hemiplegie im Verlaufe der nächsten Wochen noch beträchtliche Besserungen zeigen kann.

Da die Embolien bei weitem am häufigsten in eine Art. fossae Sylvii erfolgen und diese Arterie ausser den Stammganglien auch die innere Kapsel versorgt, so ist die *gewöhnliche cerebrale Hemiplegie* mit allen ihren im vorigen Capitel geschilderten Eigenthümlichkeiten das häufigste Herdsymptom der Gehirnembolie. Relativ oft ist sie mit *aphatischen Störungen* verbunden, da, wie erwähnt, speciell die *linke* Arteria fossae Sylvii mit Vorliebe der Sitz der Embolie wird. Seltener sind corticale Monoplegien embolischen Ursprungs, ferner embolische Erweichungen des Hinterhauptlappens mit Hemiopie u. s. w.

Die *thrombotischen Gehirnerweichungen* führen nur selten zu einem ganz plötzlichen Insult. Gewöhnlich entwickeln sich hierbei die Herderscheinungen und die sonstigen cerebralen Symptome (Bewusstlosigkeit u. a.) in mehr allmählicher Weise. Am häufigsten beobachtet man dieses Verhalten bei der sogenannten *senilen Gehirnerweichung.* Dieselbe hängt fast immer mit einer Arteriosclerose der Gehirngefässe zusammen. Die einzelnen Erscheinungen treten gewöhnlich in der Form mehrfacher Nachschübe und neuer Verschlimmerungen auf. Schwerere Insulterscheinungen sind selten; dagegen entwickelt sich fast jedesmal allmählich eine immer mehr zunehmende *Demenz.*

Der weitere *Verlauf* und schliessliche *Ausgang* der Gehirnerweichung bietet dieselben Verschiedenheiten dar, wie die Gehirnblutung. Embolien grosser Gehirngefässe können einen raschen Tod zur Folge haben. Wird dagegen der Insult überstanden, so können die etwa nachbleibenden dauernden Ausfallserscheinungen Jahre lang bestehen, ohne den übrigen Körper wesentlich in Mitleidenschaft zu ziehen. Die Gefahr der *Wiederkehr des Anfalls* ist in allen denjenigen Fällen vorhanden, wo die Quelle der Embolie (Herzfehler, Atheromatose) unverändert fortbesteht.

Diagnose. Sowohl die Erscheinungen des anfänglichen Insults, als auch die nachbleibenden Herdsymptome sind bei den hämorrhagischen und den embolischen Herden so ähnlich, dass eine sichere Entscheidung, ob eine apoplectiform eingetretene Hemiplegie auf einer Blutung oder auf einer embolischen Erweichung im Gehirn beruht, in *vielen Fällen ganz unmöglich ist.* Wenn eine Differentialdiagnose in dieser

Hinsicht überhaupt gestellt werden kann, so stützt sie sich auf folgende
Punkte: 1. Vor allem ist der Nachweis einer etwaigen Quelle für eine
Embolie wichtig. Handelt es sich um einen Kranken mit einem Herz-
klappenfehler, so ist eine Embolie wahrscheinlicher, als eine Blutung.
2. Ein jugendliches Alter des Patienten spricht im Ganzen mehr für
eine Embolie, als für eine Hämorrhagie. Im höheren Alter sind beide
in Rede stehenden Processe etwa gleich häufig. 3. Ein schwerer, lange
anhaltender Insult mit Röthung des Gesichts, starkem Pulsiren der
Carotiden und Zeichen vermehrten Hirndrucks (Pulsverlangsamung)
kommt häufiger bei der Blutung, als bei der Embolie vor.

In seltenen Fällen können auch *Tumoren* des Gehirns, in deren
Substanz Blutungen eintreten, das ausgeprägte Bild eines anscheinend
primären apoplectischen Anfalls gewähren, ebenso *Abscesse*, welche bis
dahin latent verlaufen sind und mit einem Mal in einen Ventrikel
durchbrechen. In solchen Fällen ist man nur selten im Stande, eine
richtige Diagnose zu stellen.

Die *thrombotischen Erweichungen* sind am ehesten zu diagnosticiren, wenn es sich um *Syphilis* des Gehirns (s. d.) handelt. Für die
senilen Erweichungen sind ausser dem Alter der Patienten und den
Zeichen der allgemeinen Arteriosclerosis das schubweise Fortschreiten der
Krankheit von anfänglich leichteren zu schwereren Erscheinungen und
die eintretende Demenz bis zu einem gewissen Grade charakteristisch.

In Bezug auf die **Prognose** und **Therapie** der Gehirnembolie können
wir ganz auf das im vorigen Capitel Gesagte verweisen.

FÜNFTES CAPITEL.

Die entzündlichen Processe im Gehirn.

(Acute und chronische Encephalitis.)

1. Der Gehirnabscess (die eitrige Encephalitis).

Aetiologie. In den meisten Fällen von Gehirnabscess können wir
das Eindringen infectiöser, die Eiterung anregender Stoffe ins Gehirn
mit Sicherheit nachweisen. Auf diese Weise entstehen vor allem die
nicht sehr seltenen Gehirnabscesse, welche sich an mechanische Verletzungen der Kopfhaut, der Schädelknochen und des Gehirns selbst
anschliessen (*traumatischer Gehirnabscess*). Hierbei handelt es sich
fast immer um *offene* Wunden, welche den Entzündungserregern freien
Eintritt gewähren. Eine Verletzung der Schädelknochen braucht nicht
immer vorhanden zu sein, da sich erfahrungsgemäss auch bei aus-

schliesslichen Verwundungen der Weichtheile die Eiterung durch den Schädel hindurch auf das Gehirn fortsetzen kann. Von der Art, wie die Ausbreitung der Entzündung erfolgt, hängt es ab, ob sich eine eitrige Meningitis (s. d.) oder ein Gehirnabscess entwickelt. Nicht selten finden sich auch diese beiden Erkrankungen combinirt vor. Erwähnenswerth ist noch das Entstehen der traumatischen Gehirnabscesse nach dem Eindringen von *Fremdkörpern* ins Gehirn (z. B. durch die Augenhöhle), mit welchen die Entzündungserreger unmittelbar in die Gehirnsubstanz hinein gelangen. Die seltenen Fälle von angeblich traumatischen Gehirnabscessen *ohne jede offene Wunde* entziehen sich bis jetzt dem näheren Verständniss. Vielleicht handelt es sich auch hierbei stets um übersehene kleine Verletzungen.

Ausser den traumatischen Veranlassungen können bereits bestehende *Eiterungen in der Nachbarschaft des Gehirns* durch unmittelbares Weitergreifen zu Gehirnabscessen führen. Hierbei kommen dieselben Processe in Betracht, welche wir schon als Ursachen der eitrigen Meningitis kennen gelernt haben (s. S. 272), vor allem *Eiterungen (Caries) im Mittelohr* und im *Felsenbein.* Der Localität entsprechend entwickelt sich der Abscess in einem solchen Falle am häufigsten im Schläfenlappen oder im Cerebellum. Weit seltener sind Abscesse im Stirnhirn im Anschluss an eitrige Processe der *Nasenhöhle* und der *Siebbeine.*

In einer dritten Reihe von Fällen erfolgt die Verschleppung der Entzündungserreger von bereits bestehenden, aber entfernt im Körper gelegenen Erkrankungsherden her. So entstehen die *metastatischen* oder *embolischen Gehirnabscesse.* Hierher gehören die Abscesse bei der *Pyämie*, bei *ulceröser Endocarditis* u. dgl. Wichtiger, als diese meist kleinen und im Gesammtbilde der schweren Allgemeinerkrankung selten hervortretenden Abscesse sind diejenigen, welche sich erfahrungsgemäss relativ nicht sehr selten an gewisse Eiterungsprocesse in den *Lungen* und *Pleuren* anschliessen. Namentlich bei *putrider Bronchitis, Lungengangrän* und bei *Empyemen* sind secundäre Gehirnabscesse (ebenso wie eitrige Meningitis, s. d.) wiederholt beobachtet worden. Dass es sich hierbei um eine Verschleppung von Entzündungserregern handelt, ist zweifellos; über den näheren Weg, auf welchem dies geschieht, weiss man aber noch nichts Bestimmtes.

In einer geringen Anzahl von Gehirnabscessen kann irgend ein sicheres ätiologisches Moment nicht aufgefunden werden. Man bezeichnet diese Fälle als *idiopathische Gehirnabscesse.* Einige derartige Fälle sind von uns gerade zur Zeit einer herrschenden Epidemie von Meningitis cerebro-spinalis beobachtet worden, und die Vermuthung

erscheint daher gerechtfertigt, ob nicht vielleicht *manche* der scheinbar
spontan entstehenden Gehirnabscesse auf denselben Infectionsstoff, wie
die epidemische Meningitis, zurückzuführen sind.

Pathologische Anatomie. Die Gehirnabscesse bieten genau dieselben
anatomischen Verhältnisse dar, wie die Abscesse in anderen Organen.
Ihre Grösse wechselt von den kleinsten, kaum linsengrossen Eiterherden
an bis zu grossen, mit Eiter gefüllten Höhlen, welche den grössten
Theil eines ganzen Gehirnlappens einnehmen können. Nicht selten
kommen gleichzeitig an verschiedenen Stellen des Gehirns Abscesse
vor. Der Abscesseiter hat meist eine grüngelbe Farbe, ist entweder
geruchlos oder übelriechend. Nicht selten ist er vermischt mit Resten
des untergegangenen („geschmolzenen") Nervengewebes und mit rothen
Blutkörperchen. Die Wandungen des Abscesses sind oft unregelmässig
ausgebuchtet. Um den Abscess herum findet sich die Gehirnsubstanz
in geringerer oder grösserer Ausdehnung im Zustande der weissen Erweichung, welche theils eine Folge des Drucks, theils eine Folge der
fortschreitenden Entzündung ist. Im Gewebe um den Abscess herum
sind meist reichliche Körnchenzellen vorhanden.

Ist der Abscess sehr gross und reicht er nahe an die Oberfläche
des Gehirns heran, so kann man ihn zuweilen schon von aussen durch
eine merkliche Vorwölbung und durch ein wahrnehmbares Fluctuationsgefühl erkennen. Fast immer sind die Windungen an der Oberfläche
der befallenen Hemisphäre abgeplattet. Schreitet die Abscessbildung
bis zur Oberfläche des Gehirns vor, so schliesst sich an den Abscess
eine eitrige Meningitis an. Central gelegene Abscesse brechen nicht
selten in einen Seitenventrikel durch. Besteht ein Abscess längere
Zeit, so kann er schliesslich *abgekapselt* werden, d. h. um ihn herum
bildet sich eine glatte, derbe, bindegewebige Hülle, welche das Weiterschreiten des Abscesses verhindert. Der Eiter im Innern wird allmählich eingedickt und krümlicher. Zu einer völligen Resorption desselben kommt es aber wahrscheinlich nur äusserst selten.

Symptome und Krankheitsverlauf. Kleinere und selbst ausgedehnte
Gehirnabscesse können *lange Zeit fast symptomlos und latent verlaufen.*
Dies findet man namentlich bei den idiopathischen Abscessen, ferner
bei denjenigen Abscessen, welche sich in ganz langsamer, schleichender
Weise im Anschluss an anscheinend geringfügige Kopfverletzungen, an
chronische Mittelohrerkrankungen u. dgl. entwickeln.

Heftiger sind die Erscheinungen von Anfang an in den Fällen nach
groben Verletzungen des Gehirns und bei manchen *acut entstehenden*
und *rasch wachsenden Abscessen.* Hier lässt sich das Krankheitsbild

oft kaum von dem einer acuten Meningitis unterscheiden. Die Kranken sind benommen, fangen an zu deliriren; heftige Kopfschmerzen und Fiebererscheinungen, zuweilen in Form einzelner hoher Temperatursteigerungen, treten auf. Die Bewusstseinsstörung nimmt immer mehr und mehr zu und schon nach relativ kurzer Zeit (1—2 Wochen) kann im tiefsten Coma der ungünstige Ausgang erfolgen. Nur selten lassen die heftigen Krankheitserscheinungen wieder nach, so dass sich an das erste acute ein zweites chronisches Stadium des Abscesses anschliesst.

Die Symptome der *chronisch verlaufenden Gehirnabscesse* lassen sich in zwei Gruppen eintheilen, in die *Allgemeinerscheinungen* und in die von der speciellen Lage des Abscesses abhängigen *Herderscheinungen*. Häufiger, als bei allen anderen localen Gehirnerkrankungen, fehlen die letzteren lange Zeit oder sogar während des ganzen Krankheitsverlaufs. Dies rührt theils davon her, dass der Abscess relativ häufig in solchen Gehirnpartien gelegen ist, deren Erkrankung überhaupt keine nachweislichen Herdsymptome hervorruft (Marklager des Stirnhirns, Kleinhirnhemisphäre u. a.), theils davon, dass *indirecte* Herdsymptome durch die Einwirkung des Abscesses auf seine Umgebung nur selten zu Stande kommen.

Unter den *Allgemeinerscheinungen* nimmt der anhaltende, tiefsitzende, dumpfe *Kopfschmerz* den ersten Platz ein. Er kann lange Zeit das einzige Krankheitssymptom darstellen, so namentlich bei den nach Kopfverletzungen und nach chronischen Ohrerkrankungen sich langsam entwickelnden Abscessen. Je nach dem Sitze des Abscesses wechselt auch hauptsächlich die Localisation des Kopfschmerzes; doch kommen Widersprüche in dieser Beziehung nicht selten vor. Neben dem Kopfschmerz ist der *Schwindel* ein häufiges Symptom des Gehirnabscesses und ferner in manchen Fällen *Erbrechen*, welches sich nach der Nahrungsaufnahme, häufig aber auch ganz unabhängig von dieser, einstellt. Dazu kommt oft als diagnostisch wichtiges Symptom ein unregelmässiges *Fieber*, bald von nur geringer Höhe, bald in Form hoher intermittirender Steigerungen. In manchen Fällen, namentlich bei abgekapselten Abscessen, kann aber das Fieber auch ganz fehlen. Von diagnostischer Bedeutung ist die Thatsache, dass sich eine *Stauungspapille* beim Gehirnabscess viel seltener entwickelt, als bei den Gehirntumoren (s. d.).

Das *Allgemeinbefinden* der Kranken ist zuweilen nur wenig gestört. Gewöhnlich macht sich aber doch ein ausgesprochenes allgemeines Krankheitsgefühl bemerklich. Die Kranken sehen blass aus, sind appetitlos und magern ab.

In Bezug auf die *Herdsymptome* der Gehirnabscesse haben wir
nach dem im zweiten Capitel dieses Abschnitts Gesagten nur Weniges
hinzuzufügen. Bei den in der *motorischen Rindenregion* sitzenden Abscessen ist das Auftreten umschriebener epileptiformer Anfälle und
monoplegischer Lähmungen wiederholt beobachtet worden. Besonders
charakteristisch ist es, dass beim Weiterschreiten des Abscesses eine
Lähmungserscheinung zu der anderen hinzukommt, wobei gerade das
Fortschreiten der Lähmung häufig von epileptiformen Convulsionen eingeleitet wird. Bei Abscessen im *Hinterhauptslappen* ist Hemiopie, bei
Abscessen im *Schläfenlappen* Worttaubheit wiederholt constatirt und
zur Localisationsdiagnose verwerthet worden. *Kleinhirnabscesse* verlaufen nicht selten lange Zeit latent, in anderen Fällen treten aber die
oben erwähnten Allgemeinerscheinungen besonders heftig hervor.

Die *Gesammtdauer* des chronischen Gehirnabscesses schwankt innerhalb sehr beträchtlicher Grenzen; in der Mehrzahl der Fälle ist sie
nach Monaten zu messen, doch sind auch Fälle mit jahrelangem Verlauf sicher constatirt. Namentlich kann das Stadium der völligen La-
tenz oder der nur geringen, unbestimmten Kopferscheinungen sehr
lange Zeit dauern. Ziemlich häufig beobachtet man die Erscheinung,
dass die schwereren Krankheitssymptome (Kopfschmerzen, Erbrechen,
Fieber) in einzelnen *Anfällen* auftreten, welche von kürzeren oder längeren Zeiten mit relativ gutem Allgemeinbefinden der Kranken unterbrochen werden.

Der schliessliche *Ausgang* des Gehirnabscesses ist fast immer ein
tödtlicher. Heilungsfälle gehören nicht zu den Unmöglichkeiten, sind
aber bis jetzt nur ganz vereinzelt festgestellt worden. Das ungünstige
Ende tritt entweder allmählich durch ein mit der zunehmenden Ausdehnung des Abscesses parallel gehendes Fortschreiten aller Krankheitserscheinungen ein oder erfolgt ziemlich plötzlich bei einer eintretenden
Steigerung der Symptome. Zuweilen wird der Tod durch einen Durchbruch des Abscesses in einen Ventrikel oder durch eine eintretende
Meningitis herbeigeführt. In manchen Fällen eines plötzlichen, uner-
warteten Todes bei einem bestehenden Gehirnabscess lässt sich auch
gar keine unmittelbare Todesursache nachweisen.

Diagnose. Die Diagnose eines Gehirnabscesses kann zwar häufig
richtig gestellt werden, hat aber doch meist ziemlich grosse Schwierigkeiten und entbehrt nur selten einer gewissen Unsicherheit. Als die
diagnostisch wichtigsten Punkte sind hervorzuheben: 1. Der Nachweis
eines *ätiologischen Moments* (Trauma, chronisches Ohrenleiden, putride
Lungenaffection). 2. Das Vorhandensein von *allgemeinen Gehirnsym-*

ptomen (Kopfschmerz, Schwindel, Erbrechen), welche zeitweise exacer-
biren, zeitweise zurücktreten. Zur Unterscheidung zwischen Abscess
und Tumor dienen hierbei 3. die *Fiebererscheinungen*, welche beim
Abscess häufig vorhanden sind, beim Tumor meist fehlen, während
4. eine *Stauungspapille beim Abscess sehr selten*, bei Gehirntumoren
sehr häufig ist. Die etwa vorhandenen Herderscheinungen haben an
sich nichts Charakteristisches. Ein schubweises Fortschreiten derselben
kommt in gleicher Weise auch bei den Tumoren vor. Beachtung verdient aber die Thatsache, dass Störungen im Bereiche der basalen Gehirnnerven (Augenmuskellähmungen u. dgl). bei Tumoren häufig (s. u.),
beim Gehirnabscess nur ausnahmsweise vorkommen. Die Differentialdiagnose zwischen eitriger Meningitis und acutem Gehirnabscess ist oft
ganz unmöglich. Nur die Entwicklung von Herdsymptomen, welche
allein von einer *umschriebenen* Hirnaffection abhängen können, weist
in solchen Fällen auf das Bestehen eines Abscesses hin.

Therapie. Die einzige Möglichkeit, eine Heilung des Abscesses
herbeizuführen, besteht in der *operativen Eröffnung* desselben nach
vorhergehender *Trepanation des Schädels*. Aus leicht ersichtlichen Gründen ist dieses Verfahren aber nur in einer sehr beschränkten Anzahl von
Fällen möglich, wenn nämlich die Diagnose des Abscesses an sich und
seines Sitzes mit genügender Sicherheit gestellt werden kann und wenn
die operative Erreichbarkeit des Abscesses hiernach überhaupt möglich
erscheint. Die Gefahren der Operation dürfen bei der jetzigen antisep-
tischen Technik nicht überschätzt werden. In Bezug auf alle näheren
Einzelnheiten verweisen wir auf die chirurgischen Handbücher.

In allen Fällen, wo ein operativer Eingriff nicht gerechtfertigt ist,
muss man sich auf eine rein *symptomatische Therapie* beschränken.
Eisumschläge auf den Kopf, Narcotica, Bromkalium, die Elektricität,
zuweilen auch locale Blutentziehungen sind neben den allgemeinen
diätetischen Maassnahmen die vorzugsweise zur Anwendung kommenden Mittel.

2. Die acute und chronische nicht eitrige Encephalitis.

Während im Rückenmark die idiopathischen umschriebenen Entzündungen (Querschnitts-Myelitiden) ziemlich häufig vorkommen, sind
analoge Processe im Gehirn weit seltener. Das Wenige, was wir hierüber wissen, ist Folgendes:

1. Idiopathische (entzündliche) Gehirnerweichung. In seltenen Fällen
trifft man im Gehirn auf ziemlich ausgedehnte Erweichungsherde, deren
anatomische Charaktere fast ganz mit den embolischen Herden über-

einstimmen, für deren Entstehung aber durchaus kein Grund in den
zuführenden Gefässen aufgefunden werden kann. Man bezeichnet solche
Fälle daher als *„entzündliche Erweichungsherde"*. Ueber ihre Genese
ist nichts Näheres bekannt. Das Krankheitsbild gleicht in den meisten
Einzelnheiten demjenigen der thrombotischen Gehirnerweichung.

2. **Heilbare Form der Encephalitis.** Es kommen zweifellos Fälle
vor, bei welchen eine Zeit lang ausgesprochene cerebrale Herdsymptome
bestehen, so dass man an einen Tumor oder dgl. denkt. Nach einigen
Monaten oder sogar nach noch längerer Zeit tritt aber allmählich ein
Nachlass der Erscheinungen und schliesslich eine völlige *Heilung* ein.
Solche Fälle werden meist so gedeutet, dass es sich dabei um umschriebene encephalitische Processe handelt, welche einer völligen Rückbildung fähig sind. Aus der Art der Symptome scheint nach unseren
Erfahrungen hervorzugehen, dass der Sitz der Erkrankung meist in der
Nähe der Rinde zu suchen ist, da es sich meist um monoplegische
Paresen, nicht selten mit gewissen Reizerscheinungen und mit Sprachstörungen verbunden, handelt. Unterstützen kann man die Heilung in
diesen Fällen, deren günstiger Verlauf übrigens niemals mit Sicherheit
vorherzusagen ist, vielleicht durch eine elektrische Behandlung und
durch die Darreichung von Jodkalium.

3. **Diffuse Hirnsclerose.** Eine eigenthümliche, gewöhnlich zu den
chronisch-entzündlichen Processen gerechnete Krankheit ist die *diffuse
Hirnsclerose.* Hierbei zeigt das ganze Gehirn oder vorzugsweise die
eine Hemisphäre desselben in grösserer Ausdehnung eine sehr auffallende Consistenzvermehrung, so dass die Gehirnsubstanz sich wie ein
zähes Leder schneiden lässt. Die mikroskopische Untersuchung ergiebt
in manchen (doch nicht in allen) Fällen eine *diffuse Bindegewebsver-
mehrung* im Gehirn. An den nervösen Elementen selbst sind sichere
Veränderungen bisher nicht nachgewiesen, obgleich die klinischen Symptome ihr Vorhandensein sehr wahrscheinlich machen. Ein abgeschlossenes Krankheitsbild dieser seltenen Affection lässt sich zur Zeit noch
nicht geben. In chronischer Weise entwickelt sich eine Reihe cerebraler Symptome, unter denen *hemiplegische Lähmungen* ohne stärkere
Sensibilitätsstörung, *motorische Reizerscheinungen*, theils allgemeine
oder halbseitige *epileptiforme Anfälle*, theils einzelne *rhythmische* oder
choreatische Zuckungen, ferner eine *allgemeine Demenz* am constantesten zu sein scheinen. Bei der Sclerose beider Hemisphären bestehen
in den Beinen meist starke *spastische Symptome.*

Die Krankheit ist bei Kindern und bei alten Leuten beobachtet
worden. Als *ätiologisches Moment* spielt der chronische Alkoholismus

vielleicht zuweilen eine Rolle. Die *Therapie* kann nur eine symptomatische sein.

Die multiple Sclerose des Gehirns kommt fast immer verbunden mit multiplen Herden im Rückenmark vor. Wir haben die Krankheit daher schon im vorigen Abschnitt (S. 174) besprochen.

4. Die acute Encephalitis der Kinder (*Cerebrale Kinderlähmung, Hemiplegia spastica infantilis* nach BENEDIKT). Bei Kindern kommt eine bestimmte Form hemiplegischer Lähmung nicht selten vor und erfordert daher eine besondere kurze Besprechung.

Der *Beginn* der Krankheitserscheinungen, welcher in diesen Fällen gewöhnlich in das 1.—4. Lebensjahr fällt, ist fast immer ein *acuter*. Die bis dahin gesunden Kinder werden ziemlich plötzlich von Unwohlsein und Fieber ergriffen. Sehr häufig stellen sich Uebelkeit und Erbrechen und fast immer bald darauf schwere Gehirnerscheinungen (Benommenheit und Convulsionen) ein. Dieser Zustand dauert zuweilen nur kurze Zeit (1—2 Tage), zuweilen aber auch in derselben heftigen oder in einer milderen Form 1—3 Wochen. Dann lassen die acuten Krankheitserscheinungen nach, die Kinder erholen sich relativ rasch, aber von den Eltern wird eine nachgebliebene Lähmung bemerkt, welche sich zwar bessern kann, jedoch selten wieder vollständig verschwindet.

Bekommt man solche Kinder, wie es häufig der Fall ist, zur Untersuchung, nachdem die Lähmung schon längere Zeit besteht, so findet man gewöhnlich folgende Verhältnisse. Die Gehirnnerven betheiligen sich selten an dem Processe. Vorzugsweise sind die *Extremitäten* der einen Seite ergriffen, der Arm fast immer in höherem Maasse, als das Bein. Die befallenen Theile sind im Wachsthum zurückgeblieben, ihre Beweglichkeit ist mehr oder weniger beschränkt, die Sehnenreflexe sind lebhaft erhöht und constant haben sich *Contracturen* gebildet. Nur die Finger sind häufig so schlaff, dass man sie in den Metacarpalgelenken rechtwinklig und noch weiter dorsalflectiren kann. Die *Muskeln* sind oft ziemlich stark atrophisch, zeigen aber niemals Entartungsreaction; die *Sensibilität* ist vollständig normal. Auffallend oft findet man in der hemiparetischen Seite *motorische Reizerscheinungen*, relativ am häufigsten in der Form von *athetotischen* oder *choreatischen* Bewegungen (*Hemiathetosis, Hemichorea*), nicht selten auch in der Form von *Mitbewegungen*. Wenn solche Kinder gehen, machen sie daher zuweilen mit ihrem paretischen Arm beständige Bewegungen in der Luft. Nicht sehr selten werden die Kinder später *epileptisch*. Sie leiden an Krampfanfällen, welche gewöhnlich in der gelähmten Seite beginnen, später aber sich über den ganzen Körper erstrecken können. In psychischer Beziehung entwickeln sich manche Kinder ziemlich normal, die meisten zeigen jedoch eine geringere oder stärkere Demenz oder sind in moralischer Beziehung defect.

Nach dem ganzen Krankheitsverlauf handelt es sich höchst wahrscheinlich um eine *acute Encephalitis*, welche sich vorherrschend auf die motorischen Rindengebiete beschränkt. Die Krankheit erinnert sehr an die acute Poliomyelitis der Kinder, von der sie sich nur durch die verschiedene Localisation des Entzündungsherdes unterscheidet. Unmöglich ist es nicht, dass beide Krankheiten *ätiologisch* nahe verwandt oder sogar identisch sind. Das Initialstadium ist bei beiden kaum zu unterscheiden. Später ist dagegen eine Verwechselung nicht möglich, wenn man die hemiplegische Form der Lähmung, die erhaltene elektrische Erregbarkeit und die Steigerung der Sehnenreflexe beachtet.

Anatomische Untersuchungen von frischen Fällen sind noch nicht gemacht worden. Bei alten, längst abgelaufenen Fällen findet man in den befallenen Partien des Grosshirns eine starke, narbige Atrophie mit einem entsprechenden Defect an der Oberfläche des Gehirns (*„Porencephalie“*), mit Verdickung der Pia, umschriebener Cystenbildung und secundärer absteigender Degeneration, also eine Atrophie im Gebiete der grauen Hirnrinde, wie sie sich in ganz analoger Weise bei der spinalen Kinderlähmung als Ausgang einer Poliomyelitis in den Vorderhörnern findet.

In seltenen Fällen können auch bei Kindern *embolische Erweichungen* und *Hämorrhagien* vorkommen, welche zu infantilen Hemiplegien Anlass geben. Von diesen unterscheidet sich die acute Encephalitis aber in den meisten Fällen durch die Eigenthümlichkeit ihres Initialstadiums.

Die *Behandlung* wird im Anfange nach denselben Regeln geleitet, wie im Initialstadium der acuten Poliomyelitis (s. S. 229). Die nach Ablauf der ersten Monate nachbleibende Hemiplegie ist keiner wesentlichen Besserung mehr fähig. Am meisten verdienen dann noch Anwendung die Elektricität, die Massage und kalte Abreibungen. Gegen die nachbleibenden epileptischen Anfälle ist Bromkalium in grossen Dosen von entschiedener Wirksamkeit.

SECHSTES CAPITEL.
Die Tumoren des Gehirns.

Aetiologie. Ueber die eigentlichen Ursachen der Entwicklung von Gehirntumoren ist ebenso wenig Sicheres bekannt, wie über die Ur-

sachen der Geschwulstbildung in anderen Organen. In den meisten
Fällen entwickeln sich die Neubildungen unmerklich und allmählich
bei vorher gesunden Personen, ohne dass man irgend eine Veranlassung
zur Erkrankung auffinden kann. Erwähnenswerth ist nur der Umstand,
dass sich in einigen Fällen die ersten Symptome unmittelbar oder einige
Zeit nach einem *Trauma*, welches den Kopf betroffen hat, einstellen.
Doch ist es auch hierbei fast niemals möglich zu entscheiden, ob das
Trauma und die Geschwulstbildung in einem ursächlichen Zusammenhang zu einander stehen oder nur zufällig zusammengetroffen sind.

Die meisten Gehirngeschwülste findet man bei Personen im *mittleren Lebensalter*. Gewisse Geschwulstformen, namentlich die solitären
Tuberkel, kommen relativ häufig bei *Kindern* vor. Das *Geschlecht*
scheint von entschiedenem Einfluss auf die Entstehung der Gehirntumoren zu sein, indem letztere erfahrungsgemäss bei *Männern* häufiger
sind, als bei Frauen.

Die einzelnen Formen der Gehirngeschwülste. Die wichtigsten im
Gehirne beobachteten *Geschwulstformen* sind folgende:

1. Das **Gliom**. Das Gliom ist die dem Centralnervensystem eigenthümliche Geschwulstform, welche sich im Gehirn bedeutend häufiger,
als im Rückenmark (s. S. 239) entwickelt. Der Ausgangspunkt der Neubildung ist wahrscheinlich stets die Glia, die bindegewebige Stützsub-
stanz des eigentlichen Nervenparenchyms. Das Gliom besteht mikroskopisch aus Fasern und Zellen, welche letzteren den normalen Glia-
zellen vollkommen ähnlich sind, während die Fasern wahrscheinlich
grösstentheils aus den zahlreichen Zellausläufern bestehen. Ob auch
die Ganglienzellen sich activ an der Neubildung betheiligen, wie KLEBS
behauptet hat, ist noch nicht sicher erwiesen. Charakteristisch für das
Gliom ist der Umstand, dass dasselbe selten eine umschriebene Geschwulst bildet, sondern meist ohne scharfe Grenze in das gesunde
Gewebe übergeht. Dabei ist der vom Gliom befallene Gehirntheil zwar
oft vergrössert, behält aber im Ganzen seine ursprüngliche Gestalt bei.
Auf dem Durchschnitt sehen die gliomatös entarteten Partien grau oder
grauroth aus. Sie sind meist ziemlich weich und fast immer sehr ge-
fässreich. Dieser *Gefässreichthum der Gliome* ist in klinischer Beziehung nicht unwichtig, da Unterschiede in der Gefässfüllung, namentlich aber die nicht selten innerhalb der Neubildung plötzlich eintretenden *Hämorrhagien* mit deutlichen klinischen Symptomen verbunden
sein können.

Die Gliome kommen am häufigsten in der Marksubstanz der grossen
Hemisphären vor, doch auch an den Centralganglien, im Kleinhirn u. a.

In der Regel findet sich nur *eine* Geschwulst, seltener entwickeln sich gleichzeitig mehrere Gliome.

2. Sarkome. Die verschiedenen Formen der Sarkome nehmen ihren Ausgangspunkt fast niemals von der Gehirnsubstanz selbst, sondern meist von dem Bindegewebe der umgebenden Theile, von der *Dura mater*, von dem *Periost* der Schädelknochen oder von den Schädelknochen selbst (*Osteosarkome*). Der häufigste Sitz der Sarkome ist an der *Schädelbasis*, wo sie umschriebene derbere oder weichere Geschwulstknoten bilden, welche durch Compression ihrer Nachbarschaft und durch Uebergreifen auf dieselbe zu den schwersten klinischen Erscheinungen Anlass geben. Der histologischen Beschaffenheit nach unterscheidet man, wie bei allen anderen Sarkomen, *Rundzellensarkome*, *Spindelzellensarkome*, *Fibrosarkome* u. a.

3. Syphilome (Gummata) und solitäre Tuberkel. Das Gehirn bildet sowohl für die Syphilome, als auch für solitäre Tuberkel einen entschiedenen Prädilectionsort. Auf die zuerst genannte Geschwulstform werden wir im Capitel über Gehirnsyphilis noch einmal zurückkommen. Die *solitären Tuberkel* können bis zu Kirschengrösse und darüber anwachsen. Sie kommen einfach und multipel vor und können an jeder Stelle des Gehirns ihren Sitz haben. Am häufigsten findet man sie jedoch in der Hirnrinde, im Cerebellum und in der Brücke.

Die solitären Tuberkel und die Syphilome präsentiren sich auf dem Durchschnitt als meist scharf begrenzte, gelblich-käsig aussehende, histologisch aus Granulationsgewebe bestehende Geschwülste. Die Unterscheidung der Tuberkel und Syphilome von einander machte früher zuweilen nicht geringe Schwierigkeiten, während sie jetzt durch den Nachweis der Tuberkelbacillen in den erstgenannten Geschwülsten eine vollkommen sichere geworden ist.

4. Carcinome. Von allen übrigen, im Gehirn vorkommenden Geschwulstformen haben nur noch die *Carcinome* ein grösseres klinisches Interesse. Dieselben entstehen fast immer nur als *secundäre* Neubildungen im Gehirn. Die von uns gemachte Erfahrung, dass secundäre Hirnkrebse vorzugsweise bei primärem Krebs der Mamma, ferner der Lungen und Pleuren beobachtet werden, scheint eine beachtenswerthe Analogie mit dem Vorkommen secundärer Gehirnabscesse bei primären Eiterungen in der Pleura, bei Lungenbrand u. dgl. darzubieten.

5. Als seltnere Hirngeschwülste sind hier noch zu nennen die meist von den Gehirnhäuten ausgehenden Psammome, derbe, meist relativ kleine und daher oft symptomlos verlaufende Neubildungen, welche

eingelagerte Kalkconcremente enthalten und beim Durchschneiden knirschen, ferner die seltenen, wie Perlmutter glänzenden *Cholesteatome*, endlich *Lipome, Angiome* u. a.

Die Allgemeinerscheinungen der Gehirntumoren. Wie bei allen übrigen Herderkrankungen des Gehirns hängt auch bei den Gehirntumoren ein Theil der Symptome von der speciellen Localisation der Neubildung ab. Je nachdem dieser oder jener Theil der Gehirnsubstanz durch die Geschwulstbildung zerstört oder wenigstens in seiner Function beeinträchtigt ist, müssen sich bestimmte *Herdsymptome* entwickeln, deren Auftreten allein die Diagnose des Sitzes der Geschwulst ermöglicht. Ausser diesen Herdsymptomen kommen aber bei fast allen grösseren Gehirntumoren gewisse *Allgemeinerscheinungen* vor. Dieselben beruhen grösstentheils auf der durch die wachsende Neubildung herbeigeführten Erhöhung des *allgemeinen Gehirndrucks.* Zahlreiche *klinische* Thatsachen, welche wir alsbald näher kennen lernen werden, weisen darauf hin, dass bei jedem umfangreicheren Tumor ein grosser Theil der gesammten weichen Gehirnmasse dieser Druckwirkung des Tumors unterliegt, und auch bei der *anatomischen* Untersuchung jedes einen grösseren Tumor beherbergenden Gehirns ist eine Anzahl von hierauf bezüglichen Veränderungen fast ausnahmslos nachweisbar. Die Windungen sind abgeplattet und verstrichen, die Dura an den Schädel angedrückt, zuweilen durch den anhaltenden Druck verdünnt oder gar durchbrochen, zuweilen chronisch-entzündlich verdickt. In einzelnen Fällen erstreckt sich die Druckwirkung sogar bis auf den knöchernen Schädel, so dass dieser usurirt, verdünnt, ja selbst durchbrochen oder in seinem Nahtgefüge gelockert sein kann. Eine Folge des allgemein vermehrten Hirndrucks und seiner Einwirkung auf die Venenstämme des Gehirns ist auch der bei Gehirntumoren sehr häufig anzutreffende *Ventrikelhydrops* (Hydrocephalus internus). Die stärksten Grade desselben findet man bei Tumoren in der hinteren Schädelgrube, welche direct auf die Vena cerebri interna communis (V. magna Galeni) drücken.

Die *klinischen Erscheinungen* der Gehirntumoren, welche auf die *allgemeine Druckwirkung* derselben bezogen werden müssen, sind folgende:

1. Der *Kopfschmerz* ist eins der constantesten und frühzeitigsten Symptome der Gehirntumoren. Er ist gewöhnlich anhaltend, aber zeitweise exacerbirend, dann wieder nachlassend. Die Kranken bezeichnen ihn als dumpf, tief sitzend, betäubend. Obwohl er den ganzen Kopf einnimmt, so steht doch seine hauptsächlichste Localisation zuweilen (nicht immer) zu dem Sitze des Tumors in näherer Beziehung. Namentf-

lich weist andauernder Hinterhauptkopfschmerz auf einen Tumor in
der hinteren Schädelgrube hin. Zuweilen kann man auch durch *Beklopfen* des Schädels einen Bezirk finden, welcher besonders hyperästhetisch ist. Doch muss man immerhin mit den hieraus zu ziehenden diagnostischen Schlüssen ziemlich vorsichtig sein. Der Kopfschmerz
hält gewöhnlich bis zum Ende der Krankheit an, und, selbst wenn die
Kranken bereits vollständig stuporös und benommen sind, kann man
aus ihrem leisen Stöhnen und dem häufigen Greifen nach dem Kopfe
auf die noch jetzt vorhandenen Schmerzen schliessen.

2. Nächst den Kopfschmerzen gehören Symptome von Seiten des
Sensoriums und des *psychischen Verhaltens* der Kranken zu den häufigsten Allgemeinerscheinungen der Gehirntumoren. Schon der *Gesichtsausdruck* der Patienten hat oft etwas Charakteristisches; er ist eigenthümlich matt, theilnahmlos, stumpfsinnig. Die *Sprache* wird langsam,
die Kranken müssen sich oft lange besinnen, ehe sie wissen, was sie
sagen wollen. Das *Gedächtniss* nimmt ab, namentlich für die Ereig-
nisse der jüngsten Vergangenheit. Die Theilnahme der Kranken für
ihre Umgebung, für Alles das, was sie früher interessirte, schwindet
mehr und mehr. Sie machen einen schläfrigen, benommenen Eindruck,
werden unachtsam auf sich und unreinlich. Selbstverständlich können
die einzelnen Fälle verschiedene Abweichungen von dem eben skizzirten Bilde darbieten. Im Allgemeinen sind aber die meisten Fälle einander ziemlich ähnlich, wenn auch die Intensität der psychischen Symptome von den leichteren Formen des Stupors bis zu den höchsten
Graden geistiger Schwäche wechseln kann.

Zeitweise eintretende plötzliche Drucksteigerungen, wie sie durch
stärkere Gefässfüllung, durch Blutungen in den Tumoren u. dgl. bedingt sein können, rufen nicht selten Anfälle von stärkerer Bewusstlosigkeit hervor, welche sich wie *Ohnmachtsanfälle* oder *apoplectische
Anfälle* ausnehmen.

3. Unter den allgemeinen Gehirnerscheinungen sind ferner der
Schwindel, die *Pulsverlangsamung* und das *Erbrechen* zu nennen. Ein
beständiges leichtes *Schwindelgefühl* kommt als Allgemeinerscheinung
vielen Gehirntumoren zu. Tritt aber der Schwindel stark in den Vordergrund der Krankheitssymptome, so weist er auf eine specielle Beeinträchtigung des Kleinhirns durch den Tumor hin. Die *Pulsverlangsamung,* ein häufiges und diagnostisch nicht werthloses Symptom der
Gehirntumoren, haben wir schon bei Besprechung der Apoplexien als
eine Folge der allgemeinen Gehirndrucksteigerung kennen gelernt. Die
Pulsfrequenz schwankt etwa zwischen 50—60 Schlägen in der Minute

oder nimmt noch mehr ab. Auch geringe Unregelmässigkeiten des Pulses kommen nicht selten vor. Das *cerebrale Erbrechen* kann eins der frühzeitigsten und der lästigsten Symptome sein. Es tritt oft unabhängig von der Speiseaufnahme ein, namentlich des Morgens, und ist nicht selten mit einem Schwindelgefühl verbunden.

4. *Epileptiforme Convulsionen* gehören ebenfalls zu den relativ nicht seltenen Allgemeinerscheinungen der Gehirntumoren, obwohl sie andererseits in vielen Fällen ganz fehlen. Da die Anfälle aller Wahrscheinlichkeit nach stets in der Rinde des Grosshirns ihren Ursprung nehmen, so beobachtet man sie demgemäss auch am häufigsten, wenn auch keineswegs ausschliesslich, bei Tumoren der Grosshirnhemisphären. Sind die Anfälle nicht allgemein, sondern auf eine Körperhälfte oder gar auf einzelne Körpertheile beschränkt, so haben sie mehr die Bedeutung eines Herdsymptoms, als einer Allgemeinerscheinung und können zur ungefähren Localisation des Tumors dienen (s. Seite 299). Bis zu einem gewissen Grade sind auch diejenigen Anfälle zur Localisation zu verwerthen, welche in einer Seite oder in einem bestimmten Körpertheile *beginnen,* sich von hier aus aber rasch über den übrigen Körper ausbreiten.

5. Die *Stauungspapille* ("*Stauungsneuritis*"). Die Stauungspapille gehört zu den wichtigsten objectiven Allgemeinerscheinungen der Gehirntumoren, so dass die *ophthalmoskopische Untersuchung* des Augenhintergrundes in keinem Falle chronischer Gehirnerkrankung unterlassen werden darf. Obgleich über die specielleren Vorgänge beim Zustandekommen der Stauungspapille noch einige Meinungsverschiedenheiten herrschen, so kann doch mit grosser Wahrscheinlichkeit angenommen werden, dass das rein *mechanische* Moment, die Erhöhung des *allgemeinen* Hirndrucks, hierbei die Hauptrolle spielt. Nach der ursprünglichen v. GRÄFE'schen Ansicht wird durch den erhöhten Hirndruck die Entleerung der Vena centralis retinae in den Sinus cavernosus direct gehemmt. Gegenwärtig nimmt man nach dem Vorgange von SCHMIDT und MANZ gewöhnlich an, dass bei der Steigerung des Gehirndrucks die Cerebrospinalflüssigkeit in die nach SCHWALBE mit dem Subarachnoidealraum des Gehirns frei communicirende *Lymphscheide* des Opticus gedrängt wird und dass der hierdurch entstehende "*Hydrops vaginae nervi optici*" den Nerven und die ihn durchziehenden Gefässe comprimirt. Jedenfalls ist die Stauungspapille *niemals als ein Herdsymptom* aufzufassen; sie kann bei *jedem* Sitze des Tumors auftreten, insofern nur hierdurch eine allgemeine Erhöhung des Gehirndrucks zu Stande kommt.

Sehstörungen, bestehend in Sehschwäche, Gesichtsfelddefecten oder sogar in völliger *Erblindung*, *kann* die Stauungspapille verursachen, *braucht es aber nicht*. Nur in einzelnen Fällen kommt es vor, dass die Abschwächung des Sehvermögens (*Amblyopie*) eins der ersten Symptome der Hirntumoren ist, so dass die Kranken die Hülfe eines Augenarztes früher, als die eines anderen Arztes in Anspruch nehmen. Gewöhnlich bleibt das Sehvermögen noch ziemlich lange erhalten, obwohl der Augenspiegel die deutlichen *objectiven Zeichen der Stauungspapille* — Schwellung der Papille, starke Schlängelung und Erweiterung der Venen, zuweilen Stauungsblutungen, Trübung des Sehnervenkopfes, aber normale Durchsichtigkeit der Netzhaut — ergiebt. Erst wenn sich im Anschluss an die langdauernde Stauung tiefer greifende Ernährungsstörungen im Sehnerven (Atrophie desselben) entwickeln, tritt eine stärkere Abnahme des Sehvermögens ein.

6. Als letzte bei den Gehirntumoren vorkommende Allgemeinerscheinung ist die oft relativ frühzeitig eintretende *allgemeine Abmagerung* und *Körperschwäche* zu nennen. Obgleich diese Symptome zum grossen Theil von der geringen Nahrungsaufnahme der Kranken, von dem Erbrechen, der Schlaflosigkeit u. dgl. abhängen, so kann doch auch die Möglichkeit eines directen ungünstigen Einflusses der schweren Gehirnerkrankung auf die gesammten Ernährungsvorgänge im Körper nicht ganz von der Hand gewiesen werden. Erwähnt sei hier auch noch die Neigung zu *hartnäckiger Stuhlverstopfung*, welche bei den meisten Kranken beobachtet wird.

Die Tumoren der einzelnen Gehirnabschnitte und ihre Herdsymptome. Die im Vorhergehenden besprochenen Symptome weisen auf die Anwesenheit eines Tumors im Gehirne hin, ohne jedoch über den speciellen Sitz desselben nähere Auskunft zu geben. Sind sonach überhaupt keine weiteren Krankheitserscheinungen vorhanden, so ist die genauere Localisation des Tumors gar nicht möglich. Derartige Fälle sind keineswegs sehr selten. Tumoren der weissen Marksubstanz im Stirnlappen, Tumoren, welche den Streifenhügel betreffen u. a. können ohne jedes Herdsymptom verlaufen und nur zu allgemeinen cerebralen Erscheinungen Anlass geben. Bei den meisten Gehirntumoren treten jedoch zu den Allgemeinerscheinungen noch weitere Symptome hinzu, aus welchen eine topische Diagnose mit grösserer oder geringerer Sicherheit gestellt werden kann. Da die hierbei in Betracht kommenden *Herdsymptome* fast alle in ihren Einzelnheiten schon besprochen sind (Cap. II dieses Abschnitts) und da ihre Verwerthung zur genaueren Diagnostik der Gehirntumoren in genau derselben Weise geschieht, wie bei allen anderen Herderkrankungen des Gehirns, so können wir uns im Folgenden kurz fassen. Hervorzuheben ist nur noch, dass auch bei den Gehirntumoren die Eintheilung der Herdsymptome in *directe* und *indirecte* nothwendig ist. Die directen Herdsymptome hängen unmittelbar von der Zerstörung des Nervengewebes durch die Neubildung ab, die indirecten von dem Druck, welchen die Geschwulst auf ihre nächste Umgebung ausübt. Da dieser Druck je nach dem Füllungszustande der Gefässe im Tumor wechselt, so können indirecte Herdsymptome zeitweise in verstärktem Maasse auftreten und dann wieder nachlassen. Eine Zwischenstellung nehmen diejenigen Herdsymptome ein, welche in manchen Fällen durch gewisse *anatomische Folgezustände der Neubildung* bedingt sind. Nicht selten findet man um den eigentlichen Tumor herum eine *weisse Erweichung der Gehirnsubstanz*. Dieselbe entsteht wahrscheinlich meist in Folge der Compression der umliegenden kleineren Gefässe, zuweilen aber auch (namentlich bei Syphilomen und solitären Tuberkeln) im Anschluss an eine in diesen sich entwickelnde *Arteriitis obliterans* (FRIEDLÄNDER). Ferner können in gefässreichen Neubildungen, vorzugsweise in Gliomen, *Blutungen* eintreten, deren zerstörende Einwirkung gewöhnlich einen grösseren Bezirk umfasst, als die Neubildung selbst.

1. *Tumoren der Grosshirnhemisphären* führen meist zu der allmählichen Entwicklung einer Hemiplegie, welche theils als directes, theils als indirectes Herdsymptom aufzufassen ist. Da die Neubildung oft ihren Sitz in der Nähe der Gehirnrinde hat, so sind Rindensymptome eine besonders häufige Erscheinung bei den Grosshirntumoren. Die *Hemiplegie* setzt sich daher nicht selten aus einzelnen, nach und nach zu einander hinzutretenden Monoplegien zusammen, so dass z. B. zuerst nur der Facialis, dann der eine Arm, dann das Bein gelähmt wird. Sehr oft ist die weitere Ausbreitung der Lähmung mit *Convulsionen* verbunden, welche sich auf ein Glied oder auf eine Körperhälfte beschränken, in vielen Fällen sich aber über den ganzen Körper ausbreiten. Je nach dem speciellen Sitze der Geschwulst können dann noch weitere Herdsymptome hinzutreten: *Hemianästhesie*, wenn die Parietalzone des Gehirns oder die hinteren Abschnitte der inneren Kapsel betroffen sind; *Hemiopie*, wenn der eine Hinterhauptlappen befallen ist; *aphatische Störungen*, wenn die Umgebung der linken Insel in Mitleidenschaft gezogen ist u. s. w.

2. *Tumoren an der Gehirnbasis.* Die Neubildungen an der Gehirnbasis gehören zu den am häufigsten vorkommenden Gehirntumoren und veranlassen in der Mehrzahl ein ziemlich charakteristisches Krankheits-

bild. Ein Theil der Tumoren entwickelt sich an der *Schädelbasis;* hierher gehören viele Sarkome, luetische Neubildungen ("gummöse Periostitiden") u. a. Andere Neubildungen gehen von den *Gehirnhäuten* (namentlich von der Dura mater), noch andere endlich von den an der Basis gelegenen *Hirntheilen* selbst aus. Unter den letzteren sind diejenigen besonders bemerkenswerth, deren Ausgangspunkt in der *Hypophysis cerebri* gelegen ist. In klinischer Beziehung kommt der specielle Ausgangspunkt fast niemals in Betracht, da bei dem nahen Aneinanderliegen der genannten Theile die klinischen Symptome keine wesentlichen Unterschiede darbieten und daher nur im Allgemeinen die Diagnose eines "basalen Tumors" an dieser oder jener Stelle der Gehirnbasis ermöglichen.

Ihr charakteristisches klinisches Gepräge erhalten die Basaltumoren durch die häufige *Mitbetheiligung der an der Gehirnbasis verlaufenden Gehirnnerven.* Die anatomischen Verhältnisse bringen es mit sich, dass die betreffenden Nervenstämme oft theils comprimirt, theils direct von der Neubildung ergriffen werden. Am häufigsten beobachtet man Lähmungen im Gebiete der *Augenmuskelnerven* (Oculomotorius, *Abducens*), anfangs meist einseitig, später zuweilen doppelseitig. Durch die Betheiligung eines *Tractus opticus* kann *Hemiopie*, durch Druck auf einen Nervus opticus eine *einseitige Stauungspapille* mit einseitiger Sehstörung entstehen. Die *Hypophysistumoren* zeichnen sich besonders durch das frühzeitige Auftreten von Erscheinungen im Gebiete der Optici aus. Läsionen des *Trigeminus* verursachen nicht selten *Sensibilitätsstörungen* im Gesicht, in einzelnen Fällen auch *Kaumuskellähmungen.* Häufig wird der Stamm des Facialis betroffen. Die hierdurch entstehende *Facialislähmung* ist in diagnostischer Beziehung dadurch besonders werthvoll, dass durch die meist eintretende elektrische Entartungsreaction in den gelähmten Gesichtsmuskeln die *periphere* Natur der Lähmung erwiesen wird, welcher Umstand selbstverständlich einen werthvollen Hinweis auf den Sitz der Läsion an der *Schädelbasis* im Gegensatz zu den mit Facialislähmung verbundenen *centralen* Erkrankungen abgiebt. Ausser dem elektrischen Verhalten der gelähmten Muskeln deutet auch schon die fast constante Mitbetheiligung der *Stirnmuskeln* an der Lähmung auf die periphere Natur der Facialislähmung hin (s. S. 80 und S. 327). Viel seltener, als die Facialislähmung, findet sich bei Basaltumoren eine periphere *Hypoglossuslähmung.* Ueber Störungen im Gebiete der übrigen Sinnesnerven, ausser dem Opticus, sind erst wenige Erfahrungen gesammelt worden, doch sind sie bei genauerer Beobachtung wahrscheinlich nicht sehr selten nachweisbar.

Mit den soeben kurz erwähnten Erscheinungen von Seiten der Gehirnnerven können sich natürlich auch *Extremitätenlähmungen* in mannigfaltiger Weise combiniren. Dieselben treten am häufigsten ein, wenn die Hirnschenkel und die in denselben verlaufenden Pyramidenbahnen betroffen sind. Eine ausführlichere Darstellung aller möglichen Combinationen ist unnöthig. In jedem einzelnen Falle müssen alle vorhandenen Symptome sorgfältig aufgesucht und mit den anatomischen Verhältnissen verglichen werden. Dann gelingt es in der Mehrzahl der Fälle, den Ort an der Basis, wo die Neubildung sitzen muss, wenigstens mit annähernder Genauigkeit zu bestimmen. Diagnostische Irrthümer können zuweilen, aber verhältnissmässig nicht häufig, dadurch herbeigeführt werden, dass Erscheinungen von Seiten der basalen Gehirnnerven in einigen Fällen auch als indirecte Drucksymptome von relativ entfernt in der Gehirnsubstanz selbst gelegenen Tumoren hervorgerufen werden.

3. *Tumoren des Kleinhirns.* Indem wir auf eine nochmalige Beschreibung der bei Tumoren in den übrigen Hirntheilen möglichen Symptome verzichten, bedürfen nur noch die relativ nicht seltenen *Tumoren des Kleinhirns* einer kurzen besonderen Erwähnung. Die directen Herdsymptome, welche auf eine Kleinhirnaffection hinweisen, der eigenthümliche *taumelnde Gang* und der *Schwindel* sind schon S. 313 besprochen. Dazu kommen in den meisten Fällen von Kleinhirntumoren noch sehr ausgesprochene Allgemeinerscheinungen: *Kopfschmerz,* vorzugsweise im Hinterkopf localisirt und zuweilen mit einer deutlichen *tonischen Nackenstarre* verbunden, *Erbrechen* und *Sehstörungen,* welche durch den besonders häufigen Eintritt einer *Stauungspapille* bedingt sind. In ähnlicher Weise, wie die Stauungspapille, scheinen bei allgemein erhöhtem Gehirndruck sich auch in den anderen Sinnesnerven (z. B. in den Acustici, in den Olfactorii) analoge Stauungserscheinungen ausbilden zu können, welche zu den entsprechenden Sensibilitätsstörungen führen. Bei beiderseitiger Geruchstörung und Gehörabnahme, wie sie gerade bei Tumoren in der hinteren Schädelgrube einige Mal beobachtet sind, hat man diese Möglichkeit besonders ins Auge zu fassen.

Allgemeiner Verlauf der Gehirntumoren. Der klinische Gesammtverlauf der Gehirntumoren ist fast immer ein chronischer. Nur in den seltneren Fällen, wo ein bis dahin latent verlaufener Tumor plötzlich durch eine in demselben eintretende Blutung oder dgl. zu schweren Krankheitserscheinungen Anlass giebt, ist der Beginn und zuweilen auch der weitere Krankheitsverlauf ein acuter. In der Regel entwickeln sich aber die Symptome des Hirntumors ganz allmählich. Von der Localität desselben hängt es ab, ob die Allgemeinerscheinungen oder die Herdsymptome früher in den Vordergrund des Krankheitsbildes treten. Häufiger ist Ersteres der Fall. Unbestimmte, tief sitzende Kopfschmerzen eröffnen die Scene und erst nach und nach treten die übrigen Allgemein- und Herdsymptome hinzu. Mannigfache Schwankungen in der Intensität der Krankheitserscheinungen sind nicht selten und grösstentheils aus dem wechselnden Druck des Tumors auf seine Umgebung erklärlich. Die plötzlichen Verschlimmerungen, welche namentlich bei den gefässreichen Gliomen vorkommen, sind schon wiederholt erwähnt.

Die *Gesammtdauer* der Krankheit beträgt meist wenigstens mehrere Monate, oft 1—2 Jahre und noch länger. Der Ausgang ist fast stets ein ungünstiger. Der *Tod* erfolgt zuweilen ziemlich plötzlich, zuweilen erst, nachdem die gelähmten, blinden und marastischen Kranken längere Zeit hindurch ein trauriges Siechthum überstanden haben, dessen Qualen aber zum Glück durch die psychische Schwäche der Kranken oft gemildert werden. Eine *Heilung* kommt nur bei den *syphilitischen Neubildungen* vor. Dass auch *solitäre Tuberkel* heilen können, ist möglich, aber nicht sicher erwiesen.

Diagnose. Die Diagnose der Gehirntumoren stützt sich in erster Linie auf den *allmählichen Eintritt und die stetige langsame Zunahme der oben näher besprochenen Allgemeinerscheinungen* (Kopfschmerz, Schwindel, Erbrechen, Convulsionen, psychische Schwäche u. s. w.). Alle diese Symptome, von denen der Kopfschmerz das constanteste ist, weisen auf die Entwicklung eines chronischen Hirnleidens hin, wobei die Annahme eines Gehirntumors, wenn bestimmte sonstige ätiologische Anhaltspunkte (Abscess nach einem Trauma, Lues) fehlen, die wahrscheinlichste ist. Als ein Symptom von besonderer Wichtigkeit kommt hier noch die *Stauungspapille* hinzu, welche bei allen anderen chronischen Gehirnkrankheiten (Abscess, Erweichung) viel seltener auftritt, als bei den Tumoren.

Während die Allgemeinerscheinungen vorzugsweise auf das Bestehen eines Tumors überhaupt hinweisen, ermöglichen die *Herdsymptome* allein die Bestimmung des näheren Sitzes desselben. Aus ihrer allmählichen Entwicklung und aus dem langsamen Hinzutreten neuer Symptome zu den bereits bestehenden ist aber zugleich auch ein weiterer Grund zu der Annahme eines stetig fortschreitenden Krankheitsprocesses im Allgemeinen zu entnehmen, wie ihn gerade die Gehirntumoren am häufigsten darstellen. Von den in ähnlicher Weise verlaufenden Affectionen unterscheidet sich der *Abscess* vor allem durch das Fehlen der Stauungspapille, ferner durch die nicht seltenen Fiebererscheinungen und endlich durch seinen Zusammenhang mit gewissen ätiologischen Verhältnissen (Trauma). *Entzündliche* und *thrombotische* langsam entstehende *Gehirnerweichungen* machen meist geringere Allgemeinerscheinungen, als die Tumoren, haben ebenfalls nur ausnahmsweise eine Stauungspapille zur Folge und sind (abgesehen von der syphilitischen Erweichung) bei jugendlicheren Individuen überhaupt viel seltener, als die Gehirngeschwülste. Die *sclerotischen Processe* können zuweilen ein ähnliches Krankheitsbild darbieten, wie manche Fälle von Gehirntumor. Jedoch fehlt auch hier die Stauungspapille; der Gesammtverlauf ist ein viel langwierigerer (5—10 Jahre und mehr) und das meist multiple Auftreten der sclerotischen Herde bedingt häufig einen complicirten Symptomencomplex, welcher sich nur schwer mit der Annahme einer einzigen Herderkrankung vereinigen lässt.

Unmöglich ist die Unterscheidung eines Tumors von gewissen seltenen *umschriebenen chronischen Meningitiden,* welche meist an der Basis sitzen, zu einer beträchtlichen Verdickung des Gewebes führen und auf diese Weise alle Symptome eines basalen Tumors vortäuschen können. Auch der *chronische Hydrocephalus* kann in seltenen Fällen mit einem Gehirntumor verwechselt werden. Wir haben einen Fall von Hydrops des vierten Ventrikels gesehen, welcher zu Lebzeiten des Patienten das vollkommene Bild eines Kleinhirntumors dargeboten hatte.

Ueber die *Art des Tumors* lassen sich höchstens Vermuthungen aussprechen. Weisen die Herdsymptome auf einen Tumor in der *Gehirnsubstanz* selbst hin, so denkt man zunächst stets an ein *Gliom,* weil dieses die bei weitem häufigste Art der im Gehirn vorkommenden Neubildungen ist. Wie erwähnt, kann man auch aus gewissen Verlaufseigenthümlichkeiten (namentlich aus dem anfallsweisen Auftreten neuer Erscheinungen) mit Wahrscheinlichkeit auf ein Gliom schliessen. Handelt es sich dagegen um einen *basalen Tumor,* so hat die Vermuthung eines *Sarkoms* das Meiste für sich, weil die Neubildungen an der Schädelbasis meist sarkomatöser Natur sind. Nur bei auffallend frühzeitigem Auftreten von Opticus-Erscheinungen darf man den Verdacht eines Hypophysentumors aussprechen. In *allen* Fällen, vorzugsweise bei den Basaltumoren, ist auch die Möglichkeit *syphilitischer Neubildungen* besonders ins Auge zu fassen und sowohl die Anamnese, als auch die Untersuchung des übrigen Körpers hat stets auf diesen in therapeutischer Beziehung so sehr wichtigen Punkt besondere Rücksicht zu nehmen.

Eine specielle Art von Tumoren verdient noch eine kurze Erwähnung: die *einfachen (solitären)* oder *multipel vorkommenden grossen Hirntuberkel.* Sie treten vorzugsweise im *Kindesalter* auf, so dass jedes chronische Gehirnleiden bei Kindern auf die Möglichkeit ihrer Entwicklung hinweisen soll, um so mehr, wenn gleichzeitig *sonstige Zeichen von Tuberkulose in anderen Organen* (Lymphdrüsen, Lungen, Knochen u. s. w.) nachweisbar sind. Die *klinischen Symptome* sind denen der übrigen Tumoren analog. Kopfschmerzen und Convulsionen (oft halbseitig) gehören zu den häufigsten Erscheinungen; daneben können je nach dem Sitze der Erkrankung alle möglichen Herdsymptome auftreten.

Prognose. Ausser den syphilitischen Neubildungen geben alle Gehirntumoren eine durchaus *ungünstige* Prognose. Bei den tuberkulösen Geschwülsten soll in ganz vereinzelten Fällen eine Rückbildung vorkommen können, indessen darf man in der Praxis hierauf niemals rechnen. In allen anderen Fällen ist eine Heilung so gut wie unmöglich. Die Zeit, welche vom Beginn der Krankheitserscheinungen bis zum Eintritt des Todes verfliesst, ist, wie erwähnt, sehr wechselnd, so dass man mit jeder zeitlichen Vorhersage sehr vorsichtig sein muss. Eine längere Dauer der Krankheit, als 1—2 Jahre, ist jedoch selten, und auch auf die Möglichkeit eines plötzlichen unvorhergesehenen Todes des Patienten muss man gefasst sein.

Therapie. Da die Art des Tumors in keinem Falle mit absoluter Sicherheit diagnosticirt werden kann, so soll *jedes* Mal eine antiluetische Behandlung (Schmierkur von täglich 3,0—5,0 Grm. Ungt. cinereum, innerlich 2—5 Grm. Jodkalium pro die) versucht werden, weil die Möglichkeit einer syphilitischen Neubildung fast niemals ganz ausgeschlossen ist und in diesem Fall ein bedeutender Erfolg erzielt werden kann. Meist hilft freilich die antiluetische Kur nicht viel, da es sich um andersartige Tumoren handelt, obwohl vielleicht das *Jodkalium* zuweilen auch bei diesen wenigstens von einer vorübergehenden guten Wirkung ist. Auch der längere Zeit fortgesetzte Gebrauch von *Arsenik* ist empfohlen worden, um das Wachsthum der Neubildung zu beschränken.

Im Uebrigen richtet sich die Behandlung nach den symptomatischen Indicationen. Die Kopfschmerzen werden durch Eisumschläge und Narcotica bekämpft, die Convulsionen durch Bromkalium oder Chloroformeinathmungen, das Erbrechen ausser durch Bettruhe durch Opium und Eispillen. Sehr viel kommt auf die allgemeine Pflege der Kranken an, damit diese vor Beschädigungen, vor Decubitus u. dgl. nach Möglichkeit geschützt werden.

ANHANG.

Die Cysticercen des Gehirns.

Wie schon auf Seite 613 des ersten Bandes erwähnt ist, kann der von der *Taenia solium* stammende *Cysticercus cellulosae* in grosser Zahl im Gehirn vorkommen. Die Cysticercen sitzen am häufigsten in der Pia mater, senken sich aber meist von hier aus in die Gehirnrinde hinein. In den Gehirnhäuten findet man nicht selten die Zeichen einer chronischen Meningitis, in einzelnen Fällen auch kleine oder sogar grössere Blutungen. Sitzen zahlreichere Cysticercen in der Nähe der Gehirnventrikel, so entwickelt sich meist ein mehr oder weniger starker Hydrocephalus internus. Die einzelnen Cysticercen sind in der Regel von einer bindegewebigen Kapsel umgeben, seltener sind sie ganz frei von einer derartigen Umhüllung.

Ein charakteristisches *Krankheitsbild* für die Gehirncysticercen lässt sich nicht geben, da die einzelnen Fälle in symptomatologischer Hinsicht je nach der Zahl und dem Sitze der Parasiten grosse Verschiedenheiten darbieten. Zuweilen verursachen die Cysticercen gar keine Krankheitserscheinungen und werden nur als zufälliger Obductionsbefund angetroffen. In anderen Fällen sind sie aber die Ursache eines langwierigen chronischen Gehirnleidens. Unter den Symptomen desselben scheinen *epileptiforme Convulsionen* am häufigsten vorzukommen, was jedenfalls mit dem Sitze der Cysticercen in der Gehirnrinde zusammenhängt. Daneben können ähnliche allgemeine Gehirnsymptome, wie bei den Gehirntumoren, vorkommen: anhaltende Kopfschmerzen, Schwindel, psychische Anomalien u. s. w. Herdsymptome können ebenfalls auftreten, sind aber im Ganzen selten.

Die *Diagnose* lässt sich niemals mit völliger Sicherheit stellen. Vermuthen darf man die Anwesenheit von Cysticercen im Gehirn, wenn die oben genannten Symptome bei einem Menschen auftreten, dessen Beruf (Fleischer u. dergl.) die Möglichkeit einer Infection besonders nahe legt, oder welcher nachweislich früher eine Taenia beherbergt hat oder noch beherbergt, oder bei welchem in anderen Organen, insbesondere in der Haut, Cysticercen mit Sicherheit aufgefunden werden können.

Ein Mittel, die Cysticercen zu tödten, kennen wir nicht. Die *Therapie* kann daher nur eine rein symptomatische sein.

SIEBENTES CAPITEL.
Die Gehirnsyphilis.

Aetiologie. Schon an mehreren Stellen ist in den früheren Capiteln
darauf hingewiesen, eine wie grosse Rolle die Syphilis als ätiologisches
Moment bei vielen chronischen Leiden im Gebiete des Centralnervensystems spielt. Während aber bei den Krankheiten des Rückenmarks
(Tabes, gewisse Formen der Myelitis) der nähere Zusammenhang zwischen der luetischen Infection und der nervösen Erkrankung noch in
vieler Beziehung unklar ist, findet man im Gehirn relativ häufig Affectionen, deren unmittelbarer Zusammenhang mit einer constitutionellen
Syphilis keinem Zweifel unterliegt.

Fast immer entwickelt sich die Gehirnsyphilis in den *späteren
Stadien* des gesammten syphilitischen Erkrankungsprocesses. Nur ausnahmsweise treten cerebrale Symptome schon am Ende des ersten Jahres
nach der Primärinfection auf. In den meisten Fällen sind mehrere,
nicht selten sogar 10—20 Jahre seit dem Beginn der Erkrankung verstrichen, bevor sich die ersten Zeichen des Gehirnleidens entwickeln.
Man rechnet daher die Gehirnlues allgemein zu den *„tertiären Symptomen"* der Syphilis.

Alter und *Geschlecht* bieten keinen wesentlichen Unterschied in
der Häufigkeit der Erkrankung dar. Auch bei der *hereditären Syphilis*
sind Affectionen des Nervensystems sicher festgestellt worden. Dagegen
kann denjenigen Momenten, welchen bei allen Erkrankungen des Centralnervensystems überhaupt eine *prädisponirende* Bedeutung zukommt,
auch bei der Entwicklung der Gehirnlues ein gewisser Einfluss nicht
abgesprochen werden. Wie z. B. auch die Localisation der syphilitischen
Affectionen in der Haut von gewissen äusseren Reizen abhängen kann,
welchen eine bestimmte Hautstelle vorzugsweise ausgesetzt ist, so scheint
es auch, dass ein Gehirn, welches durch eine angeborene Widerstands-
schwäche gegen alle Erkrankungen (hereditäre nervöse Disposition) oder
durch mannigfaltige ungünstige psychische Einflüsse, durch traumatische und toxische Schädlichkeiten schon vorher gelitten hat, eine
günstigere Stätte für die Entwicklung und Ausbreitung des syphilitischen Giftes darbietet, als ein vollkommen gesundes und kräftiges
Gehirn. Selbstverständlich zeigt jedoch auch das letztere niemals eine
Immunität gegen die Erkrankung.

Pathologische Anatomie. Die Syphilis des Gehirns tritt, soweit bis
jetzt mit Sicherheit bekannt, vorzugsweise in zwei Formen auf, erstens

als umschriebene *tumorartige, syphilitische Neubildung (Gumma, Syphilom)* und zweitens als eine meist ziemlich ausgebreitete *Erkrankung der Gehirnarterien.* Ein principieller Unterschied zwischen beiden Erkrankungsformen, welche auch combinirt vorkommen, existirt nicht, da die Gefässerkrankung ebenfalls auf der Entwicklung der specifischen luetischen Neubildung in den Arterienwandungen beruht.

Die *umschriebenen syphilitischen Neubildungen* stellen gelbliche oder grau-röthliche, in der Mitte oft verkäste Geschwülste dar, welche sich am häufigsten in der Dura mater oder im Subarachnoidealraum entwickeln und von hier aus auf die Gehirnsubstanz selbst übergreifen; weit seltener entwickeln sie sich von vorn herein in der Gehirnsubstanz selbst. Histologisch bestehen sie aus einem an Gefässen bald ärmeren, bald reicheren Granulationsgewebe, welches an den meist schon makroskopisch erkennbaren gelben, derberen Stellen in Coagulationsnekrose (Verkäsung) übergegangen ist. Die verkästen umschriebenen Hirngummata sind histologisch von Tuberkelknoten nicht wesentlich verschieden (s. das vorige Capitel). In den Hirnhäuten, namentlich an der Basis, findet sich die luetische Neubildung zuweilen auch in einer mehr diffusen Form (*gummöse Meningitis*). An manchen Stellen geht das ursprünglich weiche Granulationsgewebe später in ein festes Bindegewebe über und bildet dann ausgedehnte *narbige Schwielen*.

Die *luetische Arterienerkrankung* ist zuerst von HEUBNER in ihrer Bedeutung erkannt und genau beschrieben worden. Sie findet sich am ausgebildetsten gewöhnlich in den *Arterien der Gehirnbasis,* vor allem in der Arteria fossae Sylvii und deren Verzweigungen. Schon dem blossen Auge fällt das undurchsichtige, graue Aussehen der Gefässe auf, welche sich derber und starrer anfühlen und auf dem Durchschnitte eine gleichmässige oder stellenweise stärker hervortretende Verdickung ihrer Wandung erkennen lassen. Hierdurch wird das Lumen der Gefässe nicht unbeträchtlich verengt und schliesslich an manchen Stellen ganz verschlossen, zumal wenn der letzte Rest desselben durch sich bildende Thromben verstopft wird. Die genauere *histologische Untersuchung* zeigt, dass die Neubildung vorzugsweise von der *Intima* des Gefässes ausgeht, dass hier eine Wucherung endothelialer Zellen stattfindet, welche allmählich in ein festes Bindegewebe übergehen. Ausserdem bildet sich aber allmählich auch eine nicht unbeträchtliche Verdickung der *Adventitia* aus. Unzweideutige histologische Merkmale für die syphilitische Endarteriitis giebt es nicht; dieselbe kann mit völliger Sicherheit nur dann als specifisch angesehen werden, wenn sie im Verein mit anderen luetischen Erkrankungen, sei es im Gehirn, sei

es in anderen Organen, vorkommt, oder wenn die Anamnese und der
frühere Krankheitsverlauf auf das Bestehen einer Lues hinweisen.
Die grosse klinische Bedeutung der syphilitischen Endarteriitis liegt
darin, dass die Gehirnbezirke, deren zuführende Arterien erkranken,
von ihrer normalen Blutzufuhr abgeschnitten werden. Ist diese Ab-
sperrung eine vollständige, so muss eine Erweichung der Gehirnsubstanz, ebenso wie bei der gewöhnlichen embolischen und thrombotischen
Encephalomalacie, eintreten. Da, wie erwähnt, vorzugweise die Arteria
fossae Sylvii erkrankt, so findet man auch die luetischen Erweichungen
am häufigsten im Gebiete dieses Gefässes.

   Klinische Symptome und Krankheitsverlauf. Bei der Mannigfaltigkeit der anatomischen Processe und der Verschiedenheit ihres Sitzes
ist natürlich auch das Krankheitsbild, unter welchem die Gehirnsyphilis
verläuft, ein sehr wechselndes. Es können daher im Folgenden auch
nur einige, besonders häufig zu beobachtende *Verlaufstypen* (HEUBNER)
kurz geschildert werden.

   1. Das Krankheitsbild entspricht grösstentheils demjenigen eines
Hirntumors. Hierbei handelt es sich um umschriebene syphilitische
Neubildungen, welche entweder an der *Basis,* oder an der *Convexität
des Gehirns* (und in den Hirnhäuten) sitzen. Im *ersteren* Fall sind die
Erscheinungen den auf Seite 358 besprochenen analog. Häufig gehen
Allgemeinsymptome, wie anhaltende, Nachts exacerbirende Kopfschmerzen, Schlaflosigkeit, psychische Verstimmung, Gedächtnissschwäche
u. dgl. eine Zeit lang den Herderscheinungen voraus. Dann entwickeln
sich Lähmungen der basalen Gehirnnerven, am häufigsten der Augenmuskelnerven, seltener des Facialis u. a.

   Ein ziemlich charakteristisches Krankheitsbild beobachtet man nicht
selten im zweiten Fall, wenn die syphilitische Neubildung sich vorzugsweise an der *Gehirnconvexität* entwickelt hat. Auch hier gehen ähnliche Vorboten, wie die eben erwähnten, häufig eine Zeit lang den schwereren Symptomen voraus. Dann treten, oft ganz plötzlich, heftige
epileptiforme Convulsionen ein, welche in grösseren Zwischenzeiten oder
auch zuweilen sehr rasch auf einander folgen. Ausser den Krämpfen
stellen sich gewöhnlich noch andere Rindensymptome ein: monoplegische oder auch hemiplegische Paresen, ferner sehr häufig leichte
corticale Sprachstörungen (Silbenstolpern u. dgl.) und Anzeichen psychischer Schwäche. In manchen Fällen kann bei diesem Verlauf ein
relativ rasch tödtlicher Ausgang erfolgen. Die epileptiformen Anfälle
häufen sich, tiefere Bewusstseinsstörungen treten auf und die Kranken sterben im tiefen Coma. Bei rechtzeitiger energischer Behand-

lung sind aber gerade in diesen Fällen sehr günstige Heilresultate zu erzielen.

2. Eine zweite häufige Verlaufsart der Gehirnsyphilis findet sich vorzugsweise dann, wenn die *luetische Arterienerkrankung* die wesentlichste anatomische Veränderung darstellt. Nach einem nicht selten anzutreffenden Vorläuferstadium kommt es hierbei, entsprechend einer oft ziemlich plötzlich eintretenden Gefässverstopfung, zu einem ausgesprochenen *apoplectischen Insult*, welcher in den meisten Fällen von einer *halbseitigen Lähmung* gefolgt ist. Die Insulterscheinungen können hierbei die verschiedensten Grade der Intensität zeigen; sie bestehen zuweilen nur in einem leichten Schwindel, zuweilen in einem Tage lang andauernden Coma. Nicht selten schliesst sich an den Insult ein eigenthümlicher Zustand psychischer Betäubung und Verwirrung an, welcher Wochen lang anhalten kann. In schweren Fällen erfolgt schon in kurzer Zeit der Tod, gewöhnlich unter hoher Temperatursteigerung. In anderen tritt eine rasche oder langsame Besserung ein, zumal wenn die Kranken richtig behandelt werden.

Derartige apoplectische Anfälle können sich nach vorübergehenden Besserungen öfter wiederholen und sich auch mit allen möglichen sonstigen nervösen Erscheinungen combiniren.

3. In einer dritten Reihe von Fällen verläuft die Gehirnsyphilis unter dem Bilde eines *diffusen chronischen Gehirnleidens*, welches noch am meisten dem Krankheitsbilde der *multiplen Sclerose* oder gewissen Formen der *progressiven Paralyse der Irren* entspricht. Hierbei stellen sich allmählich *Gedächtnissschwäche*, *Sprachstörungen*, verschiedene *motorische Störungen* (Tremor, Ataxie, einzelne Lähmungen) ein, die Intelligenz nimmt immer mehr und mehr ab, bis die Kranken nach mehrjährigem körperlichen und psychischen Siechthum ihrem Leiden erliegen, wenn nicht ein apoplectiformer oder epileptiformer Anfall schon früher dem traurigen Zustande ein Ende gemacht hat. Der *anatomische Befund* ist in diesen Fällen oft relativ gering. Wahrscheinlich handelt es sich hierbei theils um Veränderungen kleinerer Gefässe, theils um interstitielle und parenchymatöse Degenerationen, deren Nachweis bei unseren jetzigen Untersuchungsmethoden noch mit mannigfachen Schwierigkeiten verknüpft ist.

Diagnose. Obwohl einzelne specielle Züge in dem Krankheitsbilde der Gehirnsyphilis, so namentlich die intensiven prodromalen Kopfschmerzen, die epileptiformen Convulsionen, die apoplectischen Anfälle u. a., etwas für die Krankheit Charakteristisches haben, so kann doch die Diagnose aus den Symptomen allein niemals gestellt werden. Denn genau dieselben Erscheinungen können auch bei Tumoren, Erweichungen, Blutungen, bei der multiplen Sclerose und anderen Affectionen des Gehirns vorkommen. Das wichtigste diagnostische Kriterium liegt daher stets in dem Nachweise des *ätiologischen Moments,* d. h. der von früher her bestehenden luetischen Infection des Patienten. Wie dieser Nachweis zu führen ist, kann hier nicht näher ausgeführt werden. Nicht nur die anamnestischen Angaben, sondern vor allem auch die objectiv aufzufindenden noch bestehenden luetischen Veränderungen oder ihre Residuen (Narben auf der Haut und an den Schleimhäuten, Drüsenschwellungen, Hautulcera, Periostitiden an den Tibiae, Hodenaffectionen u. s. w.) bieten die wichtigsten Hinweise in dieser Beziehung dar. Von Wichtigkeit ist auch das *Alter* des Patienten, indem z. B. apoplectische Anfälle bei jugendlicheren Individuen weit eher den Verdacht einer Gehirnlues erregen müssen, als bei älteren Leuten. Eine nicht geringe Unterstützung gewinnt endlich die Diagnose zuweilen noch *ex juvantibus.* Da nichts zu verlieren, wohl aber viel zu gewinnen ist, so soll man auch in diagnostisch zweifelhaften Fällen mit einer specifischen Behandlung (s. u.) nicht zögern. Ein etwaiger Erfolg derselben trägt dann zur Sicherung der Diagnose nicht wenig bei.

Prognose und Therapie. Es giebt wenige schwere und lebensgefährliche Krankheitszustände, bei welchen eine rechtzeitig angewandte geeignete Behandlung von so grossem Erfolge begleitet sein kann, wie bei vielen Fällen von Gehirnsyphilis. Um einerseits diese Erfolge zu verstehen, andererseits aber, um sich durch die gleichfalls möglichen Misserfolge nicht beirren zu lassen, ist es nothwendig, sich klar zu machen, in welcher Weise eine antiluetische Behandlung allein wirksam sein kann. Sie vermag dies nur dadurch, dass sie die luetische Neubildung (das Gumma, die Neubildung an der Gefässintima) zum Zerfall und zur Resorption bringt. Damit schwinden die Druckwirkungen der Syphilome auf ihre Umgebung, damit wird das Lumen der Gefässe wieder hergestellt und die Blutzufuhr zu den ausser Circulation gesetzten Gehirnabschnitten wieder erneuert. Ist das Gewebe überhaupt noch *functionsfähig,* so nimmt es seine Function wieder auf und dann verschwinden alle Krankheitserscheinungen. Anders aber, wenn das Gewebe bereits tiefere Schädigungen durch die Compression oder den Blutmangel erlitten hat. Degenerirte Nervenstämme an der Gehirnbasis können sich auch dann noch allmählich wieder regeneriren; eingetretene Erweichungen in der Gehirnsubstanz selbst aber bedeuten einen unwiederbringlichen Verlust an functionirendem Nervengewebe. In solchen Fällen wird also auch eine antisyphilitische Kur nichts mehr nützen.

Hieraus ist ersichtlich, dass die erste Bedingung des Erfolges der Therapie ein *möglichst frühzeitiges Eingreifen* ist. Je frühzeitiger die richtige Diagnose gestellt wird, desto eher gelingt es, die bestehenden Krankheitserscheinungen zu beseitigen und den schwereren Folgeerscheinungen vorzubeugen. Die den überhaupt möglichen Erfolg am raschesten versprechende Behandlungsmethode besteht in einer energischen *Schmierkur mit Unguent. cinereum*. Es müssen anfangs täglich mindestens 4—5 Grm. Ungt. cinereum in der üblichen Weise eingerieben werden. Nur bei gut genährten „vollblütigen" Personen ist hiermit die Verordnung einer knappen Diät zu verbinden. Bei allen anämischen und schwächlichen Patienten muss die Ernährung gut und ausreichend sein. Gewöhnlich verbindet man mit der Einreibungskur die innerliche Darreichung von *Jodkalium* (2—3 Grm., in schwereren Fällen auch 4—6 Grm. pro die). Die Schmierkur muss auch nach dem Verschwinden der Erscheinungen noch 1 bis 2 Wochen fortgesetzt werden. Das Jodkalium lässt man in kleineren Dosen ebenfalls noch längere Zeit fortgebrauchen. Wenn nach 20—30 Einreibungen gar kein Erfolg eingetreten ist, so ist überhaupt die Aussicht auf eine nennenswerthe weitere Besserung gering. In günstigen Fällen beginnt die Wirkung des Quecksilbers oft schon nach der 5.—6. Einreibung und führt zuweilen zu erstaunlich raschen Fortschritten. Die ausschliessliche Anwendung von Jodkalium ist nur in leichteren Fällen (Trigeminusneuralgien, isolirte Augenmuskellähmungen u. dergl.) ausreichend.

Ausser der *specifischen* Therapie ist in vielen Fällen noch eine *symptomatische* Behandlung nothwendig. Narcotica, locale Applicationen am Kopf, Elektricität, Badekuren u. a. kommen nach denselben Regeln und Indicationen, wie bei übrigen chronischen Gehirnkrankheiten, in Betracht und unterstützen die causale Behandlung oft in der wirksamsten Weise.

ACHTES CAPITEL.
Der chronische Hydrocephalus.
(*Wasserkopf.*)

Aetiologie und pathologische Anatomie. Wiederholt ist in den früheren Capiteln das Auftreten einer Flüssigkeitsansammlung in den Ventrikeln als Folgeerscheinung bei sonstigen Gehirnkrankheiten (Meningitiden, Tumoren u. a.) erwähnt worden. Ausser diesem *„secundären Hydrocephalus"* kommt aber eine Zunahme der Ventrikelflüssigkeit auch

als anscheinend *idiopathische selbständige Erkrankung* vor und zwar
bei weitem am häufigsten als eine angeborene oder wenigstens in früher
Kindheit sich entwickelnde Anomalie.

Ueber die *Ursachen* des chronischen Hydrocephalus ist wenig
Sicheres bekannt. Die am häufigsten gemachte Annahme, dass derselbe auf einer bereits im Fötalleben durchgemachten oder in frühester
Kindheit entstandenen *Entzündung des Ventrikelependyms* beruhe, ist
pathologisch-anatomisch durchaus nicht für alle Fälle erwiesen, ebenso
wenig das Bestehen gewisser mechanischer Stauungsursachen (Obliteration des Foramen Magendie u. dgl.). Auch über die Bedeutung der als
disponirend bezeichneten Momente (Syphilis, Trunksucht der Eltern
u. s. w.) kann man kein bestimmtes Urtheil fällen. Wiederholt sind
mehrere Fälle von Hydrocephalus bei Kindern derselben Familie beobachtet worden.

Das wichtigste *anatomische* Merkmal des Hydrocephalus der Kinder ist die Vergrösserung des Kopfes. Der Umfang des *Schädels* kann
schon im ersten Lebensjahre 60—80 Ctm. und mehr betragen. Am
stärksten prominiren gewöhnlich die Stirnbeine und die Parietalhöcker.
Die Schädelknochen verdünnen sich allmählich so sehr, dass sie fast
papierartig durchscheinend werden. Die Fontanellen und die Nähte
bleiben weit offen. Das *Gehirn* ist so abgeplattet, dass es fast wie ein
Sack erscheint, welcher mit der hydrocephalischen Flüssigkeit erfüllt
ist. Die Gesammtdicke der Hemisphären beträgt in ausgebildeten Fällen
häufig nur 2—3 Centimeter oder noch weniger. Der innere, mit seröser
Flüssigkeit gefüllte Raum entspricht den enorm *erweiterten Ventrikeln*
und zwar in erster Linie den Seitenventrikeln; nicht selten jedoch sind
auch der dritte und der vierte Ventrikel ausgedehnt. Die *Ventrikel-
wandungen* sind häufig mit kleinen *Granulationen* besetzt oder in manchen Fällen auch netzartig verdickt. Die *hydrocephalische Flüssigkeit*
hat meist ein farbloses seröses Aussehen und enthält gar kein oder
nur eine sehr geringe Menge Eiweiss. Eiterkörperchen finden sich in
ihr gewöhnlich nur in geringer Zahl. Ihr *specifisches Gewicht* beträgt
etwa 1004—1006. Ihre *Menge* kann 1 Liter und noch mehr erreichen,
doch kommen hierin selbstverständlich die grössten Schwankungen vor.

Der angeborene Hydrocephalus ist nicht selten mit sonstigen Entwicklungsanomalien und Hemmungsbildungen des Gehirns combinirt,
auf deren Einzelnheiten wir aber hier nicht näher eingehen können.

Symptome und Krankheitsverlauf. Zuweilen wird ein Kind mit
einem bereits entwickelten Hydrocephalus geboren, so dass dieser sogar ein Geburtshinderniss werden kann. Gewöhnlich fällt aber den

Eltern in den ersten Lebenswochen nichts Besonderes an dem Kinde auf, und erst später werden sie durch die allmählich immer deutlicher werdende *Grössenzunahme des Kopfes* auf die Anomalie aufmerksam. Als Anhaltepunkte für die objective Beurtheilung derselben sei hier angeführt, dass der *Kopfumfang unter normalen Verhältnissen* bei Neugeborenen etwa 40 Ctm., bei Kindern von $^{1}\!_{2}$ Jahr etwa 40 Ctm., bei Kindern von 1 Jahr etwa 45 Ctm. beträgt und von da an bis zum Eintritt der Pubertät allmählich eine Grösse von ca. 50 Ctm. erreicht. Bis zu welchen Zahlen der Kopfumfang beim chronischen Hydrocephalus zunehmen kann, ist oben erwähnt. Die Zunahme erfolgt oft ziemlich rasch, so dass man alle 2—3 Wochen ein Wachsen des Schädelumfangs um 1—2 Ctm. nachweisen kann. Gewöhnlich ist die Ausdehnung des Schädels eine ziemlich gleichmässige nach allen Seiten hin; doch kommt es auch vor, dass der Schädel vorzugsweise in seinem sagittalen Durchmesser zunimmt und daher schliesslich eine ausgesprochen dolichocephale Form darbietet. Nicht selten beobachtet man Zeiten mit rascherem Wachsthum des Hydrocephalus und dann wieder scheinbare Stillstände desselben. Das weite Offenstehen der Fontanellen und Nähte, durch welche hindurch man zuweilen sogar ein Fluctuationsgefühl wahrnehmen kann, ist ebenfalls schon erwähnt. Das mitunter am Kopf hörbare Gefässgeräusch hat keine wesentliche diagnostische Bedeutung. Auffallend ist häufig die Erweiterung der Venen, welche als durchschimmernde bläuliche Stränge den Schädel überziehen. Das *Gesicht* bleibt klein und contrastirt seltsam mit dem grossen, in Folge seiner Schwere fast immer nach vorn herabsinkenden Kopfe. Die *Augen* sind meist nach unten gerichtet, theils in Folge der Herabdrängung des Orbitaldaches, theils auch in Folge der mangelhaften Innervation der Augenmuskeln.

Unter den *übrigen Krankheitserscheinungen* nimmt die *mangelhafte Entwicklung der Intelligenz* bei den hydrocephalischen Kindern die erste Stelle ein. Die Kinder lernen gar nicht oder nur unvollkommen sprechen; sie spielen gar nicht oder nur in läppischer Weise, vermögen ihre Aufmerksamkeit auf nichts zu concentriren und bleiben unreinlich und unachtsam. Doch muss andererseits auch angeführt werden, dass man zuweilen trotz beträchtlicher Hydrocephalie auch von einzelnen Regungen des Geistes überrascht werden kann, indem die Kinder allmählich namentlich ein genaues Unterscheidungsvermögen für die Personen und Gegenstände ihrer Umgebung erlangen.

Neben den psychischen Störungen sind fast immer *Anomalien der Motilität* vorhanden. In den Beinen, seltener in den Armen bestehen ausgesprochene Paresen, zuweilen sogar eine völlige Paraplegie. Daneben finden sich meist *spastische Symptome*, erhöhte *Sehnenreflexe* u. dgl. Nur wenige Kinder lernen allein gehen und stehen. In den Armen beobachtet man selten stärkere Paresen, dagegen häufig eine atactische Unsicherheit und Unbeholfenheit der Bewegungen. Die *Sensibilität* ist bemerkenswerther Weise fast immer erhalten. Wenigstens reagiren die Kinder sehr lebhaft auf alle Schmerzeindrücke. Unter den *Sinnesorganen* leidet das *Auge* am häufigsten. *Stauungspapille* und *Atrophie der Optici* sind wiederholt beim Hydrocephalus gefunden worden. Sehr häufig sind motorische Reizerscheinungen, namentlich *allgemeine Convulsionen*, Anfälle von *Spasmus glottidis* u. dergl. Der *allgemeine Ernährungszustand* bleibt in manchen Fällen ziemlich gut erhalten. In der Regel sind aber die hydrocephalischen Kinder atrophisch und bleiben in ihrer gesammten körperlichen Entwicklung bedeutend zurück.

Der *Ausgang* des chronischen Hydrocephalus der Kinder ist fast immer ein ungünstiger. Relativ wenige Kinder überschreiten das fünfte Lebensjahr, obwohl in einzelnen Fällen ein viel höheres Alter erreicht werden kann. Der *Tod* erfolgt gewöhnlich durch die zunehmende allgemeine Atrophie, nicht selten auch in einem Anfall von Convulsionen. *Heilungsfälle* sind nicht mit Sicherheit bekannt. Doch kann ein *Stillstand* in dem Fortschreiten des Hydrocephalus eintreten, wobei dann die Kinder Jahre lang in einem ziemlich unveränderlichen Zustande fortleben.

Sehr selten ist der chronische, scheinbar idiopathische *Hydrocephalus der Erwachsenen*, als dessen Ursache ebenfalls gewöhnlich eine chronisch-entzündliche Affection des Ventrikel-Ependyms angenommen wird. Die *klinischen Erscheinungen* in diesen Fällen sind theils denen eines Gehirntumors sehr ähnlich, theils fehlen die charakteristisch cerebralen Erscheinungen auffallender Weise fast vollständig und nur in den Extremitäten entwickeln sich die allmählich zunehmenden Symptome einer *spastischen Paralyse*.

Diagnose. Die Diagnose des Hydrocephalus congenitus bietet in allen entwickelten Fällen keine Schwierigkeit dar, da die Grössenzunahme des Kopfes meist schon auf den ersten Blick die Krankheit erkennen lässt. In den Fällen geringeren Grades kann die Entscheidung freilich zuweilen schwierig sein, und namentlich hat man sich davor zu hüten, die makrocephalen *rachitischen Schädel* mit hydrocephalischen zu verwechseln. Die Beachtung der Intelligenz, der Motilitätsstörungen und der übrigen Symptome darf daher neben der Schädelanomalie nie versäumt werden. — Beim *Hydrocephalus der Erwachsenen* fehlt die Vergrösserung des Schädels häufig ganz, so dass die Diagnose nur sehr selten mit Sicherheit gestellt werden kann.

Therapie. Bis jetzt sind alle Mittel, welche gegen den chronischen Hydrocephalus angewandt wurden, erfolglos geblieben. Einreibungen von *Unguentum cinereum* und von *Jodtinctur* am Schädel, *methodische Compressionen* ̤desselben, die innerliche Darreichung von *Jodkalium* können versucht werden, ohne dass man sich aber hiervon einen besonderen Erfolg versprechen darf. Die theilweise Entleerung der hydrocephalischen Flüssigkeit vermittelst *Punktion* ist häufig vorgenommen worden, doch war auch hierdurch gar keine oder nur eine vorübergehende günstige Wirkung zu erzielen.

In den meisten Fällen beschränkt man sich daher auf eine rein *symptomatische Behandlung* und auf die Anordnung einer *verständigen Pflege* der Kinder.

NEUNTES CAPITEL.
Die Menière'sche Krankheit.
(*Vertigo ab aure laesa. Vertige labyrinthique.*)

Im Jahre 1861 hat ein französischer Arzt, MENIÈRE, zuerst die Aufmerksamkeit auf einen eigenthümlichen Symptomencomplex gelenkt, welcher zuweilen *im Anschluss an chronische Gehörleiden* auftritt und dessen hauptsächlichste Krankheitserscheinungen in einem sehr heftigen Schwindel und in starkem Ohrensausen bestehen. Die Affection beginnt zunächst gewöhnlich mit einzelnen, von einander getrennten *Anfällen*. Dieselben werden eingeleitet von einem schrillen, oft mit dem Pfeifen einer Locomotive verglichenen *Ohrensausen*, welches nur vor *einem* Ohre wahrgenommen wird. Gleichzeitig oder bald darauf entsteht ein sehr ausgesprochener und eigenartiger *Schwindel*. Die Kranken haben das Gefühl, als ob sich ihr eigener ganzer Körper bewegt, als ob er nach vorne stürzt oder als ob er sich dreht u. dgl. Dabei ist das Bewusstsein vollkommen erhalten, das Allgemeinbefinden aber sehr schlecht, die Haut blass und kühl und das Gesicht mit kaltem Schweiss bedeckt. Gegen Ende des Anfalls, dessen Dauer anfänglich nur eine kurze Zeit beträgt, tritt häufig *Erbrechen* ein.

Im weiteren Verlaufe des Leidens werden die Anfälle immer häufiger und schliesslich kann sich ein *continuirlicher Schwindel* einstellen, welcher für die Kranken äusserst quälend ist und sie zuweilen dauernd ans Bett fesselt. Auch jetzt erfolgen, meist von dem schrillen Ohrensausen eingeleitet, anfallsweise noch einzelne Verschlimmerungen des Zustandes. Ausserdem bestehen auch die Anzeichen einer chronischen Affection des Gehörapparats der einen Seite fort. Die Kranken leiden zuweilen an eitrigem Ausflusse aus einem Ohr, die Untersuchung mit dem Ohrenspiegel ergiebt oft deutliche pathologische Veränderungen am Trommelfell und im Mittelohr, und stets ist das Hörvermögen auf dem betreffenden Ohre mehr oder weniger stark herabgesetzt. In dieser Weise kann der Zustand Jahre lang fortdauern, bis er schliesslich von selbst aufhört, wenn auf dem erkrankten Ohr *völlige Taubheit* eingetreten ist.

Ueber das Zustandekommen des MENIÈRE'schen Symptomencomplexes ist nur wenig Sicheres bekannt. Die Abhängigkeit desselben von einer Affection des inneren Ohrs ist unzweifelhaft und zwar handelt es sich wahrscheinlich stets um eine Mitbetheiligung der *halbcirkelförmigen Canäle*, jener Gebilde, deren Beziehung zu der Erhaltung des Gleichgewichts im Körper durch vielfache experimentelle Untersuchungen nachgewiesen ist. Die Kenntniss des MENIÈRE'schen Schwindels ist deshalb auch für den Nervenarzt sehr wichtig, weil Verwechselungen dieser Krankheit mit Epilepsie, mit Kleinhirnaffectionen u. dgl. schon wiederholt vorgekommen sind.

Die *Therapie* ist gegen den in Rede stehenden Symptomencomplex nicht völlig machtlos, seitdem CHARCOT gefunden hat, dass ein anhaltender Gebrauch von *Chinin* in fast allen Fällen eine bedeutende Besserung der Erscheinungen, ja zuweilen sogar eine vollkommene Heilung herbeiführen kann. Man verordnet täglich 0,5—1,0 Grm. Chinin, auf 2—3 Dosen vertheilt, und lässt diese Medication mindestens mehrere Wochen lang fortsetzen.

VI. Neurosen ohne bekannte anatomische Grundlage.

ERSTES CAPITEL.

Epilepsie.

(*Fallende Sucht. Morbus sacer.*)

Aetiologie. Die *Epilepsie* ist eine relativ häufig vorkommende eigenartige Krankheit, deren Hauptsymptom in *anfallsweise auftretenden Bewusstseinsstörungen* besteht. Dieselben sind in den typisch ausgebildeten Fällen mit heftigen *allgemeinen Convulsionen* verbunden; bei vielen anomalen und rudimentären Formen der Epilepsie können aber die motorischen Reizerscheinungen vollständig fehlen. Die echte, „genuine Epilepsie" ist eine *functionelle Neurose*, d. h. derselben liegt *keine* mit unseren jetzigen Hülfsmitteln constant nachweisbare *anatomische Veränderung* im Nervensystem zu Grunde. Durchaus ähnliche Anfälle, wie bei der echten Epilepsie, treten zwar nicht selten auch bei verschiedenen anatomischen Erkrankungen des Gehirns (Tumoren, Syphilis u. s. w.) auf. Sie sind dann aber nur als ein *Symptom* einer andersartigen Erkrankung aufzufassen und werden daher als *„epileptiforme Anfälle"* von den echt epileptischen Anfällen unterschieden.

Die eigentlichen *Ursachen* der Epilepsie sind uns völlig unbekannt. Man kennt nur eine Anzahl von Momenten, welche das Auftreten der Krankheit begünstigen und daher als *prädisponirende* oder als *Gelegenheitsursachen* aufgefasst werden müssen. Unter diesen spielt die *hereditäre Beanlagung* zweifellos die grösste Rolle. Etwa in einem Drittheil der Fälle tritt die Epilepsie bei hereditär *neuropathisch belasteten Personen* auf, in deren Familie bereits Erkrankungen des Nervensystems einmal oder wiederholt vorgekommen sind. Denn die hereditäre Beanlagung zur Epilepsie ist keineswegs ausschliesslich in dem Sinne aufzufassen, dass in der Ascendenz der Patienten auch Fälle von echter Epilepsie nachweisbar sein müssen, sondern die Heredität zeigt sich im

weiteren Sinne der ererbten „*allgemeinen nervösen Disposition*". Je
genauere und sorgfältigere Nachforschungen man in dieser Beziehung
anstellt, um so häufiger kann man in der Verwandtschaft der Patienten
bereits vorgekommene nervöse Erkrankungen, theils wiederum echte
Epilepsie, theils aber auch Geisteskrankheiten, Hysterie, allgemeine
Nervosität u. dgl. nachweisen. Wie bekannt, findet man in derartigen
„nervösen Familien" neben wirklich kranken Mitgliedern nicht selten
andere, welche sich bloss durch gewisse psychische Eigenthümlichkeiten
und Absonderlichkeiten und endlich auch solche, welche sich durch eine
aussergewöhnliche und hervorragende, freilich oft einseitige Begabung
auszeichnen. Einen gewissen Einfluss auf die Entstehung von Epilepsie,
wie auch anderer nervöser Erkrankungen, soll die *Blutsverwandtschaft
der Eltern unter einander* haben. Doch kommt dieser Factor jedenfalls nur in sehr vereinzelten Fällen in Betracht. Etwas mehr Bedeutung hat vielleicht die *Trunksucht der Eltern;* namentlich soll
wiederholt die Beobachtung gemacht sein, dass im Zustande der Trunkenheit vom Vater gezeugte Kinder später epileptisch geworden sind.

Ueber die Bedeutung der sonst noch angenommenen ätiologischen
Momente ist ein entscheidendes Urtheil schwer zu fällen. *Alkoholische
Excesse* haben gewiss nur in seltenen Fällen eine Bedeutung für das
Zustandekommen der Epilepsie (in Frankreich soll die Krankheit relativ häufig bei Absynthtrinkern vorkommen). Von *Excessen in venere*
ist ein derartiger Einfluss noch weniger wahrscheinlich. Ausserdem
ist zu beachten, dass die in den genannten Beziehungen Excediren-
den nicht selten gerade neuropathisch disponirte Individuen sind. Die
Syphilis steht mit der *echten* Epilepsie in keinem directen Zusammen-
hange. Wenn im Verlaufe der Syphilis epileptiforme Convulsionen auftreten, so sind sie, wie wir gesehen haben, ein *Symptom*, welches von
einer durch die Lues hervorgerufenen anatomischen Gehirnerkrankung
(s. S. 366) abhängt. *Körperliche* und *geistige Ueberanstrengungen, de-
primirende Gemüthsaffecte*, gewisse *allgemeine körperliche Zustände*
(Anämie und ein schlechter Ernährungszustand auf der einen, Voll-
blütigkeit auf der anderen Seite) und namentlich *acute fieberhafte
Krankheiten*, wie Scharlach, Masern, gastrische Affectionen, können zuweilen den *Ausbruch* der Epilepsie begünstigen; eine directe ursächliche Bedeutung haben sie alle jedoch niemals. Hervorzuheben ist noch,
dass der erste Anfall der Krankheit sich nicht selten unmittelbar an
eine starke *psychische Erregung,* namentlich an einen heftigen *Schreck*
anschliesst. Doch ist wahrscheinlich auch in diesen Fällen der Schreck
nur die *veranlassende* Ursache, welche bei bereits bestehender Disposi-

tion zur Erkrankung den Anfall hervorruft. Auch hat man sich hierbei vor Verwechselungen der echten Epilepsie mit der convulsiven Form der Hysterie (s. d.), welche sehr häufig nach einem Schreck entsteht, zu hüten.

In einigen Fällen lässt sich ein Zusammenhang zwischen der Epilepsie und einem vorangegangenen *Trauma des Kopfes* (Verletzungen des Schädels durch Fall, Stoss, Hieb u. dgl.) nachweisen, indem sich zuweilen einige Zeit nach der Verletzung Anfälle einstellen, welche in der Art ihres Auftretens vollkommen echt epileptischen Anfällen entsprechen (*„traumatische Epilepsie"*). Doch ist es auch in diesen Fällen nicht gerechtfertigt, von einer echten Epilepsie zu sprechen. Denn hierbei handelt es sich um irgend welche directe oder indirecte anatomische Läsionen der Grosshirnrinde, von welchen aus, freilich auf bis jetzt unbekanntem Wege, die Reizung der motorischen Rindencentra (s. u.) geschieht. Nicht selten zeigen die epileptiformen Anfälle der Art auch insofern eine besondere Eigenthümlichkeit, als die Krämpfe einseitig oder in einem einzelnen Gliede beginnen, entsprechend dem Sitze der Läsion in der gegenüber liegenden Gehirnhälfte.

Eine besondere Erwähnung verdient endlich noch die *„Reflexepilepsie"*. Man bezeichnet mit diesem Namen solche Fälle, in welchen die einzelnen Krampfanfälle allem Anschein nach *reflectorisch* von irgend einer Körperstelle aus hervorgerufen werden. Vorzugsweise hat man nach *traumatischen Läsionen peripherer Nervenstämme* (stecken gebliebene Splitter, Narben u. a.) das Auftreten epileptischer Anfälle beobachtet, welche verschwanden, nachdem die reflexerregende Ursache entfernt war. Auch *Neubildungen an den Nerven*, ferner *Fremdkörper* und *entzündliche Processe im Ohr, Darmparasiten*, endlich *Erkrankungen der Sexualorgane* bei Frauen scheinen in seltenen Fällen auf reflectorischem Wege epileptische Anfälle hervorrufen zu können. Immerhin muss wahrscheinlich auch hierbei eine besondere Disposition des Nervensystems zur Erkrankung angenommen werden und man darf auch die Reflexepilepsie nicht ohne Weiteres mit der genuinen Epilepsie in eine Linie stellen.

Sowohl die traumatische, als auch die Reflexepilepsie ist vielfach der Gegenstand *experimenteller Untersuchungen* geworden. Brown-Séquard hat durch sehr zahlreiche Versuche gezeigt, dass man Kaninchen durch Verletzungen am verlängerten Mark, am Rückenmark und an den peripheren Nerven, namentlich am Ischiadicus, künstlich epileptisch machen kann. Einige Zeit nach der Operation treten bei den Versuchsthieren spontane Krampfanfälle auf, welche sich später

eine lange Zeit hindurch häufig wiederholen und durch Reizung eines
gewissen Hautbezirks, der sogenannten „epileptogenen Zone", auch willkürlich jeder Zeit hervorgerufen werden können. Von besonderem Interesse ist dabei die von BROWN-SÉQUARD gemachte Beobachtung, dass
die Nachkommen der auf diese Weise künstlich epileptisch gemachten
Thiere zuweilen an spontanen epileptischen Anfällen litten. WESTPHAL
vermochte bei Meerschweinchen eine künstliche Epilepsie durch *Schläge
auf den Schädel* hervorzurufen. Unmittelbar nach dem Schlage entstanden bei den Thieren allgemeine Convulsionen, welche bald wieder
vollständig vorübergingen. In der Folgezeit traten aber wiederholt von
Neuem epileptiforme Anfälle auf. Als anatomische Ursache dieser Zustände glaubte WESTPHAL die kleinen Blutungen auffassen zu können,
welche in dem oberen Halsmark und im verlängerten Mark der Ver-
suchsthiere gefunden wurden.

Weitere experimentelle Untersuchungen über die Genese der epileptischen Anfälle werden später zur Sprache kommen.

Symptomatologie und Krankheitsverlauf. Die klinischen Erscheinungen der Epilepsie sollen in der Weise geschildert werden, dass wir
zunächst eine Beschreibung der einzelnen *Formen des epileptischen
Anfalls* geben und hieran die Besprechung des Gesammtverlaufs der
Krankheit anschliessen.

1. *Der ausgebildete epileptische Anfall* wird der besseren Uebersicht wegen gewöhnlich in mehrere Stadien eingetheilt. Das *erste* derselben ist das *Stadium der Vorläufer* oder nach dem gewöhnlich noch
jetzt gebrauchten alten GALEN'schen Ausdruck das Stadium der *epileptischen Aura* (aura = Hauch). In nicht seltenen Fällen *fehlt* zwar
die Aura vollständig, so dass der eigentliche Krampfanfall ganz plötzlich ohne alle Vorboten beginnt. In vielen anderen Fällen sind aber
die Prodromalsymptome sehr deutlich ausgesprochen und wiederholen
sich in der gleichen, merkwürdig regelmässigen Weise bei jedem einzelnen Anfalle, wogegen die verschiedenen Fälle von Epilepsie unter
einander die grösste Mannigfaltigkeit in Bezug auf die speciellen Erscheinungen der Aura zeigen.

Am zweckmässigsten unterscheidet man *verschiedene Formen der
Aura*, je nachdem die hierbei auftretenden nervösen Erscheinungen in
sensiblen, motorischen, vasomotorischen oder psychischen Symptomen
bestehen. Relativ am häufigsten kommt die *sensible Aura* vor. Sie
besteht in eigenthümlichen Parästhesien, welche in einem Arm, einem
Bein, zuweilen auch in der Herz- oder in der Magengegend beginnen
und von hier meist „nach dem Kopfe zu aufsteigen". Dass diese Par-

ästhesien den Kranken wirklich wie ein „Hauch", ein Anblasen vorkommen, ist nur selten der Fall. Die von der epigastrischen Gegend ausgehende Aura ist zuweilen mit einem starken subjectiven Oppressions- und Angstgefühl, manchmal auch mit Uebelkeit und Erbrechen verbunden. An die sensible schliesst sich die *sensorielle Aura* an, bei welcher Symptome im Gebiete der Sinnesnerven auftreten. In einzelnen Fällen haben die Kranken unangenehme *Geruchsempfindungen*, welche sie mit irgend welchen bestimmten Gerüchen vergleichen. Auch eine *Geschmacksaura* kommt vor, ist aber sehr selten. Viel häufiger ist eine *optische Aura*, bestehend in subjectiven Farben- und Lichterscheinungen, in einem scheinbaren Grösserwerden oder Kleinerwerden der gesehenen Objecte oder endlich in wirklichen Gesichtshallucinationen, in dem Sehen von allerlei menschlichen oder thierischen Gestalten u. dgl. Auch eine *Gehörsaura* ist nicht sehr selten: sie tritt als ein plötzliches Gefühl von Taubheit auf einem Ohre auf, oder in der Form mannigfacher subjectiver Gehörempfindungen (Pfeifen, Brummen, Rauschen u. s. w.).

Die *motorische Aura* zeigt sich in leichten prodromalen Zuckungen, welche im Kopf, im Gesicht, in einem Arm oder Bein auftreten. Auch motorisch-aphatische Störungen können den epileptischen Anfall einleiten, und endlich auch Reizerscheinungen im Gebiete der glatten Muskulatur (Würgbewegungen, Stuhldrang u. dgl.). Auf initialen *vasomotorischen Erscheinungen* beruhen diejenigen Fälle, in welchen die Aura in subjectiven Kälte- oder Hitzegefühlen, häufig verbunden mit einer excessiven Blässe oder einer auffallenden Röthe im Gesicht oder in den Händen, besteht. Auch ein allgemeines Frostgefühl, der Ausbruch von Schweiss, starkes Herzklopfen u. dgl. können als epileptische Aura vorkommen.

Als *psychische Aura* endlich bezeichnet man diejenigen Initialerscheinungen, welche in Schwindel, Benommenheit oder in sonstigen ausgesprochenen *Bewusstseinsstörungen* bestehen. Namentlich geht dem epileptischen Anfall zuweilen eine auffallende psychische Unruhe und Erregung vorher. Uebrigens ist zu bemerken, dass nicht selten verschiedene Formen der Aura gleichzeitig mit einander *combinirt* vorkommen.

Die *Dauer* der epileptischen Aura beträgt zuweilen nur wenige Augenblicke. In anderen Fällen hält sie so lange an, dass die Kranken, welche aus Erfahrung das Bevorstehen des Anfalls wissen, noch Zeit haben, sich hinzulegen oder gewisse sonstige prophylactische Manipulationen (s. u.) vorzunehmen. In einzelnen Fällen kann die Aura, namentlich die psychische Form derselben, auch Stunden und Tage lang anhalten. Zuweilen geht die Aura vorüber, ohne dass sich an dieselbe der eigentliche epileptische Anfall anschliesst; gewöhnlich folgt aber auf die Aura das *zweite Stadium des Anfalls,* das Krampfstadium.

Das *Krampfstadium des epileptischen Anfalls* beginnt fast stets plötzlich. Ist keine oder nur eine ganz kurze Aura vorhergegangen, so stürzt der Kranke mit einem Mal zu Boden, meist vornüber, seltener auf die Seite oder auf den Hinterkopf. Das *Bewusstsein ist völlig erloschen,* jede Empfindung hat aufgehört, so dass sich die Kranken beim Hinstürzen zuweilen nicht unbeträchtliche Verletzungen zuziehen. Der von einigen Kranken im Beginn des Anfalls ausgestossene laute *„epileptische Schrei"* fällt bereits in das Stadium der vollständigen Bewusstlosigkeit.

Der Krampfanfall beginnt mit einer kurzdauernden Periode der allgemeinen *tonischen Muskelcontraction.* Der Kopf ist gewöhnlich nach hinten gebogen, die Zähne sind fest auf einander gepresst, der Rumpf ist opisthotonisch gekrümmt, die Extremitäten sind gestreckt, nur die Finger sind gewöhnlich über den eingeschlagenen Daumen gebeugt. Da auch die Athemmuskeln an dem Krampfe Theil nehmen, so steht die Respiration still, und bald stellt sich in Folge davon eine stark cyanotische Färbung des anfänglich blassen Gesichtes ein. Dieser allgemeine tonische Krampf dauert gewöhnlich nur kurze Zeit, $1/4$ bis $1/2$ Minute. Auf ihn folgt die zweite Periode des Krampfanfalls, die Periode der *klonischen Krämpfe:* die *Gesichtsmuskeln* werden in der heftigsten Weise hin und her gezerrt, die *Augäpfel* rollen hin und her oder zeigen zeitweise eine conjugirte Abweichung nach der einen Seite hin, die *Zunge* wird krampfhaft vorgestreckt und wieder zurückgezogen, der *Kopf* schlägt heftig gegen die Unterlage, *Arm-, Bein-* und *Rumpfmuskeln* sind beständig der Sitz der heftigsten, stossweise sich folgenden Zuckungen. Die *Pupillen* werden, wahrscheinlich meist nach einer rasch vorübergehenden Verengerung, während des Krampfstadiums sehr weit und sind völlig *reactionslos.* Der *Puls* ist etwas, aber nicht erheblich, beschleunigt; die *Körpertemperatur* ist normal oder nur um wenige Zehntel eines Grades erhöht. Die *Hautreflexe* sind unmittelbar nach dem Krampfanfall noch erloschen, die *Sehnenreflexe* meist etwas erhöht, doch zuweilen ebenfalls abgeschwächt oder fehlend. Nicht selten erfolgt während des Anfalls ein unfreiwilliger Abgang von Stuhl, Harn und bei Männern zuweilen auch eine Ejaculatio seminis. *Verletzungen* des Körpers während der heftigen Krämpfe kommen häufig vor, vor allem *Bissverletzungen der Zunge.* In Folge der starken

venösen Stauung entstehen nicht selten kleine *Blutungen* in den Conjunctivae, in der Gesichtshaut u. a.

Das Krampfstadium dauert gewöhnlich mehrere Minuten. Dann
hören die Zuckungen, häufig nach einem tiefen seufzenden Athemzuge,
auf, und es folgt das dritte Stadium, das Stadium des *postepileptischen*
Comas. Der Kranke bleibt bewusstlos, aber die Respiration wird ruhig
und die Cyanose verschwindet. Das Coma geht allmählich in Schlaf
über, welcher mehrere Stunden lang währen kann. In anderen Fällen
dauert aber dieses Stadium nur sehr kurze Zeit, so dass sich die Kranken auffallend rasch von ihrem Anfall wieder erholen. Nicht selten
bestehen jedoch mehrere Tage lang deutliche *Nachwehen des Anfalls.*
Die Patienten haben Kopfschmerzen, fühlen sich matt und angegriffen,
sind psychisch verstimmt und reizbar. In den *Muskeln*, namentlich
am Rumpf, hinterlässt der Krampf häufig für einige Zeit recht heftige
Schmerzen. Zuweilen bleibt nach dem Anfall eine *leichte Parese* eines
Gliedes oder einer Körperhälfte zurück, welche aber in den Fällen von
reiner Epilepsie rasch wieder verschwindet. In dem ersten, nach dem
Anfall entleerten *Harn*, findet man oft, aber keineswegs constant, einen
geringen *Eiweissgehalt*, zuweilen auch einige hyaline Cylinder. Nicht
selten besteht auch eine Zeit lang nach dem Anfall ausgesprochene
Polyurie.

2. *Die leichteren, rudimentären Formen des epileptischen Anfalls.*
Petit mal. Ausser den soeben geschilderten heftigen Krampfanfällen
(dem „*grand mal*") kommen bei der Epilepsie auch sehr häufig leichtere Anfälle von sogenanntem *petit mal* vor. Dieselben bestehen zuweilen nur in einem rasch vorübergehenden *Schwindel*, einer leichten
Ohnmachtsanwandlung, oder auch in einem kurzen Bewusstseinsverlust
(„*absence*"), ohne dass es aber hierbei zu motorischen Reizerscheinungen
kommt. Auch diesen leichteren Anfällen geht zuweilen eine Aura vorher, zuweilen fehlt dieselbe. Wiederholt sind Fälle beobachtet worden,
in denen die Patienten mitten in irgend einer Thätigkeit (beim Sprechen, Kartenspielen, Clavierspielen) plötzlich eine Pause machen, einen
Moment lang wie abwesend vor sich hinstarren und dann mit einem
Mal wieder in ihrer Beschäftigung fortfahren, als ob nichts vorgefallen
wäre. In anderen Fällen setzen die Patienten während dieser kurzen
Bewusstseinspausen ihre Thätigkeit fort. Wenn sie z. B. auf der Strasse
befallen werden, gehen sie mechanisch weiter, schlagen hierbei aber
einen verkehrten Weg ein oder gehen in ein fremdes Haus hinein, bis
sie plötzlich zu sich kommen und sich zu ihrer eigenen Verwunderung
an einem ganz ungewohnten Orte wiederfinden. Von den leichten

Schwindelanfällen bis zu den ausgebildeten epileptischen Krämpfen kommen alle möglichen Uebergänge vor. Nicht selten sinken die Kranken bewusstlos zu Boden, es kommt aber nur zu einigen leichten Zuckungen im Gesicht oder in den Armen, und nach wenigen Minuten sind die Patienten wieder bei völliger Besinnung. Auch die Fälle von *„plötzlichem Einschlafen"* sind fast alle zur Epilepsie zu rechnen.

3. *Die epileptoïden Zustände (die epileptischen Aequivalente).* Während die Anfälle des petit mal sich meist als rudimendäre Formen des typischen epileptischen Anfalls darstellen, indem dieselben in einer einfachen Abschwächung des Bewusstseins oder auch zuweilen gleichzeitig in leichten motorischen Reizerscheinungen bestehen, tritt bei den epileptoïden Zuständen der Charakter des typischen epileptischen Anfalls ganz in den Hintergrund. Nur das anfallsweise Auftreten der Störung und ihr häufig nachweisbarer Zusammenhang mit typischen epileptischen Anfällen haben zu der Erkenntniss der zweifellosen Hinzugehörigkeit dieser Zustände zu der Epilepsie geführt. Von der grössten praktischen Wichtigkeit sind die *„psychisch-epileptischen Aequivalente"* (SAMT). Theils unmittelbar im Anschluss an echte epileptische Anfälle (*„post-epileptisches Irresein"*), theils auch in selbständiger Weise treten Anfälle psychischer Störung ein. Dieselben zeigen sich als Zustände vollkommener psychischer Verwirrtheit, in welchen die Kranken die verkehrtesten Handlungen begehen, sich entkleiden, scheinbare Diebstähle begehen, ins Wasser springen, Feuer anlegen u. dgl. Ausser diesen *„epileptischen Dämmerzuständen"* kommen auch Anfälle mit *heftiger psychischer Erregung* vor, verbunden mit Angstvorstellungen, schreckhaften Hallucinationen und einer davon abhängigen maniakalischen Erregung, welche nicht selten zu einer aggressiven Thätlichkeit gegen die Personen der Umgebung führt. Bei jugendlichen Individuen beobachtet man als psychisch-epileptisches Aequivalent zuweilen eigenthümliche Zustände, in denen die Kinder in läppischer Weise umherlaufen, alle möglichen Gegenstände zusammentragen, auffallende combinirte Bewegungen machen u. dgl. Fast immer ist nach der Rückkehr des Bewusstseins die *Erinnerung an das Geschehene* vollkommen fehlend oder nur sehr unvollständig. — Auf alle die zahlreichen wichtigen Einzelnheiten dieser Erscheinungen und auf ihre grosse *forensische Bedeutung* können wir hier nicht näher eingehen und müssen diesbezüglich auf die Lehrbücher der Psychiatrie verweisen.

Als eine andere Form der epileptoïden Anfälle sind noch die *epileptoïden Schweisse* (EMMINGHAUS) zu erwähnen, d. h. ohne Veranlassung entstehende heftige Schweissausbrüche bei Epileptikern, theils mit, theils ohne gleichzeitige Bewusstseinsstörung.

Gesammtverlauf der Krankheit. In der grossen Mehrzahl der Fälle beginnt die Epilepsie *vor dem 30. Lebensjahre.* Häufig treten die ersten Anfälle schon in der Jugend auf, ja zuweilen schon in den ersten Lebensjahren. Von den „Zahnkrämpfen" der Kinder sind manche, wie die Folgezeit lehrt, epileptischer Natur. Nur in seltenen Fällen zeigt sich das erste Auftreten der Krankheit erst im späteren Alter.

Ueber die *Häufigkeit der Anfälle* lässt sich durchaus keine allgemeine Regel aufstellen, da die einzelnen Fälle hierin die grössten Verschiedenheiten zeigen. Es giebt Personen, welche in ihrem ganzen Leben nur 3 oder 4 epileptische Anfälle in Zwischenräumen von 10 bis 15 Jahren haben, während in den meisten Fällen die Anfälle sich etwa alle paar Wochen oder alle paar Monate wiederholen. In schweren Fällen können die Anfälle sogar täglich auftreten. Sehr häufig beobachtet man gewisse Schwankungen des Verlaufs, so dass die Krankheit Perioden mit häufiger wiederkehrenden Anfällen zeigt, auf welche dann wieder längere anfallsfreie Pausen folgen. Tritt in schweren Fällen von Epilepsie ein Zustand ein, in welchem die Anfälle sich während mehrerer Tage sehr häufig wiederholen und die Kranken gar nicht aus der Bewusstlosigkeit herauskommen, so bezeichnet man dies als *Status epilepticus* oder *État de mal.* Derartige, übrigens ziemlich seltene Zustände sind sehr gefährlich; oft erfolgt in ihnen der Tod, meist unter hoher Temperatursteigerung.

Das häufigere oder seltenere Auftreten der epileptischen Anfälle hängt zuweilen mit gewissen *äusseren Einflüssen* zusammen. *Alkoholische* und *sexuelle Excesse, psychische Erregungen, körperliche Ueberanstrengungen* u. dgl. üben fast immer einen merklichen schädlichen Einfluss aus. Eine möglichst gesunde, ruhige Lebensweise, der Aufenthalt in guter Landluft und im Gebirge wirken dagegen oft günstig ein. Bei Frauen hängt der *Eintritt der Menstruation* nicht selten mit dem Auftreten der Anfälle zusammen. In manchen Fällen beginnt die Krankheit zur Zeit des ersten Auftretens der Menses. Doch beobachtet man auch zuweilen, dass epileptische Zustände bei noch unentwickelten Mädchen sich mit dem Eintritt der Pubertät bessern. Die *Gravidität* übt ihren Einfluss in verschiedener Weise aus: zuweilen werden die Anfälle während derselben häufiger, zuweilen aber auch seltener. Intercurrente sonstige Erkrankungen scheinen manchmal ebenfalls einen günstigen Einfluss auf die Häufigkeit der Anfälle auszuüben.

Von praktischer Bedeutung ist die Unterscheidung der *Epilepsia diurna* und der *Epilepsia nocturna*. Während bei vielen Kranken die Anfälle nur des Tages auftreten, kommen andererseits auch Fälle vor, in denen sich die epileptischen Zustände nur Nachts zeigen. In Fällen von reiner Epilepsia nocturna kann die Krankheit, zumal wenn die Patienten allein schlafen, lange Zeit unbemerkt bleiben. Die Kranken haben des Morgens meist gar keine Erinnerung von den nächtlichen Anfällen. Gewöhnlich merken sie freilich an einem wüsten Gefühl im Kopf, an gewissen, ihnen unerklärlichen Verletzungen am Körper (Zungenbiss u. dgl.) oder auch an der Unordnung des Bettes, dass etwas mit ihnen des Nachts vorgegangen sein muss. In einigen Fällen von nächtlicher Epilepsie erwachen die Kranken zuerst aus dem Schlafe, wahrscheinlich in Folge der epileptischen Aura, werden dann aber beim Eintritt des Krampfes von Neuem bewusstlos. Ausser den reinen Fällen von Epilepsia nocturna und diurna, in denen die Anfälle *nur* des Tages oder *nur* Nachts auftreten, kommen häufig auch gemischte Fälle vor.

Was das *Auftreten der einzelnen Formen* des epileptischen Anfalls betrifft, so beobachtet man hierin alle möglichen Combinationen. In manchen Fällen handelt es sich stets nur um die ausgebildeten epileptischen Convulsionen. Sehr oft kommen aber neben solchen in grösserer oder geringerer Häufigkeit Anfälle vom petit mal vor. Letztere können lange Zeit hindurch auch die einzige Aeusserung der Krankheit sein. Die epileptoïden Zustände fehlen häufig gänzlich, während in anderen Fällen die psychischen Aequivalente in den Vordergrund des Leidens treten.

In der *Zeit zwischen den einzelnen Anfällen* zeigen viele Epileptiker ein in körperlicher und psychischer Beziehung völlig *normales* Verhalten. Freilich sind sie nicht selten etwas eigenthümliche, aufgeregte, nervös reizbare oder in anderen Fällen stumpfsinnige, geistig wenig regsame Individuen, doch trifft dies keineswegs immer zu. Viele Epileptiker, namentlich solche, deren Anfälle verhältnissmässig nur selten auftreten, sind in ihrem Berufe vollkommen tüchtig, und aus der Geschichte sind zahlreiche Beispiele bekannt, dass selbst hervorragende Personen an der Krankheit gelitten haben (z. B. Cäsar, Mahomed, Rousseau, Napoleon I. u. a.).

Vielfach hat man sich bemüht, gewisse *körperliche „Degenerationszeichen"* an den Epileptikern aufzufinden. Benedikt nimmt auf Grund zahlreicher Messungen an, dass die Mehrzahl der Epileptiker *kraniometrische Anomalien* (Asymmetrie des Schädels, Makrocephalie, Scheitelsteilheit u. dgl.) zeigt. Ferner findet man bei Epileptikern nicht selten abnorme Bildungen an den Ohrmuscheln, an den Zähnen, Händen u. s. w.

In der That scheinen alle derartigen Anomalien bei nervös belasteten Personen häufiger aufzutreten, als bei den Descendenten gesunder Familien.

Bei längerer Dauer der Krankheit und namentlich in den Fällen, wo die Anfälle sehr häufig auftreten, macht sich oft — obgleich *keineswegs immer* — allmählich ein deutlicher Einfluss des Leidens auf das Gesammtverhalten der Kranken bemerkbar. Vorzugsweise treten die *psychischen Störungen* allmählich immer stärker hervor. Die Patienten werden schwachsinnig, ihr Gedächtniss nimmt ab und in einzelnen Fällen kann die Epilepsie schliesslich zu einem *terminalen Blödsinn* führen. In solchen Fällen leidet auch das körperliche Befinden nicht unbeträchtlich. Die Kranken magern ab, motorische Paresen, Tremor und sonstige andauernde cerebrale Störungen stellen sich ein.

Was die *Gesammtdauer der Epilepsie* betrifft, so muss man die Krankheit als eine *lebenslängliche* bezeichnen. Freilich kommt es keineswegs selten vor, dass die Anfälle aufhören und die Krankheit Jahre lange Pausen macht. Jedoch kann man sich niemals mit Sicherheit darauf verlassen, dass das Leiden definitiv erloschen ist, da aus irgend einem Anlass auch nach langer Unterbrechung wieder ein Anfall auftreten kann. Im Ganzen ist die mittlere Lebensdauer der Epileptiker kürzer, als diejenige gesunder Personen, zumal erstere nicht selten von intercurrenten Erkrankungen (namentlich von chronischen Lungenleiden) befallen werden.

Die *Prognose* der Gesammtkrankheit ergiebt sich aus dem Gesagten von selbst. Der einzelne epileptische Anfall ist an sich nur ausnahmsweise lebensgefährlich. Dass bei dem sogenannten Status epilepticus oft ein tödtlicher Ausgang eintritt, ist oben erwähnt.

Pathologische Anatomie und Physiologie der Epilepsie. Schon aus dem klinischen Verhalten der echten Epilepsie, bei welcher die Kranken in den Intervallen zwischen den einzelnen Anfällen oft gar keine Abnormität darbieten, geht hervor, dass der Epilepsie keine andauernde gröbere anatomische Störung zu Grunde liegen kann. In der That ist der anatomische Befund in vielen Fällen von Epilepsie ein völlig negativer oder besteht in Veränderungen, denen nur eine nebensächliche Bedeutung zuerkannt werden darf (Osteosclerose der Schädelknochen, Verdickungen der Gehirnhäute u. dgl.). Handelt es sich um Epileptiker, welche ausgesprochene Demenzerscheinungen dargeboten haben, so sind meist atrophische Zustände der Hemisphären anzutreffen. MEYNERT hat die Angabe gemacht, dass man bei Epileptikern auffallend häufig

Veränderungen des *Ammonshorns* finde; dieselben sind aber keineswegs constant und ihre etwaige Bedeutung ist noch durchaus zweifelhaft.

Wenn wir somit einstweilen nur einen kommenden und wieder verschwindenden functionellen Reizzustand als Ursache des epileptischen Anfalls annehmen können, so fragt es sich, an welcher Stelle des Gehirns wir uns denselben zu denken haben und worin derselbe etwa bestehen könne. In Bezug auf die erste dieser beiden Fragen war man lange Zeit der Meinung, dass das *verlängerte Mark* als der eigentliche „Sitz der Krankheit" aufgefasst werden müsse. Diese zuerst von SCHRÖDER VAN DER KOLK ausgesprochene Meinung erhielt eine Stütze vorzugsweise durch die experimentellen Untersuchungen von NOTHNAGEL, welcher bei Kaninchen in der Brücke eine bestimmte Stelle (ein „Krampfcentrum") nachwies, deren Erregung von allgemeinen Convulsionen gefolgt ist. Indessen ist diese Ansicht doch gegenwärtig von den meisten Pathologen verlassen, da klinische und experimentelle Thatsachen immer mehr und mehr darauf hinweisen, dass der Ausgangspunkt der epileptischen Krämpfe in der *Grosshirnrinde* zu suchen sei. In klinischer Beziehung spricht hierfür die stete Combination der Convulsionen mit Bewusstseinsstörungen, ferner der Umstand, dass die leichteren und die larvirten Formen der Epilepsie, deren naher Zusammenhang mit den epileptischen Krämpfen unzweifelhaft ist, fast alle ebenfalls ins psychische Gebiet fallen, dass in symptomatischer Hinsicht den epileptischen durchaus analoge Anfälle häufig sicher ihren Grund in *anatomischen Erkrankungen der Gehirnrinde* haben und endlich, dass die Ausbreitung der Krämpfe über die einzelnen Muskelgruppen beim Menschen ebenso, wie bei der experimentellen Rindenepilepsie des Thieres (s. u.), der anatomischen Lage der einzelnen *motorischen Rindencentra* vollkommen entspricht (HUGHLINGS JACKSON). Beginnt der Krampf z. B. in einem Facialis, so geht er von hier auf den Arm, dann erst auf das Bein über.

Auch das *Experiment* spricht zu Gunsten der Annahme des corticalen Ursprungs der epileptischen Anfälle. Von den verschiedensten Beobachtern (HITZIG, FERRIER, ALBERTONI, LUCIANI, FRANCK und PITRES u. A.) ist festgestellt worden, dass man durch elektrische Reizung der motorischen Rindengebiete bei Thieren epileptiforme Anfälle künstlich hervorrufen kann. In neuester Zeit hat namentlich UNVERRICHT eine umfassende Experimentaluntersuchung an Hunden über diesen Punkt angestellt. Er fand, dass bei Reizung eines motorischen Centrums die Ausbreitung der Krämpfe von dem entsprechenden Muskelgebiet auf die anderen hierbei genau der anatomischen Lage der einzelnen Centra entspricht. Wird ein *Rindencentrum exstirpirt, so hören die Krämpfe in dem zugehörigen Muskelgebiete* sofort ganz auf, so dass also die Unversehrtheit der motorischen Rindencentra eine nothwendige Bedingung zum Zustandekommen epileptischer Anfälle ist. Ueber den näheren Weg, auf welchem die Erregung von einem Centrum zum anderen übergreift, ist noch nichts Sicheres bekannt. Wahrscheinlich schreitet die Erregung horizontal durch die Rinde fort.

Somit ist der *Ausgangsort* der Anfälle auch bei der menschlichen Epilepsie mit der grössten Wahrscheinlichkeit in der *Gehirnrinde* zu suchen. Die Erscheinungen der Aura sind ebenfalls auf Reizzustände der Rinde, und zwar vorzugsweise der sensiblen Rindenbezirke (sensible Aura, optische Aura u. s. w.) zu beziehen. Ueber die *Art und Weise,* wie die Erregung zu Stande kommt, fehlt aber bis jetzt fast jeder Aufschluss. Die früher namentlich auf Grund der Versuche von KUSSMAUL und TENNER, welche das Auftreten epileptiformer Convulsionen in Folge allgemeiner *Gehirnanämie* bewiesen, gemachte Annahme, dass auch die echt epileptischen Convulsionen auf einer zeitweise (eventuell im Anschluss an einen Krampf der Gehirngefässe) eintretenden Gehirnanämie beruhen, ist nicht sicher erwiesen. Bei der experimentell erzeugten Epilepsie wird, wie UNVERRICHT bei seinen Versuchen und MAGNAN bei der durch Absynth künstlich hervorgerufenen Thierepilepsie fand, die Gehirnrinde keineswegs auffallend anämisch.

Diagnose. Die Diagnose der Epilepsie kann in den meisten Fällen ohne Schwierigkeiten gestellt werden. Zu bedenken ist nur, dass epileptiforme Convulsionen auch als Symptom *anatomischer* Gehirnerkrankungen (Tumoren, Abscesse, multiple Sclerose, Cysticerken u. a.) auftreten können. Doch unterscheiden sich derartige Fälle durch das Verhalten der Patienten während der anfallsfreien Zwischenzeit und durch den weiteren Verlauf des Leidens meist leicht von der echten genuinen Epilepsie. Auch die Unterscheidung von hysterischen Anfällen (s. d.) ist meist nicht schwierig. Zu beachten ist neben dem Gesammtbilde des Anfalls vor allem der vollkommene *Bewusstseinsverlust,* die *Weite* und *Reactionslosigkeit der Pupillen,* die anfänglich nicht selten vorhandene Blässe und die spätere *Cyanose* des Gesichts. Dieselben Momente sind es auch, welche vorzugsweise zur Entlarvung *simulirter epileptischer Anfälle* dienen. Bei den letzteren fehlen auch die für den echten epileptischen Anfall oft so charakteristischen Verletzungen, *Zungenbiss* u. a.

Therapie. Wenn es auch kein Mittel giebt, welches eine sichere und dauernde Heilung der Epilepsie herbeizuführen im Stande ist, so

kann man doch auf das Leiden in verschiedener Weise günstig einwirken, die Intensität und die Häufigkeit der Anfälle vermindern und
den Folgen derselben in mancher Beziehung vorbeugen.

Von grosser Wichtigkeit ist zunächst die *allgemein-diätetische Behandlung* der Epileptiker. Den Kranken ist jede zu grosse körperliche
und geistige Anstrengung zu verbieten. Excesse im Essen und Trinken
müssen vermieden werden, Alkoholica, starker Kaffee und Thee sind
nur in mässiger Menge zu gestatten, auch dürfen die Kranken nicht
zu viel rauchen. Die Diät sei einfach und reizlos, bestehe mehr aus
vegetabilischer, als aus animalischer Nahrung. Durch reine Pflanzen-
nahrung und Milchdiät sollen in einzelnen Fällen bedeutende Besserungen erzielt sein. Im Sommer ist den Patienten ein ruhiger Aufenthalt auf dem Lande oder im Gebirge zu empfehlen. Ausserdem ist
noch die specielle *Körperconstitution* der Kranken zu berücksichtigen.
Je nachdem es sich einerseits um schwächliche, anämische oder andererseits um vollblütige, corpulente Personen handelt, verordnet man
entweder Eisenpräparate, kräftige Kost oder Entziehungskuren, Bitterwässer u. dgl.

Was die *Behandlung der Krankheit* selbst betrifft, so ist *causalen
Momenten* nur in den seltenen Fällen Rechnung zu tragen, wo es sich
um eine *Reflexepilepsie* handelt. Die Excision alter Narben, die Entfernung von Fremdkörpern, in Fällen von traumatischer Epilepsie die
Trepanation des Schädels haben in *einzelnen* Fällen dauernde Heilungen
hervorgebracht. Bei der echten genuinen Epilepsie liegen aber derartige
Momente, welche der causalen Behandlung einen directen Angriffspunkt
gewähren, nicht vor. Hier muss man nach denjenigen Mitteln greifen,
welche erfahrungsgemäss in symptomatischer Weise die Aeusserungen
der Krankheit bessern.

Unter diesen Mitteln nimmt das *Bromkalium* unzweifelhaft den
ersten Rang ein, so dass es in jedem schwereren Falle von Epilepsie
zunächst versucht zu werden verdient. Die Dosen des Bromkaliums
müssen ziemlich gross sein. Man beginnt mit etwa 4—5 Grm. pro
die, steigt aber unter Umständen bis auf 8—10 Grm. und noch
mehr. Entweder verschreibt man Lösungen von 10,0—15,0 auf 150,0
Wasser oder Pulver zu 1—3 Grm., welche sich die Kranken selbst in
einem Glase Wasser oder Zuckerwasser auflösen. Da das Bromkalium
fast stets lange Zeit (Monate und Jahre hindurch) gebraucht werden
muss, so empfiehlt es sich, dass die Patienten eine grössere Menge
($^1\!/_2$—1 Pfund) des Mittels kaufen und sich die verordneten Einzeldosen
selbst abwiegen. Jede Dosis Bromkali soll stets mit ziemlich viel

Wasser ($^1\!/_2$ — 1 Glas) genommen werden, da der Magen sonst leicht angegriffen wird. Die Gesammtdosis des Tages wird in zwei, höchstens drei Einzeldosen verabreicht. Ausser dem Bromkalium werden auch die anderen Bromsalze, *Bromnatrium* und *Bromammonium* häufig angewandt. Sie haben den Vorzug, dass sie vom Magen oft besser vertragen werden, als das Bromkalium. Auch Combinationen der verschiedenen Bromsalze sind zweckmässig (z. B. Natrii bromati, Ammonii bromati ana 10,0 Aq. destil. 200,0, D. S. täglich drei Esslöffel in Wasser zu nehmen).

Mit dem Bromgebrauche müssen die Kranken wenigstens Monate und mit einzelnen Unterbrechungen oft Jahre lang fortfahren, wenn ein Nutzen erzielt werden soll. Treten unangenehme Nebenerscheinungen (Bromacne, Muskelermüdung, Herzschwäche, Verdauungsstörungen, psychische Depression) ein, so vermindert man die Dosis oder setzt das Mittel eine Zeit lang ganz aus. Das Entstehen der für manche Patienten sehr lästigen Brompusteln kann man zuweilen durch gleichzeitige Darreichung von Solut. Fowleri verhüten. Tritt ein wesentlicher Nachlass der Anfälle ein, so setzt man die Dosis herab, um sie bei einer etwaigen neuen Exacerbation des Leidens wieder zu steigern.

Zu den übrigen, gegen die Epilepsie empfohlenen Mitteln greift man gewöhnlich nur dann, wenn das Bromkali wirkungslos geblieben ist oder wenn irgend welche Umstände ein Aussetzen desselben wünschenswerth machen. Zu versuchen sind dann die *Radix Valerianae*, Pulver zu 0,5—2,0 mehrmals täglich oder Infuse von 15,0—20,0 auf 150,0 (ganz zweckmässig ist es auch, die mit Bromkali behandelten Patienten Abends 1—2 Tassen kalten Baldrianthee trinken zu lassen); ferner die *Belladonna* (Extr. Belladonnae, Fol. Belladonnae pulv. ana 1,0, Succi Liquir. q. s. ad pil. 100, täglich 2—6 Pillen in allmählich steigender Dosis) und das *Atropin* (Pillen zu 0,0005, 3—5 täglich); dann das *Zinkoxyd* in Dosen von 0,05 bis 0,2 (z. B. Zinci oxydati 0,05 Radix Valerianae 1,0 Extract. Belladonnae 0,05 M. f. pulvis, täglich 3 Pulver), endlich noch eine Reihe anderer Mittel, deren Wirkung aber zweifelhaft ist, wie *Curare, Radix Artemisiae, Ammonium cuprico-sulfuricum, Argentum nitricum, Arsenik* u. a.

Die *elektrische Behandlung* scheint in einzelnen Fällen von Epilepsie einen günstigen Einfluss auszuüben und verdient daher zuweilen neben den anderen Mitteln versucht zu werden. Die Methode der Behandlung besteht in *vorsichtiger* Galvanisation am Kopf und an den Sympathicis. Noch günstigere Resultate erzielt nicht selten eine sorgfältig geleitete *Kaltwasser-Behandlung*. Kalte Abreibungen des Körpers,

Abends ausgeführt, sind den meisten Epileptikern nützlich und unter Umständen empfiehlt es sich sehr, die Kranken im Sommer in eine geeignete Kaltwasser-Heilanstalt zu schicken.

Was die *Behandlung des epileptischen Anfalls* selbst betrifft, so braucht in den meisten Fällen ausser den sich von selbst ergebenden Vorsichtsmaassregeln gar nichts zu geschehen, da wir doch kein Mittel besitzen, den einmal begonnenen Anfall zu unterdrücken, und da, wie erwähnt, der Anfall selbst nur selten gefährlich ist. In einzelnen Fällen lernen die Kranken selbst aus Erfahrung ein Mittel kennen, um den *Anfall noch während der Aura zu coupiren.* So z. B. giebt es Fälle, in denen ein festes Umschnüren oder starkes Reiben desjenigen Gliedes, von welchem die Aura ausgeht, den Anfall unterdrückt. Ferner sind mehrere Fälle bekannt geworden, in denen das Verschlucken einer reichlichen Menge *Kochsalz* während der (gewöhnlich vom Epigastrium ausgehenden) Aura den Ausbruch des Anfalls verhütete. Eine unserer Patientinnen, bei welcher der Anfall mit einem Gefühl von Tenesmus anfing, behauptete, die Krämpfe fast jedes Mal unterdrücken zu können, wenn sie Zeit und Gelegenheit fände, rasch ihrem Stuhldrange Folge zu leisten. Die früher häufig geübte Manipulation, durch *Comprimirung der Carotiden* den Anfall zu hemmen, hat meist keinen Erfolg. BERGER empfiehlt im Beginne des Anfalls Inhalationen von *Amylnitrit*, von welchen er in mehreren Fällen Nutzen gesehen hat.

Beim sogenannten *Status epilepticus* ist der Gebrauch von Narcoticis am meisten zu empfehlen, namentlich *Inhalationen von Chloroform* oder *Aether.* Auch mit dem *Amylnitrit* kann ein Versuch gemacht werden.

ANHANG.

Die Convulsionen der Kinder (Eclampsia infantum).

Die Häufigkeit und praktische Bedeutung der Convulsionen im Kindesalter rechtfertigt es, derselben hier noch mit einigen Worten besonders zu gedenken.

Die alltägliche ärztliche Erfahrung lehrt, dass der kindliche Organismus offenbar zu Krämpfen eine besondere Disposition hat. Zu einem Theil beruht dies wohl auf einer *erhöhten allgemeinen Reflexerregbarkeit des kindlichen Gehirns.* So sieht man bei Kindern nicht selten Krämpfe aus bestimmten Anlässen auftreten, welche bei Erwachsenen nur ausnahmsweise dieselbe Erscheinung zur Folge haben. Im *Beginn acuter fieberhafter Krankheiten* (Pneumonie, Scharlach, Masern u. a.) werden Convulsionen bei Kindern nicht sehr selten beobachtet. Ferner

treten nach *Indigestionen* (namentlich nach überreichlicher Nahrungsaufnahme), zuweilen aus Anlass des *Zahnens,* ferner bei der Anwesenheit von *Würmern* im Darmcanal Krämpfe auf, welche aller Wahrscheinlichkeit nach reflectorischen Ursprungs sind.

Die Bedeutung der scheinbar spontan bei Kindern in den ersten
Lebensjahren auftretenden Krämpfe ist nicht immer leicht zu ermitteln.
In manchen Fällen handelt es sich um eine wirkliche Epilepsie, d. h.
die Krämpfe sind der erste Ausbruch der auch im späteren Leben sich
fortsetzenden Krankheit. In anderen Fällen liegt vielleicht eine anatomische Erkrankung des Gehirns vor. Wenn man z. B. an das Initialstadium der acuten Poliomyelitis und Encephalitis der Kinder (s. S. 226
und 349) denkt, so erscheint die Annahme nicht ganz unmöglich, dass
manche Fälle, in denen die Kinder rasch „unter Krämpfen" sterben,
hierher zu rechnen sind. Anatomische Untersuchungen hierüber sind
erst in sehr ungenügender Weise angestellt. Jedenfalls erscheint es
uns nicht befriedigend, das in solchen Fällen gefundene „Oedema me-
ningum", wie es nicht selten geschieht, als selbständige Krankheit und
hinreichende Todesursache aufzufassen. In vielen Fällen, wo Krämpfe
bei Kindern plötzlich auftreten und wieder für immer verschwinden,
bleibt die Ursache derselben völlig unaufgeklärt. Die Erfahrung lehrt,
dass namentlich *rachitische Kinder* (vielleicht in Folge der Schädel-
rachitis?) besonders oft von eclamptischen Anfällen heimgesucht werden.

Die *Symptome* der eclamptischen Anfälle sind im Ganzen denjenigen der epileptischen Anfälle analog. Die Kinder bekommen einen
starren Blick, verdrehen die Augen, im Gesicht, im Rumpf und in den
Extremitäten stellen sich tonisch-klonische Zuckungen ein. Solche Anfälle können sich mit geringen Unterbrechungen Tage lang wiederholen.
Die Prognose ist dann, namentlich wenn es sich um schwächliche
Kinder handelt, stets zweifelhaft, obgleich keineswegs absolut ungünstig.
Ueber die Ursache und Bedeutung der Krämpfe entscheidet gewöhnlich erst der weitere Verlauf.

Die *symptomatische Behandlung* der Convulsionen besteht bei leichteren Fällen in der Anwendung von kalten Umschlägen auf den Kopf,
in allgemeinen feuchten Einwicklungen der Kinder, dem Legen von
Senfteigen auf die Brust und Waden, unter Umständen in der Application eines Klystiers (eventuell mit etwas Essigzusatz) u. dgl. Folgen
sich die Anfälle sehr häufig und in grosser Heftigkeit, so sind vorsichtige *Chloroformeinathmungen* ($^{1}/_{2}$ Esslöffel auf ein Taschentuch
gegossen) auch bei kleineren Kindern oft mit grossem Vortheil anwendbar.

Im Uebrigen ist natürlich den etwa zu ermittelnden Ursachen Rechnung zu tragen. Bei den Krämpfen, welche, gewöhnlich bei etwas älteren Kindern, nach *Ueberladungen des Magens* zuweilen eintreten, ist ein zur rechten Zeit gereichtes *Brech-* oder *Abführmittel* meist von der besten Wirkung.

ZWEITES CAPITEL.
Chorea minor.
(Chorea St. Viti. Veitstanz.)

Aetiologie. Während in früheren Jahrhunderten mit dem Namen *Chorea* (Tanz) vorzugsweise jene eigenthümlichen endemisch auftretenden und auf psychischer Ueberreiztheit und psychischer Ansteckung (Nachahmung) beruhenden Zustände der sogenannten „Tanzwuth", zu deren Heilung eine Wallfahrt nach den dem heiligen Veit geweihten Orten besonders erspriesslich sein sollte, bezeichnet wurden, versteht man gegenwärtig hierunter eine vollkommen scharf charakterisirte Krankheit, deren Hauptsymptom in dem Auftreten gewisser eigenthümlicher motorischer Reizerscheinungen besteht. Die nähere Bezeichnung Chorea *minor* geschieht im Gegensatz zu der früher so genannten Chorea *major* oder *magna*, welche indessen keine eigentliche Krankheit sui generis darstellt, sondern eine Erscheinungsweise der Hysterie ist (s. d.).

Die Chorea minor ist vorzugsweise eine Krankheit des *jugendlichen Alters*; am häufigsten tritt sie bei Kindern zwischen 5 und 15 Jahren auf. Doch kommen nicht selten auch Fälle in früheren und in späteren Jahren vor. *Mädchen* werden entschieden etwas häufiger befallen, als Knaben. Eine *hereditäre Disposition zu Nervenkrankheiten* überhaupt spielt auch bei der Aetiologie der Chorea eine, wenn auch nicht sehr grosse Rolle.

Ueber die *Ursache* der Krankheit lässt sich in vielen Fällen gar nichts Bestimmtes ermitteln. *Psychische Erregungen*, Schreck u. dgl. scheinen in einzelnen, aber doch immerhin seltenen Fällen den Ausbruch der Krankheit zu begünstigen. Dass der *Nachahmungstrieb* bei gesunden Kindern, welche mit Chorea-Kranken verkehren, auch bei ersteren zu choreatischen Bewegungen führen kann, ist sicher. Doch fragt es sich, ob diese „imitatorische Chorea" wirklich als echte Chorea aufgefasst werden darf. Von grossem Interesse ist der Zusammenhang zwischen der Chorea mit dem *acuten Gelenkrheumatismus*. Wenn auch die Angabe einiger Autoren, dass fast jeder acute Gelenkrheumatismus

im Kindesalter eine Chorea zur Folge habe, sehr übertrieben ist, so
ist doch das relativ häufige Auftreten der Chorea im Anschluss an
Gelenkrheumatismus eine sichere Thatsache. Auch bei Kindern, welche
an leichteren chronisch-rheumatischen Beschwerden leiden, ferner bei
Kindern mit *Klappenfehlern des Herzens* (sei es nach einem oder ohne
einen vorhergegangenen Gelenkrheumatismus) wird die Chorea nicht
selten beobachtet. Dass es sich hierbei um das Auftreten der Chorea
im Anschluss an eine *Infectionskrankheit* handelt, ist vielleicht auch
für die Auffassung der scheinbar spontanen Chorea nicht ohne Bedeutung.

Einen besonderen Einfluss auf die Entstehung der Chorea bei
Frauen übt die *Gravidität* aus. Die *Chorea gravidarum* tritt nament-
lich bei Erstgebärenden auf, welche sich noch in relativ jugendlichem
Alter befinden.

Symptome und Krankheitsverlauf. Die Chorea beginnt in den meisten
Fällen allmählich und ohne besondere Vorboten. Doch gehen zuweilen
der Krankheit auch *Prodromalerscheinungen* vorher, welche vorzugsweise in einer gewissen psychischen Verstimmung und Reizbarkeit, in
einer Unlust zu geistiger Beschäftigung oder auch in leichten Störungen
des Appetits und des Allgemeinbefindens bestehen.

Gewöhnlich sind aber die eigenthümlichen *motorischen Störungen*
das erste Symptom, welches die Aufmerksamkeit der Kranken oder
ihrer Eltern auf sich zieht. In den verschiedensten Muskelgebieten des
Körpers treten unwillkürliche Bewegungen auf, welche die Kranken
nicht unterdrücken können. In allen Theilen des Körpers erfolgen abwechselnd bald hier, bald da, bald nur in einem Körpertheil, bald
gleichzeitig in mehreren, bald in rascher Aufeinanderfolge, bald von
längeren Pausen der Ruhe unterbrochen, einzelne Zuckungen und unfreiwillige complicirtere Bewegungen. Sind die *Gesichtsmuskeln* mit
ergriffen, so bemerkt man von Zeit zu Zeit ein Runzeln der Stirn oder
ein Verziehen des Mundes. Auch die *Augen* machen zuweilen unfreiwillige Bewegungen, werden geschlossen und wieder geöffnet. Die *Pupillen* sind häufig erweitert. Sollen die Patienten die *Zunge* heraus-
strecken und still halten, so wird dieselbe nicht selten unwillkürlich
wieder in den Mund zurückgezogen oder seitlich verschoben. Bei starker Chorea der Zunge kann sogar die *Sprache* merklich gestört sein.
Selbst in den *Kehlkopfmuskeln* sind choreatische Bewegungen beobachtet worden. In den *Armen* ist die Chorea oft am stärksten. Dieselben werden gedreht, gebeugt, gehoben, auf den Rücken gelegt, kurz
in jeder nur möglichen Weise bewegt. Die *Rumpfmuskeln* sind in den

leichteren Fällen meist nur wenig betheiligt. In schwereren Fällen
wird aber auch der ganze Körper bewegt: die Kranken richten sich
auf, legen sich wieder hin, drehen sich auf die Seite u. s. w. Auch in
den *Beinen* ist die Chorea meist weniger stark, als in den Armen und
im Gesicht. Doch sieht man geringere Bewegungen in denselben sehr
häufig: Vorsetzen des Fusses, Heben desselben auf die Spitze, Beugen
der Kniee u. dgl. Im Allgemeinen ist es für die Chorea charakteristisch,
dass die abnormen motorischen Reize meist gleichzeitig eine grössere
Anzahl von Muskeln betreffen, wodurch alle möglichen *combinirten Be-
wegungseffecte* entstehen, und dass ferner die choreatischen Bewegungen
zum grossen Theil nicht kurze Zuckungen sind, sondern in ihrem Ablauf eine entschiedene Aehnlichkeit mit willkürlichen Bewegungen haben.

Die Intensität der Bewegungen unterliegt in den verschiedenen
Fällen grossen Schwankungen. Im Anfange ist die Chorea oft so gering, dass sie von ungeübten Augen gar nicht bemerkt wird. Viele
Kinder werden im Beginn der Erkrankung in der Schule ungerecht
bestraft, weil sie schlecht schreiben oder unruhig sitzen. Manche Fälle
bleiben leicht, so dass die Zuckungen niemals einen stärkeren Grad
erreichen. In anderen sind die Reizerscheinungen zwar heftiger, die
Patienten können aber doch wenigstens allein stehen und gehen. In
den stärksten Fällen endlich ist die Chorea so heftig, dass der ganze
Körper beständig in grösster Unruhe ist. Die Kranken werfen sich
im Bett umher, Arme und Beine sind der Sitz immerwährender heftig
schleudernder Bewegungen. Die Nahrungsaufnahme ist in hohem Maasse
erschwert, der Schlaf gestört, so dass die Kranken körperlich in kurzer
Zeit sehr herunterkommen.

Auch in jedem einzelnen Falle schwankt die Intensität der choreatischen Bewegungen zu verschiedenen Zeiten. Sind die Kranken vollkommen ruhig sich selbst überlassen, so sind die Zuckungen relativ
am schwächsten. Jede psychische Erregung steigert dieselben. Sobald
die Kranken sich beobachtet wissen, sobald sie willkürliche Bewegungen
machen sollen, sobald man sich mit ihnen unterhält, wird der Zustand
meist bedeutend schlimmer. Im *Schlaf* hören die choreatischen Bewegungen ganz auf.

Während in manchen Fällen die gesammte willkürliche Muskulatur befallen ist, sieht man in anderen Fällen nicht selten eine Beschränkung der Krankheit auf gewisse Muskelgebiete. Sehr häufig ist
vorzugsweise *eine Körperhälfte* (namentlich oft die linke) betroffen
(*Hemichorea*), während in der anderen Körperhälfte gar keine oder
nur viel geringere unwillkürliche Bewegungen stattfinden. Dass die

Muskeln des Gesichts und der oberen Extremitäten oft stärker befallen sind, als die Muskeln des Rumpfes und der Beine, ist schon erwähnt. Die geschilderte Bewegungsstörung ist oft das einzige oder wenigstens das allein hervorstechende Symptom der Chorea. Lähmungserscheinungen sind fast niemals vorhanden und die Kraft der Muskeln ist gut erhalten. Sogar das *Ermüdungsgefühl* fehlt meist auffallender Weise trotz der beständigen Bewegungen. Nur in einem einzigen Falle von echter Chorea sahen wir eine ausgesprochene *Parese* eines Armes, welche später wieder verschwand. Die *Sensibilität* ist vollkommen normal. Die *Reflexe* bieten keine besonderen Eigenthümlichkeiten dar. Zuweilen, aber keineswegs constant, findet man einzelne Punkte der *Wirbelsäule gegen Druck auffallend empfindlich.* Die Complicationen der Chorea mit *Gelenkaffectionen* und *Herzklappenfehlern* sind schon oben erwähnt. Mit der Diagnose der letzteren muss man aber etwas vorsichtig sein, da erfahrungsgemäss accidentelle Herzgeräusche und geringe Arythmien der Herzthätigkeit gerade bei Choreatischen nicht selten vorkommen. Die *Körpertemperatur* ist trotz der beständigen Muskelzuckungen nicht erhöht, ebenso wenig der *Harnstoffgehalt* des Urins.

Geringe *Abnormitäten im psychischen Verhalten* der Patienten werden häufig beobachtet. Die Kranken sind oft unartig, verdriesslich, launenhaft, unfähig zu geistiger Anstrengung, reizbar und zum Weinen geneigt. Stärkere Störungen und dauernde Abnahme der Intelligenz sind aber fast niemals zu befürchten.

Der *Gesammtverlauf* der Chorea erstreckt sich meist auf mehrere Monate. Doch kommen auch leichtere Fälle vor, welche schon nach einigen Wochen zur Heilung gelangen, während es andererseits sehr langwierige Fälle giebt, welche beinahe ein Jahr und noch länger dauern können. Schwankungen in der Intensität der Chorea, theils spontan eintretend, theils von äusseren Anlässen abhängig, treten oft ein. Auch wenn die Affection scheinbar vollständig erloschen ist, muss man auf die Möglichkeit eines *Recidivs* gefasst sein. Ein wiederholtes Auftreten der Chorea innerhalb mehrerer Jahre, wobei es schwer zu entscheiden ist, ob es sich um Recidive oder um neue Erkrankungen handelt, ist ebenfalls häufig beobachtet worden. Die langdauernden Fälle zeigen in der Regel eine relativ geringere Intensität der Krankheitserscheinungen, während manche sehr heftig auftretende Fälle in verhältnissmässig kurzer Zeit wieder verschwinden. Bei Erwachsenen haben wir jedoch einige Fälle von ziemlich schwerer Chorea gesehen, welche sehr chronisch verliefen und schliesslich *stationär* zu werden schienen.

Der *Ausgang* der Krankheit ist in der grossen Mehrzahl der Fälle ein *günstiger*. Doch kommen immerhin einzelne schwere Fälle vor, in denen ein *tödtliches Ende* eintritt. In derartigen Fällen zeigen die choreatischen Bewegungen die grösste Heftigkeit. Die Kranken werden mit Vehemenz im Bett umhergeworfen, können fast nichts geniessen und sind vollkommen schlaflos. Wir selbst sahen bisher 3 Fälle, welche Mädchen von 14—17 Jahren betrafen und innerhalb der ersten 2 bis 3 Krankheitswochen zum Tode führten, zwei unter den Zeichen der allgemeinen Erschöpfung und des Collapses, der dritte in Folge zahlreicher brandig werdender Hautverletzungen, die trotz aller nur möglichen Vorsichtsmaassregeln entstanden waren.

Wesen der Krankheit. In den bisher pathologisch-anatomisch untersuchten Fällen von echter Chorea hat sich durchaus kein Befund ergeben, dem eine sichere Bedeutung zugeschrieben werden kann. Man muss daher z. Z. die Chorea noch als eine *„Neurose"* bezeichnen, d. h. als eine Krankheit, für deren functionelle Störungen uns noch keine anatomische Unterlage bekannt ist. Dass die Affection vorzugsweise ein motorisches Gebiet des Nervensystems betreffen muss, ergiebt sich aus der Symptomatologie der Krankheit von selbst. Welches specielle motorische Gebiet dies aber ist, darüber lassen sich bis jetzt nur Vermuthungen aufstellen. Indessen erscheint es doch im allerhöchsten Grade wahrscheinlich, dass der eigentliche *Sitz* der Chorea im *Gehirn* zu suchen sei. Hierfür spricht vor allem das häufige Vorkommen einer halbseitigen Chorea, ferner die häufige Combination der Chorea mit leichten psychischen Anomalien und endlich der Umstand, dass choreatische („choreiforme") Bewegungen als einzelnes *Symptom* bei unzweifelhaften Gehirnkrankheiten auftreten können (z. B. bei der Hemichorea posthemiplegica). Ob aber die motorischen Rindengebiete vorzugsweise befallen sind oder andere motorische Gebiete, darüber ist jede Entscheidung zur Zeit noch unmöglich. Ebenso erscheint uns die öfter ausgesprochene Vermuthung, dass es sich bei der Chorea um leichtere *embolische Processe* handele, noch durchaus als unerwiesen und sogar als unwahrscheinlich.

Diagnose. Die Diagnose der Chorea ist fast in allen Fällen sehr leicht, meist sogar auf den ersten Blick zu stellen. Die motorischen Reizerscheinungen bei der Athetose, der Paralysis agitans, bei den verschiedenen Formen des Tremors (Tremor senilis, alcoholicus, saturninus, mercurialis u. s. w.) unterscheiden sich durch ihre Eigenart leicht von den choreatischen Bewegungen. Ebenso fällt es nicht schwer, die symptomatischen choreatischen Bewegungen bei anderweitigen Gehirnleiden von der echten idiopathischen Chorea zu unterscheiden.

Prognose. Die Prognose der Chorea ist, wie erwähnt, fast stets eine günstige, wenn auch der Verlauf der Krankheit oft ein sehr langwieriger ist. Auf die Möglichkeit von Recidiven ist schon oben hingewiesen. Zweifelhaft ist die Prognose nur in den schwersten Fällen acuter Chorea, welche den Allgemeinzustand der Kranken in kurzer Zeit sehr herunterbringen.

Therapie. Auch in leichten Fällen von Chorea ist es durchaus nothwendig, die Kinder nicht in die Schule gehen zu lassen, sondern sie zu Hause zu behalten und sie vor allen unnützen psychischen Erregungen, vor Neckereien u. dgl. zu bewahren. Ist die Chorea mässig stark, so brauchen die Kinder nicht das Bett zu hüten. Auch mässige Bewegung im Freien ist ihnen dann zuträglich. In den schweren Fällen von Chorea sind geeignete Vorsichtsmaassregeln (Kissen, gepolsterte Bettwände) zu treffen, um die Kranken vor körperlichen Verletzungen zu schützen.

Unter den gegen die Chorea empfohlenen Medicamenten nehmen der *Arsenik* und das *Bromkalium* die erste Stelle ein. Namentlich dem ersteren kommt allem Anschein nach oft eine günstige Einwirkung zu. Man verordnet die *Solutio Fowleri*, von welcher täglich dreimal zuerst 5, dann in allmählich steigender Dosis 8—10 Tropfen *in Wasser* gegeben werden. Bei kleinen Kindern unter 6 Jahren wird die Dosis etwas geringer genommen. Handelt es sich um anämische Kinder, so kann die Sol. Fowleri mit Eisen combinirt werden, bei grosser Unruhe und Schlaflosigkeit auch mit narkotischen Mitteln. Das *Bromkalium* in grösseren Dosen (3,0—5,0 und mehr pro die) hat in schweren Fällen auch oft entschiedenen Nutzen. Man soll es jedenfalls versuchen, wenn Arsen wirkungslos bleibt oder nicht vertragen wird (Leibschmerzen verursacht oder dgl.). Von den zahlreichen übrigen empfohlenen Präparaten erwähnen wir noch das *Zincum oxydatum, Zincum valerianicum, Argentum nitricum* und *Cuprum sulfuricum*. Sie alle werden gegenwärtig nur noch selten angewandt. Bei der Chorea im Anschluss an Gelenkrheumatismus kann man einen Versuch mit *Salicylpräparaten* machen. Mit der Darreichung von *Narcoticis* sei man *vorsichtig!* Obgleich neuerdings wiederholt das *Chloralhydrat* gegen die Chorea empfohlen ist, wissen wir doch andererseits auch von üblen Folgen dieses Mittels.

Von günstiger Einwirkung und in den meisten Fällen von Chorea leicht anwendbar ist eine milde *hydrotherapeutische Behandlung*. Lauwarme Bäder, nasse Einwicklungen und leichte Abreibungen mit Wasser von 18—22° R. sind daher sehr empfehlenswerth.

Auch die *elektrische Behandlung* kann versucht werden. Man wendet schwache Galvanisation am Kopfe (in der Gegend der motorischen Centra) oder Galvanisation am Rückenmark an. Sind Druckpunkte an der Wirbelsäule vorhanden, so soll die Behandlung derselben mit der Anode besonders wirksam sein. Doch sind die Erfolge der elektrischen Behandlung überhaupt selten sehr in die Augen fallend.

Bei der *Chorea gravidarum*, welche zuweilen in sehr heftiger Form auftritt, kommen die genannten Mittel ebenfalls in Betracht. Bleiben dieselben wirkungslos, so muss in schweren Fällen zur *künstlichen Frühgeburt* geschritten werden. Nach derselben tritt, wie wir selbst in einem Falle gesehen haben, zuweilen ein rasches Nachlassen der Erscheinungen ein.

DRITTES CAPITEL.
Paralysis agitans.
(Schüttellähmung. Maladie de Parkinson.)

Aetiologie. Ueber die Ursachen der zuerst von PARKINSON unter dem Namen „*Shaking palsy*" im Jahre 1817 beschriebenen, nicht sehr häufigen Krankheit ist erst wenig bekannt. In den meisten Fällen entsteht das Leiden ganz allmählich, ohne dass sich irgend eine Veranlassung nachweisen lässt. Fast immer sind es *ältere Personen*, die befallen werden; vor dem 35.—40. Lebensjahre ist die Krankheit sehr selten. Das *Geschlecht* scheint keinen erheblichen Einfluss auf die Entwicklung des Leidens auszuüben. Eine hereditäre Disposition zu nervösen Erkrankungen ist zwar in einzelnen Fällen nachzuweisen; doch spielt dieselbe bei der Paralysis agitans jedenfalls eine geringere Rolle, als bei manchen anderen Neurosen (Epilepsie u. a.). Als besondere *Veranlassungsursachen* hat man zuweilen beobachtet: *Erkältungen*, heftige *Gemüthsbewegungen*, *traumatische Einflüsse* (Nervenverletzungen, Verbrennungen u. dgl.). BERGER berichtet zwei Fälle, bei welchen die ersten Erscheinungen der Krankheit im *Anschluss an eine acute Erkrankung* (Typhus abdominalis) auftraten.

Symptome und Krankheitsverlauf. *Zwei Symptome* sind es hauptsächlich, welche die Paralysis agitans charakterisiren: erstens eigenthümliche, in der Form von *Zitterbewegungen* auftretende motorische Reizerscheinungen, und zweitens ein Zustand von *Steifigkeit und dauernder Verkürzung in gewissen Muskeln*, welcher zu einer Reihe eigenartiger Bewegungsstörungen führt.

Das *Zittern* ist meist das erste Symptom, auf welches die Kranken aufmerksam werden. Dasselbe beginnt gewöhnlich in den Händen, und zwar vorzugsweise in der *rechten Hand,* greift von hier allmählich auf den Arm und das Bein derselben Seite, dann auf den anderen Arm und das andere Bein über, so dass schliesslich in ausgebildeten Fällen der ganze Körper von den Zitterbewegungen erschüttert wird. Die Form des Zitterns ist eine sehr charakteristische. Es handelt sich um rasche *gleichmässige oscillatorische Bewegungen* bald von geringeren, bald stärkeren Excursionen. Am stärksten ist der Tremor gewöhnlich in den Händen und Armen. Der Daumen und die halb gebeugten Finger zeigen dabei eine Bewegung, welche der Bewegung beim Spinnen oder beim Pillendrehen ähnlich ist. Im Vorderarm sind es gewöhnlich rasch sich folgende Beuge- und Streckbewegungen, doch ist es stets schwer, die dabei betheiligten Muskeln näher festzustellen. Von dem Zittern des Rumpfes bleibt es oft fraglich, ob es einen selbständigen Ursprung hat oder bloss in Folge der Miterschütterung des ganzen Körpers durch die Zitterbewegungen der Arme und Beine entsteht. Die früher von CHARCOT gemachte Angabe, dass der *Kopf* und die *Gesichtsmuskeln* sich niemals am Zittern betheiligen, hat nicht allgemeine Gültigkeit. Andere Beobachter und wir selbst sahen wiederholt selbständige Zitterbewegungen des Kopfes. Von den Gesichtsmuskeln scheint vorzugsweise die Muskulatur des Kinns vom Zittern befallen zu werden.

Das Zittern bei der Paralysis agitans ist ein *fast continuirliches.* Zwar hört es nicht selten in einem Gliede für einen Moment auf, um dann aber alsbald wieder von Neuem zu beginnen. Je ruhiger die Kranken sich verhalten und je ungestörter sie sind, desto geringer wird die Heftigkeit der Zitterbewegungen. Werden die Kranken psychisch erregt, fangen sie an zu sprechen, werden sie beobachtet, so wird das Zittern sofort stärker und kann so heftig werden, dass der ganze Körper in die heftigste Erschütterung geräth. Active Bewegungen verstärken das Zittern nicht. Man beobachtet im Gegentheil häufig, dass bei starken willkürlichen Anspannungen der Muskeln, z. B. beim Heben von Gewichten, beim festen Drücken mit den Händen u. dgl., das Zittern nachlässt.

Fast noch charakteristischer, als das Zittern, ist das zweite Hauptsymptom der Paralysis agitans, die eigenthümliche *Muskelrigidität.* Schon im *Gesicht* macht sich meist eine eigenthümliche Spannung der Muskeln bemerkbar; dasselbe erhält dadurch oft einen starren Ausdruck, die mimischen Ausdrucksbewegungen sind geringer, als bei gesunden Menschen. Der *Kopf* erhält allmählich fast immer eine nach vorn geneigte Stellung. Ja, nach langjähriger Krankheitsdauer kann das Kinn vollständig gegen das Brustbein angedrückt sein. Auch im *Rumpf* und in den *Extremitäten* führt die allmählich eintretende Muskelsteifigkeit zu eigenthümlichen und für die Krankheit äusserst charakteristischen Haltungen. Der Rumpf ist nach vorn übergebeugt, die Arme sind dem Rumpfe anliegend und in den Ellenbogengelenken gebeugt, die Finger namentlich in den Metacarpalgelenken gebeugt, der Daumen ist gegen die Finger wie beim Schreiben gestellt oder auch eingeschlagen, die Beine sind in den Knieen etwas eingeknickt. Die beistehende Abbildung (Fig. 46), welche nach der Photographie eines lange Zeit in der hiesigen Klinik von uns beobachteten Kranken angefertigt ist, giebt die pathognomonische Körperstellung der Kranken mit Paralysis agitans sehr deutlich wieder.

Die Muskelsteifigkeit tritt auch der Ausführung vieler Bewegungen hemmend entgegen. Namentlich sind alle *Bewegungen des Rumpfes sehr beträchtlich erschwert*. In fortgeschrittenen Fällen der Krankheit können sich die Kranken, wenn sie im Bett liegen, nicht allein aufrichten. Da ihre Muskelkraft an sich aber meist noch gut ist (s. u.), so bedürfen sie bloss einer leichten Handhabe, um sich selbst daran in die Höhe zu ziehen. Dagegen ist das Umlegen von einer Seite auf die andere im Bett den Kranken oft ganz unmöglich. In schweren Fällen müssen dieselben daher oft Nachts mehrmals umgelagert werden, zumal das längere ruhige Liegen in derselben Körperlage ihnen eine grosse innere Unruhe verursacht. Sitzen die Kranken, so können sie nicht allein aufstehen, weil es ihnen unmöglich ist, die zum Aufstehen nothwendige Vorwärtsbewegung des Rumpfes auszuführen. Hilft man ihnen hierbei aber nur etwas, so können sie aufstehen und nun allein gehen und sogar rasch laufen. Da aber der Schwerpunkt ihres Körpers in Folge der Stellung desselben nach vorn

Fig. 46. Charakteristische Haltung des Körpers bei Paralysis agitans.

gerückt ist und da die Kranken ihren Rumpf nicht genügend nach rückwärts bewegen können, so gerathen sie beim Gehen sehr leicht „in Schuss" und können dann nicht eher willkürlich stillhalten, als bis sie an irgend einen feststehenden Gegenstand oder eine Wand gelangt sind und sich hier gegenstemmen können. Giebt man einem Kranken, bei dem die Vorwärtsbiegung und Steifigkeit des Rumpfes bereits einen höheren Grad erreicht hat, einen leichten Stoss nach vorn, so muss er, um nicht zu fallen, vorwärts laufen. Man bezeichnet diese Erscheinung als *Propulsion*. Ein Stoss nach hinten, wodurch der Schwerpunkt des Körpers nach hinten gerückt wird, bringt einen derartigen Kranken sehr leicht zum Fallen, weil der Versuch, rückwärts zu laufen, meist misslingt. Die Kranken machen einige rasche Schritte rückwärts (*Retropulsion*), fallen aber doch gewöhnlich hin, wenn sie nicht gehalten und passiv wieder in die richtige Körperstellung gebracht werden. Beide Erscheinungen, die *Propulsion* und die *Retropulsion*, sind von CHARCOT als „*Zwangsbewegungen*" im strengen Sinne des Wortes (vgl. S. 315) aufgefasst. Wir sind aber auf Grund mehrfacher Beobachtungen davon überzeugt, dass diese Symptome sich *stets* einfach aus den rein *mechanischen Verhältnissen der Verschiebung des Körperschwerpunkts* erklären lassen. Dass viele Kranke mit Paralysis agitans die Neigung haben, beim Gehen ihre Arme auf den Rücken zu legen, beruht auch darauf, dass hierdurch der Schwerpunkt des Körpers etwas nach hinten verrückt wird.

In den *Extremitäten* sind die Bewegungen relativ weniger gestört, als im Rumpfe. Doch kann man auch hier eine gewisse *Langsamkeit* und *Steifigkeit der Bewegungen* oft beobachten. Die Kraft der Muskeln kann lange Zeit gut erhalten bleiben, in manchen Fällen sind aber schliesslich auch deutliche *Paresen* vorhanden. Namentlich tritt eine leichte *Ermüdbarkeit der Muskeln* oft schon in frühen Stadien der Krankheit ein. — Die relativ geringe Lebhaftigkeit der mimischen Bewegungen in den *Gesichtsmuskeln* ist schon erwähnt. Auch die *Augenmuskeln* scheinen in einzelnen Fällen an der Steifigkeit Theil zu nehmen, so dass es den Kranken beim Lesen schwer fällt, die einzelnen Zeilen mit den Augen rasch zu verfolgen und den Blick von dem Ende einer Zeile zum Beginn der nächstfolgenden abzulenken.

Das Symptom der Muskelsteifigkeit ist für die Paralysis agitans fast noch charakteristischer, als das Zittern. Es scheinen sogar, wie wir selbst gesehen haben, Fälle vorzukommen, in denen, wenigstens eine Zeit lang, die eigenthümliche Körperstellung der Kranken ausgebildet ist, während das Zittern fehlt, also Fälle, welche man als *Para-*

lysis agitans sine agitatione bezeichnen könnte. Alle übrigen Nerven-functionen bleiben in uncomplicirten Fällen vollständig normal. Die *Sensibilität* ist niemals gestört; nur gewisse schmerzhafte Sensationen, namentlich in den Schultern, kommen zuweilen im Beginn der Krank-heit vor. Die *Reflexe*, die *Harnentleerung* u. s. w. zeigen keine auf-fallenden Anomalien. Ob die *cephalischen* und *psychischen Symptome*, welche in einzelnen Fällen von Paralysis agitans beobachtet sind, wirk-lich direct von der Krankheit abhängen oder zufällige Complicationen sind, muss bei ihrer grossen Seltenheit zweifelhaft bleiben. Bemerkens-werth ist noch, dass viele Kranke an einem *excessiven subjectiven Wärme-gefühl* leiden. Die innere Körpertemperatur ist normal; dagegen soll die *peripherische Temperatur* oft etwas erhöht sein.

Der *Gesammtverlauf* der Krankheit ist ein sehr chronischer; das Leiden kann Jahrzehnte lang dauern. Von den ersten Anfängen an entwickelt es sich in langsamem Fortschreiten allmählich immer stärker und stärker. Grössere Schwankungen in der Intensität der Symptome kommen selten vor, wohl aber zeitweilige lange dauernde scheinbare Stillstände des Leidens. *Heilungen* sind bis jetzt niemals beobachtet worden. Der schliessliche tödtliche Ausgang wird nicht durch die Affection als solche herbeigeführt, sondern erfolgt durch intercurrente Krankheiten oder durch den endlich eintretenden allgemeinen Maras-mus. Auch die grosse Unbeholfenheit der Patienten kann gefährlich werden. Der oben abgebildete Kranke fand in seinem Heimathsorte dadurch einen traurigen Tod, dass er mit dem Gesicht in eine Wasser-pfütze fiel, sich nicht wieder aufrichten konnte und ertrank!

Wesen der Krankheit. Ueber das eigentliche Wesen der Paralysis agitans ist nichts bekannt. Da es sich um eine rein motorische Stö-rung handelt, so muss auch der Sitz der Krankheitsveränderungen an irgend einer Stelle des motorischen Systems gesucht werden. Die *pathologisch-anatomische* Untersuchung hat bisher im Nervensystem auch bei sorgfältiger mikroskopischer Durchforschung durchaus keine sicher nachweisbaren Veränderungen ergeben. Wir müssen daher ge-stehen, dass uns sogar Zweifel aufgestiegen sind, ob man überhaupt ohne Weiteres ein Recht habe, die Paralysis agitans für eine Affection des *Nervensystems* zu halten oder ob nicht vielleicht die Krankheit ein rein *musculäres* Leiden sei? Doch fehlen, wie gesagt, bis jetzt alle Anhaltspunkte zur Entscheidung dieser Frage, welche wir hiermit wenig-stens in Anregung gebracht haben wollen.

Diagnose. Die Diagnose der *Paralysis agitans* ist in allen typischen Fällen leicht und sicher zu stellen, wenn man die geschilderten Eigenthümlichkeiten des Zitterns, die charakteristische Haltung des ganzen Körpers und die gewöhnlich am Rumpf am meisten ausgesprochene Steifigkeit der Muskeln in Betracht zieht. Die Differentialdiagnose zwischen der Paralysis agitans und der multiplen Herdsclerose, auf welche früher viel Gewicht gelegt wurde, macht jetzt, wo man die Eigenthümlichkeiten beider Krankheiten näher kennen gelernt hat, fast niemals Schwierigkeiten. Noch wichtiger zur Beurtheilung, als die Art des Zitterns, welches bei der Paralysis agitans auch in der Ruhe fortdauert und den ausgesprochen oscillatorischen Charakter hat, während es bei der multiplen Sclerose (s. d.) fast immer ein reines Intentionszittern darstellt, ist das Gesammtbild der Krankheiten, welches bei beiden grundverschieden ist.

Therapie. Wie schon aus dem oben Gesagten hervorgeht, hat die Therapie bis jetzt kein Mittel gefunden, auf die Krankheit in erheblicher Weise einzuwirken. Die Behandlung kann sich daher in den meisten Fällen auf rein diätetische Maassnahmen beschränken. Lauwarme protrahirte *Bäder*, leichte *Massage* der Muskeln können wohlthuend wirken. Von *inneren Mitteln* werden dem *Arsenik* einige günstige Erfolge nachgerühmt. Ausserdem kann man *Ergotin, Bromkalium, Curare* u. a. versuchen. Die *Elektricität* kann höchstens in frischen Fällen einige Besserung bewirken. In einigen Fällen soll die *Nervendehnung* im Stande gewesen sein, das Zittern nicht unbedeutend zu verringern.

VIERTES CAPITEL.

Athetosis.

Im Jahre 1871 beschrieb der amerikanische Neurologe HAMMOND unter dem Namen *Athetosis* (ἄθετος == ohne feste Stellung) eine eigenthümliche Form motorischer Reizerscheinungen, welche sich von allen übrigen unfreiwilligen Bewegungen, von den epileptiformen, den choreatischen u. a. Zuckungen in charakteristischer Weise unterscheidet. Die *Athetose-Bewegungen* (vgl. S. 54) bestehen in oft sehr complicirten und wunderlichen Bewegungen, durch welche der betroffene Körpertheil in eine beständige Unruhe versetzt wird. Sind die *Gesichtsmuskeln* (gewöhnlich das untere Facialisgebiet) und die *Kaumuskeln* befallen, so verdrehen und verziehen die Kranken fortwährend ihr Gesicht und ihren Mund; ist die *Zunge*, wie wir es in einem Falle gesehen haben, betheiligt, so ist die Sprache undeutlich und erschwert. Sind die *Nackenmuskeln* ergriffen, so wird der Kopf gewöhnlich nach hinten oder nach

einer Seite gezogen und in der verschiedensten Weise gedreht und ge-
wendet. Am meisten charakteristisch sind aber die Athetose-Bewegungen in der *Hand* und in den *Fingern*. Hier beobachtet man ein un-
aufhörliches Spreizen, Strecken, Beugen, Ueber- und Durcheinander-
Bewegen der Finger, welche hierdurch in die seltsamsten Stellungen
gerathen. Die beistehenden Abbildungen können zur Veranschaulichung

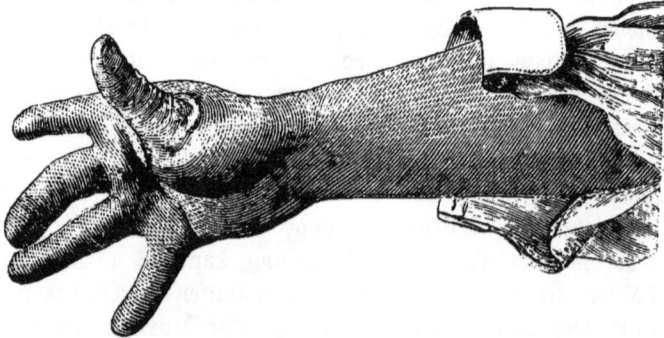

Fig. 47 u. 48. Nach HAMMOND. Beispiele der Stellung der Finger bei Athetose-Bewegungen.

einiger derartigen Stellungen dienen (s. Fig. 47 u. 48). Aus der Art
der Bewegungen geht hervor, dass die Mm. interossei vorzugsweise betheiligt sein müssen. Sehr häufig entsteht in Folge der immerwähren-
den Dehnungen, welchen die Bandapparate der Fingergelenke ausgesetzt sind, schliesslich eine derartige Schlaffheit und Lockerung derselben, dass die Finger Hyper-Extensionsbewegungen ausführen können,
welche ein Gesunder überhaupt nicht nachzumachen im Stande ist.
Die *Armmuskeln* sind meist nur in geringerem Grade an der Athetose

betheiligt. Auch in den *unteren Extremitäten* ist die Affection in der Regel schwächer, als in den oberen. Doch kommen ganz analoge Bewegungen, wie in den Fingern, auch an den *Zehen* vor.

Obgleich die Bewegungen im Allgemeinen *continuirlich* stattfinden, kommen doch Schwankungen ihrer Intensität häufig vor. Namentlich nehmen sie bei psychischen Erregungen der Kranken fast immer zu. Im *Schlaf* hören sie gewöhnlich auf, doch sind auch Fälle bekannt, wo sie in geringerem Grade auch im Schlaf fortgedauert haben. Bei willkürlichen Bewegungen werden sie meist schwächer, doch kann andererseits auch eine Verstärkung derselben unter der Form von Mitbewegungen auftreten.

Was das Vorkommen der Athetose-Bewegungen betrifft, so muss man eine *symptomatische* und eine echte *idiopathische Athetose* unterscheiden.

Die *symptomatische Athetose* ist als Theilerscheinung bei verschiedenen sonstigen Nervenleiden beobachtet worden. Die ersten von HAMMOND mitgetheilten Beobachtungen betrafen zum grössten Theil Kranke mit Epilepsie, schwereren Psychosen u. dgl. Bei weitem am häufigsten treten aber die Athetose-Bewegungen als *posthemiplegische Reizerscheinung* (Chorea posthemiplegica, besser *Hemiathetosis posthemiplegica*) auf, zwar nur sehr selten bei den gewöhnlichen Hemiplegien der älteren Leute, öfter dagegen im Anschluss an die *cerebrale Kinderlähmung* (s. S. 349). Andeutungen von Athetose-Bewegungen finden sich bei den infantilen Hemiplegien in der Mehrzahl der Fälle; unter 7 von uns in letzter Zeit gesehenen Fällen war dreimal in der Hand der gelähmten Seite eine *starke* Athetose vorhanden.

Als *idiopathische Athetosis* müssen diejenigen seltenen Fälle bezeichnet werden, in denen die geschilderten unfreiwilligen Bewegungen in selbständiger Weise als einziges oder wenigstens hauptsächlichstes Krankheitssymptom auftreten. Einzelne derartige Beobachtungen, in welchen die ohne bekannte Ursache entstehende Athetose meist nur auf ein gewisses Gebiet beschränkt blieb, sind bei älteren, vorher gesunden Personen gemacht worden. Besonders hervorzuheben ist aber die aus frühester Kindheit stammende, wahrscheinlich *congenitale Athetose,* von welcher wir selbst mehrere, unter einander vollkommen übereinstimmende Fälle gesehen haben. Hierbei handelt es sich um Individuen, bei welchen die Athetose einen stationär gewordenen Zustand darstellt, welcher weder einer Verschlimmerung noch einer wesentlichen Besserung mehr fähig ist. Die Athetose-Bewegungen sind fast immer im Gesicht, Kopf und in den Fingern am stärksten. Sonstige

406   Neurosen ohne bekannte anatomische Grundlage.

nervöse Symptome, Lähmungen, Sensibilitätsstörungen, fehlen gänzlich.
Die Intelligenz der Kranken ist zuweilen, aber durchaus nicht immer
herabgesetzt.

Ueber das *Wesen* der Athetose, über den Ort, wo die Reizung,
und über die Art, wie sie stattfindet, ist bis jetzt nichts bekannt. Dass
es sich stets um eine *cerebrale* (vielleicht corticale?) *Störung* handelt,
ist im allerhöchsten Grade wahrscheinlich. Bei der symptomatischen
Athetose ergiebt die Section die dem Grundleiden zukommenden Veränderungen. Von der idiopathischen Athetose liegen noch keine Sec-
tionsbefunde vor. In einem von uns beobachteten Fall von ausgesprochenen Athetose-Bewegungen im Arm und in der Hand der einen
Seite bei einer älteren Frau ergab die Section des Gehirns ein vollkommen negatives Resultat.

Ob *Heilungen* der Athetose möglich sind, ist noch nicht bekannt.
Eine gewisse *Besserung* erzielt man zuweilen durch Darreichung von
Solutio Fowleri, Bromkali und eine durch *galvanische Behandlung.*

FÜNFTES CAPITEL.

Tetanie.

(Tetanus intermittens. Tetanille.)

Aetiologie. Die *Tetanie* (die Bezeichnung stammt von CORVISART)
ist eine eigenartige Neurose, welche vorzugsweise durch *Anfälle von
tonischen Krämpfen* in gewissen Muskelgebieten charakterisirt ist. Die
Krankheit kommt vorzugsweise bei *Kindern* und bei *jugendlichen Individuen* im Alter zwischen 15 und 30 Jahren vor. Bei Frauen scheinen
die Vorgänge des Geschlechtslebens einen besonderen Einfluss auf die
Entstehung der Tetanie auszuüben. Insbesondere bei *stillenden Frauen*
ist die Affection relativ so häufig beobachtet worden, dass TROUSSEAU
ihr den Namen „contracture des nourrices" beilegen konnte.

Unter den *Gelegenheitsursachen*, welche den Ausbruch der Krankheit zu begünstigen scheinen, sind vor allem *Erkältungen* zu nennen.
Die Tetanie ist daher von früheren Beobachtern auch als „rheumatische
intermittirende Contractur" beschrieben worden. In anderen Fällen sah
man das Auftreten derselben im *Anschluss an sonstige acute Krankheiten* (Typhus, Variola, Darmaffectionen u. a.). Sehr merkwürdig, aber
bisher völlig unerklärt ist die zuerst von N. WEISS gemachte Beobachtung, dass die Tetanie auffallend häufig nach *operativen Kropfexstir-
pationen* auftritt. Von verschiedenen Seiten sind Erfahrungen mit-

getheilt worden, nach welchen es scheint, dass die Tetanie zuweilen bis zu einem gewissen Grade eine *epidemische Ausbreitung* gewinnt. Freilich ist es oft zweifelhaft, ob die diesbezüglichen Krankheitsfälle auch alle der echten Tetanie angehört haben. Uns will es fast scheinen, dass auch *endemische Einflüsse* nicht ganz ohne Bedeutung sind. Wenigstens muss nach den hierüber erfolgten Publicationen die Tetanie in Heidelberg (ERB, F. SCHULTZE), Breslau (BERGER) und Wien (N. WEISS) viel häufiger sein, als z. B. bei uns in Leipzig, wo sie entschieden zu den allerseltensten Affectionen des Nervensystems gehört.

Symptome und Krankheitsverlauf. Der *Tetanie-Anfall* beginnt gewöhnlich mit gewissen Vorboten, welche in einem leichten allgemeinen Unbehagen, vor allem aber in schmerzhaften Sensationen und in einem Gefühl von Schwäche und Steifigkeit, welche am stärksten in den Armen empfunden werden, bestehen. Nachdem diese Prodromalerscheinungen einige Stunden oder noch längere Zeit vorhergegangen sind, tritt der eigentliche Krampfzustand ein. Derselbe beginnt fast immer in den *oberen Extremitäten* und zwar in den *Fingern*, schreitet von hier auf die übrigen Armmuskeln und dann auf die *unteren Extremitäten* fort, wo der Krampf ebenfalls meist in den Zehen beginnt. Fast immer sind *beide Körperhälften in symmetrischer Weise ergriffen*. Nur ausnahmsweise beginnt die Affection in einer unteren Extremität oder bleibt auf eine Seite beschränkt. In den meisten Fällen betrifft der Krampf vorzugsweise die *Beugemuskeln*, so dass sehr charakteristische Contracturstellungen entstehen. Die Finger werden zusammengezogen und nehmen eine Haltung wie beim Schreiben oder, nach dem treffenden Vergleiche TROUSSEAU's, wie die Hand des Geburtshelfers beim Eingehen in die Vagina an. Die Hände werden flectirt, die Ellenbogen leicht gebeugt, die Oberarme in schweren Fällen an den Rumpf adducirt. In den unteren Extremitäten werden die Zehen gebeugt, die Füsse in Equinus-Stellung plantarflectirt. Nur selten werden auch die Muskeln am Oberschenkel befallen; ebenso gehört ein Ergriffenwerden der Rumpfmuskeln, Gesichtsmuskeln und des Zwerchfells zu den Ausnahmen. Abweichungen von der oben skizzirten typischen Krampfstellung kommen vor, sind aber selten.

Die *Intensität* des tonischen Krampfes ist eine sehr beträchtliche. Die befallenen Muskeln fühlen sich bretthart und gespannt an und sind meist gegen Druck ziemlich empfindlich. Die *Dauer* des Anfalls beträgt zuweilen nur wenige Minuten, nicht selten aber auch mehrere Stunden oder gar einige Tage. Gleichzeitige sonstige nervöse Erscheinungen (Sensibilitätsstörungen u. a.) fehlen fast immer. Das *Bewusstsein* bleibt stets völlig erhalten. In einzelnen Fällen hat man *leichte ödematöse Anschwellungen*, zuweilen eine starke *Schweisssecretion* beobachtet. Die *Körpertemperatur* ist normal oder nur unbedeutend erhöht, die *Pulsfrequenz* dagegen oft mässig erhöht.

Hat der Anfall aufgehört, was stets allmählich, niemals plötzlich geschieht, so fühlen sich die Kranken bis auf eine leichte Schmerzhaftigkeit und Steifigkeit in den Muskeln ganz wohl. Doch bestehen auch jetzt, in der *Zwischenzeit zwischen den einzelnen Anfällen*, in der Regel noch einige objective Symptome, welche für die Pathologie der Tetanie von grösstem Interesse sind. Zunächst ist die *elektrische Erregbarkeit der peripheren Nerven*, wie ERB zuerst exact nachgewiesen hat, meist in beträchtlichem Maasse erhöht, so dass oft schon die schwächsten Stromstärken zum Hervorbringen kräftiger Zuckungen ausreichend sind. Ausserdem findet sich eine analoge Steigerung der *mechanischen Nervenerregbarkeit*, welche oft besonders im *Facialis* hervortritt (CHVOSTEK, N. WEISS). Streicht man z. B. mit dem Finger kräftig über das Gesicht von oben nach unten, so treten nach einander in fast allen Gesichtsmuskeln lebhafte Contractionen ein. Dagegen ist die directe mechanische Erregbarkeit der Muskeln *nicht* erhöht (F. SCHULTZE).

Ein anderes für die Tetanie sehr charakteristisches Symptom hat TROUSSEAU gefunden („*Trousseau'sches Phänomen*"). Es besteht darin, dass man, wenn auch nicht in allen, so doch in den meisten Fällen von Tetanie in der anfallsfreien Zeit den Krampf jederzeit *künstlich hervorrufen kann durch Druck auf die grösseren Arterien- und Nervenstämme des Arms* (namentlich auf den N. medianus resp. die Art. brachialis). Auf welche Weise die Compression wirkt, ist nicht sicher bekannt. BERGER fand, dass man zuweilen auch durch mechanische oder elektrische Reizung gewisser schmerzhafter Stellen an der Wirbelsäule den Anfall hervorrufen kann.

Die *Häufigkeit der Anfälle* unterliegt in den einzelnen Fällen grossen Schwankungen. Gewöhnlich treten täglich mehrere Anfälle ein; zuweilen dauert die anfallsfreie Zwischenzeit dagegen einige Tage, während in anderen Fällen die einzelnen Krampfattaquen sich fast continuirlich folgen. Die *Gesammtdauer der Krankheit* beträgt in der Regel einige Wochen. Nehmen die Anfälle an Häufigkeit und Intensität ab, so verschwinden bemerkenswerther Weise allmählich auch die gesteigerte Nervenerregbarkeit und das Trousseau'sche Phänomen. So lange diese Symptome noch vorhanden sind, muss man auch noch auf ein spontanes Eintreten der Krämpfe gefasst sein.

Der *Ausgang* der Tetanie ist fast immer ein *günstiger*. Nur in ganz vereinzelten Fällen, namentlich bei Kindern, tritt der *Tod* in Folge von Uebergreifen der Krämpfe auf das Zwerchfell oder die Larynxmuskeln ein.

Ueber das eigentliche *Wesen der Tetanie* ist nichts Sicheres bekannt. Die *anatomische Untersuchung* hat bisher gar keine oder nur nebensächliche Befunde ergeben. Aus den klinischen Symptomen der Krankheit lässt sich nicht einmal mit Bestimmtheit entnehmen, ob es sich um eine Affection der peripheren Nerven oder der Centralorgane handelt.

Diagnose. Die Diagnose der Tetanie bietet bei genauer Berücksichtigung der Krankheitserscheinungen, sowohl der Art der tonischen Krampfanfälle, als auch der sonstigen oben erwähnten Symptome, keine Schwierigkeit dar. Aehnliche Zustände, deren Unterscheidung aber meist leicht gelingt, können bei der Ergotinvergiftung (dem *Ergotismus*) und bei gewissen Beschäftigungsneurosen (z. B. beim „*Schusterkrampf*“) vorkommen.

Therapie. Ausser allgemein diätetischen Vorschriften kommt vorzugsweise die *elektrische Behandlung* in Betracht. Sie besteht theils in aufsteigenden stabilen Strömen längs den befallenen Nerven, theils in der Galvanisation am Rückenmark und endlich in der Application der Anode auf die verschiedenen Nervenstämme (Kathode am Sternum). Durch das letztgenannte Verfahren kann zuweilen unmittelbar während des Anfalls ein Nachlass des Krampfes erzielt werden. Von den *innerlich angewandten Nervinis* (Bromkali, Arsen, Belladonna u. s. w.) sieht man selten einen eclatanten Erfolg. BERGER erzielte einige günstige Erfolge mit subcutanen Curare-Injectionen. *Lauwarme Bäder* und vorsichtige *kühle Abreibungen*, namentlich am Rücken, unterstützen in manchen Fällen vortheilhaft die Kur.

SECHSTES CAPITEL.

Tetanus.

(*Starrkrampf.*)

Aetiologie. Nach den zwei hauptsächlichsten *Veranlassungsursachen*, welche das Auftreten eines Tetanus zur Folge haben können, unterscheidet man einen *Tetanus rheumaticus* und einen *Tetanus traumaticus*. Bei ersterem geht dem Ausbruche der Krankheit eine oft sehr eclatante Erkältung, eine starke Durchnässung des ganzen Körpers oder dgl. vor-

her; beim letzteren handelt es sich um das Auftreten des Tetanus bei
Personen, welche irgend eine offene Wunde (Verletzung oder Operations-
wunde) an sich haben. Den *Tetanus neonatorum* als eine besondere
Art des Tetanus aufzufassen, ist nicht gerechtfertigt. Es handelt sich
hierbei stets um einen Tetanus, welcher sich an das Abstossen des
Nabelstrangs anschliesst und mithin in principieller Hinsicht dem Tetanus traumaticus vollkommen gleich zu setzen ist. In einigen Fällen
kann man keine Gelegenheitsursache zur Erkrankung auffinden. Man
spricht dann von einem *idiopathischen Tetanus*.   .

Der Tetanus ist bei uns eine verhältnissmässig seltene Krankheit.
In den *tropischen Ländern* ist derselbe viel häufiger; bekannt ist namentlich die Disposition der Neger zur Erkrankung. Ueberall ist die
Häufigkeit des Tetanus nicht zu allen Zeiten die gleiche. Namentlich
in Kriegszeiten sind oft völlige *Endemien* und *Epidemien* von Tetanus
beobachtet worden, welche zum Theil unter dem ungünstigen Einflusse
gewisser äusserer Verhältnisse (mangelhafte Verpflegung, schlechte Wit-
terung u. dgl.) entstanden waren.

Krankheitsverlauf und Symptome. Beim rheumatischen Tetanus
schliesst sich der Beginn der ersten Krankheitssymptome meist ziemlich rasch an die vorausgegangene Erkältung an. Doch kann auch
einige Zeit dazwischen vergehen, während welcher die Patienten sich
ganz wohl befinden oder gewisse leichte und unbestimmte *Prodromalerscheinungen,* wie Mattigkeit, Kopfschmerzen u. dgl. darbieten. Auch
in den Fällen von scheinbar spontan auftretendem Tetanus kommen
derartige Prodromi zuweilen vor.

Der traumatische Tetanus schliesst sich nur selten unmittelbar an
die Verwundung an; es können mehrere Tage oder sogar Wochen zwischen derselben und dem Ausbruch der tetanischen Symptome liegen.
Auch hierbei gehen zuweilen leichte Prodromalsymptome dem Ausbruche der schwereren Erscheinungen eine kurze Zeit lang vorher. Von
irgend einer constanten Veränderung der Wunde ist dabei nicht die
Rede. Der Tetanus kann sich an leichte und an schwere Verwundungen,
an aseptische und an vernachlässigte Wunden anschliessen.

Die eigentlichen Krankheitserscheinungen, welche bei dem rheumatischen und dem traumatischen Tetanus durchaus die *gleichen* Verhältnisse darbieten, beginnen in der Regel allmählich. Die Kranken
bemerken zuerst gewöhnlich ein Gefühl von *Steifigkeit* und *Spannung*
in den *Gesichts-, Unterkiefer-* und in den *Nackenmuskeln*. Allmählich
breitet sich die Steifigkeit über die *Bauch-* und *Rückenmuskeln* aus,
und zuweilen ist schon nach Ablauf weniger Stunden, zuweilen je-

doch erst nach einigen Tagen das Krankheitsbild des Tetanus voll entwickelt.

Die tonische Anspannung der *Gesichtsmuskeln* verleiht dem Antlitz eine eigenthümliche Starre. Die Stirn ist gewöhnlich gerunzelt, der Mund oft in die Breite gezogen („Risus sardonicus"). Vor allem ist aber der tonische Krampf in den Masseteren, der *Trismus,* entwickelt. Die Zähne sind oft so fest auf einander gepresst, dass der Mund schliesslich kaum wenige Millimeter weit geöffnet werden kann. Die Augen sind starr geradeaus gerichtet, die Pupillen meist eng. Der *Kopf* ist in Folge der Contractur der Nackenmuskeln etwas nach rückwärts gebeugt und unbeweglich fixirt. Die *Wirbelsäule* ist nach vorne gekrümmt, so dass der ganze Rumpf vorgewölbt ist und man die Hand zwischen den Rücken und das Bett hindurchschieben kann (*Opisthotonus*). Das Epigastrium und die vordere Bauchwand sind flach; die *Bauchmuskeln* fühlen sich bretthart gespannt an. In den *Beinen* sieht man zuweilen einen Strecktetanus, die *Arme* bleiben dagegen meist ziemlich gut beweglich. *Schlingkrämpfe,* wie bei der Lyssa (s. d.), können auftreten, sind aber selten.

Die continuirliche tonische Starre wird in vielen Fällen von *einzelnen ruckweise auftretenden Anfällen* unterbrochen, während welcher alle befallenen Muskeln einen noch höheren Grad der Anspannung erreichen. In schweren Fällen erhält der ganze Körper hierdurch jedesmal einen heftigen Stoss und der Opisthotonus wird vorübergehend noch stärker. Derartige Paroxysmen folgen sich in den schwersten Fällen mit grosser Häufigkeit, in den leichteren Fällen treten sie seltener oder nur leicht angedeutet auf. Sie entstehen theils scheinbar spontan, theils offenbar auf *reflectorische* Weise durch äussere, in den schweren Fällen oft sehr geringfügige Reize (leichte Erschütterung des Körpers, Geräusche u. dgl.).

Ueber sonstige Störungen im Gebiete des Nervensystems ist wenig bekannt, zum Theil wohl deshalb, weil eine genauere objective Untersuchung selten ausführbar ist. Die *Sensibilität* soll in einigen Fällen herabgesetzt sein, in anderen ist sie völlig normal. Die vom Krampf befallenen Muskeln sind gewöhnlich der Sitz lebhafter *Schmerzen.* Die *Hautreflexe* sind fast immer sehr gesteigert. Bei zwei in letzter Zeit von uns beobachteten Fällen fanden wir sehr lebhafte *Patellarreflexe,* in einem derselben auch ein deutliches Fussphänomen. *Lähmungserscheinungen* kommen fast niemals vor. In der *Haut* findet oft eine sehr beträchtliche *Schweisssecretion* statt. Das *Bewusstsein* bleibt völlig ungestört und klar.

Von Seiten der *inneren Organe* sind meist keine besonderen Störungen nachweisbar. Nur in einem auf der hiesigen Klinik vorgekommenen Falle entwickelte sich in den letzten Tagen der Krankheit eine croupöse *Pneumonie* und eine *acute Nephritis*. In vielen Fällen sind die *Respirationsbeschwerden* und das *Oppressionsgefühl* auf der Brust sehr heftig; diese Erscheinungen hängen grösstentheils von der krampfhaften Anspannung der Athemmuskeln ab, durch welche der Thorax in einer beständigen Inspirationsstellung fixirt wird. Erst wenn sich in Folge der mangelhaften Expectoration im Munde und in den Luftwegen Secret ansammelt, können secundär eine diffuse Bronchitis oder Aspirationspneumonien entstehen. Zuweilen wird auch durch einen eintretenden *krampfhaften Glottisverschluss* hochgradige Dyspnoë erzeugt.

Der *Puls* bleibt in manchen Fällen längere Zeit hindurch normal. Gewöhnlich ist er aber beschleunigt; eine Pulsfrequenz von 120 bis 160 Schlägen wird in schweren Fällen nicht selten beobachtet. Der Puls ist dann klein, zuweilen etwas unregelmässig. Die *Körpertemperatur* ist im Beginne der Krankheit meist normal oder nur mässig erhöht. Späterhin steigt sie fast immer an und erreicht, wie zuerst WUNDERLICH nachgewiesen hat, *kurz vor dem Tode oft hyperpyretische Werthe* (42⁰—44⁰ C.). Nicht selten dauert das Ansteigen der Eigenwärme auch noch nach dem Tode eine kurze Zeit fort. Eine Erklärung dieser terminalen Temperatursteigerung ist noch nicht bekannt. Von der durch die Muskelkrämpfe vermehrten Wärmeproduction im Körper kann sie nicht abhängen, da die Körpertemperatur vorher oft trotz der stärksten tetanischen Anfälle fast gar nicht erhöht ist. Man ist daher meist geneigt, eine schliesslich eintretende *Lähmung der wärmeregulirenden Centra* als die Ursache der Temperaturerhöhung anzusehen, welche in gleicher Weise auch bei anderen schweren nervösen Erkrankungen (Meningitis, Verletzungen des Halsrückenmarks, Urämie u. a.) beobachtet wird.

Von Interesse sind die über den *Stoffwechsel beim Tetanus* angestellten Untersuchungen. Die *Harnstoffausscheidung* bei demselben ist *nicht vermehrt*, was mit der von VOIT vertretenen Ansicht, wonach die Muskelthätigkeit unabhängig von dem Eiweisszerfall ist, gut übereinstimmt. Auch eine gesteigerte Ausscheidung von *Kreatin* und *Kreatinin* im Harn hat SENATOR nicht nachweisen können. Dass dagegen die *Kohlensäureproduction* beim Tetanus eine beträchtliche Zunahme erfährt, ist aus physiologischen Gründen sehr wahrscheinlich, obgleich bisher noch nicht direct nachgewiesen. In einzelnen Fällen hat man im Harn geringe Mengen *Eiweiss* und auch *Zucker* gefunden. Der

Stuhl ist beim Tetanus meist sehr angehalten, wahrscheinlich in Folge der constanten tonischen Starre der Bauchmuskulatur, ein Umstand, welcher auch die *Harnentleerung* nicht unbeträchtlich erschwert.

In Bezug auf den *Gesammtverlauf der Krankheit* kann man eine *schwere* und eine *leichte Form* derselben unterscheiden. Die oben gegebene Schilderung bezieht sich vorzugsweise auf die *schwere Form*. Bei dieser erreichen alle Erscheinungen in wenigen Tagen ihren Höhepunkt, die tetanischen Anfälle folgen sich in grosser Häufigkeit und meist tritt noch innerhalb der ersten Krankheitswochen der *Tod* ein, herbeigeführt durch die Suspension der Athmung und durch Erlahmen der Herzthätigkeit. Dass auch die äusserst erschwerte und unvollkommene Nahrungsaufnahme für die Prognose nicht ohne Bedeutung ist, versteht sich von selbst. Selten dauern die schweren Fälle länger, als eine Woche. Dann ist eine geringe Hoffnung auf Genesung vorhanden. Die Anfälle können allmählich seltener und leichter werden, bis sie schliesslich ganz aufhören. Doch ist ein günstiger Ausgang beim schweren Tetanus leider so selten, dass die *Prognose in jedem Falle sehr ernst* gestellt werden muss. Bei der *leichten Form* des Tetanus gestaltet sich dagegen der Verlauf meist viel günstiger. In diesen Fällen treten alle Krankheitserscheinungen von Anfang an viel milder auf. Häufig besteht nur ein stärkerer oder geringerer Trismus, während die tonischen Krampfzustände in den Rumpfmuskeln ganz fehlen oder nur schwach angedeutet sind. Das Allgemeinbefinden leidet wenig, die Temperatur bleibt normal und die *Prognose* gestaltet sich viel günstiger. Obgleich die Krankheit sich zuweilen einige Wochen hinziehen kann, erfolgt doch oft eine vollkommene *Heilung.* Trotzdem darf man nicht ausser Acht lassen, dass auch ein anfangs scheinbar leichter Fall sich im weiteren Verlauf noch zu einem schweren gestalten kann.

Wesen des Tetanus. Ueber die eigentliche Natur der Krankheit herrschen bis jetzt nur Hypothesen. Der *anatomische Befund* im Gehirn und Rückenmark ist beim Tetanus stets ein ganz *negativer*. Die wiederholt gemachten Mittheilungen über angebliche anatomische Befunde beruhen auf Irrthümern, indem unwesentliche Veränderungen für wichtig angesehen wurden. Ueberblickt man die bekannten klinischen Thatsachen, so erscheint uns die Annahme bei weitem am wahrscheinlichsten, dass der Tetanus eine *specifische Infectionskrankheit* ist. Für diese unsere Ansicht, deren ausführliche Begründung wir hier nicht geben können, spricht das oft beobachtete endemische Auftreten des Tetanus, die Entstehung desselben nach äusseren Verletzungen (nach Art der accidentellen Wundkrankheiten), die wiederholt beobach-

teten allgemeinen Prodromalerscheinungen u. a. So erklärt es sich
auch, dass trotz der schweren nervösen Erscheinungen keine gröberen
anatomischen Veränderungen vorhanden sind, indem der Infectionsstoff,
ähnlich wie z. B. bei der Lyssa, vorherrschend in toxischer Weise wirkt.
Indessen ist selbstverständlich eine derartige Auffassung des Tetanus
noch keineswegs sicher erwiesen.

Diagnose. Die Diagnose des Tetanus ergiebt sich in den meisten
Fällen leicht aus den eigenthümlichen Krampferscheinungen und dem
gesammten Krankheitsbilde. Verwechselungen könnten am ehesten mit
einer acuten Meningitis, welche auch zu Nacken- und Rückenstarre
führen kann, vorkommen. Doch sind hierbei gewöhnlich gleichzeitig
gewisse Cerebralerscheinungen (Kopfschmerzen, Bewusstseinsstörungen
u. s. w.) vorhanden, während andererseits der Trismus beim Tetanus
fast constant, bei der Meningitis nur ausnahmsweise beobachtet wird.
Die *Strychninvergiftung* ruft auch tetanische Zufälle hervor, an welchen
aber die Extremitäten meist stark betheiligt sind. Die *Lyssa* unterscheidet sich vom Tetanus, abgesehen von der Aetiologie, vorzugsweise
durch das Fehlen des Trismus, das Vorwiegen der Schlundkrämpfe und
das schärfere Abgegrenztsein der einzelnen Anfälle.

Bei alleinigem Trismus hat man sich vor Verwechselungen mit
der symptomatischen Kiefersperre bei schwereren Anginen, Zahnerkran-
kungen, Entzündungen im Kiefergelenk u. dgl. in Acht zu nehmen.

Therapie. Eine *specifische* Behandlungsmethode des Tetanus giebt
es nicht. Von der oben erwähnten Ansicht über die Krankheit ausgehend, haben wir einige Fälle mit grösseren Dosen *Salicylsäure* behandelt. In einem Fall war der Erfolg scheinbar günstig, in anderen
nicht. Man ist daher jetzt noch vorzugsweise auf eine *symptomatische
Therapie* angewiesen, welche den Gefahren der Krankheit möglichst
vorzubeugen sucht, um Zeit für eine Spontanheilung zu gewinnen. In
dieser Beziehung scheinen die *Narcotica* den meisten Vortheil darzubieten. *Opium* in grossen Dosen und vor allem *Chloralhydrat* (2 Grm.
2—3 mal täglich, allmählich noch mehr) sind vorzugsweise zu empfehlen.
Ist das Schlucken sehr erschwert, so kann das Chloralhydrat auch als
Clysma applicirt werden. Von anderen Mitteln verdienen noch das
Bromkalium (mindestens 10—15 Grm. pro die) und die *Calabarbohne*
(Pulver zu 0,01 Extract. fabae Calabaricae, 3—5 mal täglich) Erwähnung.
Während diese Mittel die Erregbarkeit der Nervencentra herabsetzen,
besitzen wir in dem *Curare* einen Stoff, welcher bekanntlich die Erreg-
barkeit der *motorischen Nervenendigungen im Muskel* zu erniedrigen
im Stande ist. Man hat daher auch mit *Curare* vielfache therapeutische

Versuche angestellt, von denen aber bis jetzt nur einige Erfolg gehabt haben. Die Dosirung des Mittels ist nicht leicht, da die einzelnen Präparate keine ganz gleichmässige Zusammensetzung haben. Am besten ist es daher, sich durch einen vorhergehenden Thierversuch von der Wirksamkeit der angewandten Lösung zu unterrichten. Gewöhnlich nimmt man eine Lösung von 0,1 Curare auf 10,0 Wasser, beginnt mit $^1/_4$ Pravaz'schen Spritze und steigt allmählich mit der Dosis unter genauer Beobachtung der eintretenden Wirkungen.

Sehr wichtig ist es, die Tetanus-Kranken, wenn möglich, in einem verdunkelten, ruhigen Zimmer möglichst zu isoliren. Man giebt nur flüssige, lauwarme Nahrung und reicht von Anfang der Erkrankung an Excitantien (Wein, Kampher). Mit Vorsicht können protrahirte *warme Bäder* angewandt werden. Wir wissen aus eigener Erfahrung, dass die Kranken sich darin zuweilen subjectiv auffallend wohl befinden.

Dass beim traumatischen Tetanus der primären Wunde Aufmerksamkeit geschenkt werden muss, versteht sich von selbst. Indessen sind nachträgliche Excisionen derselben, Amputationen, Nervendehnungen u. dgl. stets *ganz ohne Einfluss* auf den Verlauf des Tetanus. Je länger es gelingt, durch die oben erwähnten Mittel den Kranken am Leben zu erhalten, desto grösser darf die Hoffnung auf eine dauernde Genesung sein.

SIEBENTES CAPITEL.

Myotonia congenita.

(*Thomsen'sche Krankheit.*)

Im Jahre 1876 beschrieb ein schleswiger Arzt, Thomsen, ein bis dahin nicht bekanntes eigenthümliches Leiden, welches er an sich selbst und an zahlreichen Mitgliedern seiner Familie beobachtet hatte. An Stelle der von Thomsen für dasselbe gewählten treffenden, aber zu langen Bezeichnung „*tonische Krämpfe in willkürlich bewegten Muskeln*" haben wir später den kürzeren Namen „*Myotonia congenita*" vorgeschlagen. Die Krankheit scheint recht selten zu sein; doch ist gegenwärtig schon eine grössere Anzahl von in Deutschland, Frankreich und Italien gemachten Beobachtungen bekannt geworden.

Das Leiden ist wahrscheinlich stets angeboren; wenigstens datiren die Symptome in allen Fällen schon aus der frühesten Kindheit der Patienten her. Sehr häufig ist die Krankheit in der Familie erblich und zwar scheinen die *männlichen* Mitglieder derselben häufiger und auch intensiver zu erkranken, als die weiblichen. Das *wesentliche*

Symptom der Myotonie besteht darin, dass jeder willkürlich bewegte
Muskel, welcher vorher eine Zeit lang in Ruhe war, bei seiner Contraction in einen mehr oder weniger lange dauernden Contractions-
zustand, in einen leichten Tetanus geräth, so dass also die zu jeder
geordneten Bewegung nöthige Fähigkeit, einen angespannten Muskel
jeder Zeit sofort wieder erschlaffen zu lassen, aufgehoben ist. Man
versteht leicht, wie dieser Zustand alle willkürlichen Bewegungen in
hohem Maasse erschwert. Die Patienten sind keineswegs gelähmt, haben
aber das Gefühl grösster Schwere und Anstrengung bei jeder Muskelaction. Raschere, präcise Bewegungen sind oft ganz unausführbar, so
dass die Patienten daher z. B. zum Militärdienst völlig untauglich sind.
Bemerkenswerther Weise verliert sich die Steifigkeit gewöhnlich vorübergehend, wenn die Kranken eine Zeit lang ihre Muskeln bewegt haben.
Beim Treppensteigen sind die ersten Schritte sehr steif und mühsam;
später werden aber die Bewegungen immer besser und gelenkiger.
Psychische Erregungen wirken stets sehr ungünstig ein: die Muskelsteifigkeit tritt dann noch viel stärker, als gewöhnlich, hervor.

Für die Beurtheilung der näheren *Natur des Leidens* ist die Thatsache von Wichtigkeit, dass nicht nur die willkürlich, sondern auch
die auf andere Weise in Contraction versetzten Muskeln dieselbe Eigenthümlichkeit der Zuckung zeigen. Reizt man einen Muskel elektrisch,
so dauert die Verkürzung ebenfalls noch eine kurze Zeit lang an, nachdem der Strom bereits wieder geöffnet ist. Danach scheint also die
Ursache der veränderten Zuckungsweise nicht in der centralen Innervation, sondern im Muskel selbst zu liegen. Die Myotonie scheint mithin auf einer *angeborenen Anomalie des Muskelsystems* zu beruhen
und gehört daher, streng genommen, nur insofern zu den „Neurosen“,
als man den motorischen Nerv und den Muskel als eine functionelle
Einheit auffassen darf.

Bei der objectiven Untersuchung der Kranken fällt meist die ungewöhnliche Entwicklung der Musculatur auf. Die Muskeln, namentlich an den Extremitäten, sind so voluminös, dass man fast von einer
„echten Muskelhypertrophie“ sprechen kann. Alle nervösen Functionen
verhalten sich dagegen, abgesehen von der willkürlichen Motilität, völlig
normal. Die *Sensibilität* ist intact, die *Reflexe* und die *directe mechanische Muskelerregbarkeit* bieten nichts Besonderes dar.

Das Leiden dauert das ganze Leben an. Die Patienten gewöhnen
sich allmählich an dasselbe und lernen, es nach Möglichkeit zu ver-
decken. Das Allgemeinbefinden kann, abgesehen von einer etwaigen
psychischen Depression, völlig ungestört bleiben. Wesentliche *thera-*

peutische Resultate sind bei der Myotonie bis jetzt nicht erzielt worden. Im einzelnen Falle dürften kalte Abreibungen, leichte Massage der Muskeln und methodische Muskelübungen am meisten zu empfehlen sein.

ACHTES CAPITEL.

Die Hysterie.

Aetiologie und Begriffsbestimmung. Eine kurze, zutreffende Definition der Hysterie zu geben, ist unmöglich. Denn das Symptomenbild, unter welchem die Krankheit auftritt, ist so mannigfaltig, dass es keine einzige Krankheitserscheinung derselben giebt, welche als allgemein charakteristisch oder gar für alle Fälle pathognomonisch angesehen werden könnte. Halten wir uns an die klinische Erfahrung, so können wir folgende Momente anführen, welche die Aufstellung der Hysterie als einer besonderen Krankheitsform rechtfertigen und die Abgrenzung derselben von anderen Krankheitszuständen ermöglichen.

1. Allen hysterischen Affectionen, so schwer auch die dabei zu Tage tretende nervöse *Functionsstörung* erscheinen mag, liegt *keine gröbere anatomische Veränderung* im Nervensystem zu Grunde. Dies folgt vor allem daraus, dass *jede* auch noch so schwere hysterische Affection unter Umständen in kürzester Zeit vollständig verschwinden kann.

2. In fast *allen* Fällen stehen die hysterischen Affectionen in engster Beziehung zu *psychischen Veranlassungsursachen*. Nicht nur hängt ihr erstes Auftreten und ihre erste Entwicklung mit psychischen Erregungen auf das Innigste zusammen, sondern auch im weiteren Verlaufe der Krankheit sind psychische Einflüsse die bei weitem wirksamsten Factoren, welche eine Aenderung des Krankheitszustandes, sei es in günstiger oder in ungünstiger Hinsicht, hervorrufen können.

3. Obgleich demnach der *Ausgangspunkt aller hysterischen Affectionen* in den *am meisten central gelegenen Bezirken des Nervensystems*, welche in unmittelbarster Beziehung zu den psychischen Vorgängen stehen, gesucht werden muss, so machen sich doch die *Erscheinungen* der Hysterie in *allen nur möglichen Gebieten des Nervensystems* geltend. Die Symptome der Hysterie zeigen daher oft eine Mannigfaltigkeit der Combinationen, welche schon an sich die Annahme einer *einheitlich* anatomisch-localisirten Erkrankung unmöglich macht. Indessen bezieht sich dies doch nur auf eine Reihe von Fällen, während in nicht seltenen anderen Fällen die Symptome doch sehr wohl darauf hinweisen, dass auch bei der Hysterie die allgemeinen Sätze über die Gehirnlocalisationen keineswegs ganz ihre Geltung verlieren. Auch ist es

durchaus nicht richtig, einen häufigen Wechsel der Symptome, ein
gesetzloses Hin- und Herspringen derselben als allgemein charakteristisch für die Hysterie aufzustellen. Im Gegentheil zeichnen sich
nicht wenige Fälle durch eine grosse Constanz und Hartnäckigkeit
eines und desselben Krankheitsbildes aus. Freilich ist es andererseits
auch richtig, dass *manchmal* die verschiedenartigsten Symptome in
raschem Wechsel auf einander folgen können.

4. Wenn auch dem eben Gesagten zu Folge die Erscheinungen
der Hysterie sich auf alle möglichen Functionen des Nervensystems
erstrecken können, so giebt es doch *gewisse bestimmte Symptome,* welche
für die Hysterie vorzugsweise charakteristisch sind und in dieser Weise
bei anderen Nervenkrankheiten nicht vorkommen. Diese Symptome
sind zwar durchaus nicht in allen Fällen von Hysterie vorhanden. Wenn
sie aber vorhanden sind, so kann man aus ihnen nahezu mit Gewiss-
heit auf eine Hysterie schliessen. Hierher gehören namentlich gewisse
Krampfzustände, ferner eine eigenthümliche Art der *Hemianästhesie* u. a.
Sehr häufig wird eine *gewisse Beschaffenheit des allgemein-psychischen
Verhaltens* der Patienten als charakteristisch angesehen. Doch kann
auch diese vollständig fehlen, während sie andererseits nicht selten als
blosse Begleiterscheinung bei sonstigen wirklich körperlichen Erkrankungen beobachtet wird.

Gehen wir jetzt auf die *Aetiologie der Hysterie* näher ein, so ist
hierbei, wie gesagt, den *psychischen Ursachen* in erster Linie Rechnung zu tragen. In zahlreichen Fällen schliessen sich die hysterischen Affectionen an eine *heftige psychische Erregung,* an ein, wenn
man sich so ausdrücken darf, *psychisches Trauma* unmittelbar an. In
Folge eines starken *Schrecks,* eines grossen *Aergers,* einer bedeutenden
Aufregung entstehen hysterische Krämpfe, hysterische Lähmungen u. a.
Dabei ist die eigentlich wirksame psychische Ursache gar nicht selten
durch gewisse Nebenumstände verdeckt. Wenn z. B. nach einem Sturz
ins Wasser, nach einer Verbrennung, nach einem Fall eine hysterische
Affection auftritt, so ist gewiss nicht, wie anfänglich oft gemeint wird,
die Erkältung resp. die traumatische Einwirkung der Verbrennung oder
des Fallens die Ursache der nachfolgenden nervösen Erkrankung, sondern
die damit verbundene psychische Erregung. In sehr merkwürdiger
Weise machen sich in solchen Fällen oft die speciellen Nebenumstände
der psychischen Einwirkung auf die Localisation der hysterischen Erkrankung geltend: *derjenige Körpertheil, auf welchen bei der psychischen Erregung die Aufmerksamkeit vorzugsweise hingelenkt wird, ist
später nicht selten auch der Sitz der nervösen Affection.* Bei den

hysterischen Gelenkaffectionen (S. 36) ist die Ursache nicht selten ein Trauma, welches gerade das schmerzhafte und contracturirte Gelenk betroffen hat. Bei einem jungen Mädchen, welches Nachts durch den Qualm ihres in Brand gerathenen Bettes erweckt wurde und sich in Folge der Einathmung des Rauches eine heftige Laryngitis zugezogen hatte, zeigte sich später eine zweifellos *hysterische* Stimmbandlähmung. In einem anderen Falle beobachteten wir bei einem Mädchen, welches beim Herabspringen von einem Wagen auf eine Seite gefallen war, eine sich auf derselben Seite entwickelnde Hemianästhesie. Derartige Beispiele liessen sich leicht noch weiter vermehren.

Wenn somit in einer Reihe hysterischer Affectionen die Ursache der letzteren ohne Schwierigkeit in einer *einmaligen* heftigen psychischen Erregung gefunden wird, so kann doch in zahlreichen anderen Fällen von einer derartigen *acuten Entstehung* des Leidens nicht die Rede sein. Wie man etwa bei den Vergiftungen die plötzliche Einwirkung einer grösseren Menge des Giftes von den chronischen Intoxicationen, wobei es sich um eine lange Zeit fortgesetzte Aufnahme kleinster Giftmengen handelt, unterscheidet, so entwickeln sich auch die hysterischen Affectionen nicht nur nach einem einmaligen starken psychischen Shok, sondern ebenso häufig auch schliesslich als eine Folge *an sich zwar geringer, aber lange Zeit andauernder und sich immer wieder von Neuem wiederholender psychischer Alterationen.* Dies sind die Fälle, deren ätiologisches Verständniss dem Arzte oft nur dann möglich ist, wenn er durch das von ihm gewonnene Vertrauen des Patienten in die intimsten Familien- und Lebensverhältnisse desselben eingeweiht wird. Sorge und Kummer, getäuschte Erwartungen, aufgegebene Hoffnungen, kurz Alles, was ein Gemüth verstimmen und bedrücken kann, ist im Stande, schliesslich derartige functionelle Störungen im Nervensystem herbeizuführen, wie sie uns im Krankheitsbilde der Hysterie entgegentreten.

Mit dem Gesagten sind aber die Ursachen der Hysterie noch keineswegs vollständig dargelegt. Derselbe Stoss, welcher einen schwächlichen Körper zu Fall bringt, prallt an dem Widerstande eines kräftigen wirkungslos ab. Genau dieselbe Erscheinung beobachten wir auch bei den „psychischen Stössen", welche das Nervensystem treffen. Das Leben bringt es mit sich, dass nur wenige Menschen vor derartigen Einflüssen gänzlich bewahrt bleiben. Aber nicht bei Allen macht sich ein dauernder Einfluss derselben auf die *körperlichen* Functionen geltend. Es giebt „starke Naturen", welche auch dem geistigen Anprall, ohne zu wanken, widerstehen können, und auf der anderen Seite Personen mit einem *widerstandsschwachen Nervensystem,* welches von der Macht der psychischen Erregungen überwältigt wird. Hierbei zeigt sich also die überaus wichtige Thatsache der verschiedenen *individuellen Disposition* des Nervensystems zu Erkrankungen, eine Thatsache, welche in der Pathogenese aller functionellen Nervenstörungen die grösste Rolle spielt. Worin diese Disposition besteht, wissen wir nicht; man kennt nur einige ihrer bedingenden Ursachen und sieht ihre Folgen.

In zahlreichen Fällen ist diese Disposition *ererbt.* In jener Reihe erblicher Neurosen, welche abwechselnd bald in dieser, bald in jener Form die Mitglieder einer Familie heimsuchen können (s. Seite 376), nimmt auch die Hysterie eine wichtige Stelle ein. Doch kann die Disposition auch *erworben* sein oder wenigstens ihre erste Anlage einerseits entwickelt und gefördert, andererseits gehemmt und unterdrückt werden. Hierbei machen sich sowohl *körperliche,* als auch *psychische* Momente geltend. Alles, was den *Körper* im Allgemeinen schwächt und die Gesammtconstitution schädigt, vermindert auch die Widerstandskraft des Nervensystems. Wir sehen daher so häufig gerade im Anschluss an irgend welche somatische Erkrankungen hysterische Erscheinungen auftreten. In *psychischer Beziehung* wirkt aber Nichts so sehr begünstigend auf die Entwicklung einer etwa vorhandenen hysterischen Prädisposition, als eine *verkehrte Erziehung.* Die Missgriffe einer Erziehung, welche die Launenhaftigkeit der Kinder nicht unterdrückt, welche die Stärkung des Willens und der Energie vernachlässigt, welche die Phantasie der Kinder in unpassender und überspannter Weise anregt oder welche andererseits durch geistige Ueberbürdung die psychischen Kräfte derselben überanstrengt und die geistige Entwicklung des Kindes verfrüht, legen leider nur zu oft den Grund zu jener reizbaren Schwäche des Nervensystems, auf deren Boden sich später die Hysterie ausbildet.

Dass die Hysterie bei dem „schwachen" *weiblichen Geschlechte* häufiger ist, als bei dem männlichen, ist eine bekannte und im Allgemeinen auch richtige Thatsache. Indessen kommen auch bei *Männern* schwere hysterische Erkrankungen (Krämpfe, Lähmungen, Contracturen u. s. w.) keineswegs sehr selten vor. Am häufigsten betroffen ist das *jugendliche* und *mittlere Lebensalter.* Schon bei *Kindern,* etwa vom 8.—10. Jahre an, sind ausgebildete hysterische Affectionen durchaus nicht sehr selten. Die erste Entwicklung der Krankheit lässt sich sogar sehr häufig bis in die Jahre vor der Pubertät zurückverfolgen. *Nationalität* und *Race* scheinen auch nicht ganz ohne Bedeutung zu sein. Die schweren Formen der Hysterie sind z. B. in Frankreich entschieden häufiger, als bei uns in Deutschland. Besonders prädisponirt zur Hysterie ist auch die *jüdische Race.*

Endlich müssen wir noch eines Verhältnisses gedenken, auf welches früher ein sehr übertriebener Werth gelegt wurde, nämlich der Beziehungen der Hysterie zu *Erkrankungen der Sexualorgane.* Schon der Name „Hysterie" (ύστέρα == Uterus) weist auf die früher allgemein gemachte Annahme hin, dass die Hysterie stets in Erkrankungen des weiblichen Geschlechtsapparats ihren Ausgang nehme. Ganz abgesehen von der Hysterie bei Männern und Kindern, zeigt eine vorurtheilsfreie Beobachtung, dass diese Annahme auch für die Hysterie der Frauen völlig unbegründet ist. Bei einer grossen Anzahl hysterischer Frauen findet sich überhaupt keine Anomalie der Genitalorgane. Wo sich aber gleichzeitig eine Erkrankung derselben vorfindet, ist ihr Zusammenhang mit den hysterischen Erscheinungen keineswegs immer ohne Weiteres anzunehmen. Meist findet man durch genaueres Nachfragen auch in derartigen Fällen die psychischen Momente, deren Bedeutung für das Entstehen der Krankheit unvergleichlich viel höher anzuschlagen ist, als irgend eine Lageveränderung des Uterus oder eine Verengerung des Cervicalcanals. Nur das muss hervorgehoben werden, dass Erkrankungen der Genitalorgane vielleicht mehr, als manche anderen chronischen Leiden, das *Gemüth* bedrücken und insofern *indirect* die Ursache hysterischer Affectionen werden können. Auf derartige *indirecte* Einflüsse ist es in gleicher Weise zu schieben, dass auch die *Vorgänge des Geschlechtslebens* überhaupt (Menstruation, Schwangerschaft, Wochenbett) nicht selten für die Entwicklung und den Verlauf der Hysterie von Bedeutung sind. Ebenso führen geschlechtliche Enthaltsamkeit und geschlechtliche Ueberreizung gewiss niemals direct, sondern nur durch Vermittlung psychischer Momente zur Hysterie.

Die Symptome und Erscheinungsweisen der Hysterie. 1. *Psychische und körperliche Constitution der Hysterischen.* In vielen Fällen zeigt das gesammte *psychische Verhalten* der Hysterischen eine Anzahl charakteristischer Züge, so dass der Arzt zuweilen schon aus dem Wesen und dem Benehmen der Patienten einen Schluss auf die Art der Krankheitserscheinungen machen kann. Die Hysterischen sind reizbar, zu Affecten geneigt, leicht verstimmt, empfindlich, launenhaft, von einem Extrem der Stimmung in das andere verfallend. Sie sind geneigt, ihre Leiden zu übertreiben, sind anspruchsvoll gegen ihre Umgebung und ihren Arzt und gefallen sich darin, Mitleid zu erregen. Auf der einen Seite willensschwach und energielos, sind sie doch andererseits schlau und hartnäckig, wenn es gilt, irgend einen Wunsch oder Plan durchzusetzen. Doch

können sie auch, wenn sie wollen, sehr liebenswürdig und anziehend
sein. Klug sind sie fast immer. Nur selten kommt die Hysterie bei
unbegabten und stupiden Personen vor.

Dieses kurz skizzirte Charakterbild passt, wie gesagt, für viele, aber
doch nicht für alle Fälle. Man findet es am häufigsten bei den Patienten, welche keine schwereren Symptome darbieten, sondern bloss alle
möglichen allgemeinen Beschwerden vorbringen, bald über dieses, bald
über jenes klagen, dabei aber im Ganzen doch noch ihren täglichen
Beschäftigungen nachgehen können. Wo es sich um schwerere, localisirte hysterische Affectionen (Lähmungen, Contracturen u. s. w.) handelt,
da tritt die Eigenartigkeit des Charakters zuweilen gar nicht besonders
hervor. Entweder existirt sie überhaupt nicht oder wird wenigstens
von den Patienten dem Arzte gegenüber verdeckt.

In Bezug auf die allgemeine *körperliche Constitution* der Hysterischen ist schon erwähnt, dass alle Schwächezustände des Körpers die
Entwicklung der Krankheit begünstigen. Dennoch trifft man die Hysterie keineswegs bloss bei schlecht genährten, schwächlichen und anämischen Personen. Viele Hysterische zeigen im Gegentheil ein blühen-
des Aussehen und sind durchaus wohlgenährt. In schweren Fällen
kann sich aber auch ein sehr merklicher Einfluss der Hysterie auf die
Gesammternährung des Kranken geltend machen. Die Nahrungsaufnahme ist gering, der Schlaf ist schlecht, nervös-dyspeptische Erscheinungen (s. u.) stellen sich ein und die Kranken können schliesslich
körperlich sehr herunter kommen.

2. *Hysterische Krämpfe.* Krampfzustände der verschiedensten Art
spielen bei der Hysterie häufig eine grosse Rolle. Ihr erstes Auftreten
lässt sich fast immer unmittelbar auf eine stärkere psychische Erregung zurückführen, und auch bei den späteren Anfällen sind psychische
Anlässe meist zu ermitteln. In allen *ausgebildeten Fällen* erstrecken
sich die Krämpfe über den ganzen Körper. Sie können zuweilen vollkommen das Bild eines epileptischen Anfalls darbieten. Man spricht
dann von einer *Hysteroepilepsie.* Doch bezieht sich die Aehnlichkeit
nur auf die Form der Krampfbewegungen. Eine vollständige Bewusstlosigkeit ist bei hysterischen Anfällen niemals vorhanden. Wo sie besteht, handelt es sich um einen echten epileptischen Anfall, also eventuell um eine *Combination* von Hysterie und Epilepsie. In den meisten
Fällen ähneln die Convulsionen auch bei den schwersten hysterischen
Krampfanfällen nicht sehr denjenigen bei der Epilepsie, so dass ein
geübtes Auge den hysterischen Anfall vom epileptischen oft auf den
ersten Blick unterscheiden kann. Gewöhnlich sind bei ersterem die

Krampfbewegungen viel ausgiebiger und complicirter, als bei dem epileptischen Anfalle. Die Arme und Beine machen heftige schleudernde und stossende Bewegungen, der Rumpf wird hin und her geworfen, zuweilen vollkommen um seine Axe gedreht, zuweilen zu den stärksten opisthotonischen Stellungen verkrümmt. Nicht selten geschehen mit den Armen scheinbar ganz coordinirte Bewegungen. Die Kranken schlagen mit den geballten Fäusten auf ihren eigenen Körper, raufen sich die Haare aus u. dgl. Der Kopf wird nicht selten mit grosser Heftigkeit gegen die Unterlage gestossen. Zuckungen in den einzelnen Gesichtsmuskeln, wie bei der Epilepsie, sind selten. Am häufigsten kommt starker Trismus vor. Gewöhnlich ist das ganze Gesicht verzerrt und lässt manchmal einen bestimmten Ausdruck (der Wuth, der Angst u. dgl.) erkennen. Das *Bewusstsein* ist bei den Krämpfen zwar nicht normal, aber doch nicht vollständig erloschen. Auf gewisse specielle Bewusstseinsstörungen kommen wir unten noch einmal zurück. Die *Reaction der Pupillen* ist vollkommen erhalten.

Eine andere sehr häufige Form der hysterischen Krämpfe ist durch die starke *Betheiligung der Athemmuskeln* ausgezeichnet. Der ganze Anfall beginnt mit einer krampfhaften Beschleunigung der Respiration. Die Athemzüge werden immer rascher und hastiger. Sehr oft stellt sich dabei ein *Strecktetanus* des ganzen Körpers, verbunden mit einem Zittern des Rumpfes und der Extremitäten, ein. Die Respiration erfährt zuweilen eine kaum glaubliche Beschleunigung: es können weit über 100 Athemzüge in der Minute gezählt werden!

Eine dritte Art der hysterischen Krämpfe endlich zeigt sich in der Form *krampfhafter psychischer Affectbewegungen*. Hierher gehören die hysterischen *Lachkrämpfe*, die *Weinkrämpfe*, *Schreikrämpfe* u. dgl., deren hauptsächlichste Symptome sich aus den Bezeichnungen von selbst ergeben.

Zuweilen sind die Krämpfe bei der Hysterie auf ein bestimmtes Muskelgebiet beschränkt. So z. B. kommen *isolirte Krämpfe* der *Hals- und Nackenmuskeln*, isolirte *Respirationskrämpfe* mannigfacher Art (*Hustenkrämpfe* u. a.), isolirte Krämpfe in *einem Arm* oder in *einem Bein* vor. Auch auf die *Kehlkopfmuskeln* kann sich der Krampf erstrecken (*hysterischer Glottiskrampf*). Ferner kommen relativ häufig krampfhafte Zustände im *Zwerchfell* vor (*hysterischer Singultus*). Auf krampfhafte Zustände in der *Pharynxmusculatur* und im *Oesophagus* bezieht man das nicht selten vorkommende Symptom des sogenannten *Globus hystericus*: die Kranken haben das Gefühl, als ob ihnen eine Kugel im Halse hinauf und hinunter steige.

Alle genannten Formen der hysterischen Krampfanfälle zeigen in
Bezug auf Intensität, Dauer und Häufigkeit des Auftretens grosse Verschiedenheiten. Sie dauern zuweilen nur wenige Minuten, in anderen
Fällen halten sie mit kurzen Unterbrechungen Tage und Wochen lang
an. CHARCOT hat zuerst die Beobachtung gemacht, dass man in manchen Fällen die Anfälle *künstlich hervorrufen* kann, wenn man bei den
Patienten einen *Druck auf die Ovarialgegend* oberhalb der Leisten-
beuge (CHARCOT glaubte anfangs irrthümlicher Weise, dass hierbei stets
das Ovarium selbst comprimirt würde) ausübt. Dies gelingt in der That
zuweilen, aber doch keineswegs in allen Fällen. Häufiger (jedoch auch
durchaus nicht immer) kann man durch einen Druck auf diese Gegend
während der Krämpfe den Anfall unterdrücken.

3. *Hysterische Lähmungen.* Auch die hysterischen Lähmungen
schliessen sich häufig unmittelbar an eine heftige psychische Erregung
an (z. B. die sogenannten *Schrecklähmungen*); seltener entwickeln sie
sich allmählich. Ihrem Wesen nach müssen sie als *centrale Lähmungen*
aufgefasst werden. Es sind *Willenslähmungen*; die Kranken haben die
Herrschaft des Willens über die befallenen Muskelgebiete verloren. Man
hat stets den Eindruck, die Kranken könnten ihr gelähmtes Glied sehr
wohl bewegen, wenn sie nur wollten. Sie *können* aber nicht wollen,
und gerade darin besteht der krankhafte Zustand.

Die hysterischen Lähmungen betreffen am häufigsten die *Extremitäten*, vor allem die *Beine*, doch kommen auch *hemiplegische Lähmungen* nicht sehr selten vor. Eine der häufigsten Formen besteht
darin, dass die Patienten die Fähigkeit zu *gehen* verloren haben. Sie
liegen im Bett oder auf dem Sopha und können dabei ihre Beine zuweilen ganz gut anziehen und wieder ausstrecken. Sobald die Kranken
aber stehen oder gehen sollen, knicken sie zusammen, fangen an zu
zittern, bekommen eine rasche, krampfhafte Respiration und machen
auch nicht den geringsten Versuch, ihre Beine zu gebrauchen. Ist nur
ein Bein gelähmt, so gehen die Kranken oft in sehr eigenthümlicher
und charakteristischer Art. Mit dem gesunden Bein machen sie jedesmal einen grossen Schritt, das gelähmte Bein wird vollständig steif
gehalten und mit oft laut schlurrendem Geräusch am Boden nachge-
zogen. Hysterische Lähmungen in den *Armen* sind viel seltener; Lähmungen in den *Gesichtsmuskeln* kommen fast niemals vor.

Sehr häufig sind dagegen *hysterische Stimmbandlähmungen.* Die
Patienten verlieren meist plötzlich die Stimme, so dass sie nur noch
im Flüstertone sprechen können (*hysterische Aphonie*). Untersucht man
die Kranken laryngoskopisch (wobei, nebenbei bemerkt, sehr häufig die

Anästhesie und Reflexunerregbarkeit des Rachens auffällt), so findet
man keine Spur einer anatomischen Veränderung an den Stimmbän-
dern, sondern nur eine Parese derselben, einen unvollständigen Schluss
der Glottis bei der Intonation.

Viel seltener, als Stimmbandlähmungen, kommen *hysterische Schling-
lähmungen* vor. Indessen ist es oft nicht leicht zu entscheiden, ob
die hysterischen Schlingstörungen auf Lähmungen der Pharynxmuskeln
oder auf *spastische Zustände* derselben zu beziehen sind.

4. *Hysterische Contracturen.* Die hysterischen Contracturen treten
theils isolirt, theils combinirt mit Lähmungen, Anästhesien und sonstigen hysterischen Symptomen auf. Sie zeichnen sich oft durch ihre
Hartnäckigkeit und ihre grosse Intensität aus. Am häufigsten sind die
Extremitäten, seltener die Rumpf- und Nackenmuskeln befallen. In
den Armen kommen gewöhnlich krampfhafte Beugecontracturen vor,
krampfhaftes Zusammenballen der Hand u. dgl. In den Beinen beobachtet man meist Streckcontracturen. Die häufige Combination der
Contracturen mit den hysterischen „*Gelenkneuralgien*" ist schon früher
(s. S. 36) besprochen worden.

Nicht selten sind die Contracturen mit hysterischen Lähmungen
combinirt. Sie können dann in paraplegischer oder hemiplegischer
Form auftreten. Zuweilen schliessen sie sich auch unmittelbar an einen
hysterischen Krampfanfall an. In der *Chloroformnarkose* verschwindet
jede hysterische Contractur sofort vollständig.

5. *Hysterische Anästhesien. Anästhesien* in der verschiedensten
Intensität und Ausbreitung werden sehr häufig bei der Hysterie beobachtet. Nicht selten findet man eine fast *allgemeine Herabsetzung der
Schmerzempfindlichkeit* am ganzen Körper. Man kann den Kranken
mit einer Nadel eine Hautfalte vollkommen durchstechen, ohne dass
sie dabei irgend einen Schmerz wahrzunehmen scheinen. Die nicht
seltenen Fälle, wo Hysterische, um sich interessant zu machen, an
ihrem eigenen Körper allerlei Verletzungen und Verwundungen an-
bringen, finden meist in der Analgesie der Kranken ihre Erklärung.
Sehr oft nehmen auch die Schleimhäute an der Unempfindlichkeit
Theil. Man kann Hysterische oft laryngoskopiren, schlundsondiren
u. dgl., ohne dass hierbei die gewöhnlichen Reflexbewegungen eintreten.

Die Ausbreitung der Anästhesie ist, wie erwähnt, in den einzelnen
Fällen sehr verschieden. Zuweilen betrifft sie fast den ganzen Körper,
zuweilen ist sie auf einzelne, ganz umschriebene Hautstellen beschränkt,
während unmittelbar daneben sich sogar sehr *hyperästhetische* (s. u.)

Partien vorfinden. Vor allem für die Hysterie charakteristisch ist die von CHARCOT zuerst genau studirte *hysterische Hemianästhesie.*

Die *hysterische Hemianästhesie* ist eins der häufigsten Symptome bei schwerer Hysterie. Doch muss es meist erst *aufgesucht* werden, da die Kranken selbst merkwürdiger Weise, bevor sie darauf aufmerksam gemacht worden sind, oft gar keine Ahnung von ihrer Anästhesie haben. Es ist, als ob ihnen ihre eine Körperhälfte überhaupt ganz aus dem Bewusstsein entschwunden sei; sie wissen von ihr weder, ob sie empfindet, noch ob sie nicht empfindet.

Die hysterische Hemianästhesie betrifft in den typischen, ausgebildeten Fällen (rudimentäre Formen kommen nicht selten vor) *genau die eine Körperhälfte.* Die Grenze zwischen der Anästhesie und der normal empfindenden Haut liegt scharf in der Mittellinie des Körpers. Auf der anästhetischen Seite ist die *Haut* gegen alle möglichen Reize (Nadelstiche, thermische Reize u. s. w.) vollkommen unempfindlich. Sie sieht häufig etwas blässer aus und ihre Gefässe scheinen sich in einem contrahirten Zustande zu befinden. Wenigstens zeigt sich sehr häufig, dass die Haut bei Verletzungen auffallend wenig blutet. Ausser der Haut betheiligen sich auch alle *Schleimhäute* derselben Körperhälfte an der Anästhesie. Die betreffende Conjunctiva ist unempfindlich, ebenso die entsprechende Hälfte der Mundhöhle, die Zungenschleimhaut u. s. w. Fast constant sind auch die tieferen Theile, die *Muskeln* und *Gelenke* anästhetisch. Die Kranken haben auf der befallenen Seite kein Gefühl mehr für die Lage ihrer Glieder; passive Bewegungen derselben werden nicht empfunden. Endlich sind auch die *Sinnesorgane* gewöhnlich mitergriffen. Auf dem *Ohre* der anästhetischen Seite hören die Patienten schlecht, auf der entsprechenden *Zungenhälfte* haben sie den *Geschmack,* auf dem entsprechenden Nasenloch den *Geruch* verloren und auf dem *Auge* derselben Seite lassen sich eigenthümliche *Sehstörungen* nachweisen. Es besteht keine Hemiopie, sondern eine *totale Amblyopie* resp. eine völlige Amaurose des Auges. Charakteristisch ist besonders die Einengung des Gesichtsfeldes und der *Verlust der Farbenempfindung (Achromatopsie).* Zahlreiche interessante Details, welche fast alle von CHARCOT und seinen Schülern gefunden sind, müssen wir hier übergehen. Gewöhnlich verschwindet bei den Hysterischen dieser Art zuerst die Wahrnehmung des Violett, dann die des Grün, erst zuletzt die des Blau und Gelb. Zuweilen ist die Hemianästhesie das einzige hysterische Symptom; sehr oft ist sie aber auch mit gleichzeitigen Lähmungs- oder Contracturzuständen verbunden. Eine sehr merkwürdige Erscheinung, welche zuerst von DUCHENNE beschrieben und als „*perte de la conscience musculaire*" bezeichnet ist, wollen wir noch kurz erwähnen. Dieselbe besteht darin, dass die Patienten z. B. ihren anästhetischen, aber für gewöhnlich normal beweglichen Arm *nicht bewegen können, sobald sie die Augen schliessen.* Der Arm bleibt dann in der gerade vorher inne-gehabten Stellung regungslos stehen. Aendert man passiv seine Stel-lung, so wird diese wiederum starr festgehalten. Es besteht also bei geschlossenen Augen eine ausgesprochene *Katalepsie.* Auch im Bein sind ähnliche Erscheinungen, deren Erklärung bis jetzt ganz unmög-lich ist, beobachtet worden.

Die eigenthümlichen Symptome des *Transfert* und die *metallo-skopischen* und damit *verwandten Erscheinungen* werden weiter unten kurz erwähnt werden.

6. *Hyperästhesien* und *Schmerzen* der verschiedensten Art kommen ebenfalls bei der Hysterie nicht selten vor. Schon oben ist erwähnt, dass zuweilen neben anästhetischen Hautpartien sehr hyperästhetische Stellen gefunden werden. Bei der Hemianästhesie klagen die Patienten zuweilen über spontane Schmerzempfindungen in der gefühllosen Seite. Ferner sind die hysterischen Contracturen manchmal mit heftigen Schmerzen verbunden. Die Hyperästhesie kann so beträchtlich sein, dass die Kranken bei der leisesten Berührung aufschreien. Freilich weiss man nie recht, ob die Schmerzen wirklich so schlimm sind, oder ob die Kranken übertreiben.

Zuweilen spricht man von *hysterischen Neuralgien.* In soweit es sich hierbei um wirklich typische Neuralgien handelt, sollte man lieber stets eine *Combination der Hysterie mit der Neuralgie* annehmen, eine Combination, welche jedenfalls nicht sehr selten ist. Die unzweifelhaft *hysterischen Gelenkneuralgien* weichen in mancher Beziehung von den echten Neuralgien ab.

Besonders charakteristisch für die Hysterie sind noch gewisse spe-cielle Schmerzformen. Zunächst die auf einen bestimmten Punkt am Kopf localisirten Schmerzen (der sogenannte *Clavus hystericus*), welche oft anfallsweise auftreten und ·von allgemeinem Uebelbefinden beglei-tet sind. Ferner kommt die *Spinalirritation,* d. h. eine auffallende *Druckschmerzhaftigkeit der Wirbelsäule* in ganzer Ausdehnung oder an einzelnen bestimmten Punkten bei Hysterischen oft vor. Beson-ders bemerkenswerth ist aber die von CHARCOT so genannte „*Ovarie*" („Ovarialhyperästhesie"), welche in einer oft ausserordentlich grossen Empfindlichkeit der Ovarialgegend gegen Druck besteht. Dass es sich hierbei wirklich stets um das Ovarium handelt, ist keineswegs wahr-

scheinlich. Die Druckempfindlichkeit jener *Gegend* ist aber sicher ein
ziemlich häufiges Symptom. Dass der Druck daselbst zuweilen auch
einen hysterischen Krampfanfall hervorruft, ist schon oben erwähnt.
Im Ganzen kommt die Ovarie (ebenso wie die hysterische Hemianästhesie) häufiger *links*, als rechts vor.

Ausser der Ovarie beobachtet man bei Hysterischen nicht selten
auch an *anderen Körperstellen* auffallende Hyperästhesien, so z. B. an
den Brüsten, am Sternum, im Epigastrium u. a. Zu erwähnen ist
endlich noch die zuweilen vorkommende *Hyperästhesie im Gebiete der
Sinnesnerven*. Manche Kranke sind auffallend empfindlich gegen Lichteindrücke, Schallempfindungen, gegen gewisse Geruchs- und Geschmacks-
eindrücke u. s. w.

7. *Symptome von Seiten einzelner Organe.* Einige der hierher gehörigen Symptome (die Lähmungen und Krampfzustände im Gebiete der
Kehlkopf- und Schlundmuskeln, die nervöse Dyspnoë) sind bereits früher
erwähnt. Ausserdem beobachtet man zuweilen noch gewisse Störungen
an anderen Organen, welche ebenfalls insgesammt *nervöser Natur* sind.

Von Seiten des *Herzens* sind Anfälle von *nervösem Herzklopfen*,
oft mit *stenocardischen Erscheinungen* verbunden, nichts Seltenes. Bei-
läufig sei hier auch noch einmal die wiederholt beobachtete Combination der Hysterie mit den mehr oder weniger ausgebildeten Symptomen eines Morbus Basedowii erwähnt. Sehr häufig sind *vasomotorische Symptome*. Das Vorkommen einer spastischen Anämie an der
Haut ist schon als häufige Begleiterscheinung der hysterischen Anämie erwähnt worden. Auch ohne Zusammenhang mit Sensibilitätsstörungen kommen Zustände abnormer Anämie oder abnormer Gefässfüllung an der Haut (kühle, blasse Haut einerseits, heisse, geröthete
Haut andererseits) oft vor. Aehnliche Erscheinungen können wahrscheinlich auch in inneren Organen auftreten. So erklären sich z. B.
die Fälle von *Blutungen aus inneren Organen* bei Hysterischen wahrscheinlich durch abnorme vasomotorische Einflüsse. Relativ am häufigsten ist das *hysterische Blutbrechen*, welches unerfahrenen Aerzten
schon oft die ernste Besorgniss eines schweren Magenleidens erregt
hat. Doch kann man dasselbe nach dem gesammten Krankheitsbilde
meist leicht richtig deuten. Ausserdem zeigt das erbrochene Blut oft
eine bis zu gewissem Grade charakteristische Beschaffenheit: es ist
dünnflüssig und hat eine eigenthümlich himbeerrothe Farbe. Seine
Menge ist meist gering. Auch *hysterische Lungenblutungen*, *Blutungen
aus den Genitalien*, *Hautblutungen* (bei den „Stigmatisirten") sind beobachtet worden.

Die *Verdauungsstörungen*, welche manche Hysterische darbieten, stimmen zum Theil mit dem überein, was wir im Capitel über „*nervöse Magenaffectionen*" (Bd. 1, S. 557) bereits besprochen haben. Der Symptomencomplex der nervösen Dyspepsie und analoge Störungen von Seiten des Darmcanals (kolikartige Schmerzen, hartnäckige Obstipation, zeitweilige Durchfälle) sind keine seltenen Theilerscheinungen der Hysterie. Hinzuzufügen ist hier noch der *hysterische Meteorismus* (*Tympanitis*), eine oft sehr beträchtliche Auftreibung des Leibes in Folge einer starken Anhäufung von Luft und Gasen in den Därmen. Zum Theil mag ein lähmungsartiger Zustand in der Muskulatur des Magens und Darms diesem Symptom zu Grunde liegen; sehr oft wird es aber auch sicher dadurch herbeigeführt, dass die Kranken (absichtlich oder unabsichtlich) grosse Mengen von Luft verschlucken. Die Auftreibung und Spannung des Leibes kann so bedeutend werden, dass ernstere Erkrankungen (Peritonitis, Tumoren) oder eine Gravidität vorgetäuscht werden. In zweifelhaften Fällen giebt aber die Untersuchung in der Chloroformnarkose sofort entscheidenden Aufschluss. Durch Druck auf den Leib, Einführung eines Darmrohrs u. dgl. kann man die gesammte Luftmenge in kurzer Zeit entfernen.

Anomalien der Secretions- und *Excretionsorgane* sind ebenfalls bei der Hysterie beobachtet worden. Manche Kranke leiden an einer auffallend trockenen Haut, bei anderen tritt zuweilen eine reichliche *Schweisssecretion* ein. Analoge Erscheinungen bietet auch die *Speichelsecretion* dar. Sehr merkwürdig sind einige Beobachtungen über hysterische *Ischurie*, bei welcher Tage lang nur ganz geringe Mengen Harn entleert werden und auch die Blase stets nur wenige Tropfen Urin enthält. In einem derartigen von CHARCOT beobachteten Fall bestand gleichzeitig heftiges Erbrechen und in dem Erbrochenen konnten relativ reichliche Harnstoffmengen nachgewiesen werden (vicariirende Ausscheidung desselben). Häufiger, als die hysterische Ischurie, ist die *hysterische Polyurie*, die Entleerung reichlicher Mengen sehr hellen und specifisch leichten Harns. Diese Polyurie hängt in vielen Fällen jedenfalls nur von der sehr reichlichen Wasseraufnahme der Patienten ab. *Polydipsie* (stark vermehrtes Durstgefühl) ist ein bei Hysterischen, namentlich im Anschluss an die hysterischen Anfälle, sehr häufiges Symptom.

Endlich haben wir hier noch einmal der *Störungen in den Genitalorganen* bei Hysterischen kurz zu gedenken. Schon erwähnt ist, dass der Zusammenhang zwischen Sexualerkrankungen und der Hysterie früher oft in übertriebener Weise dargestellt und unrichtig ge-

deutet ist. Doch muss andererseits auch hervorgehoben werden, dass,
wie in fast allen übrigen Organen, so auch in den Genitalorganen nervöse Störungen als *Theilerscheinung* der Hysterie vorkommen. Schmerzen, Hyperästhesien, vielleicht auch manche Menstruations- und Se-
cretionsanomalien müssen in dieser Weise gedeutet werden. Ausserdem
ist es leicht verständlich, dass bei den leicht erregbaren hysterischen
Naturen sexuelle Beziehungen oft eine nicht unbedeutende Rolle spielen,
wie sich dies namentlich in dem Charakter hysterischer Delirien und
Hallucinationen sehr häufig ausspricht.

8. *Die grossen hysterischen Anfälle.*[1]) Während alle bisher erwähnten hysterischen Symptome grösstentheils noch die relativ milderen Erscheinungsformen der Krankheit darstellen, steigert sich das
Krankheitsbild in einzelnen, zum Glück wenigstens bei uns in Deutschland immerhin seltenen Fällen zu einer noch viel vollständigeren Auf-
lösung aller normal geregelten psychomotorischen und psychosensorischen
Vorgänge. Die Erscheinungen dieser *„grande hysterie"* sind unter dem
Vorgange CHARCOT's namentlich von der Schule der *Salpétrière in Paris*
(BOURNEVILLE und REGNARD, P. RICHER) zum Gegenstande eines sehr
ausführlichen Studiums gemacht worden. Wir müssen uns hier auf
die Anführung des Allernothwendigsten beschränken.

Der grosse hysterische Anfall zerfällt fast immer in mehrere Perioden. Die *erste Periode* besteht in den heftigsten, anscheinend mit
Bewusstlosigkeit verbundenen, allgemeinen *epileptiformen Krämpfen.*
Nach wenigen Minuten beginnt die *zweite Periode*, die Periode der
„Contorsionen und grossen Bewegungen (Clownismus). Die Kranken
schleudern ihren Körper hin und her, werfen die Beine in die Luft,
krümmen ihren ganzen Körper zu einem „arc de cercle", schlagen um
sich, schreien, bis dieses Stadium allmählich in die *dritte Periode*, die
Periode der *plastischen Stellungen* und *„attitudes passionnelles"* übergeht. Die Kranke ist ganz von einem bestimmten Vorstellungskreise
beherrscht, sie hallucinirt, durchlebt scheinbar noch einmal irgend eine
aufregende Scene ihres früheren Lebens, ihr ganzer Körper, das ganze
Mienenspiel drückt irgend eine leidenschaftliche Erregung, Drohung,
Vertheidigung, Lüsternheit, Klage, Spott u. dgl. aus. Hieran schliessen
sich gewöhnlich noch allgemeine Delirien, Hallucinationen (auffallend
häufig Thierhallucinationen) und sonstige hysterische Symptome (Contracturen, Anästhesien u. s. w.) an.

Aus den skizzirten einzelnen Zügen setzen sich im Wesentlichen

---

1) Die eigentlichen *hysterischen Psychosen* bleiben hier unberücksichtigt.

auch die übrigen Formen der grossen hysterischen Anfälle zusammen. Bei den CHARCOT'schen Fällen konnten die Anfälle jeder Zeit durch Compression der einen Ovarialgegend künstlich unterbrochen werden. 9. *Die hypnotischen Erscheinungen.* Ein anderes äusserst wunderbares und interessantes, aber noch ganz dunkeles, fast mysteriöses Gebiet stellen die *hypnotischen Erscheinungen* der Hysterischen dar. Durch gewisse äussere Einwirkungen, namentlich durch eine plötzliche starke Lichterregung, durch gewisse periodische Reize (Stimmgabelschwingungen), durch Fixiren des Blicks und andere verwandte Manipulationen können bei manchen Hysterischen merkwürdige nervöse Zustände künstlich hervorgerufen werden. RICHER hat vier Hauptformen derselben beschrieben, welche in mannigfacher Weise in einander übergehen können. 1. Der *kataleptische Zustand*, wobei die Glieder alle ihnen künstlich gegebene Stellungen beibehalten. 2. Der Zustand der *„Suggestion"*, der *künstlich zu provocirenden Hallucinationen.* Durch gewisse, bestimmten Handlungen entsprechende, passiv dem Körper mitgetheilte Haltungen wird in dem Kranken der gesammte hinzugehörige Vorstellungsinhalt bis zu der Deutlichkeit einer Hallucination hervorgerufen. Die bekannten hypnotischen Schaustücke, wobei hypnotisirte erwachsene Männer Wickelkinder schaukeln, rohe Kartoffeln mit dem Ausdrucke des Entzückens verzehren u. dgl. gehören hierher. 3. Der *lethargische Zustand* d. i. ein Zustand scheinbarer Bewusstlosigkeit mit geschlossenen Augen, vollkommen erschlafften Muskeln und einer auffallend *gesteigerten Erregbarkeit der Muskeln und Nerven.* Schon ein leiser Druck oder ein leichter Schlag auf einen Nerv, z. B. den Nervus facialis, genügt, um sämmtliche von demselben versorgten Muskeln in eine tetanische, den Reiz überdauernde Contraction zu versetzen. 4. Durch gewisse Manipulationen (z. B. durch Reiben am Scheitel) kann man den lethargischen Zustand in den Zustand des *hysterischen Somnambulismus* verwandeln. Die Kranken bleiben halb bewusstlos, beantworten aber jetzt automatisch an sie gerichtete Fragen, befolgen gegebene Befehle und zeigen zuweilen gewisse sensorielle Hyperästhesien.

Alle die genannten Zustände können auch als spontane selbständige Anfälle bei Hysterischen auftreten, wie überhaupt auch alle hypnotischen Erscheinungen, die bei Gesunden künstlich hervorgerufen werden können, ihre vollständig entsprechenden Analoga im Gebiete der hysterischen Störungen haben und auf dieselben Grundbedingungen zurückzuführen sind.

Gesammtverlauf der Krankheit. Obgleich die gegebene Uebersicht sich nur auf die wichtigsten und relativ häufigsten hysterischen

Symtome beschränkt hat, so lässt sich doch schon aus dieser kurzen
Skizze entnehmen, welche unerschöpfliche Mannigfaltigkeit der Krankheitsbilder die Hysterie darbieten kann. In *einer Reihe* von Fällen
treten die schwereren hysterischen Erscheinungen überhaupt gar nicht
zu Tage. Die Patienten zeigen nur den für die Hysterie charakteristischen psychischen Allgemeinzustand: sie sind leicht erregbar, zu Klagen und Uebertreibungen geneigt, haben alle möglichen Beschwerden
(Schmerzen, Herzklopfen, dyspeptische Symptome, Athemnoth), welche
alle durch psychische Erregungen gesteigert werden, zu anderen Zeiten
aber so sehr in den Hintergrund treten, dass die Kranken gar nicht
als krank erscheinen. Eine *zweite Reihe* von Fällen verläuft in der
Weise, dass entweder bei einem schon vorher ausgesprochenen hysterischen Allgemeinzustande oder auch bei vorher scheinbar ganz Gesunden nach irgend welchen psychischen Veranlassungsursachen sich
schwerere hysterische Symptome entwickeln. Hierbei können jetzt alle
die Erscheinungen auftreten, welche im Einzelnen oben besprochen
sind. Entweder handelt es sich um hysterische Lähmungen, oder um
hysterische Krämpfe, um hysterische Contracturen, Sensibilitätsstörungen, Hyperästhesien u. s. w. Die einzelnen Symptome können mit grosser
Hartnäckigkeit manchmal Wochen und Monate lang andauern, dann aber
zuweilen freilich ganz plötzlich verschwinden oder anderen Symptomen
Platz machen. Wie bei der ersten Entstehung der Krankheit, so machen
sich auch im ferneren Verlaufe derselben psychische Einflüsse in un-
verkennbarer Weise geltend. Die meisten neuen Verschlimmerungen
des Zustandes sind auf psychische Erregungen zurückzuführen, wie sich
dies namentlich bei den hysterischen Krämpfen zeigt. In vielen Fällen
lässt sich fast für jeden neuen Anfall irgend eine psychische Veranlassungsursache, ein Aerger, ein Schreck oder dergl. nachweisen. Die
dritte Reihe von Fällen wird gebildet von den allerschwersten Formen
der Hysterie, bei welchen jene oben kurz geschilderten ebenso complicirten, wie räthselhaften nervösen Störungen auftreten und sich in mannigfachster Weise mit allen möglichen sonstigen hysterischen Affectionen (Anästhesien, Contracturen, Lähmungen u. s. w.) combiniren.

Die *Gesammtdauer* der Krankheit unterliegt den grössten Schwankungen. Die eigentliche Wurzel alles Uebels, das abnorm erregbare,
sich stets nur in labilem Gleichgewicht haltende Nervensystem, ist oft
überhaupt nicht mehr zu beseitigen. Dann zieht sich das Leiden Jahre
und Jahrzehnte lang hin. Auf Perioden anscheinend völliger Gesundheit folgen neue Manifestationen der Krankheit. Erst im höheren Alter
lassen gewöhnlich die Symptome nach. Zwar bleibt die hysterische

Allgemeinstimmung des Nervensystems übrig, zu einzelnen schwereren Attaquen kommt es aber nicht mehr. In zahlreichen anderen Fällen können die hysterischen Erscheinungen aber auch vollständig und dauernd verschwinden. Dieser günstige Ausgang tritt namentlich dann ein, wenn die Kranken in angemessene und ihnen zusagende äussere Lebensverhältnisse kommen, wo sie bei einer geregelten Thätigkeit den mannigfachen ungünstigen psychischen Einflüssen nicht mehr ausgesetzt sind. Viele bei vorher gesunden Kindern und jüngeren Leuten nach einer einmaligen Veranlassung auftretende hysterische Affectionen heilen sogar verhältnissmässig rasch, um nie wieder von Neuem aufzutreten. Eine Garantie für das Nichteintreten von Recidiven kann man freilich niemals übernehmen, da jede einmal aufgetretene hysterische Affection als unzweideutiges Anzeichen einer abnorm geringen Widerstandskraft des Nervensystems gegen äussere Eindrücke anzusehen ist.

Diagnose. Die Diagnose der hysterischen Affectionen macht dem erfahrenen Arzt in der Regel keine grossen Schwierigkeiten. Nicht selten täuscht die Hysterie anfangs zwar ein schwereres anatomisches Leiden vor; die genauere Untersuchung und fortgesetzte Beobachtung lassen aber das wahre Wesen der Erkrankung doch fast immer erkennen. Zunächst fehlen stets alle derartigen Symptome, welche unzweideutig auf eine anatomische Erkrankung hinweisen. Nie finden sich z. B. bei hysterischen Lähmungen stärkere trophische Störungen, Veränderungen der elektrischen Erregbarkeit u. dgl. Ferner sind viele Symptome schon an sich charakteristisch, weil sie nur bei der Hysterie vorkommen, so z. B. zahlreiche Krampfformen, die Hemianästhesie mit einseitiger Amblyopie u. a. Vor allem zu beachten ist das gesammte psychische Verhalten der Kranken, die Abhängigkeit ihres Befindens von psychischen Erregungen und endlich die Aetiologie des Leidens, das Entstehen der Krankheitserscheinungen nach vorausgegangenen psychischen Veranlassungsursachen.

Therapie. Aus dem, was über die Aetiologie der Hysterie gesagt ist, ergiebt sich die Möglichkeit einer *Prophylaxis* derselben von selbst. Eine aufmerksame Erziehung kann oft schon bei den Kindern die ersten Anzeichen der abnormen nervösen Erregbarkeit entdecken und muss es sich dann zur Pflicht machen, durch eine geeignete körperliche und psychische Diätetik dem Auftreten schwererer Störungen vorzubeugen.

Ist die Hysterie aber einmal entwickelt, so ist in erster Linie stets auf die *psychische Behandlung* der Patienten das grösste Gewicht zu legen. Freilich ist nichts falscher, als die Hysterischen zu verspotten und sie wie Simulanten zu behandeln. Denn die Hysterie ist eine *Krankheit*, deren Symptome ebenso unabhängig von dem bewussten Willen der Patienten auftreten, wie alle anderen krankhaften Erscheinungen. Andererseits ist es aber absolut nothwendig, die *psychische Schulung*, welche der Arzt mit den Patienten vornehmen muss, mit aller nöthigen Strenge und Energie durchzuführen, weil nur so eine Besserung erreicht werden kann. Zuweilen ist dieses unbedingte Erforderniss nur dann zu erfüllen, wenn die Kranken gewissen schädlichen Einflüssen ihrer Umgebung, z. B. den zu besorgten und nachsichtigen Eltern und Verwandten entzogen werden. In solchen Fällen leistet eine *Anstaltsbehandlung* oft viel mehr, als die beste Privatbehandlung, und wir müssen aus eigener Erfahrung dringend rathen, in schweren Fällen von Hysterie die etwaige Nothwendigkeit einer Anstaltsbehandlung stets ins Auge zu fassen. Oft wirkt sogar schon die Furcht vor der Anstalt in psychischer Beziehung günstig auf die Kranken ein.

Die relativ besten Erfolge erzielt eine richtige psychische Therapie bei den *hysterischen Lähmungen*. Sobald die Diagnose der hysterischen Natur der Lähmung sicher ist, muss der Patient angeleitet werden, durch Uebung die verlorene Herrschaft des Willens über seine gelähmten Muskeln wieder zu erlangen. Betrifft die Lähmung, wie es gewöhnlich der Fall ist, die unteren Extremitäten, so wird der Patient trotz alles Widerstrebens und Klagens auf die Füsse gestellt und ohne Härte, aber mit unerbittlicher Consequenz aufgefordert, Gehversuche zu machen, wobei anfangs natürlich eine starke Unterstützung nothwendig ist. Solche Gehübungen werden methodisch mehrmals des Tages wiederholt. Der Kranke lernt allmählich immer sicherer gehen, gewinnt von Neuem Vertrauen auf seine Kraft, und ist erst ein Anfang zur Besserung gemacht, so gehen die weiteren Fortschritte meist schnell vor sich. Jeder erfahrene Arzt kennt zahlreiche Beispiele, dass hysterische Lähmungen, die Wochen und Monate lang vorher bestanden hatten, durch eine derartige Behandlung in wenigen Tagen beseitigt werden konnten. Unterstützt wird die Kur durch *Faradisiren* der Muskeln, durch *kalte Abreibungen* und *Bäder*, wobei gerade das für den Kranken Unangenehme dieser Proceduren ihn antreibt, sich selbst alle mögliche Mühe zur Wiedererlangung der Bewegungsfähigkeit zu geben.

Bei den hysterischen *Stimmbandlähmungen* sind Sprechübungen sehr wohl ausführbar und wirksam. Ausserdem dient aber hier der *faradische Strom* (percutan oder auch intralaryngeal angewandt) als bestes Mittel, um dem durch den plötzlichen Schmerz erschreckten Patienten oft mit einem Mal die Stimme wiederzugeben.

Bei den *hysterischen Contracturen* hat man zunächst zu versuchen, durch Massage der Muskeln und energische passive Bewegungen die Contractur zu lösen. Der faradische Strom dient auch hier als wirksames Unterstützungsmittel. Um die Contractur dauernd zu beseitigen, müssen methodische Muskelübungen und active Bewegungen angeordnet werden.

Gegen die *hysterischen Krämpfe* giebt es nur ein souveränes Mittel: das *kühle Bad* und die *kalten Uebergiessungen*. Der unangenehme Reiz giebt den Kranken meist sofort die Willensenergie wieder, welche nöthig ist, um die Herrschaft über die Muskeln von Neuem zu gewinnen und damit den Krämpfen Einhalt zu thun. Die Furcht vor Wiederholung des Bades thut das Ihrige, um die Kranken vor einem neuen widerstandslosen Sichhingeben gegenüber dem etwa wiederkehrenden Anfalle zu warnen. Sobald ein neuer Anfall beginnt, muss das Bad wiederholt werden. Dass ein *Druck auf die Ovarialgegend* den hysterischen Krampfanfall oft hemmen kann, ist oben erwähnt. Doch ist hiermit ein dauernder Erfolg nicht zu erzielen. — Bei leichteren hysterischen Krampfformen, z. B. dem hysterischen Singultus, dem hysterischen Husten u. dergl., wirkt oft schon eine strenge Ermahnung nützlich. Gerade in solchen Fällen ist der psychische Effect, den die Unterbringung in ein Krankenhaus hervorruft, oft hinreichend, um mit einem Mal die Erscheinungen, welche vielleicht Monate lang vorher bestanden haben, zum Verschwinden zu bringen.

Die *hysterischen Anästhesien* werden am besten mit dem *faradischen Pinsel* behandelt, indem durch die starke Reizung der Hautnerven die anästhetische Hautpartie gewissermaassen von Neuem dem Bewusstsein zugeführt wird. Freilich sind gerade die hysterischen Anästhesien zuweilen ziemlich hartnäckig und recidiviren nicht selten.

Bei weitem die schwerste Aufgabe bieten diejenigen Fälle von Hysterie der Behandlung dar, in denen es sich weniger um ausgebildete Symptome, als vielmehr um jenen hysterischen Allgemeinzustand handelt, der sich bei den Patienten in allen möglichen leichteren nervösen Störungen (Schmerzen, Herzklopfen, Dyspepsie, allgemeine Schwäche u. s. w.) und subjectiven Klagen, in wechselnder psychischer Stimmung u. dgl. ausspricht. Hierbei handelt es sich oft um ältere Patienten, bei denen eine eingreifende psychische Behandlung nicht mehr möglich ist und in deren Lebensverhältnissen gewisse ungünstig wirkende Momente vorhanden sind, welche sich nicht mehr entfernen lassen. Doch kann auch in diesen Fällen der Arzt, welcher das volle Vertrauen der Kranken gewonnen hat, durch eine geeignete psychische Einwirkung auf die Kranken viel Gutes schaffen. In solchen Fällen kommen vorzugsweise auch diejenigen Hülfsmittel zur Anwendung, welche eine *allgemeine Stärkung des Nervensystems* bewirken sollen, *elektrische Behandlung* (allgemeine Faradisation, faradischer Pinsel am Rücken und an den Schultern, Galvanisation längs der Wirbelsäule und am Sympathicus) und vor allem *methodische Kaltwasserkuren* (Abreibungen, Bäder, Douchen). Im Sommer ist bei solchen Kranken ein Aufenthalt im Gebirge und namentlich der Gebrauch eines *Seebades* oft von grösstem Nutzen.

Auch die zahlreichen *inneren Mittel*, welche bei der Hysterie empfohlen sind, finden ihre Anwendung mehr bei den zuletzt erwähnten hysterischen Allgemeinzuständen, als bei den schwereren nervösen Localerscheinungen. Bei letzteren erzielen innere Mittel nur indirect, auf psychischem Wege, einen Erfolg, namentlich wenn der Kranke ein grosses Vertrauen auf die Medication setzt. So erklären sich die zahlreichen raschen Heilungen hysterischer Affectionen durch homöopathische und „elektro-homöopathische" (!) Mittel, welche durch die Wunderwirkungen der geheiligten Wässer und Reliquien noch weit übertroffen werden.

Unter den „Anti-Hystericis" unseres Arzneischatzes sind die *Asa foetida, Valeriana* und der *Castoreum* die berühmtesten, obgleich ihre specifische Wirksamkeit gegenwärtig wohl nur wenige Vertheidiger finden würde. Am meisten empfiehlt sich noch der Gebrauch der Valeriana-Präparate (Pillen aus *Extract. Valerianae,* 1,0—2,0 pro die, oder *Tinct. Valerianae simplex* oder *aetherea*, täglich mehrmals 20 Tropfen) bei hysterischen Aufregungszuständen (Neigung zu Krämpfen, Herzklopfen u. dgl.). Die eigentlichen *Nervina* (*Bromkalium, Arsen* u. a.) werden bei Hysterischen zwar vielfach verordnet, haben aber auf die Dauer selten Erfolg. Vor *Narcotica* muss gewarnt werden, da ihr Nutzen gering und die Gefahr gross ist, aus den Hysterischen chronische Morphinisten zu machen.

Finden sich neben der Hysterie wirkliche organische Erkrankungen vor, so sind diese selbstverständlich zu behandeln. Grosse Hoffnungen sind von manchen Seiten auf die *Behandlung etwaiger Uterinleiden* gesetzt worden. In der That sind auch Fälle bekannt, wo schwerere hysterische Erscheinungen nach der Dilatation eines verengten Cervicalcanals oder nach der Richtigstellung eines verlagerten Uterus u. dgl. verschwunden sind. Derartigen Fällen stehen aber auch zahlreiche andere Erfahrungen gegenüber, wo die Behandlung der Uterinleiden ohne jeden Erfolg geblieben ist. Ausserdem fragt es sich, ob nicht auch in den günstig verlaufenden Fällen dem *psychischen* Eindruck der Behandlung die meiste Wirksamkeit zugeschrieben werden muss. In einigen schweren Fällen von Hysterie ist von HEGAR die *Castration* (die Entfernung der Ovarien) vorgenommen worden. Doch auch die Erfolge dieser Operation sind bis jetzt noch sehr zweifelhaft. FRIEDREICH behauptet, durch energische *Aetzungen der Clitoris* sehr günstige therapeutische Resultate bei Hysterischen erzielt zu haben. Wir glauben nicht, dass diese Behandlungsmethode sich viele Anhänger erwerben wird.

Metallotherapie. An dieser Stelle wollen wir noch einige bei Hysterischen gemachte, äusserst interessante Beobachtungen anführen, welche freilich eine *praktische* Bedeutung bis jetzt auch noch nicht erlangt haben.

Schon vor längerer Zeit hatte ein französischer Arzt, BURQ, gefunden, dass das *Auflegen von Metallplatten* auf eine anästhetische Hautstelle bei Hysterischen (fast immer handelt es sich um die hysterische Hemianästhesie) zuweilen in kürzester Zeit eine Wiederkehr der Sensibilität auf der betreffenden Stelle und oft noch in viel weiterer Ausdehnung zur Folge hat. Die Art des Metalls ist nicht gleichgültig und zwar sind nicht alle Patienten für das gleiche Metall empfindlich. Am häufigsten sollen Eisenplatten wirksam sein, in anderen Fällen aber nur Platten aus Kupfer, Zink, Gold u. a. Das Aufsuchen des wirksamen Metalls nannte BURQ die „*Metalloskopie*" und fügte die wunderbare Mittheilung hinzu, dass das richtige Metall auch bei *innerlichem* Gebrauche dieselbe Wirkung ausübe! Eine von der Pariser Société de biologie 1876 ernannte Commission hat diese Angaben (abgesehen von der Wirksamkeit der inneren Metallotherapie, von welcher später nur wenig mehr die Rede war) bestätigt und namentlich sind von CHARCOT im Anschluss hieran zahlreiche merkwürdige Thatsachen gefunden, deren Richtigkeit bald überall gleichfalls bestätigt wurde. Die merkwürdigste dieser Beobachtungen ist der sogenannte *Transfert*. Sobald durch Auflegen einer Metallplatte eine vorher anästhetische Hautstelle ihre Sensibilität wieder erlangt hat, ist an der genau entsprechenden Hautstelle auf der *anderen*, vorher normal empfindlichen Körperseite eine Anästhesie entstanden. Zuweilen schwankt die Sensibilität in mehrfachen Oscillationen hin und her, so dass abwechselnd bald auf der einen, bald auf der anderen Körperhälfte die entsprechende Hautpartie empfindlich resp. anästhetisch ist. Legt man die Metallplatten von vorn herein auf die normal empfindende Hautstelle, so entsteht hier eine anästhetische Zone, während die entsprechende Hautpartie auf der anderen, anästhetischen Seite normal empfindlich wird.

Diese Erscheinungen zeigen sich, wie später gefunden wurde, in
analoger Weise auch bei anderen hysterischen Symptomen. Nicht nur
die Haut, sondern auch die hysterische Amblyopie, Achromatopsie,
Taubheit, Geruchs- und Geschmackslosigkeit, ferner hysterische Contracturen und Lähmungen zeigen einen Transfert, d. h. können künstlich von der einen Seite auf die andere übertragen werden. Dabei hat
sich nun aber herausgestellt, dass nicht nur aufgelegte Metallplatten,
sondern auch verschiedene andere (sogenannte *ästhesiogene*) Mittel
genau denselben Effect hervorbriuen. Durch grosse *Magnete*, durch
schwache *galvanische Ströme*, durch *statische Elektricität*, ferner durch
schwingende Stimmgabeln, Senfteige u. a. Mittel können unter Umständen die Erscheinungen des Transfert ebenfalls hervorgerufen werden.

Anfangs mit grossem Misstrauen aufgenommen, sind die Angaben
der französischen Forscher (CHARCOT, REGNARD, VIGOUROUX, PETIT,
DUMONTPALLIER u. v. A.) später fast allenthalben bestätigt und erweitert worden. Eine *Erklärung* dieser wunderbaren Phänomene, welche
offenbar in das innerste Getriebe des psychophysischen Geschehens eingreifen, kann aber zur Zeit noch nicht gegeben werden.

NEUNTES CAPITEL.

Neurasthenie.

Schon bei der Pathologie des Rückenmarks haben wir (S. 140)
einen Symptomencomplex kennen gelernt, welchem keine anatomische
Erkrankung, sondern nur eine functionelle Störung der Nervensubstanz
zu Grunde liegt und welcher sich theils als abnorme Reizbarkeit, vorwiegend aber als eine herabgesetzte Leistungsfähigkeit des Nervensystems, als „nervöse Schwäche" kennzeichnet. Durchaus analoge Erscheinungen treten auch von Seiten des Gehirns auf und werden dann
als *Neurasthenia cerebralis* der *Neurasthenia spinalis* gegenüber gestellt. In den meisten Fällen combiniren sich die spinalen mit den
cerebralen Symptomen, so dass man von einer *Neurasthenia cerebro-
spinalis* oder einer *allgemeinen Neurasthenie* sprechen muss.

Eine eingehende Würdigung hat die Neurasthenie zuerst von dem
amerikanischen Neurologen BEARD erfahren, welcher der Krankheit
auch den jetzt allgemein üblichen Namen gegeben hat. BEARD meinte
anfangs, die Neurasthenie wäre eine vorwiegend „amerikanische Krankheit", was aber gewiss nicht der Fall ist, da auch in den Sprech-
stunden der deutschen Nervenärzte die Neurastheniker einen verhältnissmässig sehr bedeutenden Bruchtheil aller Patienten bilden. Jeden-

falls ist die Neurasthenie für den Praktiker eine der häufigsten und wichtigsten Nervenkrankheiten, deren Studium auch keineswegs des wissenschaftlichen Interesses entbehrt.

Fragt man nach den *Ursachen* der Neurasthenie, so begegnet man hierbei fast allen denjenigen Einflüssen, welche überhaupt auf das Nervensystem eine schädliche Wirkung ausüben können, und welche auf Seite 141 grösstentheils schon genannt sind. Bei der vorherrschend *cerebralen* Form der Neurasthenie spielt speciell die geistige Ueberanstrengung die grösste Rolle, zumal wenn sie mit gewissen psychischen Erregungen verbunden ist. Wir sehen daher, dass vorzugsweise die geistige Arbeit des Geschäftsmannes, dessen kühne Speculationen von aufregender Furcht und Hoffnung begleitet sind, ferner die geistige Anstrengung des Politikers, der beständig von den leidenschaftlichen Kämpfen der Parteien bewegt wird, endlich die geistige Anspannung derjenigen Künstler und Gelehrten, welche von einem nimmer ruhenden Ehrgeize in den Wettstreit der Concurrenz gedrängt werden, schliesslich zu jener Erschöpfung des Nervensystems führen, welche das Wesen der Neurasthenie ausmacht. Auch hier kann man aber den Begriff der *neuropathischen Disposition* nicht entbehren. Denn nicht jedes Nervensystem unterliegt der gleichen Last; das eine trägt sie, ohne Schaden zu leiden, während das andere unter ihr zusammenbricht. Sehr häufig ist die Disposition *ererbt*, in anderen Fällen durch mannigfache Schädlichkeiten *erworben* (s. S. 420).

Wie schon bei der Spinal-Neurasthesie erwähnt, spielt die *Hypochondrie* bei den Neurasthenikern häufig eine grosse Rolle. Sie unterhält nicht nur die bestehenden Symptome, sondern fügt ihnen oft noch neue hinzu. Schon in dieser Beziehung unterscheiden sich die Neurastheniker sehr wesentlich von den echten Hysterischen, bei welchen trotz aller ihrer Klagen eigentlich hypochondrische Stimmungen nur sehr selten vorkommen. Die Hypochondrie ist auch das wesentlichste Moment bei jenen traurigen Formen der Neurasthenie, welche im Anschluss an sexuelle Verirrungen (vor allem an Onanie) so häufig auftreten. Endlich haben auch die relativ auffallend häufigen Fälle von *Neurasthenie bei Aerzten* zum grossen Theil wohl auch ihre Hauptquelle in hypochondrischen Ideen.

Da die *Symptome* der spinalen Neurasthenie bereits früher kurz besprochen sind, so haben wir hier vorzugsweise nur noch die vorherrschend *cerebralen Erscheinungen* zu erwähnen. Unter diesen sind diejenigen subjectiven Symptome, welche als *Kopfdruck* bezeichnet werden, am häufigsten. Die nähere Beschreibung, welche die Kranken von

diesen Empfindungen machen, zeigt mannigfache Verschiedenheiten.
Im Wesentlichen aber ist es stets das Gefühl des Druckes und des Ein-
genommenseins des Kopfes, ein Gefühl, welches die Kranken von vornherein an der freien Entfaltung ihrer Geistesthätigkeit verzweifeln lässt.
Bald legt sich dieser Druck mehr auf die Stirn, bald auf den Hinterkopf. Zuweilen steigert er sich zu wirklichem *Schmerz*, der oft mit
einer grossen *Hyperästhesie* der Kopfhaut verbunden ist.

Mit dem Kopfdrucke verbindet sich, wie soeben bereits angedeutet,
häufig eine *Unfähigkeit zu methodischer geistiger Arbeit*, eine geistige
Energielosigkeit, welche die Erfüllung der Berufsthätigkeit oft vollständig
unmöglich macht. Die Kranken sind nicht mehr im Stande, anhaltend
zu schreiben oder zu lesen, um so mehr, als sich auch in den Augen
nicht selten subjective Empfindungen der Schwäche und des Druckes
einstellen (*neurasthenische Asthenopie*). Von grosser Bedeutung ist die
neurasthenische *Schlaflosigkeit*, häufig dasjenige Symptom, welches die
Kranken am meisten beunruhigt und gegen welches sie am dringendsten
Hülfe suchen. Der gesammte *Gemüthszustand* der Patienten ist fast
immer ein *deprimirter*. Sie verzweifeln an ihrer Genesung und thun
nicht selten vollkommen melancholische Aeusserungen. Dass auch eigenthümliche *Angstzustände* bei Neurasthenischen nicht selten vorkommen,
hat namentlich BEARD hervorgehoben. Manche Kranke fürchten sich
vor jeder Gesellschaft, vor jedem Gedränge, vor jeder geringen Körper-
erschütterung u. dgl. Auch über *Schwindelsensationen* wird von den
Kranken häufig geklagt, sie erreichen aber nur selten eine besondere
Intensität.

Neben der geistigen Arbeitsunfähigkeit macht sich in den meisten
Fällen höheren Grades auch eine ausgesprochene allgemeine *körperliche
Schwäche* geltend. Dieselbe ist wahrscheinlich oft auch cerebralen Ursprungs und hängt von der mangelhaften centralen Muskelinnervation
ab. Die Kranken ermüden leicht beim Gehen, können mit den Händen
keine anstrengendere Arbeit mehr verrichten und zeigen zuweilen eine
solche Schwäche, dass sie das Zimmer nur ungern verlassen und die
meiste Zeit im Bett oder auf dem Sopha liegend zubringen. Auch verschiedene andere körperliche Functionen zeigen nicht selten eine deutliche Abschwächung. Der *Appetit* ist gering, der *Stuhlgang* ist träge,
die *Haut* ist trocken, die *Circulation* in derselben schwach, so dass sehr
viele Kranke beständig über *kalte Hände und Füsse* klagen. Freilich
können in anderen Fällen auch verstärkte Secretionen auftreten. Manche
Kranken klagen über *Speichelfluss*, über *starkes Schwitzen* u. dgl., auch
über nervöses *Herzklopfen* (s. Bd. I, S. 430).

Auf die mannigfaltigen sonstigen nervösen Symptome, welche bei der Neurasthenie vorkommen, brauchen wir nicht noch einmal näher einzugehen. Die *Rückenschmerzen*, die *Spinalirritation*, die *Parästhesien* und *Schmerzen* in den Extremitäten, sowie die *sexuellen Störungen* gehören vorzugsweise der spinalen Form der Neurasthenie an. Die *nervöse Dyspepsie*, welche sich oft mit der Neurasthenie combinirt, ist schon früher (Bd. I, S. 557) besprochen worden.

Der *Allgemeinverlauf der Krankheit* ist fast immer ein sehr chronischer. In den *leichteren Fällen* zeigen die Patienten ihr Leiden nach aussen hin nur wenig. Sie suchen es zu verbergen, da sie mit ihren allgemeinen Beschwerden doch meist nur wenig Theilnahme finden und ihr oft guter Ernährungszustand und ihr gesundes Aussehen ihre weitläufigen Klagen Lügen zu strafen scheinen. In den *schwereren Fällen* aber, wo die gesammte Leistungsfähigkeit der Kranken tief geschädigt ist, nimmt das Leiden auch nach aussen hin eine ernstere Bedeutung an und wird eine unerschöpfliche Quelle von Sorgen und Bemühungen nicht nur für den Kranken selbst, sondern auch für dessen Umgebung. Gewisse *Schwankungen* im Verlaufe der Krankheit sind sehr häufig. Unter günstigen psychischen und körperlichen Verhältnissen bessern sich die Symptome, um dann wieder von Neuem schlimmer zu werden.

Ueber die schliessliche *Prognose* der Neurasthenie ist es schwer, ein allgemeines Urtheil zu fällen. Eine wirkliche *Gefahr* bietet die Krankheit ja niemals dar. Auch dass sich schwerere secundäre Nervenkrankheiten auf dem Boden der Neurasthenie entwickeln, sieht man nur ausnahmsweise. Indessen bringt es doch die gesammte nervöse Constitution vieler Neurastheniker mit sich, dass eine völlige Heilung des Zustandes oft unmöglich ist. In zahlreichen anderen Fällen aber, namentlich da, wo bestimmte Veranlassungsursachen wirksam waren, welche definitiv entfernt werden können, sieht man auch ein vollständiges und anhaltendes Verschwinden aller Krankheitserscheinungen. Oft können dieselben wenigstens in so engen Schranken gehalten werden, dass die Arbeitsfähigkeit der Patienten keine wesentliche Einbusse erfährt.

Diagnose. Die Diagnose der Neurasthenie ist zwar meist leicht, soll aber doch stets nur dann gestellt werden, wenn man durch eine genaue und sorgfältige Untersuchung des Nervensystems die völlige Abwesenheit organischer Veränderungen desselben festgestellt hat. Bei *beginnenden* schwereren Gehirnerkrankungen (Tumoren u. a.) sind Verwechselungen mit Neurasthenie schon wiederholt vorgekommen. Grosses Gewicht ist bei der Diagnose auch auf die Eruirung der wirksamen ätiologischen Verhältnisse und auf die gesammte psychische Constitution des Patienten zu legen. — Mit der *Hysterie* hat die Neurasthenie zwar entschieden vielfache Berührungspunkte, ist im Wesentlichen aber doch durchaus von ihr verschieden. Jenes Heer von ausgesprochenen localisirten nervösen Störungen, welches wir im vorigen Capitel kennen gelernt haben, fehlt bei der Neurasthenie ganz. Auch das rasche Schwinden und Kommen der Symptome, ihr plötzliches Entstehen nach einer einmaligen heftigen psychischen Erregung ist ein häufiges Ereigniss bei der Hysterie, kommt aber bei der Neurasthenie niemals vor. In den ausgesprochenen Fällen ist die Neurasthenie entschieden die *schwerere* von beiden Erkrankungen, wenigstens insofern, als sie auf einer weit tiefer greifenden Functionsstörung des Nervensystems beruht, als die Hysterie.

Therapie. Wie bei der Hysterie, so ist auch bei der Neurasthenie die *psychische Behandlung* in erster Linie zu nennen. Doch muss sie hier in anderer Weise geschehen, wie bei der ersteren. Die Neurastheniker *bedürfen* des Trostes. Sie müssen öfter vom Arzt untersucht werden, weil jede neue Untersuchung, welche mit der Versicherung des Arztes endigt, dass er Nichts, was zu einer ernsten Besorgniss Anlass giebt, gefunden habe, auf den Kranken äusserst beruhigend und wohlthuend einwirkt. Wo das hypochondrische Moment bei der Neurasthenie in den Vordergrund tritt, da kann allein die psychische Beruhigung des Kranken zur Heilung desselben ausreichen.

In allen anderen Fällen von Neurasthenie muss sie aber verbunden werden mit denjenigen Hülfsmitteln, welche uns überhaupt zur „allgemeinen Stärkung" des Nervensystems zu Gebote stehen. Genaue *diätetische Vorschriften* stehen hier oben an: vor allem *geistige und körperliche Ruhe*, Vermeidung aller anstrengenden Arbeiten und Geschäfte; *kräftige, ausreichende Nahrung*, aber *Verbot* aller das Nervensystem stärker reizenden Mittel, Verbot *grösserer Mengen Alkohol*, Verbot von starkem *Kaffee* und *Thee*, von *schweren Cigarren* u. dgl.; Aufenthalt in guter Luft (auf dem Lande, an der See, im Gebirge), angemessene leichte *Körperbewegung*, sehr zweckmässig in Form einer vorsichtig ausgeführten methodischen *Zimmergymnastik*.

Von den *speciellen Behandlungsmethoden* finden gegenwärtig die Elektrotherapie und die Hydrotherapie die meiste Anwendung. Die *Elektricität* wird von vielen Kranken sehr gelobt. Man wendet je nach den Symptomen die Galvanisation am Kopf oder am Rückenmark an, wobei aber stets mit grosser Vorsicht und unter Vermeidung aller grösseren Stromschwankungen und zu starker Ströme zu verfahren ist.

Sehr empfehlenswerth ist auch die zuerst von BEARD und ROCKWELL ausgeübte Methode der *allgemeinen Faradisation*, wobei der zum grössten Theil entkleidete Kranke die beiden Füsse auf eine grosse plattenförmige Elektrode aufsetzt, während mit einer anderen grossen Schrammelektrode (oder mit der „elektrischen Hand" des Arztes, welcher die zweite Elektrode selbst in die andere Hand nimmt und den Strom so durch seinen eigenen Körper hindurchleitet) die einzelnen Partien des Körpers behandelt werden. Neuerdings werden in einzelnen Heilanstalten auch vielfach *elektrische Bäder* angewandt, welche ebenfalls oft von gutem Erfolge begleitet zu sein scheinen. Für die gewöhnliche Praxis empfiehlt sich ausser der peripheren Galvanisation und Faradisation der Nerven und Muskeln auch noch sehr der Gebrauch des *faradischen Pinsels*, namentlich am Nacken, längs der Wirbelsäule, an den Schultern und Oberschenkeln.

Die *hydrotherapeutischen Proceduren* können zum Theil zu Hause ausgeführt werden. Für schwerere Fälle empfiehlt sich freilich eine methodische Kur in einer gut geleiteten Anstalt. Zur Anwendung kommen kalte Abreibungen, Douchen, laue Halb- und Vollbäder (eventuell auch Schwimmbäder). Bei sexuellen Störungen sind kalte Sitzbäder am zweckmässigsten. — Hieran schliesst sich sogleich der Gebrauch der *Seebäder* an, welche bei den meisten Fällen der Neurasthenie dringend empfohlen werden müssen.

Innere Mittel finden bei der Neurasthenie nur in *symptomatischer Hinsicht* einen zweckmässigen Gebrauch. *Eisen-* und *Chinapräparate, Solutio Fowleri* werden bei gleichzeitiger Anämie verordnet, *Stomachica* (Salzsäure, Pepsin, Amara) bei bestehenden dyspeptischen Beschwerden. Die *Stuhlverstopfung* soll vor allem diätetisch und nur im Nothfalle mit Abführmitteln behandelt werden (s. Bd. I, S. 597).

Eine besondere kurze Besprechung verdient noch die Behandlung der neurasthenischen *Schlaflosigkeit*. Vor allem ist hier wiederum vor dem Missbrauch der stärkeren Narcotica (Chloral und Morphium) dringend zu warnen. Man soll immer erst versuchen, ob nicht schon eine rationelle Allgemeinbehandlung des Zustandes oder sonstige Mittel den Schlaf herbeizuführen im Stande sind. Oft wirkt ein halbstündiges warmes, am Abend genommenes Bad beruhigend und schlafbringend, in anderen Fällen ein nasser Umschlag auf den Kopf oder am Nacken. Die allgemeine Faradisation, Abends ausgeführt, wird von manchen Kranken als schläfrig machend gerühmt. Von den eigentlichen Schlafmitteln kann zuweilen eine mässige Dose *Alkohol* versucht werden. Ein Glas Bier oder etwas starker Wein wirken unter Umständen in

Neurosen ohne bekannte anatomische Grundlage.

dieser Beziehung günstig. Hilft dies nichts, so versucht man zunächst *Bromkalium.* Kleinere Dosen wirken vielleicht nur durch einen psychischen Einfluss beruhigend, grössere (3,0—5,0 Grm. auf einmal in einem Glase Wasser genommen) können aber sicher Schlaf hervorrufen. Jedenfalls ist der fortgesetzte Gebrauch des Bromkali unschädlicher, als eine lange anhaltende Anwendung von Chloral und Morphium, deren Wirksamkeit noch dazu häufig sehr bald nachlässt. Ganz zu entbehren sind sie freilich in einzelnen schweren Fällen nicht. Doch muss man dann wenigstens mit den verschiedenen Mitteln öfters abwechseln. Von den übrigen Schlafmitteln erwähnen wir noch das *Cannabinum tannicum* (Pulver zu 0,2 — 0,5). Einige neuere Mittel (*Paraldehyd* u. a.) scheinen wenig Empfehlung zu verdienen.

Druck von J. B. Hirschfeld in Leipzig.

www.ingramcontent.com/pod-product-compliance
Lightning Source LLC
Chambersburg PA
CBHW021939220326
41599CB00011BA/721